Günther Bengel | Christian Baun | Marcel Kunze | Karl-Uwe Stucky

Masterkurs Parallele und Verteilte Systeme

Stimmen zum Buch

„Das thematisch sehr breit angelegte Lehrbuch behandelt nahezu alle Aspekte des parallelen Rechnens und der verteilten Systeme und schlägt gleichzeitig einen Bogen von den frühen Ansätzen hin zu den aktuell diskutierten Themenfeldern. In seiner Vollständigkeit eignet sich das Buch als Grundlage bzw. nützliche Ergänzung für diesbezügliche Lehrveranstaltungen sowohl in Informatikstudiengängen als auch in informatiknahen Studiengängen. Das sehr umfassende Literaturverzeichnis liefert eine hilfreiche Orientierung bei der weiteren Vertiefung einzelner Themenbereiche."

Prof. Dr. Erich Eich, Hochschule Mannheim

„Das Werk gestattet eine Vertiefung in das Gebiet der parallelen und verteilten Systeme und richtet sich besonders an Informatik-Studierende in höheren Semestern. Es besticht durch seine umfassende Behandlung der aktuellen Fragestellungen in diesem Bereich. Aspekte der Hardware, Betriebssoftware und Programmierung werden detailliert dargelegt und die Autoren stellen stets auch Bezüge zu den gegenwärtigen Forschungsfragen her. Der Leser findet hier in einem Buch einen verständlichen Zugang zu allen wichtigen Facetten dieses umfangreichen Gebietes der Informatik."

Prof. Dr. Thomas Ludwig, Universität Heidelberg

www.viewegteubner.de

Günther Bengel | Christian Baun |
Marcel Kunze | Karl-Uwe Stucky

Masterkurs Parallele und Verteilte Systeme

Grundlagen und Programmierung von Multicoreprozessoren, Multiprozessoren, Cluster und Grid

Mit 103 Abbildungen

STUDIUM

Bibliografische Information der Deutschen Nationalbibliothek
Die Deutsche Nationalbibliothek verzeichnet diese Publikation in der
Deutschen Nationalbibliografie; detaillierte bibliografische Daten sind im Internet über
<http://dnb.d-nb.de> abrufbar.

Das in diesem Werk enthaltene Programm-Material ist mit keiner Verpflichtung oder Garantie irgendeiner Art verbunden. Der Autor übernimmt infolgedessen keine Verantwortung und wird keine daraus folgende oder sonstige Haftung übernehmen, die auf irgendeine Art aus der Benutzung dieses Programm-Materials oder Teilen davon entsteht.

Höchste inhaltliche und technische Qualität unserer Produkte ist unser Ziel. Bei der Produktion und Auslieferung unserer Bücher wollen wir die Umwelt schonen: Dieses Buch ist auf säurefreiem und chlorfrei gebleichtem Papier gedruckt. Die Einschweißfolie besteht aus Polyäthylen und damit aus organischen Grundstoffen, die weder bei der Herstellung noch bei der Verbrennung Schadstoffe freisetzen.

1. Auflage 2008

Alle Rechte vorbehalten
© Vieweg+Teubner | GWV Fachverlage GmbH, Wiesbaden 2008

Lektorat: Sybille Thelen | Andrea Broßler

Vieweg+Teubner ist Teil der Fachverlagsgruppe Springer Science+Business Media.
www.viewegteubner.de

Das Werk einschließlich aller seiner Teile ist urheberrechtlich geschützt. Jede Verwertung außerhalb der engen Grenzen des Urheberrechtsgesetzes ist ohne Zustimmung des Verlags unzulässig und strafbar. Das gilt insbesondere für Vervielfältigungen, Übersetzungen, Mikroverfilmungen und die Einspeicherung und Verarbeitung in elektronischen Systemen.

Die Wiedergabe von Gebrauchsnamen, Handelsnamen, Warenbezeichnungen usw. in diesem Werk berechtigt auch ohne besondere Kennzeichnung nicht zu der Annahme, dass solche Namen im Sinne der Warenzeichen- und Markenschutz-Gesetzgebung als frei zu betrachten wären und daher von jedermann benutzt werden dürften.

Umschlaggestaltung: KünkelLopka Medienentwicklung, Heidelberg
Druck und buchbinderische Verarbeitung: Wilhelm & Adam, Heußenstamm
Gedruckt auf säurefreiem und chlorfrei gebleichtem Papier.
Printed in Germany

ISBN 978-3-8348-0394-8

Vorwort

Die Entwicklung von Computern steht heute an einem Wendepunkt. Nach Jahrzehnten stetiger Steigerung der Rechengeschwindigkeit baut heute kein Hardware-Hersteller mehr schnellere sequentielle Prozessoren. Ein klarer Trend zu Computer-Architekturen, die parallele Abläufe unterstützen, und zur Parallelisierung von Programmen ist erkennbar. So sind beispielsweise Multicore-Chips zu erwarten, die bis 2009 bis zu 64 und bis 2015 bis zu 128 integrierte Prozessoren aufweisen. Zusammen mit der Weiterentwicklung von Cluster-Architekturen in homogener und heterogener Rechnerlandschaft sowie mit dem rasch voranschreitenden Ausbau von Grids mit heterogener Zusammensetzung ist hier eine klare Richtung vorgegeben.

Die neuen Architekturen können aber nur dann sinnvoll genutzt werden, wenn die Software den angebotenen Parallelismus auch nutzt, wobei heute noch die Hardware die Entwicklungsgeschwindigkeit vorgibt und der Softwareentwicklung vorauseilt. Parallele Architekturen und deren Programmierung verlassen damit ihre bisherige Nische des Hochleistungsrechnens und werden zukünftig zum Standard. Sie erweitern unsere vernetzte Welt und bieten etwa Wissenschaftlern Zugriff auf nahezu unbegrenzte Rechenleistung und Speicherkapazität. Im kommerziellen Bereich, um mit IBM's Zauberformel "Business on demand" zu argumentieren, wird IT-Dienstleistung an jedem Ort und zu jeder Zeit mit beliebig großen Rechen- und Speicheranforderungen verfügbar. Kaum ein Bereich, in dem heute schon Rechner eingesetzt werden, wird von der allgegenwärtigen Vielfalt an Rechenressourcen ausgenommen bleiben.

Derzeit bahnt sich High Performance Computing (HPC) rasch einen Weg über die Grenzen von Hochschulen und Forschungseinrichtungen hinaus. Die neuen, schlüsselfertigen HPC-Systeme ermöglichen nun auch (fast) jeder Forschungseinrichtung und jedem Unternehmen den Betrieb von enorm leistungsstarken Rechnersystemen. Diese besitzen eine offene Architektur, die sich von einzelnen Racks auf Cluster im Petascale-Bereich ausdehnen lässt. In Grids erfolgt der Rechnerverbund sogar domänenübergreifend, also mit Ressourcen, die verschiedenen Organisationen zugeordnet sind. Ein weltweites Supercomputing in einer zuvor nie gekannten Größenordnung wird Realität.

Vorwort

Peer-to-Peer-Computing (P2P) spielt im Bereich des Hochleistungsrechnens und der Leistungssteigerung durch Parallelität kaum eine Rolle und hat nur wenig Einfluss auf das Cluster- und Grid-Computing. Der ursprüngliche Plan, das P2P-Computing mit in dieses Werk aufzunehmen, wurde aus diesem Grund und zu Gunsten einer größeren Tiefe des übrigen Stoffes aufgegeben.

Der Aufbau des Buches orientiert sich nach einer Einleitung mit Historie und einem allgemeinen Überblick zunächst an der führenden Rolle der Hardwareentwicklung, die der Software-Entwicklung in der Regel immer vorauseilt.

Schon 1987 hat Greg Papadopoulos, heute Chief Technology Officer und Executive Vice President of Research and Development bei Sun Microsystems, Inc., das Hinterherhinken der Software gegenüber der parallelen Hardware folgendermaßen charakterisiert:

„It appears to be easier to build parallel machines than to use them."[1]

Und Sutter und Larus äußern sich folgendermaßen:

„The concurrency revolution is primarily a software revolution. The difficult problem is not building multicore hardware, but programming it in a way that lets mainstream application benefit from the continued exponential growth in CPU performance." [2]

Kapitel 2 beschreibt zunächst die Grundlagen der parallelen Hardware für Einprozessorsysteme und die Rechnerarchitekturen für den Aufbau von Multiprozessoren. Wir starten mit dem Instruction Level Parallelismus und Thread-Level Parallelismus und führen hin zum Simultaneous Multithreading. Bei Multiprozessoren unterscheiden wir zwischen Architekturen mit gemeinsamem Speicher (eng gekoppelten Multiprozessoren) und verteiltem Speicher (lose gekoppelten Multiprozessoren).

Bei den eng gekoppelten Multiprozessoren betrachten wir die Cachekohärenzprotokolle, die Architektur und die Thread-Programmierung von Multicoreprozessoren. Anschließend gehen wir auf die Organisation von Multiprozessorbetriebssystemen und hauptsächlich auf das

---

[1] Papadopoulos G.: The new dataflow architecture being built at MIT. In: Proceedings of the MIT-ZTI-Symposium on Very High Parallel Architectures, November 1987.

[2] Sutter H., Larus J.: Software and the concurreny revolution. ACM Queue, Vol. 3, No. 7, 2005.

Symmetrische Multiprocessing ein. Schwergewicht bei den Multiprozessorbetriebssystemen sind die parallelen Prozesse und deren Synchronisation. Die Synchronisationsverfahren umfassen die hardwarenahen Locksynchronisationsverfahren bis hin zu den klassischen Semaphoren, aber auch das neuere Verfahren des Transactional Memory.

Bei den lose gekoppelten Multiprozessoren zeigen wir, nach der Darstellung von deren Architektur, wie durch die Implementierung eines verteilten gemeinsamen Speichers die lose gekoppelte Architektur in die eng gekoppelte Architektur überführbar ist. Als Beispiel für ein lose gekoppeltes System dient das Load Balancing und High Throughput Cluster Google.

Gemäß der zuvor gemachten Aussage, dass die Software der parallelen Hardware hinterherhinkt und bei der Software ein Nachholbedarf besteht, sind die Programmiermodelle für parallele Architekturen von zentraler Bedeutung und nehmen mit Kapitel 3 den größten Umfang des Werkes ein. Die Unterteilung von Kapitel 2 in eng gekoppelte und lose gekoppelte Multiprozessoren gibt die Unterteilung der Programmiermodelle in Kapitel 3 vor. Der erste Teil befasst sich mit dem Client-Server-Modell, das auf die Hardwarearchitektur keine Rücksicht zu nehmen braucht. Eine Einführung in service-orientierte Architekturen, die hauptsächlich auf verteilten Rechnern basieren, enthält der zweite Teil. Der dritte Teil behandelt die Programmiermodelle für gemeinsamen Speicher und der vierte Teil die Modelle und Programmierverfahren für verteilten Speicher. Es wurde versucht, nicht nur die beiden vorherrschenden Modelle OpenMP für gemeinsamen Speicher und das Message Passing Interface (MPI) für verteilten Speicher zu besprechen, sondern auch die älteren Verfahren und ganz neue Entwicklungen zu behandeln, die gerade im Entstehen und in der Entwicklung sind.

Ältere Programmiermodelle für gemeinsamen Speicher sind Unix mit den fork- und join-Systemaufrufen, Threads und das Ada-Rendezvous. Neuere Modelle sind in Programmiersprachen wie Unified Parallel C und Fortress realisiert.

Ältere Programmiermodelle für verteilten Speicher sind bei den nebenläufigen Modellen Occam und der Parallel Virtual Machine (PVM) zu finden. Weitere ältere kooperative Modelle sind die TCP/IP-Sockets. Nicht ganz so alt sind der Java Message Service (JMS) und für die entfernten Aufrufe der Remote Procedure Call (RPC), die Common Object Request Broker Architecture (CORBA) und die Remote Method Invocation (RMI). Neuere Entwicklungen sind das .NET-Remoting und die

Service Oriented Architecture (SOA) und deren Implementierungsbasis, die Web-Services und der XML-RPC.

Zur Illustration der Programmierverfahren wurde, wo es vom Umfang her möglich und für das Programmiermodell angepasst war, das Erzeuger-Verbraucher-Problem gewählt.

Kapitel 4 beschreibt den parallelen Softwareentwurf und definiert die Leistungsmaße und Metriken für Parallele Programme. Die eingeführten Leistungsmaße führen zu einer Bewertung der nachfolgend besprochenen Parallelisierungstechniken und -verfahren.

Das Werk legt den Schwerpunkt auf die Darstellung der Parallelität und der parallelen Prozesse. Dass die parallelen Prozesse weltweit auf die Rechner verteilt werden ist dabei nur ein Nebenaspekt. Deshalb erläutert Kapitel 5 (Verteilte Algorithmen) nur die mit den verteilten Algorithmen auftretende Problematik des Fehlens von Gemeinsamkeiten. Zur Lösung oder Umgehung dieser Problematik werden die grundlegenden und somit wichtigsten verteilten Basisalgorithmen vorgestellt.

Besonderes Gewicht legen wir mit Kapitel 6 auf das Thema Rechenlastverteilung. Die Beschreibung der statischen Lastverteilung erläutert das Scheduling-Problem, gibt einen Überblick über verschiedene Jobmodelle einschließlich Workflows und diskutiert Beispiele für Verfahren. Der Abschnitt zur dynamischen Lastverteilung unterscheidet zwischen zentralen und dezentralen Verfahren und erläutert die Migration, die Unterbrechung und Verschiebung bereits laufender Prozesse. Den Abschluss bildet eine Einführung in das Grid Scheduling, das auf Besonderheiten der domänenübergreifenden Architektur Rücksicht nehmen muss und für das erste Lösungen verfügbar sind.

Kapitel 7 geht auf Virtualisierungstechniken ein, mit denen das Problem des Ressourcenmanagements in verteilten Systemen elegant gelöst werden kann. Oftmals werden Ressourcen wie CPU und Speicher nicht optimal genutzt, und die Virtualisierung bietet hier ein großes Potenzial zur Effizienzsteigerung. Alle modernen Prozessoren bieten heute entsprechende Funktionen. Anwendungsvirtualisierung hilft darüber hinaus bei der Verwaltung von Software und bei der aus Kostengründen immer häufiger diskutierten Rezentralisierung von IT-Services.

Kapitel 8 beschreibt die Entwicklung des Cluster-Computing. Besonderes Gewicht hat die Klassifikation der unterschiedlichen Arten von Clustern mit ihren typischen Einsatzgebieten, sowie die Beschreibung der eingesetzten Technologien.

Kapitel 9 definiert den Begriff des Grid-Computing und klassifiziert die Unterscheidungsmöglichkeit von verschiedenen Grid-Systemen. Die populärsten Grid Middleware-Systeme mit ihren notwendigen Protokollen und Diensten werden vorgestellt. Zusätzlich beschreibt Kapitel 9 die Grid-Softwarepakete, welche die Verwaltung eines Grid und die Arbeit damit vereinfachen.

Von Kapitel 1 bis 6.1 ist Prof. Bengel der Autor, Abschnitt 6.1.1.3 bis zum Ende von Kapitel 6 verfasste Dr. Stucky, Kapitel 7 hat sich Dr. Kunze vorgenommen, Abschnitt 8 hat C. Baun erstellt und Kapitel 9 wurde in Zusammenarbeit von C. Baun und M. Kunze erstellt.

Der Stoff wurde so umfassend wie möglich dargestellt. Dies betrifft besonders die parallelen Programmiermodelle in Kapitel 3, dem vom Umfang her mächtigsten Abschnitt des Werkes. Dadurch eignet sich das Buch sehr gut als Einstiegs- und Nachschlagewerk. Die tiefe Untergliederung der einzelnen Abschnitte und die systematische Darstellung des Stoffes unterstützen dies. Die Vielzahl von Literaturhinweisen erleichtert dem Leser den noch tieferen Einstieg in die Thematik und die selbstständige Vertiefung des Stoffes. Dadurch ist das Werk auch sehr gut zum Selbststudium geeignet.

Das Buch ist eher forschungsorientiert ausgelegt, und die einzelnen Abschnitte sind in sich abgeschlossen. Durch das Umfassende und den großen Umfang des Werkes konnte in den einzelnen Abschnitten eine große Tiefe erreicht werden. Dadurch lassen sich prinzipiell wie aus einem Modulkasten auch mehrere Masterkurse mit verschiedener Ausrichtung auf dem Gebiet der Parallelen und Verteilten Systeme zusammenstellen und konzipieren. Einzelne Abschnitte oder Teile davon können aber auch in Vorlesungen oder Seminare im Bachelor-Studiengang einfließen.

Vom Forschungszentrum Karlsruhe vom Institut für wissenschaftliches Rechnen danken wir Frau Dr. Jie Tao für die kritische Durchsicht der Hardwarerealisierung von Client-Server-Systemen und die Verbesserung und Richtigstellung des MESI-Protokolls.

Hr. Dipl.-Phys. Klaus-Peter Mickel (komm. Leiter des Instituts für Wissenschaftliches Rechnen) danken wir für die Bereitstellung von Ressourcen und Unterstützung während der Erstellung des Werkes.

Herr Prof. Dr. Georg Winterstein, Dekan der Fakultät für Informatik, Hochschule Mannheim und dem Rektor Prof. Dr. Dietmar v. Hoyningen-Huene dankt Prof. Bengel für die Genehmigung eines Forschungsfreisemesters im Sommersemester 2007 am Forschungszentrum Karlsruhe. Ohne dieses Forschungssemester und der Unterstützung durch Herrn Klaus-Peter Mickel wäre dieses Werk in solchem Umfang und Tiefe nicht möglich gewesen.

Vielen Dank an Anja Langner, die das Zeichnen einiger Abbildungen in diesem Buch übernommen hat und den Abbildungen ein professionelleres Aussehen gegeben hat.

Frau Dipl.-Bibl. Maria Klein von der Hochschulbibliothek der Hochschule Mannheim möchten wir unseren Dank aussprechen für die schnelle Beschaffung der aktuellsten Neuerscheinungen, sowie der für dieses Werk notwendigen großen Anzahl von Literatur.

Mit dem Buch steht auch ein kostenloser Online-Service zur Verfügung. Die Internet-Adresse der Web-Seiten ist

`http://www.pvs.hs-mannheim.de`

Die folgenden Informationen können auf den Web-Seiten gefunden werden:

- Informationen über die Autoren mit Email-Adresse, die zum Senden von Anmerkungen, Kommentaren und Berichtigungen verwendet werden kann.

- Alle Abbildungen des Buches zum Herunterladen; sie lassen sich in der Lehre einsetzen und wieder verwenden.

- Alle Programmbeispiele des Buches zum Herunterladen. Sie sollen den Leser ermuntern, die Programme auszuprobieren, und dienen zur Gewinnung von praktischer Erfahrung mit den Techniken der parallelen und verteilten Programmierung.

- Ein Erratum, d.h. Korrekturen zu Fehlern, die erst nach der Drucklegung des Buches gefunden wurden.

- Aktuelle Informationen zu Weiter- und Neuentwicklungen bzgl. der im Buch beschriebenen Technologien.

Die Web-Seiten werden kontinuierlich weiterentwickelt und ausgebaut.

Zum Schluss noch eine Zukunftsvision: In einer total vernetzten Welt sind Rechenleistung, Speicherkapazität und andere Ressourcen als Dienste von jedem Computer aus zugreifbar. Der Einsatz von Rechnern in täglich genutzten Geräten sowie die mobile Verfügbarkeit von Internetzugängen ermöglichen sogar den Zugriff von buchstäblich jedem beliebigen Ort aus[3].

Durch diese Technologien erhält der Mensch eine nahezu unbegrenzte Vielfalt von Möglichkeiten, sein Leben, seine Arbeit und Freizeit sowie seine Umgebung zu gestalten. Gleichzeitig sind sie aber auch eine Herausforderung, da sie in völlig neuer Art und Weise und in bisher unbekanntem Umfang in das Leben jedes Einzelnen eingreifen. Wir hoffen, dieses Werk hilft Ihnen bei der aktiven und verantwortungsvollen Mitgestaltung dieser Zukunftsvision.

Altrip, Mannheim, Karlsruhe im Dezember 2007

> Günther Bengel
> Christian Baun
> Marcel Kunze
> Karl-Uwe Stucky

---

[3] Siehe hierzu auch Mattern F. (Hrsg.): Total vernetzt. Szenarien einer informatisierten Welt. Springer Verlag 2003.

Inhaltsverzeichnis

1 **Einführung und Grundlagen** 1
   1.1 Historische Entwicklung der Rechensysteme 1
   1.2 Technologiefortschritte 5
      1.2.1 Leistungsexplosion und Preisverfall der Hardware 6
      1.2.2 Fortschritte bei lokalen Netzen 6
      1.2.3 Aufkommen von Funkverbindungen und mobilen Geräten .. 9
      1.2.4 Übernetzwerk Internet 11
   1.3 World Wide Web (WWW) 12
      1.3.1 Web 2.0 12
      1.3.2 Web 3.0 15
      1.3.3 Web 4.0 16
      1.3.4 E-World 17
         1.3.4.1 E-Business 17
         1.3.4.2 Weitere E-Applikationen 19
   1.4 Selbstorganisierende Systeme 20
      1.4.1 On Demand Computing 20
      1.4.2 Autonomic Computing 22
      1.4.3 Organic Computing 22
   1.5 Parallele versus Verteilte Verarbeitung 23
      1.5.1 Parallele Verarbeitung 23
         1.5.1.1 Nebenläufige Prozesse 25
         1.5.1.2 Kooperierende Prozesse 25
      1.5.2 Verteilte Verarbeitung 26
         1.5.2.1 Beispiele für Verteilte Systeme 27

1.5.2.2 Positive Eigenschaften der verteilten Verarbeitung 27
1.5.2.3 Eigenschaften eines Verteilten Systems 28

2 Rechnerarchitekturen für Parallele und Verteilte Systeme 33

2.1 Simultaneous Multithreading 34
    2.1.1 Instruction Level Parallelism 34
    2.1.2 Thread Level Parallelismus 37
    2.1.3 Arbeitsweise des Simultaneous Multithreading 38

2.2 Eng gekoppelte Multiprozessoren und Multicore-Prozessoren . 39
    2.2.1 Architektur von eng gekoppelten Multiprozessoren 39
    2.2.2 Cachekohärenzprotokolle 41
        2.2.2.1 MESI Cachekohärenz-Protokoll 42
        2.2.2.2 Verzeichnis-basierte Cachekohärenz-Protokolle 51
    2.2.3 Kreuzschienenschalter-basierte Multiprozessoren 52
    2.2.4 Mehrebenennetzwerke-basierte Multiprozessoren 53
    2.2.5 Multicore-Prozessoren 55
        2.2.5.1 Programmierung von Multicore-Architekturen 59
    2.2.6 Multiprozessorbetriebssysteme 61
        2.2.6.1 Master Slave Multiprocessing 62
        2.2.6.2 Asymmetrisches Multiprocessing 63
        2.2.6.3 Symmetrisches Multiprocessing (SMP) 64
            2.2.6.3.1 Floating Master 65
        2.2.6.4 Lock-Synchronisation 67
            2.2.6.4.1 Test and Set (TAS) 68
            2.2.6.4.2 Exchange (XCHG) 69
            2.2.6.4.3 Spinlocking 69
            2.2.6.4.4 Semaphore 70
            2.2.6.4.5 Compare and Swap (CAS) 71
        2.2.6.5 Transactional Memory (TM) 74

2.2.6.5.1 Programmsprachliche Realisierung des TM..............75

2.2.6.5.2 Software Transactional Memory (STM).....................77

2.2.6.5.3 Hardware Transactional Memory (HTM)..................78

2.3 Lose gekoppelte Multiprozessoren und Multicomputer..............79

2.3.1 Architektur von lose gekoppelten Multiprozessoren............79

2.3.2 Verteilter gemeinsamer Speicher...81

2.3.2.1 Implementierungsebenen...82

2.3.2.2 Speicher Konsistenzmodelle..83

2.3.2.3 Implementierung der Sequenziellen Konsistenz.............86

2.3.3 Multicomputer..95

2.3.4 Leistungs-Effizenzmetriken...96

2.4 Load Balancing und High Throughput Cluster Google..............97

2.4.1 Leistungsmaße und Ausstattung des Google-Clusters..........97

2.4.2 Google Server-Aufbau und -Architektur................................99

3 Programmiermodelle für parallele und verteilte Systeme..............105

3.1 Client-Server-Modell..106

3.1.1 Fehlersemantik..108

3.1.2 Serverzustände..115

3.1.3 Client-Server versus Verteilt...118

3.2 Service-orientierte Architekturen (SOA)...120

3.2.1 Bestandteile eines Service...121

3.2.2 Eigenschaften eines Service..122

3.2.3 Servicekomposition, -management und -überwachung......125

3.2.4 Enterprise Service Bus...127

3.3 Programmiermodelle für gemeinsamen Speicher........................130

3.3.1 Parallelisierende Compiler...136

3.3.2 Unix...137

3.3.2.1 fork, join 137
3.3.2.2 Erzeuger-Verbraucher (Pipe) 140
3.3.2.3 Warteschlange (Queue) 142
3.3.3 Threads 143
    3.3.3.1 Threads versus Prozesse 143
    3.3.3.2 Implementierung von Threads 145
    3.3.3.3 Pthreads 150
        3.3.3.3.1 Thread Verwaltungsroutinen 150
        3.3.3.3.2 Wechselseitiger Ausschluss 153
        3.3.3.3.3 Bedingungsvariable 156
        3.3.3.3.4 Erzeuger-Verbraucher (Pipe) mit Threads 158
3.3.4 OpenMP 160
    3.3.4.1 Parallel Pragma 162
    3.3.4.2 Gültigkeitsbereiche von Daten 163
    3.3.4.3 Lastverteilung unter Threads 164
        3.3.4.3.1 for Pragma 164
        3.3.4.3.2 section Pragma 165
        3.3.4.3.3 single Pragma 165
        3.3.4.3.4 master Pragma 166
    3.3.4.4 Synchronisation 166
        3.3.4.4.1 Kritische Abschnitte 166
        3.3.4.4.2 Sperrfunktionen 167
        3.3.4.4.3 Barrieresynchronisation 167
3.3.5 Unified Parallel C (UPC) 168
    3.3.5.1 Identifier THREADS und MYTHREAD 168
    3.3.5.2 Private und Shared Data 169
    3.3.5.3 Shared Arrays 169
    3.3.5.4 Zeiger 170
    3.3.5.5 Lastverteilung unter Threads, upc_forall 170

- 3.3.5.6 Sperrfunktionen 171
- 3.3.5.7 Barrieresynchronisation 172
  - 3.3.5.7.1 Barrieren 172
  - 3.3.5.7.2 Split Phase Barrieren 172
- 3.3.6 Fortress 173
  - 3.3.6.1 Datentypen 173
  - 3.3.6.2 Ausdrücke und Anweisungen 174
  - 3.3.6.3 Juxtaposition Operator 176
  - 3.3.6.4 Objekte, Traits, Top-level-Funktionen und Komponenten 176
    - 3.3.6.4.1 Objekte 176
    - 3.3.6.4.2 Traits 177
    - 3.3.6.4.3 Komponenten und APIs 178
  - 3.3.6.5 Parallelität 179
    - 3.3.6.5.1 Schleifen und sonstige Konstrukte 179
    - 3.3.6.5.2 Datenverteilung 180
    - 3.3.6.5.3 Explizite Threads 180
    - 3.3.6.5.4 Atomic-Block 181
- 3.3.7 Ada 182
  - 3.3.7.1 Ada-Rendezvous 182
  - 3.3.7.2 Selektive Ada-Rendezvous 185
    - 3.3.7.2.1 Erzeuger-Verbraucher (Pipe) mit selektivem Rendezvous 186
  - 3.3.7.3 Geschützte Objekte 188
- 3.4 Programmiermodelle für verteilten Speicher 189
  - 3.4.1 Überblick nebenläufige Modelle 190
    - 3.4.1.1 Nachrichtenbasierte Modelle 190
    - 3.4.1.2 Datenparallelität ausnutzende Modelle 192
  - 3.4.2 Überblick kooperative Modelle 194

Inhaltsverzeichnis

- 3.4.2.1 Lokalisierung des Kooperationspartners (Broker) 194
- 3.4.2.2 Datenrepräsentation auf unterschiedlichen Maschinen 196
- 3.4.2.3 Nachrichtenbasierte Modelle 199
- 3.4.2.4 Entfernte Aufruf-Modelle 201
- 3.4.3 Nebenläufige und nachrichtenbasierte Modelle 204
  - 3.4.3.1 Message Passing Interface (MPI) 204
    - 3.4.3.1.1 Initialisieren und Beenden von Prozessen 206
    - 3.4.3.1.2 Kommunikator und Rang 208
    - 3.4.3.1.3 Blockierendes Senden und Empfangen 209
    - 3.4.3.1.4 Nichtblockierendes Senden und Empfangen 212
    - 3.4.3.1.5 Persistente Kommunikation 214
    - 3.4.3.1.6 Broadcast 216
    - 3.4.3.1.7 Weitere kollektive Kommunikationsfunktionen 217
    - 3.4.3.1.8 Kommunikator und Gruppenmanagement 217
  - 3.4.3.2 Occam 221
    - 3.4.3.2.1 SEQ- versus PAR-Konstrukt 221
    - 3.4.3.2.2 ALT-Konstrukt 222
    - 3.4.3.2.3 IF- WHILE- Konstrukt, SEQ- und PAR-Zählschleifen 223
    - 3.4.3.2.4 Prozeduren 224
    - 3.4.3.2.5 Konfiguration 225
  - 3.4.3.3 Parallel Virtual Machine (PVM) 226
    - 3.4.3.3.1 Dämon-Prozesse 226
    - 3.4.3.3.2 Task Erzeugung und Start 227
    - 3.4.3.3.3 Hinzufügen und Entfernen von Rechnern 228
    - 3.4.3.3.4 Taskkommunikation 229
    - 3.4.3.3.5 Gruppen 232
    - 3.4.3.3.6 Barrieresynchronisation und Broadcast 233
- 3.4.4 Kooperative und nachrichtenbasierte Modelle 233

3.4.4.1 TCP/IP-Sockets 233
    3.3.4.1.1 Datagram Sockets 237
    3.4.4.1.2 Anwendungsbeispiel echo-serving 241
    3.4.4.1.3 Stream-Sockets 245
    3.4.4.1.4 Anwendungsbeispiel rlogin 248
3.4.4.2 Java Message Service (JMS) 251
    3.4.4.2.1 Message API 252
    3.4.4.2.2 Producer Consumer API 255
    3.4.4.2.3 Anwendungsbeispiel Erzeuger-Verbraucher-Problem (Pipe) 264
    3.4.4.2.4 JMS-Provider 269
3.4.5 Kooperative Modelle mit entfernten Aufrufen 270
  3.4.5.1 Ablauf von entfernten Aufrufen 270
  3.4.5.2 Abbildung des entfernten Aufrufes auf Nachrichten ... 271
  3.4.5.3 Stubs 272
  3.4.5.4 Parameter- und Ergebnisübertragung 273
  3.4.5.5 Remote Procedure Calls (ONC RPCs, DCE RPCs, DCOM) 275
  3.4.5.6 Entfernte Methodenaufrufe (CORBA) 276
    3.4.5.6.1 Object Management Architecture (OMA) 277
    3.4.5.6.2 Object Request Broker (ORB) 279
    3.4.5.6.3 CORBA Component Model (CCM) 284
  3.4.5.7 Remote Method Invocation (RMI) 285
    3.4.5.7.1 Package java.rmi 286
    3.4.5.7.2 Package java.rmi.registry 288
    3.4.5.7.3 Package java.rmi.server 290
    3.4.5.7.4 Serialisieren von Objekten 292
    3.4.5.7.5 RMI-Programmierung 293
  3.4.5.8 Entfernte Komponentenaufrufe 297

3.4.5.8.1 .NET Plattform 297
3.4.5.8.2 .NET Framework 299
3.4.5.8.3 .NET-Remoting 301
3.4.5.8.4 .NET 3.0 303
3.4.5.9 Entfernte Serviceaufrufe (Web Services) 303
3.4.5.9.1 Web Service-Architektur 304
3.4.5.10 XML-RPC 306

4 Parallelisierung 313
4.1 Leistungsmaße für parallele Programme 313
4.1.1 Laufzeit 313
4.1.2 Speedup 314
4.1.3 Kosten und Overhead 315
4.1.4 Effizienz 316
4.1.5 Amdahls Gesetz 317
4.1.6 Gustafsons Gesetz 319
4.1.7 Karp-Flatt-Metrik 320
4.2 Parallelisierungstechniken 321
4.2.1 Inhärenter Parallelismus 321
4.2.2 Zerlegungsmethoden 322
4.2.2.1 Funktionale Zerlegung 324
4.2.2.2 Datenzerlegung 325
4.2.2.2.1 Master Worker-Schema 326
4.2.2.2.2 Berechnungsbäume 327
4.2.2.3 Funktions- und Datenzerlegung 328
4.2.2.3.1 Methodisches Vorgehen 328
4.2.2.3.2 Dynamische Allokation 331
4.2.3 Weitere parallele Verfahren und Algorithmen 332

5 Verteilte Algorithmen ... 333

5.1 Verteilt versus zentralisiert ... 333

5.2 Logische Ordnung von Ereignissen ... 336

5.2.1 Lamport-Zeit ... 336

5.2.2 Vektoruhren ... 339

5.3 Auswahlalgorithmen ... 342

5.3.1 Bully-Algorithmus ... 342

5.3.2 Ring-Algorithmus ... 345

5.4 Übereinstimmungsalgorithmen ... 346

5.4.1 Unzuverlässige Kommunikation ... 348

5.4.2 Byzantinische fehlerhafte Prozesse ... 349

6 Rechenlastverteilung ... 353

6.1 Statische Lastverteilung ... 356

6.1.1 Jobmodelle ... 358

6.1.1.1 Task-Präzedenz-Graphen ... 359

6.1.1.2 Task-Interaktionsgraphen ... 360

6.1.1.3 Workflows ... 362

6.1.2 Lösungsverfahren ... 364

6.2 Dynamische Lastverteilung ... 368

6.2.1 Zentrale Lastverteilungssysteme ... 376

6.2.2 Dezentrale Lastverteilungssysteme ... 379

6.2.2.1 Lastausgleich ohne Migration ... 382

6.2.2.2 Lastausgleich mit Migration ... 382

6.3 Grid Scheduling ... 389

7 Virtualisierungstechniken ... 395

7.1 Betriebssystemvirtualisierung ... 396

7.1.1 Vollvirtualisierung ... 398

Inhaltsverzeichnis

- 7.1.2 Containervirtualisierung 400
- 7.1.3 Paravirtualisierung 400
- 7.2 Virtuelle Maschine 401
  - 7.2.1 Java Virtuelle Maschine (JVM) 401
  - 7.2.2 Common Language Runtime (CLR) 403
- 7.3 Softwarevirtualisierung 403
  - 7.3.1 Services 403
  - 7.3.2 Anwendungen 405
- 7.4 Hardware-Virtualisierung 405
  - 7.4.1 Prozessor 406
  - 7.4.2 Hauptspeicher 407
  - 7.4.3 Datenspeicher 408
    - 7.4.3.1 In-Band-Virtualisierung 411
    - 7.4.3.2 Out-of-Band-Virtualisierung 412
  - 7.4.4 Netzwerke 412
    - 7.4.4.1 Virtual Local Area Network 413
    - 7.4.4.2 Virtual Private Network 413

8 Cluster 415
- 8.1 Definition Cluster 416
  - 8.1.1 Vor- und Nachteile von Clustern 417
  - 8.1.2 Single System Image 417
  - 8.1.3 Aufstellungskonzepte von Clustern 419
- 8.2 Klassifikationen von Clustern 420
  - 8.2.1 Hochverfügbarkeits-Cluster 422
  - 8.2.2 High Performance-Cluster 427
    - 8.2.2.1 Beowulf 428
    - 8.2.2.2 Wolfpack 430

    8.2.3 Cluster für hohen Datendurchsatz 430

    8.2.4 Skalierbare-Cluster 431

  8.3 Zugangs-Konzepte 432

9 Grid-Computing 435

  9.1 Definition Grid 435

  9.2 Unterscheidung von Grids 437

  9.3 Grid Middleware-Systeme 438

    9.3.1 Globus Toolkit 439

    9.3.2 gLite 440

    9.3.3 Unicore 440

  9.4 Weitere Grid Software 444

    9.4.1 GridSphere 444

    9.4.2 Shibboleth 444

    9.4.3 VOMS 445

    9.4.4 SRB 445

    9.4.5 SRM/dCache 445

    9.4.6 OGSA-DAI 446

    9.4.7 GAT 446

Literatur 447

Schlagwortverzeichnis 481

1 Einführung und Grundlagen

1.1 Historische Entwicklung der Rechensysteme

Rechensysteme, ihr Einsatz und Betrieb haben sich in den letzten Jahrzehnten radikal geändert. Ihre historische Entwicklung lässt sich in folgenden Schritten grob skizzieren:

1970 – *Batch Processing-Systeme*: Mit Einlesen von Jobs (oder Aufträgen) und Bearbeitung der Jobs durch den Rechner (Mainframe). Zur Reihenfolge der Bearbeitung der Jobs nach einer bestimmten Strategie steht ein *Job Scheduler* zur Verfügung.

Batch Processing

1975 – *Timesharing-Systeme*: Einzelne Aufträge wickelt der Rechner (Mainframe und Minicomputer) im Dialog mit dem Benutzer ab. Ein Benutzer übergibt über eine Kommandooberfläche, bei Unix Shell genannt, einen Auftrag zur Bearbeitung. Mehrere Benutzer (Multi User-Betrieb) teilen sich dabei die CPU. Dies geschieht dadurch, dass den einzelnen Prozesse die auf der CPU abgearbeitet werden, Zeitscheiben zur Verfügung gestellt werden. Nach dem Ablaufen einer Zeitscheibe kommt durch eine Prozessumschaltung (*Dispatcher*) ein anderer Prozess zum Zuge. Dadurch hat der Benutzer den Eindruck, als stünde der Rechner ihm alleine zur Verfügung (virtueller Prozessor).

Timesharing

1980 – *Personal Computer und Workstation*: Die Rechenleistung kommt an den Arbeitsplatz und steht jedem einzelnen Benutzer (Single User Betrieb) zur Verfügung. Über eine Kommandooberfläche und später durch eine Windowsoberfläche übergibt der Benutzer einen Auftrag zur Bearbeitung oder er ruft ein Anwendungsprogramm z.B. ein Textverarbeitungsprogramm auf. Dadurch entstanden *Insellösungen*, die keinen Zugriff auf gemeinsame Betriebsmittel erlaubten. Betriebsmittel können dabei Hardwarebetriebsmittel, wie z.B. Drucker, Plotter, Modem oder Softwarebetriebsmittel, wie z. B. Daten, Files oder Programme, sein. Diesen Nachteil versuchte man zu umgehen, indem man mehrere Rechner über ein Netz verband. Jeder Rechner im Netz stellt dabei Betriebsmittel zur Verfügung und kann auf die Betriebsmittel eines anderen Rechners zugreifen. Da alle Rechner im Netz gleichberechtigt sind und ihre Dienst und ihre Betriebsmittel und die damit verbundenen Dienste anbieten und andererseits auch die Dienste von anderen Rechnern in Anspruch nehmen, spricht man von einem *peer-to-peer-Netz*. Dadurch, dass jeder Rechner alles anbieten kann und alles

PCs

1 Einführung und Grundlagen

von jedem anderen Rechner nutzen kann, muss auf jedem Rechner festgehalten werden, wer welche Ressourcen (Drucker, Dateien etc.) nutzen darf. Dies führt zu einem hohen Verwaltungsaufwand auf jedem Rechner.

Client-Server

1985 – **Client-Server-Systeme**: Zur Verwaltungsvereinfachung zentralisiert man den Dienst (Service) auf einem bestimmten Rechner, und dieser Rechner wurde zum *Server im Netz*, z.B. zum Print-Server oder zum File-Server. Die anderen Maschinen wurden zu *Clients*, die diesen zentralisierten Dienst in Anspruch nehmen konnten. Die Anwendungen, die auf solchem Client-Server-System ablaufen, sind Clients, und sie haben über das Betriebssystem Zugriff auf die Dienste des Servers. Die Betriebssysteme, die solch einen Client-Server-Betrieb ermöglichen, sind auf der Client-Seite Aufsätze auf bestehende Betriebssysteme, die den Zugriff auf entfernte Ressourcen ermöglichen, und auf der Server-Seite organisieren sie den Server-Betrieb. Solche Betriebssysteme heißen *Netzwerkbetriebssysteme*.

Cluster

1990 – **Cluster-Systeme**: Da Server hohe Anforderungen an das Leistungsvermögen und die Ausfallsicherheit der Rechner stellen, setzt man als Server-Maschinen Multiprozessoren ein oder man verbindet zwei oder mehrere Rechner zu einem *Cluster* (Traube, Bündel, Schwarm), so dass sie wie eine einzige virtuelle Maschine agieren.

Ein *Load Balancing Cluster* verteilt durch ein Lastausgleich-Frontend die Arbeitslast auf mehrere Backend-Server. Solch ein Cluster von Computern wird auch als Server-Farm bezeichnet.

Bei einem *High Performance Computing (HPC) Cluster* parallelisiert und partitioniert man die Aufgaben und verteilt sie auf die mehreren Knoten eines Clusters und erreicht durch die parallele Abarbeitung eine schnellere Bearbeitung der Gesamtaufgabe.

Zur Erhöhung der Ausfallsicherheit und Steigerung der Verfügbarkeit von Server dienen *High Availability (HA) Cluster*. Ein HA-Cluster ist ein System aus mehreren Computern, die sich über spezielle Verbindungen über ihre Einsatzbereitschaft verständigen. Fällt ein System aus, so werden alle Prozesse an das andere System übergeben. Im einfachsten Fall steht ein kompletter zweiter Rechner als Reserve zur Verfügung, was natürlich doppelte Hardware- und Softwareinvestitionen verursacht.

Peer-to-Peer

1995 – *Peer-to-Peer-Systeme*: Das Gegenteil zum Client-Server-Prinzip ist das Peer-to-Peer-Prinzip. Beim Client-Server-Betrieb bietet der Server Dienste an, und der Client nutzt diesen Dienst. In Peer-to-Peer-

Netzen ist diese Rollenverteilung aufgehoben. Jeder Rechner in einem Netz ist ein *peer*, denn er kann gleichzeitig Client und Server sein. Peer-to-Peer (Gleichgestellter, Ebenbürtiger oder Altersgenosse) bezeichnet die Kommunikation unter Gleichen. Dadurch dass es nur Gleiche in Peer-to-Peer-Netzen gibt, sind der Leistungsengpass oder -flaschenhals und der einzelne Ausfallpunkt von Client-Server-Systemen in Peer-to-Peer-Netzen eliminiert [SW 04].

Der Begriff Peer-to-Peer oder P2P hat sich durch die Musik-Tauschbörse *Napster* eingebürgert, obwohl Napster noch einen zentralen Server besaß. Erst der Nachfolger *Gnutella* besaß eine dezentrale Struktur und verdiente den Namen P2P. Besonders die Vielzahl von Applikationen wie FastTrack, Gnutella-2, eDonkey, Overnet und Kademlia, BitTorrent, und Skype, treiben die Entwicklungen auf dem P2P-Gebiet voran [D 02] [SFT 02].

Die Peer–to-Peer-Netzwerke sind den Kinderschuhen entwachsen, und langsam kristallisiert sich heraus, was die Standardtechniken sind und welche Art von Problemen relevant sind [MS 07], [AS 04], [SW 05].

2000 – **Grid-Systeme**: Das **Grid-Computing** (Gitterrechnen) hat zum Ziel, verschiedene IT-Ressourcen in einem Netzwerk zusammenzufassen. Anwender, die in so genannten *virtuellen Organisationen* zusammengeschlossen sein können, nutzen diese Ressourcen über eine Grid Middleware, die zentrale Funktionen in einer serviceorientierten Struktur (SOA) bereitstellt. **Grid**

Ein *Rechengrid* (*Computing Grid*) mit Zugriff auf verteilte Rechenressourcen ist vergleichbar mit dem Power Grid (daher auch der Name), also dem Stromnetz: Dazu stellt der Verbraucher von Rechenleistung eine Verbindung zum Rechennetz her, ähnlich wie der Stromverbraucher zum Stromversorgungsnetz. Dort ist alles, was hinter der Steckdose passiert, für den Konsumenten verborgen, er nutzt einfach die angebotene Leistung. **Computing Grid**

Ein *Datengrid* (*Data Grid*), mit Zugriff auf verteilte Datenbanken, kooperiert nicht nur die einzelnen (Hochleistungs-) Computer, um Rechenleistung zur Verfügung zu stellen, sondern auch Datenbestände werden verknüpft. Zugang zu solchen Grids bietet meist ein Grid-Portal. **Data Grid**

Zusammenfassend zeigt Abbildung 1-1 Realisierungen des Client Server- und Distributed Computing (Paralleles und Verteiltes Rechnen) und klassifiziert diese. Siehe auch die umfangreichere Klassifikation von Baun [B1 06] und [B2 06].

1 Einführung und Grundlagen

Abb. 1-1: Realisierung des Client Server- und Distributed Computing

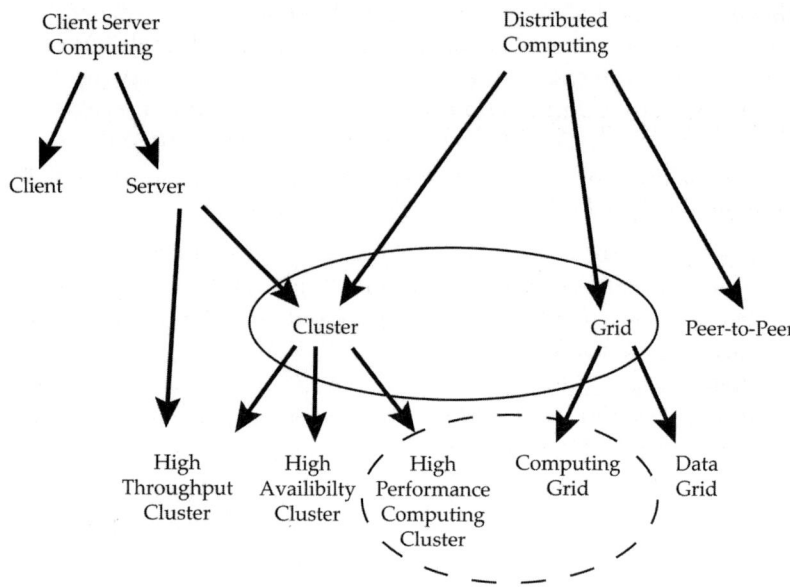

Mobile Systeme	2000 – **Mobile Computing** [R 05]: Funkverbindungen ergänzen und verdrängen teilweise die klassischen leitungsgebundenen Netzwerke. Funkverbindungen ermöglichen den selbstständigen Aufbau und die Konfiguration von Netzen mit mobilen Endgeräten wie Mobiltelefone, Personal Digital Assistants (PDAs), Notebooks und Handheld-Rechner oder Spezialgeräte wie Digitalkameras und GPS-Empfänger bis hin zu diversen mobilen Mikrogeräten, wie sie beim Wearable Computing oder Ubiquitous Computing zum Einsatz kommen.
MANet	Da die Protokolle und Anwendungen mit kommenden und gehenden oder ausgefallenen Geräten umgehen müssen, bauen sich die Netze dynamisch durch kommende oder gehende Knoten auf und ab und passen sich dynamisch den sich bewegenden Geräten an. Deshalb spricht man bei diesen Netzen von **mobilen Ad-hoc-Netzen** (mobile ad hoc network, *MANet*). Da in den Netzen keine zentralen Instanzen und keine zentralen Router vorhanden sind, besitzen die Protokolle und die auf den Geräten ablaufenden Algorithmen eine *Peer-to-Peer-*Architektur.
Sicherheit bei MANet	Funkverbindungen sind schlechter gegen Abhörung und Angriffe zu sichern als ein Festnetz. Ein weiterer Nachteil ist, dass die aus Festnetzen bekannten Sicherheitsalgorithmen meist eine Client-Server-Struktur besitzen. Sicherheitssysteme für Funknetze müssen deshalb

die erhöhten Sicherheitsanforderungen für Funknetze berücksichtigen und in eine peer-to-peer-Architektur übergeführt werden [MDM 07].

1.2 Technologiefortschritte

Die Entwicklung der letzten fünf Generationen wurde durch das Aufkommen der folgenden Technologien ermöglicht:

1. *Mächtige Mikroprozessoren*, zuerst 8, dann 16, 32 und in den neunziger Jahren 64-bit CPUs (z.B. DEC's Alpha Chip) stehen zur Verfügung. Aus historischer Sicht übertreffen dabei die Mikroprozessoren die Rechenleistung eines Großrechners zum Bruchteil des Preises eines Großrechners. Weiterhin führte die Koppelung dieser Prozessoren hin zu Multiprozessoren, welche die Möglichkeit der inkrementellen Leistungssteigerung bieten.

2. Das Aufkommen von *lokalen Netzwerken* (local area networks – LANs). Lokale Netzwerke erlauben, Dutzende oder sogar Hunderte von Rechnern über ein Netz zu koppeln, so dass kleine Mengen von Informationen innerhalb von Millisekunden transferiert werden können. Größere Datenmengen lassen sich in Raten von 10 Millionen bits/sec (Ethernet 10 MBit bis zu Fast Ethernet 100 MBit), Token Ring 4 oder 16 MBit, Token Bus 5 MBit oder 10 MBit), über 100 Millionen bits/sec (optische Netze – FDDI (Fiber Distributed Data Interconnect) und Fast-Ethernet) bis zu Gigabit-Ethernet (1GBit) und 10 Gbit-Ethernet transferieren. Netzwerktechnologien wie Asynchronous Transfer Mode (ATM) erlauben Datenübertragungsgeschwindigkeiten von 155 Mbps, 622 Mbps und 2,5 Gbps.

3. Von verschiedenen *Funkverbindungen* und der technologischen Entwicklung der mobilen Endgeräte erwartet die Industrie einen stark wachsenden Markt, und damit gewinnen die Technologien der *mobilen Netze* heute und zukünftig immer mehr an Bedeutung. Szenarien einer total vernetzten informatisierten Welt stellt Mattern vor in „Total vernetzt" [M 03].

4. Die Verbindung mehrerer physischer Netze zu einem einheitlichen Kommunikationssystem und das Anbieten eines Universaldienstes für heterogene Netzwerke, dem Internetworking, und das daraus resultierende System, dem *Internet*.

1 Einführung und Grundlagen

1.2.1 Leistungsexplosion und Preisverfall der Hardware

Gesetz von Moore

Der Gründer von INTEL, Gordon Moore, sagte 1965 eine Verdoppelung von Transistoren auf einem Chip alle 18 Monate voraus – was sich bis heute bewahrheitete. 1971 stellte der amerikanische Chiphersteller den 4004-Prozessor mit 2300 Transistoren und einer Taktrate von 108 Kilohertz vor; ein Pentium III von 1999 verfügt über 9,5 Millionen Transistoren und wird mit 650 bis 1.2 Gigahertz getaktet, und ein Pentium 4 Prozessor besitzt 42 Millionen Transistoren und kann bis zu 3,2 Gigahertz getaktet werden.

Speicherchips (Typ DRAM) konnten zu Beginn der 70er Jahre ein Kilobit speichern, heutige Typen schaffen ein Gigabit, das Millionenfache. Die Strukturen in dem Silizium verringerten sich von 10 Mikrometer auf 0,25 Mikrometer Breite.

Fallende MIPS-Preise

Dabei fallen bei dieser Entwicklung noch die Preise! 1991 kostete die Leistung von einer *Million Instruktionen pro Sekunde* (*MIPS*), erbracht durch den Intel 486-Prozessor, noch 225 Dollar. Bei einem Pentium II von 1997 sind es noch vier Dollar pro MIPS. Ein Pentium 4 von 2004, der mit 3 Gigahertz getaktet ist, erbringt 9075 MIPS, so dass der Preis für ein MIPS unter 5 Cent liegt. Der mit zwei Kernen bestückte Prozessor Core 2 Duo von Intel von 2007 erbringt 22000 MIPS, so dass der Preis für ein MIPS bei etwa 1,6 Cent liegt.

Kostete bei Festplatten 1991 ein Speichervolumen von einem Megabyte noch fünf Dollar, liegt der Preis 1999 hierfür noch bei zwei bis fünf Cents, und er ist heute unter 0,1 Cent gefallen. Diese Entwicklung kann noch mindestens zehn Jahre weitergehen!

Fortschritte Mikroprozessor-Architekturen

Die Mikroprozessortechnologie erreichte rasante Fortschritte und geht über die superskalare Architektur, dem *Simultanous Multithreading* bis hin zu den *Multicore-Multiprozessoren*, die mehrere Rechnerkerne besitzen und damit ein Multiprozessor auf einem Chip sind.

1.2.2 Fortschritte bei lokalen Netzen

Ethernet

Ende 1972 entwickelte Bob Metcalfe bei Xerox ein experimentelles Netzwerk. 1976 veröffentlichten Bob Metcalfe und David Boggs ihr Paper „*Ethernet*: Distributed Packet Switches for Local Computer Networks" [MB 76]. Ethernet wurde im Laufe der folgenden Jahre so erfolgreich, dass Xerox mit Intel und DEC den Quasi-Standard DIX-Ethernet veröffentlichte. 1983 wurde der Ethernet Standard IEEE 802.3 veröffentlicht. Seit dieser Zeit entwickelt sich der Standard kontinuierlich weiter: 1995 wurde der Fast Ethernet Standard verabschiedet, 1998 Gigabit-Ethernet und im Jahr 2002 10 Gigabit-Ethernet.

1.2 Technologiefortschritte

Die Funktionen des Ethernets werden über das *Socket-Interface* angesprochen, das als POSIX-Standard verfügbar und Bestandteil aller aktuellen Betriebssysteme ist. Die Kommunikation unterstützt eine

Sockets

- *verbindungsorientierte (stream) Kommunikation*, die mit Hilfe des TCP-Protokolls realisiert ist. TCP gewährleistet eine fehlerfrei Datenübertragung zwischen zwei Endpunkten, die als Stream-Sockets bezeichnet werden. Multicast und Broadcast sind hierbei nicht möglich. Die Datenübertragung ist sehr effizient, da Daten gepuffert und vom Betriebssystem parallel zur Abarbeitung einer Applikation gesendet und empfangen werden;

- *verbindungslose oder paketorientierte (datagram) Kommunikation*, die mit Hilfe des UDP-Protokolls realisiert ist. Da jedes Nachrichtenpaket eine Ziel-Adresse enthält, braucht man keine explizite Verbindung zwischen Sender und Empfänger aufzubauen. Datagram Sockets bieten die Möglichkeit, Pakete gleichzeitig an viele Empfänger zu verteilen. Broadcast und Multicast werden dabei über reservierte Adressbereiche angesprochen. Die Kommunikation zwischen Datagram-Sockets ist schneller als zwischen Stream-Sockets, da der Protokoll-Overhead für die sichere Kommunikation entfällt.

Für den Einsatz in Cluster-Computern kommt oft und meistens nur *Gigabit-Ethernet* in Frage, das preiswerte Kupferkabel oder robuste Glasfaserkabel benutzt. Ethernet-Technologie ist preiswert und für jede Hardware- und Software-Plattform verfügbar. Ethernet bietet die Möglichkeiten, per Broadcast und Multicast Daten von einem Sender an mehrere Empfänger zu versenden.

An Hochgeschwindigkeits-Netzwerktechnologie stehen noch

- das von der Firma Myricon [M 06] angebotene *Myrinet 2000* zur Verfügung [BCF 95]. Knoten eines Myrinet Cluster sind durch Myrinet-Switches und Glasfaser miteinander verbunden. Bei den Myrinet-Switches handelt es sich um Crossbar Switch. (siehe Abschnitt 2.2.3) Myrinet verwendet das properitäre GM-Protokoll (grand message) auf dem aufsetzend, wie bei Ethernet, auch ein TCP/IP-Protokoll gefahren werden kann;

- das von der internen Vernetzung von Großrechnern abgeleitete IEEE-Standard *Scalable Coherent Interconnect (SCI)* zur Verfügung. Die Firma Dolphin Interconnect Solutions [D 06] bietet auf dieser Technologie basierende PCI-Karten nebst Linux-Treibern an. Anders als bei Ethernet und Myrinet erfolgt die Kommunikation in einem SCI-Netzwerk nicht über einen Switch sondern von

1 Einführung und Grundlagen

Punkt zu Punkt. Dadurch bedingt können die Knoten nur linear miteinander verbunden werden und die Netzwerke nehmen Torusform an;

- das von der Firma InfiniBand Trade-Association [I 06] entwickelte *InfiniBand* zur Verfügung. Die Infiniband-Architektur definiert einen Industriestandard für ein allgemeines Hochgeschwindigkeitsnetzwerk. Die Architektur ist aus vielen Schichten aufgebaut und kann sowohl innerhalb eines Computers als auch zwischen verschiedenen Computern fungieren. Sie erlaubt einen direkten Zugriff auf den Hauptspeicher, so dass der Datentransfer ohne Belastung der CPU von statten geht. Verbindungen zwischen Computern erfolgen Punkt zu Punkt in einem mit Switch ausgestatteten Netzwerk;

- das von der Firma Quadrics [Q 06] entwickelte *QsNet* und *QsNet^{11}* zur Verfügung. QsNet wurde auf die Verwendung in Symmetrischen Multiprozessoren hin entwickelt. Mehrere parallele Prozesse können gleichzeitig auf ein Netzwerkinterface zugreifen, ohne sich dabei gegenseitig zu behindern. Die Daten können zwischen Interface und Speicher transportiert werden, ohne den Speicher zu belasten. QsNet- und QsNet^{11}-Interfaces werden durch Switches und Kupfer- bei QsNet^{11} Glasfaserkabel verbunden. So lassen sich mit bis zu 1024 (QsNet) bzw. 4096 (QsNet^{11}) Knoten bei konstanter Bisektionsbandbreite je Knoten aufbauen

Die Charakteristika verschiedener Netzwerktechnologien und Datenaustausch im Computer über den Bus mit dem Hauptspeicher zeigt die nachfolgende Tabelle 1-1 [BM 06] im Vergleich.

Datenübertragungsrate — Die *Bandbreite* oder *Datenübertragungsrate* gibt das Verhältnis zwischen Datenmenge und Zeit an, die in einer Datenübertragung zur Verfügung steht. Bei einer parallelen Datenübertragung (vor allem beim Zugriff auf ein Speichermedium über einen Datenbus), wird die Übertragungsrate auch häufig in Byte pro Sekunde angegeben, also in 8 Bits pro Sekunde. Man muss also darauf achten, ob eine Übertragungsrate z.B. mit 1 MByte/s oder mit 1 Mbit/s angegeben wird (letztere Angabe entspricht nur etwa einem Achtel der Geschwindigkeit der ersten).

Latenz — Die *Latenz* ist dabei die Zeitspanne, die ein Datenpaket in Computernetzwerken vom Sender zum Empfänger benötigt. Diese kommt durch die Laufzeit im Übertragungsmedium und durch die Verarbeitungszeit aktiver Komponenten (z. B. Switch, im Gegensatz zu passiven Komponenten wie z.B. einem Hub) zustande. In diesem Zusammenhang wird die Latenz auch als *Ping* bezeichnet

Technologie	Typ	Bandbreite in MByte/s	Latenz in μsec
Hauptspeicher	Bus	> 1000	< 0.01
Fast Ethernet	switch	11	70
GBit Ethernet	switched	110	30
Myrinet-2000	switched	248	6,3
SCI	point-to-point	326	2,7
InfiniBand	switched	805	7,5
QsNet, QsNet11	switched	340 bzw. 900	4

Tab. 1-1: Charakteristika verschiedener Netzwerktechnologien im Vergleich zum Bus

1.2.3 Aufkommen von Funkverbindungen und mobilen Geräten

Die drahtlosen Netze und deren mobile Endgeräte lassen sich wie folgt unterteilen:

- **Wireless Personal Area Networks** (*WPANs*) sind Netzwerke für die Vernetzung kleinerer Geräte. Einsatzgebiete sind z.B. Ausdrucken von Fotos von einer Digitalkamera auf einen Fotodrucker. Anschluss eines drahtlosen Headsets an ein (Mobil-) Telefon, Anschluss von Rechnerperipherie (Maus, Tastatur, Joysticks, Bildschirm), Anschluss von Herzfrequenz-Pulsuhren zur Übertragung von Daten auf einen Rechner, Vernetzung von Haushaltsgeräten, Vernetzung von PDAs zum Austausch von Daten. Realisiert werden WPANs mit

  - *Infrarot Verbindungen*: Sie sind nur innerhalb von Gebäuden einsetzbar, und es muss eine Sichtverbindung zwischen Sender und Empfänger bestehen, d.h. zwischen Sender und Empfänger dürfen sich keine Gegenstände (Wände) befinden. Die *Infrared Data Association* (*IrDA*) legt die Standards fest. Very Fast Infrared (VFIR) ermöglicht Datenraten bis zu 16 MBit/s und Reichweiten von bis zu 5 m. Infrarot Verbindungen unterliegen keinen hoheitlichen Beschränkungen.

1 Einführung und Grundlagen

- *Funkverbindung Bluetooth*: Einsatzszenarien für Bluetooth sind ein Drei-in-eins-Telefon (Verbindung ins Mobilfunknetz, Verbindung in das Festnetz, Verbindung zu einem weiteren Bluetooth-Telefon). Bei einer Verbindung zu einem Rechner oder einem Mobiltelefon erhält man Zugang zum Internet. Bei einer Verbindung zu einem Mobiltelefon und einem Spracheingabe- und Ausgabesystem oder einem Headset können Audiodaten übertragen werden. Dies ist besonders in Pkws nützlich (Handy im Kofferraum und Telefonieren am Lenkrad). Weiterhin werden Funkmäuse und Funktastaturen mit Bluetooth an einen Rechner angeschlossen. Ein Firmenkonsortium (Ericsson, Nokia, IBM, Intel und Toshiba), genannt die *Bluetooth Special Interest Group* (*Bluetooth SIG*), legt den Standard fest. Es werden Datenraten von 1 MBit/s bis zu 3 MBit/s erreicht. Abhängig von der Sendeleistung und damit vom Stromverbrauch sind die Reichweiten 10 m (bei Mobiltelefonen) bis zu 200 m möglich.

- *Schnurlose Telefone* erlauben meist im Bereich eines Gebäudes, drahtlos zu telefonieren, während der eigentliche Zugang zum Telefonnetz ein traditioneller Festnetzanschluss ist. Als Zugang zum Festnetz dient eine Basisstation. Als Standard hat sich *Digital Enhanced Cordless Telecommunications DECT* weltweit etabliert. Die Basisstation beschränkt die Reichweite, die bei 50 m in Gebäuden und bei 300 m im Freien liegt. Da DECT ein digitales Netz ist, kann es auch zur Übertragung von Daten eingesetzt werden. DECT ist nahtlos in den UMTS-Standard IMT-2000 eingebunden. Somit kann man zukünftig mit einem Gerät im Heimbereich kostengünstig über das Festnetz telefonieren, während man außerhalb des Hauses und unterwegs mobil telefonieren kann.

- *Mobiltelefonie* hat sich seit den 90er Jahre nach dem Übergang von analogen Netzen in die digitalen D-Netze, basierend auf dem Standard *Global System for Mobile Communication GSM 900* (Frequenzbereich 900 MHz) und weiterentwickelten E-Netze, basierend auf GSM 1800 (Frequenzbereich 1800 MHz) rasant bis zur dritten Generation, der *UMTS*-Netze (*Universal Mobile Telecomunications System*) entwickelt. Die Infrastruktur für UMTS-Netze befindet sich im Aufbau und muss gegen die funktionsfähigen und bestehenden Mobilfunknetze mit GSM ankämpfen. Der Übergang von GSM-Netzen auf UMTS-Netze soll durch Dual-Mode-Handys (kann beide Netze benutzen) und erweiterte Dienstangebote attraktiver gemacht werden.

- *Wireless Local Area Network* (*WLAN*) haben im Gegensatz zu WPAN größere Sendeleistung und damit Reichweiten von 30 bis 100 Meter auf freier Fläche. Die Betriebsarten im WLAN sind:
  1. Der *Infrastructure Mode*, der im Aufbau den Mobilfunknetzen ähnelt, mit einer Basisstation, dem so genannten *Access-Point*. Ein Access-Point verbindet das kabellose Netz mit dem kabelgebundenen LAN–Netz. Der Access-Point empfängt, speichert und überträgt die Daten zwischen WLAN und LAN. Jeder Endknoten im WLAN besitzt einen WLAN-Adapter, der als PC-Karte in dem Gerät steckt.
  2. Der *Ad hoc Mode*, bei dem zwei oder mehrere mobile Funkstationen in Reichweite untereinander Daten austauschen. Diese Ad hoc-Netze sind *Peer-to-Peer-Netze* und jede Funkstation kommuniziert mit jeder anderen ohne einen Server oder einen LAN-Anschluss.

Der WLAN-Standard IEEE 802.11 definiert auf dem physikalischen Layer und der MAC-Schicht Übertragungen von einem oder zwei MBit/s im 2,4 GHz-Band. WLAN nach 802.11a (maximal 54 Mbit/s brutto) arbeitet im 5-GHz-Band und stellt 455 MHz zur Verfügung.

Der IEEE 802.11 Standard verwendet wie der Ethernet-Standard 802.3 dieselbe Adressierung. Mit einem Wireless Access-Point mit Ethernet-Anschluss lässt sich dadurch leicht eine Verbindung mit einem kabelgebundenen LAN herstellen. Allerdings muss der Access-Point zwischen dem 802.11 WLAN-Standard und dem 802.3 Ethernet-Standard konvertieren.

1.2.4 Übernetzwerk Internet

Das *Internet* ist ein weltweites Netzwerk voneinander unabhängiger Netzwerke (Firmennetzwerke, Providernetzwerke, Hochschulnetzwerke, öffentlichen Netzen sowie privaten lokalen Netzen). Spezielle Koppelungselemente, so genannte Router verbinden diese Teilnetze untereinander und ermöglichen so die Kommunikation und den Austausch von Information. Jeder Rechner eines Netzwerkes kann dabei prinzipiell mit jedem anderen Rechner kommunizieren und Daten austauschen. Es basiert auf der einheitlichen *TCP/IP-Protokollfamilie* (Transmission Control Protocol/Internet Protocol), welche die Adressierung und den Datenaustausch zwischen verschiedenen Computern und Netzwerken standardisiert. Die Kommunikation ist dabei völlig unabhängig von dem verwendeten Betriebssystem und der Netzwerk-

Basis des Internet TCP/IP

1 Einführung und Grundlagen

technologie. Die netzartige Struktur sowie die Heterogenität sorgen für eine sehr hohe Ausfallsicherheit. Die Kommunikation zwischen zwei Benutzer existieren meistens mehrere Kommunikationswege, und erst bei der tatsächlichen Datenübertragung wird ein entsprechender Weg gewählt.

Das Internet mit dem TCP/IP-Protokoll ist die Netzwerktechnologie und Basis für alle Client-Server-, Cluster-, Peer-to-Peer- und Grid-Netze.

Das Internet selbst stellt lediglich die Infrastruktur zur Verfügung. Dem Durchbruch und weiten Verbreitung verdankt das Internet, dass es dem Anwender verschiedene Dienste zur Verfügung stellt. Die bekanntesten Dienste sind:

Internet Dienste

- *World Wide Web (WWW)* oder kurz *Web* mit dem Hypertext Transfer Protocol (HTTP) und dem Webbrowser,
- *E-Mail* mit dem Simple Mail Transfer Protocol (SMTP), Post Office Protocol Version 3 (POP3) und dem Internet Message Access Protocol (IMAP) und dem E-Mail Client z.B. Microsoft Outlook,
- *Internet Relay Chat (IRC)* mit dem IRC-Protokoll und den Clientprogrammen mIRC oder XChat,
- *Dateitransfer(ftp)* mit dem File Transfer Protocol und Clients wie z.B. FileZilla,
- *Internet Telefonie Voice over IP (VoIP)* mit den Protokollen H.323 und Session Initiation Protocol (SIP) und
- *Tauschbörsen BitTorrent, eDonkey, Gnutella, FastTrack*, die als Peer-to-peer-Systeme ausgelegt sind und damit keine Zentrale besitzen.

1.3 World Wide Web (WWW)

Neben E-Mail ist das World Wide Web oder kurz Web die Killerapplikation für das Internet.

1.3.1 Web 2.0

Der Begriff *Web 2.0* wurde 2005 von Tim O`Reilly in seinem Artikel „What is Web 2.0" [OR 05] geprägt. Er bezeichnet mit Web 2.0 die zweite Phase der Entwicklung des Webs, die einhergeht mit den sozialen, ökonomischen und technischen Veränderungen des Webs [A 06],

[A 07]. Web 2.0 lässt sich durch die drei folgenden Themen charakterisieren:

1. *Collaboration-, Participation Social-,* oder *Read/Write-Web,* bei dem das Web als ein Zwei-Wege-Medium gesehen wird, wobei die Nutzer Leser und Schreiber sein können. Im Gegensatz zu Web 1.0, wo ein Nutzer nur statische HTML-Seiten lesen konnte. Dies ermöglicht dann Kommunikation und Kollaboration zwischen mehreren Nutzer und das Netz wird somit zu einem sozialen Netz. Von der dazugehörigeren Software spricht man von sozialer Software [Br 06] [A 07]. Beispiele dafür sind:

    Read/Write-Web

    - *Instant Messaging* (IM) oder Nachrichtensofortversand ist ein Dienst, der es ermöglicht, mittels eines Client, dem Instant Messenger, in Echtzeit mit anderen Teilnehmern zu kommunizieren (chatten). Dabei werden kurze Text-Mitteilungen im Push oder Publish-Verfahren an den Server geschickt, der sie im Subscribe-Verfahren an die Empfänger verschickt (für Push, Publish und Subscribe siehe Abschnitt 3.3.4.2). Der Empfänger kann dann unmittelbar darauf antworten. Auf diesem Weg lassen sich meist auch Dateien austauschen. Zusätzlich bieten zahlreiche Messaging-Programme Video- oder Telefonkonferenzen an.

        Instant Messaging

    - *Web Logs* oder kurz Blogs sind Websites, auf der jeder fortlaufend Beiträge schreiben kann. Dieses Schreiben wird als Bloggen bezeichnet. Neue Beiträge stehen ganz oben und werden von anderen zuerst gelesen. Anschließend schreiben diese einen Kommentar dazu, verlinken darauf oder schicken vielleicht eine E-Mail. Viele Menschen nutzen ein Blog einfach nur, um ihre Gedanken zu ordnen, um sich Gehör zu verschaffen und um mit anderen in Verbindung zu treten, während andere weltweit die Aufmerksamkeit Tausender suchen. Journalisten benutzen Blogs, um durchschlagende Nachrichten zu veröffentlichen, während private Tagebuchschreiber ihre innersten Gedanken darlegen. Weitere Motivationen für das Blogging sind in [NSG 04] und die segensreiche Auswirkungen von Blogs auf unsere Demokratie sind in [S 04] beschrieben. Struktur und Entwicklung das Webdienstes Blog beschreiben Kumar et.al. in [KNR 04].

        Blogs

    - *Wikipedia* ist eine von ehrenamtlichen Autoren (zurzeit etwa 285.000 angemeldete Benutzer und mehr als 7.000 Autoren für die deutschsprachige Ausgabe) verfasste, mehrsprachige, freie Online-Enzyklopädie [WW 07]. Der Begriff setzt sich aus „En-

        Wikipedia

1 Einführung und Grundlagen

cyclopedia" für Enzyklopädie und „*Wiki*" [EG 05] zusammen. Der Name Wiki stammt von wikiwiki, dem hawaiischen Wort für „schnell". Ein Wiki, auch *WikiWiki* und *WikiWeb* genannt, ist eine im Web verfügbare Seitensammlung, die von jedem Benutzer nicht nur gelesen, sondern auch online geändert werden kann. Wikis ähneln damit Content Management-Systemen. Mit der Änderbarkeit der Seiten durch jedermann erfüllt Wikipedia eine wichtige Anforderung an soziale Software.

Flickr

- *Flickr* (von „to flick through something" etwas durchblättern) bietet jedem die Möglichkeit, digitale Fotos in Kategorien (auch Tags genannt) zu sortieren, in so genannte Pools aufzunehmen, nach Stichworten zu suchen, so genannte Photostreams (Photoblogs) anderer Benutzer anzuschauen und Bilder mit Bildausschnitten zu kommentieren. Neben dem herkömmlichen Upload über die Website können die Bilder auch per E-Mail oder vom Fotohandy aus übertragen und später von anderen Webauftritten aus verlinkt werden.

Google, Ebay, Amazon, Google Maps

2. *Web-Services* oder *Dienstleistungsservices* stellen Services zur Verfügung, durch deren Nutzung Geld verdient wird, z.B. *Google*, *Ebay* und *Amazon*. Ein Service ist für den Benutzer umso wertvoller, je größer und breiter die Datenbasis ist, auf denen er basiert. Damit werden Inhalte der Websites wichtiger als das Aussehen der Inhalte im Vergleich zu Web 1.0. Durch Verknüpfung vorhandener Daten oder der Services lassen sich neue Services generieren. *Google Maps* [G 07] ist ein exzellentes Beispiel für die Erstellung neuer Services auf Basis bestehender Suchmaschinenfunktionalitäten, und geographische Daten werden verknüpft, um z.B. die Pizzerien einer Stadt auf einer Karte darzustellen.

Die Verknüpfung der Daten, der Wiederfindung mit Datamining-Methoden und deren Vertrauenswürdigkeit am Beispiel Google und Wikipedia und die daraus resultierenden Auswirkungen stellt Maurer in [M 07] zur Diskussion.

Zur Programmierung von Web-Services stehen Frameworks zur Verfügung. Die populärsten sind Struts, Tapestry, Cocoon, ASP.NET und Ruby On Rails. Ein kurzer und weiterführender Überblick der *Web 2.0 Frameworks* ist in [BK 07] enthalten.

Web Service

3. Das Web als Programmierplattform erlaubt die Erstellung von neuen Software-Applikationen, welche *Service-orientierte Architekturen (SOA)* realisieren. Die SOA ist eine Menge voneinander unabhängiger, lose gekoppelter Dienste, die meist mit *Web-Services* [KW 02], [ACK 03], [DJM 05] [WCL 05] implementiert

sind. Ein Web-Service erlaubt normalerweise nicht die Kommunikation mit einem Benutzer, sondern zwischen zwei oder mehreren Software Applikationen. Web-Services sind also nicht für Clientanfragen von einem Browser gedacht, sondern für Softwaresysteme, die automatisiert XML-basierte Nachrichten (Daten) austauschen und/oder Funktionen auf entfernten Rechnern aufrufen.

1.3.2 Web 3.0

Die Zusammenführung der Web 2.0-Technologien mit dem semantischen Web bezeichnet man als *Web 3.0*. Das *semantische Web (Semantic Web)* erweitert die Inhalte des Webs um semantische Informationen, so dass daraus maschinenlesbare und verarbeitbare Daten werden. Damit sind die Daten durch *Software-Agenten* verstehbar, interpretierbar, analysierbar und benutzbar. Die Agenten können dann, gemäß der Bedeutung der im Web abgelegten Dokumente, neue Dokumente zusammenstellen.

Semantic Web

Das Konzept beruht auf einer Vision [B 01], des W3C Direktors Tim Berners-Lee, der das Web als ein universales Medium für Daten-, Informations- und Wissensaustausch sieht.

Sollen Agenten oder Automaten Such-, Kommunikations- und Entscheidungsaufgaben auf das in den Webseiten gespeicherte Wissen übernehmen oder Daten austauschen, so müssen die Webseiten Information darüber enthalten, wie sie strukturiert sind und wie sie zu interpretieren sind. Zur Darstellung komplexer Wissensbeziehungen verwendet die Informatik den Begriff Ontologie. Eine *Ontologie* beschreibt also einen Wissensbereich (knowledge domain) mit Hilfe einer standardisierenden Terminologie sowie Beziehungen und ggf. Ableitungsregeln zwischen den dort definierten Begriffen [H 02]. Das gemeinsame Vokabular ist in der Regel in Form einer *Taxonomie* gegeben, die als Ausgangselemente (modelling primitives) Klassen, Relationen, Funktionen und Axiome enthält. Eine Ontologie stellt ein Netzwerk von Informationen dar, während die Taxonomie nur eine hierarchische Untergliederung bildet.

Ontologie

Vergleichbar ist eine Ontologie mit einem UML-Klassendiagramm: Bei einem UML-Klassendiagramm modelliert man einzelne Klassen, deren Eigenschaften, sowie die Beziehungen zwischen den Klassen. Der Unterschied besteht nur darin, dass Ontologien Begriffe modellieren und keine Klassen.

Das semantische Web setzt sich aus folgenden Standards und Tools zusammen:

1 Einführung und Grundlagen

- *XML* ist die Beschreibungssprache für strukturierte Elemente enthält jedoch keine semantische Beschreibungen für Bedeutungen des Dokuments.

- *XML Schema* ist eine Sprache zur Einschränkung der Struktur und der Elemente eines XML Dokuments.

- *RDF* (Resource Description Framework-Modell) ist ein Datenmodell für Objekte (Ressourcen) und wie sie miteinander in Beziehung stehen.

- *RDF Schema* ist ein Vokabular zur Beschreibung von Eigenschaften und Klassen von RDF Ressourcen.

- *OWL* (Web Ontology Language) ist die zurzeit populärste Sprache für die Modellierung von Ontologien und damit zur Entwicklung des Semantischen Webs.

- **SPARQL** (*S*PARQL *P*rotocol *a*nd *R*DF *Q*uery Language) ist ein Protokoll und eine Abfragesprache für das Semantische Web.

Software-Agenten

Software-Agenten [G 06] sind die Benutzerschnittstellen zum Semantic Web. Als virtuelle Handlungsreisende bevölkern sie das Semantic Web und führen für ihre menschlichen Benutzer Aufträge aus. Dazu müssen sie mit anderen Software-Agenten kommunizieren und ihre Dienste ansprechen, das heißt, mit ihnen interagieren können.

1.3.3 Web 4.0

Web Intelligence (WI)

Web Intelligence (WI) untersucht die fundamentalen Grundlagen, Auswirkungen und praktischen Effekte von *Künstlicher Intelligenz* und fortgeschrittenen *Informations-Technologien* auf webbasierte Produkte, Services und Aktivitäten. Die betreffenden Gebiete der Künstlichen Intelligenz sind z.B. Knowledge Representation, Knowledge Planning, Knowledge Discovery und Data Mining, Intelligent Agents und Social Network Intelligence. Fortgeschrittene Informationstechnologien sind z.B. Wireless Networks, Ubiquitous Devices, Social Networks und Data/Knowledge Grids. WI lässt sich als Weiterentwicklung oder Erweiterung von Künstlicher Intelligenz und/oder Informationstechnologien betrachten. Mit der Verknüpfung von WI mit Multi-Phasen-Prozessen, und verteilten und parallelen Prozessen, leistet das WI wertvolle Beiträge zur Fortentwicklung von webbasierten Technologien [ZLY 07].

Dies ergibt eine zukünftige Verlagerung des Web hin zum *World Wide Wisdom Web* oder kurz *W4* [ZLY 07] und wird hier als eine vielleicht neue zukünftige Version des Web mit *Web 4.0* bezeichnet. Das Web 4.0 beeinflusst die folgenden beschriebenen *E-Applikationen* und wird diese weiter vorantreiben und mit mehr Intelligenz versehen.

W4
Web 4.0

1.3.4 E-World

Die Fortschritte und Entwicklungen der Telekommunikation und der Informatik, der *Telematik* zusammen mit der Entwicklung der Informationstechnik, hin zu mobilen und allgegenwärtigen (ubiquitous) Endgeräten, führte zur Neugestaltung von Applikationen auf all unseren Lebensgebieten, hin zu *E-Applikationen*, oder wie Kuhlen [K 05] es nennt, auf unsere zukünftige *E-World*. Das „e" steht dabei für *electronic* oder *enhanced*.

E-Applikationen

Anfangs wurde zwischen Menschen und Menschen per Telefon kommuniziert. Das Internet und das *Web 1.0* erlaubte eine Kommunikation zwischen dem Menschen und der Maschine. Die Maschine stellt Information oder Webseiten zur Verfügung, die der Mensch abrufen und einsehen kann. Er kann weltweit auf Information zugreifen, und Schlagworte *„Information at your fingertipps"* charakterisieren den Informationszugriff. An brauchbaren und aktuellen Informationen stehen beispielsweise City Guides, Travel Information, elektronisches Telefonbuch und Hotelauskunftsverzeichnisse zur Verfügung.

Entwicklung der Kommunikation und des Web

Web 2.0 erlaubt mit den Web-Services zusätzlich eine Kommunikation von Maschinen mit anderen Maschinen. Dies erlaubt dann zusammengesetzte und komplexere Services abzuwickeln, die auf verschiedenen Maschinen zur Verfügung stehen. Diese bildet heute und zukünftig die Grundlage und Basis vieler E-Applikationen. Gelingt es, die Services mit semantischer Information auszustatten (*Web 3.0*), so können die Services ihrem Inhalt und ihrer Funktion gemäß gesucht und aufgerufen und ausgeführt werden. Dies erlaubt dann die komfortable Abwicklung komplexer E-Applikationen. Mit *Web 4.0* können dann auf Wissen basierte Services abgewickelt und damit intelligente E-Applikationen aufgebaut werden.

1.3.4.1 E-Business

E-Business umfasst die beiden heute und zukünftig meistens über das Internet abgewickelten Geschäftstätigkeiten des

1 Einführung und Grundlagen

E-Commerce
- *Elektronischen Handels* (*E-Commerce* oder andere Begriffe dafür sind Internetverkauf, Elektronischer Marktplatz und Virtueller Marktplatz), also das Handeln mit Gütern und Dienstleistungen und die

E-Procurement
- *elektronische Beschaffung* (*E-Procurement*), also die Beschaffung von Gütern und Dienstleistungen.

Der Elektronische Handel lässt sich nach der Art der Teilnehmer unterteilen in [WE 07]

Unterteilung des Elektronischen Handels
- **Consumer** (Kunde):
  - *C2C* – Consumer-To-Consumer, Verbraucher an Verbraucher. Auktionshandel z.B. über Ebay.
  - *C2B* – Consumer-To-Business, Verbraucher an Unternehmen. Dienstleistungsangebote der Verbraucher an Unternehmen z.B. My-Hammer.
  - *C2A* – Consumer-To-Administration, Verbraucher an Regierung.

Definition E-Business
- **Business** (Verkäufer, Unternehmen):
  - *B2C* – Business-To-Consumer, Unternehmen an Verbraucher. Versandhandel z.B. Amazon, eBay, Express, Otto etc.
  - *B2B* – Business-To-Business, Unternehmen an Unternehmen. Handel zwischen Unternehmen und Lieferanten z.B. ExportPages, Wer liefert was?
  - *B2A* – Business-To-Administration, Unternehmen an öffentl. Verwaltung. Durchführung der Leistung von Unternehmen an den Staat/öffentliche Stellen.
  - *B2E* – Business-To-Employee, Unternehmen an Mitarbeiter.
- **Administration** (Regierung):
  - *A2C* – Administration-To-Consumer, Regierung an Verbraucher, elektronisch gestützte Steuererklärung z.B. Elster.
  - *A2B* – Adminstration-To-Business, Regierung an Unternehmen, Leistungsangebot öffentlicher Stellen an Unternehmen.
  - *A2A* – Administration-To-Administration, Regierung an Regierung. Elektronischer Verkehr zwischen Behörden, Austausch von Informationen.

Der Begriff *E-Business* wurde in den 1990er Jahren von IBM durch Werbekampagnen populär gemacht. E-Business ist die integrierte Ausführung aller digitalen Bestandteile ökonomischer Prozesse [T 02]. Also die medienbruchfreie, rechnerbasierte und automatisierte Verarbeitung von Information in ökonomischen Prozessen. Bei den ökonomischen Prozessen werden volkswirtschaftliche Prozesse ausgeschlossen.

1.3.4.2 Weitere E-Applikationen

Applikationen, die sich größtenteils auf die Internet-Infrastruktur oder -technik stützen und die früher gebrauchten Tele-X-Begriffe oder Cyber-X-Begriffe ersetzen, werden heute meist unter dem Oberbegriff E-X zusammengefasst. Die prägnantesten und gebräuchlichsten E-Begriffe sind Folgende:

- Von *E-Business Intelligence* [KMU 06] spricht man bei der elektronischen Überwachung und Analyse der Geschäftstätigkeiten.

- *E-Finance* befasst sich mit grundlegenden und aktuellen Fragestellungen der elektronischen Finanzdienstleistungen, z.B. des elektronischen Wertpapierhandels.

- *E-Science* bezeichnet den Einsatz der elektronischen Netze, unter Verwendung der Methoden des *Distributed Computing*, insbesondere von Grid-Technologien im wissenschaftlichen Umfeld.

- Unter *E-Learning* versteht man alle Formen des Lernens, bei denen digitale Medien für die Präsentation und Distribution von Lernmaterialien und/oder elektronische Netze zur Unterstützung zwischenmenschlicher Kommunikation zum Einsatz kommen. Beim *Web-Based Training (WBT)* werden Lerneinheiten nicht auf einem Datenträger verbreitet, sondern von einem Webserver online mittels des Internets oder eines Intranets abgerufen. Die Einbettung ins Netz bietet vielfältige weiterführende Möglichkeiten der Kommunikation und Interaktion des Lernenden mit dem Dozenten bzw. seinen Mitlernern. So können Mails, News, Chats und Diskussionsforen mit dem WBT verknüpft und Audio- und Videosignale live gestreamt werden.

- *E-Service* umfasst alle Formen und Möglichkeiten, auf elektronischem Wege den Service zu verbessern. Z. B. bei Banken interaktive Finanzdienstleistungen (E-Banking). Beim Marketing, speziell bei Autoherstellern, ein „Car-Konfigurator", mit dessen Hilfe man sich sein Wunschauto zusammenstellen kann. Bei Versicherungen die interaktiven Beratungsangebote zum Durchspielen unterschiedlicher Tarife.

1 Einführung und Grundlagen

- Unter *E-Government* versteht man die Vereinfachung und Durchführung von Prozessen zur Information, Kommunikation und Transaktion innerhalb und zwischen staatlichen Institutionen und Behörden sowie zwischen diesen Institutionen und Bürgern bzw. Unternehmen durch den Einsatz von Informationstechnologien und elektronischen Netzen. E-Government ist somit der Überbegriff für E-Administration, E-Justice und E-Democracy. E-Democracy umfasst E-Participation und E-Voting.

- *E-Community* ermöglicht die Bildung von Gemeinschaften. E-Community stellt eine unterstützende und produktive Umgebung zum Zusammenarbeiten, Lernen und Kommunizieren zur Verfügung.

- *E-Health* bezeichnet die Vernetzungsbestrebungen im Gesundheitswesen (z. B. elektronische Patientenakten) oder generell elektronische Infrastrukturinitiativen (z.B. elektronische Beschaffung von Gesundheitsinformationen und Dienstleistungen via Internet). Mitunter sind mit E-Health Anwendungen der Telemedizin gemeint, z.B. Expertenkonzile oder das Fern-Monitoring der Vitalwerte von Patienten.

1.4 Selbstorganisierende Systeme

Die verteilten Rechensysteme müssen installiert, konfiguriert, überwacht (Monitoring), Sicherheitsanforderungen realisiert, umkonfiguriert und bei auftretenden Fehlern repariert werden. Dies verursacht im laufenden Betrieb der Systeme hohe Kosten, die so genannten *Total Cost of Ownership* (*TCO*). Zur Senkung der Kosten geht man entweder den Weg

- des Auslagerns der Rechenressourcen an externe Dienstleistungsunternehmen (Outsourcing), oder

- durch *Virtualisierungstechniken*, besonders bei der Server-Konsolidierung versucht man durch Reduktion der Anzahl der Server die laufenden Kosten zu reduzieren, oder

- durch selbstlaufende, selbstkonfigurierende, fehlertolerante und somit sich *selbstorganisierende Systeme* versucht man die Kosten in den Griff zu bekommen.

1.4.1 On Demand Computing

2002 prägte IBM den Begriff des *Business on Demand*. Business on Demand erlaubt geänderte Marktbedingungen oder veränderte Anforderungen – die zum Teil durch die Globalisierung der Märkte bedingt sind – zu erkennen und mit einer flexiblen IT-Infrastruktur darauf zu reagieren.

Heute wird der Begriff Business on Demand weiter ausgelegt und schließt das Computing on Demand mit ein. *On Demand Computing (ODC)* ist ein Computing-Modell auf Unternehmensebene, bei dem die Technologien und Rechenressourcen Organisationen und individuellen Benutzern sobald und soweit er sie benötigt zur Verfügung gestellt werden. Rechenressourcen sind dabei CPU-Zyklen, Bandbreite, Speicher und neuerdings auch Applikationen und Services. Die Rechenressourcen werden den Tasks oder den Applikationen der Benutzer zugeteilt, so wie er sie benötigt. Dies führt auf eine bessere Auslastung der Rechenressourcen, da verschiedene Benutzer zu einer Zeit unterschiedliche Ressourcen belegen. Weiterhin können dadurch Spitzenleistungen besser bewältigt werden, da nicht alle Benutzer zur gleichen Zeit, sondern zu verschiedenen Zeiten die Spitzenleistung benötigen.

On Demand Computing (ODC)

Mit *Virtualisierungstechniken* (siehe Kapitel 7) unterteilt man den gemeinsam genutzten Rechnerpool in logische Ressourcen anstelle der physikalisch vorhandenen Ressourcen. Einer Task oder einer Applikation wird keine bestimmte, vorab festgelegte Ressource zugeordnet, sondern eine beliebige, zur Laufzeit freie virtuelle Ressource aus dem Pool der Ressourcen.

Virtualisierung

Die Ressourcen werden dabei durch die eigene IT-Infrastruktur des Benutzers oder durch Service-Provider zur Verfügung gestellt. Die Service-Provider rechnen dann ihre Leistungen bei *pay-per-use* ab. Es müssen also nur die Leistungen für Inanspruchnahme der Ressourcen bezahlt werden, die auch tatsächlich benutzt wurden. Service-Provider bieten einen Katalog von standardisierten Services an. Diese können unterschiedliche *Service Level Agreements* (Vereinbarung über die Qualität und den Preis einer IT-Dienstleistung) haben. Der Kunde hat keinen Einfluss mehr auf die zugrunde liegenden Technologien wie z.B. die Server-Plattform.

pay-per-use

Unter *Utility Computing* versteht man Technologien und Geschäftsmodelle, mit denen ein Service-Provider seinen Kunden IT-Leistungen in Form von Services zur Verfügung stellt und diese nach Verbrauch abrechnet. Beispiele für solche IT-Services sind Serverkapazität, Speicherplatz oder Applikationen.

Utility Computing

Utility Computing lässt sich unterteilen in

1 Einführung und Grundlagen

- *Internal Utility*, das Rechnernetz und die Rechner werden nur innerhalb eines Unternehmens gemeinsam genutzt. In diesem Fall sind die Kunden die einzelnen Sparten oder Abteilungen dieses Unternehmens.
- *External Utility*, bei dem mehrere verschiedene Unternehmen den Rechnerpool eines Serviceproviders gemeinsam nutzen.
- *Mischformen* zwischen Internal und External sind möglich.

Sun Microsystems bietet mit *Sun Grid* {S 07] eine External Utility oder, wie Sun es nennt, ein On-demand Grid Computing Service an. Sun Grid bietet dabei Rechenleistung und Rechenressourcen über das Internet an. Grundlage des Sun Grid ist die Sun Grid Engine, die als Open Source zur Verfügung steht.

1.4.2 Autonomic Computing

Autonomic Computing

In 2001 startete IBM die Initiative des *Autonomic Computing*. {KC 03]. Das endgültige Ziel ist das selbstorganisierende autonome Computer-System. IBM [KC 03] hat dazu die vier folgenden Ziele festgelegt:

1. *Selbst-Konfiguration* (*Self-Configuration*): Automatische Konfiguration und Management der Komponenten;
2. *Selbst-Heilend* (*Self-Healing*): Automatische Entdeckung von Fehlern und Korrektur der Fehler;
3. *Selbst-Optimierend* (*Self-Optimization*): Automatische Überwachung und Kontrolle der Ressourcen zur Sicherstellung der optimalen Funktionstüchtigkeit in Bezug auf die vorgegebenen Anforderungen;
4. *Selbst-Schützend* (*Self-Protection*): Auf Eigeninitiative basierende Identifikation und Schutz vor willkürlichen Angriffen.

In einem selbstorganisierenden System nimmt der menschliche Operator eine neue Rolle ein: Er kontrolliert nicht das System direkt, stattdessen definiert er Strategien und Regeln, die dann als Eingabe dienen und Vorgaben sind für das sich selbstorganisierende System.

Die IBM Self-Managing Autonomic Technology und die IBM IT Service Management Vision sind auf den Webseiten von IBM [IBM 07] beschrieben.

1.4.3 Organic Computing

Aufbauend auf dem Autonomen Computing mit den Selbst-Eigenschaften entsteht ein Netzwerk von autonomeren intelligenten

Systemen. Die technischen Systeme müssen dazu unabhängig voneinander arbeiten, flexibel aufeinander reagieren, und jedes System muss autonom arbeiten, d.h. sie müssen lebensähnliche Eigenschaften zeigen. Solche Systeme heißen *organisch*. Ein *"organisches Computer-System"* ist ein technisches System, welches sich dynamisch auf die gegenwärtigen Bedingungen seiner Umgebung anpasst. Es ist selbstorganisierend, selbst-konfigurierend, selbst-optimierend, selbstheilend, selbst-schützend, selbst-erklärend und kontextbewusst [MMW 04].

Organic Computing und dessen fundamentale Konzepte treten unabhängig voneinander in verschiedenen Forschungsgebieten auf (z.B. in den Neurowissenschaften, in der Molekularbiologie und in Computer Engineering).

Das Gebiet Organic Computing bearbeiten Mathematiker, Soziologen, Physiker, Ökonomen und Informatiker. Letztere betrachten jedoch die Systeme nur unter dem Aspekt von vereinfachten Modellen der Künstlichen Intelligenz. Zentrales Anliegen von Organic Computer-Systemen ist die Analyse von Informationsverarbeitung in biologischen Systemen.

Die Organic Computing Initiative ist in [OCI 07] enthalten, und das Projekt Organic Computing der Deutschen Forschungsgemeinschaft (DFG) ist beschrieben in [DFG 07]. Visionen des Organic Computing und Anwendungsszenarien beschreibt das Positionspapier [VIG 07] der Gesellschaft für Informatik (GI) und der Informationstechnischen Gesellschaft im VDE (ITG).

Zur Beherrschung und für den laufenden Betrieb von Cluster oder Grids mit Hunderten bis Tausenden Prozessoren sind die Selbst-Eigenschaften des Organic Computing eine Grundvoraussetzung und ein Muss.

1.5 Parallele versus Verteilte Verarbeitung

1.5.1 Parallele Verarbeitung

Ziel der parallelen Verarbeitung ist hauptsächlich, eine Geschwindigkeitssteigerung der Anwendung herbeizuführen. Besonders bei den *echt parallelen* (*true parallel*) [HP 06] Programmen für wissenschaftliche Applikationen, die auf mächtig ausgelegten Multiprozessoren (Supercomputer) oder High Performance Computing Cluster und Grids ablaufen, steht die Parallelität zum Erzielen einer Lösung innerhalb einer akzeptierbarer Zeitspanne im Vordergrund.

Ziele der Parallelverarbeitung

1 Einführung und Grundlagen

Tasks, Prozesse

Zur Ereichung der Parallelität zerlegt man die Applikation oder das Programm in Einheiten, die parallel ausgeführt werden, in sog. *Tasks*, oder aus Betriebssystemsicht betrachtet in *Prozesse*. Zur Reduktion der Prozessumschaltzeiten, falls das Programm *quasiparallel*, also auf einem Prozessor ausgeführt wird, oder zur effizienten Implementierung von Server, können die Prozesse weiterzerlegt werden in Berechnungsfäden oder *Threads*. Die Prozesse oder Threads verteilt man dann auf mehrere Prozessoren und führt sie somit gleichzeitig und parallel aus. Die Verteilung nimmt ein Ablaufplaner oder *Scheduler* vor.

Vorteile der quasi-parallelen Abarbeitung

Verschiedene Prozesse stellen unterschiedliche Anforderungen an die Betriebsmittel oder Ressourcen eines Rechners. Liegt nur ein Rechner oder Prozessor vor, so erreicht man durch Umschalten (*Dispatching*) der Prozesse auf dem Prozessor, und somit einer quasiparallelen Abarbeitung, eine bessere Auslastung der Betriebsmittel eines Rechners. Dies ist dadurch bedingt, dass unterschiedliche Prozesse unterschiedliche Betriebsmittel des Rechners belegen. Rechenintensive Prozesse benötigen viel CPU-Zeit, und E/A-intensive Prozesse belasten das E/A-System stark. Eine gute Mischung von beiden Prozessarten und mit dem Umschalten der Prozesse führt dies dann auf kürzere Verweilzeiten der Prozesse im System. Gemäß den Betriebs- und Einsatzarten des Rechners verkürzt dies die folgend beschriebenen Zeiten:

- Sind die Prozesse *Batchjobs*, so erreicht man dadurch kürzere Durchlaufzeiten (Turnaround Time) der Jobs.

- Im *Timesharing-Betrieb* führt die Prozessumschaltung auf eine bessere Auslastung der CPU- und I/O-Ressourcen und auf kürzere Antwortzeiten (Response Time) für den Benutzer.

- Beim *Realzeit-Betrieb* erlaubt eine Zerlegung des Programms in Tasks die bessere Nachbildung der externen Parallelitäten. Weiterhin können dann durch die Zuordnung einer Priorität an die Tasks und einem prioritätsorientierten Scheduler die externen parallelen Abläufe bei der Bearbeitung besser gewichtet werden.

- Beim *Server-Betrieb* reagiert ein paralleler Server {B 04], der meist multithreaded ist, schneller auf die Anfragen der Clients. Ein paralleler Server ermöglicht die Anforderungen von mehreren Clients parallel zu bearbeiten.

Verteilte Programme laufen immer auf mehreren Prozessoren ab, während parallele Programme auch quasiparallel, also auf einem Prozessor ausgeführt werden können.

Der Parallelitätsbegriff lässt sich weiter untergliedern in

- nebenläufige und
- kooperierende Prozesse.

1.5.1.1 Nebenläufige Prozesse

Nebenläufig (concurrent) [HH 98] bedeutet, dass zwei Aktions- oder Aktivitätenstränge oder Prozesse gleichzeitig ablaufen, diese aber nicht notwendigerweise etwas miteinander zu tun haben. Die Aktionen sind kausal voneinander unabhängig und können somit unabhängig voneinander ausgeführt werden. [PF 06]. *Nebenläufig*

Bei der Ausführung der nebenläufigen Prozesse stehen sie in *Konkurrenz* zueinander bei der Belegung und anschließenden Benutzung der Betriebsmittel eines Rechners, Multiprozessors, Multi-Computers, Clusters oder Grids. *Konkurrenz*

1.5.1.2 Kooperierende Prozesse

Von *kooperierenden (cooperating)* Prozessen spricht man, *Kooperierend*

1. wenn die nebenläufigen Abläufe (Prozesse) zu einem übergeordneten Programm gehören oder die verschiedenen Aktivitätenstränge und somit die Prozesse eine gemeinsame Aufgabe lösen und
2. die Abläufe so logisch miteinander verknüpft sind, dass eine Synchronisation zwischen den Abläufen erfolgen muss.

Ein Beispiel von kooperierenden Prozessen ist das Erzeuger- und Verbraucherproblem, bei dem ein Erzeuger über eine Röhre (*Pipe* unter Unix) einem Verbraucher Nachrichten zusendet. Ein weiteres Beispiel sind die Warteschlangen (*Queues* unter Unix). Mehrere Erzeuger können eine Nachricht an die Queue senden, die dann von mehreren unterschiedlichen Empfängern aus der Warteschlange entnommen werden können. Da, wie bei der Pipe, der Empfänger nicht festliegt, muss bei der Queue der Sender der Nachricht die Adresse des Empfängers mitgeben. *Pipe, Queue*

Schränkt man die Interaktion der kooperierenden Prozesse auf Nachrichtenaustausch mit `send-` und `receive`-Anweisungen ein, so könnte man in Anlehnung an die *Communicating Sequential Processes* (*CSP*) von Hoare [Ho 78] die kooperierenden Prozesse auch *kommunizierende Prozesse* nennen. *Kommunizierende Prozesse (CSP)*

Abbildung 1-2 zeigt die Gemeinsamkeiten von Parallel und Verteilt aus Sicht der parallelen Verarbeitung [L 01].

1 Einführung und Grundlagen

Abb. 1-2:
Parallel und
Verteilt aus
Sicht der
parallelen
Verarbeitung

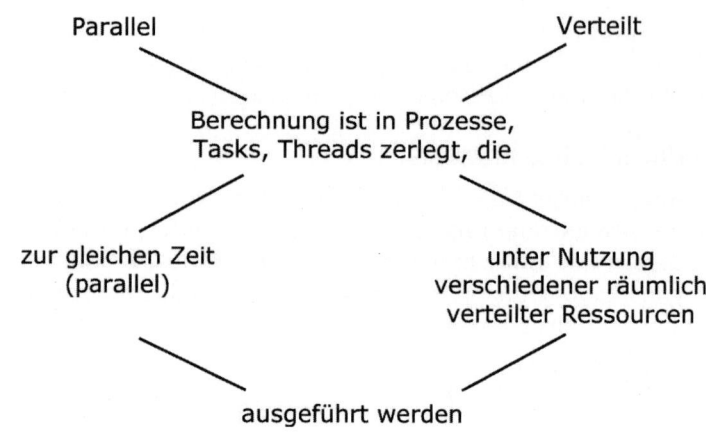

1.5.2 Verteilte Verarbeitung

Definition Distributed Computing	Verteiltes Rechnen oder Verteilte Verarbeitung (***Distributed Computing***) befasst sich mit der Koordination von vielen Computern in möglicherweise entfernten physikalischen Lokationen, die eine gemeinsame Aufgabe erledigen. Die Hardware, Betriebssysteme, Programmiersprachen und Ressourcen der einzelnen Computer können dabei stark variieren und unterschiedlich sein. Von den Maschinen, die zusammen arbeiten, muss jede Maschine über ein Netzwerk von jeder anderen Maschine zugreifbar sein. Dies ist meistens gegeben durch das zugrunde liegende TCP/IP-Protokoll.
Interaktion	Die Möglichkeit zur Benutzung ganz unterschiedlicher Computer hat auf das Protokoll Auswirkungen: Das Protokoll oder der Kommunikationskanal darf keine Information enthalten oder benutzen, das gewisse Maschinen nicht verstehen. Die Nachrichten müssen korrekt abgeliefert und ungültige Nachrichten abgewiesen werden. Besonders bei ungültigen Nachrichten besteht die Gefahr, dass das System abstürzt und möglicherweise den Rest des Netzwerkes lahm legt.
Herunterladen von Code	Das Senden von Software oder Code zu einem anderen Computer muss gegeben sein. Der andere Computer kann dann diesen Code ausführen und mit dem bestehenden Netzwerk interagieren. Diese Möglichkeit ist durch Java gegeben, wenn auf allen Maschinen die ***Java Virtual Machine*** (JVM) läuft. Steht die Java virtuelle Maschine nicht zur Verfügung, da unterschiedliche Hardware, Betriebssysteme und Programmiersprachen benutzt werden, so muss Cross-Compiling bis hin zur manuellen Portierung des Codes eingesetzt werden.

Das Package *Serialization* in Java serialisiert Objekte (***Object Serialization***). Damit können Objekte und somit Daten über das Netz zum Code wandern. Dies erlaubt die lokale Verarbeitung der Daten, und es muss nicht mehr der Code zu den Daten kopiert oder herunter geladen werden, d.h. über das Netz transportiert werden.

Mobile Objekte

1.5.2.1 Beispiele für Verteilte Systeme

Ein Beispiel für ein Verteiltes System ist das ***World Wide Web* (WWW)** (siehe Abschnitt 1.3). Liest ein Benutzer eine Webseite, so benutzt er dazu seine eigene Komponente des Verteilten Systems, nämlich den Web-Browser. Browst ein Benutzer durch das Web, so läuft der Web-Browser auf seinen eigenen Rechner und er kommuniziert mit verschiedenen Web-Servern, welche die Seite zur Verfügung stellen. Möglicherweise benutzt der Browser einen Proxy Server zum schnelleren Zugriff auf bisher vorhandene Seiten. Zum Finden der Web-Server steht das ***Domain Name System (DNS)*** zur Verfügung. Der Web-Browser kommuniziert mit all diesen Web-Servern über das Internet durch ein System von Routern, welche selbst wieder Teil eines großen Verteilten Systems sind.

Beispiel: WWW und DNS

Das Web ist ein Verteiltes System mit heterogenen Rechnern mit unterschiedlichem Leistungsspektrum (vom PC, Mainframe, Multiprozessoren bis hin zu Cluster). Im Gegensatz dazu, und ein weiteres Beispiel für ein Verteiltes System, sind die Mikrogeräte oder die mobilen Endgeräte (Micro Devices), die über drahtlose Netze miteinander verbunden werden. (siehe Abschnitt 1.2.3).

Beispiel: Drahtlose Netze mit Micro Devices

1.5.2.2 Positive Eigenschaften der verteilten Verarbeitung

Aus Sicht der verteilten Verarbeitung haben verteilte Anwendungen zusätzlich zur Geschwindigkeitssteigerung, die durch die parallele Verarbeitung erreicht wird, noch weitere positive Eigenschaften [CDK 02]:

- *Ausfalltoleranz*: Ausfälle in Verteilten Systemen sind partiell – das bedeutet, einige Komponenten fallen aus, während andere weiterhin funktionieren und eine Weiterarbeit garantieren. Im Vergleich zu anderen Systemen sind bei einem Verteilten System keine Totalausfälle möglich.
- *Fehlertolerant*: Die meisten Dienste weisen Fehler auf, und in einem großen Netzwerk mit vielen Komponenten sind nicht alle Fehler zu erkennen und zu korrigieren. Das Ignorieren eines Fehlers, z.B. das Verwerfen einer korrumpierten Nachricht, kann bei verteilter Ver-

Ziele von verteilter Verarbeitung

1 Einführung und Grundlagen

arbeitung toleriert werden. Dies bedingt natürlich, dass der Client bzw. der Benutzer sie tolerieren muss und über den aufgetretenen Fehler informiert wird.

- *Erhöhte Verfügbarkeit durch Redundanzen*: Dienste können fehlertolerant gemacht werden, und eine höhere Verfügbarkeit lässt sich erreichen, indem man die Komponenten mehrfach und somit redundant auslegt. Diese Redundanzen können natürlich auch durch parallele Verarbeitung zur Geschwindigkeitssteigerung ausgenutzt werden.

Kooperation bei verteilter Verarbeitung

Bei einem Verteilten Programmsystem nennt man die Zusammenarbeit aller beteiligten Komponenten *kooperativ*, wenn das geregelte Zusammenwirken aller Komponenten und die Steuerung des zeitlichen Ablaufs durch synchronen Nachrichtenversand, Request/Reply Protokoll (Client-Server-Protokoll) oder Aufrufbeziehungen geregelt wird.

Aus Sicht der verteilten Verarbeitung ergibt sich damit das zu Abbildung 1-3 entsprechende Diagramm.

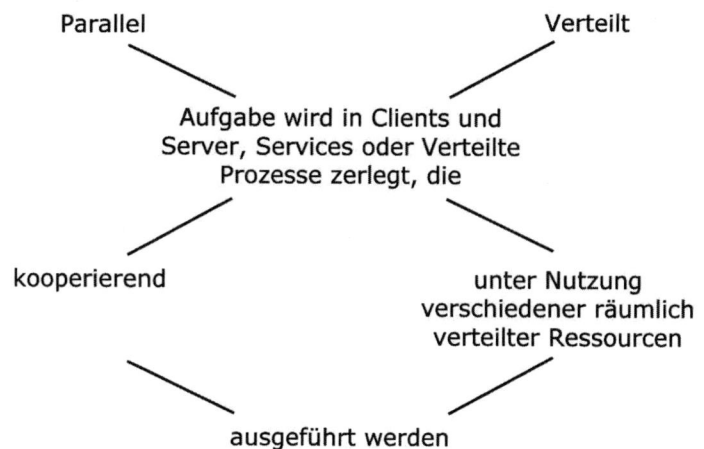

Abb. 1-3: Parallel und Verteilt aus Sicht der Verteilten Verarbeitung

1.5.2.3 Eigenschaften eines Verteilten Systems

Betrachtet man das Verteilte System aus Benutzer- und Einsatzsicht, so sind weitere Ziele und Eigenschaften eines Verteilten Systems das Verbinden von Benutzern und Ressourcen in

1.5 Parallele versus Verteilte Verarbeitung

- transparenter,
- skalierbarer und
- offener Weise.

Transparenz bedeutet, dass etwas „durchsichtig", also nicht direkt sichtbar ist. Eigenschaft eines Verteilten Systems ist, die Verteilung vor einem Benutzer oder einer Anwendung zu verbergen. Der Benutzer soll nur ein System sehen, im Idealfall sein eigenes, ihm allein zur Verfügung stehende System. Neben anderen Transparenzen fordert man von einem Verteilten System die folgenden Transparenzen:

Transparenzen

- *Ortstransparenz:* Der Ort einer Ressource oder eines Dienstes ist dem Benutzer oder der Anwendung nicht bekannt. Ein Benutzer greift über einen Namen auf die Ressource oder den Dienst zu. Der Name enthält dabei keine Information über den Aufenthaltsort der Ressource oder des Dienstes.

- *Zugriffstransparenz:* Auf alle Ressourcen oder Dienste wird in derselben Weise zugegriffen. Es spielt dabei keine Rolle, ob die Ressource oder der Dienst lokal oder auf einem entfernten Rechner zur Verfügung steht.

- *Nebenläufigkeitstransparenz:* Bei einem Verteilten System nutzen mehrere Benutzer, die räumlich voneinander getrennt sein können, gleichzeitig das System. Es ist ökonomisch sinnvoll, die vorhandenen Ressourcen zwischen den gleichzeitig laufenden Benutzerprozessen aufzuteilen. Dabei kann es vorkommen, dass auf gemeinsame Ressourcen und Daten gleichzeitig zugegriffen wird. Das System sorgt dann dafür, dass auf die Ressourcen exklusiv, also unabhängig von anderen Benutzern oder Anwendungen, zugegriffen wird. Die parallelen Zugriffe verschiedener Benutzer oder Anwendungen sind dabei unsichtbar für den Benutzer synchronisiert.

Ein *skalierbares System* lässt sich leicht und flexibel ändern in der Anzahl der Benutzer, der Betriebsmittel, der Rechner, der Anwendungen und der Größe der Datenspeicher. Für den Benutzer sind diese Änderungen transparent (*Skalierungstransparenz*) und der Benutzerbetrieb bleibt von diesen Änderungen unbeeinflusst. Skalierbarkeit tritt in drei Dimensionen auf:

Skalierbarkeit

- *Lastskalierbarkeit:* Bei einem Distributed System können die Ressourcen hinzugefügt oder eingeschränkt werden, je nach dem, ob große oder geringe Last vorliegt. Zur gleichmäßigen Auslastung aller Ressourcen fordert man die ***Migrationstransparenz***, also das Verschieben von Prozessen oder Daten von einer Ressource auf eine andere. Das Verschieben geschieht für den Benutzer oder die Anwendung verdeckt und unbemerkbar. Zur erfolgreichen Durchführung einer Migration sind folgende Punkte zu beachten:

Entscheidungen, welcher Prozess oder welche Datei wohin verlagert wird, nimmt das System automatisch vor:

- Wird ein Prozess oder ein File von einem Knoten auf einen anderen verschoben, so sollte der Prozess oder die Datei seinen bzw. ihren Namen beibehalten können (***Ortstransparenz***).

- Wird an den Prozess eine Nachricht geschickt oder wird auf eine Datei zugegriffen, der oder die gerade verschoben wurde, so sollte die Nachricht oder der Zugriff den verschobenen Prozess bzw. die verschobene Datei direkt erreichen, ohne dass der Sende- oder Zugriffsprozess die Nachricht oder den Zugriff erneut an den Knoten schicken muss.

- Alle Betriebsmittel stellen die Rechenleistung zur Verfügung; welche Betriebsmittel die Leistung erbringen, ist unsichtbar (***Leistungstransparenz***). Die Aufgaben und die Last werden dabei dynamisch und automatisch von einem Verteilten System auf die vorhandenen Betriebsmittel verteilt. Durch die Verteilung und das damit verbundene parallele Abarbeiten der Aufgaben erreicht man eine bessere Leistung des Verteilten Systems. So sollte es nicht vorkommen, dass ein Betriebsmittel des Systems mit Aufgaben überlastet ist, während ein anderes Betriebsmittel im Leerlauf arbeitet. Die Aufgaben sollten also gleichmäßig auf die vorhandenen Betriebsmittel des Systems verteilt sein.

- Liegen aus Verfügbarkeitsgründen oder zur Erhöhung der Leistung mehrere Kopien einer Datei oder anderer Ressourcen vor, so greift ein Benutzer oder eine Anwendung auf ein repliziertes Objekt so zu, als wäre es nur einmal vorhanden (***Replikationstransparenz***). Das System sorgt dann automatisch dafür, dass alle Kopien konsistent bleiben.

- Fehler oder Ausfälle im System, wie Ausfall der Kommunikationsverbindung, Rechnerausfall oder Plattenausfälle, sollten für den Benutzer oder die Anwendung maskiert werden. Tritt ein Fehler oder Ausfall auf, so sollte das Verteilte System intakt für den Benutzer weiterarbeiten, allerdings mit verminderter Leistung. Tritt ein Rechnerausfall auf, so sollte der Knotenausfall nur lokal sichtbar sein, und das Restsystem bleibt intakt und kann weiterarbeiten (*Fehler- und Ausfalltransparenz*).

- *Geographische Skalierbarkeit*: Ein geographisch skalierbares System erhält seine Leistungsfähigkeit und schränkt seinen Gebrauch nicht ein, egal und unabhängig davon, wie weit die Benutzer oder Ressourcen geographisch entfernt sind.

- *Administrative Skalierbarkeit*: Die Anzahl der verschiedenen Organisationen, die sich ein Paralleles und Verteiltes System teilen, ist nicht beschränkt und kann schwanken und variieren. Das Management, das Monitoring und der Gebrauch des Distributed Systems sollte einfach zu bewerkstelligen und von überall aus möglich sein.

Offenheit ist die Eigenschaft eines Verteilten Systems, jedes Sub-System ist fortwährend offen zur Interaktion mit anderen Systemen. Besonders bei Grids sind Web-Service-Protokolle (SOAP) der Standard, um das Verteilte System zu erweitern und zu skalieren. Ein offenes skalierbares System bietet den Vorteil der dynamischen Änderung, als ein in sich abgeschlossenes System, wie es meistens bei Clustern vorliegt.

Offenheit

Die Offenheit des Verteilten Systems birgt folgende Probleme, die Herausforderungen an deren Realisierung stellen:

- *Verbreitungs-Monotonie:* Ist Information oder eine Nachricht in einem offenen Verteilten System verbreitet, so kann sie nicht mehr zurückgenommen werden, sondern sie liegt vor.

- *Pluralismus:* Verschiedene Sub-Systeme in einem offenen Verteilten System besitzen heterogene, überlappende und möglicherweise sogar in Konflikt stehende Information. Es gibt keine zentrale Instanz für die Wahrheit der Information in einem offenen Verteilten System.

- *Unbegrenzter Nichtdeterminismus:* Verschiedene asynchrone Sub-Systeme können zu beliebigen Zeitpunkten kommen und gehen. Das gleiche gilt für die Kommunikationskanäle oder Verbindungen zwischen ihnen. Aus diesem Grund ist nicht vorhersehbar, wann eine Operation in einem Verteilten System abgeschlossen und somit beendet ist.

2 Rechnerarchitekturen für Parallele und Verteilte Systeme

Zur Erbringung der großen Rechenlast des Servers muss der Server parallel mit Prozessen, oder durch mehrere Threads, die unter dem Serverprozess laufen, ausgelegt werden. Zum Ablauf des parallelen Servers stehen mehrere Möglichkeiten offen:

1. Parallele Abarbeitung der Threads auf Hardwareebene (*Simultaneous Multithreading*).
2. Einsatz eines *eng gekoppelten Multiprozessorsystems* oder eines *Multicore-Prozessors* mit gemeinsamem Speicher.
3. Einsatz eines *lose gekoppelten Multiprozessors,* oder auch *Multicomputer* [T 06] genannt, und der Realisierung eines verteilten gemeinsamen Speichers.
4. *HPC-Cluster* zur Erhöhung der Leistung oder *HA-Cluster* zur Erhöhung der Verfügbarkeit oder eine Kombination von beidem.

Architekturen für parallele Server

Multiprozessoren und Multicomputer

Eine über das Simultaneous Multithreading gehende Möglichkeit, die Verarbeitungsgeschwindigkeit von Prozessoren zu erhöhen, ist die Koppelung von mehreren Prozessoren, so dass

- ein erhöhter Systemdurchsatz erreicht wird, indem verschiedene Prozesse oder Threads echt parallel auf verschiedenen Prozessoren ausgeführt werden und nicht quasi parallel (durch Prozessumschaltung), wie bei Einprozessorsystemen.
- Ein erhöhter Systemdurchsatz ist vor allem bei parallelen Servern erwünscht, die für jeden eingehenden Request einen Thread starten zur Bearbeitung des Request. Dies bewirkt dann beim Server eine Erhöhung der Anzahl der zu verarbeitenden Requests in einer Zeiteinheit. Hierbei ist sogar noch die Zeit zum Anlegen eines Thread einzusparen, wenn der Server mehrere Threads vorhält und so der Thread für einen neuen Request zur Bearbeitung des Request schon bereitsteht.
- Eine Geschwindigkeitssteigerung einer einzelnen Anwendung ist ebenfalls möglich, indem man parallelisierende Compiler einsetzt oder die Anwendung in parallele Tasks oder Threads aufteilt.

2 Rechnerarchitekturen für Parallele und Verteilte Systeme

Basierend auf der Koppelung zwischen den Prozessoren und dem Speicher lassen sich Multiprozessoren unterteilen in

- *eng gekoppelte Multiprozessoren (tightly coupled)*, bei dem alle CPUs den Hauptspeicher gemeinsam nutzen. Die Synchronisation, Koordination und Kommunikation der parallelen Prozesse auf den verschiedenen CPUs geschieht über den gemeinsamen Speicher. Die einzelnen Prozessoren können ganz einfach in den gemeinsamen Speicher lesen und schreiben (siehe Abschnitt 2.2).

- *lose gekoppelte Multiprozessoren (loosly coupled)*, bei denen jeder Prozessor seinen eignen Speicher hat und kein gemeinsamer Speicher vorhanden ist. Die Synchronisation, Koordination und Kommunikation der parallelen Prozesse auf den verschiedenen Prozessoren ist nur durch Nachrichtenaustausch zu bewerkstelligen, da kein gemeinsamer Speicher existiert. (siehe Abschnitt 2.3).

2.1 Simultaneous Multithreading

Hyper Threading

Simultaneous Multithreading [EEL 97] bezeichnet die Fähigkeit eines Mikroprozessors, mittels getrennter Pipelines und zusätzlicher Registersätze mehrere Threads gleichzeitig auszuführen. Die wohl bekanntesten Prozessoren, die Simultaneous Multithreading realisieren, sind der Intel Pentium 4 und der Intel Xeon. Die von Intel vergebene Bezeichnung lautet ***Hyper-Threading Technology*** [M 02] mit der Abkürzung HT-Tech oder HTT.

Eine Leistungssteigerung eines einzelnen Prozessors lässt sich durch parallele Ausführung der Befehle erreichen. Parallelisierung kann nun auf folgenden Ebenen stattfinden:

1. Auf Instruktions- oder Befehlsebene (*Instruction Level Parallelism*) durch Abarbeitung mehrerer Instruktionen in einem Takt.

2. Auf Thread-Ebene (*Thread Level Parallelism*) durch paralleles Abarbeiten von Befehlen aus mehreren Threads.

3. Durch Zusammenfassung der Instruktions-Ebene und Thread-Ebene zum *Simultaneous Multithreading*.

2.1.1 Instruction Level Parallelism

Befehle, die voneinander unabhängig sind und aus einem überschaubaren, logisch sequenziell angeordneten Programmausschnitt stammen, lassen sich parallel ausführen, sofern zusätzliche Funktionseinheiten

2.1 Simultaneous Multithreading

und Datenregister zur Verfügung stehen. Diese Technik heißt *Superskalarverarbeitung* oder *Superskalarität*.

Superskalar

Die *In-Order-Execution* [M 01] startet (issue) die Befehle aus mehreren nebenläufigen Pipelines in ihrer logischen Reihenfolge. Die Phasenpipeline beginnt häufig mit einer oder mehreren gemeinsamen Stufen (z.B: Befehle holen, Befehle vordekodieren) und gabelt sich anschließend in mehrere nebenläufige Teilpipelines auf. Gleichzeitig oder nacheinander gestartete Befehle können sich dabei nicht überholen (*in-Order*). Datenabhängigkeiten zwischen den Befehlen, die sich gleichzeitig in den Pipelines befinden, werden dadurch aufgelöst, dass die Pipelines mit den logisch später folgenden Befehlen so lange angehalten werden, bis die logisch früher ankommenden Befehle ihre Ergebnisse zurück geschrieben haben. Ergebnisse werden also auch immer in der logischen korrekten Reihenfolge zurück geschrieben (*In-Order-Completion*).

In-Order-Execution

Die *Out-of-Order-Befehlsverarbeitung* [M 01] verändert die Ausführungsreihenfolge der Befehle dynamisch zur Laufzeit des Befehls (dynamisches Scheduling). Im Gegensatz zur In-order-Befehlsverarbeitung, bei der statisch durch einen Compiler die Reihenfolge der Abarbeitung der Befehle und Pipelineunterbrechungen festgelegt wird (*statisches Scheduling*), benutzt das Out-of-Order-Verfahren den Status der Befehlsverarbeitung zur Laufzeit des Befehls zur Festlegung der Befehlsabarbeitung (*dynamisches Scheduling*).

Out-of-Order-Execution

Mikroarchitekturen für Prozessoren, die ihre Programmbefehle out-of-order bearbeiten, erledigen die Teilaufgaben in folgenden Einheiten:

1. Die *Fetch-Unit* holt über den Bus eine feste oder variable Anzahl von Befehlen aus dem Code-Cache und lädt sie in einen Befehlspuffer.

2. Die *Decode-Unit* mit mehreren nebenläufigen Dekodierern, holt sich einen Teil dieser Befehle und versucht pro Taktzyklus diese zu dekodieren. Für Sprungbefehle wird mit einem Vorhersagealgorithmus eine Sprungvorhersage durchgeführt. Bei Sprüngen, die voraussichtlich ausgeführt werden, kann dadurch das Sprungziel in den Codecache geladen werden.

3. Die *Dispatch-Unit* holt die Befehle meistens in ihrer logischen Reihenfolge aus dem Befehlspuffer. Meistens deshalb, da die statischen Datenabhängigkeiten und Ressourcenkonflikte der Compiler bereits erkannt hat und dementsprechend die Reihenfolge der Befehle umgestellt hat. Hat er nicht genügend unabhängige Befehle gefunden, so hat er NO-OP-Befehle (No Operation) eingefügt (Statisches

2 Rechnerarchitekturen für Parallele und Verteilte Systeme

Scheduling). Die Dispatch-Unit untersucht jeden Befehl auf Registerabhängigkeiten bei Operanden und Ergebnisregister und ändert dementsprechend die Befehlsausführungsreihenfolge (Dynamisches Scheduling). Die Veränderung der Ausführungsreihenfolge erfordert zusätzliche Schattenregister, um Ergebnisregisterkonflikte und daraus resultierende Pipelineunterbrechungen zu vermeiden. Die umgeordneten Befehle landen in einem Befehlspool, dem Reorder Buffer, der die Out-of-Order-Befehlsverarbeitung widerspiegelt, und werden der Execution-Unit zugeführt

4. Die *Execution-Unit* besteht aus mehreren nebenläufigen Funktionseinheiten. Eine Funktionseinheit ist typischerweise auf die Ausführung einer bestimmten Teilmenge der möglichen Befehlstypen beschränkt. Die Befehle werden schließlich durch die mehreren Funktionseinheiten parallel ausgeführt und die Ergebnisse in die Schattenregister geschrieben

5. Die *Completion-Unit* schreibt die Ergebnisse, die in den Schattenregistern vorliegen, in die Register zurück und überprüft, ob ein Interrupt aufgetreten ist (Abb.2-1).

Abb. 2-1: Befehlspipeline bei Superskalarität

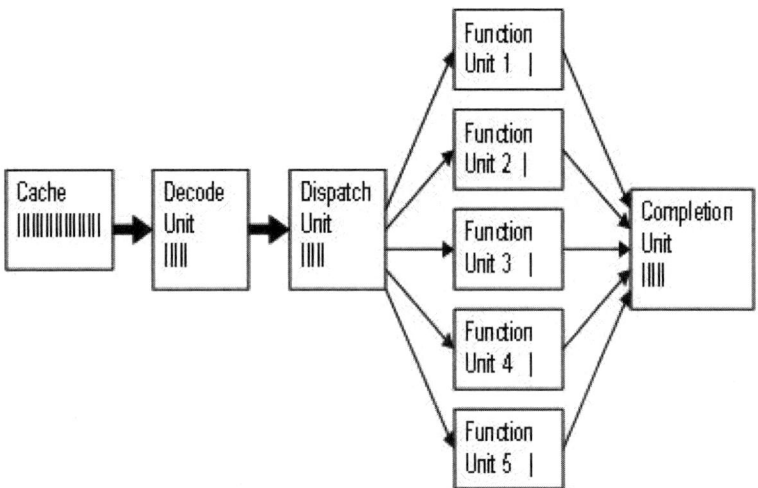

Arbeitsweise superskalar

Nachfolgende Abbildung 2-2 zeigt eine *Superskalar-Architektur* bestehend aus vier nebenläufigen Funktionseinheiten. Wie bei Superskalar üblich, führen die Funktionseinheiten Instruktionen aus *einem* Programm oder *einem* Thread aus. Von diesem versucht sie soviel mehrere Instruktionen zu finden, die in einem Zyklus nebenläufig ausführbar sind. Findet sie nicht genug, so bleibt die Funktionseinheit unbenutzt, was in Abbildung 2-2 durch ein leeres Kästchen gekennzeichnet ist. Die benutzten Kästchen enthalten ein T1 (Instruktionen aus einem Thread oder einem Programm). Die leeren Kästchen resultieren meistens aus nicht genügend vorhandenen Instruktions-Level-Parallelismus. Eine horizontal komplette Reihe von leeren Kästchen kennzeichnet einen komplett ungenutzten Zyklus. Dies wird durch Instruktionen mit hoher Latenzzeit verursacht, die eine weitere Instruktionszufuhr verhindern. Die hohen Latenzzeiten rühren von Instruktionen mit Speicherreferenzen auf den L1- oder L2-Cache. Landet eine Speicherreferenz weder im L1- noch im L2-Cache, so entsteht eine lange Wartezeit, bis das angeforderte Wort in den Cache geladen ist – die Pipeline muss angehalten werden.

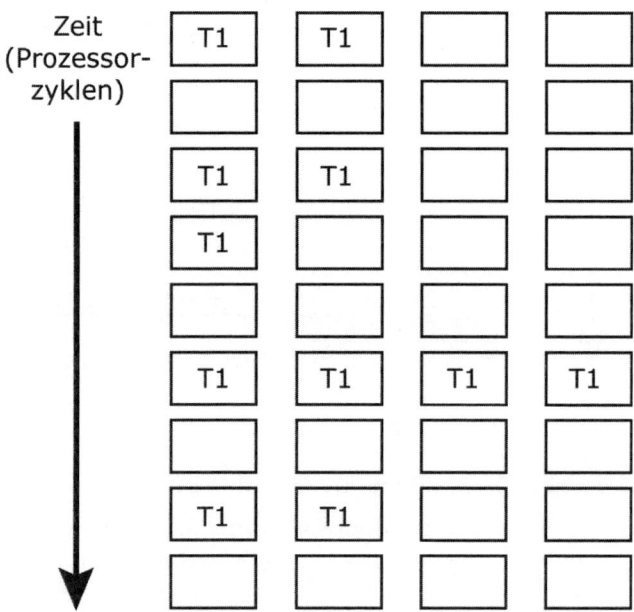

Abb. 2-2: Funktionseinheiten und ihre Ausnutzung bei Superskalar-Architekturen

2.1.2 Thread Level Parallelismus

Multithreaded Prozessoren besitzen Befehlszähler und Register für mehrere Threads. Pro Thread einen Befehlszähler und einen kompletten Registersatz. In jedem Zyklus führt der Prozessor Instruktionen von irgendeinem Thread aus. Im nächsten Zyklus schaltet er um auf den Hardwarekontext (Befehlszähler und Registersatz) eines anderen Threads und führt in superskalarer Arbeitsweise die Instruktionen dieses neuen Threads aus. Dadurch vermeidet man die komplett ungenutzten Zyklen, die durch die Latenzzeiten verursacht sind. Nachfolgende Abbildung 2-3 zeigt diesen Sachverhalt, wobei die Striche zwischen den einzelnen Prozessorzyklen das Umschalten auf einen anderen Thread andeuten.

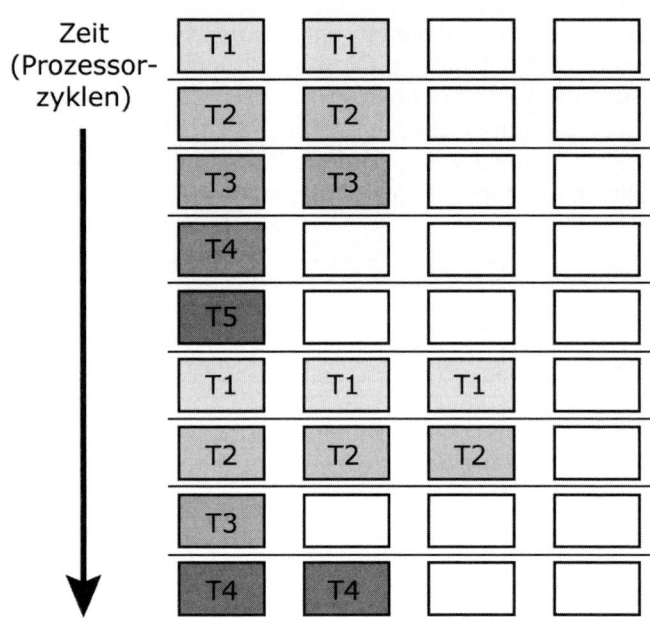

Abb. 2-3: Funktionseinheiten und ihre Ausnutzung bei Multithreaded-Architekturen

2.1.3 Arbeitsweise des Simultaneous Multithreading

Simultaneous Multithreading benutzt Instruction Level Parallelism und Thread Level Parallelism und vermeidet somit die leeren Kästchen in vertikaler und horizontaler Richtung. Simultaneous Multithreading nutzt den Instruction Level Parallelism von jedem Thread aus und startet dynamisch die parallel ausführbaren Instruktionen von einem Thread. Besitzt also ein Thread in einem Zyklus einen hohen Instructions Level Parallelism, so kann diese durch die Superskalar-Architektur befriedigt werden. Haben viele Threads einen niederen Instruction Level Parallelismus, so können sie in einem Zyklus zusammen parallel abgearbeitet werden (Abb. 2-4).

2.2 Eng gekoppelte Multiprozessoren und Multicore-Prozessoren

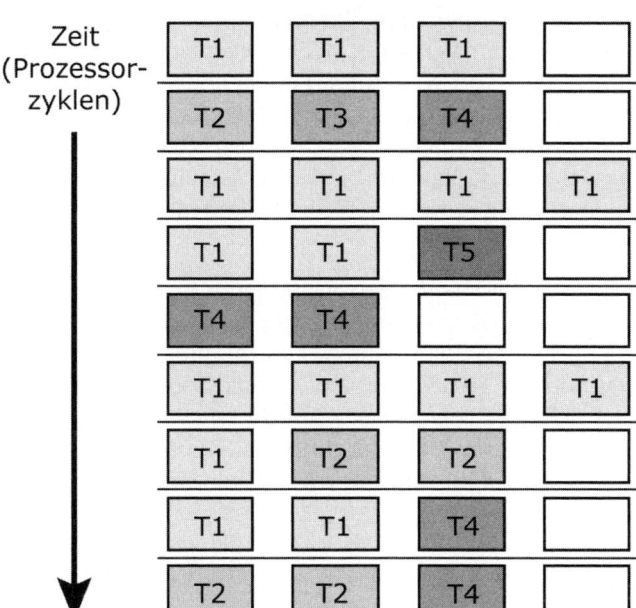

Abb. 2-4: Funktionseinheiten und ihre Ausnutzung beim Simultanous Multithreading

Simultaneous Multithreading ist deshalb attraktiv, weil dadurch mit nur geringfügigem zusätzlichem Steuerungsaufwand die Prozessorleistung gegenüber den Superskalar-Architekturen deutlich erhöht werden kann. So erzielten [TEE 96] mit einer Simulation für einen simultaneous multithreading-fähigen Prozessor Leistungsverbesserungen zwischen 1,8 und 2,5 gegenüber einem Superskalar-Rechner.

2.2 Eng gekoppelte Multiprozessoren und Multicore-Prozessoren

2.2.1 Architektur von eng gekoppelten Multiprozessoren

Alle Prozessoren bei einem eng gekoppelten Multiprozessor können den Adressraum des gemeinsamen Speichers gemeinsam benutzen. Jeder Prozessor kann ein Speicherwort lesen oder schreiben, indem er einfach einen `LOAD`- oder `Store`-Befehl ausführt. Die üblich verwendete Speichertechnologie DRAM (dynamic random access memory) erlaubt Zugriffszeiten von ungefähr 10 ns. [BM 06]. Dies entspricht einer Frequenz von 100 MHz, also nur einem Bruchteil der Taktfrequenz moderner Prozessoren. Der Verkehr zwischen Prozessor und dem

von-Neumann-Flaschenhals

Hauptspeicher bildet einen leistungsbegrenzenden Flaschenhals in einem Rechner, der *von-Neumann-Flaschenhals* [B 78] heißt. Eng gekoppelte Multiprozessoren verengen noch zusätzlich gegenüber Einprozessorsystemen den von-Neumann Flaschenhals und vergrößern den Prozessoren-Speicher-Verkehr: Jeder hinzukommende weitere Prozessor greift auf den gemeinsamen Speicher zu und belastet die gemeinsame Prozessor-Speicher-Verbindung. Aus diesem Grund sind bei eng gekoppelten Multiprozessoren die Anzahl der Prozessoren auf 8 bis höchstens 64 beschränkt.

Zur Reduktion dieses Flaschenhalses besitzt jeder Prozessor einen Cache, der Kopien von Teilen des Hauptspeichers enthält. Er besteht aus SRAM (static random access memory) und ermöglicht Zugriffsgeschwindigkeiten, die der Taktfrequenz der Prozessoren nahe kommen. Die Größe des Caches ist beschränkt, üblicherweise ein bis mehrere MBytes, und die Zugriffe auf Befehle und Daten, die nicht im Cache liegen, und zu Cache Misses führen zu Leistungseinbußen des Rechners [BM 06].

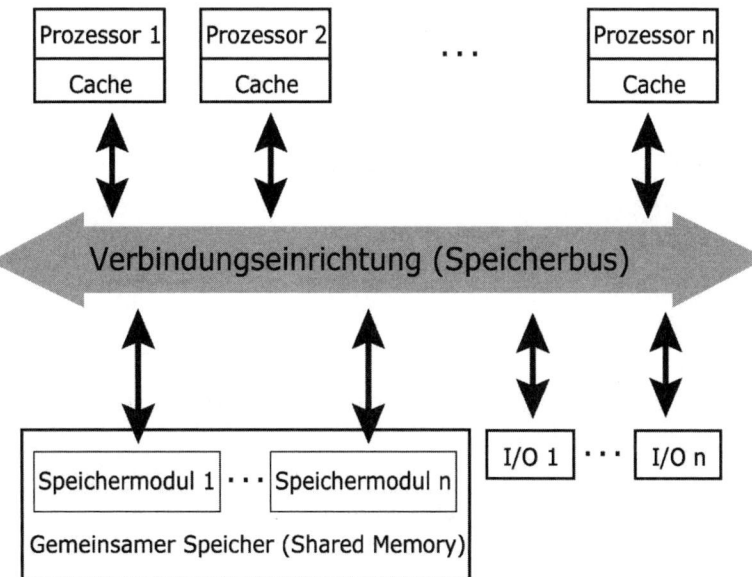

Abb. 2-5: Eng gekoppelter Multiprozessor

2.2 Eng gekoppelte Multiprozessoren und Multicore-Prozessoren

Das Zusammenhängen der Prozessoren mit dem gemeinsamen Speicher bietet beliebige Leistungs- und Fehlertoleranzstufen. Durch den gemeinsamen Bus und somit durch den von Neumann-Flaschenhals sind die Leistungs- und Fehlertoleranzgrenzen jedoch nach oben beschränkt. Allerdings bietet der gemeinsame globale Speicher Vorteile bei der Prozesssynchronisation und -kommunikation, die hier wie bei Einprozessorsystemen über den gemeinsamen Speicher läuft. Somit sind bei eng gekoppelten Multiprozessoren die bekannten Synchronisationsverfahren wie Locks, Semaphoren und Monitoren einsetzbar. Die Kommunikation verläuft lokal, und braucht nicht über eine Netzwerkverbindung zu laufen und ist somit schneller. *(Nachteil: Bus; Vorteil: gemeinsamer Speicher)*

Zur Reduktion des Prozessor-Speicher-Verkehrs dient einem jedem Prozessor

- vorgelagerter Cache,
- und zur Erhöhung der Leistung des Prozessor-Speicher-Verkehrs dienen leistungsfähigere Verbindungseinrichtungen, wie
  - Kreuzschienenschalter oder
  - Mehrebenennetzwerke.

Über einen gemeinsamen Bus lassen sich nur durch Zwischenschalten von mehrfach gestuften Caches, wobei eine ausreichende Datenlokalität vorausgesetzt wird, mehrere Prozessoren koppeln. Eng gekoppelte Multiprozessoren mit großer Prozessoranzahl sind auf einer Bustechnologie nicht aufbaubar [R 97]. Der Busengpass lässt sich nur durch ein- und mehrstufige Verbindungsnetze wie Kreuzschienenschalter und Mehrebenennetzwerke eliminieren [D 90].

2.2.2 Cachekohärenzprotokolle

Die Daten im Cache und im Hauptspeicher werden zerlegt in gleich große Blöcke. Ein *Block* ist die Einheit, die zwischen dem Hauptspeicher und dem Cache transferiert wird. Als Transfer- und Speichereinheit für den Cache dient eine *Cache-Zeile* (*Cache Line*) mit normalerweise 32 oder 64 Byte [T 06]. Optimale Cache- und Blockgrößen sind in [P 90] diskutiert. *(Cache Line)*

Die Einführung des Caches bringt jedoch Probleme, wenn gemeinsame Blöcke in mehreren verschiedenen Caches vorliegen. Nehmen wir dazu Folgendes an: Zwei Prozessoren lesen aus dem Hauptspeicher den gleichen Block in ihre Caches. Anschließend überschreibt einer dieser Prozessoren diesen Block. Liest nun der andere Prozessor diesen Block aus seinem Cache, so liest er den alten Wert und nicht den gerade *(Inkonsistente Daten in Cache und Hauptspeicher)*

2 Rechnerarchitekturen für Parallele und Verteilte Systeme

überschriebene Wert. Die Daten in den Caches sind *inkonsistent*, und weiterhin sind die Daten in einem der Caches und dem Hauptspeicher *inkonsistent*.

Datenkonsistenz

Datenkonsistenz bedeutet, dass im Hauptspeicher und in den Caches zu keinem Zeitpunkt verschiedene Kopien desselben Blockes existieren.

Datenkohärenz

Zur Lösung des Konsistenzproblems bei Multiprozessoren genügt es, eine abgeschwächte Bedingung, nämlich die *Datenkohärenz*, zu fordern. Datenkohärenz liegt vor, wenn beim Lesen des Blockes, welcher mehrfach überschrieben wurde, immer der zuletzt geschriebene Wert gelesen wird. Die Datenkonsistenz schließt die Kohärenz ein, aber nicht umgekehrt.

2.2.2.1 MESI Cachekohärenz-Protokoll

Datenkohärenzproblem

Datenkohärenz ist bei Multiprozessorsysteme gegeben, wenn

1. zwar jeder Prozessorcache über eine Kopie von Daten im Hauptspeicher verfügen darf,
2. aber nur ein Prozessorcache eine modifizierte Kopie der Daten besitzen darf, jedoch nur solange, wie kein anderer Prozessor dieselben Daten liest.

Das Kohärenzproblem tritt nicht nur bei Caches von Multiprozessoren auf, sondern auch bei einem Cache bei einem Einprozessorsystem, wenn der andere Prozessor DMA-Hardware (DMA – Direct Memory Access) bzw. ein Ein/Ausgabe-Prozessor ist, der zusätzlich zur CPU vorhanden ist.

Das obige unter 1. beschriebene Problem ist lösbar, wenn beim Schreiben neuer Werte in den Cache auch die entsprechenden Werte in den Hauptspeicher und in die anderen Caches (bei Multiprozessoren) überschrieben werden. Für dieses Vorgehen gibt es zwei Methoden:

write through

1. Das *Durchschreiben* (*write through* oder *store through*), wo bei jedem Schreiben in den Cache gleichzeitig auch in den entsprechenden Hauptspeicher geschrieben wird.

deferred write

2. Das *verzögerte Rückschreiben* (*deferred write*), bei dem die korrespondierende Kopie im Hauptspeicher nicht sofort ersetzt wird, sondern erst beim Verdrängen der Daten aus dem Cache.

Verfahren eins gewährleistet nicht nur die Kohärenz, sondern auch die Konsistenz, und besticht durch seine Einfachheit. Bei write through Caches (Verfahren eins) ist jedoch nachteilig, dass jedes Schreiben einen Hauptspeicherzugriff bedingt, was bei einem Multiprozessorsystem wieder den Bus belastet. Deshalb wird dieses Verfahren nur bei Einprozessorsystemen zwischen dem *Primary Cache* (*Level 1 Cache*) und dem *Secondary Cache* (*Level 2 Cache*) angewandt. Die Daten oder Instruktionen werden dabei aus dem Primary Cache geholt, und die Ergebnisse werden bei dem Primary Cache durchgeschrieben (write through) in den Secondary Cache. Bei Multiprozessoren ist zur Reduktion der Hauptspeicherzugriffe nur die verzögerte Rückschreibemethode angebracht (Verfahren zwei).

Einsatz des write through bei L1 - und L2-Caches

Zur Realisierung des verzögerten Rückschreibens gibt es auf der Hardwareebene zwei verschiedene Strategien beim Schreiben [S 90]:

1. *Write invalidate* und
2. *Write update*.

Die Write invalidate-Strategie arbeitet folgendermaßen:

Leseanfragen werden lokal befriedigt, falls eine Kopie des Blockes existiert. Überschreibt ein Prozessor einen Block, werden alle anderen Kopien (im Hauptspeicher und den anderen Caches) auf ungültig gesetzt (*Invalidated*). Ein weiteres Überschreiben des gleichen Prozessors kann nur auf seinem ihm gehörendem Cache durchgeführt werden, da keine weiteren Kopien mehr existieren. Will ein anderer Prozessor den überschriebenen Block lesen, so muss er warten, bis der Block wieder gültig ist.

Write invalidate

Im Gegensatz zu der Write invalidate-Strategie ändert (*updated*) die *Write update-Strategie* beim Schreiben eines Prozessors alle Kopien in den anderen Caches.

Write update

2 Rechnerarchitekturen für Parallele und Verteilte Systeme

Abb. 2-6:
Vergleich:
Write invalidate und Write update

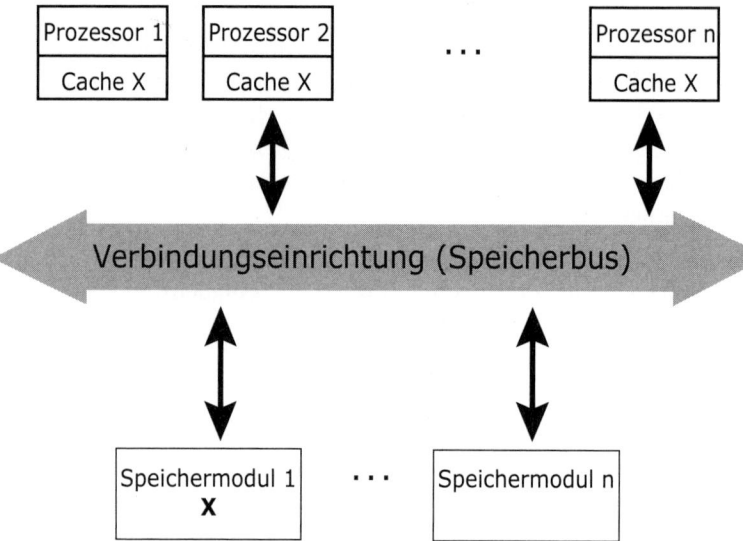

a) Ausgangszustand:
Hauptspeicher und alle Caches haben konsistente Kopien des Blockes X

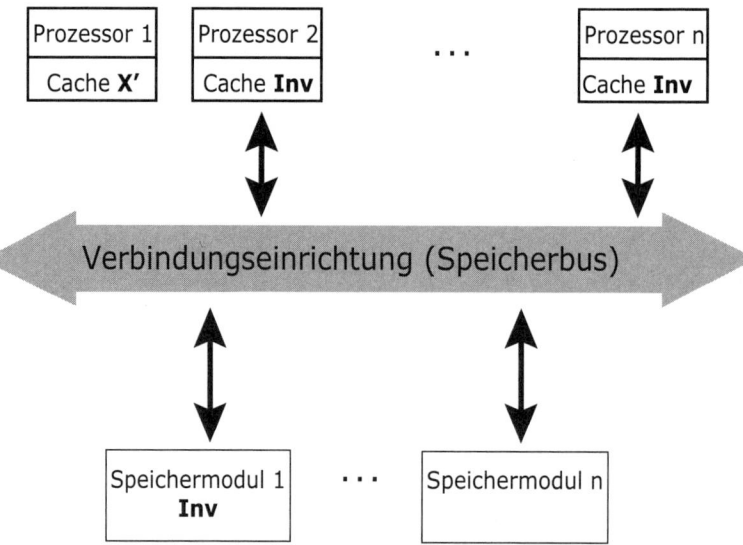

b) Write invalidate:
Alle Kopien mit Ausnahme von Cache in Prozessor 1 sind ungültig (Inv), wenn Prozessor 1 den Block X überschreibt, angezeigt durch X´.

2.2 Eng gekoppelte Multiprozessoren und Multicore-Prozessoren

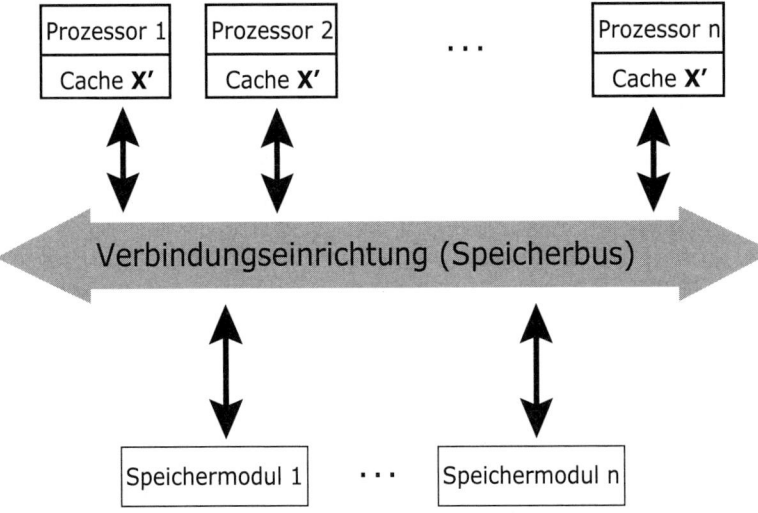

c) Write update:
   Alle Kopien (mit Ausnahme der Speicherkopie, was ignoriert wird) sind abgeändert

Die Write invalidate- und Write update-Strategie erfordert, dass die Konsistenzkommandos (Invalidation-Kommando und Update-Kommando) wenigstens diejenigen Caches erreichen, die Kopien des Blockes haben. Das bedeutet, dass jeder Cache die Konsistenzkommandos bearbeiten muss, um herauszufinden, ob es einen Block in seinem Cache betrifft. Deshalb heißen diese Protokolle *Snoopy Cache Protocols*, da jeder Cache am Bus nach eingehenden Inkonsistenzkommandos "schnüffeln" muss.

Snoopy Cache

Ein Snoopy Cache Protocol, basierend auf der Write Invalidate-Strategie, schreibt einen Block im Cache nur beim ersten Schreiben in den Hauptspeicher zurück (*Write-once Protocol* oder *Write-first Protocol*). Nachfolgendes Lesen und Schreiben geschieht dann auf dem lokalen Block im Cache und erfordert kein Rückschreiben in den Hauptspeicher. Dadurch bedingen nachfolgende Lese- und Schreiboperationen des Prozessors keinen Busverkehr mehr. Das Write-once Protocol entspricht beim ersten Schreiben dem write through. Dieser zusätzliche Hauptspeicherzugriff zum Durchschreiben wird hier in Kauf genommen, da der Prozessor warten muss, bis die restlichen Caches den Block invalidiert haben.

Write-once Protocol

2 Rechnerarchitekturen für Parallele und Verteilte Systeme

Das *Write Invalidate Snoopy Cache Protocol* assoziiert einen Zustand mit jeder Kopie eines Blockes im Cache. Die Zustände für eine Kopie sind:

MESI

- *M*odified: Daten wurden einmal überschrieben, und die Kopie ist nicht konsistent mit der Kopie im Hauptspeicher (Write-once Protocol). Die Kopie im Hauptspeicher ist die veraltete Kopie.

- *E*xclusive (unmodified): Die Daten wurden nicht modifiziert, und die Kopie ist die einzige Kopie im System, die im Cache liegt.

- *S*hared (unmodified): Es existieren mehrere gültige Kopien, die konsistent mit der Kopie im Hauptspeicher sind.

- *I*nvalid: Die Kopie ist ungültig.

Gemäß den Anfangsbuchstaben der Namen für die Zustände heißt das *Snoopy Cache Invalidation Protocol* auch *MESI-Protokoll* [H 93].

Zusätzlich zu den normalen Kommandos zum Lesen eines Blockes aus (`Read-Block`) und Schreiben eines Blockes (`Write-Block`) in den Speicher benötigt man noch die beiden Konsistenzkommandos

- `Write-Inv`: Setzt alle anderen Kopien eines Blockes auf ungültig (invalidate).

- `Shared-Signal`: zum Anzeigen, dass eine weitere Kopie existiert.

Zustandsänderungen werden entweder durch die Lese- und Schreibkommandos des Prozessors (`Proc-Read`, `Proc-Write`) oder über die Konsistenzkommandos, die über den Bus kommen (`Read-Block`, `Write-Block`, `Write-Inv`, `Shared-Signal`) bewirkt.

Der Ablauf des *MESI-Protokolls* lässt sich nun angeben durch die Aktionen, welche durchgeführt werden, wenn der Prozessor einen Block liest (`Proc-Read`) oder einen Block beschreibt (`Proc-Write`).

Bei einem `Proc-Read` und `Proc-Write` können die folgenden Fälle auftreten:

Hit
- Ein *Read Hit* tritt auf, wenn der Block im Cache vorhanden und gültig ist.

Miss
- Ein *Read Miss* tritt auf, wenn der Block im Cache nicht vorhanden oder ungültig ist (Invalid).

- Ein *Write Hit* tritt auf, wenn der Block im Cache vorhanden und gültig ist.

- Ein *Write Miss* tritt auf, wenn der Block im Cache nicht vorhanden oder ungültig ist (Invalid).

Die bei einem Hit oder Miss oder einer Ersetzung (Replacement) eines Blocks im Cache durchzuführenden Aktionen sind:

MESI-Protokoll

- *Read Hit*: Benutze die lokale Kopie aus dem Cache.
- *Read Miss*: Existiert keine oder keine Modified Kopie, dann hat der Hauptspeicher eine gültige Kopie. Kopiere Block vom Hauptspeicher in den Cache und setze den Block auf Exclusive. Existiert eine Modified-Kopie, dann ist es die einzige gültige Kopie im System und die Kopie im Hauptspeicher ist ungültig. Schreibe die Modified-Kopie in den Hauptspeicher, so dass er eine gültige Kopie enthält. Lade die gültige Kopie vom Hauptspeicher in den Cache. Setze mit dem Shared-Signal beide Kopien auf Shared.
- *Write Hit*: Existiert keine Modified-Kopie, dann kann das Schreiben lokal ausgeführt werden. Ist die Kopie Modified, so muss sie vorher in den Speicher zurückgeschrieben werden. Der neue Zustand der Kopie ist Modified. Sende das Konsistenzkommando `Write-Inv` zu allen anderen Caches, so dass die Caches ihre Kopien auf `Invalid` setzen können.
- *Write Miss*: Die Kopie besitzt den Zustand Modified, dann wird die Kopie in den Speicher zurückgeschrieben, andernfalls kann ein Zurückschreiben unterbleiben Die Kopie wird vom Speicher geholt, und anschließend wird die Kopie überschrieben. Sende das Konsistenzkommando `Write-Inv` zu allen anderen Caches, so dass die Caches ihre Kopien auf Invalid setzen können. Der neue Zustand der Kopie ist Exclusive.
- *Replacement*: Ist die Kopie Dirty (d.h. der Block ist im Cache geändert), so muss sie in den Hauptspeicher zurück geschrieben werden. Andernfalls ist keine Aktion notwendig

Nachfolgende Abbildung 2-7 zeigt an einem Beispiel die Auswirkung des MESI-Protokolls und verdeutlicht, dass ein mehrmaliges Lesen und Schreiben eines Prozessors nur beim erstmaligen Schreiben Busverkehr erfordert und nachfolgendes Schreiben und Lesen nur lokal auf der Kopie im Cache ausgeführt wird. In Abbildung 2-7 beziehen sich alle Speicherzugriffe auf dieselbe Adresse.

2 Rechnerarchitekturen für Parallele und Verteilte Systeme

Abb. 2-7:
Beispiel für das Write-invalidate snoopy cache protocol (MESI-protocol)

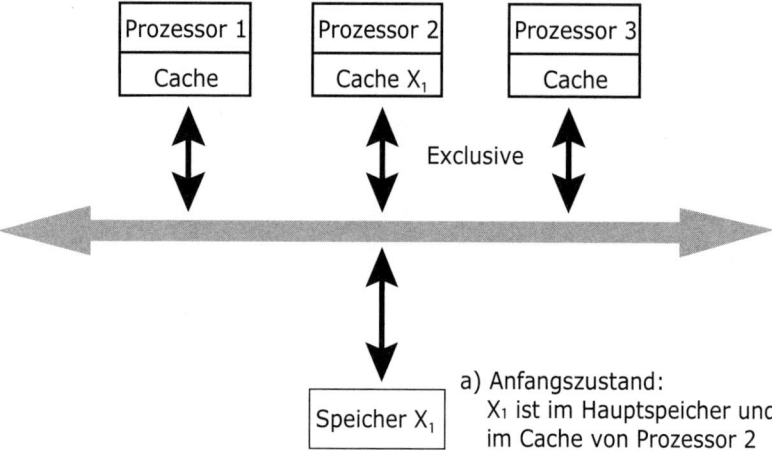

a) Anfangszustand: X_1 ist im Hauptspeicher und im Cache von Prozessor 2

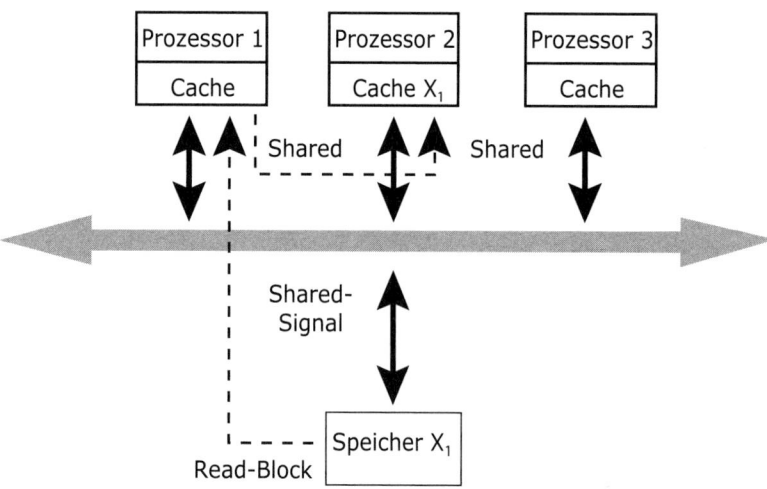

b) Prozessor 1 liest X_1 :
   Read Miss: Prozessor 2 reagiert auf das Lesen von Prozessor 1 mit neuem Zustand Shared.
   Der Block kommt vom Hauptspeicher.
   Beide Zustände sind Shared.

2.2 Eng gekoppelte Multiprozessoren und Multicore-Prozessoren

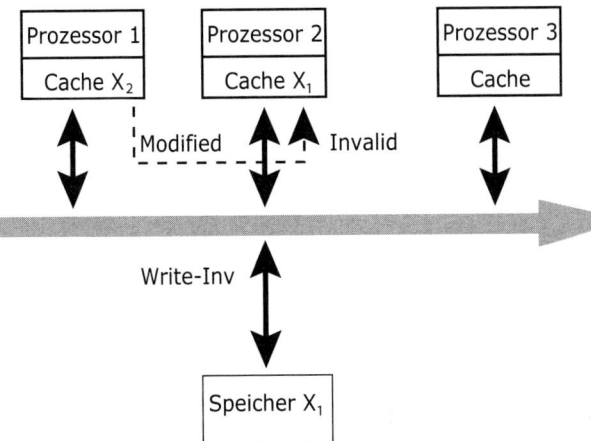

c) Prozessor 1 überschreibt X_1 :
   Write Hit:
   Erstes Schreiben von Prozessor 1
   macht die Kopie im Cache von
   Prozessor 2 ungültig

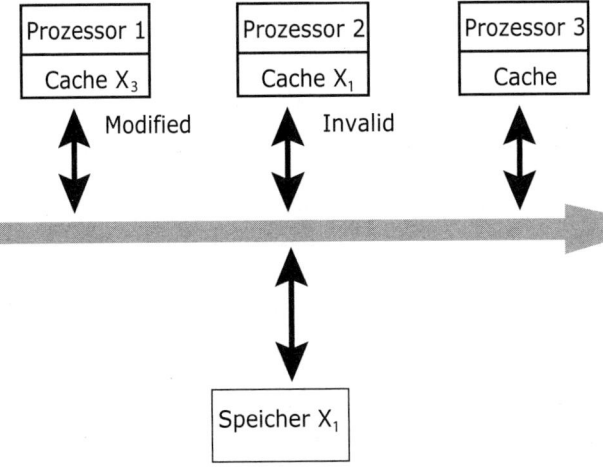

d) Prozessor 1 überschreibt X_2 :
   Write Hit:
   Nachfolgendes Schreiben und Lesen
   geschieht lokal im Cache von Prozessor 1.
   Kein Busverkehr!

2 Rechnerarchitekturen für Parallele und Verteilte Systeme

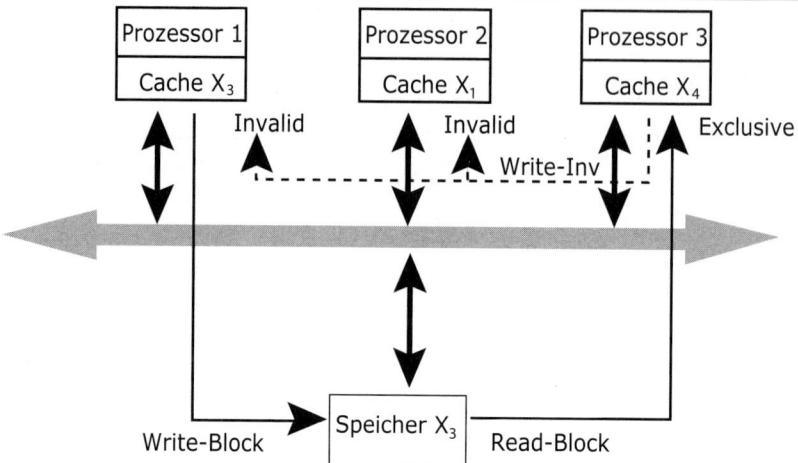

e) Prozessor 3 überschreibt X_2 :
Write Miss: Prozessor 1 liefert den Block.
Alle anderen Caches werden auf ungültig gesetzt.

Write Invalidate oder Write Update?

Bus-Snooping mit dem MESI-Protokoll, und somit mit der Write Invalidate-Strategie, verwendet der Intel Pentium 4 und viele andere CPUs [T 06]. Ein Beispiel für ein *Write update Snoopy Cache Protocol* ist das *Firefly Protocol,* das für eine Firefly Multiprocessor Workstation von Digital Equipment implementiert wurde, und das *Dragon Protocol* für eine Dragon Multiprocessor Workstation von Xerox PARC. Eine Übersicht und Beschreibung dieser Protokolle gibt Archibald und Baer [AB 86].

Die Write Update- und Write Invalidate-Techniken sind unter verschiedenen Belastungen unterschiedlich leistungsfähig. Update-Nachrichten befördern Nutzdaten und sind daher umfangreicher als Invalidierungs-Nachrichten. Die Update-Strategie vermeidet jedoch zukünftige Cache-Fehler [T 06]. Performance-Messungen, gewonnen durch Simulation des Write Invalidate- und Write Update-Protokoll, sind in [L 93] enthalten.

Unterschied Snoopy Cache und Directory-basierte Cache

Die Hauptunterschiede zwischen einem Snoopy Cache und einem gewöhnlichen Cache für Einprozessorsysteme, oder den nachfolgend beschriebenen Verzeichnis-basierten Multiprozessor-Caches, liegen einmal im

- *Cache Controller,* der Information in der Cache-Zeile abspeichert über jeden Zustand eines Blockes. Bei Snoopy Caches kann der Cache-Controller als Zustandsautomat ausgelegt werden, der das Cache Kohärenz-Protokoll gemäß den Zustandsübergängen implementiert. Wie bei den Snoopy-Protokollen benötigt ein Directory-basierter Cache zum Abspeichern des Zustandes mindestens zwei Bits. Zum anderen im

- *Bus Controller*, der bei Snoopy Caches den Snooping-Mechanismus implementiert und alle Busoperationen überwacht und Entscheidungen fällt, ob Aktionen nötig sind oder nicht. Zum Weiteren im

- *Bus* selber, der zur effizienten Unterstützung der Write invalidate- oder Write update-Protokolle weitere Busleitungen besitzen muss. Z. B. ist eine Shared Line bei der Write Update-Strategie angebracht.

2.2.2.2 Verzeichnis-basierte Cachekohärenz-Protokolle

Snoopy Cache-Protokolle passen sehr gut mit dem Bus zusammen und sind nicht geeignet für allgemeine Verbindungsnetzwerke, wie die nachfolgend beschriebenen Kreuzschienenschalter und Mehrebenennetzwerke. Der Grund liegt darin, dass sie einen Broadcast erfordern, der mit einem Bus oder sogar mit einer dafür vorgesehenen Busleitung einfacher zu bewerkstelligen ist als mit einem Verbindungsnetzwerk. Anstatt eines Broadcast sollten die Konsistenzkommandos nur die Caches erreichen, die eine Kopie des Blockes haben. Dies bedingt, es muss Information vorhanden sein, welche Caches Kopien besitzen von allen in den Caches vorhandenen Blöcken. Cachekohärenz-Protokolle, die irgendwie Information abspeichern, welche Caches eine Kopie des Blockes besitzen, arbeiten mit einem *Verzeichnis Schema* (*Directory Scheme*) [S 90].

Gründe für ein Verzeichnis

Ein *Verzeichnis* (*Directory*) oder eine Datenbank enthält für jeden Speicherblock (memory-line) einen Eintrag, welcher den Zustand des Blockes und einen Bitvektor mit den Prozessoren, welche Kopien besitzen, speichert. Durch Auswertung dieser Einträge kann jederzeit bestimmt werden, welcher Cache, wo aktualisiert werden muss.

Directory

Eine Konkretisierung des Konzeptes der Verzeichnisse an einem System mit 256 Knoten, wobei jeder Knoten aus einer CPU und 16MB RAM besteht, erläutert Tanenbaum [T 06]. Stenström [S 90] untersucht die Anzahl der Bits zur Speicherung der Information für jeden Cache-Block und betrachtet dann den Netzwerkverkehr für das Write Invalidate Cache-Protokoll. Für verschiedene Directory-Schemas führt Stenström dann eine Leistungsoptimierung durch. Hennessy und Patterson [HP 06] geben ein Directory-based Cache Coherence Protocol mit den Zuständen Invalid, Modified und Shared an. Im Anhang C erläutert

2 Rechnerarchitekturen für Parallele und Verteilte Systeme

[HP 06] die Cache Performance und die daraus resultierende Cache-Optimierung.

2.2.3 Kreuzschienenschalter-basierte Multiprozessoren

Crossbar Switch

Bei eng gekoppelten Multiprozessoren wächst der Busverkehr linear mit der Anzahl der Prozessoren an. Der einzige Weg, den Prozessor-Speicher-Engpass zu beseitigen, besteht darin, den Hauptspeicher in mehrere Module aufzuteilen und mehrere Pfade zwischen die CPUs und die Speichermodule zu legen. Dies erhöht nicht nur die Bandbreite der Zugriffe, sondern erlaubt auch die parallele Abarbeitung der Speicherzugriffe von verschiedenen CPUs zu verschiedenen Speichermodulen. Die einfachste Schaltung, um n CPUs mit k Speichermodule zu verbinden, ist ein *Kreuzschienenschalter* (*Crossbar Switch*) mit n*k Schalter, wie untenstehende Abbildung 2.8 zeigt:

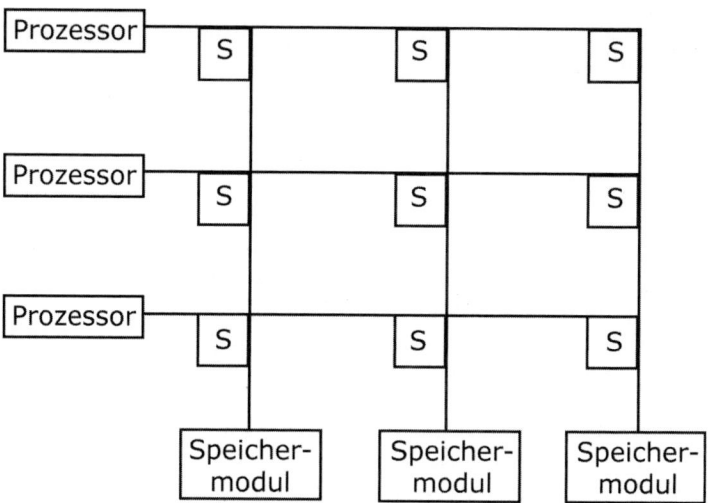

Abb. 2-8: Verbindung von Prozessoren und Speichermodule mit Kreuzschienenschalter

Jeder Kreuzungspunkt enthält einen Schalter, um entweder die horizontale oder vertikale Linie zu verbinden. Beim Zugriff eines Prozessors auf ein bestimmtes Speichermodul wird der entsprechende Pfad durchgeschaltet.

Funktionsweise der Speicherzugriffe

Der Vorteil eines Kreuzschienenschalters liegt darin, dass sich zwischen den CPUs und den Speichermodulen ein nicht blockierendes Netzwerk befindet. Das bedeutet, dass keine CPU verzögert werden muss, weil sie einen bestimmten Kreuzungspunkt benötigt oder weil eine Leitung besetzt ist. Natürlich vorausgesetzt ist hierbei, dass das

2.2 Eng gekoppelte Multiprozessoren und Multicore-Prozessoren

Speichermodul verfügbar ist und somit kein anderer Prozessor zur gleichen Zeit auf das gleiche Speichermodul zugreift.

Ein Nachteil von kreuzschienenschalter-basierten Multiprozessoren ist, dass die Anzahl der Kreuzungspunkte quadratisch mit der Anzahl der CPUs und Speichermodulen wächst. Mit 100 CPUs und 100 Speichermodulen erhält man 10 000 Kreuzungspunkte und somit auch Schalter.

Kreuzschienenschalter setzt man schon seit Jahrzehnten in Telefonnetzen ein, um eine Gruppe ankommender Leitungen in beliebiger Weise auf eine Gruppe abgehender Leitungen durchzuschalten [T 06].

Der Parallelrechner *IBM RS/6000 SP* [IRS 06] ist ein skalierbarer Parallelrechner (SP: scalable POWERparallel) dessen Grundeinheit so genannte *Frames* sind. Ein Frame kann bis zu 16 Knoten besitzen. Je nach Prozessortyp besteht ein Knoten aus 1 bis 4 Prozessoren. Jeder Frame enthält einen so genannten *High Performance Switch* (*HPS*), der einem Kreuzschienenschalter entspricht. Der Rechner Sun Fire E25K [T 06] benutzt ebenfalls einen Kreuzschienenverteiler. **IBM RS/6000 SP**

Beim Athlon 64 X2 und dem Opteron [A 06] hängen beide Rechnerkerne an einem Crossbar Switch. Über diesen greifen sie auf den Speicher und die Peripherie zu. Bei der Cache-Verwaltung hat AMD die Cacheverwaltung des Alpha-Prozessors von DEC übernommen. Diese sieht fünf Bits zur Markierung von Cache-Zellen vor: Modify, Owner, Exclusive, Shared und Invalid (*MOESI-Protokoll*) [H 93]. Über einen eigenen Kanal, den „Snoop Channel", kann ein Kern den Status einer Cache-Zelle des anderen abfragen, ohne den restlichen Datentransfer zu bremsen. **Multicore und Crossbar Switch**

2.2.4 Mehrebenennetzwerke-basierte Multiprozessoren

Ein *n*n Mehrebenennetzwerk*, oder auch *Omega-Netzwerk* [R 97] genannt, verbindet *n* Prozessoren mit *n* Speichermoduln. Dabei liegen mehrere Ebenen oder Bänke von Schaltern auf dem Weg vom Prozessor zum Speicher. Ist *n* eine Potenz von 2, so benötigt man $\log n$ Ebenen und *n*/2 Schalter pro Ebene. Die Schalter haben zwei Eingänge und zwei Ausgänge. Ein Prozessor, der zum Speicher zugreifen möchte, gibt den Zugriffswert auf das Speichermodul als Bitwert an. Diese Bitkette enthält für jede Ebene ein Kontrollbit. Der Schalter auf der Ebene *i* entscheidet dann, ob der Eingabekanal auf den oberen oder unteren Ausgabekanal gelegt wird:

- Ist das Kontrollbit für den Schalter eine *Null*, so wird der Eingang mit dem *oberen Ausgang* verbunden.

- Ist das Kontrollbit für den Schalter eine *Eins*, so wird der Eingang mit dem *unteren Ausgang* verbunden.

Nachfolgende Abbildung 2-9 zeigt ein Netzwerk, das acht Prozessoren mit acht Speichermodulen verbindet. Weiterhin zeigt die Abbildung, wie Prozessor 3 eine Speicheranfrage an den Speichermodul 3 stellt. Das Speichermodul 3 hat den Bitwert 011, und diese Bitkette enthält die Kontrollbits für die drei Schalter.

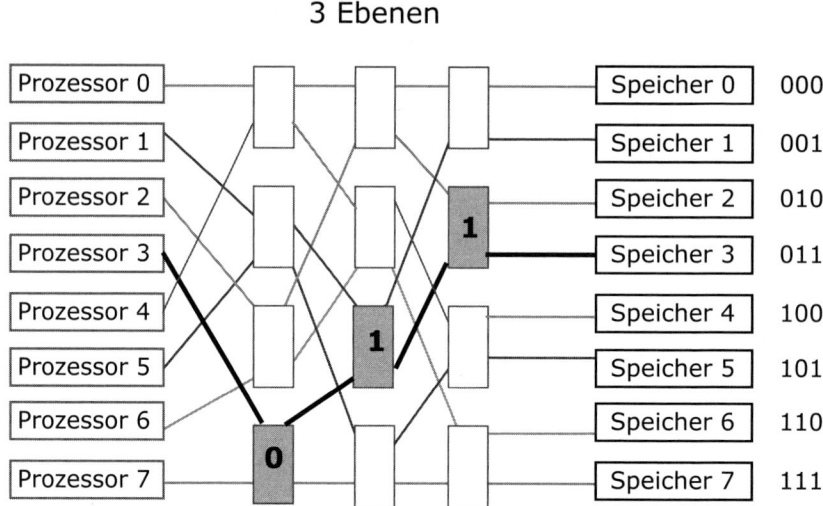

Abb. 2-9: 8*8 Mehrebenen-Netzwerk, wobei Prozessor 3 eine Anfrage an den Speichermodul 3 stellt

blockierendes Netzwerk

Nehmen Sie nun an, dass parallel zum Zugriff von Prozessor 3 auf Speichermodul 3, Prozessor 7 auf Speichermodul 1 zugreifen möchte. Dabei kommt es zu einem Konflikt der beiden Speicheranfragen bei einem Schalter auf Ebene 1 und einer Verbindungsleitung zwischen einem Schalter der Ebene 1 und Ebene 2. Um die parallele Abfrage der beiden Prozessoren abzuarbeiten, muss eine Anfrage blockiert werden. Damit ist ein Mehrebenen-Netzwerk im Vergleich zu einem Kreuzschienenschalter ein *blockierendes Netzwerk*.

2.2 Eng gekoppelte Multiprozessoren und Multicore-Prozessoren

Eng gekoppelte Multiprozessoren, welche als Prozessor-Speicherverbindung ein Mehrebenen-Netzwerk einsetzen, waren in den 80er Jahren die von BBN Technologies (Bolt, Bernak, und Newman) gebauten *Butterfly-Maschinen*. [BBN 89] [RT 86] Butterfly deshalb, weil die eingesetzten Verschaltung einem Schmetterling mit vier Flügeln entsprechen. Eine Butterfly-Maschine konnte bis zu 512 CPUs mit lokalem Speicher haben, und durch das Mehrebenen-Netzwerk konnte jede CPU auf den Speicher der anderen CPUs zugreifen. Die eingesetzten CPUs waren gewöhnliche CPUs (Motorola 68020 und später Motorola 88100). Weitere experimentelle Multiprozessoren mit Mehrebenen-Netzwerken waren der *RP3* von IBM [PBG 85] mit bis zu 512 Prozessoren und der *NYU-Ultracomputer* [GGK 83] von der New York University mit bis zu 4096 Prozessoren. Die Butterfly-Maschine, der RP3 und der NYU-Ultracomputer gehören heute zur Geschichte des Supercomputing.

BBN Butterfly

IBM RP3

NYU-Ultra-computer

2.2.5 Multicore-Prozessoren

Durch die Fortschritte in der VLSI-Technologie ist es heute möglich, zwei oder mehrere leistungsfähige CPU-Kerne auf einem einzigen Chip zu vereinen. Diese CPUs hat jede einen eigenen Cache oder nutzen den Cache und Hauptspeicher gemeinsam und sind somit eng gekoppelte Multiprozessoren auf einem Chip. Demgemäß heißen sie auch *Multiprocessor Systems-on-Chip* (*MPSoc*) [JW 05]. Bei zwei Kernen heißen sie *Doppelkern-Prozessor* (*Dual-Core*), bei vier Kernen spricht man von einem *Quad-Core-Prozessor* und mit mehreren Kernen heißen sie *Mehrkern-Prozessor* (*Multicore-Prozessor*).

In den 90er Jahren stand die Takt-Frequenz von MHz bis zu heute vier GHz im Vordergrund zur Leistungssteigerung von CPUs. Dieser Trend wurde beschränkt, da durch die Erhöhung der Takt-Frequenz erhöhter Stromverbrauch und erhöhte Wärmeabgabe mit einhergehen [Bo 06], [G 01]. Aus diesem Grund wird heute versucht, durch neue Prozessorarchitekturen und der Integration von mehreren CPU-Kernen auf einem Chip Leistungssteigerungen zu erhalten. Von den bisher vorgestellten Hardwarearchitekturen Superskalar, Simultaneous Multithreading und Multicore-Prozessoren bringen letztere die beste Leistungssteigerung [HNO 97] und bestätigen diesen Trend.

Gründe für Multicore-Prozessoren

Bei Chip-Multiprozessoren mit wenigen Kernen herrschen die beiden Richtungen vor [T 06]:

1. Durch *Duplikation der Befehlspipeline* entstehen mehrere Befehlsausführungseinheiten. Eine Fetch/Decode-Instruktionseinheit

führt den Ausführungseinheiten die Arbeit zu. Dieses Vorgehen entspricht den Vektorrechnern von früher [HB 84].

2. Durch den *Einsatz von mehreren CPUs*, jede mit ihrer eigenen Fetch/Decode-Einheit, die wie ein eng gekoppelter Multiprozessor arbeitet.

Abb. 2-10:

a) Duplikation der Befehlspipeline

b) Ein Chip mit zwei Kernen

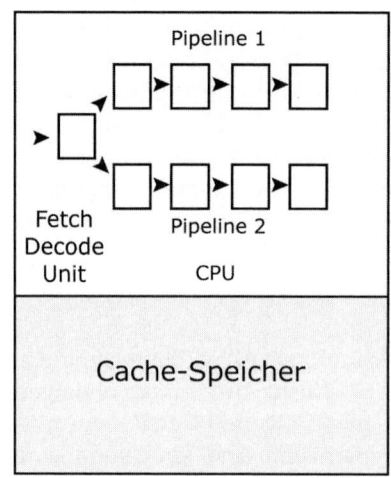 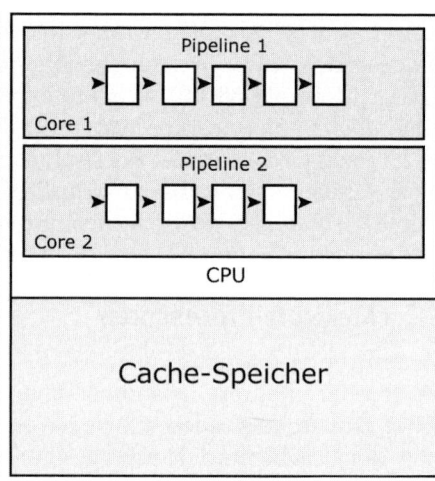

a) Duplikation der Befehlspipeline   b) Ein Chip mit zwei Kernen

Von den obigen in Abbildung 2-10 dargestellten Architekturen setzen sich in der letzten Zeit hauptsächlich die Richtung mehrere Kerne auf einem Chip (Multicore) unterzubringen, durch. Ein Multicore-Prozessor heißt

Symmetrischer und asymmetrischer Multicore-Prozessor

- *symmetrisch* oder *homogen*, wenn alle Kerne homogen und gleich sind. Ein für diesen Prozessor übersetztes Programm kann auf jedem beliebigen seiner Kerne laufen. Das darauf ablaufende Betriebssystem ist meistens *Symmetric Multiprocessing* (*SMP*)- fähig.

- *asymmetrisch* oder *heterogen*, wenn die Kerne unterschiedlich sind und spezielle Aufgaben haben. Ein Programm kann nur auf einem seiner Übersetzung entsprechenden Kern ausgeführt werden. Einige Kerne arbeiten wie klassische Prozessoren, andere wie asynchrone Coprozessoren. Auf jedem Prozessorkern läuft ein separates Betriebssystem oder eine separate Installation desselben Betriebssystems [S 06], und dieser Betrieb heißt *Asymmetric Multiprocessing* (*AMP*). Einsatzgebiete solcher Multicore-Prozessoren

2.2 Eng gekoppelte Multiprozessoren und Multicore-Prozessoren

sind eingebettete Systeme, insbesondere audiovisuelle Unterhaltungselektronik, wie zum Beispiel Fernsehgeräte, DVD-Player, Camcorder, Spielkonsolen, Mobiltelefone usw. [T 06]. Eine typische Architektur für asymmetrisches Multicore besitzt der nachfolgend vorgestellte Cell-Prozessor mit der Cell Broadband Engine Architecture.

Schon im Jahr 2001 hat IBM den *Power4* Prozessor [G 01] [BTR 02] auf den Markt gebracht (siehe Abbildung 2-11). Dem folgte 2005 AMD mit dem *Dual Core Opteron* [A 06] [KGA 03] und 2005/06 Intel mit dem *Pentium D* und dem *Xeon DP* [I 06].

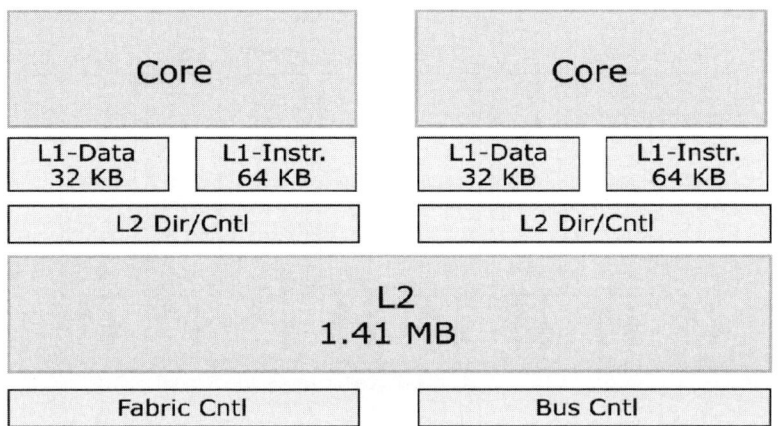

Abb. 2-11: Power4 Chip

Sun entwickelt den *Niagara Chip* auf Basis des ULTRASparc mit vier, sechs oder acht SPARC-Kernen [KAO 05], [S 07]. Im Gegensatz zum Power4 Prozessor, der einen Shared L2 Cache besitzt, (siehe Abb. 2-11) besitzt beim Niagara Chip jeder Kern seinen eigenen L1-Cache und L2-Cache.

Niagara Chip

Toshiba, Sony und IBM entwickeln seit dem Jahr 2000 gemeinsam einen Prozessor namens *Cell*, der in der Playstation 3 läuft und in HDTV-Geräten und Servern eingesetzt werden soll [C 07] [KDH 05]. Die *Cell Broadband Engine Architecture* (*CBEA*) besitzt einen 64 Bit PowerPC-Kern (Power Processor Element (PPE)) und acht speziell ausgelegte „Synergistic" Kerne (Synergistic Processor Elements (SPE)) auf einem Chip, die mit einem Hochgeschwindigkeits-Bus (Element Interconnect Bus (EIB)) verbunden sind. Zusätzlich auf dem Chip integriert ist ein Hochgeschwindigkeits-Speicher- und ein -I/O-Interface.

Cell

2 Rechnerarchitekturen für Parallele und Verteilte Systeme

Synergistische Architektur

Das Power Processor Element (PPE) besitzt eine 32-Kbyte-Instruktions- und Datencache und einen 512-Kbyte großen einheitlichen Cache auf der zweiten Ebene. Zur Reduktion der Hauptspeicherzugriffe der acht *Synergistic Processor Elements* (*SPE*) besitzen sie keinen Cache, sondern einen 256-Kbyte großen lokalen Speicher. Zum Datentransfer zwischen dem lokalen Speicher und dem gemeinsamen Hauptspeicher über den Element Interconnect Bus (EIB) [KPP 06] besitzt jede SPE einen Memory Flow Controller (MFC).

Synergistische Architekturen [GHF 06] sind Datenparallelität ausnutzende Architekturen und unterstützen einen hohen Thread Level-Parallelismus durch eine Vielzahl von Prozessoren auf einem Chip.

Abb. 2-12: Cell Broadband Engine

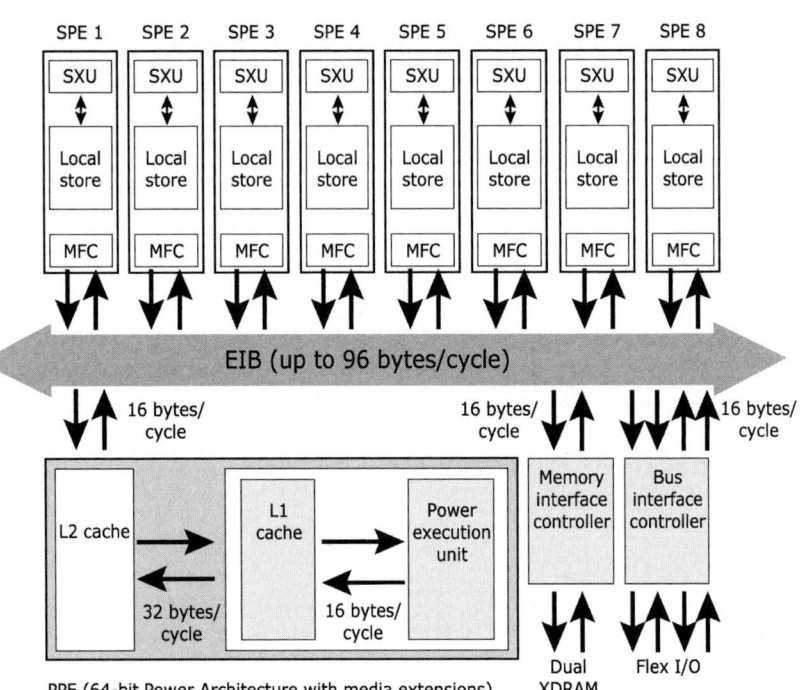

Cell Linux

Das Betriebssystem für die Cell Broadband Engine Architecture (Abb. 2-12) ist *Cell Linux*. Cell Linux ist, wie die restliche Cell-Software, Open Source. Der gegenwärtige Stand von Cell Linux für die heterogenen Prozessoren, des Laders, der Compiler und Compilerprototypen und der Tools und des Debuggers ist in [GEM 07] beschrieben.

80 Core-Prototyp von Intel

Auf der Integrated Solid State Circuits Conference (ISSCC) zeigte Intel den Prototypen eines Terascale-Prozessors mit 80 Kernen. Die Multi-Core-CPU soll eine Rechenleistung von einem Teraflop bieten und

2.2 Eng gekoppelte Multiprozessoren und Multicore-Prozessoren

dabei nur 62 Watt benötigen. Intel präsentierte den *80 Core-Prototypen* auf dem Intel Developer Forum im September 2006 in San Francisco. Der Computerkonzern ist mit dem Prototyp eines Computerchips mit 80 Rechenkernen eigenen Angaben zufolge in eine neue Dimension vorgestoßen. Der Prozessor sei „kaum größer als ein Fingernagel" und verbrauche mit 62 Watt weniger als viele heutige herkömmliche Chips. Die Rechenleistung liege im Teraflop-Bereich. Die Marktreife sei ca. 2010 erreicht.

Die Ausnutzung der Isolation der mehreren CPU auf einem Chip zur Fehlerisolation und Fehlertoleranz und destruktive Auswirkungen von Fehlern auf die Leistung sind in [ARJ 07] analysiert und beschrieben

2.2.5.1 Programmierung von Multicore-Architekturen

Die effiziente Nutzung der mehreren Kerne ist nur möglich, wenn entweder mehrere unabhängige Prozesse oder parallele leichtgewichtige Prozesse (*Threads*) zu einem Programm gleichzeitig ausgeführt werden. Mit anderen Worten: Die Multicore Architekturen künftiger PC-Prozessoren wird nur dann vernünftig genutzt, wenn auch Standard-PC-Anwendungen mehrfädrig implementiert sind. Damit entsteht die Notwendigkeit, Standard-PC-Anwendungen zu parallelisieren und speziell mehrfädrig zu implementieren. Die parallele- und Thread-Programmierung wird zum Standard und verlässt die Nische des Hocheistungsrechnen. [Bo 06].

Die mehrfädrige Arbeitsweise hat in den Prozessoren zusätzlich zum Parallelismus auf Maschinenbefehlsebenen (Simultaneous Multithreading) den Parallelismus auf Programmebene eingeführt. Durch die parallel arbeitenden Prozessoren der Multicore-Architektur verstärkt sich der Parallelismus auf Programmebene weiter. So haben bereits heutige Prozessorchips bis zu acht Prozessoren zu je vier Ausführungspfaden, so dass auf einem Chip bis zu 32 Prozessoren quasi gleichzeitig ausgeführt werden können (siehe Abbildung 2-13 [Bo 06]).

2 Rechnerarchitekturen für Parallele und Verteilte Systeme

Abb. 2-13:
Multicore-
Architektur
mit 8x4
Ausführungs-
fäden

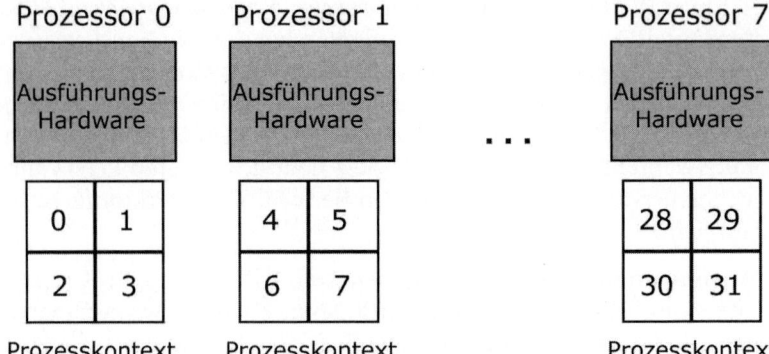

Multicore Chip

Durch Multicore-Architekturen verstärkt sich ebenfalls die Kluft zwischen Arbeitsgeschwindigkeit des Prozessorchips und der Speicherchips vor allem, weil die Cores eines Chips in der Regel auf einen gemeinsamen Hauptspeicher zugreifen. Der gemeinsame Speicher wird hier ebenfalls zum Flaschenhals, weil er Befehle und Daten für die Cores liefern muss und zusätzlich zur Kommunikation zwischen den Cores zur Verfügung steht. Einige Prozessoren von Multicore–Architekturen verfügen z.B.über einen separaten Cache der 1. Stufe (First level Cache) sowie einen gemeinsamen Cache der 2. Stufe (Se

cond level Cache). Zum Teil sind die gemeinsamen Caches auch gruppenweise organisiert. Ein anderer Weg ist, die einzelnen Prozessoren mit lokalem Speicher zu versehen, so wie es bei den Synergistic Processor Elements bei dem Cell-Processor vorliegt.

Auf der Serverseite wird künftig die erhöhte Parallelität durch die virtuellen parallelen Prozessoren implementiert werden. Wobei natürlich parallele Server durch Threads abgewickelt werden. Eine Serverarchitektur kann dann physisch aus mehreren Multicorearchitekturen bestehen, und die Multicore Prozessoren bilden einen eng gekoppelten Multiprozessor. Beim Cell-Prozessor bringt ein zentraler Prozessor, das Power Processor Element, die verschiedenen Threads über ein virtuelles Scheduling Layer zum Ablauf auf die acht vorhandenen Synergistic Processor Elements. Die virtuelle Scheduling-Schicht verteilt dabei den Thread an das erste verfügbare Synergistic Processor-Element.

2.2 Eng gekoppelte Multiprozessoren und Multicore-Prozessoren

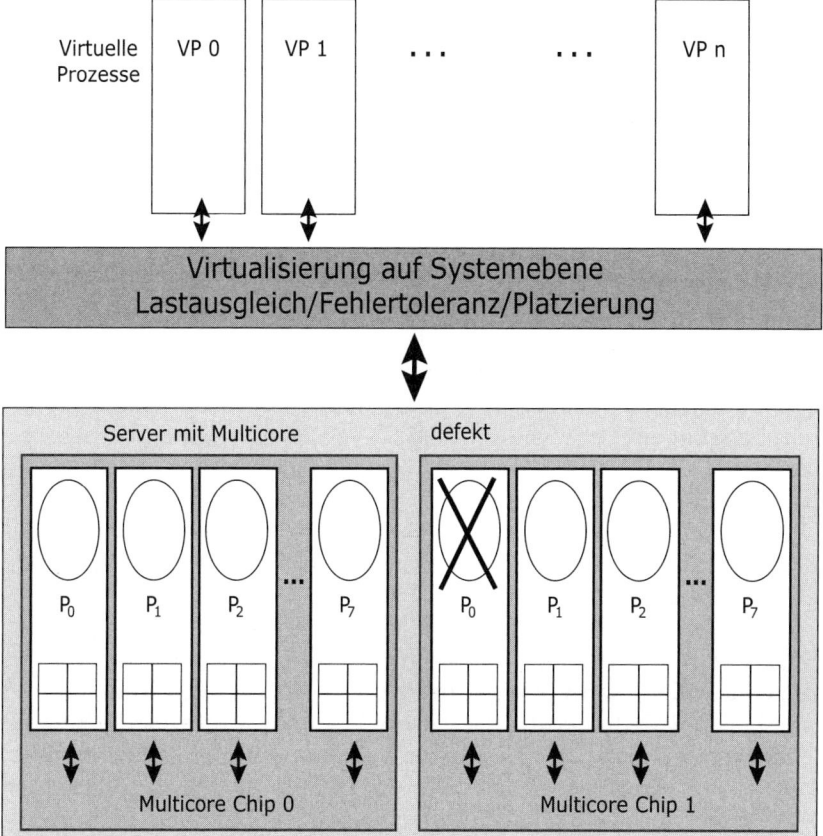

Abb. 2-14: Server mit heterogenen Multicore-Bausteinen und virtuellen Prozessoren

2.2.6 Multiprozessorbetriebssysteme

Die zusätzlichen Aufgaben und Probleme eines Multiprozessor- oder Multicorebetriebssystems im Vergleich zu einem Uniprozessorbetriebssystem liegen in der Beherrschung und Ausnutzung der parallel zur Verfügung stehenden Prozessoren oder Kerne.

Es lassen sich drei Typen des Betriebs von Multiprozessoren unterscheiden:

1. *Master Slave-* oder *gebündeltes Multiprocessing* [S 06]: Eine einzige Installation eines Betriebssystems betreibt alle Prozessoren gleichermaßen.

Arten von Multiprozessorbetriebssystemen

2 Rechnerarchitekturen für Parallele und Verteilte Systeme

2. *Asymmetrisches Multiprocessing*: Auf jedem Prozessorkern läuft ein separates Betriebssystem oder eine separate Installation desselben Betriebssystems. Eine Applikation kann nur auf einem bestimmten Prozessor laufen.

3. *Symmetrisches Multiprocessing*: Eine einzige Installation eines Betriebssystems betreibt alle Prozessoren gleichermaßen. Applikationen und das Betriebssystem können auf jedem Prozessor laufen.

2.2.6.1 Master Slave Multiprocessing

<small>Master verwaltet alle Systemressourcen</small>

Bei der Master-Slave-Organisation existiert ein ausgezeichneter Prozessor, der Master, welcher das Betriebssystem ausführt. Die restlichen Prozessoren sind identisch und bilden eine Ansammlung von Rechenprozessen, welche die Benutzerprozesse ausführen. Ein einziges Betriebssystem, der Master, hat den Überblick über alle Systemressourcen. Benötigt ein Prozess auf einem Slave-Prozessor einen Betriebssystemdienst z.B. zur Ein- Ausgabe, dann generiert er ein Interrupt und wartet darauf, bis der Master den Interrupt behandelt und somit die Dienstleistung zur Verfügung stellt. Dadurch können die Dienste des Betriebssystems dynamisch zugewiesen und von den Applikationen gemeinsam genutzt werden.

<small>Master ist single point of failure und performance bottleneck</small>

Betrachtet man das Master-Slave-Prinzip unter dem Gesichtspunkt der Zuverlässigkeit, dann bewirkt der Ausfall eines Slave-Prozessors nur eine Leistungsreduzierung. Der Ausfall des Masterprozessors bewirkt jedoch einen Totalausfall des Systems und ist somit ein einzelner Ausfallpunkt in dem System (single point of failure). Da alle Slaves den Master ansprechen und der Master alle Ressourcen verwalten muss, kann der Master zum Flaschenhals in dem Multiprozessorsystem werden, und der Leistungszuwachs durch Hinzunahmen von weiteren Slaves ist durch den Master beschränkt (der Master ist ein performance bottleneck).

2.2.6.2 Asymmetrisches Multiprocessing

Ein asymmetrisches Multiprozessor-System kann entweder *homogen* sein, wenn jeder Prozessor denselben Typ und dieselbe Version eines Betriebssystems betreibt, oder *heterogen*, wenn jeder Prozessor ein anderes Betriebssystem betreibt, so dass beispielsweise auf einem Prozessor das QNX Neutrino RTOS läuft und auf dem anderen Linux [S 06]. In einem homogenen Umfeld können sich Entwickler mehrerer Prozessoren am besten zu Nutze machen, indem sie ein Betriebssystem mit einem dezentralen Programmiermodell wählen. Bei sauberer Implementierung können die Applikationen eines Prozessors transparent mit Applikationen und Systemdiensten wie Gerätetreibern oder Protokoll-Stacks auf anderen Prozessoren kommunizieren. Die hohe CPU-Belastung, die für die herkömmliche Kommunikation zwischen Prozessoren typisch ist, bleibt hier aus.

Homogenes oder heterogenes asymmetrisches Multiprocessing

Die Ausführungsumgebung des asymmetrischen Multiprocessings ähnelt der eines konventionellen **Uniprozessor-Systems**. Folglich bietet asymmetrisches Multiprocessing einen relativ direkten Pfad für die Portierung von Alt-Code. Ein direkter Steuermechanismus für den Gebrauch der CPU-Kerne ist ebenfalls vorhanden. In der Regel lässt sich auch mit standardisierten Debug-Tools und -Techniken arbeiten.

Asymmetrisches Multiprocessing arbeitet wie Uniprozessorbetriebssystem

Mit asymmetrischem Multiprocessing können Entwickler entscheiden, wie gemeinsame Hardware-Ressourcen für die Applikationen zwischen den einzelnen Prozessoren aufgeteilt werden. Normalerweise findet die Bereitstellung der Ressourcen während des Bootens statisch statt und umfasst Speicherreservierung auf physikalischer Ebene, Peripherienutzung und Interrupt-Behandlung. Wenn das System die Ressourcen auch dynamisch zuweisen könnte, würde dies die Koordination zwischen den Prozessoren komplizierter machen.

In einem asymmetrischen Multiprocessing-System läuft ein Prozess immer auf demselben Prozessor, sogar wenn andere nicht in Gebrauch sind. Folglich können Prozessoren zu stark oder zu schwach ausgelastet sein. Um diesem Problem zu begegnen, könnte das System den Applikationen erlauben, zwischen den Prozessoren nach Bedarf zu wechseln. Dies könnte allerdings zu Problemen bei der Übertragung der Prozess-Zustandsinformationen von einem Prozessor auf den anderen oder aber zu Unterbrechungen führen, da eine Applikation auf einem Prozessor gestoppt und auf dem anderen neu gestartet werden muss – bei unterschiedlichen Betriebssystemen eine schwierige, wenn nicht sogar unmögliche Option.

Keine Lastverteilung bei asymmetrischem Multiprocessing

Für die Unterstützung von asymmetrischem Multiprocessing muss ein Multiprozessor über eine Abstraktionsschicht verfügen, die bestimmte Ressourcen für jeden Prozessor gleich erscheinen lässt. Ein Beispiel dafür wäre die Virtualisierung x86-basierter Multicore-Prozessoren [S 06].

Nachteile Asymmetrie

Asymmetrische Multiprozessor-Applikationen, die auf einen Prozessor festgelegt sind, sind nicht in der Lage, bei Bedarf andere Prozessoren zu nutzen, selbst wenn diese nicht in Gebrauch sind. Das heißt, der Entwickler sollte Tools nutzen, die den Nutzungsgrad der Ressourcen inklusive CPU analysieren. Dies geschieht pro Applikation und zeigt den optimalen Weg zur Verteilung der Applikationen auf die Prozessoren bei maximaler Performance. Wenn das Betriebssystem auch über „Hooks" verfügt, um den gewünschten Prozessor dynamisch zu wechseln, besteht die Freiheit, dynamisch zwischen den Prozessoren zu wechseln, ohne Checkpoints oder Applikationsstart und -stopp zu berücksichtigen.

Vorteile Asymmetrie

Im Gegensatz zu dem nachfolgend beschriebenen Symmetrischen Multiprocessings ergeben sich beim asymmetrischen Fall natürlich auch Vorteile. So wird ausgeschlossen, dass die Cache-Inhalte ständig ungültig werden, indem Applikationen mit gemeinsamer Datennutzung exklusiv auf demselben Prozessor laufen. Der mit einer Cache-Invalidierung einhergehende Performance-Verlust in einem SMP-System bleibt somit aus. Auch das Debuggen einer Applikation läuft einfacher ab als bei SMP, da alle ausführenden Threads in einer Applikation auf demselben Prozessor laufen. Aus dem gleichen Grund lassen sich mit asymmetrischen Multiprocessing auch ältere Applikationen für Uniprozessoren fehlerfrei betreiben.

2.2.6.3 Symmetrisches Multiprocessing (SMP)

Beim symmetrischen Multiprocessing sind alle Prozessoren funktional identisch und bilden eine Ansammlung von anonymen Ressourcen. Alle anderen Hardware-Ressourcen, wie Hauptspeicher und Ein- Ausgabegeräte, stehen allen Prozessoren zur Verfügung. Falls ein oder einige Prozessoren und nicht alle Zugriff haben auf beispielsweise spezielle Ein-Ausgabegeräte, bezeichnet man das System als *asymmetrisch*.

Vorteile des SMP für den Anwender

Beim *symmetrischen Multiprocessing* (*SMP*) arbeiten alle Prozessoren mit einem einzigen Betriebssystem. Da für das Betriebssystem alle Systemelemente zu jeder Zeit sichtbar sind, kann es Ressourcen auf den verschiedenen Prozessoren bereitstellen – und das ohne Vorgaben des Applikationsentwicklers. Darüber hinaus kann das Betriebssystem integrierte Standardfunktionen liefern, wie zum Beispiel `pthread_mutex_lock`, `pthread_mutex_unlock`, `pthread_spin_lock` und `pthread_spin_unlock`. Diese Funktionen lassen mehrere Applikationen auf diese Ressourcen sicher und einfach zugreifen. Da nur ein Betriebssystem existiert, kann dieses bei symmetrischem Multiprocessing nach Bedarf bestimmten Applikationen – und nicht den Prozessoren – Ressourcen zuordnen und erreicht so eine bessere Hardware-Auslastung. Zudem können System-Tracing-Tools Betriebsstatistiken und Applikationsinteraktionen für alle Prozessoren sammeln, so dass der Entwickler die Applikationen besser optimieren und debuggen kann. Die Synchronisierung der Applikationen ist darüber hinaus einfacher, weil Entwickler Standardfunktionen des Betriebssystems und von Uniprozessorsystemen bewährte Synchronisationsverfahren, an Stelle komplexer Nachrichten-basierter Mechanismen, verwenden können.

Ein Entwickler muss noch nicht einmal spezielle APIs oder eine spezielle Programmiersprache anwenden. Ein Betriebssystem mit SMP-Unterstützung verteilt die Last selbstständig auf mehrere Prozessoren. Der POSIX-Standard, vor allem das Pthread-API, wird seit vielen Jahren erfolgreich in High-end-SMP-Umgebungen eingesetzt. Code, der die POSIX-Schnittstellen nutzt, läuft auf Uniprozessoren und Multiprozessoren gleichermaßen. Bei einigen Betriebssystemen können dieselben Binär-Codes sogar auf Uni- und Multiprozessoren laufen.

2.2.6.3.1 Floating Master

Bei der einfachsten Form der symmetrischen Organisation, *Floating Master* genannt, ist das komplette Betriebssystem selbst ein einziger kritischer Abschnitt. Zu verschiedenen Zeitpunkten kann das Betriebssystem auf verschiedenen Prozessoren ausgeführt werden. Das Betriebssystem „*floats*" von einem Prozessor auf den Nächsten. Dadurch sind die Zugriffe zu gemeinsamen Datenstrukturen des Betriebssystems serialisiert, und Konflikte beim Zugriff auf gemeinsame Datenstrukturen werden vermieden.

Organisation eines SMP-fähigen Betriebssystems

Voraussetzung für diese Organisation ist natürlich, dass die Liste der bereiten Prozesse im gemeinsamen Hauptspeicher liegt. Betrachten Sie dazu das System in nachfolgender Abbildung 2-15, das aus drei Prozessoren und sechs Prozessen, die teilweise rechnend, bereit und blockiert sind, besteht. Alle Prozesse liegen im gemeinsamen Hauptspeicher und drei davon werden ausgeführt: Prozess A auf der CPU 1, Prozess B auf der CPU 2 und Prozess C auf der CPU 3. Die Prozesse D und E liegen im Hauptspeicher und warten, bis sie an der Reihe sind. Prozess F liegt ebenfalls im Hauptspeicher und wartet, bis er deblo-

Arbeitsweise eines SMP-fähigen Betriebssystems

ckiert wird. Nehmen Sie nun an, dass B sich blockiert, weil z.B. seine Zeitscheibe abgelaufen ist. CPU 2 muss Prozess B suspendieren und einen anderen lauffähigen Prozess finden. Die CPU 2 beginnt nun mit der Ausführung von Betriebsystemcode, der im gemeinsamen Hauptspeicher liegt. Nachdem die Register von Prozess B gerettet sind, ruft CPU 2 den Scheduler des Betriebsystems auf, um einen anderen lauffähigen Prozess zu finden. Durch Zugriff auf die Bereitliste kann dort der erste Eintrag, nämlich Prozess D, entfernt werden und CPU 2 beginnt mit der Ausführung von Prozess D.

Inhalt des Caches bei einem Prozesswechsel

Nach dem Umschalten auf den neuen Prozess D werden viele Cache-Fehler auftreten, da der Cache von CPU 2 noch den Code und die Daten von Prozess 2 enthält. Nach einer gewissen Zeit enthält dann der Cache nur noch Code und Daten von Prozess D. Aus diesem Grund sollte ein Prozess, z. B. falls er eine Ein- Ausgabe tätigt, nicht sofort vom Prozessor genommen werden, sondern der Prozess sollte in bestimmten Fällen aktiv warten und auf dem Prozessor verbleiben. Ebenfalls ist es günstig, falls der Prozess von einem Prozessor genommen wurde und der Prozessor in der Zwischenzeit untätig war, den Prozess wieder auf den gleichen Prozessor zu laden, da der Cache noch den Code und die Daten des alten Prozesses und somit auch des neuen gleichen Prozesses enthält.

2.2 Eng gekoppelte Multiprozessoren und Multicore-Prozessoren

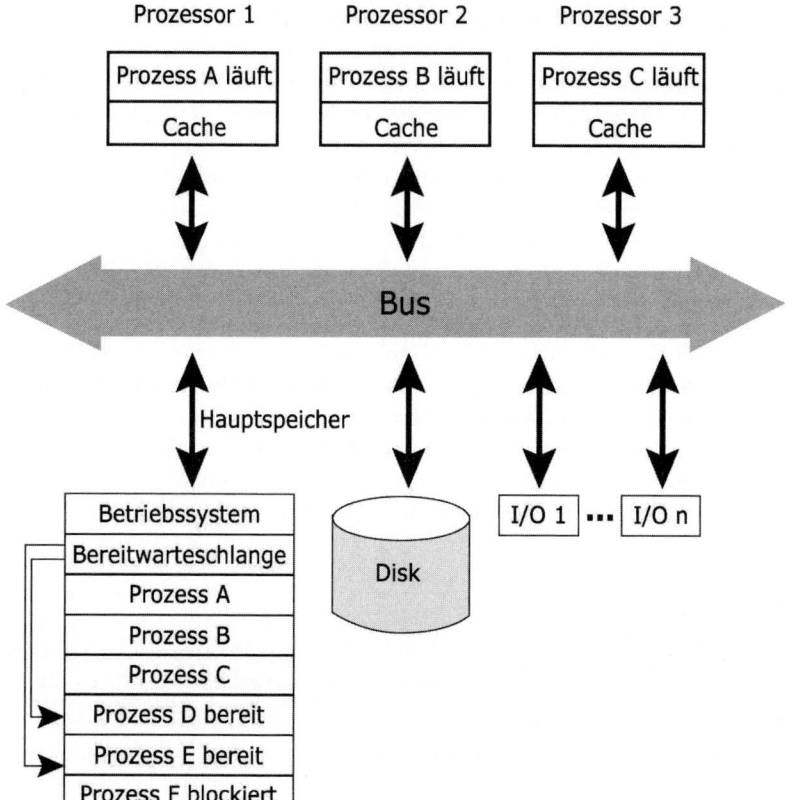

Abb. 2-15:
Arbeitsweise des symmetrischen Multiprocessing

Das Prinzip des Floating Master ist ein erster und einfacher Schritt, um ein bestehendes monolithisches Uniprozessorbetriebssystem, z.B. Unix, auf ein eng gekoppeltes Multiprozessorsystem oder einen Multicore-Prozessor zu portieren.

2.2.6.4 Lock-Synchronisation

Das Prinzip des Floating Master erlaubt jedoch nicht die parallele Ausführung des Betriebssystems auf mehreren Prozessoren. Dies ist ein großer Nachteil, da sich besonders bei Unix-Systemen die Prozesse zu 1/3 ihrer Laufzeit im Betriebssystemmodus befinden. Um Teile des Betriebssystems parallel auf mehreren Prozessoren auszuführen, muss das Betriebssystem in Form von mehreren parallelen und voneinander unabhängigen Prozessen und Tasks vorliegen. Der Zugriff der parallelen Tasks zu gemeinsamen Datenstrukturen muss dann unter *wechselseitigem Ausschluss* geschehen.

Parallele Ausführung von Betriebssystemcode

2 Rechnerarchitekturen für Parallele und Verteilte Systeme

Sperren der Daten erlaubt mehr Parallelität

Weiterhin ist das Standardkonstrukt des kritischen Abschnitts, bei dem die Sektion des Codes, welcher die Daten modifiziert und somit eine weitere parallele Ausführung durch andere Prozesse nicht zulässt, bei Multiprozessor-Betriebssystemen nicht angebracht. Ein besseres Vorgehen ist, die *Daten* selbst zu *sperren*, *anstatt* den *Code*, der die Daten manipuliert. Das Sperren von individuellen Daten erlaubt allen anderen Prozessen fortzufahren, soweit sie nicht die gemeinsamen Daten manipulieren. Dies erlaubt mehr Parallelität und ist damit effizienter. Das Sperren von Daten anstatt von Code bedingt ein objektorientiertes Vorgehen, d.h. dass die Daten zusammen mit ihren Zugriffsfunktionen vorliegen. Die Zugriffsfunktionen realisieren dann den wechselseitigen Ausschluss beim Zugriff auf die Daten.

Interruptsperre bei SMP keine Lösung

Primitive Methoden für den wechselseitigen Ausschluss, wie das *Sperren von Interrupts* und das temporäre Anheben von Prozessprioritäten sind bei Multiprozessorsystemen nicht anwendbar. Die `disable`-Interrupt- und `enable`-Interrupt-Instruktion wirkt nur auf den lokalen Prozessor und nicht auf die anderen im System vorhandene Prozessoren.

2.2.6.4.1 Test and Set (TAS)

Test and Set

Bei Multiprozessorsystemen lässt sich zur Synchronisation der *Test und Set* (*TAS*)-Befehl [M 99] einsetzen. Der TAS-Befehl benutzt zwei Parameter:

1. `Can_Not_Enter`: Kann der Prozess in den kritischen Abschnitt eintreten?

2. `Active`: Eine globale Variable, die anzeigt, ob ein anderer Prozess im kritischen Abschnitt ist, und ob möglicherweise der kritische Abschnitt gesperrt (`lock`) ist.

Die Hardware des TAS-Befehls garantiert die Unteilbarkeit der TAS-Operation Der Ablauf des Hardwarebefehls TAS hat folgende softwaretechnische Beschreibung und sieht folgendermaßen aus:

Programm 2-1: Ablauf des TAS-Befehls

```
procedure TAS (Can_Not_Enter : out BOOLEAN,
               Active : in out BOOLEAN) is
begin
  Can_Not_Enter := Active;
  if Active = FALSE then
    Active := TRUE;
  end if;
end TAS;
```

2.2 Eng gekoppelte Multiprozessoren und Multicore-Prozessoren

Das Essentielle an der TAS-Instruktion ist die *unteilbare Operation* des Testens (Read) und anschließenden Setzens (Write) der globalen Variablen `Active`. Bei Multiprozessoren ohne Cache benötigt man für diese zwei Speicherzyklen einen unteilbaren read-modify-write-Zyklus auf dem Systembus. Bei cache-basierten Multiprozessoren, also mit Cache für jede CPU, setzt das MESI-Cachekohärenz-Protokoll die globale Variable `Active` auf den Zustand Shared. Dadurch fällt dann für das mehrmalige Ausführen des TAS-Befehls kein Busverkehr an.

2.2.6.4.2 Exchange (XCHG)

Die Mikroprozessorfamilie IAPX-86 von Intel stellt einen Austauschbefehl *Exchange* (*XCHG*) als unteilbare Operation auf einem einzigen Prozessor zur Verfügung [M 99]. Der Hardwarebefehl XCHG hat folgende Wirkung:

eXCHanGe

```
procedure XCHG (Can_Not_Enter : out BOOLEAN,
                Active : in out BOOLEAN) is
  Temp : BOOLEAN;
begin
  Temp := Active;
  Active := Can_Not_Enter;
  Can_Not_Enter := Temp;
end XCHG;
```

Programm 2-2:
Ablauf des
XCHG-
Befehls

Um die Unteilbarkeit des XCHG-Befehls auf Multiprozessoren ohne Cache sicherzustellen, benötigt man einen systemweiten LOCK-Befehl, welcher den Bus sperrt.

2.2.6.4.3 Spinlocking

Mit dem TAS- oder XCHG-Befehl lässt sich ein *aktives Warten* realisieren. Kann der Prozess den kritischen Abschnitt nicht betreten, muss er also warten, und verbleibt auf dem Prozessor und durchläuft eine Schleife, bis der kritische Abschnitt frei ist. Diese Methode heißt *Spinlocking*, das aktive Warten in der Schleife selbst ist das *Spinning*. Die Spin-Lock-Funktionen sind `spin_lock()` und `spin_unlock()` und haben mit dem TAS- oder XCHG-Befehl folgende Implementierung:

aktives
Warten

```
procedure spin_lock (Active : out BOOLEAN) is
  Can_Not_Enter : BOOLEAN;
begin
  Can_Not_Enter := TRUE;
  while Can_Not_Enter loop
    -- with TAS-Instruction
    TAS (Can_Not_Enter, Active);
```

Programm 2-3:
spin_lock,
spin_unlock

```
                  -- or with XCHG-Instruction
                  -- XCHG(Can_Not_Enter, Active);
            end loop;
         end spin_lock;

         procedure spin_unlock (Active : out BOOLEAN) is
         begin
            Active := FALSE;
         end spin_unlock;
```

Vorteile von Spin-Locks bei Multiprozessoren mit Cache

Das aktive Warten, und damit das Verschwenden von Prozessorzeit bei Spin_Locks, ist besonders bei Multiprozessoren mit Caches angebracht. Viele Ressourcen sind nur für einige Millisekunden gesperrt, und ein Prozesswechsel würde zeitaufwendiger sein und den Cache korrumpieren, als den alten Prozess warten zu lassen und mit dem bestehenden Cacheinhalt weiter arbeiten zu lassen

Read/Write Spin Locks

Zur Erhöhung der Parallelität innerhalb des Betriebssystemkerns bietet Linux zusätzlich *Read/Write Spin Locks* (`read_lock`, `read_unlock` und `write_lock`, `write_unlock`) an [BC 03]. Diese sind angebracht für Datenstrukturen, die von vielen Lesern gelesen, aber nur von wenigen Schreibern geschrieben werden.

2.2.6.4.4 Semaphore

Das aktive Warten lässt sich vermeiden, falls der Prozess nicht aktiv wartet, sondern in eine Warteschlange verbracht wird. Das Eingliedern und spätere Entnehmen des Prozesses in und aus der Warteschlange erfordert jedoch mehrere Operationen. Die Warteschlange selbst ist eine gemeinsame Datenstruktur, auf die unter wechselseitigem Ausschluss zuzugreifen ist. D.h. der Zugriff auf die Warteschlange muss durch die `spin_lock`- und `spin_unlock`-Funktion umschlossen werden.

P- und V-Operationen

Durch dieses Vorgehen erhält man einen *Queued Lock* oder die bekannten *Semaphore* mit den P- und V-Operationen von Dijkstra [D 65]. Die Unteilbarkeit der P- und V-Operationen ist dabei nicht durch das Sperren von Interruptroutinen realisiert, sondern durch die `spin_lock()` und `spin_unlock()` Funktionen.

2.2 Eng gekoppelte Multiprozessoren und Multicore-Prozessoren

```
Active : BOOLEAN := FALSE;

procedure P (S : in out Sema_Type) is
begin
  spin_lock (Active);
  S.Counter := S.Counter - 1;
  if S.Counter < 0 then
    Enter_Last(S.Sema_Queue,Get_Running_PCB);
    spin_unlock (Active);
    -- Block the Process
    Block;
  else
    spin_unlock (Active);
  end if;
end P;

procedure V (S ; in out Sema_Type) is
begin
  spin_lock (Active);
  S.Counter := S.Counter + 1;
  if S.Counter <= 0 then
    Process_PCB_Help := Get_First (S.Sema_Queue);
    -- Unblock the Process
    Ready;
    -- Remove Element from Sema_Queue
    Remove (S.Sema_Queue, Process_PCB_Help);
  end if;
  spin_unlock (Active);
end V;
```

Programm 2-4: Implementierung der P- und V-Operation mit spin_lock und spin_unlock

Die obigen Prozeduren beschreiben das exemplarische Vorgehen, das hier didaktisch ausgelegt ist. Die konkrete C-Implementierung der P– und V-Operationen in Linux kann bei Bovet und Cesati [BC 03] nachgelesen werden. Weitere Vorschläge zur Implementierung von Locks, neben dem hier vorgestellten Spin- und Queued-Lock sind in [GT 90] enthalten.

2.2.6.4.5 Compare and Swap (CAS)

Die *Compare and Swap-CPU-Instruktion* (*CAS* oder *CMPXCHG*) vergleicht atomar den Inhalt von einer Speicherlokation X mit einem gegebenen Wert Old, und wenn sie gleich sind, setzt sie den Inhalt der Speicherlokation X auf einen neuen Wert New. Das Ergebnis der Operation ist eine Indikation, ob die Ersetzung Old durch New stattgefunden hat oder nicht. Der atomare CAS-Befehl hat somit folgende Wirkung:

CAS-Befehl

Programm 2-5:
Ablauf des
CAS-Befehls

```
function CAS (X : out REFERENCE,
              Old: in VARIABLE,
              New: in VARIABLE) return BOOLEAN is
begin
  if CONT(X) == Old then
    X:= New;
    return TRUE;
  else
    return FALSE;
  end if;
end CAS;
```

Ersetzt man Old mit Active und New mit Inactive, so kann mit dem CAS-Befehl getestet werden, ob ein anderer Prozess im kritischen Abschnitt war und somit Active ist oder ob er Inactive war und somit nicht im kritsichen Abschnitt war.

Programm 2-6:
Ablauf des
CAS-Befehls

```
function CAS (X : out REFERENCE,
              Inactive: in VARIABLE,
              Active: in VARIABLE) return BOOLEAN is
begin
  if CONT(X) == Inactive then
    X:= Active;
    return TRUE;
  else
    return FALSE;
  end if;
end CAS;
```

Damit lassen sich mit dem CAS-Befehl, wie mit dem TAS- oder XCHG-Befehl, Spinlocks und Semaphore implementieren. Zusätzlich lassen sich mit dem CAS-Befehl *sperr- und wartefreie Algorithmen* implementieren. Herilhy [H 91] hat nachgewiesen, dass dies mit einfachen Lese-, Schreiboperationen und somit dem XCHG- und TAS-Befehl nicht möglich ist.

Sperr- und wartefreie Algorithmen

Die sperr- und wartefreie Algorithmen, welche den CAS-Befehl benutzen, lesen eine gemeinsame Speicherlokation und speichern sie in einer lokalen Variablen (TempOld) ab und merken sich somit den alten Wert. Basierend auf dem Alt-Wert (TempOld) berechnen Sie dann einen neuen Wert (TempNew) und führen somit eine Operation aus. Der CAS-Befehl versucht dann, den neuen Wert in die Speicherzelle zu schreiben. Bevor er schreiben kann, überprüft er, ob in der Speicherlokation noch der alte Wert steht. Ist dies nicht der Fall, so hat ein anderer Pro-

2.2 Eng gekoppelte Multiprozessoren und Multicore-Prozessoren

zess die Speicherlokation geändert, und der CAS-Befehl ist fehlgeschlagen (er gibt FALSE zurück). Ist der Versuch fehlgeschlagen, beginnt man von vorne: Die Speicherlokation wird erneut gelesen, ein neuer Wert wird berechnet und der CAS-Befehl wird erneut versucht. Mit dem CAS-Befehl, der atomar ist, werden dann die Änderungen hintereinander und seriell zurückgeschrieben. Das bedeutet, die Änderungen finden unter wechselseitigem Ausschluss in irgendeiner Reihenfolge statt.

Das folgende Codebeispiel Atomic_Add inkrementiert atomar eine Integer-Variable, dabei benutzt Atomic_Add den CAS-Befehl:

```
procedure Atomic_Add (Var : in REFERENCE,
              Val : in INTEGER,
              Return_Code: out INTEGER) is
  Temp_Old : INTEGER;
  Temp_New : INTEGER;
begin
  Temp_Old := CONT(Var);
  Temp_New := Temp_Old + Val;
  while (NOT (CAS (ADDR(Var), Temp_Old, Temp_New))
  loop
     Temp_Old := CONT(VAR);
     Temp_New := Temp_Old + Val;
  end loop;
  Return_Code := Temp_New;
end Atomic_Add;
```

Programm 2-7: Atomares Addieren mit CAS

Programm 2-7 führt zuerst die Addition aus und testet dann mit dem CAS-Befehl, ob die Addition atomar war und kein anderer Prozess die Addition ebenfalls durchgeführt hat. War sie atomar, schreibt der CAS-Befehl den Wert der Addition in die Variable Var zurück. War sie nicht atomar ausgeführt, wird erneut die Addition ausgeführt und anschließend getestet, ob sie diesmal atomar war.

Double Compare and Swap (DCAS)

Programm 2-7 schreibt den neuen Wert nur in eine einfache Datenstruktur, eine Variable zurück. Dies lässt sich leicht erweitern auf Datenstrukturen wie Listen, Keller, Warteschlangen, Mengen und Hash-Tabellen. Zur leichteren Implementierung von zweifachen Änderungen, wie sie z.B. beim Entfernen eines Elementes in einer doppelt geketteten Liste vorkommen, gibt es eine Erweiterung des CAS-Befehls den ***Double Compare and Swap*** (***DCAS***). DCAS schreibt atomar in zwei neue Speicherlokationen neue Werte.

2.2.6.5 Transactional Memory (TM)

Der traditionelle Ansatz zur Synchronisation von Prozessen oder Threads ist die Verwendung von Locks. Locks besitzen jedoch die folgenden Nachteile:

Nachteile von Locks

- *Aktives Warten*: Ist eine Ressource nicht frei, oder ist ein kritischer Abschnitt belegt, so muss der aktuelle Prozess *aktiv warten*. Ein wartender Prozess verrichtet keine Arbeit, und dies führt zur *eingeschränkten Parallelität*.

- *Wettlaufsituationen (Race Conditions)*: Fehlende Synchronisation und das fehlende Setzen von Sperren können zu Wettlaufsituationen führen.

- *Verklemmungen (Deadlocks)*: Je nachdem in welcher Reihenfolge die Locks angefordert werden, können Verklemmungen (Deadlocks) entstehen.

- *Prioritätsumkehr (Priority Inversion)*: Wenn ein Prozess mit niederer Priorität eine Sperre gesetzt hat und ein Prozess hoher Priorität kommt zum Laufen, der ebenfalls diese Sperre anfordert, so verhindert der niederpriore Prozess, der das Lock besitzt, das Weiterarbeiten des höherprioren Prozesses. Das heißt es kommt dabei zu einer Verklemmung.

- *Prozessabbruch*: Bricht oder stürzt ein Prozess ab, der eine oder mehrere Sperren gesetzt hat, so werden die Sperren nicht freigegeben, und auf den gemeinsam genutzten Speicherbereich kann kein Prozess mehr zugreifen und dessen Zustand ist undefiniert.

Lock-Free/ Wait-Free

Transactional Memory (TM) vermeidet die obigen Nachteile von Locks. TM ist ein *Lock-Free/Wait-Free-Konkurrenz-Kontroll-Konstrukt*, das auf *Transaktionen* basiert, wie sie schon seit Jahrzehnten bei Datenbanken in Gebrauch sind. Durch das Wait Free bei Transaktionen, bei der jeder Thread Fortschritte macht, egal was die anderen Threads machen, werden bei mehreren Threads erhebliche Performancegewinne im Gegensatz zur Lock-Synchronisation erreicht [AKS 07].

Memory Transaktionen

Eine *Memory Transaktion* ist eine Sequenz von Speicheroperationen auf dem gemeinsamen Speicher, die entweder komplett ausgeführt und festgeschrieben wird (*commit*) oder abgebrochen (*abort*) und zurückgesetzt wird und somit keine Effekte hat [HM 93]. Transaktionen sind *atomar*, und somit sind alle Operationen ausgeführt oder keine der Operationen, so als hätte die Transaktion nie stattgefunden. Eine Transaktion in einem Thread läuft *isoliert* und ist die einzige Transaktion, die auf dem System läuft. Somit sind alle anderen Threads, die

2.2 Eng gekoppelte Multiprozessoren und Multicore-Prozessoren

auf den gleichen Speicher zugreifen, suspendiert und nur der eine Thread läuft. Transaktionen vermitteln dadurch die Illusion der seriellen Ausführung. Sie werden in einem einzelnen atomaren Schritt ausgeführt in Bezug zu anderen konkurrenten Threads, und kein anderer Thread führt eine in Konflikt dazu stehende Operation aus.

Diese aus Datenbanken bekannten Transaktionen (siehe zu Folgendem auch [HCU 77], die dazu Fallbeispiele angeben) können in

1. Software gegossen werden (*Software Transactional Memory (STM)*), oder
2. direkt in der Hardware implementiert werden (*Hardware Transactional Memory (HTM)*), oder
3. es kann eine Mischung (hybrid) aus STM und HTM vorliegen (*Hybrid Transactional Memory (HyTM)* und (*Hardware assisted Software Transactional Memory (HaSTM)*).

STM
HTM,
HyTM,
HaSTM

2.2.6.5.1 Programmsprachliche Realisierung des TM

Durch die konzeptionelle Einfachheit von Transaktionen können sie programmsprachlich einfach als ein atomarer Block von Anweisungen [AKS 07] in einen Prozess eingebettet werden. Die Syntax ist folgendermaßen:

```
atomic { S }
```

S ist dabei eine Anweisungsfolge, die in einer Transaktion ausgeführt wird.

Das atomare Einfügen eines Elementes in eine doppelt gekettete Liste hat dabei folgendes Aussehen:

```
// Insert a node into a doubly-linked list atomically
atomic {
  new Node -> prep = node;
  new Node -> next = node -> next;
  node -> next -> prep = new Node;
  node -> next = new Node;
}
```

Programm 2-8: Transactional atomarer Block

Ist das Ende des Blockes erreicht, so kann die Transaktion möglicherweise festgeschrieben werden (committed), andernfalls muss sie abgebrochen (aborted) und erneut gestartet werden.

Harris und Fraser [HF 03] haben ein einfaches und mächtiges Sprachkonstrukt vorgeschlagen, das die Semantik von *bedingten kritischen Regionen (conditional critical regions)* besitzt. Bedingte kritische Regi-

Bedingte kritische Regionen

2 Rechnerarchitekturen für Parallele und Verteilte Systeme

onen führten Hoare [Ho 72] und Brinch Hansen [BH 72] ein. Regionen sind Anweisungsfolgen, die unter wechselseitigem Ausschluss laufen. Die Regionen können Bedingungen (boolesche Ausdrücke) besitzen. Betritt ein Prozess die Region, so wird zunächst der wechselseitige Ausschluss hergestellt, anschließend wird die Bedingung ausgewertet. Ergibt die Auswertung der Bedingung TRUE, so darf der Prozess die Region ausführen. Ergibt die Auswertung der Bedingung FALSE, so wird der wechselseitige Ausschluss aufgehoben (so dass andere Prozesse ihre Region betreten und die Bedingung wahr machen können) und der Prozess wartet bis die Bedingung wahr ist.

Die syntaktische Form von bedingten kritischen Regionen bei einem atomaren Block ist folgende:

```
atomic (p) { S }
```

Dabei ist p ein optionales Prädikat (Ausdruck vom Typ BOOLEAN) und S ist eine atomare Anweisungsfolge.

Programm 2-9: Transaktion mit Bedingung

```
atomic (queueSize > 0)
{
    remove item from queue and use it
}
```

Durch die Möglichkeit, dass nicht alle Bedingungen zu einer Zeit wahr sind, können Verklemmungen entstehen, wie Programm 2-10 zeigt.

Programm 2-10: Verklemmung bei atomic conditional regions

```
atomic (queueSize > 0)
{
    atomic (queueSize = 0)
    {
        insert elem in queue
    }
}
```

Es liegt in der Verantwortung des Programmierers sicherzustellen, dass zu einer Zeit alle Bedingungen von ineindergeschachtelten bedingten kritischen Regionen wahr werden. Ansonsten sind geschachtelte bedingte kritische Regionen erlaubt, wie nachfolgendes Programm 2-11 zeigt.

Programm 2-11: Multilevel-Transaktionen

```
private void a1 () {
    atomic (cond1) { . . . }
}

public void a2 () {
    atomic (cond2) { a1();}
}
```

2.2 Eng gekoppelte Multiprozessoren und Multicore-Prozessoren

Die ineinander geschachtelten bedingten kritischen Regionen [HMJ 05] erscheinen wie eine Transaktion, und für den Programmierer sehen sie aus wie eine einzelne atomare Aktion, vorausgesetzt die beiden Bedingungen `cond1` und `cond2` sind erfüllt. Lock-basierte Lösungen stellen solche geschachtelte Konstrukte nicht zur Verfügung und führen dort meist auf Verklemmungen.

2.2.6.5.2 Software Transactional Memory (STM)

Es gibt eine Vielzahl von softwarebasierten Verfahren von Transactional Memory, teilweise mit Hardwareunterstützung, das sog. *Software Transactional Memory (STM)* [STM 07]

STM benutzt das von Transaktionen bekannte *optimistische Konkurrenzprotokoll* [KR 81]: Jeder Thread führt seine Modifikationen auf dem gemeinsamen Speicher aus, ohne Rücksicht darauf welche Modifikationen andere Threads an dem gemeinsamen Speicher vorgenommen haben. Jedes Lesen oder Schreiben geht dabei nicht in den gemeinsamen Speicher, sondern wird in einem Log mitprotokolliert. Am Ende der Transaktion wird dann verifiziert, ob andere Threads ebenfalls den gemeinsamen Speicher modifiziert haben. Hat kein anderer Thread den gemeinsamen Speicher modifiziert, so kann die Transaktion verbindlich (`commit`) und permanent gemacht werden, d.h. der Log wird gültig. Kann die Transaktion nicht verbindlich gemacht werden, so kann die Transaktion zu jeder Zeit abgebrochen werden (`abort`) und die vorgenommen Änderungen werden zurückgesetzt, d.h. der Log wird verworfen. Die Transaktion wird dann von Beginn an wieder ausgeführt (`retry`), bis sie erfolgreich ist.	**Optimistisches Konkurrenzprotokoll**
Mit den primitiven Funktionen `abort` und `retry` [HF 03] gelingt dann die Implementierung des optimistischen Konkurrenzprotokolls.	**abort retry**
Der Vorteil des optimistischen Ansatzes ist *erhöhte Konkurrenz*: Kein Thread muss auf den Zugriff auf die Ressource warten, und verschiedene Threads, die auf verschiedene Teile einer gemeinsamen Datenstruktur zugreifen, können das konkurrent und gleichzeitig. Der Zugriff auf gemeinsame Datenstrukturen geschieht normalerweise unter dem gleichen Lock und bedingt dabei ein Warten bei gleichzeitigem Zugriff. Außer dem Overhead, dem wiederholten Ausführen (`retry`), falls die Transaktion fehlgeschlagen ist, fällt kein Warten und anderer Overhead an. In den meisten realistischen Programmen und mit einer großen Anzahl von Prozessoren und Threads kommen Zugriffskonflikte und damit ein Abbruch der Transaktion selten vor.	**Vorteil optimistische Konkurrenzkontrolle gegenüber Locks**

Harris und Fraser [HF 07] stellen drei APIs für nichtsperrende und somit nichtblockierende Synchronisationsmethoden vor:

1. Der *Multiword Compare and Swap* (*MCAS*) welche, über den DCAS hinaus, atomar eine oder mehrere Speicherlokationen auf neue Werte setzen kann.

2. Ein *Word-based Software Transactional Memory* (*WSTM*), der erlaubt, eine Folge von Lese und Schreiboperationen in einer Transaktion zu gruppieren.

3. Ein *Object-based Software Transactional Memory* (*OSTM*), der einen transaktionalen Zugriff auf eine Menge von Objekten erlaubt.

Der Quellcode der drei APIs steht für Alpha, Intel IA-32, Intel IA-64, MIPS, PowerPC und Sparc-Prozessor-Familie zur Verfügung. Er ist unter [UC 07] herunterladbar.

Für die Implementierung von geschachtelten Transaktionen, Transaktionshandler und dem Zwei-Phasen Commit-Protokoll und deren Einbettung in Programmiersprachen und Laufzeitumgebungen siehe [MCC 07].

2.2.6.5.3 Hardware Transactional Memory (HTM)

Implementierung des TM in Hardware

Software Transactional Memory bringt Performanceeinbußen gegenüber in Hardware implementierten *Hardware Transactional Memory* (*HTM*). Die Implementierung von HTM geschieht am besten mit leicht modifizierten Caches und den traditionellen Cachekohärenzprotokollen. Dabei kann grob folgendermaßen vorgegangen werden:

- *Buffering*: Das Puffern oder Logging geschieht im transaktionalen Cache.

- *Konflikt Erkennung*: Das Erkennen von Zugriffskonflikten bedingt Interventionen des Cache.

- *Zurücksetzen oder Rollback*: Invalidiere den Eintrag im transaktionalen Cache.

- *Commit*: Validiere den Eintrag im transaktionalen Cache.

Die Hardwareimplementierung des HTM besitzt die folgenden Einschränkungen:

Nachteile der Hardwareimplementierung

- *Beschränkte Größe*: Es werden keine Transaktionen von mehreren Anweisungen und mehreren Wörtern unterstützt, insbesondere bei auf Wortgrößen beschränkten Caches. Ein Ausweg ist die große Anzahl von Transaktionen, die aus mehreren atomaren Transaktionen bestehen, ineinander zu schachteln. Eine durch Virtualisierung erreichte *Unbounded Transactional Memory (UTM)* ist in [AAK 06] beschrieben.

- *Nicht Interruptfähig*: Bei der Abarbeitung der Transaktion dürfen keine Interrupts auftreten.

- *Keine I/O*: Die Transaktion darf keine I/O-Anweisungen enthalten, die können nicht rückgängig gemacht werden. Dies gilt auch bei Software Transactional Memory.

2.3 Lose gekoppelte Multiprozessoren und Multicomputer

2.3.1 Architektur von lose gekoppelten Multiprozessoren

Bei lose gekoppelten Multiprozessoren (Abb. 2-16) koppelt man Prozessoren und ihre eigenen lokalen Speicher (Prozessor-Speicherpärchen) über eine Verbindungseinrichtung zusammen. Dadurch tritt der bei eng gekoppeltem System vorhandene Verbindungsengpass zwischen Prozessor und Speicher nicht mehr auf. Da der von Neumann-Engpass hier nicht durch weitere Prozessor-Speicher-Verkehr belastetet wird, skalieren die lose gekoppelten Systeme höher und die *Anzahl der Prozessoren*, die zusammengeschaltet werden können, ist nach oben *unbeschränkt*.

Anzahl der Prozessoren bei lose gekoppelten Systemen unbeschränkt

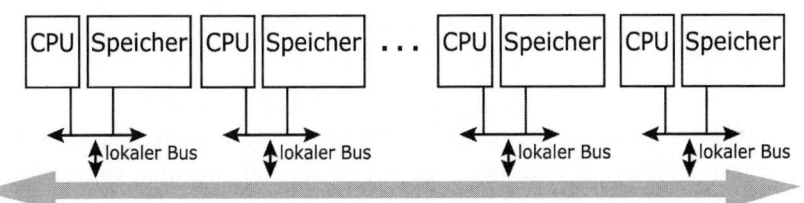

Abb. 2-16: Lose gekoppelter Mutiprozessor

Bei den eng gekoppelten Multiprozessoren greifen alle Prozessoren mit gleicher und einheitlicher Geschwindigkeit auf den gemeinsamen Speicher zu. Man bezeichnet deshalb diese Architekturen als *UMA* (*Uniform Memory Access*)-Architekturen. Durch diese Einheitlichkeit ist die Leistung bei UMA vorhersagbar. Im Gegensatz dazu, gehört bei lose gekoppelten Multiprozessoren zu jeder CPU ein lokales Speichermodul. Auf das lokale Speichermodul kann die CPU wesentlich schneller zugreifen als auf entfernte Speichermodule, also den lokalen Speicher von anderen CPUs. Um nun mehr als einige CPUs zusammenschließen zu können, muss darauf verzichtet werden, dass alle Speichermodule die gleiche Zugriffszeit haben müssen. [T 06] Dieses

Uniform Memory Access (UMA)

2 Rechnerarchitekturen für Parallele und Verteilte Systeme

Zugeständnis führt auf das Konzept der **NUMA-** (*NonUniform Memory Access-*)Architekturen.

NonUniform Memory Access (NUMA)

Mit einem vorgelagerten Cache greift der Prozessor auf den lokal zugewiesenen Speicher schneller zu, als auf den allen Prozessoren gemeinsamen Hauptspeicher. Man bezeichnet deshalb diese Speicherarchitektur für Multiprozessoren, bei denen die Zugriffszeiten vom Ort des Speichers abhängen, als *Non-Uniform Memory Access* oder *Non-Uniform Memory Architecture* (NUMA). Die NUMA-Architektur unterscheidet zwischen einer Architektur mit, ohne Cache-Kohärenz und nur Caches:

NCC-NUMA

- *Non Cache Coherent NUMA* (*NCC NUMA*) arbeitet ohne Cache-Kohärenz (das bedeutet, der Cache ist nicht von der Hardware garantiert und das Programmiermodell muss dafür Sorge tragen und Instruktionen anbieten, so dass die Programme die Cache-Kohärenz herstellen können). Während

CC NUMA

- *Cache-Coherent NUMA* (*CC NUMA*) mit einem Verzeichnis (Directory) arbeiten. Das Verzeichnis enthält Einträge in welchen Caches die Kopien der Blöcke liegen und ob die Kopie gültig und somit aktuell ist. CC-NUMA-Multiprozessoren heißen auch *Directory–based Multiprozessoren* [T 06]. Das Verzeichnis ist eine Datenbank, die Auskunft gibt, wo und in welchem Zustand sich die einzelnen Cache-Zeilen befinden. Ein kommerzieller Vertreter einer CC NUMA Maschine ist die Maschine von Silicon Graphics SGI Altix [SGI 07].

COMA

- *Cache Only Memory Architecture* (*COMA*) benutzen den Hauptspeicher jeder CPU als Cache [HLH 92]. Der physische Adressraum ist dabei in Cache-Zeilen aufgeteilt. Ein Speicher, der nur die gerade benötigten Zeilen an sich zieht, heißt *Attraction Memory*. Da nur Zugriffe auf lokale Speicher stattfinden, sind diese Zugriffe attraktiv.

Im Vergleich zu UMA-Architekturen und somit zu eng gekoppelten Multiprozessoren weisen NUMA-Maschinen die folgenden Merkmale auf:

1. Durch *verteilten gemeinsamen Speicher* (*Distributed Shared Memory* (*DSM*)) wird ein einziger Adressraum hergestellt, der für alle CPUs sichtbar ist.

2. Der Zugriff auf entfernten Speicher erfolgt mithilfe von LOAD- und STORE-Befehlen.

2.3 Lose gekoppelte Multiprozessoren und Multicomputer

3. Der Zugriff auf entfernten Speicher ist langsamer als auf lokalen Speicher.

Durch diese Merkmale und Eigenschaften laufen alle UMA-Programme unter Verwendung des gleichen Programmiermodells unverändert auf den NUMA-Maschinen. D.h. alle für UMA-Maschinen und somit eng gekoppelten Multiprozessoren entwickelten Programme laufen, durch den verteilten gemeinsamen Speicher, auf den NUMA-Maschinen und somit auf lose gekoppelten Multiprozessoren.

2.3.2 Verteilter gemeinsamer Speicher

Bei einer NUMA-Architektur besitzt jeder Prozessor seinen eigenen Speicher. Ein *verteilter gemeinsamer Speicher* (*Distributed Shared Memory* (*DSM*)) [NL 91] ist eine Abstraktion, welche den lokalen Speicher der verschiedenen Prozessoren integriert zu einer einzigen logischen Einheit. Alle Prozesse auf den verschiedenen Prozessoren greifen auf den gemeinsamen Speicher zu. Der verteilte gemeinsame Speicher existiert jedoch nur virtuell. Die Prozesse, die auf den einzelnen Knoten ablaufen, können den verteilten gemeinsamen Speicher genauso wie den traditionellen virtuellen Speicher benutzten (Abb. 2-17).

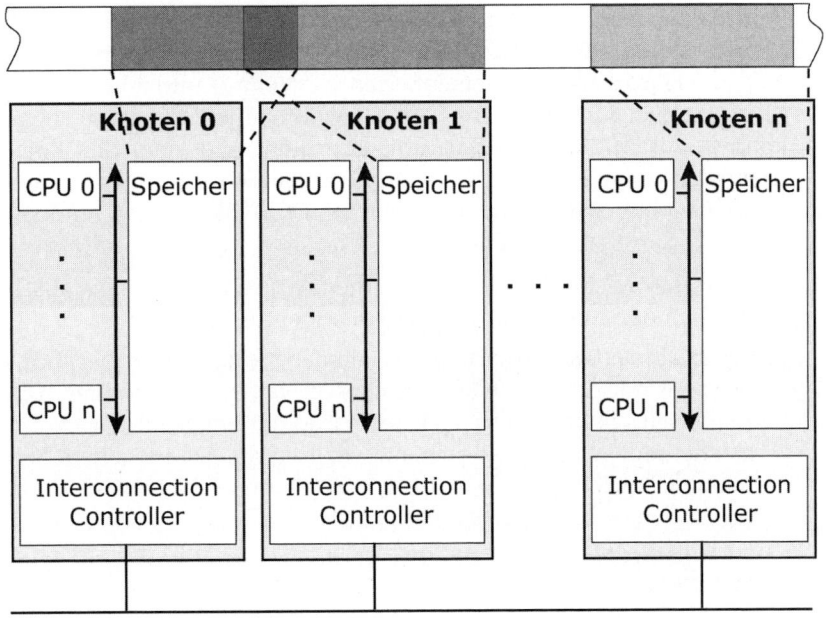

Abb. 2-17: Verteilter gemeinsamer Speicher

Jeder Knoten in dem System besitzt eine oder auch mehrere CPUs mit Zugriff auf einen gemeinsamen Speicher (eng gekoppelter Multiprozessor mit UMA-Architektur) Die Knoten sind verbunden durch ein Netzwerk. Jeder Knoten hat seinen eigenen virtuellen Speicher und eigene Seitentabellen. Der verteilte gemeinsame Speicher repräsentiert einen virtuellen Speicherraum, auf den alle Knoten Zugriff haben. Führt ein Knoten eine LOAD- oder STORE-Operation auf eine Seite aus, die er nicht hat, so wird ein Trap zum Betriebssystem ausgelöst. Das Betriebssystem sucht die Seite und fordert die Remote-CPU, welche die Seite besitzt, auf, die Seite freizugeben, d.h. die Abbildung aufzuheben und über das Verbindungsnetz zu senden. Trifft die Seite beim Knoten ein, wird die Abbildung hergestellt und der durch Trap abgebrochene Befehl neu gestartet. Praktisch bedient das Betriebssystem die fehlenden Seiten und Seitenfehler nicht mit Seiten von der Platte, sondern aus dem entfernten Speicher des anderen Knotens. Anstatt *DSM* für *D*istributed *S*hared *M*emory wird auch *DSVM* benutzt für *D*istributed *S*hared *V*irtual *M*emory.

2.3.2.1 Implementierungsebenen

Die Implementierung von DSM kann auf folgenden verschiedenen Ebenen angesiedelt sein:

Implementierungsebenen von DSM

1. *Hardware-Ebene*: Die Hardwareebene erlaubt die Einbindung von Memory-Mangement Units (MMU) und High-Level-Caches bis hin zu in Hardware implementierten Update- und Invalidate-Mechanismen für den Cache. Die Algorithmen auf Hardwareebene können gut mit kleineren Zugriffseinheiten, wie einzelnen Speicherzellen umgehen, und bedingen nicht die Betrachtung von Variablen, Objekte, Seiten oder des gesamten DSM als assoziativer Speicher und somit als Datenbasis.

2. *Software-Ebene*: Auf Softwareebene dient ein Nachrichtenaustausch zwischen den Rechnern zum Zugriff auf entfernte Speicher.

    a) *Betriebssystem*: Auf Betriebssystemebene lässt sich der DSM sehr gut mit der virtuellen Speicherverwaltung verknüpfen. Die Einheit des Sharing und Transfers ist somit eine Seite (Page). Ein existierendes Seitenfehlerschema wird vom DSM bei einem Seitenfehler aufgerufen. Das Speicherkohärenzproblem wird dann durch den Seitenfehlerhandler gelöst.

    b) *Laufzeitbibliothek*: Bibliotheksroutinen, die den Zugriff zum DSM gestatten, werden mit der Applikation zusammengebunden. Zugriffseinheiten, die vom Laufzeitsystem unterstützt werden, können komplette Objekte oder Tupel sein. Da die Laufzeitbibliothek keine Unterstützung durch spezielle Hardware oder des Betriebssystems erfordert, ist diese Lösung besonders angebracht, wenn verschiedene heterogene Rechner (Heterogenität bezüglich der Hardware und des Betriebssystems, jedoch einheitliches Protokoll) im Netz den DSM zur Verfügung stellen sollen.

2.3.2.2 Speicher Konsistenzmodelle

Ein System für DSM, das Replikas von gemeinsamen Daten erlaubt, besitzt Kopien von gemeinsamem Speicher, die mehrfach verfügbar sind und jeweils im lokalen Speicher der Knoten liegen. Das Hauptproblem dabei ist, die Kopien im Hauptspeicher von zwei oder mehreren Knoten **kohärent** zu halten. Dieses Problem ist gleich gelagert wie bei den Cachekohärenzalgorithmen bei eng gekoppelten Multiprozessoren (siehe Abschnitt 2.2.2).

<small>Kohärenzproblem</small>

Ein weiteres Problem besteht darin, dass bei DSM parallele Zugriffe auf die gemeinsamen Daten der Prozesse auf den verschiedenen Knoten stattfinden können. Diese Zugriffe müssen dann sequenziell geschehen und somit unter *wechselseitigem Ausschluss* laufen. Zur Synchronisation der parallelen Zugriffe benötigt man dann Synchronisationsprimitiven wie Locks, Semaphore oder Transactional Memory (siehe Abschnitt 2.2.6).

<small>Wechselseitiger Ausschluss</small>

Konsistenzmodelle legen den Grad der Konsistenz fest, die erhalten wird für parallele Applikationen. Gemäß dem absteigenden Grad der Konsistenz sind diese Modelle folgendermaßen geordnet [T 95], [S 97], [PTM 98], [AG 96]:

<small>Konsistenzmodelle</small>

- *Strikte Konsistenz* (*Strict Consistency*): Ein verteilter Speicher ist strikt konsistent, wenn der Wert der durch ein `read` an einer Speicherstelle erhalten wird, dem Wert entspricht der durch die letzte `write`-Operation in diese Speicherstelle geschrieben wurde, unabhängig davon auf welchen Knoten die Prozesse die `read`- und `write`-Operation ausgeführt haben. Das bedeutet alle `write`-Operationen sind bei allen anderen Prozessen sofort und zur gleichen Zeit sichtbar.

<small>Strikte Konsistenz</small>

- *Strikte Konsistenz ist nicht erreichbar*, da eine Implementierung die Existenz einer globalen absoluten Uhr bedingt. Mit dieser Uhr lässt sich die korrekte und zeitliche Ordnung von `read`- und `write`-Operationen bestimmen. Damit können dann Aussagen getroffen werden, welche Operation zuletzt ausgeführt wurde (siehe dazu auch Abschnitt 5.2).

<small>Strikte Konsistenz ist nicht implementierbar</small>

2 Rechnerarchitekturen für Parallele und Verteilte Systeme

Sequenzielle Konsistenz

- *Sequenzielle Konsistenz* (*Sequential Consistency*): Ein verteilter Speicher ist sequenziell konsistent, wenn alle Prozessoren die gleiche Reihenfolge von Speicheroperationen auf dem gemeinsamen Speicher sehen. Die Konsistenzanforderung des sequentiellen Modells ist schwächer als die des strikten Konsistenzmodells. Es wird nicht garantiert, dass eine read-Operation an einer Speicherzelle den zuletzt durch eine write-Operation in diese Speicherzelle geschriebenen Wert zurückliefert. Eine Konsequenz daraus ist, dass bei einem sequenziellen Speicher ein Programm, das zweimal gestartet wurde, zwei unterschiedliche Ergebnisse haben kann. Um die gleichen Ergebnisse zu erhalten, müssen die Prozesse beim Zugriff auf den gemeinsamen Speicher explizit synchronisiert werden, und die Zugriffe sind damit sequenzialisiert.
- Eine weitere von Lamport [L 79] stammende Definition für sequenziellen Konsistenz ist die folgende: Das Ergebnis von irgendeiner Ausführung ist das Gleiche, wie wenn die Operationen von allen Prozessoren in irgendeiner sequenziellen Ordnung ausgeführt werden. Die Operationen von einem einzelnen individuellen Prozessor erscheinen in der Sequenz in der Ordnung, wie sie in dem Programm angegeben wurden. Diese Definition bedeutet:

gültige Reihenfolge

- Laufen Prozesse parallel auf verschiedenen Maschinen (oder pseudoparallel wie beim Timesharing), dann ist jede gültige Reihenfolge akzeptierbar, jedoch müssen alle Prozessoren die gleiche Sequenz von Speicherreferenzen sehen. *Reihenfolgen* sind *gültig*, wenn sie in der durch das Programm, das auf jeder Maschine läuft, gegebenen Reihenfolge erscheinen. Ein Speicher, bei dem ein Prozessor eine andere Reihenfolge sieht als ein anderer, ist nicht sequenziell konsistent. Dabei ist zu beachten, dass diese Definition keinen Bezug nimmt auf Zeit und diese Definition nicht auf zeitlichen Relationen basiert. Dadurch wird kein Bezug genommen auf die „zuletzt" geschriebene Speicherzelle, die Grundlage war bei der strikten Konsistenz. Bei der sequenziellen Konsistenz sieht ein Prozess alle write-Operationen von allen anderen Prozessoren, jedoch nur seine eigenen read-Operationen.

Prozessor Konsistenz

- Bei der *Prozessor-Konsistenz* (*Processor Consistency*) braucht die Folge der Speicheroperationen, die zwei Prozessoren sehen, nicht identisch zu sein. Die Ordnung der write-Operationen bleibt allerdings erhalten.

Schwache Konsistenz

- *Schwache-Konsistenz* (*Weak Consistency*) unterscheidet zwischen *normalen* (lokalen) und *synchronisierten Speicherzugriffen*. Nur bei synchronisiertem Zugriff muss der Speicher konsistent sein.

Schwache Konsistenzmodelle lassen sich in der Reihenfolge der Abschwächung weiter untergliedern in:

- *Freigabe-Konsistenz (Release Consistency)* unterteilt die synchronisierten Speicherzugriffe weiter in Anforderungsoperationen (acquire-Operationen) und Freigabeoperationen (release-Operationen). Die mit einer acquire- und release-Operation umschlossenen Speicherzugriffe bilden einen kritischen Abschnitt und laufen somit unter wechselseitigem Ausschluss. Normale Zugriffe müssen auf die Beendigung von vorhergehenden acquire-Operationen warten; release-Operationen müssen warten, bis alle vorhergehenden normalen Zugriffe sichtbar bei allen anderen Prozessoren werden. Synchronisierte Zugriffe sind Prozessor-Konsistenz.

- *Träge Freigabe-Konsistenz (Lazy Release Consistency)* ist eine Verfeinerung der Freigabe-Konsistenz. Sie verzögert die Verbreitung von Modifikationen, so dass nur die write-Operationen in der Kette der kritischen Abschnitte verbreitet werden muss. Dies geschieht dann bei der acquire-Operation.

- *Eintritts-Konsistenz (Entry Consistency)* verlangt die explizite Synchronisation von Speicherzugriffen, auf die gemeinsamen Daten, durch das Programm und somit durch den Programmierer. Jede gemeinsame Variable ist verknüpft mit einer Synchronisationsvariablen (Lock-Variable oder Barrier-Variable). Jeder kritische Abschnitt ist durch Acquire (Var) und Release (Var) gekapselt.

Der Vorteil der abgeschwächteren Konsistenzmodelle ist ihre einfachere Implementierung und damit einhergehend ein Performancegewinn. Weiterhin erlauben sie einem Compiler, je abgeschwächter die Modelle sind, ein Neuordnen und Überlappen der Speicherzugriffe und damit optimierte Befehlsausführungen.

Vorteile abgeschwächterer Konsistenzmodelle

Abhängig von der Applikation braucht nicht synchronisiert zu werden, wenn auf die Daten zu unterschiedlichen Zeiten zugegriffen wird oder wenn sie lokal sind. Darauf kann dann der Programmierer bei den abgeschwächteren Konsistenzmodellen Bezug nehmen und Wartesituationen vermeiden und umgehen, was einen weiterer Performancegewinn ermöglicht.

Das sequenzielle Konsistenzmodell enthält meistens die intuitiv erwartete Semantik der Speicherkohärenz und nimmt dem Programmierer die Last der Synchronisation der parallelen Prozesse ab. Beim sequenziellen Konsistenzmodell laufen Programme für eng gekoppelte Multiprozessoren ohne Modifikation auf Systemen mit sequenzieller Konsistenz. Busgekoppelte Multiprozessoren mit gemeinsamem Speicher und ohne Cache erfüllen nämlich durch ihre seriellen Zugriffe auf den gemeinsamen Speicher das sequenzielle Konsistenzmodell.

Nachteile abgeschwächterer Konsistenzmodelle

Der Nachteil der abgeschwächteren Konsistenzmodelle ist, dass die Synchronisation immer mehr von der Systemebene auf die Applikationsebene verschoben und dem Programmierer aufgebürdet wird. Dies geht hin bis zur Eintritts-Konsistenz, bei der der Programmierer voll für die Konsistenz verantwortlich ist. Dazu muss der Programmierer die Applikation und deren Zugriffe auf die Daten genau kennen und bei gemeinsamen Daten die Synchronisation vornehmen.

Race Conditions

Bei fehlender Synchronisation können **Wettlaufsituationen** (*Race Conditions*) auftreten. Unbeabsichtigte Wettlaufsituationen sind ein häufiger Grund für schwer auffindbare Programmfehler; bezeichnend für solche Situationen ist nämlich, dass bereits die veränderten Bedingungen zum Programmtest zu einem völligen Verschwinden der Symptome führen können.

Deadlock

Fehlerhafte Synchronisation kann zu **Verklemmungen** (*Deadlocks*) des Programms führen. Verklemmungen sind durch mehrere Programmläufe nicht zu erkennen, da es bei einem Programmtest nicht unbedingt zu einer Verklemmung kommen muss. Diese Fehler sind zeitabhängig, d.h. sie treten nur bei einer bestimmten zeitlichen Reihenfolge der Abarbeitung der einzelnen Programmabschnitte auf.

2.3.2.3 Implementierung der Sequenziellen Konsistenz

Implementierung durch Serialisierungsserver

Eine einfache Implementierung des sequenziellen Konsistenzmodells ist ein verteilter Speicher mit *einem Zugang*, der die Zugriffe durch eine FIFO-Warteschlange seriell anordnet. Bei einem in Software implementierten DSM kann die Serialisierung durch einen zentralen Serverknoten realisiert werden, der alle Speicheranfragen befriedigt. Natürlich sind diese zentralisierten Zugänge zum verteilten Speicher Flaschenhälse. Der Server ist weiterhin ein einzelner Ausfallpunkt.

Nachfolgende Implementierungen der sequenziellen Konsistenz vermeiden deshalb den zentralen Server und definieren Protokolle zwischen den Knoten und sind somit eine verteilte Lösung. Die Protokolle hängen davon ab, ob das System Replikas und/oder Migration von Blöcken erlaubt.

2.3 Lose gekoppelte Multiprozessoren und Multicomputer

Man unterscheidet die folgenden Replikations- und Migrationsstrategien [S 97]:

Replikations- und Migrationsstrategien

1. Nicht replizierte und nicht migrierende Blöcke (NRNMBs).
2. Nicht replizierte, migrierende Blöcke (NRMBs).
3. Replizierte und migrierende Blöcke (RMBs).
4. Replizierte und nicht migrierende Blöcke (RNMBs)

Nicht replizierte und nicht migrierende Blöcke (NRNMBs)

Diese einfache Strategie (NRNMB-Strategie) besitzt die folgenden Charakteristiken:

1. Es gibt nur eine Kopie von jedem Block im ganzen System.
2. Der Ort eines Blockes ändert sich nie und bleibt fest.
3. Alle Zugriffswünsche für einen Block gehen an den Knoten, welcher den Block besitzt.

Gegeben durch diese Charakteristiken kann zur Allokation eines Blockes eine Abbildungsfunktion eingesetzt werden. Diese Funktion bildet einen Block auf einen Knoten ab. Liegt der Block nicht beim Knoten vor, ist also nicht lokal, so tritt eine Fault auf. Der Faulthandler benutzt die Abbildungsfunktion zur Bestimmung des Ortes des Blockes. Er sendet dann eine Zugriffsanforderung an den Blockbesitzenden.

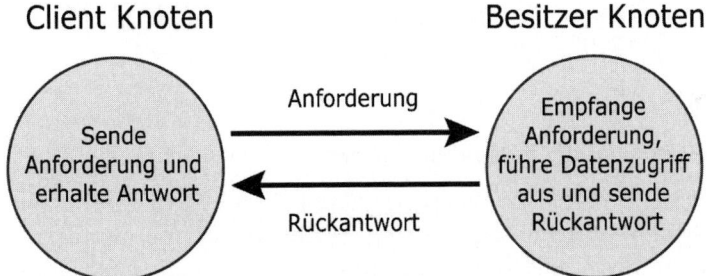

Abb. 2-18: NRNMBs-Strategie

Sequenzielle Konsistenz ist bei der NRNMBs-Strategie gegeben, da die verschiedenen Zugriffe zu einem gemeinsamen Block in der Reihenfolge der Anforderung an den blockbesitzenden Knoten ausgeführt werden.

NRNMBs garantiert die sequenzielle Konsistenz

Die Methode ist einfach und leicht zu implementieren, sie besitzt jedoch die folgenden Nachteile:

1. Der serielle Datenzugriff ist ein Flaschenhals.

2. Parallele Zugriffe, welche ein Vorteil von DSM sind, sind nicht möglich, da alle Zugriffe zu verteilten gemeinsamen Speicher seriell ausgeführt werden.

Nicht replizierte und migriernde Blöcke (NRMBs)

NRMBs erhält sequenzielle Konsistenz

Bei der NRMBs-Strategie hat jeder Block des gemeinsamen verteilten Speichers eine einzige Kopie in dem gesamten System. Jeder Zugriff zu einem nicht lokalen Block bewirkt eine Migration des Blockes vom gegenwärtigen Knoten zu dem Knoten, der darauf zugreifen will. Im Vergleich zur NRNMBs-Strategie, bei der ein Besitzer des Blocks sich nicht ändert, ändert sich bei der NRMBs-Strategie der Besitzer des Blockes, sobald der Block auf den neuen Knoten verlagert wurde. Bei der Verlagerung eines Blockes wird der Block aus dem lokalen Adressraum des alten Besitzerknotens entfernt. Nur der Prozess, der auf dem Knoten läuft, kann lesend oder schreibend auf die zu diesem Knoten gehörenden Blöcken zugreifen. Aus diesem Grund sichert die NRMBs die sequenzielle Konsistenz.

Abb. 2-19: NRMBs-Strategie

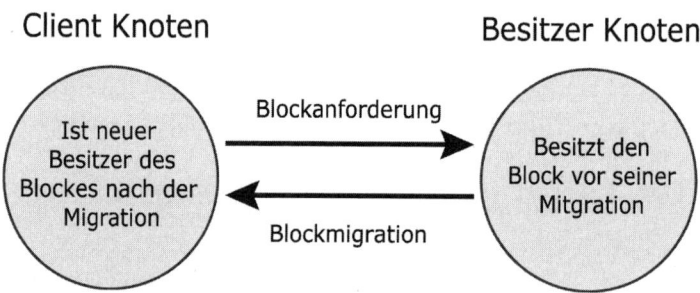

Vorteile der NRMBs-Strategie

Die Methode hat die folgenden Vorteile:

1. Greift ein Prozess auf Daten zu, die lokal vorliegen, dann fallen keine Kommunikationskosten an. Die fehlende Kommunikation ist bedingt durch die fehlende Migration.

2. Besitzt eine Applikation viele lokale Referenzen, sind die Migrationskosten vernachlässigbar gegenüber den vielen lokalen Zugriffen.

Nachteile der NRMBs-Strategie

Die Methode hat jedoch auch die folgenden Nachteile:

1. Migriert ein Block häufig von einem Knoten auf einen anderen, und findet zwischen den Migrationen nur einige Datenzugriffe statt, so tritt *Thrashing* (Herumschlagen mit unnützer Arbeit) auf.

2. Der Vorteil des Parallelzugriffs liegt nicht, wie bei der NRNMBs-Methode, bei der NRMBs-Methode vor.

2.3 Lose gekoppelte Multiprozessoren und Multicomputer

Bei der NRMBs-Strategie existiert eine einzelne Kopie von jedem Block, und der Ort des Blockes ändert sich durch die Migration dynamisch. Folgende Methoden zur Lokation eines Blockes stehen zur Verfügung:

1. *Broadcasting*: Jeder Knoten unterhält eine Blocktabelle mit den Blöcken, die er besitzt. Tritt ein Blockfault auf, schickt der Faulthandler einen Broadcast mit der Anforderung für den Block über das Netz. Der Knoten, welcher den angeforderten Block besitzt, antwortet dann und sendet den Block zu dem anfordernden Knoten.

   Daten-Lokation bei der NRMBs-Strategie

   Ein Nachteil dabei ist, dass alle Knoten und nicht nur der Knoten, welcher den Block besitzt, den Broadcast bearbeiten müssen.

2. *Zentralisierter Server*: Ein Server verwaltet die Blocktabelle, die Einträge mit Lokalitätsinformation für alle Blöcke des gemeinsamen Adressraumes enthält. Alle Knoten im System kennen den zentralisierten Server. Tritt ein Blockfault auf, so sendet der Faulthandler eine Anfrage für den Block an den zentralen Server. Dieser liest die Lokation für den Block aus der Blocktabelle und sendet eine Anfrage an den gegenwärtigen blockbesitzenden Knoten. Danach ändert er den Eintrag für die Lokation des Blockes auf den neuen Besitzer des Blockes. Nach Erhalt der Anfrage für den Block transferiert der gegenwärtige Besitzer des Blockes den Block zum serveranfragenden Knoten, der nun neuer Besitzer ist.

   Die Nachteile des zentralen Server-Algorithmus sind:

   - Die Lokationsanfragen werden beim Server sequenzialisiert, was die Parallelität einschränkt, und
   - der Ausfall des zentralen Servers bewirkt einen Verlust der Funktionsfähigkeit des DSM.

3. *Feste verteilte Server*: Die Rolle des zentralen Servers wird dabei verteilt auf mehrere Server. Dazu benötigt man auf mehreren (auf mehr als einem) Knoten einen Blockmanager. Jeder Blockmanager verwaltet eine feste vorbestimmte Untermenge von Blöcken. Die Abbildung von Blöcken auf die Blockmanager und ihre dazugehörige Knoten wird durch eine Abbildungsfunktion realisiert. Tritt ein Blockfault auf, so findet man über die Abbildungsfunktion den Blockmanager, der den Knoten verwaltet. Die Anfrage für den Block geht dann an diesen Blockmanager. Der Blockmanager behandelt dann die Anfrage wie oben beim zentralen Server beschrieben.

4. *Dynamisch verteilte Server*: Anstatt mehrerer Blockmanager hält man die Lokationsinformation für alle Blöcke in jedem Knoten; d.h.

jeder Knoten besitzt eine Blocktabelle mit Lokationsinformation für alle Blöcke des gemeinsamen Speichers. Die Besitzinformation für den Block ist jedoch nicht zu jeder Zeit korrekt. Sie gibt jedoch einen Hinweis auf eine Sequenz von Knoten, die durchlaufen werden muss, um den wahren Besitzer des Blockes zu finden. Da die Besitzerinformation nur ein Hinweis auf den Besitzer gibt, heißt sie auch *mutmaßlicher Besitzer (probable owner)*.

Tritt ein Blockfault auf, extrahiert der Knoten aus der lokalen Blocktabelle den vermutlichen Besitzer des Blockes. Er sendet dann eine Anfrage für den Block an diesem Knoten. Ist dieser Knoten der wahre Besitzer des Blockes, so transferiert er den Block an den anfragenden Knoten und trägt als Besitzerinformation für den Block in seiner Blocktabelle den anfragenden Knoten ein. Andernfalls bestimmt er aus der Blocktabelle den mutmaßlichen Besitzer und sendet die Anfrage weiter an diesen mutmaßlichen Besitzer. Zusätzlich trägt er anschließend in seiner Blocktabelle den anfragenden Knoten als neuen Besitzer des Blockes ein.

Replizierende und migrierende Blöcke (RMBs)

Nachteile von nicht replizierenden Strategien

Hauptnachteil bei den nicht replizierenden Strategien ist, das nur ein Prozess auf dem Knoten auf die Daten in dem Block zugreifen kann. Dies schränkt die Parallelität ein. Zur Erhöhung der parallelen Zugriffe auf einen Block kann dieser repliziert werden. Bei mehrfach vorhandenen Blöcken können die read-Operationen parallel auf verschiedenen Knoten, die eine Kopie des Blockes besitzen, ausgeführt werden. Weiterhin reduziert sich der Kommunikationsoverhead, da die Blöcke lokal auf dem Knoten vorliegen und nicht von einem anderen Knoten transferiert werden müssen.

Nachteile von replizierenden Strategien

Nachteilig bei replizierenden Blöcken sind jedoch die write-Operationen, da die verschiedenen Kopien der Blöcke kohärent gehalten werden müssen. Zur Kohärenzerhaltung der Blöcke kommen die in Abschnitt 2.2.2 beschriebenen MESI Cachekohärenz-Protokolle zum Zuge. Diese beiden Protokolle (Write invalidate und Write update) erhalten in der nachfolgend beschriebenen Weise die sequenzielle Konsistenz.

1. *Write Invalidate*. Tritt ein Write-Fault (entspricht einem Write Miss beim Write Invalidate Cachekohärenz-Protokoll) auf, dann kopiert der Faulthandler irgendeinen gültigen Block eines anderen Knotens auf den Knoten. Anschließend invalidiert er alle anderen Kopien des Blockes, indem er eine Invalidierungsnachricht mit der Blockadresse an alle Knoten sendet, die eine Kopie besitzen. Er besitzt

2.3 Lose gekoppelte Multiprozessoren und Multicomputer

nun den Block und kann anschließend schreibend auf den Block zugreifen. Er kann so lange schreibend und lesend darauf zugreifen, bis ein anderer Knoten den Block anfordert.

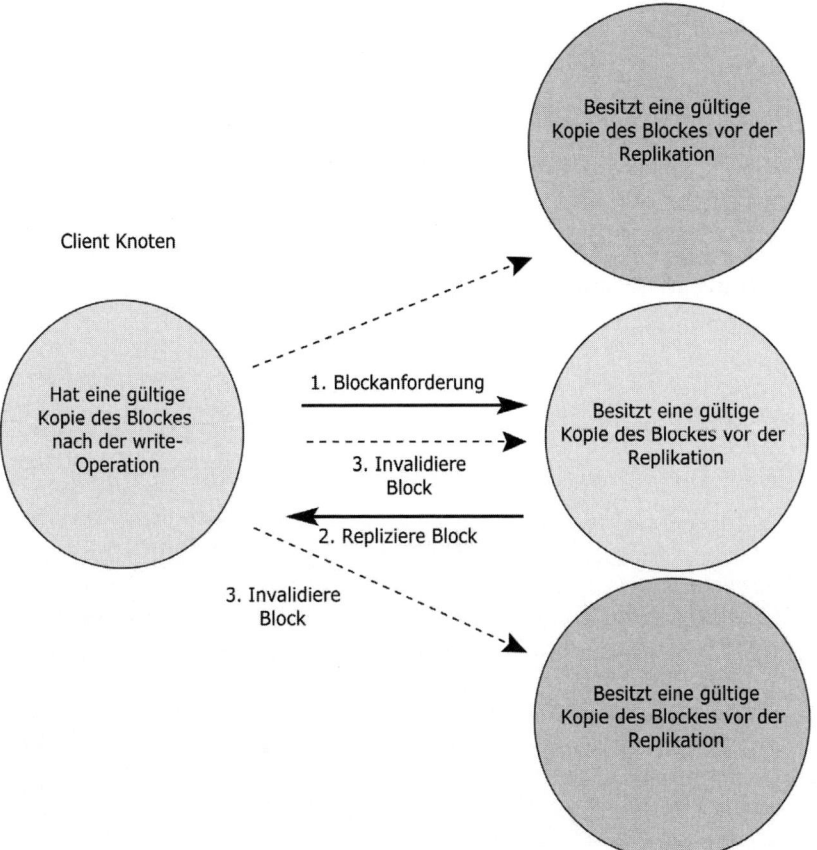

Abb. 2-20: Write invalidate bei der RMBs-Strategie

Im Vergleich zu dem vorgestellten Cache-Kohärenz-Protokoll (Abschnitt 2.4.1.2.1) wurde hier kein Write Once realisiert. Dadurch existiert nach der Invalidierung nur eine modifizierte Kopie des Blockes im System. Diese Kopie liegt bei dem Knoten, der die Schreiboperation durchgeführt hat.

Sequenzialisierung der read- und write-Operationen

Wenn einer der Knoten, der eine Kopie des Blockes vor der Invalidierung hatte, eine read- oder write-Operation durchführen möchte, dann tritt ein Read Miss bzw. Write Miss auf. Der darauf hin angestoßene Faulthandler des Knotens holt dann die gültige

Kopie von dem Knoten, der die `write`-Operation durchgeführt hat, wieder zurück. Diese Sequenzialisierung der `read`- und `write`-Operationen garantiert die sequenzielle Konsistenz.

2. ***Write update*** führt die `write`-Operation zusätzlich bei allen Kopien des Blockes aus. Tritt eine Write-Fault bei einem Knoten auf, dann kopiert der Faulthandler den Block von einem Knoten zum eigenen Knoten. Die `write`-Operation wird am eigenen Block ausgeführt, und dieser sendet die Adresse der modifizierten Speicherzelle mit dem eigenen Wert zu allen Knoten, die eine Kopie des Blockes besitzen, Die `write`-Operation ist erst abgeschlossen, wenn alle Kopien des Blockes den neuen Wert ebenfalls geschrieben haben. Der Write Update-Ansatz erfordert daher bei jeder Schreiboperation aufwändigen Netzverkehr.

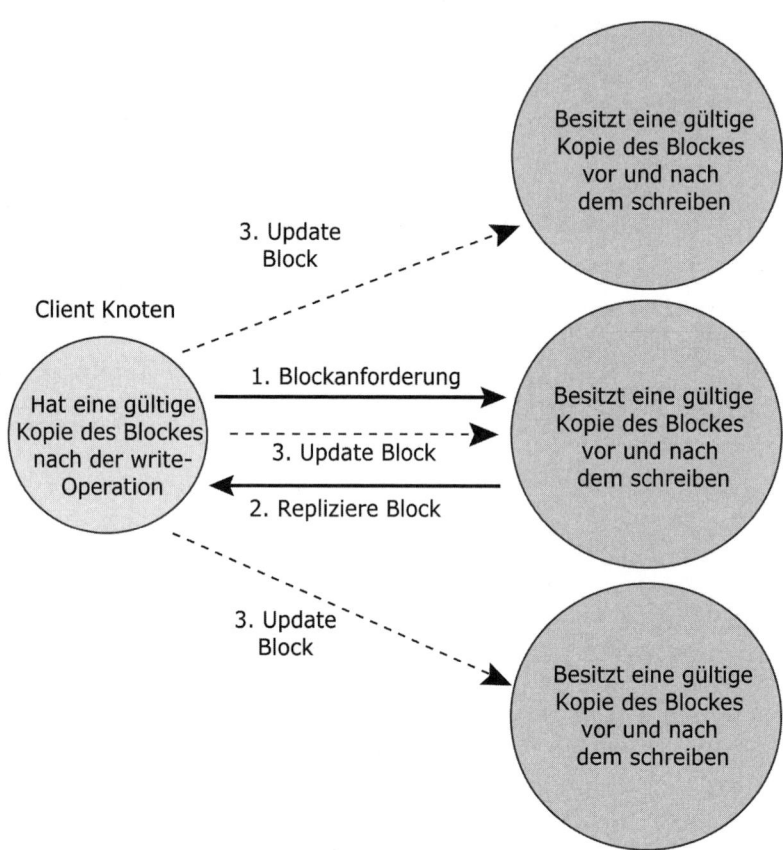

Abb. 2-21: Write Update bei der RMBs-Strategie

2.3 Lose gekoppelte Multiprozessoren und Multicomputer

Die sequenzielle Konsistenz lässt sich durch eine totale Ordnung der write-Operationen auf allen Knoten erreichen. Die totale Ordnung stellt ein zentraler *Sequenzer* her:

Sequenzer für sequenzielle Konsistenz

Zuerst wird jede Schreiboperation an den Sequenzer geschickt. Der Sequenzer teilt der write-Operation eine Sequenznummer zu und sendet die write-Operation zu allen Knoten, die ein Replikat des Blockes besitzen. Die write-Operationen werden dann an jedem Knoten in Sequenznummerreihenfolge ausgeführt. read-Operationen können zwischen zwei aufeinander folgenden write-Operationen ausgeführt werden und spielen zur Erhaltung der sequenziellen Konsistenz keine Rolle.

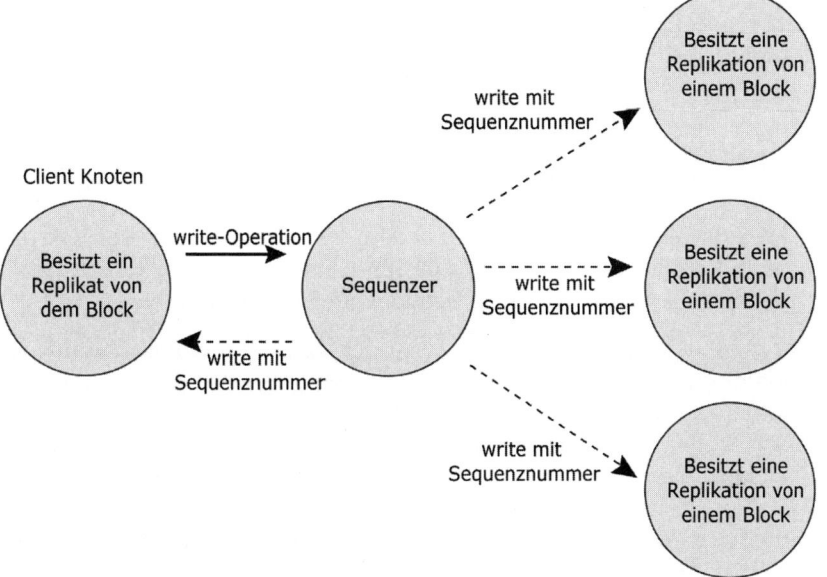

Abb. 2-22: Sequenzer zur Sequenzialisierung der write-Operationen

Beim Write Update-Protokoll geschieht die Datenlokation bei der RMBs-Strategie folgendermaßen:

Datenlokation bei der RMBs-Strategie

1. Lokalisiere den Besitzer des Blockes. Ein Besitzer des Blockes ist der Knoten, welcher den Block besitzt, nämlich der Knoten, der zuletzt in den Block geschrieben hat.

2. Es muss vermerkt werden, welche Knoten außerdem noch eine gültige Kopie (Replikat) von dem Block besitzen.

Bei jedem Eintrag in der Blocktabelle zu einem Block muss eine Liste der Knoten vorhanden sein, die ebenfalls eine gültige Kopie (Replikat) des Blockes besitzen. Mit dieser Erweiterung können die bisher bei der NRMBs-Strategie vorgestellten Methoden (Broadcast, zentralisierter Server, feste verteilte Server, dynamisch verteilte Server) übertragen werden zur Datenallokation bei der RMBs-Strategie.

Replizierende und nicht migrierende Blöcke (RNMBs)

Bei der RNMBs-Strategie kann ein Block repliziert sein auf mehreren Knoten, jedoch ist die Lokation der Replikationen fest. Das Schreiben und Lesen kann entweder auf dem lokalen Block ausgeführt werden oder die Schreib- und Leseanforderung geht an den Knoten, der ein Replikat des Blockes besitzt. Die Replikationen können konsistent gehalten werden, indem beim Schreiben alle Kopien des Blockes aktualisiert werden. Dies entspricht dann dem bei der RMBs-Strategie verwandten Write update-Protokoll.

Charakteristiken der RNMBs-Strategie

Die RNMBs-Strategie besitzt die folgenden Charakteristiken:

1. Die Lokation eines replizierten Blockes ändert sich nie.
2. Alle Replikationen eines Blockes sind konsistent.
3. Leseanfragen können direkt zu dem Knoten gesendet werden, der eine Replikation des Blockes besitzt. Schreibanfragen zur Sequenzialisierung müssen an einen Sequenzer geschickt werden.

Datenlokation bei der RNMBs-Strategie

Zur Datenlokation bei einer `read`- oder `write`-Operation kann jeder Knoten eine *Blocktabelle* besitzen. Der Sequenzer (ist bei irgendeinem Knoten angesiedelt) besitzt zusätzlich noch eine *Sequenztabelle*. Die Blocktabelle besitzt einen Eintrag für jeden Block des gemeinsamen Speichers. Jeder Eintrag in der Blocktabelle liefert irgendeinen der replizierten Knoten. Die Sequenztabelle hat ebenfalls für jeden Block des gemeinsamen Speichers einen Eintrag. Ein Eintrag der Sequenztabelle hat drei Felder:

1. Ein Feld für die Blockadresse.
2. Eine Liste von Knoten, welche repliziert sind.
3. Ein Sequenzfeld, das bei jeder `write`-Operation auf den Block um eins inkrementiert wird.

Beim Lesen aus dem Block, kann irgendeine Lokation aus den verschiedenen replizierten Lokationen extrahiert werden. Und die Leseanfrage kann an diesen Block gesendet werden.

Eine `write`-Operation geht zum Sequenzer. Der Sequenzer weist der Schreiboperation eine Sequenznummer zu. An alle Knoten in der Replikationsliste sendet er dann die Schreibanforderung mit der Sequenznummer zu. Dies gewährleistet, dass alle Schreiboperationen bei jedem Knoten in der Ordnung der Sequenznummern ausgeführt werden.

2.3.3 Multicomputer

Multicomputer lassen sich unterteilen in:

- *MPSs (Massively Parallel Systems)* – teuere Supercomputer mit vielen CPUs, die über ein properitäres Hochgeschwindigkeitsnetz gekoppelt sind. Ein bekanntes kommerzielles Beispiel ist die IBM SP/S [To 06]. Durch das Hochgeschwindigkeitsnetz, das alle CPUs mit allen anderen CPUs verbindet, sind diese Systeme total vernetzt. Größere Firmen wie IBM oder NEC produzieren solche Supercomputer, und sie sind auch heute noch unter den schnellsten 500 Rechnern der Welt (TOP-500.org) [To 06] verzeichnet. Diese Systeme waren in den 80er und 90er Jahren populär, sie haben aber in den letzten Jahren stark an Bedeutung verloren.   **Massively Parallel**

- *Verbindungs-basierte Multicomputer,* bei denen die totale Vernetzung eingeschränkt ist, so dass keine direkte Verbindung zu den meisten CPUs besteht. Nur mit den direkt verbundenen CPUs kann direkt kommuniziert werden. Besteht keine direkte Verbindung, so wird die Nachricht zu dem nicht direkt verbundenen Knoten über Zwischenknoten weitergeleitet. Bei fester Anordnung der Prozessoren und deren Verbindungen hat sich hauptsächlich, neben Gitter und Torus, die Hypercube-Topologie durchgesetzt:

- Ein *Hypercube*, auch binärer N-Cube genannt, ist durch einen einzigen Parameter, nämlich der Dimension des Hypercubes, charakterisiert. Dieser Parameter bestimmt die Anzahl der Knoten im Hypercube und die Anzahl der Kommunikationskanäle zwischen den einzelnen Knoten. Ein 0-dimensionaler Hypercube besteht aus zwei Knoten, ein 1-dimensionaler Hypercube besteht aus zwei Knoten, und jeder Knoten hat eine Verbindung zum Nachbarn, ein 2-dimensionaler Hypercube besteht aus vier Knoten und zwei Verbindungen zum Nachbarknoten., ein 3-dimensionaler Hypercube besteht aus 8 Knoten, und jeder Knoten hat 3 Verbindungen zum Nachbarn, und so weiter. Demgemäß enthält ein n-dimensionaler Hypercube genau $2n$ Knoten und jeder Knoten hat n Verbindungen zu den Nachbarknoten, und eine Nachricht von einem Knoten kann jeden anderen Knoten über maximal n Sprünge erreichen.

2 Rechnerarchitekturen für Parallele und Verteilte Systeme

Cluster
NOW
COW
COTS

- Normale *PCs* oder *Workstations*, die meistens mit Ethernet-Netzen zusammengeschlossen sind und die der Benutzer selbst aus preiswerten Komponenten zusammengebaut hat. Diese Multicomputer heißen *Cluster*, besitzen aber auch Namen wie *NOW (Network of Workstations)* oder *COW (Cluster of Workstations)*. Liegt die Betonung darauf, dass das Cluster aus Standardkomponenten und Massenware aufgebaut ist, so bezeichnet man es als *Commodity-Cluster* oder auch als *COTS* (Commodity of the shelf).

Grid

- *Heterogene Rechner*, mit unterschiedlichsten Leistungsstufen und unterschiedlichen Architekturen, die über das *Internet* miteinander verbunden sind und über Nachrichten miteinander kommunizieren, bezeichnet man als *Grid*.

2.3.4 Leistungs-Effizenzmetriken

MIPS/Watt

Zur Optimierung von Supercomputing-Applikationen muss ein Supercomputer die meiste Leistung für einen gegebenen Stromverbrauch bieten. Für Mikroprozessoren ist eine möglichst hohe Leistung bei mäßigem Stromverbrauch wünschenswert. Eine gebräuchliche Metrik dafür ist eine *Million Instructions per second durch Watt* (*MIPS/Watt*). MIPS/Watt ist das Verhältnis zwischen der Rate, mit der die CPU Instruktionen verarbeitet, zu der aufgewendeten Energie.

EPMI und EPI

Die Metrik MIPS/Watt ist das Inverse von *Energie pro eine Million Instruktion* (*EPMI*) (EPMI = 1/(MIPS/Watt) = Watt/MIPS)). Auf eine durchschnittliche Instruktion bezogen ergibt das die Metrik *EPI* (*Energie pro Instruktion*) (EPI = Watt/IPS).

energy*delay

MIPS/Watt oder EPI sind ideale Metriken zur Beurteilung der Effizienz des Stromverbrauchs in Umgebungen, in denen die Durchsatzleistung im Vordergrund steht. Bei höheren Taktraten des Prozessors sinkt die Verzögerungszeit (*delay*), die benötigt wird, um eine Instruktion von ihrem Anfang bis zu ihrem Ende zu bearbeiten. Weiterhin steigt mit der Erhöhung der Taktrate auch der Energieverbrauch. Leider berücksichtigen MIPS/Watt und EPI nicht die sinkende Ausführungszeit einer Instruktion mit dem erhöhten Energieverbrauch und der Spannungssteigerung. Deshalb schlagen Gonzalez, Gordon und Horowitz [GGH 97] als Metrik das Produkt aus Energie und delay (*energy*delay*) vor. Diese Metrik korrespondiert mit der Aussage, dass der Einsatz von einem Prozent Energie mit einem Prozent Leistungssteigerung einhergeht. Kostet ein Prozent Leistung zwei Prozent Energie, so kann die beim VLSI Design eingesetzte Metrik *energie*delay^2* benutzt werden.

Da ein Supercomputer Kollektionen von VLSI-Schaltungen sind, wurde die VLSI-Schaltungs-Metriken *energy*t* und *energy*t²* übertragen auf den Supercomputer Blue Gene/L [SWG 06]. Der *Blue Gene/L* Supercomputer ist am Lawrence Livermore National Laboratories installiert und ist nach der Top500 Liste [To 06] der schnellste Supercomputer der Welt. Die Metriken erlauben dann Evaluationen zu Schaltungsentwurf, Architektur und eingesetzten Software-Techniken. Die Performance (Zeit t) wurde mit Benchmarks (Linpack, NAMD molecular dynamic simulation, UMT2K und WRF Weather Research and Forecasting) für verschiedene Knotenanzahl (Partitionsgrößen) des Blue Gene ermittelt. Einzelne Ergebnisse dieser Performancemessungen sind:

energy*t

energy*t²

- Energie*t-Kurve ist besser als die Energie-Gerade über verschiedene Knotenanzahlen (von 1 bis 100.000). Oder interpretativ ausgedrückt: Mit weniger Energie wird bei steigender Kontenanzahl die gleiche Performanz erreicht, oder mehr Performanz ist bei gleicher Energie und steigender Knotenanzahl möglich.

- Erhöhter Thread-level Parallelismus ist effizienter als Spannungserhöhung. Diese Aussage trifft auch auf Multithread-Multicore-Chips zu, die bei geringerer Energieaufnahme einen höheren Durchsatz liefern .

- Beim WRF-Benchmark ist die parallele Effizienz leicht höher als 50 Prozent bei 2000 Prozessoren. Bei 2048 Prozessoren und erhält man einen 1000fachen Speedup mit 2000 Prozessoren. Somit liegt man um 50 Prozent unter dem linearen Speedup.

2.4 Load Balancing und High Throughput Cluster Google

Zur Erbringung einer hohen Serverleistung mit einem High Throughput Cluster (HPC) möge der Webserver der Suchmaschine Google als Beispiel dienen. Google ist ein Beispiel für eine durchsatzorientierte Arbeitslast und profitiert von Prozessorarchitekturen, die On-Chip-Parallelismus (Simultanosus Multithreading und On-Chip-Multiprocessors) bieten. Google ist aber auch ebenso ein Beispiel für einen Multicomputer und somit für einen Cluster.

2.4.1 Leistungsmaße und Ausstattung des Google-Clusters

Google-Cluster: Leistungsmaße, Größe und Ausstattung

Der Google-Cluster muss folgende Leistung besitzen und folgende Anforderungen erfüllen:

- Jede einzelne Web-Anfrage erfordert das Lesen von *Hunderten von Megabytes* von Daten und verbraucht *10 Milliarden CPU-Zyklen* [BDH 03].

- Eine Höchstlast von *Tausenden Anfragen pro Sekunde* muss bearbeitet werden [BDH 03]

- Er besteht aus einer Zusammenschaltung von mehr als *15.000 gewöhnlichen Standard-PCs* mit fehlertoleranter Software [BDH 03].

- Das gesamte World Wide Web (mit über *8 Milliarden Seiten* und *1 Milliarde Bildern*) muss gesichtet, indiziert und gespeichert werden [T 06].

Nach einer Schätzung auf Basis der Unterlagen zum Börsengang von Google im April 2004 sieht die Hardwareausstattung wie folgt aus:

- 719 Gestellrahmen (Racks),
- 63.272 Rechner,
- 126.544 CPUs,
- 253 Terahertz Ersatz-Taktfrequenz,
- 127 Terabyte RAM und
- 5 Petabyte Festplattenspeicher.

Highend-Server versus Standard-PCs

Anstatt Highend-Server und somit mächtige Multiprozessorsysteme, mit riesigen Datenbanken und massiven Transaktionsraten und hoher Zuverlässigkeit einzusetzen, hat Google den weltweit größten Cluster mit Standard-PCs aufgebaut. Ein Highend-Server hat zwei bis dreimal die Leistung eines Desktop-PCs, kostet jedoch normalerweise das 5- bis 10-fache eines PCs. Es waren also Kosteneffizienzgründe, die zu dieser Entscheidung führten.

Fehlerentdeckung und -behebung

Natürlich fallen billige PCs häufiger aus als Highend-Server und fehlertolerante Multiprozessoren. Deshalb wurde die Zuverlässigkeit in Software über den PCs gelöst. Zuverlässigkeit wird durch die Replikation der Services über verschiedene Maschinen erreicht und redundante Auslegung der Hardware, sowie automatischer Fehlerentdeckung und -behebung. Mit dieser fehlertoleranten Software und redundanten Auslegung kommt es überhaupt nicht mehr darauf an, ob die Ausfallrate bei 0,5 Prozent oder bei 2 Prozent im Jahr liegt. Fehler müssen nur entdeckt und behoben werden. Nach der Erfahrung von Google fallen rund 2 Prozent der PCs jedes Jahr aus. Mehr als die Hälfte der Ausfälle geht auf fehlerhafte Festplatten zurück, gefolgt von der Stromversorgung und den RAM-Chips. CPUs fallen überhaupt nicht mehr aus. Für Abstürze ist in erster Linie nicht die Hardware verantwortlich, sondern die Software. Softwarefehler lassen sich durch einfaches Neubooten des Rechners beheben.

2.4.2 Google Server-Aufbau und -Architektur

Ruft ein Benutzer die Seite www.google.com auf, so inspiziert das Domain Name System (DNS) die IP-Adresse des Benutzers und bildet sie auf die Adresse des nächst gelegenen Datenzentrums ab (DNS-basierender Lastverteiler). Weltweit betreibt Google mehrere Datenzentren. Dadurch stehen nicht nur die Datensicherungen für den Fall bereit, dass ein Datenzentrum durch eine Naturkatastrophe wie Erdbeben oder Brand zerstört wird, sondern es lassen sich auch die Wege kurz halten. Der Browser sendet dann die Abfrage an das nächst gelegene Datenzentrum.

Weltweit mehrere Datenzentren

Jedes Datenzentrum hat mindestens eine Glasfaserverbindung mit Leitungsgeschwindigkeit OC-48 (2.488 Gbit/s) zum Internet, über die es Anfragen erhält und Antworten sendet [T 06]. Fällt diese Hauptverbindung aus, steht eine Glasfaserverbindung OC-12 (622Mbit/s) von einem anderen Telekommunikationsanbieter zur Verfügung. Die beiden Glasfaserkabel führen auf die, aus Redundanzgründen doppelt ausgelegten, 128-Port-Ethernet-Switches. Jeden Gestellrahmen verlassen vier Gigabit Ethernet-Verbindungen: mit jeweils zwei Verbindungen zu jedem Switch. Jeder Gestellrahmen enthält übereinander gestapelt bis zu 40 Stück 19-Zoll-Einschübe, die eine ungefähre Höhe von 5 cm haben. Mit einem Einschub vorn und einem hinten ergibt dies bis zu 80 PCs pro Gestellrahmen. Im Gestellrahmen befindet sich noch zusätzlich ein Ethernet Switch, der die 80 PCs miteinander verbindet. Mit einem Paar von 128-Port-Switches und vier Verbindungen von jedem Gestellrahmen können bis zu 64 Gestellrahmen unterstützt werden. Somit kann ein Datenzentrum bis zu 5120 PCs umfassen.

Aufbau des Datenzentrums

2 Rechnerarchitekturen für Parallele und Verteilte Systeme

Abb. 2-23: Typischer Google Cluster

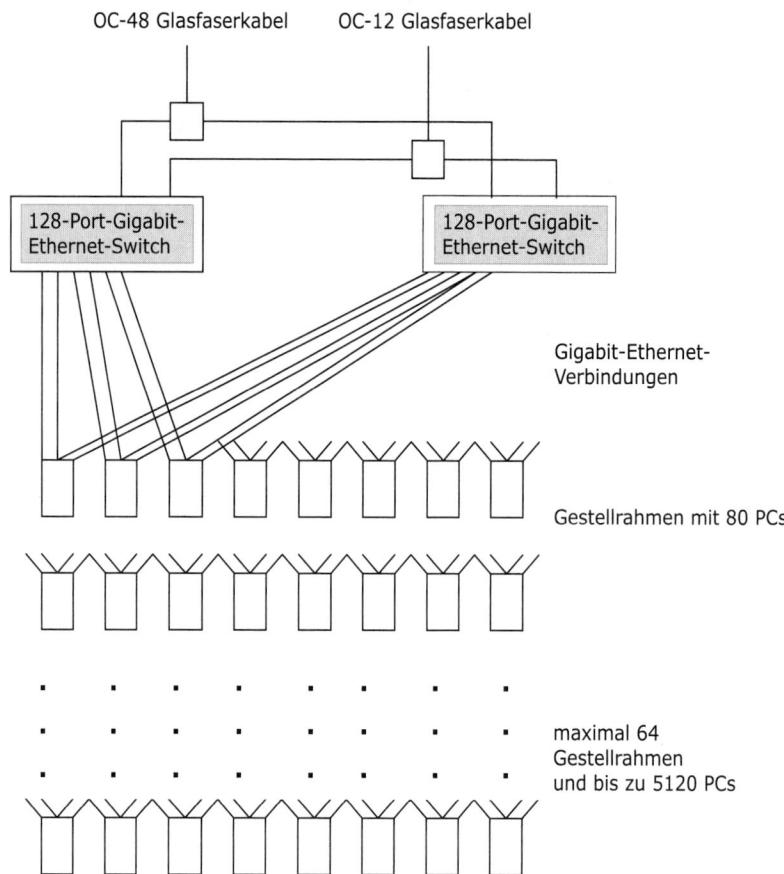

Von jedem Gestellrahmen verlaufen vier Verbindungen (zwei von den vorderen 40 PCs und zwei von den hinteren PCs auf die beiden 128-Port-Switches. Dass ein Gestellrahmen betriebsunfähig wird, müssten vier Verbindungen oder zwei Verbindungen und ein Switch ausfallen.

Energiedichte eines Google-Cluster

Ein PC verbraucht ungefähr 120 W, was rund 10 KW pro Gestellrahmen ergibt. Ein Gestellrahmen beansprucht eine Stellfläche von 3 m², sodass das Wartungspersonal PCs installieren und entfernen kann und außerdem genügend Platz für die Lüftung bleibt. Diese Parameter ergeben eine Energiedichte von über 3000 W/m². Die meisten Datenzentren sind für 600 bis 1200W/m² ausgelegt, so dass spezielle Maßnahmen erforderlich sind, um die Gestellrahmen zu kühlen.

Verarbeitung einer Google Anfrage

Der Browser des Benutzers sendet eine HTTP-Anfrage zu dem nächst gelegenen Datenzentrum. Die Bearbeitung dieser Anfrage geschieht gänzlich lokal in diesem Google-Cluster. Ein hardware-basierter Lastausgleicher (***Load Balancer***) in jedem Google-Cluster überwacht die verfügbaren ***Google Web Servers (GWSs)*** und führt einen Lastausgleich zwischen ihnen durch.

Load Balancer

Der GWS sendet die Anfrage parallel an den ***Spell Checker***, der eine Rechtschreibprüfung vornimmt, und an den Ad Server. Auf dem *Ad Server (Advertisement Server)* sind die Internet-Werbebanner der Werbekunden gespeichert. Ein Ad Server sorgt für die Einblendung der Banner auf einer Webseite, für die der Werbekunde Bannereinblendungen gebucht hat. Google macht sein Geschäft zu 99 Prozent mit der Platzierung von Werbung auf den Webseiten und somit mit dem Ad Server.

Spell Checker

Ad Server

Der GWS sendet dann die Anfrage in einer ersten Phase an die Index Servers und in einer zweiten Phase an die Document Servers:

Google Web Server (GWS)

1. Phase: Parallele Suche der Dokumente in den Index Servers:
Diese Server enthalten einen Eintrag für jedes Wort im Web und den dazugehörigen *invertierten Index*. Ein invertierter Index ist eine Index-Struktur, welche Wörter auf ihre Lokation in einem Dokument oder eine Menge von Dokumenten abspeichert. Ein kleines Beispiel möge erläutern, wie zu einem Wort der invertierte File-Index [W 06, H2 06, ZM 06] erhalten wird.
Gegeben seien die drei Texte T0 = "it is what it is", T1 = "what is it" und T2 = "it is a banana" liefert den folgenden invertierten Fileindex:

Index Servers

"a"   {2}
"banana"   {2}
"is"   {0, 1, 2}
"it"   {0, 1, 2}
"what"   {0, 1}

Eine Suchanfrage für die drei Terme "what", "is" und "it" ergibt die Menge {0, 1, 2} ∩ {0, 1, 2} ∩ {0, 1} = {0, 1}. Eine Suchanfrage für "what is it" liefert Treffer für die Wörter in Dokument 0 und Dokument 1, obwohl der Term nur fortlaufend in Dokument 1 enthalten ist.

2 Rechnerarchitekturen für Parallele und Verteilte Systeme

Jeder Eintrag in den Index-Servern listet alle Dokumente (Webseiten, PDF-Dateien, PowerPoint-Presentationen usw.), die das Wort enthalten, und sortiert nach der Rangfolge der Seite. Der Rang der Seite berechnet sich aus einer komplizierten und von Google geheim gehaltenen Formel, wobei aber die Anzahl der Links zu einer Seite und deren eigene Ränge eine große Rolle spielen.

Die Suche ist hoch parallelisierbar, indem der Index in viele kleine Teile zerlegt wird, die Google *index shards* (Scherben) nennt. Jeder Shard hat eine gemäß dem Rang ausgewählte Untermenge von Dokumenten des vollen Index. Jeder Shard entspricht einem Rang der Dokumente. Für jeden Shard steht ein Pool von Maschinen zur Verfügung. In diesem Pool ist eine Maschine als weiterer Lastausgleicher ausgezeichnet. Steht eine Replikation des Shards nicht mehr zur Verfügung, so vermeidet der Lastausgleicher die Benutzung dieser Maschine. Das Cluster-Managementsystem versucht, die Maschine wieder einzubinden, und falls dies nicht gelingt, die Maschine zu ersetzen.

Das Ergebnis der ersten Phase und der Indexsuche ist eine geordnete Liste von *docids* (document identifiers). Diese Liste hat der GWS erhalten.

Document Servers

2. Phase Parallele Zusammenstellung der Dokumente gemäß der docid:

Der docid referenziert die eigentliche Dokumente und die Dokumentenserver ziehen den Titel, die URLs und die Textausschnitte in der Nähe des Suchbegriffs heraus. Diese Ergebnisse werden dann dem Dokumentenserver zugeleitet. Die Dokumente sind ebenfalls in Shards aufgeteilt, um parallel auf die Dokumente zugreifen zu können. Die Dokumentenserver enthalten viele Kopien des gesamten Webs bei jedem Datenzentrum, was gegenwärtig Hunderte von Tera-Bytes ausmacht.

Am Ende der Anfrage, wenn der GWS die gefundenen Seiten in der Rangordnung der Seite zusammengetragen hat, werden die erkannten Rechtschreibfehler des Spell Checkers und die relevante Werbung des Ad Server hinzugefügt. Zum Schluss formatiert der GWS die Ergebnisse in HTML (Hypertext Markup Language) und schickt sie an den Web-Browser des Anfragenden.

2.4 Load Balancing und High Throughput Cluster Google

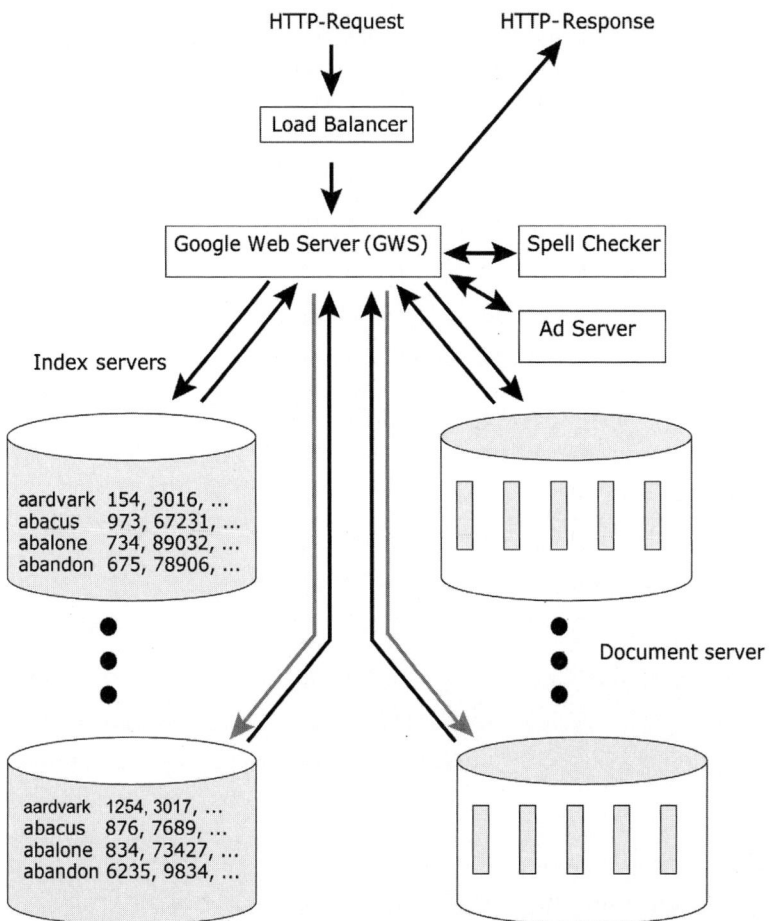

Abb. 2-24: Verarbeitung einer Google Anfrage

Nähere Informationen über das Google File System (GFS) sind in [GGL 03] enthalten, und der Aufbau von Web-Such-Maschinen ist in [BP 06] beschrieben. Speziell die Infrastrukur für das Crawling und die Crawling-Algorithmen sind in [H1 06] erläutert.

3 Programmiermodelle für parallele und verteilte Systeme

Das vorherrschende Programmiermodell für parallele und verteilte Systeme ist das *Client-Server-Modell*. Das Client-Server-Modell ist unabhängig von der zugrunde liegenden Hardwareplattform und läuft auf allen Architekturen:

- Einprozessorsysteme,
- eng gekoppelten Multiprozessoren und Multicoreprozessoren und
- lose gekoppelten Multiprozessoren und Multicomputer und somit auch auf Cluster.

Plattformen für das Client-Server-Modell

Das Client-Server-Modell ist in Abschnitt 3.1 beschrieben. Die Weiterentwicklung des Client-Server-Modells führt auf die *Service-orientierten Architekturen (SOA)*, welche eine verteilte Architektur besitzen. Auf SOA geht Abschnitt 3.2 ein.

Bei der Implementierung des Client-Server-Modells, des SOA-Modells, den parallelen Servern und bei den Modellen für parallele und verteilte Verarbeitung ist zu unterscheiden,

- ob die Programme auf einem *System mit gemeinsamem Speicher*, also auf einem Einprozessorsystem oder eng gekoppelten Multiprozessorsystem oder Multicore-Prozessoren,
- oder auf einem *System mit verteiltem Speicher*, also Prozessor-Speicherpärchen (lose gekoppelten Multiprozessor, Multicomputer oder Cluster) ausgeführt werden.

Gemeinsamer Speicher oder Verteilter Speicher?

Bei einem gemeinsamen Speicher können die parallel abgewickelten Prozesse gleichzeitig auf gemeinsame Daten zugreifen (siehe Abschnitt 3.3). Das ist jedoch nicht möglich bei einem System mit verteiltem Speicher.

Die Programmiermodelle für verteilten Speicher besitzen keine gemeinsamen Daten und erfordern eine verteilte Programmierung (siehe Abschnitt 3.4). Ein Ausweg, das fehlende Gemeinsame herzustellen, ist, eine zentrale Instanz oder einen *zentralen Server* einzuführen, auf den alle Prozesse zugreifen. Die gemeinsamen Daten können dann in den

Das Gemeinsame verwaltet ein zentraler Server

3 Programmiermodelle für parallele und verteilte Systeme

zentralen Server gelegt werden, und alle Prozesse und somit Clients haben Zugriff darauf.

nebenläufig oder kooperativ

Die verschiedenen nachfolgend vorgestellten Programmiermodelle für gemeinsamen und für verteilten Speicher (Abschnitt 3.3 und Abschnitt 3.4) lassen sich noch horizontal untergliedern in nebenläufig und kooperativ. Bei *nebenläufigen* Prozessen ist ihr Einsatzgebiet hauptsächlich für parallele Systeme bestimmt. Ist das Programmiermodell *kooperativ*, so ist das Einsatzgebiet die Client-Server-, Serviceorientierte- oder Verteilte Programmierung.

Eine andere Übersicht und Klassifizierung und die Einbettung der objektorientierten Konzepte in konkurrente und verteilte Systeme sind in [BGL 98] beschrieben. Die Klassifizierung der mehr forschungsorientierten Ansätze unterscheidet

- den *Bibliotheks-Ansatz* und damit aus der Sichtweise des Systementwicklers,
- den *integrativen Ansatz* und damit mehr aus der Sichtweise des Anwendungsentwicklers und
- den *reflektierenden Ansatz*, der eine Brücke bildet zwischen den beiden anderen Ansätzen.

Unsere hier gewählte Klassifikation unterscheidet nicht die bei objektorientierten Sprachen vorliegenden Bibliotheken und die Sprache integrierten Ansätze. Die nachfolgend vorgestellten Sprachen und Systeme sind mehr praxisorientiert und orientieren sich mehr an den Ansätzen, die in der Industrie und somit in der Praxis im Einsatz sind.

Eine weitere schöne Übersicht und Darstellung der verschiedenen Programmiermodelle für konkurrente und verteilte Programme ist die zweite Auflage des Buches von Ben-Ari [BA 06].

Die Java Programmiermodelle Sockets und Remote Method Invocation (RMI) sowie die Beschreibung vieler verteilter Algorithmen in Java und das Ausformulieren in Java von einer großen Anzahl von Algorithmen sind in Garg [G 04] enthalten.

3.1 Client-Server-Modell

Ein *Client-Server-System*, bezeichnet mit dem regulären Ausdruck C^+S, [B 04] besteht aus zwei logischen Teilen:

Client-Server-System C^+S

- Einem oder *mehreren Clients*, welche die Services oder Daten des Servers in Anspruch nehmen und somit anfordern.

3.1 Client-Server-Modell

- *Einem Server*, der Services oder Daten zur Verfügung stellt.

Zusammen bilden beide ein komplettes System mit unterschiedlichen Bereichen der Zuständigkeit, wobei diese Zuständigkeiten oder Rollen fest zugeordnet sind, entweder ist ein Prozess ein Client oder ein Server. Ein Server kann mehrere Kunden oder Clients bedienen. Die Kunden eines Servers haben keinerlei Kenntnis voneinander und stehen demgemäß auch in keinem Bezug zueinander, außer der Tatsache, dass sie den gleichen Server verwenden. Clients und Server können auf dem gleichen oder auf unterschiedlichen Rechnern ablaufen.

Client und Server sind zwei Ausführungspfade oder -einheiten mit einer Konsumenten-Produzentenbeziehung. Clients dienen als Konsumenten und tätigen Anfragen an Server über Services oder Information. Sie benutzen dann die Rückantwort zu ihrem eigenen Zweck und zur Erledigung ihrer Aufgabe. Server spielen die Rolle des Produzenten und erledigen die Daten- oder Serviceanfragen, die von den Clients gestellt wurden. Die Interaktion zwischen den Clients und dem Server verlaufen somit nach einem fest vorgegebenen Protokoll: Der Client sendet eine *Anforderung (request)* an den Server, dieser erledigt die Anforderung oder Anfrage und schickt eine *Rückantwort (reply)* zurück an den Client.

Ein Client ist ein *auslösender* Prozess, und ein Server ist ein *reagierender* Prozess. Clients tätigen eine Anforderung, die eine Reaktion des Servers auslöst. Clients initiieren Aktivitäten zu beliebigen Zeitpunkten, und andererseits warten Server auf Anfragen von Clients und reagieren dann darauf. Der Server stellt somit einen zentralen Punkt dar, an den Anforderungen geschickt werden können, und nach Erledigung der Anfrage sendet der Server das Ergebnis an den Client zurück.

3 Programmiermodelle für parallele und verteilte Systeme

Abb. 3-1:
Clients und
Server C+S

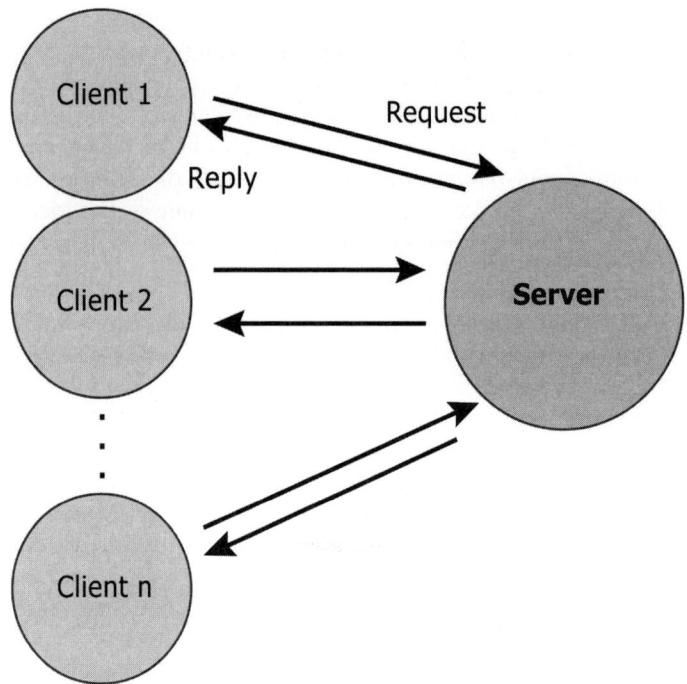

3.1.1 Fehlersemantik

Wenn zwischen einem Client und dem Server eine Interaktion stattfindet, so muss festgelegt werden, wie Client und Server sich koordinieren beim Ablauf der Interaktion. Da eine lokale Interaktion (Interaktion auf einem Rechner) sich nicht von einer entfernten Interaktion (Interaktion auf unterschiedlichen, voneinander entfernten Rechnern) unterscheiden soll, muss überprüft werden, inwieweit sich die lokalen Gegebenheiten auf den entfernten Fall übertragen lassen.

Interaktionskoordination

blockierend

Wartet der Client nach Absenden der Anforderung an den Server auf eine Rückantwort, bevor er anderen Aktivitäten nachgeht, so liegt der *blockierende oder synchrone* Fall vor. Dieses Vorgehen ist leicht zu implementieren, jedoch ineffizient in der Ausnutzung der Prozessorfähigkeiten des Clients. Während der Server die Anfrage bearbeitet, ruht die Arbeit des Clients, und erst wenn die Rückantwort kommt, setzt der Client seine Arbeit fort.

Sendet der Client nur seine Anforderung und arbeitet sofort weiter, so liegt der *nicht blockierende* oder *asynchrone* Fall vor. Irgendwann später nimmt er dann die Rückantwort entgegen. Der Vorteil dieses Verfahrens ist, dass der Client parallel zur Nachrichtenübertragung weiterarbeiten kann und den Client-Prozess nicht durch aktives Warten belastet, wie beim blockierenden Fall. Jedoch muss bei dieser Methode der erhöhte Effizienzgewinn mit erhöhter Kontrollkomplexität bei Erhalt der Rückantwort erkauft werden. Die Rückantwort muss dabei in einer lokalen Warteschlange abgelegt werden, welche der Client dann so lange abfragen muss, bis die Rückantwort eingetroffen ist und somit in der Warteschlange vorliegt. In diesem Fall spricht man auch von verschobener oder *zurückgestellter synchroner (deferred synchronous)* Kommunikation. Ein alternatives Vorgehen sieht beim Client eine Registrierung von *Rückrufen (callbacks)* vor. Die Rückrufe können dann Funktionseingangspunkte oder Ereignisse sein. Beim Eintreffen der Rückantwort werden dann die registrierten Funktionen bzw. Ereignisbehandlungsroutinen aktiviert. Dieser Ansatz eliminiert das ständige Abfragen der lokalen Warteschlange, generiert jedoch möglicherweise Rückrufe zu ungelegenen Zeiten und benötigt damit zusätzlichen Kontrolloverhead, um solche unerwünschten Unterbrechungen auszuschließen. Eine weitere Möglichkeit ist, dass der Client nur eine Anforderung abschickt und sich dann nicht mehr um die Rückantwort kümmert. In diesem Fall liegt eine *Ein-Weg-Kommunikation (one-way)* vor.

nicht blockierend

3 Programmiermodelle für parallele und verteilte Systeme

Abb. 3-2:
Interaktions-
koordinations-
arten

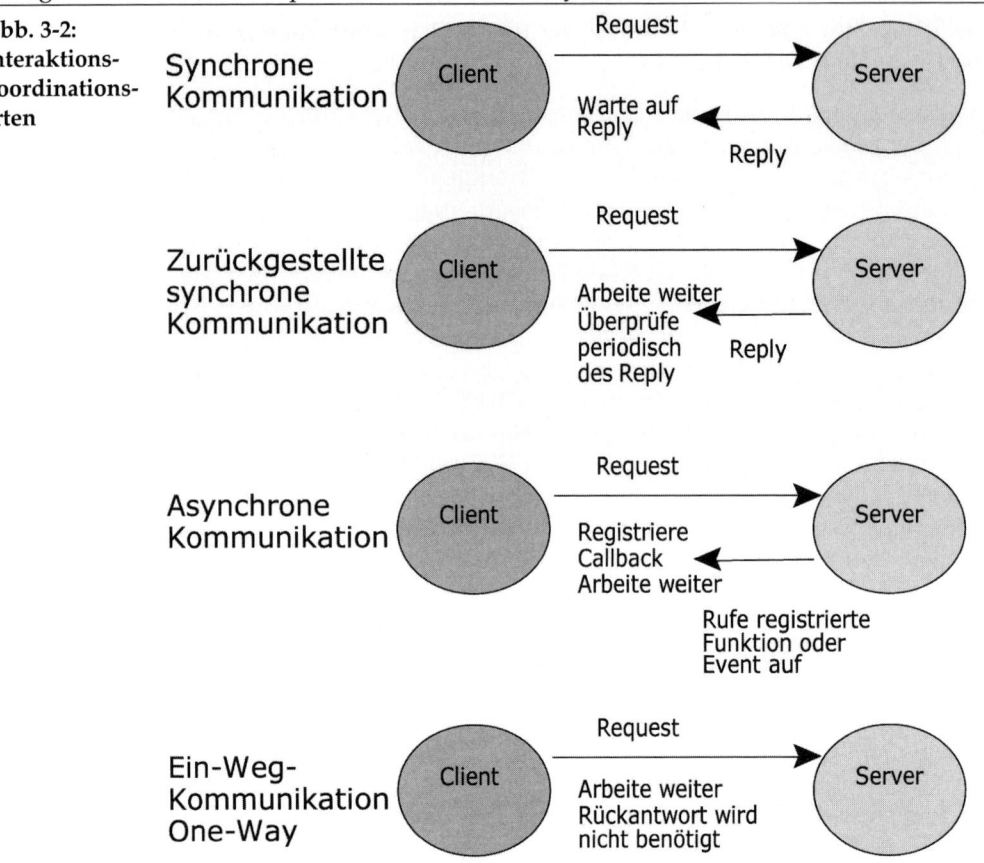

Ablaufsemantik der Interaktion

Der Ablauf der Interaktion, die zwischen zwei Rechnern stattfindet, soll die gleiche Semantik besitzen, wie wenn die Interaktion lokal, also auf einem Rechner abläuft; d.h. lokale und entfernte Interaktion sollen die gleiche Syntax und Semantik besitzen. Selbst wenn die Anforderungen oder Aufrufe der Clients keinerlei syntaktischen Unterschied zwischen lokaler und entfernter Interaktion aufweisen, so muss doch der semantische Unterschied mit in eine die Interaktion benutzende Anwendung einfließen.

Um auf Übertragungsfehler und Ausfälle zu reagieren, kann eine Ausnahmebehandlung (exception handling) eingeführt sein, was dann jedoch zu syntaktischen Unterschieden bei lokaler und entfernter Interaktion führt. Weiterhin führt das zu semantischen Unterschieden zwischen lokaler und entfernter Transaktion, da diese Fehlerfälle gar nicht bei einer lokalen Interaktion auftreten können. In vielen Programmiersprachen wie z.B. Ada, C++, Java kann eine Ausnahmebehandlungsroutine angegeben werden, die dann beim Auftreten eines speziellen Fehlerfalles angesprungen wird. In C unter Unix lassen sich für solche Zwecke auch Signal-Handler einsetzen.

Da die Interaktion mit Hilfe zugrunde liegender Netzwerkkommunikation implementiert ist, vergrößert diese die Anzahl der Interaktionsfehler. Diese Fehler können sein:

- Die *Anforderung geht verloren* oder erfährt eine Verzögerung, oder

- die *Rückantwort geht verloren* oder erfährt eine Verzögerung, oder

- der *Server* oder der *Client* können zwischenzeitlich *abgestürzt* und dadurch nicht erreichbar sein.

Interaktions-fehler

Eine *unzuverlässige Interaktion* übergibt die Nachricht nur dem Netz, und es gibt keine Garantie, dass die Nachricht beim Empfänger ankommt. Die Anforderungsnachricht kommt *nicht oder höchstens einmal* beim Server an. In diesem Fall spricht man von *may be-Semantik* der Interaktion. Eine zuverlässige Interaktion muss dann selbst vom Benutzer implementiert werden.

may be-Semantik

Zur Erhaltung einer zuverlässigen Interaktion kann entweder

1. jede Nachrichtenübertragung durch Senden einer Rückantwort quittiert werden, oder

2. ein Request und ein Reply werden zusammen durch eine Rückantwort quittiert.

Im Fall Eins muss nach dem Senden der Anforderung der Server an den Client eine Quittierung zurückschicken. Eine Rückantwort vom Server an den Client wird dann vom Client an den Server quittiert. Damit braucht ein Request mit anschließendem Reply vier Nachrichtenübertragungen.

Im zweiten Fall betrachtet man eine Client-Server-Kommunikation als eine Einheit, die quittiert wird. Der Client blockiert dabei, bis die Rückantwort eintrifft, und diese Rückantwort wird quittiert.

3 Programmiermodelle für parallele und verteilte Systeme

Abb. 3-3:
Zuverlässige
Nachrichten-
übertragung

a) durch individuell quittierte Nachrichten

b) durch Quittierung eines Request und Reply

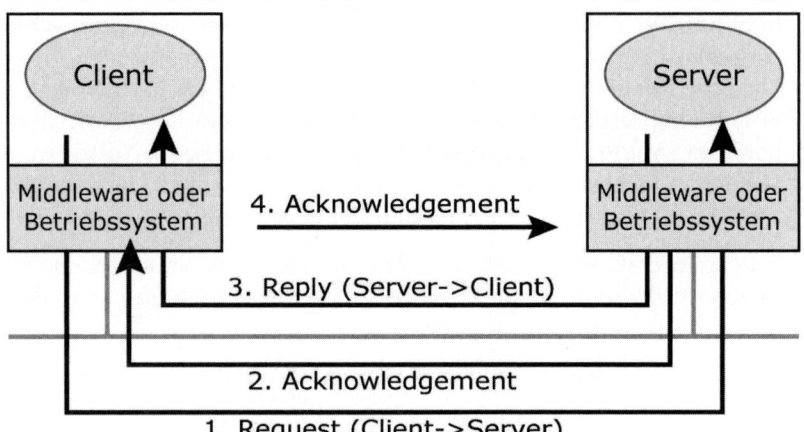

a) Individuell quittierte Nachrichten

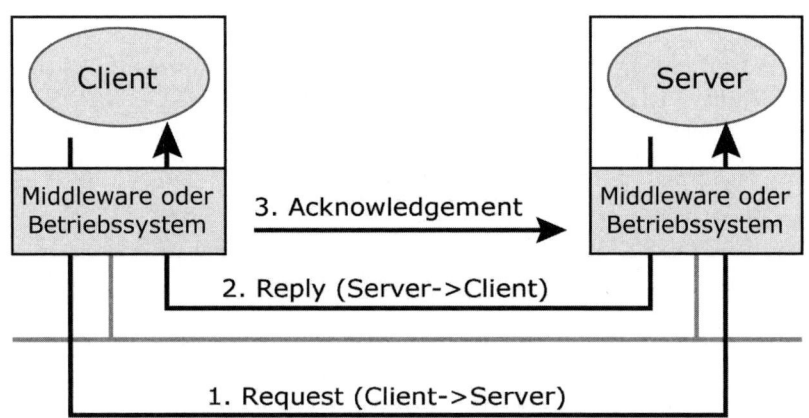

b) Quittierung eines Request und Reply

Bei einer zuverlässigen Nachrichtenübertragung muss der Sendeprozess blockiert werden und er muss warten, bis die Rückantwort innerhalb einer vorgegebenen Zeit eintrifft. Trifft die Rückantwort nicht innerhalb der vorgegebenen Zeitschranke ein, so wird die Nachricht erneut gesendet und die Zeitschranke neu gesetzt. Führt das nach mehrmaligen Versuchen nicht zum Erfolg, so ist im Moment kein Sen-

3.1 Client-Server-Modell

den möglich (die Leitung ist entweder gestört und die Pakete gehen verloren, oder der Empfänger ist nicht empfangsbereit). Erhält ein Empfänger durch mehrfaches Senden die gleiche Nachricht mehrmals, so kann er die erneut eingehende gleiche Nachricht bearbeiten, und er stellt so sicher, dass die eingehende Anforderung *mindestens einmal* bearbeitet wird (*at least once*). Dabei wird jedoch für den Erhalt der Nachricht bei Systemausfällen keine Garantie gegeben.

at least once-Semantik

Die at least once-Semantik hat den Nachteil, dass durch die mehrfache Bearbeitung der Anforderung die Daten inkonsistent werden können. Betrachten Sie dazu beispielsweise einen File-Server, der einen gesendeten Datensatz an eine bestehende Datei anhängt. Die at least once-Methode hängt dann möglicherweise den Datensatz mehrfach an eine Datei hinten an. Diese Methode arbeitet jedoch korrekt, wenn ein Client einen bestimmten Datensatz eines Files vom File-Server zurückhaben möchte. Hier tritt nur der Umstand auf, dass der Client diesen Datensatz möglicherweise mehrfach erhält.

Besser, aber mit erhöhtem Implementierungsaufwand, lässt sich auch bewerkstelligen, dass die Nachricht *höchstens einmal (at most once)* erhalten wird, jedoch ohne Garantie bei Systemfehlern, d.h. möglicherweise auch gar nicht. Bei dieser Methode benötigt der Empfänger eine Anforderungsliste, welche die bisher gesendeten Anforderungen enthält. Jedes Mal, wenn dann eine neue Anforderung eintrifft, stellt der Empfänger mit Hilfe der Nachrichtenidentifikation fest, ob schon die gleiche Anforderung in der Liste steht. Trifft dies zu, so ging die Rückantwort verloren und es muss erneut eine Rückantwort gesendet werden. Ist die Anforderung noch nicht in der Liste vermerkt, so wird sie in die Liste eingetragen. Anschließend wird die Anforderung bearbeitet und eine entsprechende Rückantwort gesendet. Ist die Rückantwort bestätigt, kann die Anforderung aus der Liste gestrichen werden.

at most once-Semantik

Soll auch noch der Systemfehler des Plattenausfalls sich nicht auswirken, so muss die Anforderungsliste im stabilen Speicher (stable storage) gehalten werden. Bei *genau einmal mit Garantie bei Systemfehlern* spricht man von der *exactly once-Semantik*.

exactly once-Semantik

3 Programmiermodelle für parallele und verteilte Systeme

Abb. 3-4:
Vergleich der

a) at least once- und

b) at most once- bzw. **exactly once-** Semantik

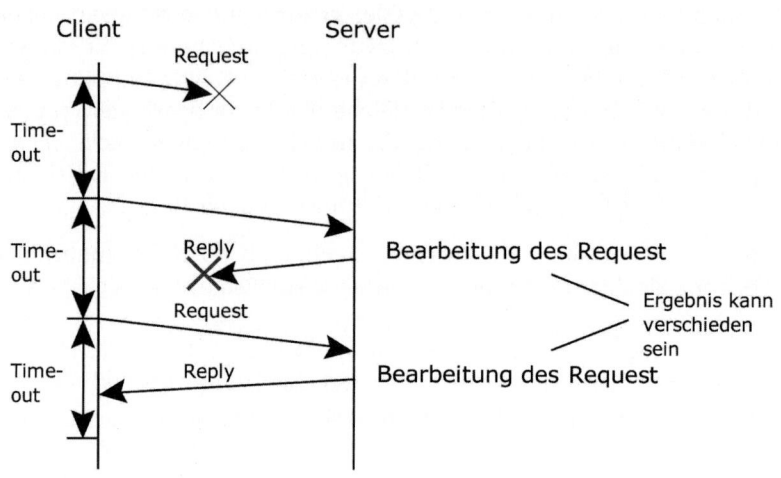

a) at least once Semantik

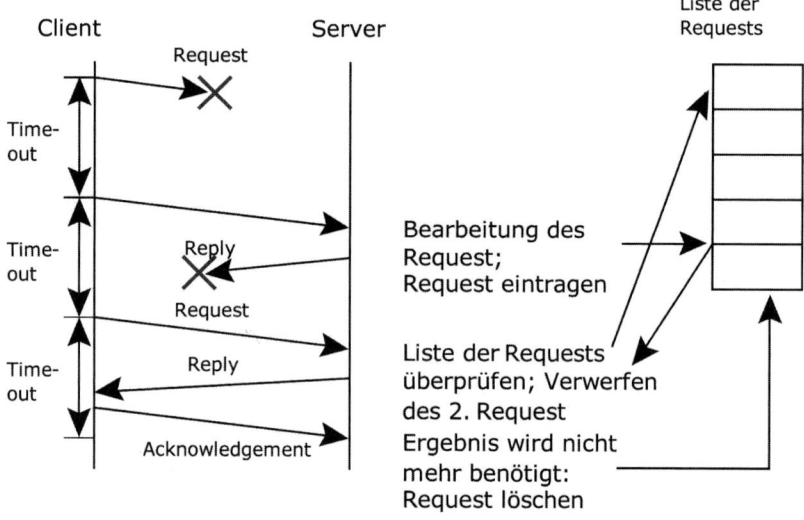

b) at most once Semantik

Serverausfälle Fällt der Server aus, nachdem die Anforderung den Server erreicht hat, so gibt es keine Möglichkeit, dies dem Client mitzuteilen, und für den Client gibt es keine Möglichkeit, dies herauszufinden. Der Client kann beim Ausbleiben der Rückantwort erneut die Anforderung senden und hoffen, dass der Server wieder läuft. Dadurch gleitet man auf die at most once-Semantikebene ab und die exactly once-Semantik ist nicht realisierbar. Die Möglichkeit eines Serverausfalles ist der Grund, dass entfernte Interaktion nicht die Semantik von lokaler Interaktion erreicht und somit zwischen lokaler und entfernter Interaktion zu unterscheiden ist.

Fällt der Client aus, während er eine Anfrage angestoßen hat und auf die Rückantwort wartet, so ist für den Server kein Partner mehr vorhanden, der ihm das Anfrageergebnis abnimmt. Berechnungen des Servers, deren Ergebnis er nicht mehr abgenommen bekommt, werden somit zu *Waisen*.

Clientausfälle

3.1.2 Serverzustände

Eine Anforderung, die ein Client einem Server zuschickt, kann möglicherweise Änderungen der vom Server verwalteten Daten oder Objekte hervorrufen, so dass dies Auswirkungen auf nachfolgende Anforderungen von Clients hat. Der Server verhält sich dadurch bei den nachfolgenden Anforderungen anders. Dementsprechend lassen sich die Dienste eines Servers klassifizieren in

- *zustandsinvariante* und
- *zustandsändernde* Dienste.

Einen Server, der nur zustandsinvariante Dienste anbietet, bezeichnen wir dementsprechend als zustandsinvariant und sonst als zustandsändernd. Den Zustand der Objekte eines Servers bezeichnen wir mit Zustand des Servers.

Zustandsinvariante Server liefern Informationen und Parameter; die Informationsmenge und die Parameter können sich zwar ändern, aber diese Änderungen sind unabhängig von den Anforderungen der Clients. Beispiele von solchen Servern sind Informationsabruf-Server, wie Web-Server und ftp-Server, Auskunfts-Server wie Namens-Server, Directory-Server und Vermittlungs- oder Broker-Server. Ein weiteres Beispiel für einen zustandsinvarianten Server, dessen bereitgestellte Information sich unabhängig von den Anforderungen der Clients stark ändert, ist ein Zeit-Server. Bei zustandsinvarianten Servern führen also Anforderungen von Clients nicht zu neuen Zuständen des Servers.

Zustandsinvariante Server

Bei *zustandsändernden Servern* überführt eine Anfrage des Clients den Server möglicherweise in einen neuen Zustand. Abhängig vom neuen Zustand des Servers können dann gewisse Anforderungen von Clients nicht mehr befriedigt werden und führen auf Fehlermeldungen, die der Client vom Server zurückbekommt. Ein Beispiel für solch einen

Zustandsändernde Server

Server ist ein File-Server. Die Aufforderung eines Clients zum Löschen eines Files führt bei nachfolgenden Leseoperationen, die Clients auf diesem File ausführen wollen und die nun nicht mehr möglich sind, zu Fehlermeldungen.

Bei zustandsinvarianten Servern spielt die Reihenfolge der Serviceanforderungen der Clients keine Rolle. Sie können in irgendeiner Reihenfolge an den Server gestellt werden. Bei zustandsändernden Servern ist die Reihenfolge der Serviceanforderungen von größter Bedeutung, da der Server möglicherweise bei Erledigung der Serviceanforderung seinen Zustand ändert.

Zustandsspeichernde und zustandslose Server

Ein zustandsändernder Server kann seinen neuen Zustand speichern oder nicht. Dementsprechend unterscheidet man in

- *zustandsspeichernde* (*stateful*) Server oder
- *zustandslose* (*stateless*) Server.

Zustandsspeichernder Server

Bei einem *zustandsspeichernden Server* speichert der Server nach der Anforderung des Services den neuen Zustand in seinen internen Zustandstabellen. Dadurch kennt der Server den Zustand und der Server besitzt somit ein „Gedächtnis". Dieses Gedächtnis des Servers befreit den Client, den Zustand dem Server mitzuteilen, was dann die Länge der Anforderungsnachrichten und damit die Netzwerkbelastung reduziert. Der Kommunikationsverlauf oder die Konversation zwischen dem Client und dem Server besitzt damit eine Kontinuität (conversational continuity [A 91]). Das Gedächtnis erlaubt dem Server, vorausschauend auf neue zukünftige Anfragen des Clients zu schließen (Nachfolgezustände), und er kann Vorkehrungen treffen und entsprechende Operationen durchführen, so dass diese zukünftigen Anfragen schneller bearbeitet werden.

Das bisher Gesagte sei am Beispiel eines zustandsspeichernden File-Servers erläutert:

Ein zustandsspeichernder File-Server benutzt das gleiche Vorgehen wie ein zentrales Filesystem auf einem Einprozessorsystem. Dort wird ebenfalls immer der Zustand des Files gespeichert, z.B. welcher Prozess hat den File geöffnet, gegenwärtige Fileposition und was war der letzte gelesene oder geschriebene Satz. Diese Zustandsinformation kann der File-Server zusammen mit dem File abspeichern. Der File-Server geht dabei folgendermaßen vor: Öffnet ein Client einen File, so gibt der Server dem Client einen Verbindungsidentifier zurück, der

3.1 Client-Server-Modell

eindeutig ist für den geöffneten File und den dazugehörigen Client. Nachfolgende Zugriffe des Clients benutzen den Verbindungsidentifier zum Zugriff auf den File. Dies reduziert die Länge der Nachrichten, da der Zustand des Files nicht vom Client zum Server übertragen werden muss. Der Filezustand und möglicherweise das File selbst kann im Hauptspeicher gehalten werden; durch den eindeutigen Verbindungsidentifier kann direkt ohne Plattenzugriff zugegriffen werden. Zusätzlich enthält der Zustand Information darüber, ob der File für sequentiellen, direkten oder index-sequentiellen Zugriff geöffnet wurde, und es kann dadurch ein vorausschauendes Lesen auf den nächsten Block stattfinden.

Im Gegensatz zum obigem, besitzt ein *zustandsloser Server* keine Information über den Zustand seiner verwalteten Objekte. Jede Anforderung eines Clients muss deshalb die komplette Zustandsinformation, beim Beispiel des File-Servers den File, Zugriffsart auf den File und die Position innerhalb des Files, dem Server übermitteln, so dass der Server die gewünschte Operation ausführen kann. Beim Öffnen des Files braucht damit der File-Server keine Zustandsinformation anzulegen und keinen Verbindungsidentifier für den Client zu generieren. Deshalb braucht ein zustandsloser File-Server auch kein explizites Öffnen und Schließen auf Files als Operation anzubieten. Der Nachteil eines zustandslosen Servers ist somit ein Performanzverlust, da die Zustandsinformation nicht wie bei einem zustandsspeichernden Server im Hauptspeicher gehalten werden kann.

Zustandsloser Server

Ein zustandsloser Server bietet jedoch Vorteile beim Absturz des Servers. Stürzt ein zustandsspeichernder Server ab, so sind damit alle Zustandsbeschreibungen verloren. Kommt der Server nach einer gewissen Zeit wieder hoch, weiß der Server dann nicht, welche Clients welche Objekte, oder bei einem File-Server, welche Files bearbeitet hat. Nachfolgende Anforderungen von Clients an den Server können dann von ihm nicht bearbeitet werden. Aus diesem Grund sind zustandslose Server fehlertoleranter als Zustandsspeichernde. Stürzt ein zustandsloser Server ab, so bemerkt das ein Client durch das Ausbleiben einer Rückantwort. Läuft dann der Server wieder, so sendet der Client erneut eine Anfrage an den Server, die er nun abarbeiten kann, da die Anfrage alle Zustandsinformationen enthält.

Zustandslos versus zustandsspeichernd

Ein Service (siehe Abschnitt 3.2) sollte möglichst zustandslos sein: Er sollte also keine Informationen von Clients zwischen zwei Requests, bzw. zwischen zwei Services abspeichern. Damit kann jeder Service-Request so behandelt werden, als habe er keinen Vorgänger. Die Services lassen sich dadurch in beliebiger Reihenfolge aufrufen und bauen

Services sollten zustandslos sein

117

nicht auf vorher aufgerufenen Services auf. Ein weiterer Vorteil davon ist, dass zwischen zwei Requests auf einen anderen Rechner, der den gleichen Service anbietet, umgeschaltet werden kann. Dies bringt für die Ausfallsicherheit und Skalierbarkeit weitere folgende Vorteile: Fällt ein Rechner aus, so kann auf einen anderen Rechner, der den gleichen Service anbietet, umgeschaltet werden. Steigt die Anzahl der Clients, die den Service aufrufen, an und steigt somit die Last für den Rechner, so kann einfach im laufenden Betrieb ein weiterer Rechner mit dem gleichen Service zugeschaltet werden. Dieser weitere Rechner übernimmt dann einen Teil der Last.

3.1.3 Client-Server versus Verteilt

Vorteile Client Server

Ein Vorteil des Client Server-Modells ist das intuitive Aufteilen einer Anwendung in Client-Teile und einen Server-Teil. Dies führt zu asymmetrischen verteilten Anwendungen mit nebenläufigen Abläufen, nämlich mehreren Clientprozessen und einem Serverprozess. Clients und Server bilden natürliche Einheiten und bei dem verteilten Entwurf eines verteilten Systems eingeschränkte Rollen, die ein Prozess annehmen kann.

Die Interaktion (request und reply) zwischen Client und Server ist gut auf Nachrichtenverkehr (send und reply) oder entfernte Prozedur- oder Objektaufrufe abbildbar. Die Interaktion ist also auf prozedurale Programmierparadigmen festgelegt und schließt andere Programmierparadigmen, wie funktionales oder deklaratives Programmieren, aus [PRP 06].

Nachteile Client Server

Mit den oben beschriebenen Einschränkungen, die zu Vorteilen führen, erkauft man sich die folgenden Nachteile:

1. Die Rechenlast ist bei den verteilten Systemen ungleichmäßig verteilt: Während die Clients nur Anzeigefunktionen erfüllen und mit vernachlässigbarer Rechenlast von Applets nur wenig Verarbeitungsleistung erbringen, liegt die volle Verarbeitungsleistung beim Server (*unbalanced load distribution*).

2. Da der Server viele Clients bedienen muss, liegt die volle Rechenlast auf dem Server und der Server wird zum Leistungsengpass (*performance bottleneck*) bei Client-Server-Systemen.

3. Fällt der Server aus, so kann kein Client mehr arbeiten. Benutzt man zur Client-Server-Kommunikation blockierende Kommunikation, so werden bei Serverausfall die Clients in der Blockierung gehalten und können bei einem fehlenden Reply des abgestürzten Servers nicht mehr weiterarbeiten. Der Server ist dadurch ein ein-

zelner Ausfallpunkt (*single point of failure*) bei Client-Server-Systemen.

4. Der Server bietet einen einzelnen Angriffspunkt (*single point of attack*) zur Lahmlegung eines Client-Server Systems. Dies ermöglicht die Denial of Service (DOS)-Attacken, die gegen den Server gefahren werden.

5. Alle Clients stehen in Interaktion oder kommunizieren über einen Kommunikationskanal, der zu dem einem Server führt. Dieser Kommunikationskanal führt zu einem Kommunikationsflaschenhals (*channel bottleneck*).

Umgehung der Client-Server-Nachteile

Die ungleichmäßige Rechenlastverteilung, der Leistungsengpass des Servers, der einzelne Angriffspunkt und der Kommunikationsflaschenhals lassen sich nur umgehen, indem man die Client-Server-Architektur aufgibt und die Funktionalitäten auf mehrere Rechenknoten eines Netzes echt verteilt. Dies führt dann auf ein **HPC-Cluster** von Rechnern oder zu einem System von gleichmäßig ausgelasteten und gleichberechtigten Rechnern und somit zu *Peer-to-Peer-Systemen*. Besonders bei Peer-to-Peer Systemen, wie z.B. die Musiktauschbörsen, wird noch der Nachteil, der darin besteht, dass der Server nicht zensurresistent ist, ausgenutzt.

Replizierung des Servers

Zur Abmilderung und Umgehung der obigen unter Punkt zwei und drei aufgeführten Nachteile repliziert man den Server mehrfach. Die mehrfachen Repliken erbringen dann eine größere Rechenleistung als ein einzelner Server und können noch zusätzlich zur Ausfallsicherheit herangezogen werden. Um Ausfälle zu erkennen, müssen die replizierten Server überwacht werden durch einen weiteren Server, den wir Monitor-Server nennen. Dieser Monitor-Server ist in dem Client-Server-System dann wieder ein einzelner Ausfallpunkt und muss demgemäß wieder repliziert werden. Zur Überwachung der replizierten Monitor-Server muss wieder ein Monitor-Monitor-Server dienen. Dieser Monitor–Monitor-Server ist in dem System ein einzelner Ausfallpunkt, der sich durch Replizierung eliminieren lässt. Aus dieser Kette sieht man, dass sich der einzelne Ausfallpunkt des Servers nicht durch Client-Server-Strukturen lösen lässt und die Client-Server-Strukturen hier in eine Sackgasse führen. Zur Erreichung der Ausfallsicherheit sind die Replizierungen schon in der ersten Stufe abzubrechen, und anstatt einer Client-Server-Lösung ist eine *verteilte Lösung* anzustreben, die dann zum Erfolg führt und den einzelnen Ausfallpunkt aus dem System eliminiert.

3 Programmiermodelle für parallele und verteilte Systeme

Abb. 3-5: Nichtlösbarkeit des einzelnen Ausfallpunktes durch Client-Server-Strukturen

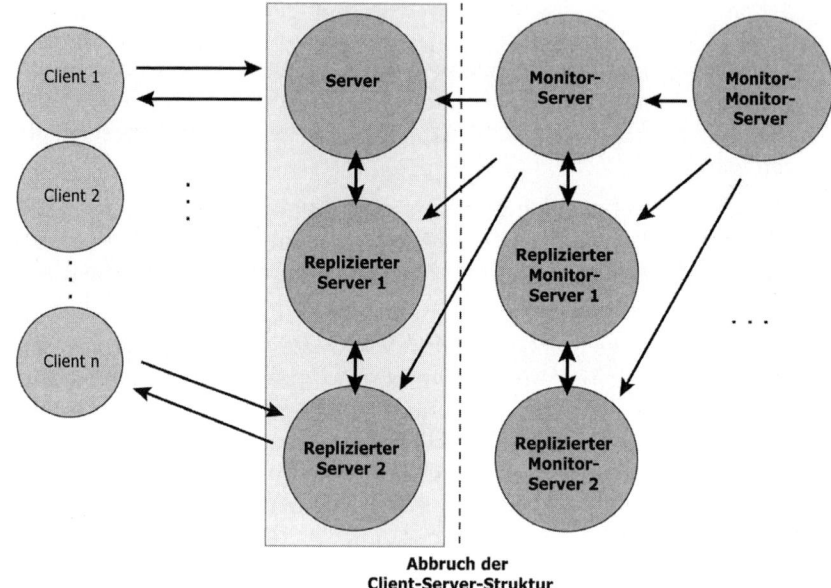

3.2 Service-orientierte Architekturen (SOA)

Service-oriented Architectures (SOA)

Eine konsequente Weiterführung des Serverkonzeptes und seine Ausrichtung auf Verteilung und damit der Elimination des zentralen Servers führt auf die *Service-orientierten Architekturen (SOA)*. Dabei sind nur die Services die elementaren und abstrakten Einheiten (Grundelemente) eines SOA-Systems. Die Services sind nicht auf einem Server konzentriert, sondern auf die unterschiedlichen Rechner im Netz möglichst gleichmäßig verteilt. Die SOA-Architekturen sind dadurch symmetrisch und arbeiten auf Gleichberechtigungsbasis gemäß des *End-to-End-* oder *Peer-to-Peer*-Konzeptes miteinander zusammen.

Service Provider
- Consumer
- Broker

Service Provider sind Organisationen, die einen Service und dessen Implementierung bereitstellen, die Service-Beschreibung publizieren bei einem Service Broker und den technischen und kaufmännischen Support für einen Service zur Verfügung stellen [L 07]. Der *Service Consumer* oder *Service Requestor* sucht einen gemäß einer Servicebeschreibung passenden Service und nimmt den gefundenen Service in Anspruch. Zum Suchen und Finden eines Service benutzt er dabei einen *Service Broker* (siehe dazu auch Abschnitt 3.4.2.1 Lokalisierung des Kooperationspartners (Broker)).

3.2 Service-orientierte Architekturen (SOA)

3.2.1 Bestandteile eines Service

Ein Service ist eine selbst-beschreibende und offene Softwarekomponente mit folgenden Bestandteilen [L 07] [PG 03] [PTDL 07]:

- *Service*: Der Service selbst muss einen Namen haben, und falls er unternehmensweit zugänglich sein soll, muss dieser Name eindeutig sein.

- *Service Interfaces*: Über die Service-Schnittstelle bekommen die Anwendungskomponenten oder -logik Zugang oder Zugriff zu den Services. Ein und derselbe Service kann dabei verschiedene Schnittstellen aufweisen. Das Service Interface beschreibt die Signatur des Service (seine Eingabe, Ausgabe- und Fehlerparameter und Nachrichtentypen).

- *Service Contract* (*Service Description*): Er beschreibt die Semantik des Service, also die Fähigkeiten des Service (*Capability*) und sein Verhalten zur Laufzeit (*Behaviour*). Desweiteren enthält der Service Contract die *Quality of Service* (*QoS*)-Beschreibung. Sie enthält funktionale Attribute und nicht-funktionale Qualitäts-Attribute. Qualitäts-Attribute sind beispielsweise Fähigkeitsumfang und die jeweiligen Kosten des Service, Festlegung des Nachrichten-Protokolls und Austauschformats, Leistungsmaße des Service, wie z.B. die Antwortzeit, Sicherheitsattribute oder -richtlinien, Festlegung der Verschlüsselungs- und/oder Komprimierungsverfahren, transaktionale Integrität, Zuverlässigkeit, Skalierbarkeit und Verfügbarkeit. Eine algebraische Umsetzung des Verhaltens von Services beschreiben Meridith und Bjorg [MB 03].

- *Service Implementation*: Die technische Realisierung und somit Implementierung des Service.

Abbildung 3.6 [L 07] zeigt die Bestandteile eines Service.

3 Programmiermodelle für parallele und verteilte Systeme

Abb. 3-6:
Bestandteile eines Service

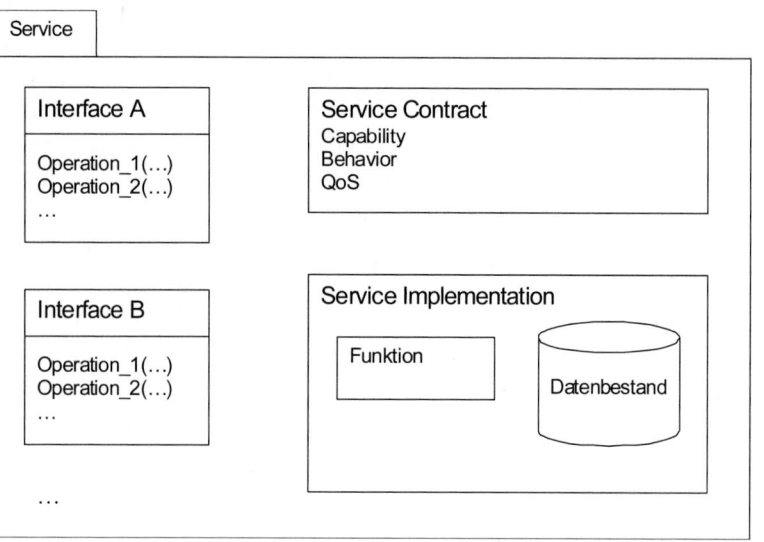

3.2.2 Eigenschaften eines Service

Die technischen Merkmale und Eigenschaften eines Service, teilweise im Vergleich zu Objekten und Komponenten [E 07] [M 08], sind Folgende:

Philosophie hinter Objekten, Komponenten und Services

- Objekte, Komponenten und Services besitzen eine *unterschiedliche Philosophie* und Ausgangsbasis [E 07]:

    – *Objekte*: Wiederverwendbarkeit und Wartbarkeit wird erreicht durch Kapselung der Daten und ihrer Funktionen darauf in einer Klasse. Änderungen der internen Details einer Klasse haben keine Auswirkung auf das Gesamtsystem. Die Zusammenarbeit der Objekte über Rechnergrenzen hinweg geschieht nach dem Client-Server-Prinzip und ist mit dem Request-Reply-Protokoll meist synchron. Zur Abbildung der entfernten Methodenaufrufe auf nachrichtenbasierte Abwicklung müssen vor der Laufzeit die entsprechenden Stubs auf der Clientseite und das Skeleton auf der Serverseite aus einer Interfacebeschreibung generiert werden. Für genauere Details siehe dazu auch Abschnitt 3.4.5 Kooperative Modelle mit entfernten Aufrufen.

    – *Komponenten*: Die Idee der komponentenbasierten Entwicklung ist, die Anwendung aus vorgefertigten wiederverwendbaren Software-Komponenten zusammenzusetzen. Die Komponenten laufen dazu in einer betriebssystemunabhängigen Laufzeitumgebung, dem *Container*, ab und müssen vorher im Container installiert werden. Die rechnerübergreifende Kooperation und Kommunikation geschieht durch nachrichtenbasierte Kommunikation oder durch entfernte Methodenaufrufe mit Stubs und Skeleton.

– *Services*: Die logische Trennung von dem, was benötigt wird von dem Mechanismus, der das Benötigte bereitstellt, ist das Herzstück des Service-Modells. Ein Service Consumer ist nur an dem Ergebnis oder Resultat interessiert und nicht daran, wie das Ergebnis oder Resultat zustande kommt. Ein Service ist folgendermaßen definiert: Irgendeine Handlung oder Leistung, die eine Seite einer anderen anbieten kann. Die Handlung oder Leistung ist dabei im Wesentlichen immateriell und beruht nicht auf dem Besitz von irgendetwas.

- *Lose Koppelung*: Ein Service bietet jedem anderen über das Interface eine Handlung oder Leistung an. Der Service kann dabei mit anderen Services kooperieren (*Service Composition*). Das beim Client-Server-Konzept verwendete Request-Reply-Protokoll koppelt den Client eng an den Server. Der Client ist an den einen Server gebunden. Services arbeiten autonom, unabhängig und gleichberechtigt miteinander und minimieren die Abhängigkeiten untereinander. Die Koppelung und Kommunikation untereinander trifft nur wenige Annahmen über das Netzwerk oder basiert auf Nachrichtenaustausch, der meist asynchron abläuft.

  Koppelung von Services

  Der Vorteil der losen Koppelung erleichtert die Integration neuer Services, und Services können ohne großen Aufwand in einem anderen Kontext verwendet und aufgerufen werden. Lose Koppelung fördert die Unabhängigkeit und damit die Wartbarkeit und Austauschbarkeit von Komponenten einer Anwendungslandschaft.

- *Interaktionsmechanismen* [HHV 06]: Der Grad der Koppelung von Services (von eng nach lose) nimmt nachfolgend bei verschiedenen Interaktionsformen von oben nach unten ab:

  Interaktion von Services

  – *Prossesskommunikation auf einem Rechner*: Services rufen sich mit Prozess- bzw. Threadsynchronisations- und -kommunikationsverfahren synchron auf.

  – *Request-Reply synchron*: Services rufen sich synchron auf. Siehe für die verschiedenen Verfahren die unter Abschnitt 3.4.5 vorgestellten Verfahren.

3 Programmiermodelle für parallele und verteilte Systeme

- *Nachrichten asynchron*: Services rufen sich asynchron durch Zusenden von Nachrichten auf. Realisierung des Nachrichtenaustausches geschieht dabei mit Message-orientierter Middleware (MOM). Siehe dazu auch Abschnitt 3.4.4 kooperative und nachrichtenbasierte Modelle und speziell den Abschnitt 3.4.4.2 Java Message Service (JMS).

- *Publish/Subscribe* (*Pub/Sub*): Die Kommunikation kann dabei mit dem Pub/Sub-Modell asynchron vonstatten gehen. Aufrufende Services und aufgerufene Services sind über einen Registrierungsmechanismus entkoppelt. Alle registrierten Services erhalten asynchron die Nachricht. Siehe zum Pub/Sub-Modell den Abschnitt 3.4.4.2.

Services besitzen keinen Zustand

- *Services sind zustandslos*: Services sollten sich aus verschiedenen Ablaufkontexten heraus mehrfach und wiederholt aufrufen lassen. Dies bedingt, dass die Services keinen Zustand halten und sich auch keine Zustandinformation beschaffen auf den dann die unterschiedlichen Aufrufe ausgehen können. Bei einer Zustandsspeicherung könnten die Services von einem Zustand ausgehen und bei jedem Aufruf anders verhalten und ein anderes Ergebnis zurückliefern. Die Serviceaufrufe sind also *idempotent*, und ein mehrmaliger Aufruf mit denselben Parametern hat denselben Effekt wie der einmalige.

Services lassen sich zur Laufzeit bestimmen und aufrufen

- *Dynamische Komposition* [E 07]: Zum flexiblen Ändern oder Wechseln des Service-Providers erlauben die Services ein flexibles Binden und somit eine Auswahl des Service-Providers erst zur Laufzeit. Dies erlaubt auf der Serviceseite eine Änderungen der Fähigkeiten, des Verhaltens und der Quality of Service über die Zeit vorzunehmen. Im Gegensatz dazu ist bei komponentenbasierter Software schon vor der Laufzeit exakt festgelegt, welche Komponenten ein Aufrufer kontaktieren muss.

- *Lastverteilung*: Durch Mehrfachinstanzen desselben Services in einem System lässt sich die Last auf diese mehrfach vorhandenen Instanzen verteilen.

3.2.3 Servicekomposition, -management und -überwachung

Aus bestehenden Services oder Basisservices lassen sich neue und komplexe Services durch *Servicekomposition* zusammensetzen. Die Services [M 07] lassen sich

3.2 Service-orientierte Architekturen (SOA)

- dynamisch, zur Laufzeit, zu neuen semantischen Services zusammensetzen, oder

- statisch zusammensetzen, vor dem Ablauf, durch

  – Orchestrierung. Die Orchestrierung schafft einen neuen Service dadurch, dass vorhandene Services durch einen zentralen Koordinator (orchestrator) gesteuert werden. Der Orchestrator nimmt die Aufrufe von außerhalb entgegen und verteilt die Aufgaben an die einzelnen Services.

  – Choreographie. Choreographie besitzt keinen zentralen Koordinator. Es wird dabei die Kommunikation zwischen den einzelnen Services festgelegt und beschrieben. Der Gesamtservice resultiert aus einer Reihe von End-to-End-Interaktionen (P2P-Interaktionen) zwischen den (Sub-) Services.

Servicekomposition

Erhaltene Servicekompositionen können als Basisservices für weitere Servicekompositionen dienen oder können als Komplettlösung und -applikation den Service-Consumern angeboten werden. Liegt eine geschichtete Struktur des SOA-Systems vor, dann setzt sich typischerweise eine Servicekomposition aus Services der gleichen oder der direkt darunterliegenden Schicht zusammen.

Rekursive Entwicklung von Servicekompositionen

Ein *Service Aggregator* führt die Aufgaben der Servicekomposition durch und wird damit zum Service Provider, indem er die Servicebeschreibung der neuen Servicekomposition beim Service Broker veröffentlicht. Der Aggregator

- legt die Aufrufreihenfolge (Koordinationsreihenfolge) (*Coordination*) der einzelnen Services in der Servicekomposition fest;

- stellt die Integrität der Servicekomposition (*Conformance*) her, indem er die Parametertypen der Servicekomposition mit den Parametertypen der einzelnen Services abgleicht und eingrenzt. Er verschmilzt möglicherweise die Daten und führt zur Erhaltung der Integrität der Daten-Transaktionen (*Transaction*) ein;

- evaluiert, aggregiert und bündelt die einzelnen Quality of Services und leitet daraus eine für die Komposition gemeinsame *Quality of Services* (*QoS*) ab.

Service Aggregator

Zum Überwachen und Management von kritischen Applikationen und der lose gekoppelten und verteilten SOA-Lösungen benötigt man eine weitere Schicht. Ein *Service Operator* führt diese Aufgaben aus und wird damit wieder zum Service Provider, indem er die Servicebe-

Service Operator

schreibung der Arbeiten, die er durchführt, beim Service Broker veröffentlicht. Der Operator

- vermisst, führt Statistiken und macht eine Feinabstimmung über die durchgeführten Aktivitäten der Services (*Metrics*);
- überwacht die Zustände (Running, Suspended, Aborted oder Completed) einer jeden Instanz eines Services. Die Serviceinstanzen kann er suspendieren, die Arbeit wieder aufnehmen lassen oder terminieren (*State Management*);
- führt bei Ausfällen, Systemfehlverhalten oder geänderten Umgebungen, Reaktionen und Änderungen durch (*Change Management*);
- führt eine Kapazitätsplanung und Leistungsmessung durch und veranlasst Leistungsverbesserungen (*Load Balancing*).

Die Arbeiten des Operators sollte dieser autonom und selbstständig durchführen und sie sollten die Selbst-Eigenschaften besitzen (siehe Abschnitt 1.4.2). Die Selbst-Eigenschaften des Operators sind zukünftiger Forschungsschwerpunkte. Diese umfassen [PTDL 07]

Selbst-Eigenschaften

- die *Selbst-Konfiguration*, welche für unterschiedliche Umgebungen und für den speziellen Einsatz das SOA-System automatisch konfiguriert und anpasst;
- die *Selbst-Anpassung*, welche dynamisch sich selbst an geänderte Umgebungen und Märkte anpasst;
- die *Selbst-Heilung*, die bei Fehler, Selbstzerstörung und Ausfällen den laufenden Betrieb weiter aufrecht erhält;
- die *Selbst-Optimierung*, welche die Ressourcen überwacht und automatisch das SOA-System an Endbenutzer- oder Geschäftsbedürfnisse abstimmt und darauf hin optimiert;
- den *Selbst-Schutz*, der verhindert, entdeckt, identifiziert und schützt vor Eindringlingen und Angriffen.

Zusammenfassend zeigt die nachfolgende SOA-Pyramide [PTDL 07], [PG 03] die erweiterte Service-orientierte Architektur: Die drei Serviceschichten, ihre Funktionalitäten und Rollen.

3.2 Service-orientierte Architekturen (SOA)

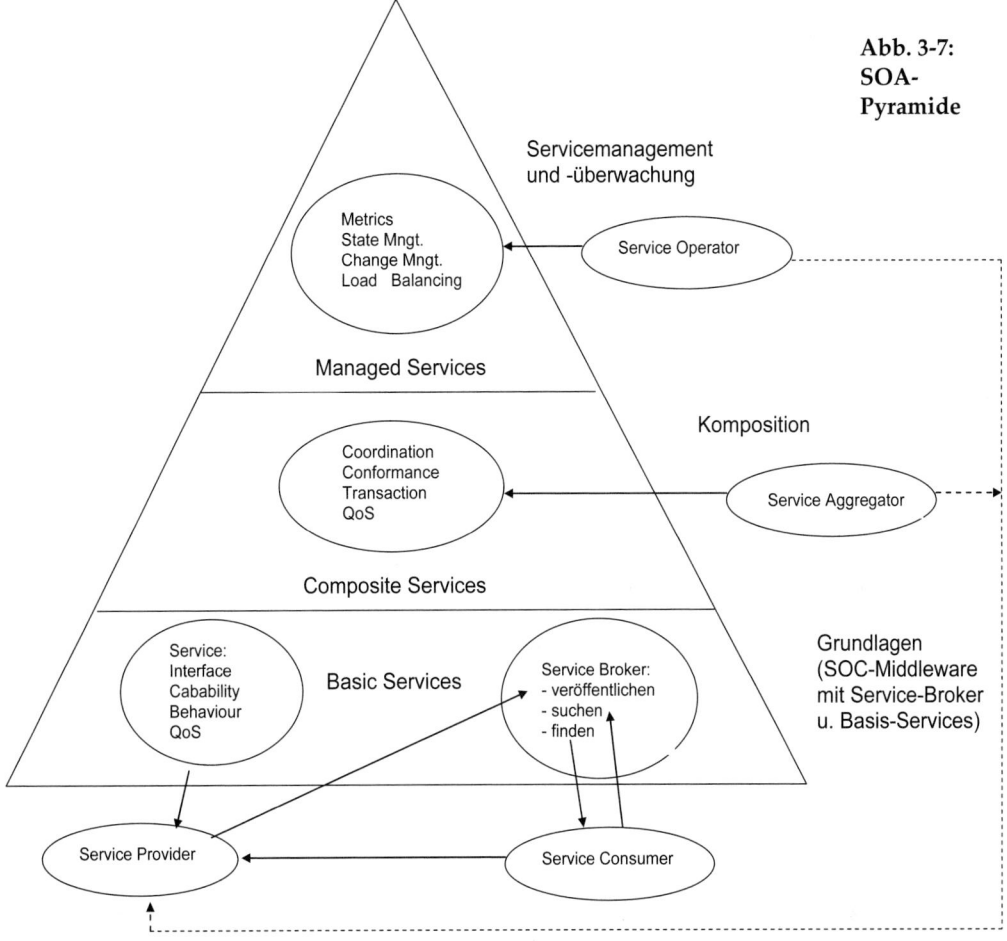

Abb. 3-7: SOA-Pyramide

3.2.4 Enterprise Service Bus

Web Services sind zurzeit die Erfolg versprechende Service Oriented Computing (SOC)-Technologie. Web-Services benutzten das Internet als Kommunikationsmedium mit dem auf HTTP aufsitzenden *Simple Object Access Protocol* (*SOAP*) zur Übertragung von XML-Daten und der *Web Services Description Language* (*WSDL*) zur Festlegung der Services. Die *Universal Description, Discovery and Integration* (*UDDI*) realisiert den Service Broker. Zur Orchestrierung von Services steht die *Business Process Execution Language for Web Services* (*BPEL4WS*) [BPEL 07] zur Verfügung, und die Sprache *Web Services Choreography Description Language* (*WS-CDL*) {WSC 05] dient zur

SOC mit Web Services

3 Programmiermodelle für parallele und verteilte Systeme

Choreographie von Services. Die Web-Service-Technologie ist in Abschnitt 3.4.5.9. beschrieben.

Enterprise Service Bus (ESB)

Zum Verbinden von diversen Applikationen und Technologien mit Service-orientierter Architektur benötigt man einen einheitlichen Aufrufmechanismus von Services, der die diversen Anwendungsbausteine plattformunabhängig miteinander verbindet und alle technischen Details der Kommunikation verbirgt. Solch ein auf offenen Standard basierenden Nachrichtenbus ist der *Enterprise Service Bus* (*ESB*) [C 04]. Der ESB selbst unterstützt Services, einen Service Broker, Nachrichtenaustausch, ereignisbasierte Interaktionen mit den dazugehörigen Serviceebenen und Management-Werkzeugen. Vereinfachend ist der ESB eine Integrationsbasis von einer Vielzahl von verschiednen Technologien und somit in dieser Technolgie implementierten Applikationen, wie

- Daten-Services, wie der Distributed Query Engine basierend auf XQuery oder der Abfragesprache Structured Query Langugage (SQL),
- Enterprise-Applikationen mit den dazugehörigen Enterprise Adapters,
- Web-Services-Applikationen implementiert mit WebSphere oder als .NET-Applikation,
- Java- oder J2EE-Applikationen, welche den Java Message Service (JMS) zur Kommunikation benutzen,
- Mainframe-Applikation mit dem MQ Gateway.

Container

Der ESB basiert, wie die Komponententechnologie, auf dem Container-Modell, hier übertragen auf Services. Der Container stellt die Laufzeitumgebung für die Services-Funktionalitäten und nicht funktionalen Eigenschaften dem externen Benutzer zur Verfügung.

Mit den oben vorgestellten verschiedenen Technologien lassen sich dann folgende Applikation aufbauen:

- Service-orientierte Kunden-Applikationen mit Orchestrierung als Servicekomposition.
- Portale, welche die Verknüpfung und den Datenaustausch zwischen heterogenen Anwendungen über ein Portal vornehmen. Ein Portal stellt Funktionen zur Personalisierung, Sicherheit, Navigation und Benutzerverwaltung bereit und dient zur Suche und Präsentation von Informationen.

3.3 Programmiermodelle für gemeinsamen Speicher

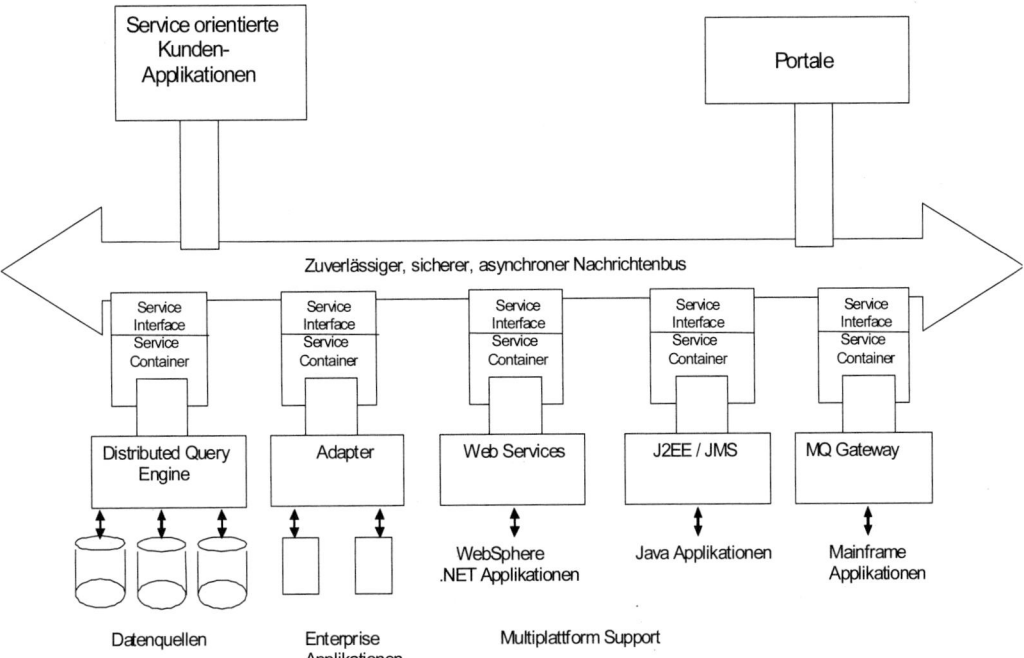

Abb. 3-8:
Enterprise
Service Bus

3.3 Programmiermodelle für gemeinsamen Speicher

Einprozessor-, eng gekoppelte Systeme und Systeme mit verteiltem gemeinsamem Speicher besitzen gemeinsamen Speicher

Wir setzen bei den nachfolgend beschriebenen Programmiermodellen einen gemeinsamen Speicher voraus, auf den alle auf den Prozessoren ablaufenden Programme zugreifen können. Der gemeinsame Speicher ist bei Einprozessorsystemen und eng über den gemeinsamen Speicher gekoppelte Systeme per se gegeben. Lose gekoppelte Multiprozessoren lassen sich von der Programmierung her als eng gekoppelte Systeme betrachten, wenn sie einen verteilten gemeinsamen Speicher realisiert haben (siehe Abschnitt 2.3.2 Verteilter gemeinsamer Speicher). Durch den verteilten gemeinsamen Speicher besitzen die Programme, die auf den Prozessoren ablaufen, einen gemeinsamen Speicher. Der gemeinsame Speicher kann jedoch verteilt sein auf unterschiedliche Speicher.

race und conditions und Umgehung mit mutual exclusion

Durch den gemeinsamen Speicher kommen bei jeder möglichen Ausführung der Prozesse, die Prozesse zu unterschiedlichen Reihenfolgen des Lesens und Schreibens von Daten, und es kommt zu *Wettlaufsituationen* (*Race Conditions*). Zur Vermeidung dieser muss auf gemeinsame Daten unter *wechselseitigem Ausschluss* (*mutual exclusion*) zugegriffen werden. Dementsprechend muss ein Programmiermodell für den gemeinsamen Speicher den wechselseitigen Ausschluss unterstützen. Im Gegensatz dazu können die Programme, die auf einem Programmiermodell für verteilten Speicher basieren, auch auf Rechnern mit gemeinsamem Speicher zur Ausführung gebracht werden. Dies geschieht dadurch, dass man die entfernte Kommunikation und entfernten Aufrufe über das Netz auf lokale Kommunikation und Aufrufe abbildet. Dies ist natürlich nur bei den verteilten Programmiermodellen möglich, die keinen verteilten Speicher voraussetzen.

Die wichtigsten Ansätze zur Programmierung der Systeme mit gemeinsamem Speicher sind:

1. Parallelisierende Compiler, die selbst die parallel ausführbaren Codesequenzen herausfinden und entsprechend Code für mehrere Prozessoren erzeugen. Siehe dazu Abschnitt 3.3.1.

2. Unix ermöglicht, mit den Systemcalls fork und join, nebenläufige Prozesse (Kinder) zu vergabeln und an dem Ende wieder mit dem Vater zu vereinigen. Siehe dazu Abschnitt 3.3.2.1. Zum wechselseitigen Ausschluss beim Zugriff auf den gemeinsamen Speicher stehen Semaphore zur Verfügung. Zur nachrichtenbasierten Kommunikation zwischen Prozessen dienen Pipes und Warteschlangen (siehe dazu Abschnitt 3.3.2.2 bzw. 3.3.2.3).

3. ***Threads*** („Fäden") ermöglichen unter der Ebene der parallelen Prozesse eine zweite Parallelitätsebene; d.h. Threads laufen unter einem Prozess oder sind unter einem Prozess „aufgefädelt". Threads können als Bibliothek unter Unix implementiert sein und folgen dem Posix-Standard (P-Threads) oder sind innerhalb des Betriebssystems implementiert (siehe Abschnitt 3.3.3.2).

Threads benutzen beim Zugriff von mehreren Threads zu gemeinsamen Daten das Monitorkonzept. Dieses Konzept wurde von Brinch Hansen [Ha 75] und [H 93] und Hoare [Ho 74] als Synchronisationsmittel für Prozesse zeitgleich entwickelt. Ein *Monitor* ist ein ***abstrakter Datentyp*** bestehend aus den gemeinsamen Daten, auf die mehrere Prozesse mit den Monitorprozeduren zugreifen. Da auf gemeinsame Daten von mehreren Prozessen immer unter wechselseitigem Ausschluss zuzugreifen ist, laufen die Prozeduren eines Monitors unter wechselseitigem Ausschluss und somit kann immer nur ein Prozess im Monitor sein.

Monitorkonzept

Zur Kontrolle der Synchronisation benutzt ein Monitor ***Bedingungsvariable*** (*condition variable*). Auf Bedingungsvariablen sind die Operationen wait und signal definiert. Das wait versetzt einen Prozess in einen Wartezustand und der wartet, bis ein anderer Prozess das signal ausführt. Damit ein anderer Prozess den Monitor betreten kann und das signal ausführen kann, muss natürlich der wartende Prozess beim wait den Monitor freigeben; d.h. er muss beim wait den wechselseitigen Ausschluss aufheben, da nur immer ein Prozess im Monitor sein kann. Führt ein Prozess das signal aus und es wartet kein Prozess, so hat das signal keine Wirkung.

Bedingungsvariable

Buhr und Harji [BH 05] nennen einen Monitor mit Bedingungsvariablen und den Operationen wait und signal darauf einen *expliziten-signal Monitor*. Sie schlagen einen *impliziten-signal Monitor* vor, der keine Bedingungsvariable besitzt, sondern nur eine waituntil-Operation mit einem booleschen Ausdruck, basierend auf Monitorvariablen. Ergibt die Auswertung des booleschen Ausdruckes von einem Prozess FALSE, so geht der Prozess in einen Wartezustand. Dabei hebt er den wechselseitigen Ausschluss auf und gibt somit den Monitor für andere Prozesse frei. Ein wartender Prozess wird *implizit* von einem anderen Prozess aufgeweckt, wenn der andere Prozess den booleschen Ausdruck wahr macht. Der boolesche Ausdruck, also die Bedingung, entspricht der Bedingung bei bedingten kritischen Regionen (siehe Abschnitt 2.2.6.5.1 bei der Erweiterung des atomic).

Impliziter Signal Monitor

3 Programmiermodelle für parallele und verteilte Systeme

Da es sich bei einem Monitor um ein Objekt mit unter wechselseitigem Ausschluss laufenden Prozeduren handelt, passt dieses Konzept sehr gut zu den objektorientierten Sprachen und lässt sich leicht in diese integrieren oder, wie hier bei den Pthreads, auf diese aufpflanzen. Die Pthreads (siehe nachfolgenden Abschnitt 3.2.3.3) simulieren einen Monitor mit Mutex-Lock-Variable und Bedingungsvariable.

4. **OpenMP** (*Open Multi-Processing*) ist ein Industrie Standard API [DM 98] für Multi-Plattform (UNIX und Microsoft Windows) Multiprozessoren mit gemeinsamem Speicher zur Programmierung in C/C++ und Fortran. Im Desktop-Bereich wurde OpenMP 2005 in Microsoft Visual C++ integriert [M 07]. Das OpenMP Architecture Review Board (ARB) [ARB 07] mit den wichtigsten Industrievertretern wie IBM, HP, Sun, Compaq, Silicon Graphics, Intel, usw. spezifiziert den OpenMP-Sprachstandard für Fortran und C/C++. Eine Implementierung von OpenMP nutzt Threadbibliotheken.

OpenMP erleichert den Übergang seriell nach parallel

Mit OpenMP gelingt es einem Anfänger, der mit C/C++ vertraut ist, jedoch nicht mit der Parallelisierung, den seriellen Code unter Benutzung von *OpenMP-Direktiven* in parallelen Code zu transformieren [M 07]. OpenMP erweitert den seriellen Code hin zum parallelen Code mit Compiler- und somit den OpenMP-Direktiven. Das Hinzufügen von Compiler-Direktiven ändert nicht das logische Verhalten des seriellen Codes; er weist nur den Compiler an, welche Codestücke zu parallelisieren sind; der Compiler übernimmt dabei das komplette Threadhandling.

OpenMP nur für eng gekoppelte Multiprozessoren

OpenMP ist in seiner bisherigen Form nur für eng gekoppelte Multiprozessoren einsetzbar. Dies schließt den Einsatz in Clustern aus. Möglichkeiten, den Einsatzbereich von OpenMP auf Cluster auszudehnen, sind:

1. OpenMP auf *Task-Graph-Parallelismus* (*grobkörnige Parallelität*) zu erweitern [M 03] oder

2. einen hybriden Ansatz mit der Message Passing Interface-Bibliothek (siehe Abschnitt 3.4.3.1) zu wählen (*hybride Programmierung*) [Q 04]:

– **OpenMP** innerhalb eines Knotens (Uniprozessor oder eng gekoppelter Multiprozessor mit symmetrischem Multiprozessor) und

– **MPI** (siehe Abschnitt 3.4.3.1) auf dem Verbindungsnetzwerk oder dem lose gekoppelten Multiprozessor.

3.3 Programmiermodelle für gemeinsamen Speicher

Da ein heutiges Cluster aus Multicore-Prozessoren und einem schnellen Verbindungsnetzwerk besteht, ist die hybride Programmierung mit MPI und OpenMP die meist eingesetzte und zurzeit gängigste Programmierung.

Für OpenMP gibt es ein Java Interface, genannt **OpenMP for Java** (**JOMP**) [BK 00]. Die JOMP Interface-Spezifikation und die JOMP API steht auf der JOMP Homepage [EPCC 07] zur Verfügung. Eine kurze Einführung in JOMP ist in [KY 02] enthalten.

Eine Einführung in OpenMp mit C, C++ und Fortran liegt mit [CDK 01] vor. Abschnitt 3.3.4 enthält eine kurze Einweisung in OpenMP für C und C++ Programme und stellt die wichtigsten OpenMP-Direktiven vor.

5. **Unified Parallel C** (**UPC**) ist eine explizite parallele Sprache auf C basierend, die von einem UPC-Konsortium mit der George Washington University [UPC 07] als Konsortialführer seit 1999 entwickelt wurde. Die Anzahl der parallelen Threads ist statisch und kann entweder bei der Compilierung oder beim Programmstart festgelegt werden. Jeder der Threads, genauer gesagt deren Anzahl, ist vorher festgelegt und führt das gleiche UPC-Programm (`main`) aus. UPC realisiert ein **Single Program Multiple Data** (**SPMD**)-Modell des Parallelismus. Da UPC eine Erweiterung von ISO C ist, ist jedes C-Programm auch ein UPC-Programm, allerdings verhält es sich anders, wenn es mit mehreren Threads (> 1) läuft. Eine Beschreibung von UPC liegt mit [ECS 05] vor, Tutorials und Manuals stehen auf der Webseite [UPC 07] zur Verfügung. Abschnitt 3.3.5 stellt die prägnantesten Fähigkeiten von UPC vor.

    Unified Parallel C

6. **Fortress** ist ein Open Source Forschungsprojekt von Sun [SS 07] zur Entwicklung einer neuen Programmiersprache für **High Performance Computing** (**HPC**). Fortress ist ein Nachfolger der über 50 Jahre alten Sprache Fortran, jedoch ist Fortress nicht kompatibel zu existierenden Versionen von Fortran. Guy L. Stelle, Jr., einer der Sprachentwerfer von Fortress, dessen vorhergehende Arbeiten die Sprachen Scheme und Java waren, definiert das Entwicklungsziel von Fortress folgendermaßen:

    Fortress

    Fortress: "To Do for Fortran What Java™ Did for C".

    Die über Fortran hinausgehenden Ziele von Fortress sind:

    1. *Mathematische und physikalische Notation*: Zur besseren Lesbarkeit der Programme ist das Anzeigeformat der Programme Unicode und zeilenorientierter Unicode. Editoren wie der Vi und Emacs benutzen eine Twiki-ähnliche Notation, die nur AS-

3 Programmiermodelle für parallele und verteilte Systeme

CII-Zeichen verwendet. Operator-Überladungen unterstützen mathematische Notationen. Darüber hinaus enthalten numerische Typen physikalische Einheiten und Dimensionen, wie z.B. die Funktion

kineticEnergy(*m*: $\mathbb{R}$kg, *v* : $\mathbb{R}$m/s) : $\mathbb{R}$kg m²/s² = (m v²)/2

2. ***Erweiterungen und das Wachsen der Sprache***: Fortress-Programme sind in Komponenten organisiert. Komponenten exportieren und importieren APIs und können zusammengebunden werden. Alle erstellten Komponenten liegen in einer *Bibliothek* mit Versionsverwaltung vor. Die Bibliothek bildet die Basis für die weitere Fortentwicklung und Definition der Sprache. Die Sprache selber ist in Bibliotheken beschrieben, wie auch die Definition von Feldern und anderen Basistypen, so dass eine relativ kleine Kernsprache ausreicht. Dies wird vor allem durch die generische Programmierung in Fortress ermöglicht. Dazu bietet Fortress die Möglichkeit, Funktionen generisch, d.h. unabhängig von Datentyp oder -struktur, zu definieren. Mit *Generatoren* lassen sich solche Funktionen auf eine beliebige Datenstruktur anwenden.

3. ***Parallelismus ist keine Fähigkeit von Fortress, sondern von Fortress vorgegeben***: Fortress besitzt einen impliziten Parallelismus. Ein implizit paralleles Konstrukt legt eine Gruppe von einem oder mehreren impliziten Threads an. Implizit parallele Konstrukte sind beispielsweise alle `for`-Schleifen und die mit `also do`-Ausdrücken erweiterten `do`-Ausdrücke, Tupel-Ausdrücke, die Auswertung der Argumente einer Funktion und die Summe. Es existiert ein explizites paralleles Konstrukt zum Starten eines Thread, das `spawn`-Konstrukt. Der wechselseitige Ausschluss zu gemeinsamen Daten geschieht mit dem `atomic`-Konstrukt.

4. ***Möglichkeit des automatischen Testens***: Zum automatischen Testen kann ein Fortress-Programm mit einem test-Modifier mit Angabe des Testfalls versehen werden. Zur Überprüfung bestimmter Bedingungen (Boolesche Bedingungen), die das Programm besitzen soll, dienen Property-Funktionen.

Ein Interpreter für Fortress und eine Sprachspezifikation stellt die Sun Forschungsgruppe [SR 07] zur Verfügung. Eine überblickshafte Einführung in die Sprache enthält der Abschnitt 3.3.6.

Ada

7. ***Ada 83*** [A 83] [A 07] ist eine der wenigen Programmiersprachen mit in der Sprache integrierter Unterstützung für Parallelität und kooperative Verarbeitung. 1983 wurde die Sprache zu einem ANSI-

Standard (ANSI/MIL-STD 1815), die ISO übernahm den Standard 1987 als ISO-8652:1987. Ada 83 unterstützte dynamische Tasks und entfernte synchrone und blockierende Aufrufe, das so genannte *Ada-Rendezvous* zwischen den Tasks (siehe Abschnitt 3.3.7.1). Das *selektive Ada-Rendezvous* erlaubt einer Server Task aus mehreren Alternativen nur bestimmte Client-Anfragen zu akzeptieren. Das `Pragma Shared` stellte den Zugriff zu gemeinsamen Variablen nur unter wechselseitigem Ausschluss. Die Abbildung des exklusiven Zugriffs auf gemeinsame Ressourcen auf das Ada-Rendezvous erfordert zusätzliche Tasks und erhöht damit den Tasking-Overhead [CS 98]. Deshalb führte Ada 95 [A 95], der gemeinsame ISO/ANSI-Standard ISO-8652, das Monitorkonzept in die Sprache ein. Der in Ada simulierte Monitor sind so genannte *geschützte Objekte* (*Protected Objects*) (siehe Abschnitt 3.3.7.3). Der Ada95-Compiler GNAT ist Teil des GNU-C-Compilers gcc [GNU 07]. Eine gute Einführung in Ada 95 aus Sicht der Softwaretechnik ist das Buch von Nagl [N 03] oder das Buch von Barnes [B 06]. Zurzeit ist ISO/ANSI-Standard ISO-8652:1995/AMD 1:2007, informell Ada 2005, der aktuelle Standard. Abschnitt 3.3.7 erläutert die Parallelitätskonzepte von Ada 95.

Nachfolgende Übersicht (Abb. 3-9) zeigt die verschiedenen und wichtigsten Programmiermodelle auf. Die hier vorgegebene Untergliederung spiegelt auch die Reihenfolge der nachfolgenden Abschnitte wieder, welche die einzelnen Programmier- und Parallelitätsmodelle erläutern.

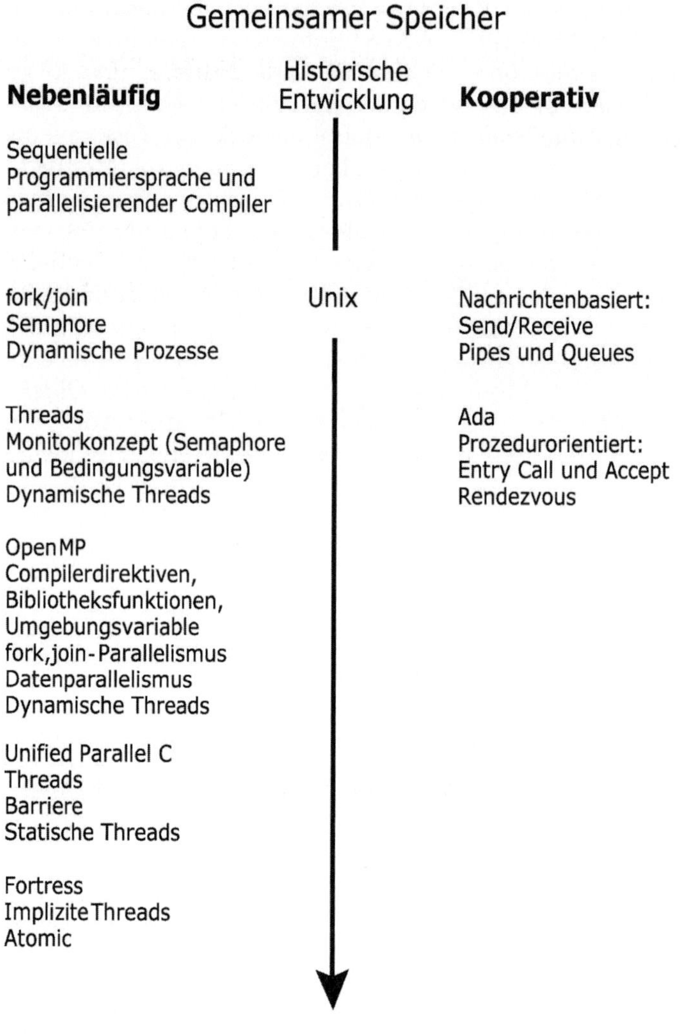

3 Programmiermodelle für parallele und verteilte Systeme

Abb. 3-9: Programmiermodelle für gemeinsamen Speicher

Gemeinsamer Speicher

Nebenläufig	Historische Entwicklung	**Kooperativ**
Sequentielle Programmiersprache und parallelisierender Compiler		
fork/join Semphore Dynamische Prozesse	Unix	Nachrichtenbasiert: Send/Receive Pipes und Queues
Threads Monitorkonzept (Semaphore und Bedingungsvariable) Dynamische Threads		Ada Prozedurorientiert: Entry Call und Accept Rendezvous
OpenMP Compilerdirektiven, Bibliotheksfunktionen, Umgebungsvariable fork,join-Parallelismus Datenparallelismus Dynamische Threads		
Unified Parallel C Threads Barriere Statische Threads		
Fortress Implizite Threads Atomic		

3.3.1 Parallelisierende Compiler

Ausgehend von sequentiellen Programmiersprachen und rein sequentiellen Programmen kann man die Aufgaben der Parallelisierung einem Compiler übertragen. Ein *parallelisierender Compiler* ermöglicht die automatische Umsetzung von sequentiellem Code (meistens C oder Fortran Programme) in parallelen Code für Multithreading-Umgebungen. Die Datenflussanalyse des Compilers untersucht dabei die *Datenabhängigkeiten* in einem sog. Basisblock (lineare Sequenz

3.3 Programmiermodelle für gemeinsamen Speicher

von Anweisungen). Durch Umordnung der Anweisungen oder Einführung von weiteren Variablen versucht der Compiler die Datenabhängigkeiten zwischen den Anweisungen zu minimieren. Anweisungen, zwischen denen keine Datenabhängigkeiten existieren, können dann nebenläufig abgearbeitet werden. Besonders Schleifen und der Code darin und deren Datenabhängigkeits-Analyse bieten viele Parallelisierungsmöglichkeit. Gibt es innerhalb einer Schleife keinerlei Datenabhängigkeiten, so ist die Ausführungsreihenfolge der einzelnen Schleifendurchläufe beliebig, und alle Durchläufe können nebenläufig ausgeführt werden.

Datenabhängigkeitsanalyse

Die Codegenerierung oder -optimierung kann aus einer Datenabhängigkeitsanalyse die optimale Reihenfolge zur parallelen Befehlsabarbeitung festlegen. Weiterhin ist aus ihr auch durch Duplizierung von Variablen eine optimale Allokation der Register ableitbar und das Ziel, möglichst viele, möglichst alle Variablen in den zur Verfügung stehenden Register zu halten, ist dadurch erreichbar.

Optimale Registerallokation

3.3.2 Unix

Das Betriebssystem Unix stellt Systemaufrufe zur Verfügung, die aus C-Programmen heraus aufgerufen werden können, indem man durch die Präprozessoranweisung `#include` die entsprechenden Systemaufrufe zum Programm hinzufügt. Die Systemaufrufe lassen sich unterteilen in:

- Aufrufe zur *Erzeugung von dynamischen Prozessen* und deren Zusammenführung: `fork` und `join`. Aufrufe zum Anlegen eines gemeinsamen Speichers und Aufrufe zur Synchronisation der Zugriffe zum gemeinsamen Speicher (Semaphore).

- Aufrufe zur *Kommunikation* zwischen den parallelen Prozessen mit einer *Röhre* (*Pipe*) und einer *Warteschlange* (*Queue*).

Eine hervorragende und leicht verständliche Beschreibung der Unix Systemaufrufe bietet Herold [H 04].

3.3.2.1 fork, join

Für Ein- und Multiprozessoren ist das Standardprogrammiermodell für parallele Prozesse unter Unix der *fork/join-Parallelismus*. Beim Programmstart läuft ein Prozess, der Hauptprozess oder das `main`. Werden nebenläufige Prozesse benötigt, so „vergabelt" (`fork`) sich der Hauptprozess in ein oder mehrere Kindprozesse. Der Hauptprozess und alle Kindprozesse arbeiten nebenläufig. Kommt ein Kind zu Ende

fork/join-Parallelismus

3 Programmiermodelle für parallele und verteilte Systeme

(exit oder quit) oder wird es supendiert, so „vereinigt" (join) sich der Kontrollfluss der Kinder mit dem des Hauptprozesses.

Umschließt man das fork mit einer Schleife, so erzeugt man in der Schleife beliebig viele Kindprozesse, die alle nebenläufig zum Vaterprozess ablaufen. Bei Beendigung der Kindprozesse kann dann der Kontrollfluss von allen Kindprozessen mit von einer Schleife umgebenen join vereinigt werden mit dem Kontrollfluss des Vaters. Mit wait oder waitpid kann der Vater ebenfalls auf die Beendigung eines Kindes warten.

Abb. 3-10:
fork/join-
Parallelismus

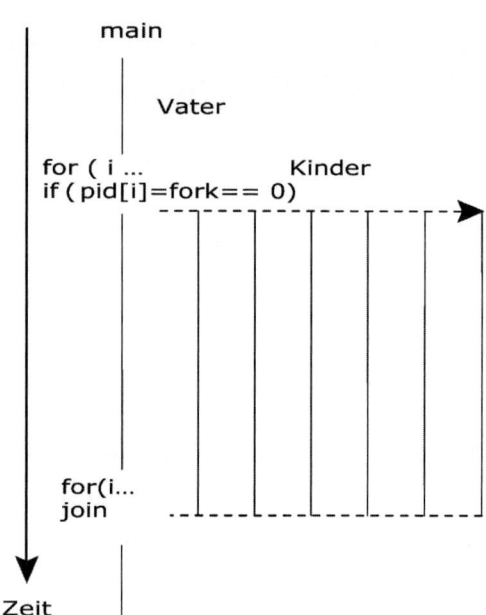

Der fork-join-Parallelismus eignet sich gut zur Implementierung des Master Worker-Schemas (siehe Abschnitt 4.2.2.1.1 Master Worker Schema). Dabei ist der Vater der Master, welcher die Kinder (Worker) erzeugt (fork), welche die einzelnen Datenpartitionen bearbeiten. Der Vater wartet dann, bis seine Kinder die einzelnen Daten bearbeitet haben und sich beenden (join).

Das fork erzeugt eine *perfekte Kopie* (Kind) des aufrufenden Prozesses (Vater), und das Kind erbt vom Vater die komplette Kopie des Vaters:

3.3 Programmiermodelle für gemeinsamen Speicher

- Gleiches Programm,
- gleiche Daten (gleiche Werte in Variablen),
- gleicher Programmzähler (nach der Kopie),
- gleicher Eigentümer (Owner),
- gleiches aktuelles Verzeichnis,
- gleiche Dateien geöffnet (selbst Schreib- und Lesezeiger ist gemeinsam).

Das `fork` gibt an den Vater die *Prozessidentifikationsnummer* (**PID**) des Kindes zurück, und das Kind erhält die PID = 0. Gibt das `fork` eine PID < 0 zurück, so liegt ein Fehler vor. Dadurch, dass ein Kind mit dem `fork` wieder Kinder erzeugen kann, sind mit dem `fork` beliebige Prozesshierarchien aufbaubar.

Im Vergleich zu anderen, nachfolgend beschriebenen Programmiermodellen liegen beim fork/join die parallelen Prozesse nicht beim Programmstart *statisch* vor, sondern sie werden *dynamisch* bei Bedarf gestartet (`fork`) und lassen sich beim Beenden mit dem Hauptkontrollfluss vereinigen (`join`).

Dynamische Prozesse

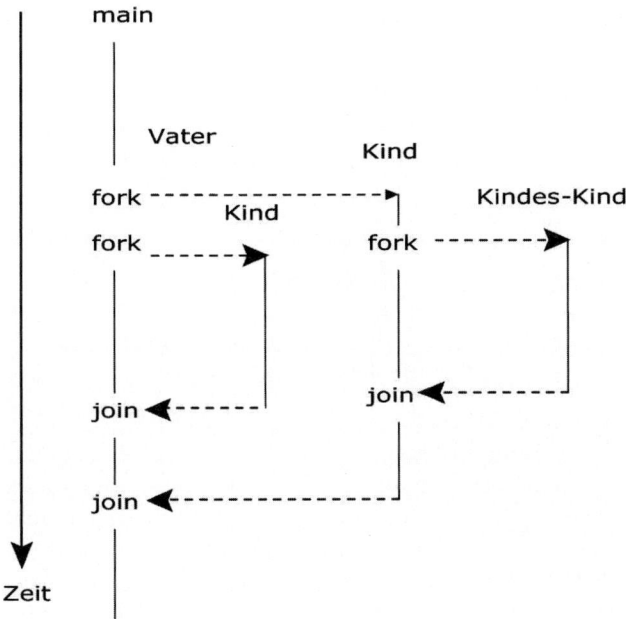

Abb. 3-11: fork/join Vater-Kind-Beziehungen

139

3 Programmiermodelle für parallele und verteilte Systeme

Gemeinsamer Speicher Die Speicherbereiche zweier Prozesse sind in Unix und im Gegensatz zu nachfolgend beschriebenen Threads streng getrennt. Wollen zwei Prozesse auf den gleichen gemeinsamen Speicher zugreifen, so muss er mit shmget angelegt werden, der Prozess mit shmat an den Speicher gebunden (attached) werden, so dass er ihn dann mit shmctl manipulieren kann.

Semaphore Zum wechselseitigen Ausschluss beim gemeinsamen Zugriff auf den gemeinsamen Speicher bietet Unix *Semaphore* an. Semaphore werden mit semget angelegt. Die verallgemeinerte semop-Operation bietet als Spezialfall die P- und V-Operationen an. semctl stellt Kontrolloperationen wie Initialisieren und Löschen zur Verfügung.

3.3.2.2 Erzeuger-Verbraucher (Pipe)

Zur Kommunikation zwischen zwei zyklischen Prozessen, wobei ein Prozess Nachrichten erzeugt und der Andere Nachrichten verbraucht, bietet Unix eine *Röhre* (*Pipeline, Pipe*) an. Der Erzeugerprozess schreibt an einem Ende eine Nachricht in die Röhre, die an dem anderen Ende ein Verbraucher dann aus der Röhre liest. Der Nachrichtenpuffer (Röhre) ist ein zyklischer Puffer (Umlaufpuffer) von endlicher Größe implementiert.

Abb. 3-12: Kooperation zwischen Erzeuger und Verbraucher mittels Nachrichtenpuffer

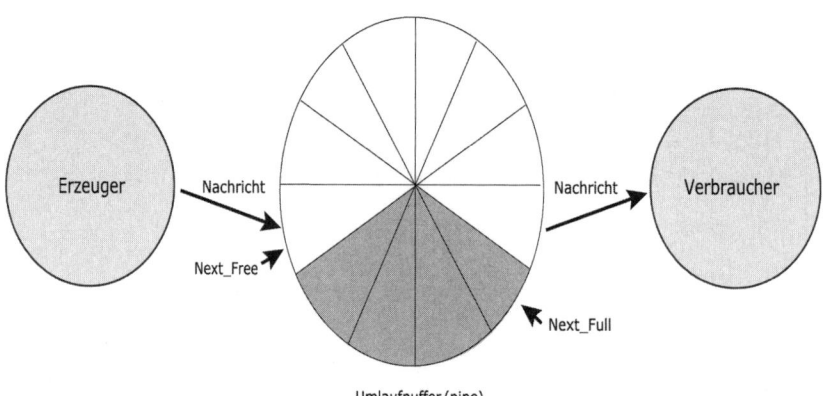

Ein Zeiger oder Index für den Erzeuger, genannt Next_Free, zeigt auf das nächste freie Element des Umlaufpuffers. Ein Zeiger oder Index des Verbrauchers (Next_Full) zeigt auf das nächste volle Element des Puffers. Während der Erzeuger Elemente in den Puffer schreibt und der Verbraucher Elemente aus dem Puffer entnimmt, wandern beide Zeiger im Uhrzeigersinn weiter. Ist die Geschwindigkeit von Erzeuger und Verbraucher gleich, d.h. liegt ein Gleichlauf der beiden

3.3 Programmiermodelle für gemeinsamen Speicher

Prozesse vor, so braucht nicht synchronisiert zu werden, da der eine Prozess die Daten erzeugt, die der andere Prozess anschließend verbraucht. Ist die Geschwindigkeit der beiden Prozesse unterschiedlich, so kann der Verbraucher schneller als der Erzeuger sein, oder der umgekehrte Fall liegt vor:

- Ist der Verbraucher schneller als der Erzeuger, so läuft der Umlaufpuffer leer, und der Verbraucher liest das alte vorher gelesene Element ein zweites Mal.
- Ist der Erzeuger schneller als der Verbraucher, so läuft der Umlaufpuffer über und der Erzeuger überschreibt die alte Nachricht, die dadurch verloren geht.

Um keine Nachricht mehrmals beim Verbraucher zu empfangen und um keine Nachrichten zu verlieren, müssen wir synchronisieren. Die Lösung des Synchronisationsproblems mit Semaphoren ist in jedem besseren Buch über Betriebssysteme [B 90] beschrieben oder kann der Leser leicht als Semaphorübung selbst nachvollziehen.
Die Implementierung einer Pipe mit einem Monitor ist in Abschnitt 3.3.3.3.4 Erzeuger beschrieben, und eine Implementierung mit dem Ada-Rendezvous liegt in Abschnitt 3.3.7.2.1 Erzeuger-Verbraucher mit selektivem Rendezvous (Pipe) vor.

Unix bietet eine Implementierung einer Pipe auf unterschiedlichen Ebenen an: **Pipes in Unix**

1. Auf Kommando- oder *Shellebene*: Der senkrechte Strich | ist eine Pipe, welche die Ausgabe des links stehenden Kommandos (Prozesses) auf die Eingabe des rechts stehenden Kommandos (Prozesses) umleitet. Programme, die ihre Anwendung typischerweise im Datenstrom einer Pipe finden, nennt man *Filter*. Ein ganz typischer Filter ist das Kommando `more`. Um sich längere Verzeichnisse seitenweise anzusehen, schaltet man eine Pipe zwischen `ls -l` und `more`.

2. Auf *Systemebene*: Der Systemaufruf

   `pipe(fd[2]);`

   erzeugt eine Pipe und gibt zwei Filedeskriptoren `fd[0]` und `fd[1]` zurück. Ein Erzeuger (Prozess) schließt das Leseende der Pipe mit `close(fd[0])` schreibt mit `write (fd[1], Nachricht, 80)` eine Nachricht in die Pipe. Ein Verbraucher schließt mit `close(fd[1])` die Schreibseite der Pipe und liest mit `read(fd[0], Nachricht, 80)` die Nachricht aus der Pipe.

3. Auf *Dateiebene*: Eine *Named Pipe* oder *FIFO* (First in First out) kann man mit der Funktion

```
int mkfifo (const char *dateiname, mode_t modus);
```

eine Pipe anlegen, die dann unter dem Dateinamen von einem Erzeuger und Verbraucher ansprechbar ist. Der Parameter `modus` nimmt die Berechtigung auf, wie sie von `chmod` bekannt sind. FIFOs überdauern die sie verwendenden Prozesse, weil sie Bestandteil des Dateisystems sind. Allerdings kann eine FIFO keinen Inhalt haben, so lange sie von keinem Prozess geöffnet ist. Das bedeutet, dass der gepufferte Inhalt verloren geht, wenn ein Erzeuger sein Ende der Pipe schließt, ohne dass ein lesender Prozess (Verbraucher) das andere Ende der Pipe geöffnet hat.

3.3.2.3 Warteschlange (Queue)

Eine Pipe erlaubt nur eine 1:1-Kommunikation, indem ein Erzeuger einem Verbraucher eine Nachricht zusendet. Zur m:n-Kommunikation, so dass m > 0 Prozesse mit n > 0 Prozessen kommunizieren können, benötigt man *Message-Queues* (*Nachrichtenwarteschlangen*). Jede Message-Queue besitzt eine Kennung und somit einen Message-Queue Identifier. Die Kennung ist eine nichtnegative ganze Zahl, die bei jeder Neueinrichtung (`msgget`) einer Message-Queue hochgezählt wird. Ist der Maximalwert erreicht, so beginnt die Zählung wieder bei 0.

Message-Queues Jede Nachricht besteht aus drei Komponenten:

1. Message-Typ (z.B. Datentyp `long`),

2. Länge der Nachricht (Datentyp `size_t`) und

3. Nachricht oder Message-String.

mgsget Zum Einrichten oder zum Öffnen einer bereits existierenden Queue dient die Funktion `msgget`. `msgget` liefert die Kennung (Message-Queue Identifier) zurück. Diese Kennung benutzen dann die nachfolgend beschriebenen Funktionen zur Kennzeichnung der entsprechenden Queue.

msgsnd Das Senden einer Nachricht in die Queue geschieht mit `msgsnd`. Eine mit `mgssnd` geschickte Nachricht wird immer am Ende der betreffenden Message-Queue angehängt.

msgrcv Mit `msgrcv` können Nachrichten aus der Queue empfangen werden. Bei erfolgreicher Ausführung gibt `msgrcv` die Länge der empfangenen Nachricht zurück und -1 im Fehlerfalle. Das Argument `typ` legt den Typ der zu empfangenden Nachricht fest:

3.3 Programmiermodelle für gemeinsamen Speicher

- `typ == 0` : Erste Nachricht aus der Message-Queue (FIFO-Warteschlange).
- `typ > 0` : Erste Nachricht aus der Warteschlange, die den Typ `typ` hat. Client–Server-Anwendungen, bei denen nur eine Warteschlange für die Kommunikation zwischen Server und den vielen Clients existisiert, benutzen die Prozess-identifikationsnummer (PID) als `typ` zur Identifikation des entsprechenden Clients.
- `typ < 0` : Erste Nachricht aus der Queue, deren Typ der kleinste Wert ist, der kleiner oder gleich dem absoluten Betrag von `typ` ist.

Ist keine Nachricht des geforderten `typ` in der Message-Queue, so blockiert normalerweise der Empfänger, bis eine Nachricht des geforderten Typs verfügbar ist. Soll der Empfänger nicht blockieren, beim nicht Vorhandensein der Nachricht, so kann dies durch Setzen des Flag-Arguments auf `IPC_NOWAIT` bewirkt werden.

Das Abfragen und Ändern des Status oder das Löschen einer Message-Queue geschieht mit `msgctl`.

msgctl

3.3.3 Threads

3.3.3.1 Threads versus Prozesse

Ein Prozess ist definiert durch die Betriebsmittel, die er benötigt, und den Adressbereich, in dem er abläuft. Ein Prozess wird im Betriebssystem beschrieben durch einen *Prozesskontrollblock (Process Control Block – PCB)*. Der PCB besteht aus dem Hardwarekontext und einem Softwarekontext. Ein Prozesswechsel bewirkt den kompletten Austausch des PCB. Zur Erreichung eines schnelleren Prozesswechsels muss die Information, die bei einem Prozesswechsel auszutauschen ist, reduziert werden. Dies erreicht man durch Aufteilung eines Prozesses in mehrere „Miniprozesse" oder, bildlich gesprochen, durch Auffädeln mehrerer dieser „Miniprozesse" unter einem Prozess. Demgemäß bezeichnet man solche „Miniprozesse" als *Threads* (Thread – Faden). Mehrere oder eine Gruppe von Threads haben den gleichen Adressraum und besitzen die gleichen Betriebsmittel (gleiche Menge von offenen Files, Kindprozesse, Timer, Signale usw.). Nachteilig ist natürlich bei einem Adressraum für die Threads, dass alle Threads den gleichen Adressraum benutzen und damit die Schutzmechanismen zwischen verschiedenen Threads versagen. Die Umgebung, in welcher ein Thread abläuft, ist ein Prozess (Task). Ein traditioneller Prozess entspricht einem Prozess mit einem Thread.

Vergleich Prozess – Thread

3 Programmiermodelle für parallele und verteilte Systeme

Ein Thread liegt in einem Prozess

Ein Prozess bewirkt nichts, wenn er keinen Thread enthält, und ein Thread muss genau in einem Prozess liegen. Ein Thread hat wenigstens seinen eigenen Programmzähler, seine eigenen Register und gewöhnlich auch seinen eigenen Keller. Damit ist ein Thread die Basiseinheit, zwischen denen die CPU einer Ein- oder Multiprozessor-Maschine umgeschaltet werden kann. Der Prozess ist die Ausführungsumgebung, und die dazugehörigen Aktivitätsträger sind die Threads. Ein Prozess besitzt einen virtuellen Adressraum und eine Liste mit Zugriffsrechten auf die Betriebsmittel nebst notwendiger Verwaltungsinformation. Ein Thread ist ein elementares ausführbares Objekt für einen realen Prozessor und läuft im Kontext eines Prozesses.

Mehrere Threads in einem Prozess

Verschiedene Threads in einem Prozess sind nicht so unabhängig wie verschiedene Prozesse. Alle Threads kooperieren miteinander und teilen sich die gemeinsamen globalen Variablen, auf die dann synchronisiert von den verschiedenen Threads zugegriffen wird. Somit wird eine in nachfolgender Abbildung dargestellte Organisation a) gewählt, falls zwischen drei Prozessen keine Beziehungen bestehen, und Organisation b), falls drei Threads miteinander kooperieren, um eine gemeinsame Aufgabe zu lösen.

Abb. 3-13: Prozesse und Threads

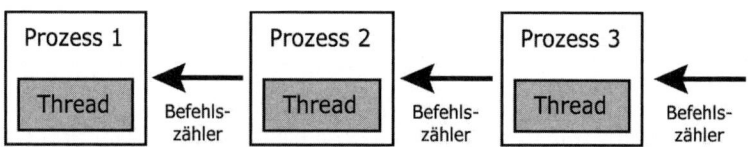

a) Drei Prozesse mit jeweils einem Thread

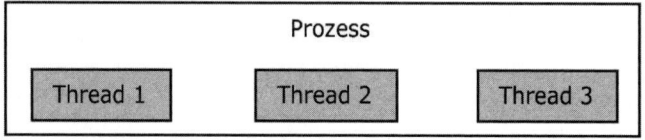

b) Ein Prozess mit drei Threads

Durch die Benutzung der gemeinsamen Betriebsmittel des Prozesses lässt sich die CPU zwischen Threads schneller umschalten als zwischen Prozessen, da weniger Information auszutauschen ist. Deshalb bezeichnet man auch Threads oft als leichtgewichtige Prozesse (*light-*

3.3 Programmiermodelle für gemeinsamen Speicher

weight processes) und traditionelle Prozesse als schwergewichtige Prozesse (*heavyweight processes*). Die Information, die einen Thread bzw. einen Prozess beschreibt, ist in nachfolgender Abbildung dargestellt.

Thread Control Block (TCB)

Hardwarekontext: Befehlszähler Register Keller
Softwarekontext: Thread Identifier Child Threads

Process Control Block (PCB)

Hardwarekontext: Befehlszähler Register Keller
Softwarekontext: Process Identifier Adressraum Globale Variablen Offene Files Child Processes Accounting Information ...

Abb. 3-14: Information für einen Thread und einen Prozess

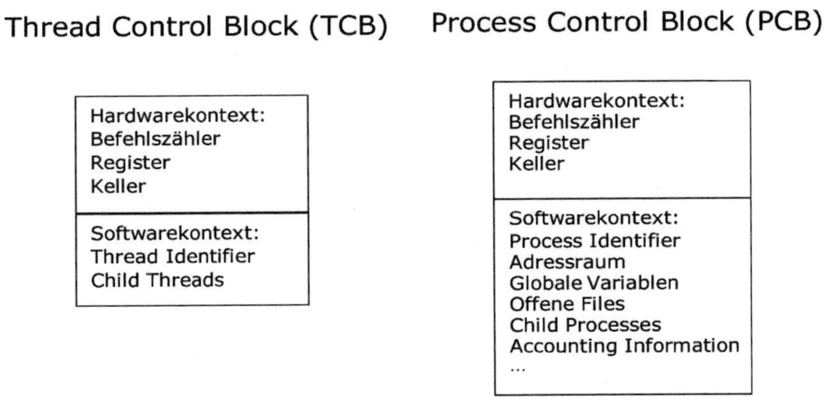

Zur Implementierung von Threads gibt es drei Möglichkeiten:

1. Threads auf *Benutzerebene*.
2. Threads auf *Betriebssystem-* oder Kernelebene.
3. Hybride Implementierungen, die zwischen 1. und 2. liegen und bekannt sind unter *two-level Scheduler*.

Bei der Implementierung im Benutzeradressraum ist das Betriebssystem nicht involviert, und eine Bibliothek für Threads übernimmt selbst das Scheduling und Umschalten zwischen den Threads. Das Betriebssystem kennt keine Threads und es bringt wie gewohnt Prozesse zum Ablauf. Dieser Entwurf ist bekannt als *all-to-one mapping*. Von allen Threads, die zu einem Zeitpunkt ablaufbereit sind, wählt die Thread-Bibliothek einen aus, der dann im Kontext des Prozesses läuft, wenn das Betriebssystem diesen Prozess zum Ablauf bringt.

Threads auf Benutzerebene

Abb. 3-15:
Threads auf Benutzerebene

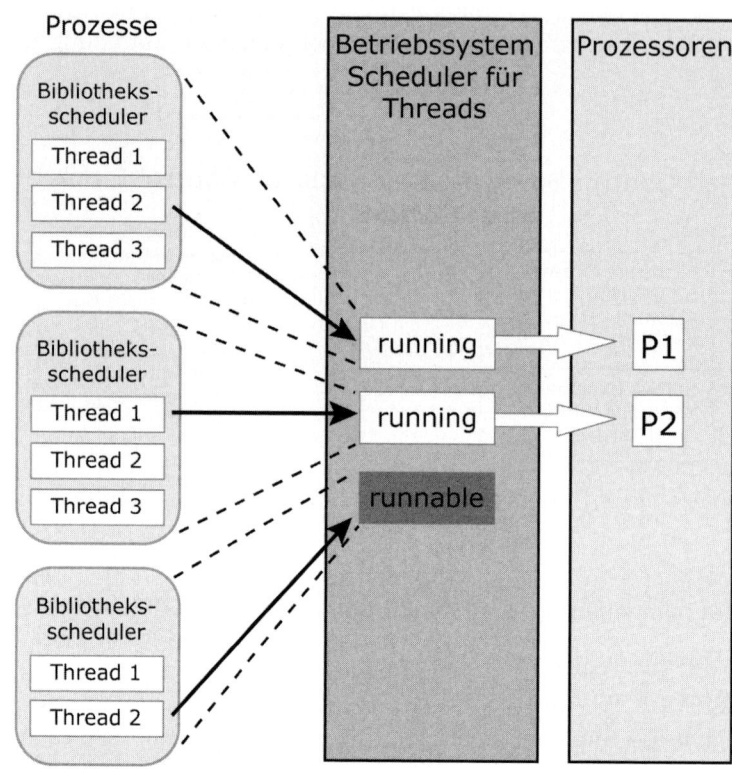

Die Vorteile von Threads auf Benutzerebene sind:

Vorteile von Threads auf Benutzerebene

- Da keine Änderungen am Betriebssystem vorgenommen werden müssen, lässt sich schnell und bequem eine **Threadbibliothek** einführen und auf das bestehende Betriebssystem aufpflanzen.

- Eine Implementierung im Benutzeradressraum benötigt keine aufwändigen Systemaufrufe zum Anlegen von Threads und zum Durchführen von Umschaltungen zwischen Threads, das heißt es finden *keine Umschaltungen* zwischen Benutzermodus und Systemmodus statt. Dadurch laufen Anwendungen basierend auf Threads im Benutzeradressraum schneller als Anwendungen, welche auf Threads im Systemadressraum basieren.

3.3 Programmiermodelle für gemeinsamen Speicher

- Da alle Threads *ohne das Betriebssystem* laufen, können mehr und mehr Threads angelegt werden, ohne das Betriebssystem zu belasten.

Allerdings hat dieser Ansatz auch zwei beträchtliche Nachteile:

- Da das Betriebssystem nur Prozesse sieht, kann das zu einem *unfairen Scheduling* von Threads führen. Betrachten wir dazu zwei Prozesse, ein Prozess mit einem Thread (Prozess a) und ein anderer Prozess mit 100 Threads (Prozess b). Jeder Prozess erhält im Allgemeinen für eine Zeitscheibe den Prozessor, damit läuft dann ein Thread in Prozess a 100-mal schneller als ein Thread in Prozess b. Weiterhin hat das Anheben der Priorität eines Threads keine Auswirkungen, da nur den Prozessen gemäß ihrer Priorität die CPU zugeordnet wird.

Nachteile von Threads auf Benutzerebene

- Da die Bibliothek von Thread-Routinen keinen Bezug zum Betriebssystem und der darunter liegenden Rechnerarchitektur hat, nimmt ein Thread-Programm auch *mehrfach vorhandene CPUs nicht zur Kenntnis*. Das Betriebssystem ordnet verfügbare CPUs nur Prozessen zu und nicht Threads. Damit laufen die Threads eines Prozesses nie echt parallel, sondern nur die Prozesse.

Bei einer Implementierung von Threads auf der Betriebssystemebene kennt das Betriebssystem Threads, und jeder Benutzerthread wird zu einem Kernelthread. Die Schedulingeinheiten des Betriebssystems sind dann Threads und nicht mehr Prozesse. Da eine Eins-zu-eins-Zuordnung der Benutzerthreads zu Kernelthreads stattfindet, ist dieser Ansatz auch als *one-to-one mapping* bekannt. Ein Beispiel für solche in das Betriebssystem integrierte Threads ist der Mach-Kernel, der Grundlage vieler Unix-basierter Betriebssysteme ist, wie z.B. OSF/1.

Threads auf Betriebssystemebene

3 Programmiermodelle für parallele und verteilte Systeme

Abb. 3-16: Threads auf Betriebssystemebene

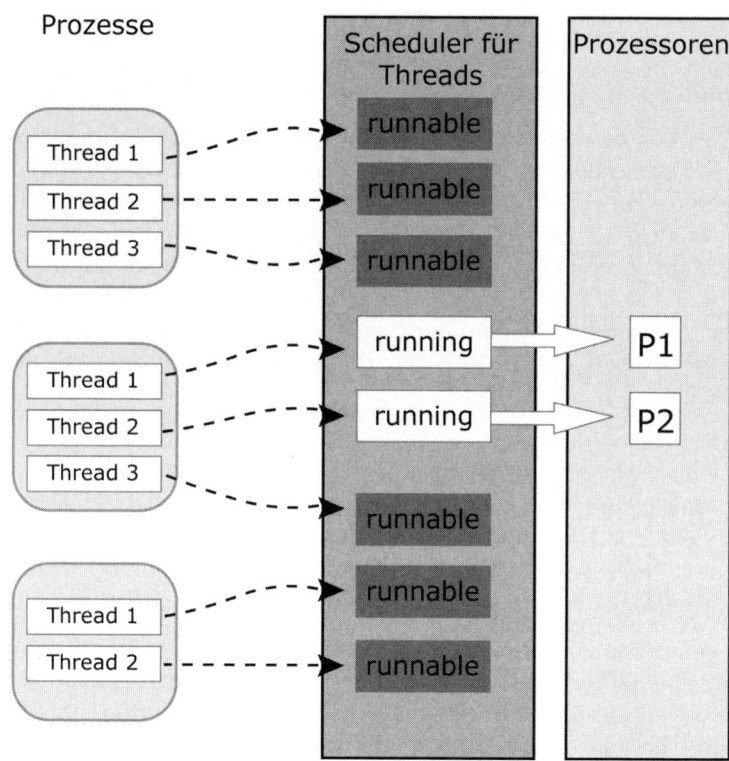

Vorteile von Threads auf Betriebssystemebene

Kernelthreads besitzen nicht mehr die oben erwähnten beiden Nachteile von Benutzerthreads:

- Da das Scheduling global über alle Threads stattfindet, können, falls mehrere CPUs in dem System vorhanden sind, die Threads echt parallel abgearbeitet werden.

Die oben erwähnten Vorteile von Benutzerthreads kehren sich in Nachteile bei Kernelthreads um:

Nachteile von Threads auf Betriebssystemebene

- Zum Anlegen eines neuen Threads muss vom Benutzermodus in den Systemmodus umgeschaltet werden, und im Systemmodus werden dann die für die Threads angelegten Datenstrukturen manipuliert.

- Eine Vielzahl von Threads kann das Betriebssystem stark belasten und die Gesamtperformanz des Systems reduzieren.

148

3.3 Programmiermodelle für gemeinsamen Speicher

Um die Vorteile des einen Ansatzes nicht zu Nachteilen des anderen Ansatzes werden zu lassen, ist im Solaris-Betriebssystem von Sun ein hybrider Ansatz realisiert. Wie bei einer reinen kernel-basierten Implementierung bildet ein two-level Scheduler Benutzerthreads auf Kernelthreads ab. Anstatt jedem Benutzerthread einen Kernelthread zuzuordnen, bildet man eine Menge von Benutzerthreads auf eine Menge von Kernelthreads ab. Die Abbildung ist dabei nicht statisch, sondern dynamisch, und zu unterschiedlichen Zeiten können Benutzerthreads auf unterschiedliche Kernelthreads abgebildet werden. Dieser Ansatz ist bekannt als das *some-to-one mapping*. Die Thread-Bibliothek und der Kern enthalten dabei Datenstrukturen zur Repräsentation von Threads. Die Thread-Bibliothek bildet dabei die Benutzerthreads auf die verfügbaren Kernelthreads ab. Jedoch werden nicht alle Benutzerthreads auf Kernelthreads abgebildet: Schläft ein Benutzerthread häufig oder wartet er oft auf Timer oder ein Ereignis oder eine I/O-Beendigung, so braucht ihm kein eigener Kernelthread zugeordnet zu werden. Allen Threads, die CPU-Aktivität zeigen, kann ein Kernelthread zugeordnet werden. Dies erspart den Overhead des Anlegens eines neuen Kernelthreads.

Hybrid: two-level Scheduler

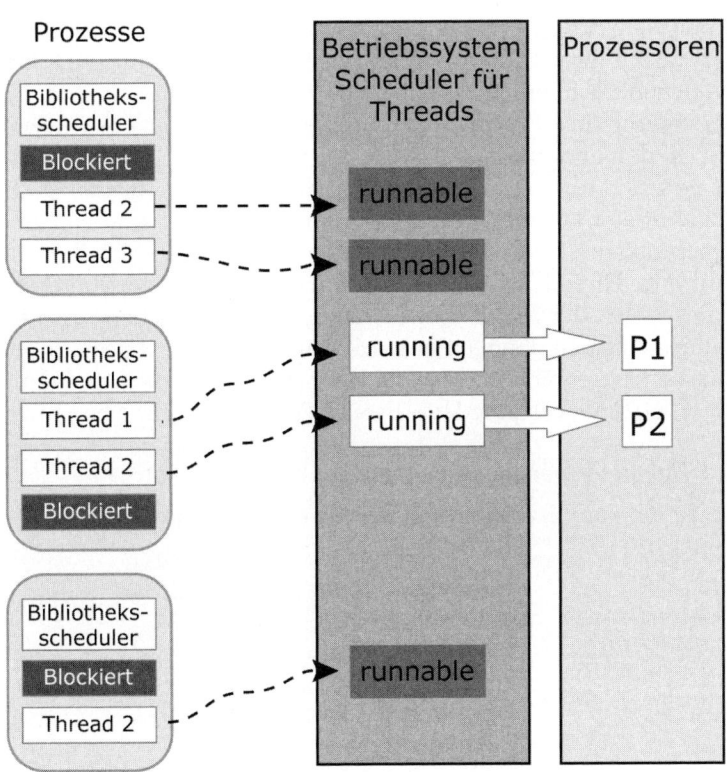

Abb. 3-17: two-level Scheduler

3.3.3.3 Pthreads

Das Betriebssystem Mach [ZK 93] führte zur Programmierung von Threads eine C-Threads-Bibliothek [CD 88] ein. Für C++ steht eine Bibliothek, die Intel Threading Building Blocks, zur parallelen Programmierung mit Threads zur Verfügung [R 07]. Daneben haben andere Betriebssysteme (OS/2, Win 32, Windows NT), die Distributed Computing Environment (DCE), verschiedene Unix-Derivate (OSF/1, Solaris) und die Programmiersprache Java [KY 02] [OW 04] das Thread-Konzept aufgegriffen und integriert. Die eingeführten verschiedenen Thread-Bibliotheken bzw. in Java die Klasse `Thread` und `ThreadGroup` [GYJ 97] besaßen ein unterschiedliches Interface, das im Unix-Bereich durch den *POSIX (Portable Operating System Interface)*, genauer POSIX Section 1003.1c-1995-Standard, festgeschrieben wurde. POSIX-threads, oder kurz Pthreads, sind eine definierte Menge von C-Typen und C-Funktionsaufrufen mit festgelegter Semantik. Pthreads-Implementierungen werden in der Form eines Header-Files, der in das Programm eingebunden wird, und einer Bibliothek, die zum Programm hinzugebunden werden muss, ausgeliefert. Im Folgenden stellen wir die wichtigsten Komponenten der Pthreads-Bibliothek vor und geben Beispiele für ihre Anwendung; dabei orientieren wir uns an den Büchern über Pthread-Programmierung [B 97], [NBF 98], [HH 97] [Z 06] aus denen auch einige Beispielprogramme entnommen sind. Über das Verständnis des Pthreads-Paketes findet der Leser einen leichten Zugang zu den anderen Thread-Paketen und zu den Klassen `Thread` und `ThreadGroup` von Java und somit zu den Java-Threads. Oechsle [O 01] geht tiefer auf die Parallelprogrammierung ein, und er gibt für Standardprobleme der Parallelprogrammierung deren Implementierung mit Java-Threads an. In der 2. Auflage von dem Buch von Oechsle [O 07] beschreibt der Autor noch zusätzlich die klassischen Synchronisationsmechanismen (Semaphore, Message Queues, Pipes) und die Concurrent-Klassenbibliothek aus Java 5 (Tiger). Neben anderen ist auch in [KY 02] {OW 04] die Java-Thread-Programmierung beschrieben.

3.3.3.3.1 Thread Verwaltungsroutinen

Die Operation zum Erzeugen und Starten eines Thread ist:

pthread_create
```
int pthread_create(pthread_t *thread_handle,
                   // handle auf Thread-Datenstruktur
                   pthread_attr_t attr,
                   // Thread-Attribut
                   pthread_func_t thread_func,
                   // aufzurufende Funktion für den
                   // Thread
```

3.3 Programmiermodelle für gemeinsamen Speicher

```
                    pthread_addr_t arg);
                    // Argumente für die aufzurufende
                    // Funktion
```

Die Routine wird von einem Koordinator-, Vater- oder Erzeugerthread aufgerufen und führt dazu, dass ein neuer Thread mit der Ausführung der angegebenen Funktion `thread_func` beginnt. Mit dem Parameter `arg` wird der Funktion ein einziges Argument übergeben. `arg` wird normalerweise als Zeiger auf Anwendungsparameter übergeben. Der erste Parameter ist ein Zeiger auf eine bereits vorab zu allokierende Thread-Datenstruktur `pthread_t`. Eine zusätzliche Attributbeschreibung `attr` ermöglicht es, genauere Eigenschaften eines Threads festzulegen, wie z.B. Konfiguration des Kellers, Festlegung der Scheduling Strategie und der Priorität des Threads. Diese Eigenschaften werden festgelegt mit `pthread_attr...`-Funktionen. In vielen Fällen kann der Wert `NULL` für dieses Argument verwendet werden, um anzuzeigen, dass default-Charakteristiken für diesen Thread vorliegen. `pthread_create` gibt bei erfolgreicher Ausführung einen Nullwert zurück; ein nicht Nullwert zeigt und identifiziert einen Fehler.

Der gestartete Thread läuft dann nebenläufig zu seinem Erzeuger ab und meldet am Ende seiner Bearbeitung ein Ergebnis zurück mit der Operation:

```
int pthread_exit(pthread_addr_t result);
```
pthread_exit

Auf dieses Ergebnis kann vom Thread-Erzeuger an beliebiger Stelle gewartet werden mit der Operation:

```
int pthread_join(pthread_t thread,
            // Identifikation des Thread
            pthread_addr_t *result);
            // Ergebnis der Bearbeitung
```
pthread_join

Der Aufrufer spezifiziert den betreffenden Thread über dessen Datenstruktur `thread` und erhält eine Referenz auf das Ergebnis über den Ausgabeparameter `result`. Anschließend kann der Thread explizit gelöscht werden durch:

```
int pthread_detach(pthread_t thread);
            // Identifikation des Thread
```
pthread_detach

Die Operation `pthread_detach` zerstört den internen Threadkontrollblock und gibt den threadlokalen Keller frei. Danach ist natürlich kein `pthread_join` für diesen Thread mehr möglich.

3 Programmiermodelle für parallele und verteilte Systeme

Neben `pthread_exit` kann ein Thread auch explizit durch einen anderen beendet werden oder er kann sich auch selbst im Rahmen eines Fehlerfalles abbrechen. Dazu dient die Operation:

pthread_cancel

```
int pthread_cancel(pthread_t thread);
                // Identifikation des Thread
```

Ein Thread kann allerdings auch verhindern, dass eine `pthread_cancel`-Operation sofort wirksam wird. Dies ist für kritische Abschnitte wichtig, deren Abbruch zu inkonsistenten Werten von Semaphoren führen würde. Die Ausschlussoperation ist:

pthread_setcancel

```
int pthread_setcancel(int state);
                // Cancel-Status
```

Eine Statusangabe von `state=CANCEL_OFF` verzögert etwaige `pthread_cancel`-Operationen für den aufrufenden Thread und `state=CANCEL_ON` erlaubt diese wieder.

In folgendem Beispiel erzeugt ein Vater-Thread für jedes Paar eines Feldes einen Thread zur Addition der beiden Elemente. Der erzeugte Thread gibt dann die Addition der beiden Elemente als Ergebnis zurück.

Programm 3-1:
Addition von Integerpaaren durch jeweils einen Thread

```
#include <pthread.h>
#define length 10
int field [length] [2];
// Feld von Paaren, die addiert werden
int sums [length];
// Summenfeld

void add_op_thread(pthread_addr_t arg)
                // Operation zum Addieren
{
  int* input = (int*) arg;
    // Eingabeparameter des Thread
  int output;

  output = input[0] + input[1];
    // Addition
  pthread_exit((pthread_addr_t) output);
    // Rückgabe Ergebnis und Terminieren
}

main (void)// main thread, Erzeugerthread
{
```

```
pthread_t thread[length];
  // zu erzeugende Bearbeitungsthreads
int i, result;
  // Laufvariable, Einzelergebnis

for (i=0; i < length; i++)
  // Erzeugung der Bearbeitungsthreads
  pthread_create (&thread[i],
              // thread Datenstruktur
              NULL,
              // thread-Attribut
        add_op_thread,
              // aufzurufende Funktion
              (pthread_addr_t)field[i]);
              // Zeiger auf Parameter
for (i=0; i < length; i++)
{ // Warten auf Ergebnis der einzelnen Threads
  pthread_join(thread[i],
              // Identifikation des Thread
              &result);
              // Ergebnis der Bearbeitung
  // Einfügen des Ergebnisses
  sums[i] =result;
  // Löschen der Threads
  pthread_detach(thread[i]);
  }
}
```

3.3.3.3.2 Wechselseitiger Ausschluss

Zum wechselseitigen Ausschluss, beim Zugriff auf gemeinsame Daten von mehreren Threads aus, oder zur Realisierung von kritischen Abschnitten, stehen binäre Semaphore zur Verfügung. Die Semaphore nehmen die Zustände gesperrt und frei an. Ein Thread wird bei einem gesperrten Semaphor so lange blockiert, bis der Semaphor freigegeben wird. Warten mehrere Threads an einem Semaphor, so wird einer freigegeben und die übrigen bleiben blockiert.

Ein Semaphor oder auch Mutex (mutual exclusion) wird durch folgende Operation erzeugt und initialisiert:

```
int pthread_mutex_init(pthread_mutex_t *mutex, //
Mutex
              pthread_mutexattr_t attr);
              // Mutex-Attribut
```

pthread_mutex_init

3 Programmiermodelle für parallele und verteilte Systeme

Der Parameter `mutex` ist eine vorab allokierte Datenstruktur des Mutex-Typs. Das Mutex-Attribut beschreibt die Art des Semaphors genauer; um ein Default-Attribut zu verwenden, reicht ein NULL-Attribut.

Das Sperren eines Semaphors geschieht mit:

pthread_mutex_lock

```
int pthread_mutex_lock(pthread_mutex_t *mutex);
```

Der Thread, der diesen Aufruf ausführt, blockiert bis zur Freigabe des Semaphors durch einen anderen Thread. Zur Vermeidung der Blockierung und des Wartens kann auch getestet werden, ob ein Semaphor frei ist. Ist er frei, so wird er gesperrt, falls er aber gesperrt war, so wartet der testende Thread nicht und er kann darauf reagieren, indem er auf den Zugriff zu den gemeinsamen Daten verzichtet. Die Testoperationen lautet:

pthread_mutex_trylock

```
int pthread_mutex_trylock(pthread_mutex_t *mutex);
```

Durch den Rückgabewert lässt sich dann feststellen, ob gesperrt war oder nicht (1 = Sperren erfolgreich, Zugriff zu gemeinsamen Daten ist möglich, 0 = Sperren nicht möglich, Semaphor war gesperrt, Zugriff zu gemeinsamen Daten ist nicht möglich).

Die Freigabe eines gesperrten Semaphors geschieht durch:

pthread_mutex_unlock

```
int pthread_mutex_unlock(pthread_mutex_t *mutex);
```

Zum Löschen eines Semaphors dient:

pthread_mutex_destroy

```
int pthread_mutex_destroy(pthread_mutex_t *mutex);
```

Zur Illustration der Mutex-Operationen greifen wir Programm 3-1 wieder auf, indem wir die Gesamtsumme `total` über alle Paare von Integer in jedem Thread aufsummieren. Damit wird `total` zu einem gemeinsamen Datum von allen Threads und muss unter wechselseitigen Ausschluss gestellt werden

Programm 3-2: Wechselseitiger Ausschluss beim Zugriff zu gemeinsamem Datum total

```
#include <pthread.h>
#define length 10
int field [length] [2];
   // Feld von Paaren, die addiert werden
int total = 0; // Gesamtaddition
pthread_mutex_t mutex;   // Semaphor

void add_op_thread(pthread_addr_t arg)
   // Operation zum Addieren
   {
int* input = (int*) arg;
```

3.3 Programmiermodelle für gemeinsamen Speicher

```
  // Eingabeparameter des Thread
int output;

pthread_mutex_lock (&mutex);
  // Sperren des Semaphors
  total +=  input[0] + input[1];
    // Addition und Zugriff zu total unter
    // wechselseitigem Ausschluss

  pthread_mutex_unlock(&mutex);
    // Freigabe des Semaphors
  }

  main (void) // main Thread, Erzeugerthread
  {
    pthread_t thread[length];
      // zu erzeugende Bearbeitungsthreads
    int i, dummy;
      // Laufvariable,
      // dummy als Ergebnisrückgabe

    pthread_mutex_init(&mutex,
                // mutex-Datenstruktur
                  NULL);
                // mutex default-Attribut

    for (i=0; i < length; i++)
      // Erzeugung der Bearbeitungsthreads
      pthread_create(&thread[i],
                // thread Datenstruktur
                  NULL,
                // thread-Attribut
                  add_op_thread,
                // aufzurufende Funktion
                  (pthread-addr_t) field[i]);
                //  Zeiger auf Parameter
    for (i=0; i < length; i++)
    {
      // Warten auf Ergebnis der einzelnen Threads
      pthread_join(thread[i],
                //Identifikation des Thread
                  &dummy);
                // Ergebnis der Bearbeitung

      // Löschen der Threads
```

```
            pthread_detach(thread[i]);
        }
        pthread_mutex_destroy(&mutex);
        // Löschen des Semaphors
    }
```

3.3.3.3.3 Bedingungsvariable

Allgemeine Synchronisationsbedingungen können mit Hilfe von *Bedingungsvariablen* (*condition variables*) formuliert werden. Eine Bedingungsvariable ist assoziiert mit einer Sperrvariablen und gibt einen booleschen Zustand dieser Variablen an. Der Unterschied zwischen Sperrvariablen und Bedingungsvariablen besteht darin, dass Sperrvariable zum kurzzeitigen Sperren dienen, wie es bei kritischen Abschnitten benötigt wird, während Bedingungsvariable zum längeren Warten dienen, bis eine Bedingung wahr wird.

Wie bei Semaphoren stehen bei Bedingungsvariablen Funktionen bereit zum Erzeugen und Löschen:

pthread_cond_init
```
int pthread_cond_init (pthread_cond_t *condvar,
            // Bedingungsvariable
            pthread_cond_attr_t attr);
            // Bedingungsvariable-Attribut
```

pthread_cond_destroy
```
int pthread_cond_destroy (pthread_cond_t *condvar);
            // Bedingungsvariable
```

Bedingungsvariablen sind assoziiert mit einem Semaphor, deshalb muss immer mit einer Bedingungsvariablen auch ein Semaphor erzeugt werden. Ein Thread kann auf eine Bedingungsvariable warten mit der Operation:

pthread_cond_wait
```
int pthread_cond_wait (pthread_cond_t *cond,
            // Bedingungsvariable
            pthread_mutex_t *mutex);
            // mit Bedingungsvariable
            // assoziierter Semaphor
```

`pthread_cond_wait` gibt die mit der Bedingung assoziierte Sperrvariable mutex frei und blockiert den Thread, bis die Bedingung wahr wird (signalisiert durch `pthread_cond_signal` oder `pthread_cond_broadcast`). Anschließend wird die Sperrvariable wieder gesperrt und der Thread fährt mit seiner Ausführung fort. Da es keine Garantie gibt, dass die Bedingung wahr ist, wenn der Thread mit seiner Ausführung fortfährt, sollte der aufgeweckte Thread die

3.3 Programmiermodelle für gemeinsamen Speicher

Bedingung selbst auswerten und erst fortfahren, wenn sie wahr ist. Dies kann folgendermaßen realisiert werden:

```
pthread_mutex_lock (&mutex);
// ...
while (/* condition is not true */)
  pthread_cond_wait(&condvar, &mutex);
// ...
  pthread_mutex_unlock(&mutex);
```

Unter Angabe eines Timeouts ist es auch möglich, nur für eine begrenzte Zeit auf eine Bedingungsvariable zu warten; dazu dient die Operation:

```
int pthread_cond_timedwait(pthread_cond_t *cond,
                // Bedingungsvariable
                pthread_mutex_t *mutex,
                   // assoziierter Mutex
                struct timespec *abstime);
                   // absolute Zeit
```

pthread_cond_timed_wait

Die Operation gibt den Wert –1 zurück, wenn der angegebene absolute Zeitpunkt erreicht ist, ohne dass die Bedingung eingetroffen ist. Die Absolutzeit entspricht dem folgenden Zeitformat:

```
struct timespec {unsigned long sec;
                // Sekunden-Komponente
                long nsec;
                // Nanosekunden-Komponente
                };
```

Zur Umwandlung der absoluten Zeit in eine relative Zeit steht die folgende Operation zur Verfügung:

```
int pthread_get_expiration_np (
  struct timespec *delta,   // relative Zeit
  struct timespec *abstime);// absolute Zeit
```

pthread_get_expiration_np

Wenn eine Bedingung und damit die dazugehörige Bedingungsvariable wahr wird, so kann dies durch die nachfolgende Operation signalisiert werden:

```
int pthread_cond_signal(pthread_cond_t *cond);
                // Bedingungsvariable
```

pthread_cond_signal

Falls irgendwelche anderen Threads warten (an der `pthread_cond_wait`- oder `pthread_cond_timedwait`-Operation), dann wird wenigstens einer dieser Threads aufgeweckt und er kann

3 Programmiermodelle für parallele und verteilte Systeme

fortfahren. Warten keine Threads, dann hat die Operation keine Wirkung.

Sollen alle wartenden Threads weiter fortfahren und nicht nur einer, so kann dies durch die nachfolgende Operation bewerkstelligt werden:

pthread_cond_broadcast
```
int pthread_cond_broadcast(pthread_cond_t *cond);
                // Bedingungsvariable
```

3.3.3.3.4 Erzeuger-Verbraucher (Pipe) mit Threads

Zur Illustration von Bedingungsvariablen dient das Erzeuger-Verbraucher-Problem (siehe [B 90]) oder die unter Unix implementierte Pipe (siehe Abschnitt 3.1.2.2 pipe, queue). Erzeuger und Verbraucher repräsentieren Threads, die auf einen gemeinsamen Umlaufpuffer zugreifen. Wir benutzen eine Sperrvariable `lock` zum wechselseitigen Ausschluss beim Zugriff auf den Puffer. Falls dann ein Thread exklusiven Zugriff auf den Puffer hat, benutzen wir die Bedingungsvariable `non_full`, um den Erzeuger warten zu lassen, bis der Puffer nicht voll ist, und die Bedingungsvariable `non_empty`, um den Verbraucher warten zu lassen, bis der Puffer nicht leer ist.

Programm 3-3: Erzeuger-Verbraucher-Problem

```
/*
 Producer consumer with bounded buffer
 The producer reads characters from stdin and puts
 them into the buffer. The consumer gets characters
 form the  buffer and writes them to stdout.
 The two threads execute concurrently except when
 synchronised by the buffer.
*/

#include <stdio.h>
#include <pthread.h>

typedef struct buffer
{
  pthread_mutex_t lock;
  pthread_cond_t non_empty, non_full;
  char *chars; // chars [0 .. size-1]
  int size;
  int next_free, next_full;
  // producer and consumer indices
  int count; // number of unconsumed indices
} *buffer_t
buffer_t buffer_alloc (int size)
{
```

3.3 Programmiermodelle für gemeinsamen Speicher

```c
    buffer_t b;
    extern char *malloc();
    b = (buffer_t)malloc(sizeof(struct buffer));
    pthread_mutex_init (&(b->lock), NULL);
    pthread_cond_init(&(b->non_empty), NULL);
    pthread_cond_init(&(b->non_full),NULL);
    b->chars = malloc ((unsigned) size);
    b->size = size;
    b->next_free = b->next_full = b->count = 0;
    return b;
}

void buffer_free (buffer_t b)
{
    pthread_mutex_destroy(&(b->lock));
    pthread_cond_destroy(&(b->non_empty));
    pthread_cond_destroy(&(b->non_full));
    free(b->chars);
    free(b);
}

void producer (buffer_t b)
{
    char ch;
    do
    {
      ch = getchar();
      pthread_mutex_lock (&(b->lock));
      while (b->count == b->size)
        pthread_cond_wait (&(b->non_full),
                                    &(b->lock));
      // assert b->count >= 0 && b->count < b->size
      b->chars[b->next_free] = ch;
      b->next_free = (b->next_free + 1) % b->size;
      b->count += 1;
      pthread_cond_signal(&(b->non_empty));
      pthread_mutex_unlock(&(b->lock));
    }
    while (ch != EOF);
}
void consumer(buffer_t b)
{
    char ch;
    do
    {
```

```
        pthread_mutex_lock(&(b->lock));
        while (b->count == 0)
          pthread_cond_wait(&(b->non_empty),&(b->lock));

        // assert b->count > 0 && b->count < b->size
        ch = b->chars[b->next_full];
        b->next_full = (b->next_full + 1) % b->size;
        b->count -= 1;
        pthread_cond_signal(&(b->non_full));
        pthread_mutex_unlock(&(b->lock));
        if (ch != EOF)
          printf("%c", ch);
    }
    while (ch != EOF);
}

#define BUFFER_SIZE 10
main()
{
    buffer_t b;
    b = buffer_alloc (BUFFER_SIZE);

    pthread_t thread1, thread2;

    int dummy;

    pthread_create(&thread1, NULL, producer,
               (pthread_addr_t) b);
     pthread_create(&thread2, NULL, consumer,
               (pthread_addr_t) b);

    pthread_join(thread1, &dummy);
    pthread_join(thread2, &dummy);

    pthread_detach(&thread1);
    pthread_detach(&thread2);
    buffer_free(b);
}
```

3.3.4 OpenMP

OpenMP setzt den *fork/join-Parallelismus* [M 07] von Unix ein, so wie er in Abschnitt 3.3.2.1 beschrieben ist. Das Ausführungsmodell sieht dabei folgendermaßen aus:

3.3 Programmiermodelle für gemeinsamen Speicher

1. Bei Programmstart läuft nur der Masterthread, mit der Thread-Identifikation 0, und er führt die sequentiellen Anteile des Algorithmus aus.

2. An einem Punkt des Ablaufs benötigt der Algorithmus parallele Abläufe: Der Masterthread generiert zusätzliche weitere Threads (`fork`). Optimal ist natürlich, wenn die Anzahl der erzeugten Threads der Anzahl der vorliegenden CPUs entspricht.

3. Der Masterthread und die generierten Threads arbeiten den parallelen Teil ab. An dessen Ende, auf das der Masterthread wartet, beenden sich die erzeugten Threads oder sie werden suspendiert.

4. Bei Beendigung der Threads kehrt die Kontrolle zurück zum Masterthread (`join`). Es wird nun zu Punkt 1 zurückgekehrt und der Kreislauf kann von neuem beginnen.

Ausführungsmodell von OpenMP

Bei einem OpenMP-Programm wechseln sich parallele Regionen mit seriellen Abschnitten ab.

Aus Programmiersicht stehen zur Verfügung:

1. *Direktiven* an den Compiler, welche für C und C++ die Form haben

    ```
    #pragma omp direktive-name [clause[clause]...]
    ```

    Eine Direktive ist eine Präprozessor-Direktive, deshalb das #.

2. *Bibliotheksfunktionen* bzw. Klassen, die in C mit

    ```
    #include <omp.h>
    ```

    einzubinden sind. Die Bibliotheksfunktionen dienen z.B. zur Bestimmung der Threadanzahl während der Laufzeit, zur Ermittelung, ob das Programm sich aktuell im parallelen oder sequentiellen Zustand befindet, u.s.w.

3. *Environment-Variablen* bzw. Properties, die in C mit `set` zu setzen sind. Umgebungsvariable liefern Information, wie z.B. die Thread-Identifikation. Durch gezieltes Verändern bestimmter Umgebungsvariable lässt sich die Ausführung von OpenMP verändern, so kann die Anzahl von Threads z. B. die Schleifenoptimierung zur Laufzeit beeinflusst werden.

Eine interessante Eigenschaft von OpenMP ist, dass die Programme auch korrekt laufen, wenn der Compiler die OpenMP-Direktiven nicht kennt und als Kommmentar bewertet (also ignoriert). Ein OpenMP-Programm, bei dem die Direktiven ignoriert werden, liefert dasselbe Ergebnis, nur läuft es natürlich langsamer.

3.3.4.1 Parallel Pragma

Die Direktive

```
#pragma omp parallel
{
   block
}
```

definiert eine parallele Region (mehrere Threads) über einem Anweisungsblock. Die Threads werden beim Passieren der Parallel-Direktive erzeugt und blockieren am Ende der Region. Solange nichts anderes angegeben ist, werden die Daten von den Threads geteilt.

Die Anzahl der Threads entspricht

1. auf vielen Systemen der Anzahl der zur Verfügung stehenden Prozessoren, oder
2. kann über eine Umgebungsvariable festgelegt werden, z.B. für vier Threads mit `set OMP_NUM_THREADS=4`, oder
3. ist über die Bibliotheksfunktion `omp_set_num_threads()` einstellbar.

Normalerweise ist die Anzahl der Threads konstant für alle Regionen, sie kann jedoch im dynamischen Modus verändern. Dazu stehen die Bibliotheksfunktionen `omp_set_dynamic()` und die Umgebungsvariable `OMP_DYNMIC` zur Verfügung.

Programm 3-4:
Pragma parallel

```
#include <omp.h>
main() {
int nthreads, tid;
#pragma omp parallel private (nthreads, tid)
   {
     /* Hole und drucke die Nummer des Threads */
     tid = omp_get_thread_num();
     printf("Hello World from thread = %d\n", tid);

     /* Block wird nur von Thread mit Id = 0
             (Master) ausgeführt */
     if (tid == 0) {
       nthreads = omp_get_num_threads();
       printf("Number of Threads = %d\n, nthreads);
     }
   } /* Implizite Barriere, alle Threads bis auf den
         Master Thread beenden sich */
}
```

3.3.4.2 Gültigkeitsbereiche von Daten

Bei der Programmierung mit gemeinsamem Speicher sind zumeist die Daten in allen Threads sichtbar. Bei der Programmierung besteht jedoch die Notwendigkeit für Daten, die jeder Thread besitzt, und dem Austausch von Daten zwischen dem sequentiellen und dem parallelen Teil. Dafür dienen die sogenannten *data clauses*.

Daten Klauseln

An Datenklauseln bietet OpenMP an:

- Shared-Daten sind gleichzeitig für alle Threads zugreifbar und änderbar. Sie liegen für alle Threads an der gleichen und gemeinsamen Speicherstelle. Ohne Angabe einer Klausel sind die Daten per default gemeinsame Daten. Die einzige Ausnahme davon bildet die Schleifenvariablen.

- Bei private-Daten besitzt jeder Thread eine Kopie der Daten. private Daten besitzen keinen Initialwert, und die Werte werden nicht außerhalb des parallelen Abschnitts bewahrt.

- Firstprivate-Daten sind private-Daten, mit dem Unterschied, dass sie mit dem letzten Wert vor (first) dem parallelen Abschnitt initialisiert werden.

- Lastprivate-Daten sind private-Daten, mit dem Unterschied, dass der Thread, welcher die letzte Iteration ausführt, anschließend den Wert aus dem parallelen Abschnitt herauskopiert. firstprivate und lastprivate können beide in der Klausel vorkommen.

- Threadprivate-Daten sind globale Daten im parallelen Programmabschnitt, jedoch privat. Der globale Wert wird über den parallelen Abschnitt hinweg bewahrt.

- copyin ist analog zu firstprivate für private-Daten, allerdings für globale Daten, welche nicht initialisiert werden. copyin überträgt explizit den globalen Wert an die privaten Daten. Ein copyout existiert nicht, da der globale Wert erhalten bleibt.

- Reduction-Daten sind private- Daten, die jedoch am Ende auf einen globalen Wert zusammengefasst (reduziert) werden. So lässt sich zum Beispiel die Summe aller Elemente eines Feldes parallel bestimmen.

3.3.4.3 Lastverteilung unter Threads

3.3.4.3.1 for Pragma

Die for-Direktive teilt Schleifeniterationen unter Threads auf. Im Rumpf der Schleife darf es natürlich zwischen den Iterationen keine Datenabhängigkeiten geben. Am Ende der parallelen Region steht wieder eine implizite Barriere. Das

```
#pragma omp for nowait
```

hebt diese Barriere auf. Dies kann sinnvoll sein, falls zwei hintereinanderliegende Konstrukte vorliegen und die Barriere erst nach dem zweiten Konstrukt gesetzt werden soll. Jeder Thread bearbeitet dabei eine Menge von Schleifendurchläufen ab. Das nachfolgende for-Konstrukt teilt bei drei Threads die Schleifendurchläufe 1 bis 4 auf Thread 1, die Schleifendurchläufe 5 bis 8 auf Thread 2 und die Schleifendurchläufe 9 bis 12 auf Thread 3 auf.

```
#pragma omp parallel
#pragma omp for
  for(i = 1, i < 13, i++)
    c[i] = a[i] + b[i];
```

Das Code-Fragment

```
#pragma omp parallel
{
#pragma omp for
    for(i = 0, i < MAX, i++) {
      res[i] = huge();
    }
}
```

ist durch Kombination der Direktiven äquivalent zu

```
#pragma omp parallel for
  for(i = 0, i < MAX, i++) {
    res[i] = huge();
  }
```

omp for-Konstrukte können durch Verwendung der schedule-Klausel die Zuteilung zu den einzelnen Threads folgendermaßen beeinflussen:

- schedule(static [,chunk]) teilt jedem Thread statisch chunk Iterationen zu.

- `schedule(dynamic [,chunk])` jeder Thread holt sich `chunk` Iterationen aus einer Warteschlange.
- `schedule(guided [,chunk])` wirkt wie `dynamic`, nur dass die `chunk`-Größe während der Ausführung bis `chunk` wächst.
- `schedule(runtime)` dabei kommt der Schedule-Parameter aus der `OMP_SCHEDULE`-Umgebungsvariable.

3.3.4.3.2 section Pragma

Beim section Pragma können unabhängige Codeabschnitte parallel ausgeführt und somit verschiedenen Threads zugewiesen werden. Nachfolgendes Codefragment zeigt drei unabhängige Codeabschnitte, die parallel durch drei Threads bearbeitet werden.

```
#pragma omp parallel sections
{
  #pragma omp section
    independent1();
  #pragma omp section
    independent2();
  #pragma omp section
    independent3();
}
```

3.3.4.3.3 single Pragma

Eine parallele Region kann Code enthalten, der nur von einem Thread ausgeführt werden soll (z.B. eine E/A-Operation). Dazu dient die `single`-Direktive, die einen Codebereich klammert. Der erste Thread, der diese Stelle erreicht, führt dann den `single`-Bereich aus. Am Ende des Bereichs warten dann die Threads (implizite Barriere).

```
#pragma omp parallel
{
  DoManyThings();
  #pragma omp single
    {
       printf("Hello from single"\n");
    } /* Die anderen Threads warten hier */
  DoRestofThings();
}
```

3.3.4.3.4 master Pragma

Kann ein Codeblock nur vom Master-Thread ausgeführt werden und nicht von jedem Thread, wie bei `single`, so muss dieser Codebereich durch die `master`-Direktive geklammert werden.

```
#pragma omp parallel
{
  DoManyThings();
#pragma omp master
    {  /* Springe weiter falls nicht Master
       printf("Hello from master"\n");
    } /* Keine implizite Barriere */
  DoRestofThings();
}
```

3.3.4.4 Synchronisation

Mit der `single`- und `master`-Direktive konnte festgelegt werden, dass immer nur ein Thread bzw. der Master den Code ausführt. Damit greift immer nur ein Thread auf die Daten zu und die anderen haben keinen Zugriff. Wollen nun alle Threads auf die gemeinsame Daten zugreifen, so muss zur Vermeidung von Wettlaufsituationen der Zugriff unter wechselseitigen Ausschluss gestellt werden.

3.3.4.4.1 Kritische Abschnitte

Ein mit dem `critical` Pragma umschlossener Programmabschnitt wid von allen Threads durchlaufen, allerdings niemals gleichzeitig. Somit ist der wechselseitige Ausschluss gewährleistet, und zu einem Zeitpunkt kann nur ein Thread in dem kritischen Abschnitt sein.

```
float res;
#pragma omp parallel
{
  float B; int i;
#pragma omp for
  for (i= 0; i<niters; i++) {
    B= big_job(i);
#pragma omp critcal
    consume(B,res); /* Kritischer Abschnitt */
  }
}
```

Die `atomic`-Direktive ist analog zur `critical`-Direktiven, jedoch mit dem Hinweis an den Compiler, spezielle Funktionen wie z.B. atomare

Transaktionen zu verwenden. Der Compiler ist jedoch an diesen Hinweis nicht gebunden und kann ihn ignorieren.

Die Klausel `ordered` führt die Iterationen einer Schleife in der sequenziellen Ordnung aus. Die einzelnen Schleifendurchläufe werden also dabei serialisiert.

3.3.4.4.2 Sperrfunktionen

Die Laufzeitbibliothek `omp.h` enthält einfache Funktionen für Locks und bietet somit weitere Möglichkeiten zur Synchronisation.

Die Funktion

- `omp_init_lock` initialisiert den Lock mit einer Lockvariablen.
- `omp_set_lock` versetzt den ausführenden Thread in einen Wartezustand, bis der spezifizierte Lock frei ist. Ist der Lock frei, so belegt der Thread den Lock.
- `omp_test_lock` versucht einen Lock zu belegen. Ist der Lock frei, so belegt er den Lock und gibt einen Wert ungleich Null zurück. Ist der Lock belegt, so wird der Wert Null zurück gegeben. Der Thread geht dabei in keinen Wartezustand.
- `omp_unset_lock` gibt den Lock frei.
- `omp_destroy_lock` zerstört schließlich den Lock.

3.3.4.4.3 Barrieresynchronisation

Die OpenMP-Konstrukte

- `parallel`
- `for` und
- `single`

beinhalten *implizte Barrieren*. Unnötige Barrieren versetzen die Threads in einen Wartezustand, und beim Warten erledigen sie keine Arbeit. Unnötige Barrieren kann man mit der `nowait`-Klausel unterdrücken (siehe Abschnitt 3.3.4.3.1 for Pragma). Dies geschieht jedoch auf eigene Gefahr.

Neben impliziten Barrieren können Barrieren explizit gesetzt werden mit der `barrier`-Direktive. An der `barrier`-Direktiven wartet jeder Thread, bis alle anderen Threads die Barriere erreicht haben.

```
#pragma omp parallel shared (A,B,C)
{
  DoSomeWork(A,B);
  Printf("Processed A into B\n");
#pragma omp barrier
  /* Warte bis alle Threads eintreffen */
  DoSomeWork(B,C);
  Printf("Processed B into C\n");
}
```

3.3.5 Unified Parallel C (UPC)

3.3.5.1 Identifier THREADS und MYTHREAD

Zur Bestimmung der Anzahl der laufenden Threads dient der Identifier THREADS. Jeder Thread bekommt dabei einen eindeutigen Identifier MYTHREAD von 0 bis THREADS – 1. Zum Einsatz kommen MYTHREADS und THREADS zur Unterteilung der Arbeit zwischen Threads und zur Bestimmung welcher Thread die einzelnen Teile der Arbeit ausführen soll.

Nachfolgendes Programm 3- teilt das UPC-Programm helloworld mit der Compileroption –THREADS 4 auf vier Threads auf:

`upcc - o hello -THREADS 4 helloworld.upc`

Durch die statische Festlegung auf vier Threads zur Compilierzeit läuft helloworld.upc (main) parallel in vier Threads ab.

Programm 3-5: helloworld.upc

```
#include <upc.h>
#include <stdio.h>

main()
{
  printf("Thread %d of %d: hello UPC world\n",
         MYTHREAD,THREADS);
}
```

Mit `#include <upc.h>` stehen neben Anderem die Identifier THREADS und MYTHREAD zur Verfügung. Eine mögliche Ausgabe des Programms 3- und damit der parallelen Ausführung von printf durch vier Threads ist Folgende:

```
Thread 1 of 4: hello UPC world
Thread 3 of 4: hello UPC world
Thread 2 of 4: hello UPC world
Thread 0 of 4: hello UPC world
```

Die einzelnen Ausgabezeilen können in beliebiger Reihenfolge erscheinen.

3.3.5.2 Private und Shared Data

Es gibt in UPC zwei Typen von Daten (Variablen, Felder und Strukturen):

- Für einen Thread *private* (private) Daten, auf die nur der Thread zugreifen darf und
- *gemeinsame* (shared) Daten, die mehr als ein Thread lesen und schreiben dürfen und zur Kommunikation unter Threads dienen.

Bei default sind Variablen private, somit erzeugt die Deklaration

```
int fahrenheit, celsius;
```

eine Instanz für jede Variable und jeden Thread. Auf jede Instanz darf nur der dazugehörige Thread zugreifen, und die verschiedenen Instanzen können unterschiedliche Werte besitzen.

Im Gegensatz dazu legt die Deklaration

```
static shared int step=10;
```

eine gemeinsame Variable vom Typ int und Wert 10 an. Es gibt nur eine Instanz von step, und diese Instanz ist für alle Threads sichtbar.

3.3.5.3 Shared Arrays

Wir nehmen im Folgenden an, dass THREADS den Wert 4 besitzt, also vier Threads sind parallel aktiv. Die Deklaration

```
shared int y[THREADS];
```

gewährt allen vier Threads Zugriff zu dem gemeinsamen Feld y mit Feldgröße vier. Jedoch besitzt das gemeinsame Feld y eine logische Partition, indem jedes Feldelement eine Affinität zu genau einem Thread besitzt. y[0] gehört zu Thread 0, y[1] gehört zu Thread 1, y[2] gehört zu Thread 2 und y[3] gehört zu Thread 3. Auf die einem Thread gehörenden Feldelemente hat ein Thread schnelleren Zugriff (da eine Plattform ihn in dem Speicher ablegt, der zu diesem Thread (Prozess) gehört), als auf Feldelemente, die nicht zu diesem Thread gehören. Per default werden Feldelemente Round-Robin auf die Threads verteilt.

Gemeinsame Felder lassen sich blockweise auf die Threads verteilen. Nehmen wir wieder an, dass THREADS vier ist, so werden durch die nachfolgende Deklaration bei Blockgröße (blocksize) vier immer vier Feldelemente auf die vier Threads verteilt:

```
shared [4] int y[4*THREADS];
```

Element i von einem geblockten Feld gehört zu dem Thread mit folgender Nummer $\lfloor$i/blocksize$\rfloor$ mod `THREADS`.

3.3.5.4 Zeiger

Zeiger in C ist eines der hervorstechenden Merkmale von C. UPC überträgt dieses Pointer-Konzept auf private und shared Daten. Der häufigste Gebrauch und Einsatz von Zeigern sind:

```
int *p1;
```

Pointer auf private Daten oder lokale gemeinsame Daten.

```
shared int *p2;
```

Unabhängiger Zugriff von Threads auf gemeinsame (`shared`) Daten.

```
shared int *shared p3;
```

Gemeinsamer Zugriff von allen Threads auf gemeinsame Daten (`shared`).

Zeiger auf `shared`-Daten besitzen drei Felder:

1. Die Nummer des Threads,

2. die lokale Adresse des Blockes und

3. die Position innerhalb des Blockes.

Zeigerarithmetik unterstützt geblockte und ungeblockte Feldverteilungen. Die Umwandlung von `shared` zu `private`-Daten ist erlaubt, jedoch nicht umgekehrt. Bei der Umwandlung eines Zeigers von `shared` in einen `private`-Zeiger geht die Nummer des Threads verloren. Diese Umwandlung ist auch nur erlaubt, falls die Daten, auf die der Zeiger zeigt, dem lokalen Thread gehören.

3.3.5.5 Lastverteilung unter Threads, upc_forall

Unabhängige Iterationen einer Zählschleife können über mehrere Threads verteilt werden mit einer `upc_forall`-Schleife. Bei der `upc_forall`-Schleife muss die Zugehörigkeit der Feldelemente zu den Threads mit angegeben werden. Dazu gehen wir im Folgenden von vier Threads aus und der shared-Deklarationen der drei Felder `a[100]`, `b[100]` und `c[100]` und der `private`-Deklaration i:

```
shared int a[100], b[100], c[100];
int i;
```

Zur Angabe der Zugehörigkeit der Feldelemente zu den Threads gibt es drei Möglichkeiten:

1. Explizite Angabe der Zugehörigkeit mit einem `shared`-Pointer: **upc_forall**

    ```
    upc_forall (i=0; i<100; i++; &a[i])
      a[i]=b[i]*c[i];
    ```

2. Implizite Angabe der Zugehörigkeit mit einem Integer-Ausdruck und Verteilung auf die Threads mit Round-Robin:

    ```
    upc_forall (i=0; i<100; i++; i)
      a[i]=b[i]*c[i];
    ```

3. Implizite Angabe der Zugehörigkeit und Verteilung in Einheiten:

    ```
    upc_forall (i=0; i<100; i++; (i*THREADS)/100)
      a[i]=b[i]*c[i];
    ```

    Bei vier Threads ergibt das folgende Verteilung: Schleifendurchlauf 0..24 auf Thread 0, Schleifendurchlauf 25..49 auf Thread 1, Schleifendurchlauf 50..74 auf Thread 2 und Schleifendurchlauf 75-99 auf Thread 3.

3.3.5.6 Sperrfunktionen

Auf gemeinsame (`shared`) Daten dürfen mehrere Threads nur unter wechselseitigem Ausschluss zugreifen. Dazu bietet UPC *Locks* an. Eine Lock-Variable hat den Typ `upc_lock_t`. Da die Realisierung des Locks implementationsabhängig ist, können Locks nur durch Zeiger manipuliert werden.

Die kollektive Funktion

`upc_lock_t *upc_all_lock_alloc(void)`

wird von allen Threads ausgeführt, und alle Threads erhalten den Pointer. `upc_all_lock_alloc` belegt dynamisch einen Lock.

Die Funktion

`upc_lock_t *upc_global_lock_alloc(void)`

führt ein Thread aus, der auch den Pointer erhält. `upc_global_lock_alloc` belegt ein Lock.

3 Programmiermodelle für parallele und verteilte Systeme

Die Umklammerung eines kritischen Abschnitts, und somit der wechselseitige Ausschluss geschieht mit den beiden Funktionen

```
void upc_lock(upc_lock_t *l) und
void upc_unlock(upc_lock_t *l).
```

Die Funktion

```
int upc_lock_attempt (upc_lock_t *l);
```

versucht einen Lock zu belegen. Ist der Lock nicht durch einen anderen Thread belegt, so belegt die Funktion den Lock und sie gibt den Wert 1 zurück. Andernfalls gibt sie den Wert 0 zurück.

Die Freigabe eines Locks geschieht mit

```
void upc_lock_free(upc_lock_free(upc_lock_t *ptr);
```

3.3.5.7 Barrieresynchronisation

3.3.5.7.1 Barrieren

upc_barrier

UPC bietet Synchronisation durch *Barrieren* an; d.h. alle Threads müssen die Barriere erreichen, bevor einer von ihnen weiter fort fahren kann. Die dazu entsprechende Funktion heißt:

```
upc_barrier expression;
```

Der Ausdruck `expression` ist optional und dient zur Markierung der Barriere für Zwecke des Debugging. Dies trifft auch auf die nachfolgenden Split Phase-Barrieren zu.

3.3.5.7.2 Split Phase Barrieren

Barrieresynchronisation ist unerwünscht, da die Threads an der Barriere warten und in ihrem Code nicht voranschreiten können. Zur Vermeidung dieser Leerlaufzeiten führt UPC nicht-blockierende Barrieren oder *Split Phase-Barrieren* ein.

Beendet ein Thread seine Berechnung, so informiert er darüber die anderen Threads mit

upc_notify, upc_wait

```
upc_notify expression;
```

Er kann dann, anstatt zu warten, lokale Berechnungen durchführen. Erst wenn er diese Berechnungen durchgeführt hat, geht er mit

```
upc_wait expression;
```

3.3 Programmiermodelle für gemeinsamen Speicher

möglicherweise in den Wartezustand. Haben alle anderen Threads das `upc_notify` ausgeführt, so befreit das den Thread aus dem Wartezustand und er kann in die nächste Phase der Berechnungen eintreten.

`upc_notify` und `upc_wait` sind kollektive Operationen und werden von allen Threads ausgeführt. Nachdem alle Threads die *parallele Phase* abgeschlossen haben, informieren sie darüber die anderen Threads mit einem `upc_notify`. Sie treten dann in eine *Synchronisationsphase* ein und mit `upc_wait` warten sie, bis die anderen Threads ebenfalls ihre parallele Phase abgeschlossen haben (*Split Phase-Barrieren*).

3.3.6 Fortress

Fortress geht genau den umgekehrten Weg wie UPC, indem sie die Speicherbelegung nicht manipulierbar und zugreifbar für den Programmierer macht, sondern diese Aufgabe vor dem Programmierer verbirgt und dementsprechend dem Laufzeitsystem und somit der Fortress-Bibliothek überlässt. Dies ähnelt sehr stark dem Vorgehen von Java, das auch eine automatische Speicherverwaltung zur Laufzeit anbietet. Desweiteren stellt Fortress implizite Threads zur Verfügung, und somit braucht sich ein Programmierer nicht um die Parallelisierung zu kümmern. Dies schließt natürlich fehlerhafte Parallelisierung und Synchronistionsfehler aus. Auf der anderen Seite sind dadurch parallel vorgebene Algorithmen schwer zu implementieren, da der Programmierer nur durch eine spawn-Anweisung Threads selbst starten kann. Die Synchronisation ist ebenfalls schwach ausgeprägt, und es steht mit der atomic-Anweisung nur der wechselseitige Ausschluss zur Verfügung.

Laufzeitsystem (Bibliothek) verwaltet Speicher und Parallelität

3.3.6.1 Datentypen

An numerischen Datentypen stellt Fortress zur Verfügung:

- Ganzzahlen mit Vorzeichen von beliebiger Größe
- Integers $\mathbb{Z}$: 23 0 -152453629162521266
- Natürliche Zahlen von beliebiger Größe
- Naturals $\mathbb{N}$: 23 17 15245362162521266
- Rationale Zahlen
- Rational $\mathbb{Q}$: 13 5/7 -999/1001
- Reelle und komplexe Zahlen
- Real $\mathbb{R}$, Complex $\mathbb{C}$ (Schließen $\mathbb{Z}$. $\mathbb{N}$ und $\mathbb{Q}$ ein)

# 3 Programmiermodelle für parallele und verteilte Systeme

- Ganzzahlen bestimmter Größe
- Fixed-size integers: Z8 Z16 Z32 Z64 Z128 Z256 Z512 ... und N8 N16 N32 ...
- Gleitkommazahlen
- Floating-point: R32 R64 R128 R256 R512 ... und C64 C128 C256 ...

Wie bei der C Standard Template-Bibliothek sind in der Fortress-Bibiliothek folgende Typen definiert (durch Operator-Überladung - opr):

- String,
- Boolean,
- Listen,
- Vektoren (Felder),
- Mengen und Multimengen,
- Abbildungen (Maps),
- Matrizen und mehrdimensionale Felder,
- Integers, floats, rationals, mit physikalischen Einheiten.

3.3.6.2 Ausdrücke und Anweisungen

Fortress besitzt nur Ausdrücke

Alles in Fortress ist ein Ausdruck. () ist dabei der void-Wert für einen Ausdruck. Die Anweisungen while, for, Zuweisung (v := e) und Bindung (v = e) sind Ausdrücke vom Typ void,und einige Anweisungen (if, do, atomic, try case, typecase, dispatch, spawn) besitzen keinen Void-Wert, sondern einen festen Wert.

Der Zustand eines ausführenden Fortress-Programms besteht aus einer Menge von Threads und einem Speicher. Die Ausführtung des Programmes besteht aus der Auswertung von Ausdrücken in jedem von seinen Threads. Die normale Beendigung der Auswertung eines Ausdruckes liefert als Ergebnis einen Wert.

Aggregat-ausdrücke

Aggregatausdrücke sind Mengen, Felder, Maps, Listenkonstante und *Bedeutungsumfang* (*Comprehension*). Eine Beschreibung des Bedeutungsumfangs legt die Elemente einer Kollektion mit einer Regel, die für alle Elemente gilt, fest.

Ein Ausdruck v ← e ist dabei eine Generierung eines Objektes.

Menge:

    { 2, 3, 5, 7 }

    Mit Comprehension

    { x^2 | x ← primes }

Felder:

    ["cat" ↦ "dog", "mouse" ◎ ↦ "cat"]

    Mit Comprehension

    [x^2 ↦ x^3 | x ← fibs, x < 1000]

Liste:

    ⟨ 0, 1, 1, 2, 3, 5, 8, 13 ⟩

    Mit Comprehension
    ⟨x(x+1)/2 | x ← 1#100 ⟩

Feld mit Aggregatkonstanten:

    Identity = [1 0
               0 1]

    Mit Comprehension

    a = [(x, y, 1) ↦ 0.0 | x ← 1 : xSIZE ,

              y ← 1 : ySIZE

        (1, y, z) ↦ 0.0 | y ← 1 : ySIZE ,

              z ← 2 : zSIZE

        (x, 1, z) ↦ 0.0 | x ← 2 : xSIZE ,

              z ← 2 : zSIZE

        (x, y, z) ↦ x + y · z | x ← 2 : xSIZE ,

              y ← 2 : ySIZE ,

              z ← 2 : zSIZE]

Felder können statisch (mit festen angegebenen Feldgrenzen) oder dynamisch (ohne Angabe der Feldgrenzen) sein. Feldgrenzen besitzen dabei den nat Typparameter.

3.3.6.3 Juxtaposition Operator

Die Nebeneinanderschreibung (juxtaposition) von Operanden ist ein Infixoperator mit folgender Semantik:

1. Ist der linke Operand eine Funktion, so führt Juxtaposition eine Funktionsapplikation aus.
2. Ist der linke Operand eine Zahl, so führt Juxtaposition zu einer Multiplikation.
3. Ist der linke Operand ein String, so führt Juxtaposition zu einer Konkatenation von Strings.

Unter Anwendung von 1. und 2. möge sich der Leser die Abarbeitung des Beispiels überlegen:

y = 3 x sin x cos 2 x log log x

3.3.6.4 Objekte, Traits, Top-level-Funktionen und Komponenten

3.3.6.4.1 Objekte

Objekt

Ein *Objekt* besteht aus Feldern und Methoden. Die Felder eines Objekts sind in seiner Definition spezifiziert. Eine Definition eines Objekts kann auch Methodendefinitionen enthalten. Objekte können parametrisiert werden. Jede Methode eines Objektes oder Traits besitzt einen impliziten self-Parameter, der den Empfänger des Methodenaufrufes bezeichnet. Der self-Parameter kann explizit gemacht werden durch self.Methodenname. Jedes Objekt erweitert (extends) eine Menge von Traits, seine Supertraits. Ein Objekt erbt die konkreten Methoden von seinen Supertraits und muss eine Definition enthalten von jeder deklarierten Methode, die nicht von seinen Supertraits definiert sind.

Programm 3-6 : Parametrisiertes Objekt

object Cart(re: $\mathbb{R}$, im: $\mathbb{R}$) **extends** $\mathbb{C}$

   opr +(**self**, other: Cart): Cart =
      Cart(self.re + other.re, self.im + other.im)
   opr -(**self**): Cart =
      Cart(-self.re, -self.im)
   opr -(**self**, other: Cart): Cart =
      Cart(self.re - other.re, self.im – other.im)

```
  opr ·(self, other: Cart): Cart =
    Cart(self.re · other.re − self.im · other.im,
         self.re · other.im + self.im · other.re)
  opr |self| : ℝ= √((self.re)² + (self.im)²)
  ...
end
```

3.3.6.4.2 Traits

Traits (*Charakterzüge*) sind wie Interfaces benannte Programmkonstrukte, die eine Menge von Methoden deklarieren. Die Methode eines Trait kann abstrakt oder konkret sein: Abstrakte Methoden deklarieren nur die Methode, während konkrete Methoden auch die Methode definieren. Ein Trait kann andere Traits erweitern (extends): Er erbt (inherits) die Methoden von den anderen Traits, die er erweitert. Mehrfachvererbung von Methoden ist möglich. Ein Trait stellt die erbten Methoden sowie die neu deklarierten Methoden zur Verfügung. Traits enthalten keine Felddeklarationen. Auf die Felder kann trotzdem mit getter- und setter-Funktionsdeklarationen zugegriffen werden. Die Traits selber und deren Methoden können parametrisiert werden. Ein Trait gibt die Objekte, die es enthält (comprises), an. Beispielsweise ist der Typ Boolean in Fortress als Trait (Trait Fortress.Core.Boolean) definiert:

Traits

**Programm 3-7:
Trait Boolean**

```
trait Boolean
    extends BooleanAlgebra ⟦Boolean,∧,∨, ¬,⊻,false,true⟧
    comprises { true, false }
    opr ∧ (self, other: Boolean): Boolean
    opr ∨(self, other: Boolean): Boolean
    opr ¬(self): Boolean
    opr ⊻(self, other: Boolean): Boolean
end
object true extends Boolean
    opr ∧(self, other: Boolean) = other
    opr ∨(self, other: Boolean) = self
    opr ¬(self) = false
    opr ⊻(self, other: Boolean) = ¬other
end
```

```
object false extends Boolean
    opr ∧(self, other: Boolean) = self
    opr ∨ (self, other: Boolean) = other
    opr ¬(self) = true
    opr ⊻(self, other: Boolean) = other
end
```

Top-Level-Funktionen — Neben Objects und Traits können *Top-Level-Funktionen* definiert werden. Top-level Funktionen liefern Werte, die an Funktionen übergeben oder zurückgegeben werden und deren Werte Felder und Variablen zugewiesen werden können.

3.3.6.4.3 Komponenten und APIs

Komponenten — Komponenten sind die fundamentalen Strukturen von Fortress-Programmen. Sie importieren (imports) und exportieren (exports) Application Programming Interfaces (APIs), das Interface von Komponenten.

Datenbank fortress — Komponenten werden nicht direkt manipuliert und sind nicht abänderbar, sondern in einer persistenten Datenbank (Komponentenverwaltungssystem, Bibliothek), genannt *fortress*, gespeichert. Fortress ist ein Agent, welcher die Operationen Compiliierung, Binden, Upgrade und Ausführung von Komponenten vornimmt. Die Datenbank führt ebenfalls eine Liste der installierten APIs. Die Ansprache der Datenbank geschieht über die Kommandos einer interaktiven Shell. Die Shell bietet noch weitere Funktionalitäten wie Installieren von, Deinstallieren von, Entfernen von, und Upgrade von Komponenten.

Bei der Kompilation einer Komponente wird diese in der Datenbank abgelegt, dabei müssen die referenzierten APIs in der Datenbank vorhanden sein. Jede Komponente importiert implizit das Fortresskern-API; jede Datenbank hat wenigstens eine Komponente, welche die ganzen APIs implementiert.

API-Generatoren — Eine Komponente Komponente exportiert die API Komponente. Komponenten und APIs existieren in einem sparaten Namensraum, deshalb ist es erlaubt, dass beide den gleichen Namen besitzen. Ist also Komponente noch nicht definiert so wird durch Compiliierung (fortress api Komponente.fss) der Komponenten aus deren Definition automatisch die API generiert und ein neuer Source-File erstellt. Dieser automatisch generierte Quellcode kann weiter editiert werden und in einem separaten Schritt compiliert und in die fortress-Bibliothek eingebracht werden.

3.3.6.5 Parallelität

3.3.6.5.1 Schleifen und sonstige Konstrukte

Eine for-Schleife beginnt mit dem reservierten Wort for gefolgt von einer Generatorliste und dem reservierten Wort do. Schleifen (for und do) sind by default parallel, oder mit seq wählt man einen sequentiellen Generator, der sequentiellen Code generiert. Ansonsten legt die Generatorliste den Parallelismus in der Schleife fest: Für jede Iteration in der Schleife startet ein separater Thread, der den Schleifenkörper ausführt.

Einige Beispiele für Generatoren in for-Schleifen sind:

- 1:n – Generator:

    for i←1:m, j←1:n **do**

    a[i,j] := b[i] c[j]

    end

- seq(1:m) ist ein sequentieller Generator:

    for i←seq(1:m) **do**

    for j←seq(1:n) **do**

    print a[i,j]

    end

    end

- a.indices ist ein Generator für die Indizes von dem Feld a:

    for (i,j)←a.indices **do**

    a[i,j] := b[i] c[j]

    end

- a.indices.rowMajor ist ein sequentieller Generator von Indizes:

    for (i,j)←a.indices.rowMajor **do**

    print a[i,j]

    end

Weitere primitive Konstrukte, die implizite Threads und damit Parallelisierung, verursachen sind:

3 Programmiermodelle für parallele und verteilte Systeme

- Iteration einer for-Schleife:

   for x ← 1#1000 **do**

   a[x] := x

   end

- Tuples in Bindungen und Parameter in Funktionsaufrufen:

   (a1, a2, a3) = (e1, e2, e3)

   f(e1, e2)

- Reduktions-Ausdrücke wie Σ und Π mit einer optionalen Generatorliste.

3.3.6.5.2 Datenverteilung

Datenverteilungen von großen Datenstrukturen zur Laufzeit sind in der Standardbibliothek von Fortress definiert. Soll aus Performancegründen die vorgegebene Verteilung für eine bestimmte Plattform und für Programme geändert werden, so kann die Standardverteilung überschrieben werden. Dies ist besonders angebracht, wenn die Applikation nicht auf einem eng gekoppelten Multiprozessor ablaufen soll, sondern über mehrere Rechner im Netz verteilt ist. Dann müssen nämlich der Thread und die dazugehörigen Daten auf dem gleichen Rechner liegen.

Region Jeder Thread, jedes Objekt o und jedes Element eines Feldes a liegt einer assoziierten Region, die mit o.region bzw. a.region(i) abgefragt werden kann. Mit dem at-Ausdruck kann ein Thread an eine bestimmte Region gebunden werden.

3.3.6.5.3 Explizite Threads

Das Anlegen eines Thread, der parallel zu anderen Threads seinen Ausdruck auswertet, geschieht mit:

t1 = spawn do e1 end

t2 = spawn do e2 end

Ein Thread besitzt die folgenden Methoden:

- Die val-Methode (a1 = t1.value()) liefert den Wert des Ausdruckes bei Beendigung des Threads.

- Die wait-Methode (t1.wait(t2)) wartet auf die Beendigung eines anderen Threads und gibt keinen Wert zurück.
- Die ready-Methode gibt true zurück, falls sich der Thread beendet hat, andernfalls false.
- Die stop-Methode (t1.stop()) versucht einen Thread zu terminieren.

3.3.6.5.4 Atomic-Block

Variablen in einem Schleifenkörper, die keine Zuweisung erhalten, sind lokal. Variable in einem Schleifenkörper, die nicht gelesen werden, heißen *Reduktions-Variable*. Bei Variablen, die im Schleifenkörper geändert werden, jedoch keine Reduktions-Variable sind, muss der Zugriff darauf unter wechselseitigem Ausschluss geschehen. In Fortress ist der wechselseitige Ausschluss mit atomaren Transaktionen realisiert (siehe Abschnitt 2.2.6.5) oder durch *atomare Blöcke*.

Ein atomic-Ausdruck (atomic e1) beginnt mit dem Wort atomic gefolgt von einem Ausdruckskörper. Der Wert und Typ des atomic-Ausdruckes ist der Wert und Typ des Ausdruckskörpers.

atomic und tryatomic

Ein tryatomic-Ausdruck (tryatomic e1) beginnt mit dem Wort tryatomic gefolgt von einem Ausdruckskörper. tryatomic versucht den Ausdruckskörper auszuführen. Falls es ihm gelingt, gibt er den Wert und Typ des Ausdruckskörpers zurück. Andernfalls wurde er abgebrochen durch eine benutzerdefinierte abort-Funktion, und die Ausnahme AtomicAborted wird ausgelöst. Wurde er durch einen Zugriffskonflikt abgebrochen, so löst dies die Ausnahme AtomicConflict aus.

Nachfolgendes Programm 3-8 zeigt den Einsatz des atomic-Konstruktes in einer Schleife, die gleichzeitig lesend und schreibend auf ein Feldelement hist[a[i,j]] zugreift.

```
histogram [nat lo, nat sz]
         (a: A[#,#]): Int[lo#sz] =
do hist : Int[lo#sz] := 0
   for i,j ← a.indices do
      atomic do
         hist[a[i,j]] += 1
      end
   end
   hist
end
```

Programm 3-8: Atomic Block

3.3.7 Ada

Der Ada-Term für einen Prozess ist *Task*. Eine Task-Deklaration besitzt eine Spezifikation (task) und einen Körper (task body). Die Task-Spezifikation legt die Kommunikation (Eingangsaufrufe - entry) mit anderen Tasks fest. Der Taskkörper ist eine ausführbare Folge von Anweisungen und enthält Annahmeanweisungen (accept) für die in der Spezifikation angegebenen Eingangsaufrufe. Die Deklaration von Tasks kann in Blöcken, Paketspezifikationen, Paketkörper, Unterprogrammkörper und in Taskkörper erfolgen. Tasks werden nicht ausgeführt, sondern aktiviert. Die Aktivierung geschieht entweder

- *implizit*, nach der Elaboration der Taskdeklaration, und die Task beginnt mit der Ausführung des Taskkörpers (task body), oder
- *explizit* durch new. Der Deklarationsteil enthält dazu die Deklaration eines Tasktyp (task type), der dann dynamisch und möglicherweise auch mehrfach durch new die Tasks von diesem Typ startet.

Der Master, der die Task gestartet hat, und die Task selbst laufen nach deren Aktivierung parallel. Der Master wartet, bis sich alle von ihm gestarteten Tasks beendet haben. Die Task selber terminiert, wenn

- die letzte Anweisung ausgeführt wurde, und
- alle von ihr gestarteten Tasks terminiert sind, oder
- die Terminierung erzwungen wurde.

3.3.7.1 Ada-Rendezvous

entry call, accept

Synchronisation und Kommunikation von Tasks erfolgen mit *Eingangsaufrufen* (entry call) und *Annahmeanweisungen* (accept). Die Tasksspezifiktion enthält die Spezifikation des Eingangsaufrufes:

```
task Print_Page is
  entry Send(P: in Page);
end Print_Page;
```

Eingangsaufrufe (entry calls) von anderen Tasks entsprechen Prozeduraufrufen:

```
Print_Page.Send(Current_Page);
```

Oder mit Angabe des formalen Parameters:

```
Print_Page.Send(P => Current_Page);
```

Der Körper der (mit dem entry) gerufenen Task muss eine Annahmeanweisung (accept) ausführen:

```
accept Send(P: in Page) do
   -- Anweisungen
end Send;
```

Annahmeanweisungen (`accept`) stehen in Taskkörper (`task body`), die Taskspezifikation enthält die Deklaration des `entry`.

Die Kommunikation zwischen Tasks geschieht mit Hilfe von Eingangsaufrufen (`entry calls`) und Annahmeanweisungen (`accepts`). Eine Sendetask führt dabei einen Eingangsaufruf aus und eine Empfangstask die Annahmeanweisung. Der Eingangsaufruf in einer Task hat zunächst die Wirkung, dass die Ausführung der Task ruht. Es wird so lange gewartet, bis die aufgerufene Task eine Annahmeanweisung für den gerufenen Eingang erreicht. Gelangt umgekehrt die bedienende Task an eine Annahmeanweisung für einen Eingang, zu welchem noch kein Eingangsaufruf vorliegt, so unterbricht die Task die Ausführung bis ein entsprechender Eingangsaufruf vorliegt. Hat die Sendetask den Eingangsaufruf und die Empfangstask die Annahmeanweisung erreicht, so erfolgt wie bei einem Proceduraufruf die Ersetzung der formalen durch die aktuellen Parameter, und die gerufene Task führt den Rumpf der Annahemeanweisung aus. Die rufende Task bleibt dabei weiterhin blockiert.

Ada-Rendezvous

Nach der Ausführung des Rumpfes der Annahmeanweisung setzen die beiden Tasks ihre Verarbeitung mit der auf den Eingangsaufruf bzw. der Annahmeanweisung folgenden Anweisung parallel und asynchron fort.

Diese Interaktion ist das *Rendezvous* in Ada.

Rufen mehrere Tasks den gleichen Eingang einer Task auf, so werden sie in eine Warteschlange für diesen Eingang eingereiht. Beim Erreichen einer Annahmeanweisung wird jeweils die erste Task der Warteschlange bedient. Die Einreihung in die Warteschlange erfolgt nach dem Prinzip First In, First Out.

Zur Illustration des Rendezvous wählen wir die Realisierung des wechselseitigen Ausschlusses und damit die Simulation eines binären Semaphors mit den P- und V-Operationen. Dazu definieren wir eine Servertask mit den Eingängen P und V. Während die rufenden Tasks die Eingänge P und V kennen, kennt die Servertask nicht die Tasks, die diese Eingänge aufrufen und ihre Dienstleistung in Anspruch nehmen. Das Ada-Rendezvous ist deshalb *einseitig anonym*.

Einseitig anonymes Ada-Rendezvous

3 Programmiermodelle für parallele und verteilte Systeme

Nachfolgendes Ada-Programm zeigt eine Servertask Sema mit den Eingängen P und V und zwei Tasks P1 und P2, die diese Eingänge aufrufen und damit einen wechselseitigen Ausschluss realisieren.

Programm 3-9:
Semaphor Server und Clients P1 und P2

```
-- ...
-- gerufene Task stellt die Dienstleistungen P und V
-- zur Verfügung:
-- Taskspezifikation
task Sema is
  entry P;
  entry V;
end Sema;

task P1;
task P2;

-- Taskkörper
task body Sema
begin
  loop
    accept P;
    accept V;
  end loop;
end Sema;

-- Rufende Tasks P1 und P2 rufen die Eingänge P und
-- V auf.

task body P1 is
begin
  loop
    Sema.P;
        -- Kritischer Abschnitt
    Sema.V;
  end loop;
end P1;

task body P2 is
begin
  loop
    Sema.P;
        -- Kritischer Abschnitt
    Sema.V;
  end loop;
end P2;
```

3.3 Programmiermodelle für gemeinsamen Speicher

Ruft die Task P1 den Eingang P auf, so muss sie warten bis die Sematask die Annahmeanweisung ausführt und damit das Rendezvous initiiert. Zu beachten ist, dass die Annahmeanweisung in Programm 3- keinen Rumpf enthält. P1 kann nach Beendigung des Rendezvous in den kritsichen Abschnitt gelangen. Ruft die Task P2 den Eingang P auf, so muss sie warten, da die Sematask auf ein Rendezvous mit einem V-Aufruf wartet. Dies wird erst erreicht, wenn die Task P1 den kritischen Abschnitt verlässt und das Rendezvous mit dem V-Aufruf durchführt.

3.3.7.2 Selektive Ada-Rendezvous

Zur Verfeinerung der Beziehungen zwischen Clienttasks und Servertasks kann eine Servertask auf mehrere Anforderungen (Eingangsaufrufe) von Clients warten und eine entsprechende angeforderte Dienstleistung auswählen und sie vollbringen. Für solch ein Angebot von alternativen Dienstleitungen einer Servertask dient eine *Selectanweisung* (select). Fordern andere Tasks gleichzeitig von einer Servertask mehrere Dienstleistungen an, so wickelt die Servertask sie nacheinander ab. Die Reihenfolge dabei ist indeterministisch, aber fair.

Select-Anweisung

Stellt eine Servertask ihre Dienstleistungen nur unter gewissen Bedingungen zur Verfügung, so können die verschiedenen Alternativen in der Selectanweisung mit einer Bedingung (oder einem *Wächter – Guard*) versehen werden. Eine Selectanweisung mit Wächtern hat folgendes Aussehen:

Guard

```
select
  when Condition_1 =>
    accept Entry_1 do
      -- Körper der Annahmeanweisung_1
    end Entry_1;
    -- andere Anweisungen
  or
    when Condition_2 =>
      accept Entry_2 do
        -- Körper der Annahmeanweisung_2
      end Entry_2;
      -- andere Anweisungen
  or
    . . .
    else - optional
      -- Anweisungen für den else-Teil
end select;
```

3 Programmiermodelle für parallele und verteilte Systeme

Eine Selectanweisung mit Wächtern besitzt die folgende Semantik:

Semantik von select

Zunächst werden alle den Alternativen vorausgehende Wächter (Bedingungen) ausgewertet. Eine Alternative heißt

- *offen*, falls ihr entweder keine Bedingung vorausgeht (alternative without a guard) oder wenn die Bedingung `true` ist, andernfalls heißt die Alternative
- *gesperrt*, und die Bedingung ist `false`.

Sind alle Alternativen gesperrt, so werden die Anweisungen des else-Zweiges ausgeführt, falls dieser vorhanden ist. Fehlt der else-Zweig, so löst dies eine Ausnahme (`exception PROGRAM_ERROR`) aus. Andernfalls wird aus allen offenen Alternativen diejenige ausgewählt, für welche ein Eingangsaufruf vorliegt. Liegt kein Eingangsaufruf vor, so werden die Anweisungen des else-Zweiges ausgeführt. Fehlt der else-Zweig, so wartet die Task auf einen passenden Eingangsaufruf.

Für mögliche weitere Formen der Selectanweisung mit mehreren alternativen Annahmeanweisungen und auf das Gegenstück auf der Clientseite, der Selectanweisung für Eingangsaufrufe, sei auf die Literatur verwiesen [N 03] und [B 06].

3.3.7.2.1 Erzeuger-Verbraucher (Pipe) mit selektivem Rendezvous

Zur Illustration des selektiven Ada-Rendezvous dient das Erzeuger-Verbraucher-Problem oder die Implementierung einer Pipe. Die Verwaltung der Pipe, realisiert als Umlaufpuffer, übernimmt eine Servertask `Buffer`. Die Task `Buffer` bietet einer Task `Producer` die Dienstleistung `send` an und einer Task `Consumer` die Dienstleistung `receive`. Die Tasks `Producer` und `Consumer` sind somit Clienten der Servertask `Buffer`.

Programm 3-10: Erzeuger-Verbraucher-Problem mit selektivem Ada-Rendezvous

```
-- ...
subtype Message_Type is INTEGER;

-- Server
task Buffer is
   entry Send (Message : in Message_Type);
   entry Receive (Message : out Message_Type);
end;

task Producer;

task Consumer;
```

3.3 Programmiermodelle für gemeinsamen Speicher

```ada
-- Taskkörper
task body Buffer is
  Max_Messages : constant := 12;
  Subtype Buffer_Range is INTEGER
    range 0 .. (Max_Messages -1);
  -- Umlaufpuffer
  Cyclic_Buffer : array (Buffer_Range) of
                                        Message_Type;
  Next_Free : Buffer_Range := 0;
  Next_Full : Buffer_Range := 0;
  Count : Buffer_Range := 0;
begin
  loop
    select
      when Count < Max_Messages =>
        accept Send (Message : in Message_Type) do
          Cyclic_Buffer (Next_Free) := Message;
          Next_Free := (Next_Free + 1) MOD
                                       Max_Messages;
          Count := Count + 1;
        end Send;
    or
      when Count > 0 =>
        accept Receive (Message : out Message_Type)
          do
          Message := Cyclic_Buffer (Next_Full);
          Next_Full := (Next_Full + 1)MOD
                                       Max_Messages;
          Count := Count - 1;
        end Receive;
    end select;
  end loop;
end Buffer;

-- Clients

task body Producer is
  Message : Message_Type;
begin
  loop
    -- Produziere Nachricht
    Buffer.Send(Message);
  end loop;
end Producer;
```

```
task body Consumer is
  Message : Message_Type;
begin
  loop
    Buffer.Receive_Message;
    -- Verarbeite Nachricht
  end loop;
end Consumer;
```

Ist in obigem Programm in der Selektanweisung eine Bedingung `false`, dann ist in jedem Fall die andere Bedingung `true`; d.h. wenn der Puffer leer ist, dann trifft die erste Alternative zu, und wenn der Puffer voll ist, so trifft die zweite Alternative zu.

3.3.7.3 Geschützte Objekte

Ada 83 kennt als einziges Synchronisationsmittel das Rendezvouskonzept und bot somit nur ein nachrichtenorientiertes Synchronisationsmittel. Nachrichtenbasierte Synchronisation bedingt immer das Anlegen einer Task, welche die Kommunikation anbietet, und verursacht somit Taskingoverhead. Weiterhin ist ein asynchroner Datenaustausch mit dem Rendezvouskonzept ineffizient und umständlich zu programmieren. Für rein datenorientierte Synchronisation, wie dem Monitorkonzept, führte dann Ada 95 *geschützte Objekte* (protected type) ein. Geschütze Objekte sind also eine Simulation des Monitorkonzepts und bestehen, wie in Ada üblich, aus einer Spezifikation und einem Körper. Geschützte Objekte sind abstrakte Datentypen mit gemeinsamen und gekapselten Daten (geschützte Daten) und Zugriffsoperationen auf diese gemeinsamen Daten. Die Zugriffsoperationen können sein:

Geschützte Objekte = Monitor

- Funktionen, die nur lesend auf die gemeinsamen Daten zugreifen. Standardmäßig dürfen Funktionen nur in-Parameter haben; d.h. die Parameter dürfen nicht gesetzt werden und somit links von Zuweisungen stehen. Dadurch dass von Funktionen nur lesend auf die Daten zugegriffen wird, laufen Funktionen nicht unter wechselseitigem Ausschluss.

- Prozeduren, die lesend und schreibend auf die gekapselte Daten zugreifen. Durch die schreibenden Zugriffe müssen Prozeduren implizit unter wechselseitigem Ausschluss laufen. Prozeduren, wie nachfolgende Eingänge greifen also exklusiv auf die gemeinsamen Daten zu.

- Eingänge, können lesend und schreibend auf die gemeinsamen Daten zugreifen und laufen somit unter implizitem wechselseitigem Ausschluss. Asynchrone Eingangsaufrufe initiieren die Ausführung des Körpers der Eingänge.

- Mit Eingängen lassen sich Interruptroutinen assoziieren (pragma Attach_Handler) [CS 98]. Ein asynchroner Eingangsaufruf startet dann die Interruptroutine.

- Verknüpft sind Eingänge mit Bedingungen (when Condition) wie bei bedingten kritischen Abschnitten. Ergibt die Auswertung der Bedingung true, so ist der Eingang offen und ein vorliegender Eingangsaufruf wird akzeptiert.

Mit einem geschützten Objekt lassen sich leicht zählende oder allgemeine Semaphore [BA 06] implementieren. Der Zähler Count ist dabei ein gekapselter Typ, und der Eingang P und die Prozedur V dekrementieren bzw. inkrementieren ihn. Dabei laufen der Eingang P und die Prozedur V unter wechselseitigem Ausschluss.

```
protected type Counting_Sema (Initial Natural) is
  entry P;
  procedure V;
private
  Count: Natural := Initial;
end Counting_Sema;

protected body Counting_Sema is
  entry P when Count > 0
  begin
    Count := Count - 1;
  end P;
  procedure V is
  begin
    Count := Count - 1;
  end V;
end Counting_Sema;
```

Programm 3-11: Zählender Semaphor mit geschütztem Objekt

3.4 Programmiermodelle für verteilten Speicher

Bei den Modellen für verteilten Speicher unterscheiden wir wieder, wie bei den Modellen für gemeinsamen Speicher, in

- nebenläufige und
- kooperative Modelle.

3.4.1 Überblick nebenläufige Modelle

Die *nebenläufigen* Programmiermodelle für verteilten Speicher unterscheiden sich in:

- *Nachrichtenbasierte Modelle*, d. h. sie besitzen eine Sende- (`send`) und Empfangsanweisung (`receive`) zur Übermittlung von Werten an andere parallele Prozesse.

- Auf *Datenparallelität* basierende Modelle. Datenparallelität bezeichnet diejenige Parallelität, die erhalten wird, wenn die gleiche Operation auf einige oder alle Elemente eines Daten-Ensembles (meistens Felder) angewandt wird.

3.4.1.1 Nachrichtenbasierte Modelle

Die drei wichtigsten Vertreter der nachrichtenbasierten nebenläufigen Modelle sind:

Message Passing Interface (MPI)

1. Das *Message Passing Interface* (*MPI*) ist eine Nachrichtenaustauschbibliothek, die auf homogenen Parallelrechnern eine effiziente und schnelle Kommunikation ermöglicht. MPI ist das heute wohl am meisten eingesetzte Modell für parallele und nebenläufige Programmierung. MPI besitzt eine Broadcast-Anweisung, indem ein Prozess an alle anderen Prozesse einen Wert senden kann. Weiterhin eine *Barriersynchronisation*, bei der die Prozesse warten, bis alle Prozesse eine Barriere erreicht haben und dann wieder parallel weiterarbeiten. Ab MPI-2 stehen auch dynamische Prozesse zur Verfügung. Die komplette Bibliothek ist in nachfolgendem Abschnitt 3.4.3.1 beschrieben.

Transputer, Occam

2. *Occam* ist der "Assembler" für *Transputer*. Transputer ist ein von der Firma Inmos (britische Semiconductor Company und später Tochter von SGS-Thomson) in den 80er Jahren entwickelter RISC-Mikroprozessor (16 Bit – T212, 32 Bit- T414, 32 Bit und Floatingpoint Prozessor – T800 und der 1993 letztmalig auf den Markt gekommene 200 MIPS starke T 9000 mit Superskalarverarbeitung) [T 07]. Neben dem Mikroprozessor besitzt ein Transputerchip vier bidirektionale Verbindungskanäle. Je nachdem wie viele der Verbindungskanäle man bei einem Transputer benutzt, können bei zwei Kanälen eine Pipe, bei drei ein Baum und bei vier eine Matrix oder Torus oder ein Hypercube der Dimension 4 aufgebaut werden. Durch die beliebige Zusammenschaltung der vier bidirektionalen Kanäle lassen sich mit Transputern problemangepasste parallele Rechnerstrukturen aufbauen. Die PLACED PAR-Anweisung von Occam bildet dann die logischen parallelen Prozesse und Verbindungskanäle auf reale Transputer und deren reale Verbindungen ab.

3.4 Programmiermodelle für verteilten Speicher

Der Transputer hat nur auf dem Markt der massiv parallelen Computer Fuß fassen können. Für den Desktop-Market war er durch das fehlende Betriebssystem (kein Unix, kein MS-DOS) nicht allgemein genug und für den Microcontroller- und Embedded-Markt zu mächtig und zu teuer. Somit zählt heute der Transputer zur Geschichte der Mikroprozessorentwicklung.

Occam baut auf den *Communicating Sequential Processes* (*CSP*) Formalismus von Hoare [H 78] auf und ist somit eine Implementierung der CSP. Für Occam existieren neben Transputerplattformen auch noch andere Plattformen (z.B. Intel) und Java-Implementierungen [WJ 07]. Abschnitt 3.4.3.2 enthält eine kurze Sprachbeschreibung von Occam.

Communicating Sequential Processes (CSP)

3. Die Plattform *PVM* (*Parallel Virtual Machine*) [GBD 94], die es ermöglicht, mehrere Rechner mit einem Unix- oder Windows-Betriebssystem zu einer parallelen Recheneinheit mit verteiltem Speicher, einer *virtuellen Maschine*, zusammenzufassen.

PVM (Parallel Virtual Machine)

Die University of Tennessee, Oak Ridge National Laboratory (ORNL) und Emory University, entwicklten PVM. Die erste Version vom Oak Ridge National Laboratory herausgegeben, datiert auf 1989. Eine weitere von der University of Tennessee umgeschriebene Version wurde 1991 freigegeben. Eine Version 3, welche Fehltoleranz und gute Portabilität bietet, kam 1993 heraus und kann unter [PVM 07] heruntergeladen werden.

In der Grundversion enthält PVM nur Bibliothken für C und Fortran. Mittlerweile stehen auch Bibliotheken für andere Sprachen, wie z.B. Java (JPVM) [V 07], Perl und ein Aufsatz für C++ der PVM um objektorientierte Eigenschaften erweitert mit Namen CPPVM [G 01], zur Verfügung. Verschiedene Linux-Distributionen enthalten ebenfalls PVM.

Weiterentwicklungen von PVM und Verschmelzung von PVM mit MPI, ein Kollaborationsprojekt von ORNL, University of Tennessee und Emory University, sind die *H*eterogenous *A*daptable *R*econfigurable *NE*tworked *S*ystems (*HARNESS*) [OTE 07].

HARNESS

Das Hauptziel von PVM ist nicht die Erreichung einer möglichst hohen Rechenleistung um jeden Preis, wie bei MPI, sondern die Möglichkeit, verschiedenste Hardware und Architekturen und unterschiedlichen Betriebssystemen zu einem heterogenen Cluster zusammenzuschließen. MPI im Gegensatz dazu geht von homogenen Rechnern aus, und der Fokus liegt auf der Erzielung einer möglichst hohen Rechenleistung.

Abschnitt 3.4.3.3 enthält eine kurze Einführung in PVM.

3.4.1.2 Datenparallelität ausnutzende Modelle

Zwei Beispiele für Datenparallelität ausnutzende Sprachen sind:

1. *High Performance Fortran* (*HPF*) [KLS 94] ist eine auf Fortran 90 basierende Sprache zur besseren Ausnutzung der Datenparallelität in Fortran-Programmen. Fortran ermöglicht einfachere Datenparallelisierung als C, da keine Zeiger vorhanden sind und somit keine dynamischen Datenstrukturen unterstützt werden.

Compilerdirektiven

Der HPF-Compiler gaukelt einem HPF-Programmierer, auch in verteilter Umgebung, einen globalen Adressraum (Indexraum für Felder) vor, wie bei einem seriellen Fortran-Programm. Die Verteilung der Daten auf die verteilten Speicher der einzelnen Prozessoren eines Parallelrechners wird mit Hilfe von *Direktiven* gesteuert. Der HPF-Compiler erzeugt automatisch die erforderlichen Aufrufe der Kommunikationsroutinen für den Zugriff auf die verteilten Daten. Die Effizienz des HPF-Programms hängt dann hauptsächlich davon ab, wie geschickt der Programmierer die Daten mit Hilfe der Direktiven auf die Prozessoren verteilen kann, so dass beim Zugriff möglichst wenig (impliziter) Kommunikations-Overhead erforderlich ist; das ist das Problem der Lokalität der Zugriffe.

Die zentralen Ideen von HPF und der angebotenen Direktiven sind:

Template-Direktive

Mit der TEMPLATE-Direktive lassen sich Indexräume (Index Template) definieren, z.B.:

!HPF$ TEMPLATE t(1:100, 1:100)

ALIGN-Direktive

Die ALIGN-Direktive beschreibt die Ausrichtung von Feldern zu Indexräumen oder zu anderen Feldern, wie z.B.:

!HPF$ ALIGN A(I,J) WITH t(J,I)

!HPF$ ALIGN B(I,J) WITH t(2*I, 2*J)

DISTRIBUTE-Direktive

Die Layout-Direktive DISTRIBUTE beschreibt, wie einzelne Index-Dimensionen auf p Prozessoren verteilt werden, d.h. die Partitionierung der Felder.

REAL A(100,100), B(50,50), C (100,100,2)

!HPF$ DISTRIBUTE t(BLOCK,*), C (CYCLIC,BLOCK,*)

Dabei gibt

BLOCK an: Datenelement i wird auf Prozessor i DIV p abgebildet.

`CYCLIC`: Datenelement i wird auf Prozessor `i MOD p` abgebildet.

`*` : Elemente dieser Dimension werden nicht verteilt.

Mit `REDISTRIBUTE` und `REALIGN` ist zur Laufzeit eine Reorganisation der Daten möglich.

Die `PROCESSORS`-Direktive erklärt eine oder mehrere geradlinige Prozessoranordnungen. Die Intrinsic-Funktion `NUMBER_OF_PROCESSORS` liefert die Anzahl der aktuellen physikalischen Prozessoren zurück. Durch die `PROCESSORS`-Direktive unterstützt HPF mehrdimensionale virtuelle Prozessortopologien. Eine Matrix-Multiplikation auf einem 2*2-Grid zeigt nachfolgendes Programm:

PROCESSORS-Direktive

```
REAL*4, DIMENSION (1000,1000) :: A,B,C
!HPF$ PROCESSORS GRID(2,2)
!HPF$ DISTRIBUTE C(BLOCK,BLOCK) onto GRID
!HPF$ ALIGN A(I,J) WITH C(I,*)
!HPF$ ALIGN B(I,J) WITH C(*,J)
INTEGER : I,J,K
DO I = 1, 1000
  DO J = 1, 1000
    DO K = 1, 1000
      C(I,J) = C(I,J) + A(I,K) * B(K,J)
    END DO
  END DO
END DO
```

Programm 3-12: Virtuelle Prozessortopologie

Zum Anzeigen, dass der Compiler für die iterativen Schleifendurchläufe parallelen Code erzeugen kann, d.h. der Schleifencode wird unabhängig voneinander durchlaufen und kann konfliktfrei parallel ausgeführt werden, dienen die `INDEPENDENT`-Direktive und für Zählschleifen die `FORALL`-Anweisung, wie z.B.:

`FORALL (I=1:100) A(I,2) = C(I,5,1)`

Daneben existieren noch parallele Zuweisungen, wie z. B.:

`M(1:N,7) = 0.5`.

2. *High Performance Java* (*HPJava*) ist eine Umgebung für wissenschaftliches und paralleles Programmierung unter Java. HPJava un-

HPJava

3 Programmiermodelle für parallele und verteilte Systeme

terstützt paralleles Programmieren auf verteilten und gemeinsamen Speichern – besonders für Datenparallelität und verteilten Feldern ähnlich wie bei High Performance Fortran. HPJava erweitert Java mit multi-dimensionalen Feldern (multiarray) mit Eigenschaften ähnlich den Feldern in Fortran. Das HPJava Development Kit steht im Web unter [PTLHP 07] zum Herunterladen bereit.

Das *Java Grande Forum (JGF)* [JGF 07] versucht, eine zum Einsatz in High Performance Anwendungen besser geeignete Java-Umgebung zu definieren; z. B. durch neue Schlüsselwörter `strictfp` und `fastfp` für eine CPU und Floating Point-Einsatz mit neuen Klassen für mehrdimensionale Felder oder durch Festlegen einer Schnittstelle für das Message Passing Interface.

3.4.2 Überblick kooperative Modelle

3.4.2.1 Lokalisierung des Kooperationspartners (Broker)

Will ein Prozess kooperativ mit einem anderen Prozess zusammenarbeiten und somit einen Dienst des anderen Prozesses aufrufen, so muss er die Adresse (den Rechner) des Kooperationspartners kennen. Die Lokalisierung des Kooperationspartners kann auf folgende Art und Weise geschehen:

1. Durch direkte Angabe der Adresse des Partners (*statisches Binden*).
2. Durch Umsetzen eines logischen Namens des Kooperationspartners in eine physikalische Adresse über einen Broadcast oder über einen Broker (*dynamisches Binden*).

Nachteil statisches Binden

Im Fall 1 erfolgt das Binden eines Partners mit einem entsprechenden Aufruf statisch bei der Übersetzung des aufrufenden Programms. Falls der Partner auf einer anderen Maschine laufen soll oder falls sich die Schnittstelle des Partners ändert, müssen bei diesem Verfahren diejenigen Programme, welche Aufrufe an den Partner vornehmen, gefunden und neu übersetzt werden. Die Anwendung ist dadurch von einer konkreten Systemkonfiguration und speziell von den Netzwerkadressen abhängig.

Vorteil dynamisches Binden

Im Fall 2 kann das Binden dynamisch bei Beginn des Programmablaufs oder gar erst bei der Ausführung des Aufrufes erfolgen. Die Indirektion über einen Broker ermöglicht eine Änderung der Adressen des Partners, ohne dass der andere Partner davon beeinträchtigt ist. Dadurch können dynamische Systemrekonfigurationen und mobile Partner unterstützt werden.

3.4 Programmiermodelle für verteilten Speicher

Zum dynamischen Binden muss ein Mechanismus zum Exportieren der angebotenen Aufrufschnittstellen (Dienstes) existieren. Das bedeutet, der Server sendet seinen Namen, seine Versionsnummer, eine Identifikation, möglicherweise weitere Informationen und seine Adresse zu einem *Broker*.

Broker

Die Adresse ist dabei systemabhängig und kann eine Ethernet-Adresse, eine IP-Adresse, eine X.500-Adresse oder eine Prozessidentifikation sein. Zusätzlich kann noch weitere umfangreiche Information, z.B. die Authentifikation betreffend, mitgeschickt werden. Der Broker trägt dann den Namen des Dienstes und seine Adresse in eine Namenstabelle ein. Dieser Vorgang heißt *Registrierung* des Dienstes. Soll ein Dienst nicht mehr länger zur Verfügung stehen, so kann der Namenstabelleneintrag durch *Deregistrierung* gelöscht werden. Dazu muss der Broker eine bekannte und feste Adresse haben; diese Adresse für den Broker ist beispielsweise bei RPCs immer die Adresse 111. Eine andere Möglichkeit, die im Internet genutzt wird, ist, den logischen Namen des Brokers über das Domain Name System (DNS) aufzulösen. Mit der erhaltenen IP-Adresse von dem Broker kann dann der Broker angesprochen werden und die Adresse des Dienstes ermittelt werden.

Registrierung und Deregistrierung

Nach der Registierung des Aufrufes steht der Aufruf mit seiner Adresse im Netz zur Verfügung. Ein Client kann dann den Dienst in folgenden Schritten in Anspruch nehmen:

1. Ein Client fragt nach der Adresse des Dienstes beim Broker nach.
2. Der Broker gibt dem anfragenden Client die Adresse des Servers, der den Dienst anbietet.
3. Mit der Adresse des Servers kann der Client den Dienst des Servers aufrufen.
4. Der Server führt den Dienst aus, und der Server gibt das Ergebnis des Aufrufes an den Client zurück.

Die kooperativen Nachrichten- und Aufrufmodelle folgen alle dem in Abbildung 3-18 dargestellten Dreieck Client-Broker-Server

3 Programmiermodelle für parallele und verteilte Systeme

Abb. 3-18:
Dreieck
Client-Broker-
Server

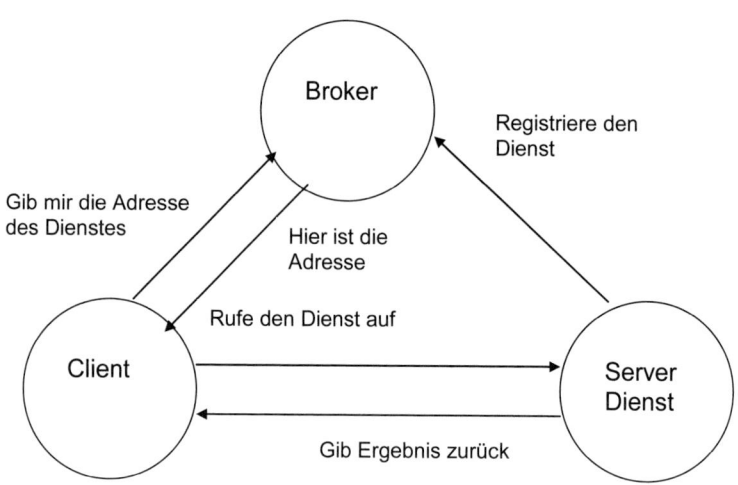

3.4.2.2 Datenrepräsentation auf unterschiedlichen Maschinen

Unterschiedliche Datenrepräsentation

Bei der Nachrichtenübertragung sind wir davon ausgegangen, dass die beiden Kooperationspartner eine identische Datendarstellung benutzen. Ein großes verteiltes System enthält jedoch verschiedene Maschinen. Jede dieser Maschinen benutzt eine andere Repräsentation für Zahlen, Characters und andere Daten. Beispielsweise benutzen IBM-Großrechner EBCDIC-Code zur Darstellung von Characters, während Personal Computer und Minicomputer ASCII-Code verwenden. Ähnliche Probleme treten mit der Darstellung von Ganzzahlen und Gleitkommazahlen auf. Manche Maschinen benutzen für Ganzzahlen das Einerkomplement und manche das Zweierkomplement. Bei Gleitkommazahlen variieren die Größe der Mantisse und des Exponenten von Maschine zu Maschine, falls nicht ein genormtes Format (ANSI/IEEE 754-Gleitkomma-zahlen-Format) verwendet wurde.

little endian
big endian

Ein weiteres Problem ist durch die Ablage der Bytes im Speicher gegeben. Entweder liegt das niederwertigste Byte auf der niedrigsten Speicheradresse oder umgekehrt, das höchstwertige Byte liegt auf niedrigster Speicheradresse. Die beiden Byte-Ordnungen heißen *little endian* bzw. *big endian*. Intel-, National Semiconductor Prozessoren und VA-

3.4 Programmiermodelle für verteilten Speicher

Xen benutzen das little endian-Format, während Motorola-Prozessoren, die IBM 370 und Sparc-Rechner das big endian-Format benutzen.

Nachrichten werden Byte für Byte über das Netzwerk geschickt. Dadurch ist das erste abgeschickte Byte auch das erste Byte, das ankommt. Sendet eine Maschine mit little endian-Format an eine Maschine mit big endian-Format, so wird das niederwertigste Byte zum höchstwertigen Byte. Beispielsweise wird eine Integerzahl 1 zu 2^{24}, da Bit 0 im little endian-Format zu Bit 24 wird im big endian-Format.

Mit Information über die Typen der einzelnen Parameter, kann von einer Datendarstellung in eine andere Datendarstellung (big endian – little endian, EBCDIC – ASCII, Einerkomplement – Zweierkomplement) gewandelt werden. Dabei muss die zu übertragende Nachricht eine Indikation enthalten, welches Datformat vorliegt. Der Client-Stub hängt dabei vor die Nachricht die Indikation des verwendeten Formats. Kommt die Nachricht beim Server-Stub an, überprüft er das verwendete Datenformat des Clients. Stimmt das Datenformat des Clients mit seinem eigenen überein, braucht nicht gewandelt zu werden.

Liegt keine Übereinstimmung vor, wandelt er die Nachricht vom fremden Datenformat in sein eigenes Datenformat um. Hängen im Netz n verschiedene Maschinen mit verschiedenen Datendarstellungen, sind dafür n * (n-1) Konvertierungsroutinen notwendig. Die Anzahl der Konvertierungsroutinen für einen Datentyp steigt dadurch quadratisch mit der Anzahl n der Maschinen. **n*(n-1) Konvertierungen**

Diese Anzahl lässt sich auf 2*n reduzieren (der Anstieg ist nur linear), falls ein maschinenunabhängiges Netzwerkdatenformat (Transferformat) verwendet wird. Der Client-Stub wandelt dabei die eigene Datendarstellung in die Netzwerkdatendarstellung. Die Nachricht wird dann in der Netzwerkdatendarstellung übertragen, und der Server-Stub wandelt die Netzwerkdatendarstellung wieder in seine eigene Datendarstellung um. Ein Nachteil dieses Verfahrens ist, dass zwei unnötige Konvertierungen durchgeführt werden, falls beide Maschinen gleich sind und somit die gleiche Datendarstellung benutzen. Außerdem ist die direkte Konvertierung effizienter, da nur ein Konvertierungsvorgang pro Aufruf oder Rückmeldung erforderlich ist, während bei einem maschinenunabhängigen Transferformat zwei Konvertierungen nötig sind. **2*n Konvertierungen**

Dem Xerox Courier RPC-Protokoll unterliegt ein Datenrepräsentationsstandard, den sowohl die Clients als auch der Server verwenden müssen. Es ist die big endian-Reihenfolge. Die maximale Größe ir- **16-Bit-Xerox-NS-Zeichensatz**

3 Programmiermodelle für parallele und verteilte Systeme

gendeines Feldes beträgt 16 Bit. Zeichen werden in dem *16-Bit-Xerox-NS-Zeichensatz* verschlüsselt. Dieser benutzt 8-Bit-ASCII für normale Zei

chen, wobei auf andere spezielle Zeichensätze wie beispielsweise Griechisch ausgewichen werden kann. Der griechische Zeichensatz ist sinnvoll, wenn z.B. ein mathematischer Text an bestimmte Drucker gesendet wird.

eXternal Data Representation (XDR)

Der von Sun RPC verwendete Datenrepräsentationsstandard heißt *eXternal Data Representation (XDR)*. Er besitzt eine big endian-Reihenfolge, und die maximale Größe irgendeines Feldes beträgt 32 Bit.

Network Data Representation (NDR)

Anstelle eines einzigen Netz-Standards unterstützt **NDR** *(Network Data Representation)* mehrere Formate. Dies ermöglicht dem Sender, sein eigenes internes Format zu benutzen, falls es eines der unterstützenden Formate ist. Der Empfänger muss, falls sich sein Format von dem des Senders unterscheidet, dieses in sein eigenes Format umwandeln. Dies wird als die „der Empfänger wird's schon richten"-Methode bezeichnet. Diese Technik besitzt dadurch den Vorteil, dass wenn zwei Systeme mit gleicher Datenrepräsentation miteinander kommunizieren, sie überhaupt keine Daten umzuwandeln brauchen.

Implizites versus explizites Typing

XDR und NDR benutzen das so genannte *implizite Typing*. Das bedeutet, dass nur der Wert einer Variablen über das Netz geschickt wird und nicht der Variablentyp. Im Gegensatz dazu verwendet das von der ISO (International Standards Organization) definierte Transferformat (Transfersyntax) das *explizite Typing*. Die dazugehörige Beschreibung von Datenstrukturen ist in der Beschreibungssprache ASN.1 (Abstract Syntax Notation 1) gegeben. ASN.1 überträgt den Typ jedes Datenfeldes (verschlüsselt in einem Byte) zusammen mit dessen Wert in einer Nachricht. Wenn beispielsweise eine 32-Bit-Integer übertragen werden soll, so würde bei impliziten Typing nur der 32-Bit-Wert über das Netz übertragen. Bei explizitem Typing in ASN.1 würde dagegen ein Byte übermittelt, welches angibt, dass der nächste Wert ein Integer ist. Dem folgt ein weiteres Byte, das die Länge des Integer-Feldes in Byte angibt, sowie ein, zwei, drei oder vier Bytes, die den tatsächlichen Wert des Integers enthalten.

Die kooperativen Modelle untergliedern sich in

- *nachrichten-basierte* Modelle, wobei ein Prozess einem anderen Prozess eine Nachricht zusenden (`send`) kann, die dieser dann empfängt (`receive`). Der Aufruf eines Dienstes wird dabei in eine Nachricht verpackt.

3.4 Programmiermodelle für verteilten Speicher

- *Entfernte Aufrufe*, wobei der Dienst direkt aufgerufen wird. Der Dienst kann sein
  - eine Prozedur,
  - eine Methode eines Objektes,
  - eine durch sein Interface spezifierte Methode und damit eine Methode einer Komponenten oder
  - ein Service.

3.4.2.3 Nachrichtenbasierte Modelle

Die auf einem Cluster oder Grid ablaufenden Programme sind parallele Programme, die durch einen Nachrichtenaustausch miteinander kommunizieren können. Jedes parallele Programm benötigt also Funktionen zum Senden und Empfangen von Daten oder Nachrichten. Für den Nachrichtenaustausch stehen zur Verfügung:

1. *TCP/IP-Sockets* mit den Send- und Receive-Funktionen. Die Programmierung, welche die auf TCPI/IP basierende Socket API benutzen und zur Absicherung des Nachrichtenverkehrs das Secure Socket Layer (SSL) einsetzen, bezeichnet man als *Netzwerkprogrammierung* [Z 06]. Für synchrone Nachrichtenübertragung sind Sockets das meist verbreitete und am besten dokumentierte Nachrichtenübertragungssystem. Jedes Betriebssystem bietet Sockets an, und sie sind dadurch der de facto-Standard für Netzwerkapplikationen auf TCP/IP-Netzen. Sockets wurden 1981 im Rahmen eines DARPA (Defense Advanced Research Projects Agency)-Auftrages an der University of California at Berkeley entwickelt und sind dadurch im 4.3BSD (Berkeley Software Distribution) Unix-System enthalten. 1986 führte AT&T das Transport Layer Interface (TLI) ein, das die gleichen Funktionalitäten wie Sockets anbietet, jedoch in einer mehr netzwerkunabhängigen Art. Unix SVR4 enthält beides, Sockets und TLI, aber wie schon erwähnt sind Sockets weiter verbreitet. BSD-Sockets und TLI sowie ihre Programmierung sind bei Stevens [S 92] und Padovano [P 93] beschrieben. Eine Beschreibung der bei den Windows-Betriebssystemen zur Verfügung gestellten Sockets, die so genannten WinSock, ist in [Bo 96] enthalten. TCP/IP-Sockets sind in allen Betriebssysteme eingebettet, und *OpenSolaris*, ein Open-Source-Projekt von Sun Microsystems, dürfte zur Zeit wohl die effizienteste Implementierung des TCP/IP-Stacks und damit der Socket-API anbieten. Die Programmierung und den Umgang mit der Socket-API in den Programmiersprachen C, Java, Python, Perl, Ruby und Tcl beschreibt Jones [J 04]. Weiterhin besitzt

3 Programmiermodelle für parallele und verteilte Systeme

die Programmiersprache Java diverse Klassen zur Socketprogrammierung [J 99]. Nachfolgender Abschnitt 3.4.4.1 führt in die Socketprogrammierung ein.

Vorteile Message-Server

2. *Java Message Service (JMS)*: Nachteilig bei TCP/IP-Sockets ist der synchrone Nachrichtenaustausch. Ein Client versendet eine Nachricht, daraufhin wird er blockiert, und er muss warten bis eine Rückantwort zurückkommt. Bei asynchroner Kommunikation kann ein Client eine Nachricht an einen *Message Service* (**Message-Server**) senden und sofort in seinem Programmlauf fortfahren, ohne auf die Rückmeldung des Kommunikationspartners warten zu müssen. Ein weiterer Vorteil der asynchronen Nachrichtenübertragung liegt darin, dass Sender und Empfänger durch den dazwischenliegenden Message-Server nur lose gekoppelt sind. Sie brauchen daher nicht die gleiche Technologie zu verwenden. Unterschiedliche Clients senden ihre Nachricht, die mit einem Bestimmungsort versehen ist, an den Message-Server. Der Empfänger bekommt die Nachricht von dem Message-Server und verarbeitet sie.

Der *Java Message Service (JMS)* stellt einen zentralen Message-Server zur Verfügung, dessen Implementierung in der JMS-Spezifikation *JMS Provider* heißt. Eine JMS-Applikation besteht aus vielen JMS-Clients und gewöhnlich einem JMS Provider.

Die Komponenten einer JMS-Applikation heißen:

Komponenten einer JMS-Applikation

- *Producer*, für den Clientteil einer Applikation, welcher die Nachricht erzeugt und an das Ziel (Destination) verschickt.

- *Destination*, für ein Objekt, über welches der Client den Bestimmungsort einer Nachricht beim Senden bzw. Empfangen spezifiziert.

- *Consumer*, für den Teil der Applikation, der die Nachricht von ihrem Ziel empfängt und verarbeitet.

JMS stellt zwei Nachrichtenmodelle zur Verfügung, die in der JMS-Spezifikation *Messaging Domains* genannt werden:

Point-to-point (PTP)

1. *Point-to-Point*-Modell (PTP, 1:1-Kommunikation): Der Erzeuger erzeugt eine Nachricht und verschickt diese über einen virtuellen Kanal, der *Queue* genannt wird. Eine Warteschlange (Queue) kann viele Empfänger haben, aber nur ein Empfänger kann die Nachricht konsumieren. PTP bietet einen `QueueBrowser`, der einem Client erlaubt, den Inhalt der Queue zu inspizieren, bevor er die Nachricht konsumiert.

3.4 Programmiermodelle für verteilten Speicher

2. *Publish/Subscribe*-Modell (Pub/Sub, 1:m-Kommunikation): Ein Erzeuger produziert die Nachricht und verschickt diese über einen virtuellen Kanal, der *Topic* genannt wird (***publish***). Ein oder mehrere Empfänger können sich zu einem Topic verbinden (***subscribe***) und die Nachricht erhalten. Jeder zu dem Topic registrierten Empfänger erhält dann eine Kopie der Nachricht.

Publish/ Subscribe (Pub/Sub)

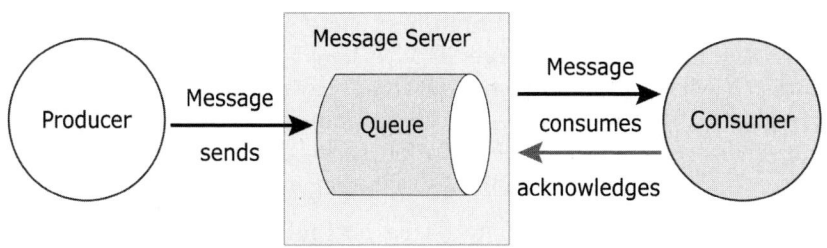

a) Point-to-Point Messaging (PTP)

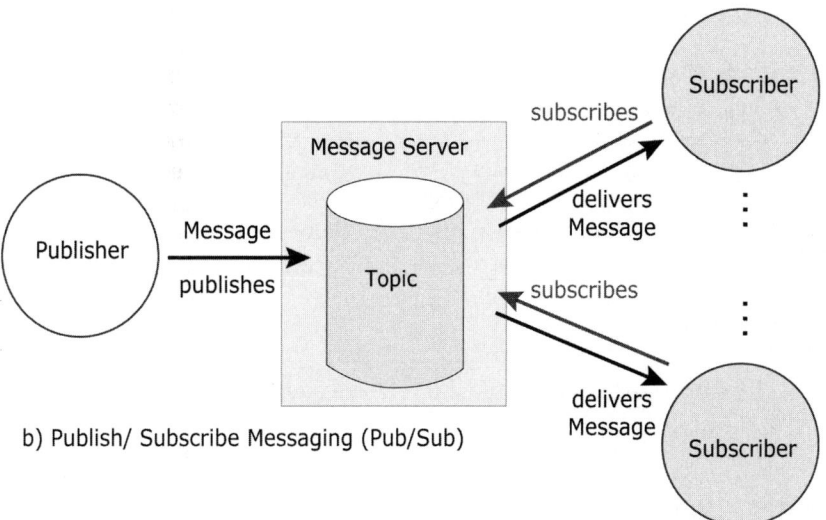

b) Publish/ Subscribe Messaging (Pub/Sub)

Abb. 3-19: PTP versus Pub/Sub

3.4.2.4 Entfernte Aufruf-Modelle

Die bisher vorgestellten Modelle basierten darauf, dass das verteilte System bereits in Clients, Server oder verteilte Prozessen untergliedert ist und somit schon die verteilte Struktur vorliegt. Diesem Programmiermodell liegt das Senden und Empfangen von Nachrichten zwischen den Prozessen als Basis der Verteilung zugrunde. Es entspricht dadurch weniger der Vorstellung, die vorhandene, nicht verteilte An-

3 Programmiermodelle für parallele und verteilte Systeme

wendung auf mehrere Rechner zu verteilen. Eine noch nicht verteilte monolithische Anwendung lässt sich als eine Ansammlung von Prozeduren betrachten. Diese Ansammlung von Prozeduren teilt man dann in Prozeduraufrufer und damit Clients und die Prozedur selbst, die dadurch zu einem Server wird. Man prägt also nachträglich der monolithischen Struktur eine Client-Server-Struktur auf und verteilt die Prozeduren auf mehrere Rechner. Durch dieses Vorgehen erscheint die verteilte Abarbeitung der Prozeduren wie eine zentralisierte Abwicklung der Prozeduren. Das verteilte System stellt sich dem Benutzer dadurch wie ein zentrales monolithisches System dar. Voraussetzung für dieses Vorgehen ist, dass ein Programm (Prozedur) eine Prozedur auf einer anderen Maschine aufrufen kann; d.h. es müssen entfernte Prozeduraufrufe (Remote Calls, RCs) vorliegen.

Die entfernten Aufrufmodelle (siehe nachfolgenden Abschnitt 3.4.5) gehen von

- entfernten Prozeduraufrufen (Remote Procedure Calls (RPCs)) (Abschnitt 3.4.5.5), hin zu

- entfernten Objekt- und somit Methodenaufrufen mit der Common Object Request Broker Architecture (CORBA) (Abschnitt 3.4.5.6) und den auf Java basierenden Remote Method Invocation (RMI) (Abschnitt 3.4.5.7), weiter zu

- entfernten Komponentenaufrufen, dem Distributed Component Object Model (DCOM) und dem .NET Remoting (Abschnitt 3.4.5.8) bis hin zu

- entfernten Serviceaufrufen mit den Web Services (Abschnitt 3.4.5.9) und dem vereinfachten Serviceaufruf dem XML-RPC Abschnitt (3.4.5.10).

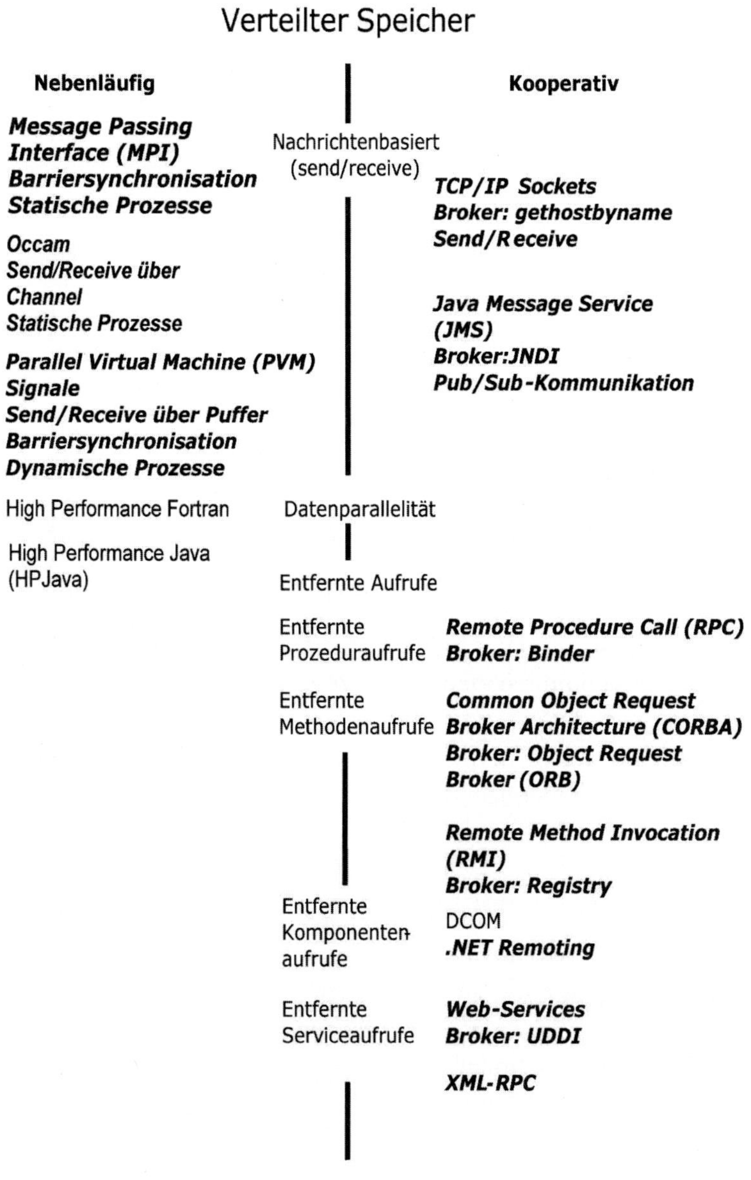

3.4 Programmiermodelle für verteilten Speicher

Verteilter Speicher

Nebenläufig

Message Passing Interface (MPI)
Barriersynchronisation
Statische Prozesse

Occam
Send/Receive über Channel
Statische Prozesse

Parallel Virtual Machine (PVM)
Signale
Send/Receive über Puffer
Barriersynchronisation
Dynamische Prozesse

High Performance Fortran

High Performance Java (HPJava)

Kooperativ

Nachrichtenbasiert (send/receive)

TCP/IP Sockets
Broker: gethostbyname
Send/Receive

Java Message Service (JMS)
Broker: JNDI
Pub/Sub-Kommunikation

Datenparallelität

Entfernte Aufrufe

Entfernte Prozeduraufrufe — ***Remote Procedure Call (RPC)***
Broker: Binder

Entfernte Methodenaufrufe — ***Common Object Request Broker Architecture (CORBA)***
Broker: Object Request Broker (ORB)

Remote Method Invocation (RMI)
Broker: Registry

Entfernte Komponentenaufrufe — DCOM
.NET Remoting

Entfernte Serviceaufrufe — ***Web-Services***
Broker: UDDI

XML-RPC

Abb. 3-20: Programmiermodelle für verteilten Speicher

3.4.3 Nebenläufige und nachrichtenbasierte Modelle

3.4.3.1 Message Passing Interface (MPI)

MPI-1, MPI-2
Das *Message Passing Interface* (*MPI*) ist eine von IEEE standardisierte Kommunikationsbibliothek für die Programmiersprechen C, C++, Fortran 77 und Fortran 90. Das MPI-Forum [MPI 94], eine internationale Entwicklergemeinschaft aus Vertretern der Industrie, Universitäten und Forschungseinrichtungen, entwickelt MPI seit 1992. Im Jahr 1995 erschien *MPI-1*, die erste Version des Standards, 1997 erschien mit *MPI-2* die zweite Version. Das Konsortium *Open MPI* [OM 07] stellt eine Open Source MPI-2-Implementation zur Verfügung.

Bei MPI-2 [GHL 00], {BM 06] kam zusätzlich

- die dynamische Prozesserzeugung und Prozessverwaltung und
- die parallele Ein- und Ausgabe hinzu.

Dynamische Prozesse
Bei MPI-1 muss die Anzahl von Prozessen einer MPI-Anwendung konstant sein. Beim Start der Anwendung wird sie festgelegt und kann im Nachhinein nicht mehr verändert werden. Unter MPI-2 können Prozesse bei Bedarf und somit dynamisch erzeugt werden. Des Weiteren können, getrennt gestartet, unabhängige MPI-Programme miteinander kommunizieren. Dies ermöglicht, Client Server-Anwendungen mit gehenden und kommenden Clients mit MPI-2 zu realisieren.

Schreib- und Lesefunktionen
Der MPI-Standard stellt eine Vielzahl von Schreib- und Lesefunktionen zur Verfügung. Diese Funktionen orientieren sich an den nachfolgend vorgestellten unterschiedlichen Sende- und Empfangsfunktionen. MPI-2 stellt eine Dateisystemschnittstelle mit paralleler Semantik zur Verfügung. Die Schnittstelle ist architekturunabhägig und abstrahiert von den Unterschieden bei verschiedenen parallelen Dateisystemen, wie NFS, PVFS oder GPFS. Auf diesen verschiedenen parallelen Dateisystemen basiert natürlich die Implementation des MPI-2-Dateisystems.

Anleitungen für MPI mit Beispielen in C und Fortran sind in [GLS 99], [GLS 07] und [GLT 99] enthalten. Parallelprogrammierung in C mit MPI und OpenMP beschreibt [Q 03]. Das komplette Referenzmanual zu MPI liegt in [GOH 98] und [SOH 00] vor, und eine Beschreibung der C-Schnittstelle des MPI-Standards ist im Anhang von [BM 06] beschrieben. Die offizielle Version der MPI Dokumentation stellt das MPI-Forum in Postscript- und HTML-Versionen [MPI 07] zur Verfügung. Der folgende Abschnitt gibt nur einen Überblick über die MPI-Funktionen und enthält nicht alle Funktionen der MPI-Bibliothek. Um

3.4 Programmiermodelle für verteilten Speicher

einen vollständigen Überblick zu erhalten, sollte man auf die Referenz-Manuals zu MPI zurückgreifen.

Es existieren MPI-Implementation für viele Hardware-Plattformen von kommerziellen Anbietern und frei erhältliche diverse Implementierungen des MPI-Standards:

- MPICH, MPICH2 [MPC 07] ist eine am Argonne National Laboratory entwickelte freie MPI-Implementierung. MPICH2 ist eine komplette Neuentwicklung des Argonne National Laboratory. Die neuste Version MPICH-2 unterstützt neben TCP/IP-Netzen auch Infiniband.

  Implementationen von MPI

- MPICH-GM ist eine auf MPICH basierende MPI-Implementation von Myricom für Myrinet.

- MPICH G2 [MPG 07] ist ein Abkömmling von MPICH, die auf einem Clusterverbund und somit einem Grid läuft. Die Bibliothek setzt auf dem Globus Toolkit auf, das die Unterschiede zwischen den verschiedenen Clustern überbrückt.

- Intel MPI Library {MPII 07]: Es handelt sich um eine auf MPICH2 basierende kommerzielle MPI-Implementierung von Intel. Die Bibliothek unterstützt Infiniband.

- Scali MPI Connect [MPIS 07] ist eine kommerziell von Scali vertriebene MPI-Implementaion, die TCP/IP-, Ethernet-, SCI-, Myrinet- und Infiniband-Netze unterstützt.

- MPI/Pro [MPIV1 07] ist eine kommerzielle MPI-Implementation, die unter Linux, MAC OS X und Windows läuft. ChaMPIon/Pro [MPIV2 07] ist eine weitere kommerzielle MPI-Implementation, welche die Kommunikation unter TCP/IP, Shared Memory, Myrinet, Infiniband und Quadrics unterstützt. Die MPI-Implementation ist multithreaded, wodurch Kommunikation und Berechnung eines MPI-Programmes gleichzeitig abgewickelt werden können.

- LAM/MPI [LM 07]. LAM steht für *L*ocal *A*rea *M*ulticomputer und ist Bestandteil der meisten Linux-Distributionen und somit frei erhältlich. LAM/MPI implementiert den Standard MPI-1 vollständig und den Standard MPI-2 fast vollständig. Es unterstützt TCP/IP-, Infiniband- und Myrinet-Netze.
  Zum Starten von MPI-Programmen und zum Teil auch für die Kommunikation verwendet LAM/MPI einen Dämon. Dieser Dämon muss auf allen Knoten gestartet werden und muss vor Start des MPI-Programmes laufen.

3 Programmiermodelle für parallele und verteilte Systeme

LAM/MPI unterstützt heterogene Cluster und ist gridfähig. Bei Grids wird auf das Globus Toolkit zurückgegriffen.

LAM/MPI stellt zur Compilation und Ausführung eine komfortable Laufzeitumgebung zur Verfügung, die überblickshaft folgende Komponenten umfasst:

`lamboot` – LAM-Universum starten.

`lamshrink` – LAM-Universum schrumpfen.

`lamgrow` – LAM-Universum vergrößern.

`lamhalt` – LAM-Universum stoppen.

`lamwipe` – LAM-Universum stoppen (langsam).

`laminfo` – Information über LAM-Konfiguration ausgeben.

`lamnode` – Information über LAM-Knoten ausgeben.

`lamclean` – LAM-System aufräumen Universum schrumpfen.

`lamexec` – Nicht-MPI-Programm auf LAM-Knoten starten.

`mpicc` – C-Wrapper-Compiler.

`mpic++` – C++-Wrapper-Compiler.

`mpif77` – FORTRAN-Wrapper-Compiler.

`mpirun` – MPI-Programm auf LAM-Knoten starten.

`mpiexec` – MPI-Programm auf LAM-Knoten starten.

`mpitask` – MPI-Programm überwachen.

MPJ *Message Passing in Java* (*MPJ*) [CGJ 00] ist ein objektorientiertes Interface für die Standardbibliothek MPI. Das Interface *mpiJava* ist keine Erweiterung von Java, sondern portierbar auf kompatible Java-Entwicklungsumgebungen und MPI-Umgebungen. mpiJava kann unter [PTL 07] heruntergeladen werden.

3.4.3.1.1 Initialisieren und Beenden von Prozessen

mpi.h

Die Schnittstelle zur MPI-Bibliothek ist in `mpi.h` enthalten. In `mpi.h` sind alle MPI-Funktionen deklariert und die MPI-spezifischen Konstanten definiert. Alle Bezeichner in `mpi.h` beginnen mit `MPI_`. Bei Konstanten besteht der Rest aus Großbuchstaben (z.B. `MPI_DOUBLE`), bei Funktionen folgen ein oder mehrere durch Tiefstriche getrennte Worte, wobei nur der erste Buchstabe des ersten Wortes groß geschrieben wird (z.B. `MPI_Init`).

3.4 Programmiermodelle für verteilten Speicher

Neben den benutzerdefinierten Datentypen stellt MPI einige vordefinierte Datentypen bereit, die Maschinenunabhängigkeit garantieren. Diese sind:

Vordefinierte Datentypen

> MPI_BYTE
> MPI_CHAR
> MPI_DOUBLE
> MPI_FLOAT
> MPI_INT
> MPI_LONG
> MPI_LONG_DOUBLE
> MPI_PACKED
> MPI_REAL
> MPI_SHORT
> MPI_UNSIGNED
> MPI_UNSIGNED_CHAR
> MPI_UNSIGNED_LONG
> MPI_UNSIGNED_SHORT

MPI_Init und MPI_Finalize

Um das MPI-System zu initialisieren, ist ein Aufruf der Funktion `MPI_Init` notwendig. `MPI_Init` muss vor allen anderen MPI-Funktionen aufgerufen werden und darf nicht mehrfach aufgerufen werden.

```
int MPI_Init (int *argc , char ***argv);
```

MPI_Init

Die Bedeutung der beiden optionalen Argumente `argc` und `argv` ist identisch mit den Kommandozeilen-Argumenten der C-main-Funktion. `argc` ist ein Pointer auf die Anzahl der übergebenen Argumente (Pointer auf das erste Argument der `main`-Funktion) und `argv` ist ein Pointer auf den Argumentvektor (Pointer auf das zweite Argument der `main`-Funktion).

Auch MPI-Programme, die keine Kommandozeilenargumente abfragen, müssen die Parameter `argc` und `argv` angeben, denn diese werden an die Initialisierungsfunktion `MPI_Init` weitergereicht. Ein Test,

3 Programmiermodelle für parallele und verteilte Systeme

ob die `MPI_Init` bereits aufgerufen wurde, geschieht mit der Funktion

MPI_Initialized

`int MPI_Initialized (int *flag);`

`flag` hat den Wert `TRUE`, wenn `MPI_Init` bereits aufgerufen wurde, ansonsten `FALSE`.

Zum Beenden einer MPI-Umgebung dient die Funktion

MPI_Finalize

`int MPI_Finalize();`

Alle MPI-Prozesse müssen diese Routine vor ihrer Beendigung aufrufen.

3.4.3.1.2 Kommunikator und Rang

Ein *Kommunikator* ist eine Gruppe von Prozessen, die sich zueinander Nachrichten senden und somit zusammen arbeiten. Nach der Initialisierung durch `MPI_Init` existiert bereits der vordefinierte Kommunikator oder die Gruppe `MPI_COMM_WORLD`, die den Typ `MPI_Comm` besitzt. Er enthält die Gruppe aller gestarteten Prozesse (Prozessstart mit `mpirun oder mpiexec`. Ein Kommunikator definiert einen Raum, den eine Nachricht nicht verlassen kann.

MPI_Comm_size und MPI_Comm_rank

Zur Abfrage der gestarteten Prozesse innerhalb eines Kommunikators dient die Funktion

MPI_Comm_size

`int MPI_Comm_size (MPI_Comm Comm, int *size);`

Der erste Parameter ist der Kommunikator und `MPI_Comm_size` liefert im zweiten Parameter die Anzahl p der Prozesse. Die p Prozesse eines Kommunikators sind von 0 bis p-1 durchnummeriert. Die Nummer eines Prozesses ist sein *Rang*.

Der Rang eines Prozesses innerhalb des Kommunikators bestimmt die Funktion

MPI_Comm_rank

`int MPI_Comm_rank (MPI-Comm comm, int *myrank)`

mit ihrem zweiten Argument.

Die Differenzierung der Prozesse nach ihrem Rang erlaubt mehrere parallele Prozesse, welche das gleiche Aussehen haben, aus dem gleichen Programmcode zu generieren. Über den Rang der Prozesse kann dann der Kontrollfluss in verschiedenen Prozessen unterschiedlich gesteuert werden.

Die Funktion

```
int MPI_Get_processor_name (char *Name, int *len)
```

MPI_Get_pro cessor_name

liefert den Namen der Maschine zurück, auf der der aufrufende Prozess läuft. Dieser Name stimmt mit dem Namen überein, welcher die C-Funktion `gethostbyname` liefert (siehe Abschnitt 3.4.4.1).

3.4.3.1.3 Blockierendes Senden und Empfangen

Der grundlegende Kommunikationsmechanismus bei MPI ist die Punkt-zu-Punkt-Kommunikation (1:1-Kommunikation). Bei dieser Kommunikation sendet ein Prozess eine Nachricht an einen empfangenden Prozess. Der sendende Prozess wartet dabei, bis der empfangende Prozess an der Empfangsanweisung steht, und der empfangende Prozess wartet bis der sendende Prozess an der Sendeanweisung steht. Diese Interaktion (blockierendes Senden und Empfangen) heißt *Rendezvous* (siehe Abschnitt 3.3.7.1).

Die Funktion zum blockierenden Senden von Daten ist:

```
int MPI_Send (void *buf, int count,
        MPI_Datatype type, int dest,
        int tag, MPI_Comm comm);
```

MPI_Send

Der erste Parameter `buf` enthält die Adresse der zu versendenden Daten, und im Parameter `count` steht die Anzahl der zu versendenden Daten. Der Parameter `type` beschreibt den Typ, der zu versendenden Datenelemente. Der Empfänger der Daten ist durch `dest` und `comm` festgelegt. Der Parameter `dest` gibt den Rang des Prozesses in der Gruppe (Kommunikator) `comm` an (Standardgruppe ist `MPI_COMM_WORLD`). Der Parameter `tag` ist ein *Etikett*, das der Sender dem Empfänger übermittelt, um die Art der Nachricht anzuzeigen. Die Prozesse tauschen gewöhnlich viele Nachrichten aus, bei denen die Daten vom gleichen Typ, aber von unterschiedlicher Bedeutung sind. Ein Etikett (`tag`) bietet die Möglichkeit, dass der Empfänger die Nachricht selektieren kann.

Die zu `MPI_Send` korrespondierende Funktion zum Empfangen ist:

```
int MPI_Recv (void *buf, int maxbuf,
        MPI_Datatype type,
        int source, int tag,
        MPI_Comm comm,
        MPI_Status &status);
```

MPI_Recv

Die ersten sechs Parameter korrespondieren zu den Parametern von `MPI_Send`. Der Empfangsbuffer `buf` muss ein vom Empfänger bereit-

3 Programmiermodelle für parallele und verteilte Systeme

gestellter Speicher sein, der mindestens `maxbuf` Datenelemente des Typs `type` aufnehmen kann. `source` gibt den Rang des Senders an, um sicherzugehen, dass der Empfänger auch die richtige Nachricht erhält.

Es gibt eine vordefinierte Konstante `MPI_ANY_SOURCE`, falls ein Prozess von irgendeinem Sender eine Nachricht empfangen will. Die Variable `status` vom Typ `MPI_STATUS` ist eine Struktur mit den Komponenten

MPI_STATUS
```
typedef struct {int MPI_SOURCE;
                int MPI_TAG;
                int MPI_ERROR;
                ...
               } MPI_Status;
```

Wurde die Nachricht mit `MPI_ANY_SOURCE` empfangen, so kann der Empfänger mit `status.MPI_SOURCE` sowohl den Rang des Absenders, als auch das Etikett mit `status.MPI_TAG` der Nachricht abfragen.

Die Punkte in `MPI_Status` stehen für weitere Komponenten, auf die mit der Funktion

MPI_Get_count
```
int MPI_Get_count(MPI_Status *status,
                  MPI_Datatype type,
                  int *count);
```
zugegriffen wird. `MPI_Get_count` liefert in `count` die Anzahl der tatsächlich übertragenen Elemente. Eine typische Anwendung von `MPI_GET_Count` ist das Sondieren einer eingehenden Nachricht mit

MPI_Probe
```
int MPI_Probe(int src, int tag,
              MPI_Comm comm,
              MPI_Status *stat);
```
`MPI_Probe` kehrt zum Aufrufer zurück, sobald eine Nachricht vom Absender `src` mit Etikett `tag` zum Empfang vorliegt. Die Nachricht selbst wird dabei nicht empfangen, jedoch wird die Statusvariable gesetzt. Der Empfänger kann mit `MPI_Get-Count (&status, ...)` die Größe der Nachricht ermitteln, kann genügend Speicherplatz reservieren und die Nachricht schließlich mit `MPI_Recv` empfangen.

3.4 Programmiermodelle für verteilten Speicher

Der MPI-Standard bietet vier Modi für das blockierende Senden an:

- Standardmodus: `MPI_Send`
- Gepufferter Modus: `MPI_Bsend`
- Synchroner Modus: `MPI_Ssend`
- Empfangsbereiter Modus: `MPI_Rsend`

MPI-Send

MPI-Bsend

MPI_Ssend

MPIRsend

Beim blockierenden Senden und Empfangen muss dem Senden von einem Prozess eine Empfangsanweisung eines anderen Prozesses gegenüberstehen, sonst entstehen *Verklemmungen* (*Deadlocks*). Ein Deadlock zeigt das folgende Programm:

Prozess 0:   Prozess 1:

Deadlock!

```
...                       ...
MPI_Send (dest=1);        MPI_Send (dest=0);
MPI_Recv (src=1);         MPI_Recv (src=0);
...                       ...
```

Das Weiterleiten einer Nachricht durch gleichzeitiges Senden und Empfangen geschieht mit:

```
int MPI_Sendrecv (void *sendbuf, int sendcount,
         MPI_Datatype sendtype,
         int dest, int sendtag,
         void *recvbuf, int recvcount,
         MPI_Datatype recvtype,
         int src, int srctag,
         MPI_Comm comm,
         MPI_Status *status);
```

MPI_Sendrecv

`MPI_Sendrecv` enthält die kombinierten Parameter von `MPI_Send` und `MPI_Recv`. und ist wie `MPI_Send` eine blockierende Operation. `MPI_Sendrecv` führt diese beiden Befehle in zwei unabhängigen Verarbeitungssträngen, also quasiparallel aus. Adressat `dest` und Absender `src` dürfen identisch sein. Die beiden Speicherbereiche `sendbuf` und `recvbuf` dürfen nicht identisch sein und dürfen sich auch nicht überlappen, da `MPISendrecv` umkopiert. Das Umkopieren der Daten vom Empfangs- in den Sendepuffer unterbleibt bei der Funktion

MPI_Sendrecv_replace
```
int MPI_Sendrecv_replace (void *buf, int count,
                          MPI_Datatype type,
                          int dest,
                          int sendtag,
                          int src, int recvtag,
                          MPI_Comm comm,
                          MPI_Status *status);
```

Anzahl und Typ der Daten für beide Richtungen müssen allerdings bei `MPI_Sendrecv_replace` identisch sein.

3.4.3.1.4 Nichtblockierendes Senden und Empfangen

Für das sofortige (I – Immediate) oder nicht blockierende Senden dient die Funktion `MPI_Isend`. Diese Funktion stößt den sofortigen Transfer an.

MPI_Isend
```
int MPI_Isend (void *buf, int count,
               MPI_Datatype type,
               int dest, int tag,
               MPI_Comm comm,
               MPI_Request *request);
```

Die Argumente von `MPI_Isend` entsprechen denen von `MPI_Send`, nur das letzte Objekt request ist neu hinzugekommen. Request dient zum Abfragen des Endes der Sendeoperation. Das Abfragen geschieht mit den Routinen `MPI_Test` oder beim Warten auf Abschluss der Kommunikation mit `MPI_Wait`.

Das Gegenstück zur Routine `MPI_Isend` ist die nicht blockierende Empfangsoperation `MPI-Irecv`:

MPI_Irecv
```
int MPI_Irecv (void *buf, int maxbuf,
               MPI_Datatype type,
               int source, int tag,
               MPI_Comm comm,
               MPI_Request *request);
```

Die Parameter von `MPI_Irecv` entsprechen denen von `MPI_Recv`, nur das Argument status wurde durch das Argument *request vom Typ `MPI_Request` ersetzt. Mit `MPI_Wait` kann auf Abschluss

3.4 Programmiermodelle für verteilten Speicher

der Empfangsoperation gewartet werden, und mit `MPI_Test` kann der Empfang getestet werden.

Die Routine `MPI_Test` überprüft, ob eine nicht blockierende Sendeoperation beendet ist. Ist die Sendeoperation beendet, enthält die Variable `flag` den Wert TRUE, andernfalls den Wert FALSE. **MPI_Test**

```
int MPI_Test (MPI_request * request, int *flag,
              MPI_Status *status);
```

Die Routine `MPI_Wait` blockiert den aufrufenden Prozess so lange, bis die Kommunikation vollständig abgeschlossen ist:

```
int MPI_Wait (MPI_Request *request,
              MPI_Status *status);
```
MPI_Wait

Ein Prozess, der mehrere Transferwünsche gleichzeitig aktiviert hat, sollte bei der Komplettierung dieses Transfer flexibel sein. Der MPI-Standard bietet dafür drei Varianten (Any-Variante, All-Variante und Some-Variante) von `MPI_Wait` und `MPI_Test` an.

Any-Variante

Ist mindestens einer der Transfers abgeschlossen, so lässt sich die Blockierung lösen mit `MPI_Waitany` oder mit `MPI_Testany` testen.

```
int MPI_Waitany (int count,
                 MPI_Request *array_of_requests,
                 int *index, MPI_Status *status);
```
MPI_Waitany

```
int MPI_Testany (int count,
                 MPI_Request *array_of_requests,
                 int *index,
                 int *flag,
                 MPI_Status *status);
```
MPI_Testany

All-Variante

Will man nicht auf irgendeine der ausgeführten Transfers warten, sondern auf alle, so benutzt man `MPI_Waitall` bzw. die nicht blockierende Test-Variante `MPI_Testall`.

```
int MPI_Waitall (int count,
                 MPI_Request *array_of_requests,
                 MPI_Status *array_of_statuses);
```
MPI_Waitall

```
int MPI_Testall (int count,
                 MPI_Request *array_of_requests,
                 int *flag,
                 MPI_Status *array_of_statuses);
```
MPI_Testany

3 Programmiermodelle für parallele und verteilte Systeme

Some-Variante

Ist mindestens einer der angegebenen Transfers beendet, so kann das Blockieren beendet werden mit `MPI_Waitsome` und wieder mit `MPI_Testsome` getestet werden.

MPI_Waitsome
```
int MPI_Waitsome (int incount,
                  MPI_Request *array_of_requests,
                  int *outcount,
                  int *array_of_indices,
                  MPI_Status *array_of_statuses);
```

MPI_Testsome
```
int MPI_Testsome (int incount,
                  MPI_Request *array_of_requests,
                  int *outcount,
                  int *array_of_indices,
                  MPI_Status *array_of_statuses);
```

3.4.3.1.5 Persistente Kommunikation

Jeder Aufruf von `MPI_Isend` erzeugt ein Ticket vom Typ `MPI_Request`, das nach Abwicklung der Transaktion durch `MPI_Wait` gelöscht wird. Ein Prozess, der in einer Schleife viele gleiche oder ähnliche Nachrichten (gleiche Anzahl, gleicher Typ) zum selben Partner schickt, löst und annulliert bei jedem Durchlauf ein Ticket mit identischen Parametern. Viel besser und effizienter ist es, wenn ein Prozess ein Ticket löst, das für beliebig viele Nachrichten gilt. Die Ausstellung eines solchen Tickets geschieht mittels `MPI_Send_init`:

MPI_Send_init
```
int MPI_Send_init (void *buf,
                   int count,
                   MPI_Datatype type,
                   int dest,
                   int tag,
                   MPI_Comm comm,
                   MPI_Request *request);
```

Die Parameter von `MPI_Send_init` sind dieselben wie bei `MPI_Isend`. `MPI_Send_init` verhält sich aber ganz anders:

- `MPI_Send_init` liefert ein Ticket `MPI_Request`, welches für beliebig viele Nachrichten gültig ist.

- `MPI_Send_init` stößt keinen Nachrichtentransfer an. Insbesondere braucht der Sendepuffer `buf` beim Aufruf von `MPI_Send_init` noch keine Daten zu enthalten. Nach Aufruf

3.4 Programmiermodelle für verteilten Speicher

von `MPI_Send_init` ist der Nachrichtentransfer mit Ticket request noch inaktiv.

Die Aktivierung bzw. der Anstoß des Nachrichtentransfers geschieht mit dem Aufruf der Funktion `MPI_Start`.

`int MPI_Start (MPI_Request *request);` **MPI_Start**

Auf die Abwicklung eines aktivierten Nachrichtenverkehrs kann mit den üblichen Funktionen `MPI_Wait` oder `MPI_Test` gewartet werden. Das Ticket wird dabei nicht annulliert, sondern nur inaktiviert. Ein `MPI_Start` aktiviert dann wieder das Ticket. Das Paar MPI-Start/Wait kann beliebig oft ausgeführt werden, der Aufwand zur Ticketverwaltung fällt dabei nur einmal an.

Wie die Aktivierung des Sendetickets mit `MPI_Start_init` kann das Empfangsticket beim Empfang der Nachricht mit `MPI_Recv_init` aktiviert werden.

```
int MPI_Recv_init (void *buf,
                   int count,
                   MPI_Datatype type,
                   int src,
                   int tag,
                   MPI_Comm comm,
                   MPI_Request *request);
```
MPI_Recv_init

Eine ganze Liste von Tickets `reqs[0],,,reqs[nreq -1]` kann man mit

`int MPI_Startall (int nreq, MPI_request *reqs);` **MPI_Startall**

aktivieren. Das Feld `reqs` kann auch eine Mischung aus Sende- und Empfangstickets enthalten.

Persistente und nicht persistente Transfers sind kompatibel zueinander. Ein mit einem persistentem Ticket verschickte Nachricht kann mit einem einzigen Ticket empfangen werden und umgekehrt.

Dauertickets gibt es für alle vier Sendemodi: Neben `MPI_Send_init` gibt es auch `MPI_Bsend_init`, `MPI_Send_init` und `MPI_Rsend_init`.

Zur Annullierung eines Dauertickets muss explizit die Funktion

`int MPI_Request_free (MPI_Request *request);` **MPI_Request_free** aufgerufen werden. `MPI_Request_free` setzt `request` auf den Wert `MPI_REQUEST_NULL`.

3.4.3.1.6 Broadcast

Außer der Punkt-zu-Punkt-Kommunikation (1:1-Kommunikation), bei der ein Prozess eine Nachricht direkt an einen anderen Prozess sendet, ist auch eine 1:n-Kommunikation oder ein Broadcast möglich. Bei einem Broadcast sendet ein Prozess eine Nachricht an mehrere Empfänger. Dies lässt sich auch über eine Abfolge von Punkt-zu-Punkt-Nachrichten realisieren, aber einfacher und eleganter geht das mit der Rundsende-Funktion `MPI_Bcast`:

MPI_Bcast
```
int MPI_Bcast (void *buf,
               int count,
               MPI_Datatype type,
               int root,
               MPI_Comm comm);
```

Kollektive Kommunikationsfunktion

`MPI_Bcast` verschickt die in `buf` abgelegten Daten an *alle* Prozesse der Gruppe `comm`. Sie ist somit gleichzeitig Sende- und Empfangsfunktion und muss von *allen Prozessen* der Gruppe aufgerufen werden. `MPI_Bcast` ist somit eine *kollektive Kommunikationsfunktion*. Kollektive Kommunikationsfunktionen müssen grundsätzlich von allen Prozessen des verwendeten Kommunikators ausgeführt werden. Nachrichten, die mit `MPI_Bcast` verschickt werden, können nicht mit `MPI_Recv` oder `MPI_Irecv` empfangen werden. Der Parameter .root enthält den Rang des Senders, d.h. des Prozesses, der den Broadcast auslöst und somit die Daten verteilt. Alle anderen Prozesse der Gruppe com sind somit Empfänger des Broadcast.

`MPI_Bcast` synchronisiert die Prozesse nicht. Wenn `BPI_Bcast` in einem Prozess die Kontrolle an den Aufrufer zurückgibt, so hat der Absender `root` inzwischen `MPI_Bcast` aufgerufen. Über den Zustand der anderen Prozesse relativ zu `MPI_Bcast` kann man dagegen keine verlässlichen Annahmen machen. Der MPI-Standard schreibt in diesem Fall keine Synchronisation vor.

Barrierensynchronisation

Um Prozesse innerhalb der Gruppe `comm` explizit zu synchronisieren muss die Funktion `MPI_Barrier` benutzt werden:

MPI_Barrier
```
int MPI_Barrier (MPI_Comm comm);
```

Auch `MPI_Barrier` ist eine kollektive Funktion und muss von allen Prozessen in der Gruppe `comm` aufgerufen werden. `MPI_Barrier` kehrt erst dann zum Aufrufer zurück, wenn die Funktion von allen

3.4 Programmiermodelle für verteilten Speicher

Prozessen in comm aufgerufen wurde; d.h. wenn *alle Prozesse* die Barriere überwunden haben. .

3.4.3.1.7 Weitere kollektive Kommunikationsfunktionen

Das Rundsenden an alle Prozesse mit MPI_Bcast ist nur eine von insgesamt vierzehn kollektiven Operationen des MPI-Standards. Weitere kollektive Funktionen erlauben

- das Verteilen der Daten auf verschiedene Prozesse (MPI_Bcast, MPI_Scatter und MPI_Scatterv),
- Einsammeln von Daten von verschiedenen Prozessen (MPI_Gather, MPI_Gatherv und MPI_Allgather),
- Versenden von allen Daten an alle Prozesse (MPI_Alltoall),
- Einsammeln von Daten von verschiedenen Prozessen und Zusammenfassen (Reduktion) der Daten (MPI-Reduce, MPI_Allreduce und MPI_Scan) und
- Versenden von allen Daten an alle Prozesse und deren Zusammenfassung (MPI_Reduce_Scatter).

Alle beteiligten Prozesse der Gruppe comm rufen dabei die entsprechende Funktion (*kollektive Kommunikationsfunktionen*) auf.

3.4.3.1.8 Kommunikator und Gruppenmanagement

Kommunikatoren

Die kollektiven Kommunikationsfunktionen wirken immer auf alle vorhandenen Prozesse. Zur Einschränkung der kollektiven Operationen auf Untermengen von Prozessen müssen die Kommunikatoren eingeschränkt werden, und es müssen neben dem Standard-Kommunikator MPI_COMM_WORLD neue Kommunikatoren definierbar sein. Die neuen Kommunikatoren besitzen dann wieder den Typ MPI_Comm. Mit dem Typ MPI_Comm lassen sich dann neue Kommunikatoren definieren und einander zuweisen.

Ein neuer Kommunikator lässt sich mit MPI_Comm_dup duplizieren und somit erzeugen:

int MPI_Comm_dup(MPI_Comm comm, MPI_Comm *newcomm)   **MPI_Comm_dup**

MPI_Comm_dup erzeugt eine Kopie newcomm des Kommunikators comm mit identischer Prozessgruppe. Alle Prozesse in comm müssen MPI_Comm_dup aufrufen, da er eine kollektive Operation ist.

3 Programmiermodelle für parallele und verteilte Systeme

Somit lässt sich für den Standardkommunikator `MPI_COMM_WORLD` ein neuer Kommunikator `myworld` erzeugen, der die gleichen Prozesse besitzt wie `MPI_COMM_WORLD`.

```
MPI_Comm myworld;
...
MPI_Comm_dup(MPI_COMM_WORLD, &myworld);
```

Zur Unterteilung des Kommunikators `comm` in mehrere Kommunikatoren mit disjunkten Prozessgruppen geschieht mit der Funktion `MPI_Comm_split`.

MPI_Comm_split
```
int MPI_Comm_split(MPI_COMM comm, int color,
                   int key, MPI_Com *newcomm)
```

`MPI_Comm_split` ist eine kollektive Operation und muss von allen Prozessen in `comm` aufgerufen werden. Alle Prozesse mit dem gleichen Wert von `color` landen im selben neuen Kommunikator `newcomm`. Der Rang der Prozesse in `newcomm` ist durch den Wert von `key` geregelt. Treten gleiche `key`-Werte auf, so entspricht die Rangordnung der im alten Kommunikator `comm`.

Wenn ein Kommunikator nicht mehr benötigt wird, so rufen alle Prozesse die kollektive Funktion

MPI_Comm_free
```
int MPI_Comm_free (MPI_Comm *comm)
```
auf.

Prozessgruppen

Prozessgruppen sind in einen Kommunikator eingebettet und besitzen den Datentyp `MPI_Group`. Mit der Funktion

MPI_Comm_group
```
int MPI_Comm_group (MPI_Comm comm, MPI_Group *grp)
```

verschafft man sich Zugriff und somit einen Handle `grp` auf die Prozessgruppe von `comm`.

Mit einem bereits vorhandenen Kommunikator `comm`, der alle Prozesse von `grp` enthält, kann man einen neuen Kommunikator `newcomm` schaffen mit der Prozessgruppe `grp`. Dies geschieht mit der Funktion

MPI_Comm_create
```
int MPI_Comm_create (MPI_Comm comm, MPI_Group grp,
                     MPI_Comm *newcomm)
```

`MPI_Comm_create` ist eine kollektive Funktion, die von allen Prozessen des Kommunikators `comm` aufgerufen werden muss, auch solchen, die nicht in `grp` enthalten sind.

3.4 Programmiermodelle für verteilten Speicher

Die Erzeugung neuer Gruppen aus bereits vorhandenen Gruppen geschieht mit den Funktionen `MPI_Group_incl` oder `MPI_Group_excl`.

```
int MPI_Group_incl (MPI_Group grp, int n,
                    int *rank,
                    MPI_Group *newgrp)
```

MPI_Group_ incl

```
int MPI_Group_excl (MPI_Group grp, int n,
                    int *rank,
                    MPI_Group *newgrp)
```

MPI_Group_ excl

`MPI_Group_incl` erzeugt aus der Vorlage `grp` die neue Gruppe `newgrp`. Sie enthält `n` Prozesse, wobei der Rang `i` der neuen Gruppe dem Rang `rank[i]` der Vorlage entspricht.

`MPI_Group_excl` überträgt die bei `MPI_Group_incl` nicht ausgewählten Prozesse in die neue Gruppe `newgrp`. `MPI_Group_excl` arbeitet komplementär zu `MPI_Group_incl`.

Mit einem Beispiel dazu, sei

`grp = (a,b,c,d,e,f,g)` und `n = 3` und `rank = [6,0,2]`.

Damit liefert

`MPI_Group_incl` die Gruppe `(f,a,c)` und

`MPI_Group_excl` die Gruppe `(b,d,e,g)`.

Die Angabe des `ranges` aus n Tripel und somit einer Folge von Rängen spezifiziert mehrere Gruppen, die in die neue Gruppe übernommen werden. Die ersten beiden Werte eines Tripels geben den ersten und letzten Rang an, der dritte Wert den Abstand aufeinanderfolgender Ränge. Mit `MPI_Group_range_incl` lassen sich dann mit n Tripel eine neue Gruppe festlegen und mit `MPI_Group_range_excl` die dazu komplementäre Gruppe.

```
int MPI_Group_range_incl (MPI_Group grp, int n,
                          int ranges [] [3],
                          MPI_Group *newgrp)
```

MPI_Group_ range_incl

```
int MPI_Group_range_excl (MPI_Group grp, int n,
                          int ranges [] [3],
                          MPI_Group *newgrp)
```

MPI_Group_ range_excl

Mit einem Beispiel dazu, sei

`grp = (a,b,c,d,e,f,g,h,i,j)` und `n = 3` und

3 Programmiermodelle für parallele und verteilte Systeme

ranges = [[6,7,1] [1,6,2] [0,9,4].

Damit liefert das erste Tripel die Gruppe (g,h), das Zweite (b,d,f) und das Dritte schließlich (a,e,i).

Insgesamt liefert MPI_Group_range_incl die Gruppe (g,h.b,d,f,a,e,i).

Aus zwei Gruppen grp1 und grp2 lassen sich mit den üblichen Mengenoperationen neue Gruppen bilden:

MPI_Group_union
```
int MPI_Group_union (MPI_Group grp1,
                     MPI_Group grp2,
                     MPI_Group *newgrp)
```

MPI_Group_intersection
```
int MPI_Group_intersection (MPI_Group grp1,
                            MPI_Group grp2,
                            MPI_Group *newgrp)
```

MPI_Group_difference
```
int MPI_Group_difference (MPI_Group grp1,
                          MPI_Group grp2,
                          MPI_Group *newgrp)
```

Bei der Festlegung der Ordnung der Ränge ist dabei das erste Argument grp1 bestimmend und wird unter Wahrung der Ordnung der Elemente aus grp1 übernommen.

Zur Freigabe der Ressourcen, die eine Gruppe belegt, sollte man diese, falls sie nicht mehr benötigt wird, freigeben.

MPI_Group_free
```
int MPI_Group_free (MPI_Group *grp)
```

Zur Erhaltung des Überblicks über die vorhandenen Gruppen gibt es, wie bei den Kommunikatoren, Funktionen zur Feststellung der Anzahl und des Ranges der Prozesse.

MPI_Group_size
```
int MPI_Group_size (MPI_Group grp,int *size)
```

MPI_Group_rank
```
int MPI_Group_rank (MPI_Group grp,int *rank)
```

Zwei Gruppen lassen sich vergleichen mit der Funktion

MPI_Group_compare
```
int MPI_Group_compare (MPI_Group grp1,
                       MPI_Group grp2,
                       int *result)
```

Sie liefert in result den Wert

- MPI_IDENT, falls grp1 und grp2 dieselben Prozesse in derselben Ordnung enthalten.

- `MPI_SIMILAR`, falls `grp1` und `grp2` dieselben Prozesse, aber in unterschiedlicher Ordnung enthalten.
- `MPI_UNEQUAL` in allen anderen Fällen.

3.4.3.2 Occam

Der Begriff Occam geht auf den englischen Philosphen William von Occam (ca. 1290 – 1369) zurück. Er prägte den Satz „Entia non sunt multiplicanda praeter necessistatem" – „Die Sachen sind nicht zu multiplizieren (komplizieren) bevor es notwendig ist". Demgemäß ist Occam [I 88] [TO 07]

- eine einfache blockstrukturierte Sprache mit Typen und Typüberprüfungen,
- sie enthält Funktionen und Prozeduren, jedoch keine rekursive Prozeduren,
- besitzt statische parallele Prozesse mit bockierender, synchroner und ungepufferten Kommunikation und
- lässt sich gut auf Transputerarchitekturen bzw. –netze abbilden.

Zur Verdeutlichung der Blockstruktur müssen alle Ausdrücke eines Blockes in Occam eingerückt werden. Eine Reihe von Anweisungen (Block) müssen dadurch auf der gleichen Einrückungsebene stehen. Diese Kenntlichmachung der Blockstruktur durch Einrückungen findet man auch in anderen Programmiersprachen vor, und heißt *off-side rule*. Zur Einsparung des Strichpunktes endet jeder Ausdruck am Ende der Zeile.

Off-side rule

3.4.3.2.1 SEQ- versus PAR-Konstrukt

Das Konstrukt `SEQ` schreibt die *sequenzielle* Ausführung der aufgelisteten Ausdrücke vor. Das `SEQ`-Konstrukt endet, wenn der letzte Prozess terminiert.

```
SEQ
  x := x + 1
  y := x * x
```

Programm 3-13: Sequenzielle Ausführung

Bei PAR kann die Liste der Ausdrücke *parallel* ausgeführt werden. Das nachfolgende Programm 3-13 enthält als Ausdrücke die Prozeduraufrufe `P1()`, `P2()`, `P3()`. Die Komponentenprozesse P1, P2, P3 werden zusammen und parallel ausgeführt. Das PAR-Konstrukt endet, wenn alle parallelen Prozesse beendet sind.

3 Programmiermodelle für parallele und verteilte Systeme

Programm 3-14: Parallele Ausführung

```
PAR
  P1()
  P2()
  P3()
```

Das PAR-Konstrukt realisiert einen *fork/join-Parallelismus*. Zu Beginn „vergabelt" obiges Programm 3-13 in die drei Prozesse P1, P2, und P3. Am Ende des PAR-Konstrukts wird gewartet bis alle Prozesse beendet sind (implizite Barriere) und der Kontrollfluss vereinigt sich.

Kommunikation mit ! und ?

Die Kommunikation zwischen Prozessen geschieht über benannte *Kanäle*. Ein Prozess gibt mit dem *Ausrufezeichen* (!) Daten aus, während ein anderer Prozess mit dem *Fragezeichen* (?) die Daten einliest. Die Ein- und Ausgabe ist dabei synchron und blockierend. Die Eingabe im nachfolgenden Programm liest einen Wert über den Kanal c1 ein, addiert eins und gibt das Ergebnis über Kanal c2 aus.

Programm 3-15: Kommunikation über Kanäle

```
SEQ
  c1 ? x
  x := x + 1
  c2 ! x
```

Das PAR-Konstrukt erlaubt die parallele Kommunikation auf Kanal c1 und c2.

Programm 3-16: Parallele Kommunikation

```
PAR
  c1 ? x
  c2 ! y
```

Die Kommunikation ist blockierend und synchron und ungepuffert, wie beim Ada-Rendezvous. Der Unterschied zum Ada-Rendezvous ist jedoch, dass die Kommuniktion über eine send/receive, bzw. ! / ? von Nachrichten über Kanäle geschieht, während bei Ada entfernte Aufrufe vorliegen (siehe Abschnitt 3.3.7.1).

3.4.3.2.2 ALT-Konstrukt

Wächter (Guard)

Das ALT-Konstrukt specifiziert eine Liste von *bewachten Eingabe-Kommandos* (*Guards*). Die *Wächter* sind eine Kombination von booleschen Ausdrücken und einem Eingabekommando. (Beide sind dabei optional.) Jeder Wächter, für den die Auswertung des booleschen Ausdruckes true ergibt und eine entsprechende Eingabe über den Kanal vorliegt, ist *offen*. Irgendeine der offenen Alternativen wird ausgewählt und ausgeführt.

3.4 Programmiermodelle für verteilten Speicher

```
ALT
  count1 < 100 & c1 ? data
    SEQ
      count1 := count1 + 1
      merged ! data
  count2 < 100 & c2 ? data
    SEQ
      count2 := count2 + 1
      merged ! data
  status ? request
    SEQ
      out ! count1
      out ! count2
```

Programm 3-17: ALT mit Wächter

Programm 3-15 liest zunächst, da die beiden Wächter offen sind, die Daten vom Kanal `c1` und `c2` ein, je nachdem an welchem Kanal die Daten vorliegen. Die Daten werden dann über den Kanal `merged` ausgegeben. Erreicht `count1` oder `count2` die Grenze Hundert, so werden die beiden Wächter `false`, was die entsprechende Kanäle (`c1` oder `c2`) sperrt. Eine Anfrage am Kanal `status` bewirkt die Ausgabe von `count1` und `count2` über den Kanal `out`.

Das ALT-Konstrukt von Occam entspricht dem selektiven Ada-Rendezvous (siehe Abschnitt 3.3.7.2). Der Unterschied liegt nur darin, dass bei Ada vorliegende entfernte Eingangsaufrufe vorliegen müssen und bei Occam müssen Eingaben (Nachrichten) über einen Kanal vorliegen.

Ada bietet entfernte Aufrufe Occam bietet Nachrichtenverkehr

3.4.3.2.3 IF- WHILE- Konstrukt, SEQ- und PAR-Zählschleifen

Eine bedingte Anweisung hat die Form:

```
IF
  Cond1
    P1
  Cond2
    P2
  Cond3
    P3
  . . .
```

IF-Anweisung

P1 wird ausgeführt, wenn `Cond1 true` ist, P2 wird ausgeführt, wenn `Cond2 true` ist und so weiter. Nur einer der Prozesse wird dabei ausgeführt, und anschließend terminiert das `IF`-Konstrukt.

3 Programmiermodelle für parallele und verteilte Systeme

WHILE-Schleife

Eine while-Schleife

```
WHILE Cond
  P
```

führt den Prozess P so lange aus, bis der Wert von Cond False ist.

Zählschleife

Eine Zählschleife wiederholt einen Prozess P für eine feste Anzahl n.

```
SEQ i = 1 FOR n
  P
```

Programm 3-18: Zählschleife

Der Prozess P wird n mal ausgeführt.

```
SEQ i = 3 FOR 4
  User[i] ! Message
```

Die Botschaft Message wird sequenziell über Kanal User[3], User[4], User[5] und User[6] ausgegeben.

Parallele Zählschleifen

Zur Konstruktion eines Feldes von parallelen Prozessen kann der Replikator auch beim PAR-Konstrukt benutzt werden.

Programm 3-19: Parallele Zählschleife

```
PAR i = 0 FOR n
  Pi
```

Die parallele Zählschleife führt ein Feld von n gleichen Prozessen parallel aus. Der Index i hat den Wert 0,1,..., n-1 in P0, P1, ..., Pn-1.

```
PAR i = 3 FOR 4
  User [i] ! Message
```

Die parallele Zählschleife gibt die Botschaft Message parallel über die einzelnen Kanäle User [3] bis User [6] aus.

3.4.3.2.4 Prozeduren

Eine Prozedurdefinition definiert einen Namen für einen Prozess. Die formalen Parameter folgen in Klammern dem Prozedurnamen:

```
PROC Name (Formalpar1,
           Formalpar2,
           . . . )
  P
:
```

An Parameterübergabearten stehen Wert- (VAL) und Referenzübergabe zur Verfügung.

3.4 Programmiermodelle für verteilten Speicher

```
PROC Writes (CHAN of BYTE Stream,
             VAL [] Byte String)
  SEQ I = 0 FOR SIZE String
    Stream ! String[i]
:
```
Programm 3-20:
Prozedur

Eine Prozedur kann durch Angabe des Prozedurnamens und der aktuellen Parameter aufgerufen werden:

```
SEQ
  . . .
  Writes(Screen, "Hello world"
  -- Ruft die in Programm 3- spezifizierte Prozedur
auf
  . . .
```
Programm 3-21:
Prozeduraufruf

3.4.3.2.5 Konfiguration

Ein Occam-Programm lässt sich entweder auf einem Prozessor (Transputer) oder für viele Prozessoren (Transputernetz) konfigurieren. Das logische Verhalten des Programmes ändert sich dabei nicht, jedoch verbessert sich das Laufzeitverhalten mit der Anzahl der verwendeten Prozessoren.

Zur Ausführung auf einem Multiprozessorsystem steht das PLACED PAR-Konstrukt zur Verfügung:

```
PLACED PAR
  PROCESSOR 1
    P1
  PROCESSOR 2
    P2
  PROCESSOR 3
    P3
  . . .
```

Die einzelnen Prozesse P1, P2, P3, ... werden auf den entsprechenden Prozessoren ausgeführt.

Entsprechend zur parallelen Schleife gibt es ein paralleles PLACED PAR:

```
PLACED PAR i = 0 FOR n
  PROCESSOR i
    Pi
```

Zur Festlegung, welcher logische Kanal einem physikalischen Kanal entspricht, dient `PLACE`:

`PLACE Name AT expr:`

3.4.3.3 Parallel Virtual Machine (PVM)

Die *Parallel Virtual Machine* (PVM) besteht aus drei Teilen:

1. Der **PVM-Dämon** (`pvmd3`), um mehrere Rechner zu einem virtuellen Parallelrechner zusammenzuschließen. Der Dämon auf jedem Rechner ist das Steuerungsmodul für die Tasks und bildet die Kommunikation der zwischen den PVM-Programmen (Tasks) auf TCP/IP oder UDP (siehe nachfolgenden Abschnitt 3.4.4.1 TCP/IP-Sockets) ab.

2. Die **Bibliothek** `libpvm3.a` zum Zwecke des Nachrichtenaustausches und der Verwaltung von Prozessen. Wir gehen nachfolgend nur auf die PVM-Routinen für die Sprache C und die C-Notation ein.

3. Die **PVM-Konsole** mit Kommandos zu Installation, Starten, Beenden, Erweiterung und Einschränkung, Überwachung und Anzeige von Informationen der Parallel Virtual Machine. *XPVM* stellt ein graphisches Interface für die PVM-Konsole zur Verfügung. XPVM enthält mehrere animierte Darstellungen zur Beobachtung und zum Debuggen der Ausführung von PVM-Programmen.

3.4.3.3.1 Dämon-Prozesse

Daemon pvmd

Auf jedem an der parallelen virtuellen Maschine beteiligten Rechner läuft im Hintergrund ein *Dämon-Prozess* `pvmd3`. Der Dämon läuft als normaler Benutzer-Prozess, der mit den PVM-Programmen mittels der PVM-Bibliotheksroutinen kommuniziert. Die Dämone kommunizieren ihrerseits untereinander und vermitteln die Datenübertragungen zwischen den Tasks.

Das Kommando

`pvmd mytoplogy&`

Master- und Slave-Dämone

startet den Dämon-Prozess, der auch als *Master-Dämon* bezeichnet wird. Die anderen heißen *Slave-Dämone*. Das Argument für `pvmd`, der sogannte Hostfile `mytopology`, definiert die an dieser parallelen virtuellen Maschine beteiligten Rechner. Der Master-Dämon startet alle benötigten Dämone (Slaves) auf allen verlangten Rechnern. Obwohl alle Dämone gleichberechtigt sind, ist nur der Master in der Lage zur parallelen virtuellen Maschine Rechner hinzuzufügen und zu ent-

3.4 Programmiermodelle für verteilten Speicher

fernen. Außerdem protokolliert der Master alle PVM-Fehlermeldungen in eine Log-Datei.

Das Starten von remote Tasks geschieht mit `ssh` (secure Shell) mit DSA/RSA Authentifizierung via private oder public Schlüssel. Dies kann auch auf unsichere Art geschehen mit `rsh` (remote shell) und Einträgen für alle Rechner in der Datei `.rhosts`.

Über den Zustand der Dämone und der Tasks kann man sich mit der PVM-Konsole informieren. Einige Beispielkommandos sind: `help`, `conf`, `ps`, `add <hostnane(n)>`, `delete <hostname(n)>`, `spawn <dateiname>` und `halt`.

3.4.3.3.2 Task Erzeugung und Start

Beim PVM-Modell besteht die Applikation aus Tasks. Die Tasks erlauben eine Parallelisierung des Problems entweder

- durch eine *funktionale Zerlegung* (Jede Task führt eine andere Funktion aus, siehe Abschnitt 4.2.2.1 Funktionale Zerlegung) oder
- durch eine *Datenzerlegung* (Die Tasks sind gleich, aber jede Tasks bearbeitet nur ein Teil der Daten, siehe Abschnitt 4.2.2.2 Datenzerlegung) oder
- durch eine *Mischung* der beiden obigen Methoden (siehe Abschnitt 4.2.2.3 Funktions- und Datenzerlegung).

Alle Tasks werden identifiziert durch einen *Task Identifier (tid)* vom Typ 32Bit Integer. Nachrichten werden von einer `tid` gesendet und empfangen. Die tids sind eindeutig über die komplette Virtuelle Maschine und sind nicht durch den Benutzer wählbar. Ein lokaler Dämon erzeugt die `tid`. Die `tid` besteht aus mehreren Feldern und enthält verschiedenste Informationen, wie z.B. die Adresse des lokalen Dämons und die Nummer der zugewiesenen CPU.

tid

Zur Laufzeit kann eine Task erzeugt und gestartet werden mit der Routine

```
int numt = pvm_spawn (char *task,
            char **argv,
            int flag,
            char *where,
            int ntask,
            int *tids)
```

pvm_spawn

Die Routine startet `ntask` Kopien des ausführbaren Programms `task` (Namen der ausführbaren Datei). Zum Starten auf einem spezifischen

3 Programmiermodelle für parallele und verteilte Systeme

Rechner muss in der Variablen `flag` der Wert `PvmTaskHost` und in der Variablen `where` der Hostname des Rechners stehen. Entscheidet PVM selbst, welcher Prozess die Task erhält, muss `flag` den Wert `PvmTaskDefault` erhalten. `tids` enthalten die einzelnen Taskidentifikatoren. Der Rückgabewert `numt` enthält die Anzhal der gestarteten Tasks. Ist der Wert negativ, kam es zu einem Fehler.

pvm_kill Eine von Unix übernommene Methode ist das Senden von Signalen an Prozesse. So kann eine Task mit einem Kill-Signal terminiert werden:

```
int info = pvm_kill (int tid)
```

pvm_sendsig Das Senden eines beliebigen Signals an eine andere Task geschieht mit

```
int info = pvm_sendsig (int tid, int signum)
```
Dabei ist `signum` die Integer Signal-Nummer.

Die Beendigung der eigenen Task und die Mitteilung an den Dämon geschieht mit

pvm_exit
```
int info = pvm_exit (void)
```

Dem `pvm_exit` muss natürlich noch ein `exit()` zur Beendigung der Task folgen.

Zur Ermittelung der `tid` der eigenen Task dient

pvm_mytid
```
int tid = pvm_mytid (void)
```

Ist die Task nicht durch `pvm_spawn` erzeugt worden, so generiert `pvm-mytid` eine neue eindeutige `tid` und übergibt Sie dem PVM-System.

pvm_parent Zur Ermittelung der `tid` der Task, welche die Task gestartet hat, dient

```
int tid = pvm_parent (void)
```

3.4.3.3.3 Hinzufügen und Entfernen von Rechnern

Durch `pvm_spawn` und `pvm_kill` lassen sich Tasks dynamisch, zur Laufzeit, zu der PVM hinzufügen und aus dieser entfernen. Ebenso lassen sich dynamisch Rechner zu der PVM hinzufügen bzw. aus dieser entfernen:

pvm_addhost
```
int info = pvm_addhosts (char **hosts,
                         int nhost,
                         int *infos)
```

pvm_delhost
```
int info = pvm_delhosts (char **hosts,
                         int nhost,
                         int *infos)
```

3.4 Programmiermodelle für verteilten Speicher

Die Variable `hosts` enthält ein Feld mit Strings, in denen die Namen der Rechner stehen, die der PVM hinzugefügt bzw. aus dieser entfernt werden sollen. In der Variable `nhost` steht die Anzahl der Rechner, also die Länge des in `hosts` übergebenen Feldes. `infos` ist ein Feld mit Integer-Werten. In diesem befinden sich die Statusmeldungen der neuen bzw. ehemaligen Hosts. Positive Werte sind die Host-Id der neuen Hosts. Negative Werte zeigen an, dass es bei der Ausführung zu einem Fehler gekommen ist.

Die Host-Id (`dtid`) eines Rechners, auf dem die Task mit der `tid` läuft, erhält man mit

`dtid = pvm_tidtohost(tid)` **pvm_tidtohost**

3.4.3.3.4 Taskkommunikation

PVM kennt drei verschiedene Methoden zur Tasksynchronisation und Kommunikation:

1. Senden und Empfangen von Signalen (siehe Abschnitt 3.4.3.3.2 Task Erzeugung und Start).
2. Durch Senden einer Nachricht über einen Sendepuffer.
3. Barrieresynchronisation (siehe Abschnitt 3.4.3.3.6 Barrieresynchronisation).

Die einzelnen Nachrichten werden über die von PVM vergebene Task-ID (`tid`) adressiert. Ein Benutzer kann aber auch ein selbst definiertes Kennzeichen (sogenannte `mgstags`) vergeben. Das Senden erfolgt in drei Schritten: **Senden einer Nachricht**

1. Anlegen und Initialisierung eines Sendepuffers,
2. Schreiben (Packen) einer Nachricht in den Sendepuffer und
3. Verschicken des Sendepufferinhalts.

Anlegen und Initialisierung des Sendepuffers

Das Anlegen eines neuen Sendepuffers und die Festlegung des Datentyps geschieht mit

`int bufid = pvm_mkbuf (int encoding )` **pvm_mkbuf**

Ein mit `pvm_mkbuf` angelegter Nachrichtenpuffer ist auch als Sendepuffer einsetzbar.

Das Initialisieren eines Sendepuffers und die Festlegung des Datentyps geschieht mit

3 Programmiermodelle für parallele und verteilte Systeme

pvm_initsend `int bufid = pvm_initsend ( int encoding )`

Es genügt, den Puffer beim mehrmaligen Senden einer oder verschiedener Nachrichten einmal zu initialisieren.

Die Variable `encoding` legt den Nachrichtentyp fest. Mögliche Werte sind:

- `PvmDataDefault` oder 0 für das XDR-Format (External Data Representation). Für heterogene Rechner mit unterschiedlichen Datenrepräsentationen, da hier Konvertierungen stattfinden müssen.

- `PvmDataRaw` oder 1 für ein Hardwareabhängiges Binärformat. Für homogene Rechner mit gleichen Datenrepräsentationen und somit Einsparung der Konvertierungen.

- `PvmDataInPlace` oder 2, um die Nachricht nicht physikalisch in den Sendepuffer zu kopieren, sondern nur einen Zeiger auf die Nachricht und ihre Größe zu setzen.

Ein mit `pvm_mkbuf` oder `pvm_initsend` erzeugter Nachrichtenpuffer entfernt die Routine

pvm_freebuf `int info = pvm_freebuf (int bufid)`

Identifikation, Setzen und Wechseln des Sende- und Empfangspuffers

Die Identifikation des aktuellen Sende- oder Empfangspuffers erhält man mit

pvmgetsbuf `int bufid = pvm_getsbuf (void)`
pvmgetrbuf `int bufid = pvm_getrbuf (void)`

Existieren mehrere Nachrichtenpuffer, so kann man den aktiven Sende- bzw. Empfangspuffer wechseln mit

pvmsetsbuf `int oldbuf = pvm_setsbuf (int bufid)`
pvmsetrbuf `int oldbuf = pvm_setrbuf (int bufid)`

Die Variable `bufid` enthält die Identifikation des neuen Sende- bzw. Empfangspuffers. Der Rückgabewert `oldbuf` enthält die Identifikation des alten Sende- bzw. Empfangspuffers.

Pufferverwaltung

Bevor eine Nachricht gesendet bzw. empfangen werden kann, muss diese in einen Nachrichtenpuffer gepackt werden bzw. aus dem Nachrichtenpuffer entpackt werden. Setzt man für TYPE z.B. die Typen byte, double, float, int, uint, long und short, so haben die Routinen für das Packen für diese Typen und den Typ string folgendes Aussehen:

```
int info = pvm_pkTYPE (TYPE *xp, int nitem,
                      int stride)
```
pvm_pkTYPE
pvm_pkstr

```
int info = pvm_pkstr (char *p)
```

Jede `pvm_pkTYPE`-Routine packt Felder des Datentyps `TYPE` in den aktuellen Sendepuffer, `nitems` Elemente werden verpackt. Sie werden einem Feld (`*xp`) entnommen, in dem sie im Abstand `stride` aufeinander folgen. Da `pvm_pkstr()` per Definition eine mit `NULL` begrenzte Zeichenkette packt, benötigt dieser Aufruf nicht die Argumente `nitem` und `stride`.

Entsprechend zu den Verpackungsroutinen sehen die Entpackungsroutinen aus:

```
int info = pvm_upkTYPE (TYPE *p, int nitem,
                       int stride)
int info = pvm_upkstr (char *p)
```
pvm_upkTYPE pvm_upkstr

Jede `pvm_upkTYPE`-Routine packt Daten aus dem aktiven Empfangspuffer aus. `nitems` Elemente werden ausgepackt und einem Feld (`*p`) im Abstand `stride` zugewiesen.

Die Abfolge der `pvm_pk`-Aufrufe beim Senden und der zugehörigen `pvm_upk`-Afrufe beim Empfangen muss unbedingt übereinstimmen.

Senden und Empfangen einer Nachricht

Zum Abschicken der verpackten Nachricht im aktiven Sendepuffer dient

```
int info = pvm_send (int tid, int msgtag)
```
pvm_send

Die Varaiable `tid` gibt die Task-ID des Prozesses an, für den die Nachricht bestimmt ist. Die Variable `mgstag` gibt der Nachricht eine Markierung oder einenTag mit, um den Inhalt der Nachricht zu beschreiben. Die Nachrichtenkommunikation mit `pvm_send` ist asynchron, d.h. die sendende Task fährt mit ihrer Arbeit fort, sobald die Nachricht auf dem Weg zum empfangenden Prozess ist.

Zum Verpacken der Nachricht in einen Sendepuffer und sofortiges Verschicken dient

3 Programmiermodelle für parallele und verteilte Systeme

pvm_send
```
int info = pvm_psend (int tid,
                      int msgtag,
                      char*buf,
                      int len,
                      int datatype)
```

buf enthält einen Pointer auf den Sendepuffer. len gibt die Länge des Sendepuffers an. datatype gibt den Datentyp der Nachricht an.

pvm_recv
Der Empfang von Nachrichten erfolgt in zwei Schritten:

1. Empfangen der Nachricht und
2. Lesen (Entpacken) der Nachricht aus dem Empfangspuffer.

Zum Empfangen einer Nachricht dient

```
int bufid = pvm_recv( int tid, int msgtag)
```

pvm_recv realisiert blockierendes oder synchrones Empfangen, d.h. die Task blockiert so lange, bis eine Nachricht mit dem Tag msgtag von der Task mit der Task-ID tid eintrifft. Enthalten die Variablen tid oder msgtag den Wert -1, bedeutet dies, dass alles akzeptiert wird. Haben tid und msgtag den Wert - 1, so werden alle Nachrichten von allen Tasks akzeptiert. Die Variable bufid enthält den Identifier des neuen aktiven Empfangspuffers. Nach dem Empfangen einer Nachricht muss diese entpackt werden (siehe dazu die oben beschriebenen Entpackungsroutinen).

3.4.3.3.5 Gruppen

Für manche Applikationen ist es vorteilhaft, dynamische Gruppen von Tasks zu haben. Ein PVM-Programm kann dann Tasks durch Instanznummern 0 - (p-1) ansprechen, wobei p die Anzahl der Tasks in der Gruppe ist.

Das Aufnehmen und Verlassen einer Task in bzw. von einer benutzerbenannten Gruppe geschieht mit

pvm_joingroup
pvm_lvgroup
```
int inum = pvm_joingroup (char *group)

int info = pvm_lvgroup (char *group)
```

inum ist die Instanznummer der Task in dieser Gruppe.

Die Größe einer Gruppe und die Instanznummer einer Task in einer Gruppe erhält man mit

```
int size = pvm_gsize (char *group)
int inum = pvm_getinst (char *group)
```
pvm_gsize
pvm_getinst

3.4.3.3.6 Barrieresynchronisation und Broadcast

Zum Blockieren einer Task, bis eine bestimmte Anzahl (count) von Prozessen einer Gruppe (im Allgemeinen alle Mitglieder einer Gruppe) die Barriere erreicht haben, geschieht mit

```
int info = pvm_barrier (char *group, int count)
```
pvm_barrier

Jeder Prozess, der pvm_barrier() aufruft, muss den gleichen Zähler count angegeben.

Zum Versenden einer Nachricht an alle Gruppenmitglieder dient

```
int info = pvm_bcast ( char *group, int msgtag )
```
pvm_bcast

pvm-bcast() versieht die Nachricht mit msgtag und sendet sie an alle Tasks in der spezifizierten Gruppe, außer sich selbst.

Zur Ausführung einer globalen arithmetischen Operation (z.B. globale Summe oder globales Maximum) über alle Gruppenmitglieder geschieht mit

```
int info = pvm_reduce (void (*func)(), void *data,
                       int nitem, int datatype,
                       int msgtag, char *group,
                       int root)
```
pvm_reduce

Das Ergebnis der Reduktionsoperation steht in root. func kann eine vordefinierte Funktion (PvmMax, PvmMin, PvmSum, PvmProduct) oder eine benutzerdefinierte Funktion sein.

3.4.4 Kooperative und nachrichtenbasierte Modelle

3.4.4.1 TCP/IP-Sockets

Sockets ermöglichen die Kommunikation zwischen Prozessen, die auf einem System oder zwei getrennten Systemen ablaufen können. Sockets stellen eine Kommunikationsverbindung zwischen Prozessen her.

Kommunikationsstandard unter Unix sind Sockets

Ein Kommunikationsendpunkt für einen Prozess kann mit dem socket-Aufruf erzeugt werden, der dann einen Deskriptor für den Socket zurückgibt. Da mehrere Kommunikationsprotokolle unterstützt werden, benötigt der socket-Aufruf das zu verwendende Protokoll. Eine Adresse für den Kommunikationsendpunkt lässt sich dann anschließend mit einem bind-Aufruf an den Socket binden. Ein Server-

Sockets sind Kommunikationsendpunkte

prozess hört dann an einem Socket mit dem `listen`-Aufruf das Netz ab. Clientprozesse kommunizieren mit dem Serverprozess über einen weiteren Socket, das andere Ende eines Kommunikationsweges, das sich auf einem anderen Rechner befinden kann. Der Betriebssystemkern hält intern die Verbindungen aufrecht und leitet die Daten vom Client zum Server. Da der Kommunikationsweg zwischen zwei Sockets in beide Richtungen geht, kann auch der Server Daten an den Client senden. Das Senden und Empfangen von Daten geschieht mit `write`- und `read`-Systemaufrufen.

Domänen und Socketadressen

Das BSD-Unix-System unterstützt verschiedene Kommunikationsnetzwerke, die unterschiedliche Protokolle und verschiedene Adressierungskonventionen benutzen. Sockets, welche die gleiche Protokollfamilie und die gleiche Adressierung benutzen, werden in Domänen (Bereiche) zusammengefasst. BSD-Unix stellt die folgenden Protokollfamilien (Domänen) zur Verfügung:

- *Internet-Domain* mit den Protokollen TCP, UDP und IP,
- *Xerox-XNS-Domain* mit den Protokollen SPP und IDP und
- *Unix-Domain* zur Kommunikation von Prozessen auf dem gleichen Rechner (lokale Kommunikation).

Die Adressierungsstruktur in den einzelnen Domänen sieht folgendermaßen aus:

Adressierungsstruktur

- *Internet* verwendet eine 32-bit-Adresse, welche die Netz-ID und Host-ID angibt, und eine 16-bit-Portnummer, die den Prozess identifiziert.
- *XNS* verwendet eine 32-bit-Netz-ID, eine 48-bit-Host-ID und eine 16-bit-Portnummer für die Prozesse.
- *Unix-Domain* verwendet zur Identifizierung der Prozesse eindeutige Pfadnamen des UNIX-Dateisystems, die eine Länge von bis zu 108 Bytes aufweisen können.

Viele Socket-Systemaufrufe verlangen einen Zeiger auf eine Adressstruktur, wobei sich diese Strukturen nicht nur dem Aufbau nach, sondern auch der Länge nach unterscheiden. Um mit Socket-Adressstrukturen von unterschiedlicher Größe hantieren zu können, wird den Systemaufrufen neben einem Zeiger auf die Struktur auch immer die Größe der Adressstruktur übergeben.

3.4 Programmiermodelle für verteilten Speicher

Nicht alle Computersysteme speichern die einzelnen Bytes von Mehrbytegrößen in derselben Reihenfolge. Entweder wird mit dem niederwertigen Byte an der Startadresse begonnen, was auch als little endian-Anordnung bezeichnet wird, oder man beginnt mit dem höherwertigen Byte an der Startadresse, was man auch als big endian-Anordnung bezeichnet. TCP/IP und XNS verwenden das big endian-Format. Zur Transformation der benutzerbezogenen Darstellung in die Netzwerkdarstellung stehen in `<netinet/in.h>` die folgenden Funktionen zur Verfügung:

Umwandlungsfunktionen

```
#include <sys/types.h>
u_long htonl (u_long hostlong);
u_short htons (u_short hostshort);
u_long ntohl (u_long netlong);
u_short ntohs (u_short netshort);
```

Die Buchstaben der Funktionen stehen für die Bedeutung der jeweiligen Funktion. So steht `htonl` für host to network long und wandelt einen `Long-Integer`-Wert aus der benutzerbezogenen Darstellung in die Netzwerkdarstellung um.

In den verschiedenen Socket-Adressstrukturen (Internet, XNS, UNIX) existieren unterschiedliche Bytefelder, die alle belegt sein müssen. In 4.3 BSD-Unix stehen deshalb drei Routinen zur Verfügung, die auf benutzerdefinierten Byte-Strings basieren. Unter benutzerdefiniert ist zu verstehen, dass es sich um keinen Standardstring in C handelt, der bekannterweise mit einem Nullbyte abschließt. Die benutzerdefinierten Byte-Strings können innerhalb des Strings durchaus Nullbytes besitzen. Dies beeinflusst jedoch nicht das Ende des Strings. Deshalb muss die Länge des Strings als Argument mit übergeben werden.

`bcopy` kopiert die angegebene Anzahl von Bytes von einem Ursprung zu einem Ziel.

`bzero` schreibt die angegebene Anzahl von Nullbytes in das Ziel.

Die Funktion `bcmp` vergleicht zwei beliebige Byte-Strings und liefert null, wenn beide Strings identisch sind, ansonsten ungleich null.

```
bcopy (char *src, char *dest, int nbytes);
bzero (char *dest, int nbytes);
int bcmp (char *ptr1, char *ptr2, int nbytes);
```

Sockettypen

Mit jedem Socket assoziiert ist ein Typ, der die Semantik der Kommunikation beschreibt. Der Sockettyp bestimmt die Eigenschaften der Kommunikation, wie Zuverlässigkeit, Ordnung und Duplikation von Nachrichten. Folgende in <sys/socket.h> definierten Sockettypen gibt es:

```
#define SOCK_DGRAM        1  /* datagram */
#define SOCK_STREAM       2  /* virtual circuit */
#define SOCK_RAW          3  /* raw socket */
#define SOCK_SEQPACKET    4  /* sequenced packet */
```

Datagram-Socket   *SOCK_DGRAM* spezifiziert ein verbindungsloses Protokoll, bei dem jede Nachricht die Information für den Transport enthalten muss. Die übertragenen Nachrichten heißen dabei Datagramme. Ein Datagram Socket unterstützt den bidirektionalen Fluss der Daten, sie brauchen jedoch nicht in der Reihenfolge anzukommen, in der sie abgesendet wurden, noch müssen sie überhaupt den Empfänger erreichen, noch werden sie mehrmals im Fehlerfalle übertragen. Weiterhin ist die Nachrichtenlänge bei verbindungslosen Protokollen auf eine Maximallänge begrenzt. Dieser Sockettyp wird deshalb benutzt zur Übertragung von kurzen Nachrichten, die keine zuverlässige Übertragung erfordern.

Stream-Socket   *SOCK_STREAM* spezifiziert ein verbindungsorientiertes Protokoll, bei dem eine virtuelle Verbindung zwischen zwei Prozessen hergestellt wird. Ein Stream-Socket erlaubt den bidirektionalen zuverlässigen Fluss der Nachrichten, wobei die Nachrichten in der Absenderreihenfolge beim Empfänger ankommen.

Raw-Socket   *SOCK_RAW* erlaubt Zugriff auf das Netzwerkprotokoll und seine Schnittstellen. Raw-Sockets erlauben damit einer Anwendung den direkten Zugriff auf die Kommunikationsprotokolle.

Paket-Socket   *SOCK_SEQPACKET* stellt einen zuverlässigen Paket-Socket zur Verfügung, bei dem die Pakete in der Absenderreihenfolge ankommen.

Nicht alle Kombinationen von Socket-Familie und Socket-Typ sind möglich. Bei AF_UNIX sind SOCK_DGRAM und SOCK_STREAM erlaubt und bei AF_INET sind SOCK_DGRAM mit dem Protokoll UDP und SOCK_STREAM mit dem Protokoll TCP und SOCK_RAW mit dem Protokoll IP erlaubt.

3.4 Programmiermodelle für verteilten Speicher

Im Folgenden beschränken wir uns auf die Betrachtung von Datagram Sockets (SOCK_DGRAM) und Stream-Sockets (SOCK_STREAM) und das Protokoll AF_INET, d.h. UDP bzw. TCP.

Bei der Vorstellung der Systemaufrufe, die im File <sys/socket.h> definiert sind, stellen wir zunächst die Aufrufe für Datagram Sockets vor und anschließend die Aufrufe für Stream-Sockets.

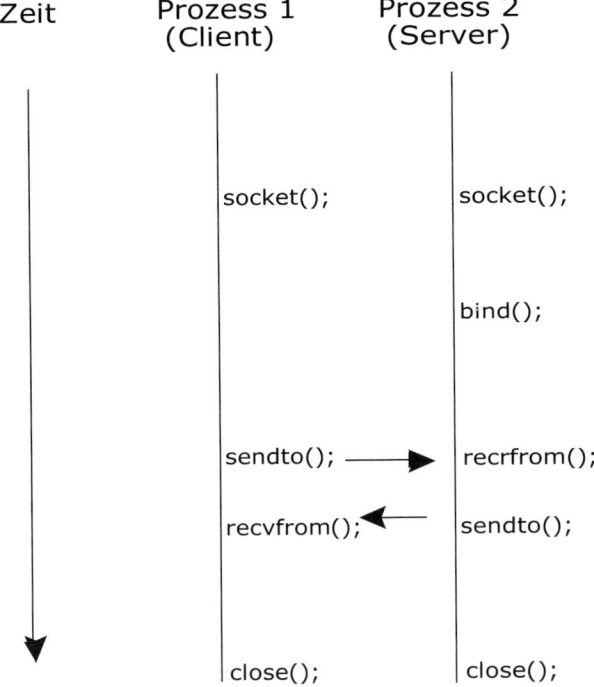

Abb. 3-21: Typische Aufrufabfolge für verbindungslose Kommunikation

3.3.4.1.1 Datagram Sockets

Abbildung 3-21 zeigt eine typische Aufrufabfolge für verbindungslose Client-Server-Kommunikation. Zuerst müssen der Server und der Client mit dem Socket-Systemaufruf einen Kommunikationsendpunkt festlegen. Mit dem Socket-Aufruf wird der Typ des Kommunikationsprotokolls festgelegt, in unserem Fall also SOCK_DGRAM. Im bind-Aufruf des Servers registriert der Server seine Adresse im System, so dass alle Nachrichten mit dieser Adresse an ihn weitergeleitet werden. In dem anschließenden sendto-Aufruf gibt der Client die Adresse des Empfängers (Servers) an, an die er Daten senden will; das bedeutet, der Client kennt die Adresse des Servers. Mit recvfrom auf der Server-Seite erhält der Server die Nachricht und die Adresse des

3 Programmiermodelle für parallele und verteilte Systeme

Senders, und somit die vom Client abgeschickte Nachricht und dessen Adresse. Neben dieser Aufrufkombination gibt es natürlich noch weitere sinnvolle Kombinationen für verbindungslose Kommunikation.

socket-Systemaufrufe

Der erste Systemaufruf eines Prozesses, bevor eine Ein- oder Ausgabe stattfindet, ist der Socketaufruf. Er hat folgendes Aussehen:

socket
```
#include <sys/types.h>
#include <sys/socket.h>
int socket (int family, int type, int protocol);
```

Anstelle von `family` kann stehen:

AF_INET	für ein Internet-Protokoll,
AF_NS	für ein Xerox NS-Protokoll oder
AF_UNIX	für ein Unix-internes-Protokoll.

Anstelle von `type` kann stehen:

SOCK_DGRAM	für einen Datagram Socket (verbindungslos),
SOCK_STREAM	für einen Stream Socket (verbindungsorientiert),
SOCK_RAW	für einen RAW Socket oder
SOCK_SEQPACKET	für einen Packet Socket.

`protocol` wird benötigt, falls spezielle Protokolle benutzt werden sollen. Die Konstanten für die Protokolle sind in `<netinet/in.h>` oder in `<netns/ns.h>` definiert. In unserer Standardanwendung setzen wir den Wert von `protocol` auf Null.

Der `socket`-Aufruf liefert einen kleinen Integerwert zurück, ähnlich einem Dateideskriptor. Diesen Wert bezeichnet man deshalb als `sd` (socket descriptor) oder `sockfd` (socket file descriptor).

bind-Systemaufruf

Der `bind`-Systemaufruf weist einem noch unbekannten Socket eine Adresse zu.

bind
```
#include <sys/types.h>
#include <sys/socket.h>
int bind (int sockfd,
          struct sockaddr *myaddr,
          int addrlen);
```

3.4 Programmiermodelle für verteilten Speicher

`sockfd` ist der Socketdeskriptor aus dem vorhergehenden `socket`-Systemaufruf.

`myaddr` ist die mit der eigenen Adresse belegte Adressstruktur.

`addrlen` gibt die Länge der Adressstruktur an.

sendto- und recvfrom-Systemaufruf

Ein Prozess, der weiß, an welche Adresse (Protokoll, Host, Port) und damit an welchen Socket er Daten senden soll, verwendet den `sendto`-Aufruf. Ist der lokale Socket vorher nicht explizit gebunden worden durch `bind`, so führt der `sendto`-Aufruf ein implizites `bind` durch. Dadurch erhält der Socket des Prozesses eine lokale Adresse. Ein `sendto` übermittelt stets mit den Daten implizit seine lokale Adresse, die der Empfänger mit seinem zugehörigen `recvfrom`-Aufruf in einer geeigneten Struktur ablegt. `sendto` und `recvfrom` sind unsymmetrisch in dem Sinne, dass der `sendto`-Aufruf den Empfänger kennen muss, während der `recvfrom`-Aufruf von irgendwoher Daten entgegen nimmt, und anschließend den Sender kennt.

```
#include <sys/socket.h>
int sendto (int sockfd, char *buff, int nbytes,
            int flags, struct sockaddr *to,
               int addrlen);
```
sendto

```
int recvfrom (int sockfd, char *buff, int nbytes,
              int flags, struct sockaddr *from,
                 int *addrlen);
```
recvfrom

`sockfd` ist der Socketdeskriptor.

`buff` ist ein Puffer zur Aufnahme der zu sendenden bzw. empfangenden Daten.

`nbytes` gibt die Anzahl der Bytes im Puffer an.

`flags` betrifft das Routing beim `sendto` und wird auf null gesetzt. Beim `recvfrom` gestattet der Parameter ein vorausschauendes Lesen, ein Lesen ohne die Daten aus dem Socket zu entfernen. Das bedeutet, der nächste `recvfrom`-Aufruf erhält die gleichen Daten noch einmal und liest sie so, als wären sie zuvor nicht gelesen worden. Dies wird erreicht durch Setzen des Flags mit der Konstanten `MSG_PEEK`.

`to` enthält die vorbesetzte Adresse des Empfängers.

`from` dient zur Aufnahme der Adresse des Senders.

3 Programmiermodelle für parallele und verteilte Systeme

addrlen gibt die Länge der Adressstruktur des Empfängers an, bzw. dient zur Aufnahme der Länge der Adressstruktur des Senders beim Empfänger.

Die Funktionen geben die Länge der Daten zurück, die gesendet oder empfangen wurden.

close-Systemaufruf

Der close Systemaufruf schließt einen Socket.

close
```
#include <sys/socket.h>
int close (int sockfd);
```
sockfd ist der Socketdeskriptor.

Netzwerk-Hilfsfunktionen

Mit einer ganzen Reihe von Hilfsfunktionen können Informationen über den Host, über Netzwerknamen und über Protokollnamen im Internet eingeholt werden. Diese Funktionen liegen in <netdb.h>, die Datenbasis für diese Funktionen liegen in den Verwaltungsdateien /etc/hosts, /etc/networks und /etc/protocols. Als Beispiel für alle anderen Funktionen betrachten wir im Folgenden die Funktion gethostbyname genauer. gethostbyname liefert für einen Hostnamen eine Struktur zurück, welche die Internet-Adresse enthält.

gethostby-name
```
#include <netdb.h>
struct hostent *gethostbyname (char *host);
struct hostent
{char *h_name;
 char *h_aliases[];
 int h_addrtype;
 int h_length;
 char **h_addr_list;
};

#define h_addr h_addr_list[0]
```

host ist der Name des Host.

h_name	ist der offizielle Namen des Host.
h_aliases	enthält alle Aliasnamen des Host.
h_addrtype	ist der Adresstyp des Host (z.B. AF_INET).
h_length	gibt die Länge der Adresse an; bei AF_INET ist die Adresslänge vier Bytes.

h_addr_list   enthält alle Internet-Adressen.

h_addr   ist die erste und meistens auch die einzige Internet-Adresse.

3.4.4.1.2 Anwendungsbeispiel echo-serving

Datagram Sockets dienen nur zum Versenden von kurzen Botschaften (unzuverlässige Datenübertragung). Das folgende Beispiel, das aus dem Buch von Stevens [S 92] entnommen wurde, zeigt deshalb nur, wie eine Nachricht an den Server geschickt wird und der Server die empfangene Nachricht wieder an den Client zurückschickt (echo-serving).

Den Port des Servers haben wir dabei durch eine define-Direktive festgelegt; er hat die Portnummer 7777.

Die Maschinenadresse für den Socket kann irgendeine gültige Netzwerkadresse sein. Besitzt die Maschine mehr als eine Adresse, so kann irgendeine mit der „wildcard"-Adresse INADDR_ANY (Konstante in <netinet/in.h>) gewählt werden. Falls eine „wildcard"-Adresse gewählt wurde, so kann nur von INADRR_ANY, d.h. von irgendeiner Adresse der Maschine empfangen werden, man kann jedoch nicht an irgendeine Adresse etwas senden. Deshalb bestimmt der Sender (Client) in nachfolgendem Beispiel die Adresse des Senders durch die Hilfsfunktion gethostbyname().

Ein Datagram-Server hat dann folgendes Aussehen:

Programm 3-22: Datagram-Server

```
/* This program creates a datagram socket,binds a
name to it, reads from the socket and sends back the
data, which was read from socket. */

#include <stdio.h>
#include <sys/types.h>
#include <sys/socket.h>
#include <netinet/in.h>

#define S_PORT 7777      /* server port */

main()
{
   int sd, /* socket descriptor */
       addrlen_client; /* length of address(sender)
   */

   struct sockaddr_in client, server;
```

```c
char buf[1024]; /* buffer for receiving and
                   sending data */

/* Create socket from which to read. */
sd = socket (AF_INET, SOCK_DGRAM, 0);
if (sd < 0)
{
   perror("opening datagram socket");
   exit(1);
}

/* Create name with wildcards */
server.sin_family = AF_INET;
server.sin_port = htons(S_PORT);
server.sin_addr.s_addr = htonl(INADDR_ANY);
if (bind (sd, (struct sockaddr*)&server,
   sizeof(server)) < 0)
{
  perror ("binding datagram socket");
  exit(1);
}

bzero(buf,sizeof(buf)); /* clear buffer */
addrlen_client = sizeof(client);
/* set addrlen */

/* Wait and read from socket. */
if (recvfrom(sd, buf, sizeof(buf), 0,
   (struct sockaddr*)&client,&addrlen_client) < 0)
{
  perror("receiving datagram message ");
  exit(1);
}

/* Send data back (echo). */
if (sendto(sd, buf, sizeof(buf), 0,
   (struct sockaddr *)&client,
   sizeof(client)) < 0)
{
  perror("sending datagram message ");
  exit(1);
}
/* Close socket. */
close(sd);
```

3.4 Programmiermodelle für verteilten Speicher

```
exit(0);
   }
```

Ein Client, der Daten an den Server schickt und dann diese Daten wieder vom Server zurückbekommt, hat folgendes Aussehen:

Programm 3-23: Client für Datagram-Server

```
/* This program dgramsend sends a datagram to a
   receiver whose name is retrieved from the
   command line argument.
   The form of the command line is:
   dgramsend hostname portnumber */

#include <stdio.h>
#include <sys/types.h>
#include <sys/socket.h>
#include <netinet/in.h>
#include <netdb.h>

#define DATA "Please echo the data ..."
main(argc, argv)
   int argc;
   char *argv[];
{
int sd, /* socket descriptor */
addrlen_server; /* length of address (sender) */

struct sockaddr_in server;
struct hostent *hp, *gethostbyname();

char buf[1024]; /* buffer for receiving data */

/* Create socket on which to send. */
sd = socket (AF_INET, SOCK_DGRAM, 0);
if (sd < 0)
{
   perror("opening datagram socket");
   exit(1);
}

/* Construct name with no wildcards,
   of the socket to send to.
   gethostbyname returns a structure
   including the network address
   of the specified host.
   The port number is taken from the command line. */
```

```
            hp = gethostbyname(argv[1]);
            if (hp == 0)
            {
               fprintf(stderr, "%s: unknown host\n", argv[1]);
               exit(2);
            }

            server.sin_family = AF_INET;

            /* Copy network address into server address. */

            bcopy((char *)hp->h_addr,
                  (char *)&server.sin_addr,
                  hp->h_length);

            /* Get port number from command line argument. */

            server.sin_port = htons(atoi(argv[2]));

            /* Send data. */
            if (sendto( sd, DATA, sizeof(DATA), 0,
                    (struct sockaddr *)&server,
                    sizeof(server)) < 0)

            {
               perror("sending datagram message ");
               exit(1);
            }

            /* Get back data (echo). */

            if (recvfrom( sd, buf, sizeof(buf), 0,
                  (struct sockaddr *)&server,
                  &addrlen_server) < 0)
            {
               perror("receiving datagram message ");
               exit(1);
            }
            /* Close socket. */

            close (sd);
            exit(0);
            }
```

3.4.4.1.3 Stream-Sockets

Nachfolgende Abbildung 3-22 zeigt einen typischen Ablauf einer verbindungsorientierten Kommunikation. Der Socket-Aufruf legt wieder den Kommunikationsendpunkt fest, jetzt jedoch mit verbindungsorientierter Kommunikation d.h. mit dem Parameter SOCK_STREAM. Damit ein Prozess zum Server wird und mehrere Clients bedienen kann, muss er den listen-Aufruf absetzen. Mit listen wird der Socket zu einem hörenden Socket und kann damit die Verbindungswünsche der Clients abhören.

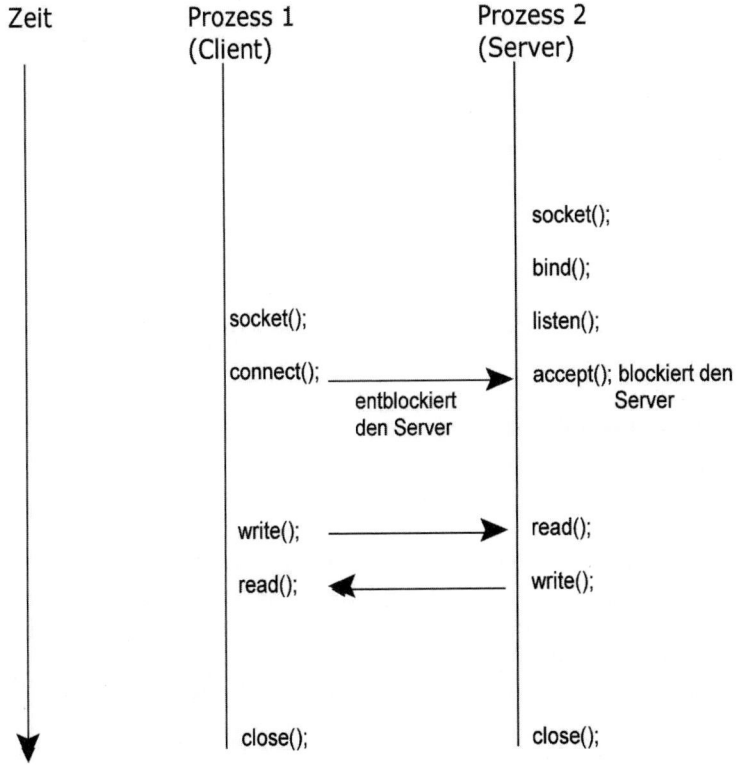

Abb. 3-22: Typische Aufrufabfolge für verbindungsorientierte Kommunikation

Bevor Daten zwischen Stream-Sockets austauschbar sind, müssen beide Sockets miteinander verbunden werden. Die Aufrufe accept und connect stellen diese Verbindung her. Beide Aufrufe realisieren ein unsymmetrisches Rendezvous. Unsymmetrisch deshalb, weil es nur stattfindet, wenn der Server zeitlich vor dem Client sein accept startet. Am accept wird der Server dann blockiert und er wartet auf den Client. Dessen connect führt das Rendezvous herbei. Startet der

3 Programmiermodelle für parallele und verteilte Systeme

Client sein connect zeitlich vor dem accept des Servers, so kommt kein Rendezvous zustande. Das connect kommt mit einer Fehlermeldung zurück. Steht die Verbindung zwischen Client und Server, können beide mit read und write Daten austauschen. Die Verbindung wird dann aufgelöst, wenn einer der Sockets geschlossen (close) wird.

listen-Systemaufruf

Der listen-Systemaufruf zeigt die Empfangsbereitschaft des Servers bezüglich einer Verbindung an, und außerdem wird eine Warteschlange für die Verbindungen von Clients eingerichtet. Er wird gewöhnlich nach dem socket- und bind-Aufruf verwendet und unmittelbar vor den accepts für die Clients.

listen
```
#include <sys/socket.h>
int listen (int sockfd, int backlog);
```

sockfd ist der Socketdeskriptor.

backlog gibt die Anzahl der möglichen Verbindungsanforderungen wieder, die maximal in die Warteschlange gestellt werden können. Dieser Wert wird normalerweise mit fünf angegeben, dem derzeitigen Höchstwert.

accept-Systemaufruf

Nachdem der Server den listen-Aufruf ausgeführt hat, wartet er mit einem accept-Aufruf auf eine aktuelle Verbindung von einigen Clientprozessen. accept nimmt die erste Anforderung in der Warteschlange, dupliziert den als Parameter angegebenen Socketdeskriptor und gibt den Socketdeskriptor des Duplikats als Funktionswert zurück. Über diesen neuen Socketdeskriptor wird die Verbindung zum Client hergestellt. Stehen keine Verbindungsanforderungen mehr an, d.h. ist die Warteschlange leer, wartet der accept-ausführende Prozess, bis eine Anforderung ankommt.

accept
```
#include <sys/types.h>
#include <sys/sockets.h>
int accept (int sockfd, struct sockaddr *peer,
            int *addrlen);
```

sockfd ist der Socketdeskriptor.

peer dient zur Aufnahme der Adressstruktur des Clients, die beim connect-Aufruf des Clients gefüllt wird. Mit Hilfe dieses Parameters kann der Server den Namen des Clients herausfinden. Interessiert sich

3.4 Programmiermodelle für verteilten Speicher

der Server nicht für den Client und somit für den Namen des Clients, kann man einen Nullpointer für diesen Parameter angeben.

`addrlen` dient zur Aufnahme der Länge der Adressstruktur des Clients. Ist für den Server der Client uninteressant, kann er ebenfalls hier einen Nullpointer angeben. Normalerweise blockiert das `accept` den Server, und es wird gewartet, bis die Verbindung hergestellt ist. Es gibt beim `accept`-Aufruf keine Möglichkeit anzugeben, dass nur bestimmte Verbindungen akzeptiert werden. Dadurch obliegt es dem Servercode, die Verbindung zu analysieren und die Verbindung abzubrechen, falls der Server nicht mit dem Prozess sprechen möchte.

connect-Systemaufruf

Mit dem `connect`-Aufruf kann ein Client eine Verbindung mit einem Server-Socket herstellen. Dazu muss der Client die Adresse (Protokoll, Hostname, Port) des Servers kennen. Kommt die Verbindung nicht zustande, so liefert `connect` einen Fehlercode zurück. Wird mit einem ungebundenen Socket (vorher wurde kein `bind` durchgeführt) der `connect`-Aufruf ausgeführt, so findet durch das `connect` eine lokale Adressbindung statt (implizites `bind`) mit anschließender Übertragung dieser Adresse an den Server.

```
#include <sys/types.h>
#include <sys/sockets.h>
int connect(int sockfd, struct sockaddr *servaddr,
            int addrlen);
```
connect

`sockfd` ist der Socketdeskriptor.

`servaddr` ist die vorbesetzte Adresse des Servers

`addrlen` gibt die Länge der Adressstruktur an.

read- und write-Systemaufruf

Steht die Verbindung zwischen einem Server und einem Client, können mit `read` und `write` Daten ausgetauscht werden.

```
#include <sys/sockets.h>
int read (int sockfd, char *buff, int nbytes);
```
read

```
int write (int sockfd, char *buff, int nbytes);
```
write

`sockfd` ist der Socketdeskriptor.

`buff` ist ein Puffer für die zu schreibenden bzw. zu lesenden Daten.

`nbytes` gibt die Anzahl der Bytes im Puffer an.

3 Programmiermodelle für parallele und verteilte Systeme

Zusätzlich zu read und write können die Aufrufe send und recv verwendet werden. Diese Aufrufe unterscheiden sich von read und write durch ein zusätzliches Flag, das gesetzt werden kann. Das Flag hat dabei die gleiche Bedeutung wie beim sendto und recvfrom für verbindungslose Sockets.

send

```
#include <sys/sockets.h>
int send (int sockfd, char *buff, int nbytes,
          int flags);
```

recv

```
int recv (int sockfd, char *buff, int nbytes,
          int flags);
```

3.4.4.1.4 Anwendungsbeispiel rlogin

Das folgende Beispiel, das wieder aus dem Buch von Stevens [S 92] entnommen wurde, zeigt einen Client, der ein remote login auf einer anderen Maschine ausführt. Dabei benutzt er die Netzwerk-Hilfsfunktion getservbyname, welche den Servicenamen und optional ein qualifizierendes Protokoll, auf die Struktur servent abbildet.

Programm 3-25: remote login Client

```
/* This program rlogin realize a remote login on
   another machine which is retrieved from
   the command line argument.
   The form of the command line is: rlogin hostname
*/

#include <stdio.h>
#include <sys/types.h>
#include <sys/socket.h>
#include <netinet/in.h>
#include <netdb.h>

main(argc, argv)
  int argc;
  char *argv[];
{
  int sd; /* socket descriptor */
  struct sockaddr_in server;
  struct hostent *hp, *gethostbyname();
   struct servent *sp, *getservbyname();

  /* Create socket. */
  sd = socket (AF_INET, SOCK_STREAM, 0);
  if (sd < 0)
```

```
   {
      perror("rlogin: socket ");
      exit(1);
   }

/* Get destination host with gethostbyname()call. */
hp = gethostbyname(argv[1])
if (hp == 0)
{
   fprintf(stderr, "%s: unknown host \n", argv[1]);
   exit(2);
}

/* Locate the service definition for a
   remote login with getservbyname() call */

sp = getservbyname("login", "tcp");
if (sp == 0)
{
   fprintf(stderr, "tcp login: unknown service \n");
   exit(3);
}

server.sin_family = AF_INET;

/* Copy network address into server address.    */
bcopy((char *) hp->h_addr,
      (char*)&server.sin_addr,
       hp->h_length);
/* Set port-number of server. */
server.sin_port = sp->s_port;

/* Connect to server; connect does bind for us. */
if (connect(sd, (struct sockaddr *)&server,
    sizeof(server)) < 0)
{
   perror ("rlogin: connect ");
   exit(4);
}

/* Details of the remote login protocol will
   not be considered here.*/

/* ...
*/
```

```
      close(sd);
      exit(0);

}
```
Ein Server für mehrere remote login-Clients hat folgenden Code:

Programm 3-26: remote login Server

```
#include <stdio.h>
#include <sys/types.h>
#include <sys/socket.h>
#include <netinet/in.h>
#include <netdb.h>

main()
{
   int sd; /* socket descriptor */
   struct sockaddr_in server, client;
   struct servent * sp, *getservbyname();
   /* Create socket. */
   sd = socket (AF_INET, SOCK_STREAM, 0);
   if (sd < 0)
   {
      perror("rlogin: socket ");
      exit(1);
   }

   /* Locate the service definition for a
      remote login with getservbyname() call */
   sp = getservbyname("login", "tcp");
   if (sp == 0)
   {
      fprintf(stderr, "tcp login: unknown service \n");
      exit(2);
   }

   /* Details to disassociate server from
      controlling terminal will not be
      considered here. */

   /* ...
   */

   server.sin_family = AF_INET;
   server.sin_addr.s_addr = htonl(INADDR_ANY);
   server.sin_port = sp->s_port;
```

```
/* Server-Socket gets address. */
if bind(sd, (struct sockaddr*)&server,
        sizeof(server)) < 0)
{
   syslog(LOG_ERR, "rlogin: bind");
   exit(3);
}
listen (sd, 5);
for (;;)
{
   int nsd;/* new socket descriptor for accept */
   int addrlen_client = sizeof(client);
   nsd = accept(sd, (struct sockaddr *) &client,
        &addrlen_client);
   if (nsd < 0)
   {
      syslog(LOG_ERR, "rlogin: accept ");
      continue;
   }
   /* Parallel server, create child */
   if (fork() == 0)
   {
      /* child */
      close(sd); /* close socket of parent */
      doit(nsd, &client);
      /* Does details of the remote login protocol.
   */
   }
   /* parent */
   close(nsd);
}
exit(0);
}
```

3.4.4.2 Java Message Service (JMS)

Das *Application Programming Interface (API)* für den Message-Server ist von Sun Microsystems spezifiziert und die Weiterentwicklung und Versionsverwaltung liegt ebenfalls in den Händen von Sun. Ein Quick Reference Guide für die JMS API ist in Monson-Haefel und Chappel [MC 01] im Anhang enthalten oder kann von Sun Microsystems direkt bezogen werden. Die nachfolgende Beschreibung der JMS API unterteilt sie zunächst in die für Nachrichten (Message) zuständige API

3 Programmiermodelle für parallele und verteilte Systeme

und dann in einem zweiten Schritt in die API für JMS-Clients (Producer und Consumer).

3.4.4.2.1 Message API

PTP- oder Pub/Sub-Nachrichten werden in einer Warteschlange (Queue oder Topic) beim Message-Server abgelegt und sind vom Typ `javax.jms.Message`. Eine Nachricht (`Message`) hat drei Teile:

header
1. *Nachrichtenkopf* (`header`): Er enthält Daten über den Nachrichten-Erzeuger, wann wurde die Nachricht angelegt, wie lange ist die Nachricht gültig, eindeutiger Identifikator der Nachricht, usw. Ein Nachrichtenkopf, der seinen Wert automatisch vom JMS Provider zugewiesen bekommt, kann von einer Applikation mit `get`-Methoden abgefragt und mit `set`-Methoden gesetzt werden. Automatisch zugewiesene Nachrichtenköpfe sind:

   - `JMSDestination`: Identifiziert das Ziel (`Queue` oder `Topic`).
   - `JMSDeliveryMode`: `PERSISTENT` oder `NON_PERSISTENT` Speicherung der Nachricht; dient zur Unterscheidung der exactly once oder at most once-Semantik.
   - `JMSMessageID`: Eindeutige Identifikation der Nachricht.
   - `JMSTimestamp`: Zeitpunkt des Aufrufes der `send`-Methode.
   - `JMSExpiration`: Verfallszeit der Nachricht in Millisekunden; kann mit `setTimeToLive()` gesetzt werden.
   - `JMSRedelivered`: Boolescher Wert für erneutes Senden der Nachricht an den Consumer.
   - `JMSPriority`: Wert von 0 – 9 zum Setzen der Priorität der Auslieferung der Nachricht an den Consumer.
   - Neben den automatisch gesetzten Nachrichtenköpfen gibt es die folgenden Nachrichtenköpfe, die durch den Anwender mit der `set`-Methode explizit zu setzen sind:
   - `JMSReplyTo`: Ziel, an das der Consumer eine Rückantwort an den Producer schicken kann.
   - `JMSCorrelationID`: Assoziation der Nachricht mit einer vorhergehenden Nachricht oder einem applikationsspezifischen Identifier.
   - `JMSType`: Dient zur Identifikation der Nachrichtenstruktur und legt den Typ der Nutzdaten fest.

3.4 Programmiermodelle für verteilten Speicher

2. *Eigenschaften* (property): Eigenschaften sind zusätzliche Header, die einer Nachricht zugewiesen werden können. Sie liefern genauere Information über eine Nachricht. Mit Zugriffsmethoden (get) können sie gelesen und mit Änderungsoperationen (set, clear) können sie geschrieben werden. Der Wert einer Eigenschaft kann vom Typ String, boolean, byte, double, int, long oder float sein.

3. *Nutzdaten* (payload): Sie können abhängig vom transportierten Inhalt unterschiedlichen Typ haben.
   Die sechs Message-Interfaces sind:

   - Message ist die einfachste Form einer Nachricht und dient als Basis für die anderen Nachrichtentypen. Die Nachricht enthält keine Nutzdaten und kann somit nur zur Ereignisübermittelung benutzt werden, und ein Consumer kann mit OnMessage(Message message) darauf reagieren.

   - TextMessage beinhaltet eine einfache Zeichenkette, welche über die Methoden setText(String payload) und String getText() verwaltet wird. Sie dient zur Übertragung von Textnachrichten und auch komplexeren Character-Daten, wie beispielsweise XML-Dokumente.

   - ObjectMessage kann serialisierbare Java-Objekte transportieren. Die entsprechenden Zugriffsfunktionen sind setObject(java.io.serializable payload) und java.io.serializable getObject().

   - BytesMessage transportiert einen Bytestrom, der typischerweise zum Umverpacken bestehender Nachrichtenformate genutzt wird. Die Methoden des BytesMessage-Interface entsprechen den Methoden in den I/O-Klassen java.io.DataInputStream und java.io.DataOutputStream.

   - StreamMessage arbeitet mit einem Strom primitiver Datentypen (int, double, char, etc.). Die Methoden des StreamMessage-Interface sind write<TYPE>() und read<TYPE>().

   - MapMessage kann key-value-Paare unterschiedlichen Typs transportieren, welche über ein Schlüssel-Wert-Paar lokalisiert werden. Es existieren Zugriffsmethoden für die meisten Datentypen, wie beispielsweise float getFloat (String key) und setFloat(String key, float value).

Abb. 3-23:
Interfaces für PtP und Pub/Sub

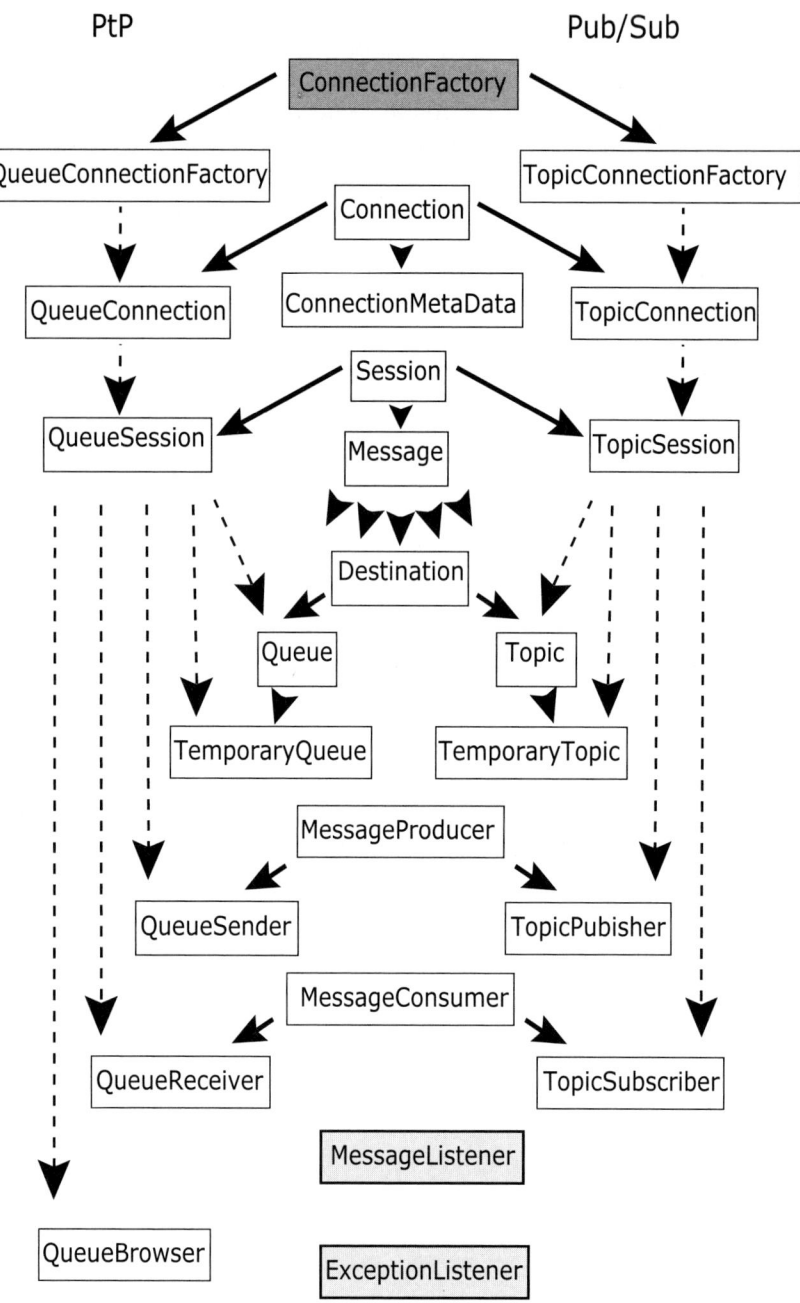

3.4 Programmiermodelle für verteilten Speicher

3.4.4.2.2 Producer Consumer API

Neben der oben beschriebenen Message-API ist die restliche JMS-API zweigeteilt für PTP- und Pub/Sub-Kommunikation, wie nachfolgende Abbildung 3-23 zeigt. Durchgezogene Pfeile zeigen die Erweiterung des Interface an (`extends`) und die gestrichelten Pfeile zeigen, welches Interface welches Objekt (`create-`) erzeugt. Die gepunktete und gestrichelte Linie zeigen an, dass die `create`-Funktion ein `Queue`-Objekt zurückgibt. Die dickere Umrandung für den `MessageListener` und den `ExceptionListener` zeigen an, dass diese Interfaces durch den Entwickler implementiert werden müssen (`implements`).

ConnectionFactory, QueueConnectionFactory, TopicConnectionFactory

Das Interface `ConnectionFactory` ist leer und kann von einem JMS-Provider unterschiedlich implementiert werden, z. B. für ein spezielles Protokoll das benutzt wird, oder für eine Verbindung, der ein bestimmtes Sicherheitsprotokoll zu Grunde liegt. `ConnectionFactory` dient als Basisinterface für `QueueConnectionFactory` und `TopicConnectionFactory`.

`QueueConnectionFactory` besitzt zwei überlagerte Funktionen **createQueue Connection**

```
QueueConnection createQueueConnection() und
QueueConnection createQueueConnection (
    String username,
    String password)
```
zum Anlegen einer PTP-Verbindung.

Wie bei PTP-Verbindungen besitzt `TopicConnectionFactory` die zwei überlagerten Funktionen

```
TopicConnection createTopicConnection() und
TopicConnection createTopicConnection
        (String username, String password)
```
CreateTopic Connection

zum Anlegen einer Pub/Sub-Verbindung.

Connection

Ein `Connection`-Objekt repräsentiert eine physikalische Verbindung einer PTP- (`QueueConnection`) oder Pub/Sub-Verbindung (`TopicConnection`). Ein JMS-Client kann viele Verbindungen von einer `ConnectionFactory` anlegen. Jedoch ist dieses Verfahren aufwändig, da jede Verbindung einen eigenen Socket benötigt, I/O-Streams, Speicher, etc. Es ist effizienter, mehrere `Session`-Objekte vom gleichen

3 Programmiermodelle für parallele und verteilte Systeme

`Connection`-Objekt anzulegen, da eine Sitzung die gleiche Verbindung gemeinsam benutzen kann.

`Connection` definiert einige allgemeine Methoden, die ein JMS-Client benutzen kann. Unter anderem die Methoden

GetMetaData, `ConnectionMetaData getMetadata(),`
start, `void start(),`
stop, `void stop()` und
close `void close().`

Mit einer `Connection` lässt sich ein `ExceptionListener` assoziieren. Dazu dienen die folgenden `get`- und `set`-Funktionen

get-, `ExceptionListener getExceptionListener()` und
setException `setExceptionListener(ExceptionListener listener).`
Listener

Neben einem `ExceptionListener` kann mit einer `Connection` ein Identifier für den Client mit get- und set-Funktionen assoziiert werden:

get-, `String getClientID()` und
setClientID `setClientID(String ClientID).`

ConnectionMetaData

`ConnectionMetaData` stellt `get`-Methoden zur Gewinnung von Information bereit, welche die JMS-Version und den JMS-Provider beschreiben. Die Information enthält beispielsweise die Identität des JMS-Provider, die unterstützte JMS-Version und die JMS-Provider-Versionsnummer.

QueueConnection

`QueueConnection` repräsentiert eine eindeutige Verbindung des Producers zum Message-Server. Die Methode

createQueue `QueueSession createQueueSession (boolean transacted,`
Session `                                int acknowledgeMode)`

erzeugt eine `Session` und

createConnect `ConnectionConsumer createConnectionConsumer`
ionConsumer `   (Queue queue,`
`    String messageSelector,`
`    ServerSessionPool sessionPool,`
`    int maxMessages)`

erzeugt eine Verbindung für den Consumer.

3.4 Programmiermodelle für verteilten Speicher

TopicConnection

`TopicConnection` repräsentiert eine eindeutige Verbindung zum Message-Server. Die Methode

```
TopicSession createTopicSession (boolean transacted,
                    int acknowledgeMode)
```
createTopic Session

erzeugt eine `TopicSession` und

```
ConnectionConsumer createConnectionConsumer
    (Topic topic,
     String messageSelector,
     ServerSessionPool sessionPool,
     int maxMessages)
```
createConnectionConsumer

erzeugt eine Verbindung für den Consumer. Zum Anlegen einer dauerhaften Verbindung (überlebt die Lebenszeit des Consumer und wird dauerhaft beim JMS-Server gespeichert) dient:

```
ConnectionConsumer createDurableConnectionConsumer
    (Topic topic,
      String subscriptionsName,
      String messageSelector,
     ServerSessionPool sessionPool,
     int maxMessages)
```
createDurable Connection Consumer

Session

Ein `Session`-Objekt ist ein Kontext bestehend aus einem Thread zum Produzieren und zum Konsumieren der Nachricht. `Session` erweitert somit das `java.lang.Runnable`-Interface. `Session` legt Message-Objekte für den Consumer und Producer an. Die Methoden umfassen sechs `createMessage()`-Methoden (eine für jeden Typ eines `Message`-Objekts). Im Einzelnen sind das die folgenden Methoden:

```
Message createMessage (),
BytesMessage createBytesMessage (),
MapMessage createMapMessage (),
ObjectMessage createObjectMessage(),
ObjectMessage createObjectMessage(
                Serializable object),
StreamMessage createStreamMessage (),
TextMessage createTextMessage () und
TextMessage createTextMessage (String Text).
```
Create... Message

3 Programmiermodelle für parallele und verteilte Systeme

Der `Session`-Manager überwacht den Bereich der Transaktionen um die `send`- und `receive`-Operationen mit den Methoden

getTransacted, commit, rollback, close, recover
```
boolean getTransacted (),
void commit (),
void rollback (),
void close () und
void recover ().
```

Für asynchrones Empfangen kann eine `Session` ein `MessageListener` aufsetzen mit den Methoden

get-, setMessageListener
```
MessageListener getMessageListener () und
setMessageListener (MessageListener listener).
```

Der `Session`-Manager serialisiert dann das Ausliefern der Nachrichten an ein `MessageListener`-Objekt. Bezüglich Serialisieren von Objekten siehe Abschnitt 3.3.5.7.4.

QueueSession

Ein Client kann mehrere `QueueSession`-Objekte zur feineren Granularität von Sendern und Empfängern anlegen. `QueueSession` enthält eine Methode zum Inspizieren einer `Queue`

createQueue
```
Queue createQueue (String queueName)
```

und zum Anlegen einer temporären Queue mit

CreateTemporaryQueue
```
TemporaryQueue createTemporaryQueue ().
```

Die obige Funktion `createQueue` dient nicht zum Anlegen einer `Queue` beim Message-Server, sondern es wird ein Queue-Objekt, das eine bestehende Queue beim Message-Server repräsentiert, zurückgegeben. Die Queue selbst muss durch ein Verwaltungs-Tool des Providers beim Setup oder Konfigurieren des Message-Server angelegt werden.

Zum Anlegen eines `QueueSender`-Objekts und eines `QueueReceiver`-Objekts stehen die folgenden Methoden bereit:

CreateSender -Receiver
```
QueueSender createSender (Queue queue),
QueueReceiver createReceiver (Queue queue) und
QueueReceiver createReceiver (Queue queue,
                   String messageSelector).
```

Eine `Queue` kann mit einen Browser inspiziert werden. Die Methoden, welche eine `QueueBrowser` erzeugen, sind:

3.4 Programmiermodelle für verteilten Speicher

```
QueueBrowser createBrowser(Queue queue)   und
QueueBrowser createBrowser (Queue queue,
              String messageSelector).
```
Create-Browser

TopicSession

Ein Client kann, wie bei `QueueSession`, wieder mehrere `TopicSession`-Objekte anlegen für mehrere Publisher und Subscriber.

Die Methoden zum Anlegen eines `Topic` sind:

`Topic createTopic (String TopicName)`

createTopic

und eines temporären `Topic`

`TemporaryTopic createTemporaryTopic().`

createTemporaryTopic

Zum Anlegen eines `TopicPublisher`-Objekts dient

`TopicPublisher createPublisher(Topic topic),`

createPublisher

Die Methoden zum Anlegen eines `TopicSubscriber`-Objekts sind:

```
TopicSubscriber createSubscriber (Topic topic),
TopicSubscriber createSubscriber(Topic topic,
               String messageSelector,
               boolean nolocal)
```
CreateSubscriber

und für dauerhafte Subscriber

```
TopicSubscriber createDurableSubscriber (Topic topic,
              String name)
```
createDurable-Subscriber

und

```
TopicSubscriber createDurableSubscriber(Topic topic,
               String name,
               String messageSelector,
               boolean Nolocal).
```

Mit `unscribe` wird das Interesse an dem Topic gelöscht.

`void unscribe (String name);`

unscribe

Destination, Queue, Topic

`Destination` ist ein leeres Interface, welches durch `Queue` und `Topic` erweitert wird. Queue und Topic sind durch den Message-Server verwaltete Objekte. Sie dienen als Handle oder Identifier für eine aktuelle Queue (physical queue, physical topic) beim Message-Server.

Eine Physical Queue ist ein Kanal von dem viele Clients Nachrichten empfangen und senden können. Mehrere Empfänger können sich zu einer Queue verbinden, aber eine Nachricht in der Queue kann nur von einem Empfänger konsumiert werden. Nachrichten in der Queue sind geordnet, und Consumer erhalten die Nachricht in der vom Message-Server festgelegten Ordnung.

Das Interface Queue besitzt die folgenden beiden Methoden:

getQueue-Name, toString
```
String getQueueName () und
String toString ().
```

Ein Physical Topic ist ein Kanal, von dem viele Clients Nachrichten beziehen (subscribe) und sie abonnieren können. Liefert ein Client eine Nachricht beim Topic ab (publish), so erhalten alle Clients die Nachricht, die sie abonniert haben.

Das Interface Topic besitzt die folgenden beiden Methoden:

getTopic-Name, toString
```
String getTopicName ()
```
und
```
String toString ().
```

TemporaryQueue, TemporaryTopic

TemporaryQueue und TemporaryTopic sind nur aktiv während eine Session zu ihr verbunden ist, also so lange noch eine Verbindung der Queue oder des Topic zu einem Client besteht. Da eine temporäre Queue oder Topic von einem JMS-Client angelegt wird, ist eine Queue bzw. ein Topic nicht für andere JMS-Clients verfügbar. Um sie für einen anderen JMS-Client verfügbar zu machen, muss er die Identität der Queue oder des Topic im JMSReplyTo Header erhalten.

Die beiden Interfaces TemporayQueue und TemporaryTopic besitzen nur eine Methode

delete
```
void delete ()
```

zum Löschen der Queue bzw. des Topic.

MessageProducer

Der MessageProducer sendet eine Nachricht an ein Topic oder eine Queue. Das Interface definiert die folgenden get-Methoden und die dazu korrespondierenden set-Methoden:

get...
```
boolean getDisableMessageID(),
boolean getDisableMessageTimestamp(),
int getDeliveryMode (),
```

```
int getPriority (),
long getTimeToLive () und
```

| ```
void setDisableMessageID (boolean value),
void setDisableMessageTimestamp (boolean value),
void setDeliveryMode (int deliveryMode),
void setPriority (int defaultPriority),
setTimeToLive (long timetolive).
``` | **set ...** |

Zum Beenden des Sendens dient   **close**

```
void close ().
```

QueueSender

Nachrichten, die von einem `QueueSender` an eine `Queue` gesendet werden, erhält der Client, der mit dieser Queue verbunden ist. Das Interface `QueueSender` enhält eine Methode:

```
Queue getQueue ()
```
    getQueue

Weiterhin die folgenden vier überlagerten `send`-Methoden:

```
void send (Message message),
void send(Queue queue, Message message),
void send(Message message,
      int deliveryMode,
      int priority,
      long timeToLive),
void send(Queue queue,
      Message message,
      int deliveryMode,
      int Priority,
       long timeToLive),
```
    send

TopicPublisher

Nachrichten, die von einen `TopicPublisher` an ein `Topic` gesendet werden, werden kopiert und an alle Clients gesendet, die sich mit diesem `Topic` verbunden haben.

Das Interface `TopicPublisher` enhält eine Methode

```
Topic getTopic().
```
    getTopic

Weiterhin die folgenden vier überlagerten `publish`-Methoden:

```
void publish(Message message),
void publish(Topic topic, Message message),
void publish(Message message,
```
    publish
```

3 Programmiermodelle für parallele und verteilte Systeme

```
              int deliveryMode,
              int priority,
              long timeToLive),
     void publish(Topic topic, Message message,
              int deliveryMode,
              int Priority,
              long timeToLive),
```

MessageConsumer

`MessageConsumer` können die Nachricht asynchron oder synchron konsumieren. Um sie asynchron zu konsumieren, muss ein JMS-Client ein `MessageListener`-Objekt zur Verfügung stellen, d.h. er muss das Interface `MessageListener` implementieren.

Mit

getMessage-Listener	`MessageListener getMessageListener()`

kann der Consumer sich den `MessageListener` geben lassen und mit

setMessage-Listener	`setMessageListener(MessageListener listener)`

kann er ihn setzen.

Zum synchronen Konsumieren einer `Message` kann ein JMS-Client einer der Methoden

receive	`Message receive()`, `Message receive(long timeout)` oder `Message receiveNoWait()`

aufrufen.

Zum Beenden des Empfangens dient

close	`void close()`.

QueueReceiver

Jede `Message` in einer Queue wird nur an einen `QueueReceiver` ausgeliefert. Viele Empfänger können sich mit einer Queue verbinden, jedoch kann jede Nachricht in einer Queue nur von einem der Empfänger konsumiert werden. `QueueReceiver` enthält eine Methode

getQueue	`Queue getQueue ()`.

TopicSubscriber

Sobald eine Nachricht vorliegt, wird sie an den `TopSubscriber` ausgeliefert. `TopicSubscriber` enthält die beiden Methoden

`Topic getTopic () und`   **getTopic**
`boolean getNoLocal ().`   **getNoLocal**

MessageListener

Der `MessageListener` wird durch ein JMS Client implementiert, d.h. er muss die einzige Methode

`void onMessage (Message message)`   **onMessage**

des `MessageListener` implementieren.

Er empfängt asynchron Nachrichten von einem `QueueReceiver` oder einem `TopicSubscriber`. Die `Session` muss sicherstellen, dass die Nachrichten seriell an den `MessageListener` übergeben werden, so dass sie einzeln bearbeitbar sind. Ein `MessageListener`-Objekt kann von vielen Verbrauchern angelegt werden, jedoch ist die serielle Auslieferung nur garantiert, wenn alle Verbraucher von der gleichen `Session` angelegt wurden.

QueueBrowser

Der `QueueBrowser` ermöglicht es, Nachrichten in einer `Queue` zu inspizieren, ohne sie zu konsumieren. Dazu bietet das Interface die folgenden Funktionen:

`Queue getQueue (),`   **getQueue,**
`String getMessageSelector (),`   **getMessage-**
`Enumeration getEnumeration ().` **Selector,**
                                                  getEnumera-
Zum Beenden des Browser dient   **tion**

`void close ().`   **close**

JMSException

Alle Funktioen des JMS API lösen bei Fehlern und Ausnahmen die Ausnahme vom Typ `JMSException` aus. Die Klasse `JMSException` erweitert die Klasse `java.lang.Exception` um die folgenden Prozeduren und Funktionen:

`JMSException(String reason),`   **class**
`JMSException(String reason, String errorCode),` **JMSException**
`String getErrorCode (),`
`Exception getLinkedException () und`

3 Programmiermodelle für parallele und verteilte Systeme

```
void setLinkedException (java.lang.Exception ex).
```

Die JMS API-Dokumentation von Sun Microsystems beschreibt noch zwölf weitere Ausnahmen vom Typ `JMSException`. Beispielhaft sei die `MessageEOFException` genannt, die ausgelöst wird, wenn ein Strom unerwartet während des Lesens einer `StreamMessage` oder `ByteMessage` endet.

ExceptionListener

JMS-Provider stellen einen `ExceptionListener` zur Verfügung, um zusammengebrochene Verbindungen wiederherzustellen und um den JMS-Client darüber zu informieren.

Der `ExceptionListener` wird durch ein JMS-Client implementiert, d.h. er muss die einzige Methode

onException
```
void onException (JMSException exception)
```

des `ExceptionListener` implementieren.

3.4.4.2.3 Anwendungsbeispiel Erzeuger-Verbraucher-Problem (Pipe)

Die nachfolgenden Programme 3-25 und 3-26 zeigen eine Point-to-Point-Kommunikation (`QueueConnection`) zwischen einem Erzeuger und einem Verbraucher. Der Erzeuger produziert einfachheitshalber eine einzige Nachricht und schickt diese Nachricht an einen Message-Server. Der Verbraucher konsumiert dann asynchron diese Nachricht.

InitialContext
Die Aufruffolge des Erzeugers befindet sich im Konstruktor des Producers und wird beim Anlegen des Erzeugers (im `main`) durchlaufen. Die Aufruffolge beginnt mit dem Anlegen einer Verbindung zu dem Java Naming and Directory Interface (JNDI) das von dem Message-Server benutzt wird. Durch Anlegen des `javax.naming.‑InitialContext`-Objekts wird eine solche Verbindung geschaffen. `InitialContext` ist eine Netzwerkverbindung zu dem Namensserver und dient zum Zugriff auf die vom Message-Server verwalteten Objekte.

Connection-Factory
Mit dem JNDI `InitialContext`-Objekt kann dann nach einer `QueueConnectionFactory` gesucht werden (`lookup`), die dann zum Herstellen einer Verbindung zum Message-Server dient. Die `ConnectionFactory` konfiguriert der Systemadministrator, der zuständig für den Message-Server ist, und sie ist bei verschiedenen Providern unterschiedlich implementiert. Beispielsweise kann sie so konfiguriert werden, dass die hergestellte Verbindung ein spezielles Protokoll, ein bestimmtes Sicherheitsschema oder irgendeine Clusterstra-

3.4 Programmiermodelle für verteilten Speicher

tegie benutzt. Es können sogar mehrere Objekte vom Typ `Connection-Factory` existieren, wobei jedes ihren eigenen JNDI `lookup`-Namen besitzt.

Mit der `ConnectionFactory` lässt sich dann eine Verbindung (`QueueConnection`) für eine Queue zum Message-Server anlegen. Die Verbindung ist eindeutig für den Message-Server. Jede so angelegte Verbindung benötigt viele Ressourcen, wie beispielsweise ein TCP/IP-Socket-Paar, I/O Streams und Speicher; deshalb sollten die Verbindung mehrfach durch verschiedene Sessions benutzt werden.

Connection

Für die Verbindung können beliebig viele `Session`-Objekte angelegt werden, was ressourcenschonender ist, als das Anlegen von weiteren Verbindungen. Das `Session`-Objekt ist eine Factory zum Anlegen einer Nachricht (`Message`-Objekt) und zum Anlegen eines `Queue-Sender`.

Session

`QeueSender` ist ein vom Message-Server verwaltetes Objekt, wie die `ConnectionFactory`, und es wird wieder die `lookup`-Methode von JNDI benutzt, um einen Handle auf dieses Objekt zu erhalten. Mit dem `QueueSender` lassen sich dann durch `send(Message)` Nachrichten an den Message-Server senden.

QueueSender

Mit `start()`, `stop()` und `close()` lässt sich eine Verbindung manipulieren. Mit `start()` können Clients Nachrichten über die Verbindung geben und beim Message-Server ablegen. `stop()` stoppt den eingehenden Nachrichtenstrom bis die `start()`-Methode wieder aufgerufen wird. `close()` zerstört die Verbindung und löscht alle Objekte (`QueueSession`, `QueueSender`), die mit der Verbindung assoziiert sind.

start(), stop(), close()

```
import javax.jms.*;
import javax.naming.*;
import java.util.Properties;

public class Producer
   private QueueConnectionFactory qFactory = null;
   private QueueConnection qConnect = null;
   private QueueSession qSession = null;
   private Queue sQueue = null;
   private QeueueSender qSender = null;

  /* Constructor. Establish the Producer */
  public Producer (String broker, String username,
              String password) throws Exception
  {
```

Programm 3-27: Message Producer

265

```java
    // Obtain a JNDI connection
  Properties env = new Properties();
  // ... specify the JNDI properties sprecific
  // to the provider

  InitialContext jndi = new InitialContext(env);

  // Look up a JMS QueueConnectionFactory
  qFactory =
    (QueueConnectionFactory)jndi.lookup(broker);

  // Create a JMS QueueConnection object
  qConnect =
  qFactory.createQueueConnection (
        username,password);

  // Create one JMS QueueSession object
  qSession = qConnect.createQueueSession(
        false, Session.AUTO_ACKNOWLEDGE);

  // Look up for a JMS Queue hello
  sQueue = (Queue)jndi.lookup("hello");

  // Create a sender
  qSender = qSession.createSender(sQueue);

  // Start the Connection
  qConnect.start();
}

/* Create and send message using qSender */
protected void SendMessage() throws JMSException {
  // Create message
  TextMessage message =
        qSession.createTextMessage ();
  // Set payload
  Message.setText(username+" Hello");
  // Send Message
  qSender.send(message);
 }

/* Close the JMS connection */
public void close() throws JMSException {
  qConnect.close();
}
```

3.4 Programmiermodelle für verteilten Speicher

```
/* Run the Producer */
public static void main(String argv[]) {
  String broker, username, password;
  if (argv.length == 3) {
    broker = argv[0];
    username = argv[1];
    password = argv[2];
  } else {
    return;
  }
  // Create Producer
    Producer producer = new Producer (
            broker, username, password);
    SendMessage();
    // Close connection
    producer.close();
    }
}
```

Der nachfolgende Verbraucher (Programm 3-26) ist vollständig symmetrisch zum Erzeuger aufgebaut: Über die `ConnectionFactory` erhält man eine Verbindung (`Connection`), die von einer Session genutzt wird, und die Session erzeugt dann den Receiver. Da der Verbraucher jedoch die Nachricht asynchron verarbeiten soll, muss der Verbraucher den `MessageListener` implementieren. Dazu muss die Methode `OnMessage` implementiert werden, und am Ende der Konstruktor-Aufruffolge muss der Empfänger den `MessageListener` setzen (`setMessageListener`).

Message Listener

Programm 3-28: Message Consumer

```
import javax.jms.*;
import javax.naming.*;
import java.util.Properties;
import java.io.*;

public class Consumer implements MessageListener {
  private QueueConnectionFactory qFactory = null;
  private QueueConnection qConnect = null;
  private QueueSession qSession = null;
  private Queue rQueue = null;
  private QeueueReceiver qReceiver = null;

  /* Constructor. Establish the Consumer */
  public Consumer (String broker,
      String username, String password)
```

```java
        throws Exception{

    // Obtain a JNDI connection
    Properties env = new Properties();
    // ... specify the JNDI properties sprecific
    // to the provider
    InitialContext jndi = new InitialContext(env);

    // Look up a JMS QueueConnectionFactory
    qFactory =
          (QueueConnectionFactory)jndi.lookup(broker);

    // Create a JMS QueueConnection object
    qConnect =
    qFactory.createQueueConnection (
               username,password);

    // Create one JMS QueueSession object
    qSession = qConnect.createQueueSession (
               false,
               Session.AUTO_ACKNOWLEDGE);

    // Look up for a JMS Queue hello
    rQueue = (Queue)jndi.lookup("hello");

    // Create a receiver
    qReceiver = qSession.createReceiver(rQueue);

    // set a JMS message listener
    qReceiver.setMessageListener(this);

    // Start the Connection
    qConnect.start();
  }

  /* Receive message from qReceiver */
  public void onMessage (Message message){
    try {
       TextMessage textMessage =
            (TextMessage) message;
         String text = textMessage.getText();
         System.outprintln
            ("Message received - " + text + " from" +
               message.getJMSCorrelationID());
         }
```

3.4 Programmiermodelle für verteilten Speicher

```
      catch (java.lang.Exception rte) {
          rte.printStackTrace();
      }
  }

  /* Close the JMS connection */
  public void close() throws JMSException {
    qConnect.close();
  }

/* Run the Consumer */
public static void main(String argv[]) {
  String broker, username, password;
  if (argv.length == 3) {
    broker = argv[0];
    username = argv[1];
    password = argv[2];
  } else {
    return;
  }
  // Create Consumer
    Consumer consumer  = new Consumer (broker,
            username, password);
    System.out.println ("\Consumer started: \n");
    // Close connection
    consumer.close();
    }
}
```

Für eine Pub/Sub-Kommunikation muss, wie bei der oben beschriebenen PTP-Kommunikation, die entsprechende Topic-Aufruffolge (`TopicConnectionFactory`, `TopicConnection`, `TopicSession`, `lookup Topic`, `Publisher` oder `Subscriber`) durchlaufen werden. Auf ein konkretes Topic-Anwendungsbeispiel verzichten wir hier und verweisen auf Monson-Haefel und Chappel [MC 01], das ein einführendes Chat-Beispiel (der Chat- und damit JMS-Client ist hier gleichzeitig ein Producer und Consumer) enthält und den Unterschied zwischen PTP- und Pub/Sub-Kommunikation an einem Groß/Einzelhandel-Szenario erläutert.

3.4.4.2.4 JMS-Provider

Führendes Produkt bei Enterprise-MOM ist IBM's *MQSeries*. Es wurde 1993 eingeführt, also vor den Zeiten von Java und JMS. Ursprünglich basierte MQSeries auf dem PTP-Modell, und mit der Version 5 wurde

IBM MQSeries

3 Programmiermodelle für parallele und verteilte Systeme

das Pub/Sub-Modell eingeführt. MQSeries unterstützt das JMS API und ist somit ein JMS-Provider.

Java Message Queue (JMQ) Sun Microsystems ist nicht nur für die JMS API verantwortlich, sondern liefert auch mit *Java Message Queue (JMQ)* eine Referenzimplementierung. JMQ entspricht der JMS 1.0.2-Spezifikation. Der Message-Server ist in C geschrieben und läuft auf Solaris-Sparc, Windows/NT und Windows 2000. Zur Erhöhung der Anzahl der Plattformen wird JMQ in der Version 2.0 in Java implementiert.

3.4.5 Kooperative Modelle mit entfernten Aufrufen

3.4.5.1 Ablauf von entfernten Aufrufen

Ruft ein Prozess auf einer Maschine A einen Dienst auf einer Maschine B auf, so wird der aufrufende Prozess suspendiert und die Abarbeitung der aufgerufenen Prozedur findet auf der Maschine B statt. Information vom Aufrufer zum Aufgerufenen kann über die Parameter transportiert werden, und Information kann über das Ergebnis der Prozedur zurücktransportiert werden. Durch dieses Vorgehen zeigt ein Remote Procedure Call das vertraute Verhalten von lokalen Prozeduraufrufen.

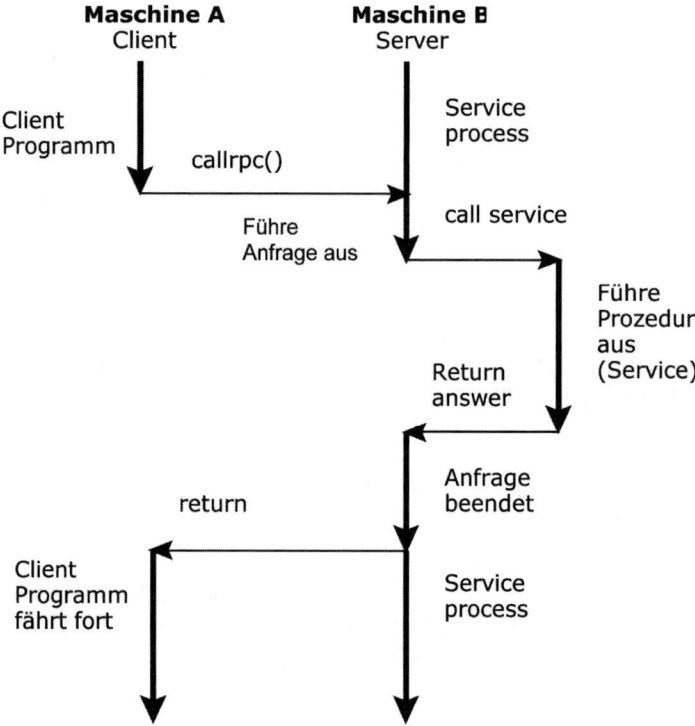

Abb. 3-24: Aufruf einer entfernten Prozedur

3.4.5.2 Abbildung des entfernten Aufrufes auf Nachrichten

Mit dem entfernten Prozeduraufruf lassen sich Anwendungen gut in das Client-Server-Modell überführen: Verschiedene Server stellen Schnittstellenprozeduren zur Verfügung, die dann entfernte Clients mit Hilfe von RPCs aufrufen. Das RPC-System übernimmt dabei die Kodierung und Übertragung der Aufrufe einschließlich der Parameter und des Ergebnisses. Teilweise wird auch die Lokalisierung von Servern, die Übertragung komplexer Parameter- und Ergebnisstrukturen, die Behandlung von Übertragungsfehlern und die Behandlung von möglichen Rechnerausfällen durch das System übernommen. Generell lässt sich ein RPC-System, wie in Abbildung 3-25 gezeigt, realisieren:

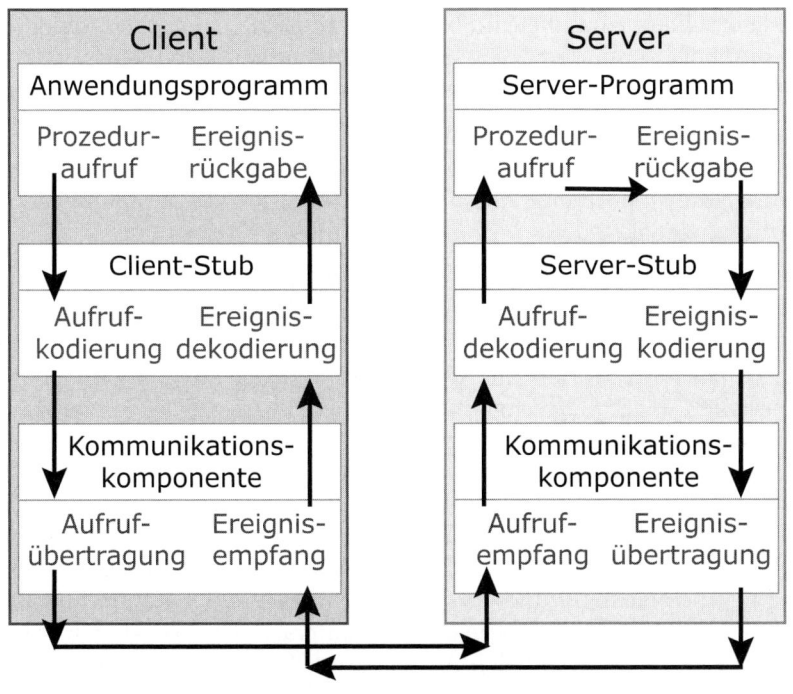

Abb. 3-25: Komponenten und Ablaufstruktur eines RPC-Systems

Ein Anwendungsprogramm ruft eine Prozedur auf und blockiert. Die Implementierung der Prozedur steht jedoch nicht lokal zur Verfügung, sondern wird von einem entfernten Server angeboten; dies ist aber für das aufrufende Programm transparent.

3.4.5.3 Stubs

Client-Stub Das lokale System auf der Seite des Aufrufers transformiert dazu den entfernten Aufruf in den Aufruf einer lokalen Systemprozedur, den so genannten Client-Stub *(Stub – Stummel)*. In der Stub-Komponente muss Information vorliegen oder Information beschafft werden, welcher Server die gewünschte Prozedur anbietet; dieser Server kann sich sogar auf dem gleichen physikalischen Rechner befinden. Im Gegensatz zu einer konventionellen Prozedur werden vom Client-Stub nicht die Parameter in Registern oder auf dem Keller abgelegt, sondern die Parameter werden in eine Nachricht verpackt. Der Client-Stub kodiert somit die Spezifikation der aufgerufenen Prozedur, d.h. ordnet ihr eine eindeutige Aufrufkennung zu, bestimmt die Adresse des Zielrechners und verpackt die Parameter in ein vereinbartes Übertragungsformat für Nachrichten. Anschließend beauftragt der Stub eine Kommunikationskomponente mit dem Versenden der Nachricht. Nach dem Senden blockiert der Stub und wartet, bis eine Nachricht zurückkommt.

Die Kommunikationskomponente überträgt den kodierten Aufruf an den Zielrechner. Dabei ist diese Komponente verantwortlich für das Routing, die Quittierung und im Fehlerfalle die Wiederholung von Übertragungspaketen.

Server-Stub Kommt die Nachricht dann bei der Kommunikationskomponente des Servers an, wird sie zu dem *Server-Stub*, der mit dem Server assoziiert ist, weitergeleitet. Typischerweise führt der Server-Stub eine Endlosschleife aus und wartet am Anfang der Schleife auf einkommende Nachrichten. Nach Empfang einer Nachricht entpackt der Server den Aufruf und die Parameter, bestimmt die entsprechende aufzurufende Prozedur des Servers und ruft sie auf. Aus der Sicht des Servers handelt es sich um eine konventionelle Prozedur, die der Client aufgerufen hat. Nach der Prozedurausführung erhält der Server-Stub das Ergebnis der Prozedur. Er verpackt die Rückgabeparameter mit der Aufrufkennung in eine Nachricht und versendet sie mit Hilfe der Kommunikationskomponente des Servers an den Client. Nach dem Versenden geht der Server-Stub wieder an den Anfang der Schleife zurück und wartet auf die nächste Nachricht.

Die Kommunikationskomponente des Clients empfängt die Nachricht, leitet sie an den Client-Stub weiter, der die entsprechende Dekodierung und das Entpacken vornimmt, und übergibt das Resultat an das Anwendungsprogramm. Das Anwendungsprogramm deblockiert und setzt seine lokale Programmabarbeitung fort. Aus der Sicht des Anwendungsprogramms sieht dabei die entfernte Prozedurausführung wie eine lokale Prozedurausführung auf dem gleichen Rechner aus.

3.4.5.4 Parameter- und Ergebnisübertragung

Die Aufgabe des Client-Stub ist, die Prozedurparameter zu übernehmen und in eine Nachricht zu verpacken und sie dem Server-Stub zuzusenden. Dieser Vorgang wird *Parameter marshalling* (anordnen, arrangieren) genannt. Zur Betrachtung dieses Vorgangs sehen wir uns zunächst die Parameterübergabe in konventionellen Prozeduren an und wie sie sich auf entfernte Prozeduren übertragen lässt.

In C können die Parameter by value oder by reference übergeben werden. Die Wertübergabe bereitet dabei für einen entfernten Prozeduraufruf keine Schwierigkeit, da der entfernten Prozedur ein Wert übergeben wird. Für die aufgerufene Prozedur ist ein Wertparameter eine initialisierte lokale Variable, die beliebig modifizierbar ist. Die Modifikation des Wertparameters hat dabei keine Auswirkung auf die der Prozedur übergebenen Variablen.

Parameterübergabearten

Ein Referenzparameter in C ist ein Zeiger auf eine Variable (Adresse einer Variablen) und kein Wert einer Variablen. Da die entfernte Prozedur in einem anderen Adressraum als die aufrufende Prozedur läuft, kann die Adresse einer Variablen nicht übergeben werden. Eine mögliche, jedoch sehr einschränkende Lösung ist das Verbieten von Pointern und Referenzübergaben. Soll diese einschränkende Lösung nicht gewählt werden, so muss die call by reference-Semantik nachgebildet werden, was durch die Parameterübergabeart *call-by-copy/restore* möglich ist. call-by-copy/restore kopiert die Variablen auf den Keller des Aufgerufenen, wie bei call by value. Bei Prozedurrückkehr werden die Parameter zurückkopiert in die Variablen, wodurch die Werte der Variablen des Aufrufes überschrieben werden. Dieses Vorgehen entspricht dann einem call by reference mit der Ausnahme von dem Fall, in dem der gleiche Parameter mehrfach in der Parameterliste auftritt. Dazu betrachte man das folgende Programmbeispiel in C:

Call-by-copy/ restore

```
f(int *x, int *y)
   {
           *x = *x + 1;
           *y = *y + 1;
   }

main()
{
   int a;
```

Programm 3-29: Parameterübergabeart call-by-copy/restore

3 Programmiermodelle für parallele und verteilte Systeme

```
    a = 0;
    f(&a, &a);
    printf("%d", a);
}
```

Eine lokale Prozedurabwicklung liefert als Ergebnis den Wert 2, weil die beiden Additionen sequenziell abgewickelt werden. Bei einem Remote Procedure Call wird jedoch zweimal kopiert. Jede Kopie wird unabhängig von der anderen auf eins gesetzt. Am Ende der Prozedur wird a (= 1) zurückkopiert. Das zweite Kopieren überschreibt das Erstkopierte. Dadurch liefert in diesem Fall die call-by-copy/restore-Semantik den Wert von eins und unterscheidet sich dadurch von der call by reference-Semantik.

in out Parameter

Effizienter können die Parameter gehandhabt werden, wenn sie wie in der Programmiersprache Ada als *Eingangsparameter* (`in`) oder *Ausgangsparameter* (`out`) spezifiziert sind. Liegt ein `in`-Parameter vor, so kann der Parameter wie bei der Wertübergabe kopiert werden. Liegt ein `out`-Parameter vor, so braucht der Parameter nicht kopiert zu werden, d.h. der aufgerufenen Prozedur übergeben zu werden. Nach Prozedurausführung wird der Wert des `out`-Parameters von der Ausführungsumgebung zum Aufrufer transportiert und in der Aufrufumgebung in den Parameter und somit der Variablen kopiert. `In-out`-Parameter können dann durch call-by-copy/restore behandelt werden.

Zeiger auf komplexe Datenstrukturen

Obiges beschriebenes Vorgehen behandelt Zeiger auf einfache Felder und Strukturen. Was jedoch nicht abgedeckt ist, sind Zeiger auf komplexe Datenstrukturen, wie beispielsweise Listen, Bäume und Graphen. Manche Systeme versuchen auch diesen Fall abzudecken, indem man einen Zeiger einem Server-Stub übergibt und einen speziellen Code in der Server-Prozedur generiert zur Behandlung von Zugriffen durch Zeiger. Die Adresse (Zeiger) wird dabei in der Serverprozedur abgelegt; falls der Inhalt der Adresse vom Server gewünscht wird, sendet der Server eine Nachricht an den Client zum Lesen der Speicherzelle, auf welcher die Adresse zeigt. Der Client kann dann den Inhalt der Adresse, also den Wert, lesen und an den Server zurückschicken. Diese Methode ist jedoch sehr ineffizient, da bei jedem Zugriff auf eine Speicherzelle über einen Zeiger Botschaften ausgetauscht werden müssen.

Eine andere Möglichkeit besteht darin, die komplette, komplexe Datenstruktur vom Adressraum des Clients in den Adressraum des Servers zu kopieren.

3.4 Programmiermodelle für verteilten Speicher

Die entfernte Prozedur läuft im Adressraum des Servers ab. Der Aufruf der Prozedur liegt jedoch im Adressraum des Clients. Deshalb können nur diejenigen Prozeduren auch entfernte Prozeduren sein, die keine Zugriffe auf globale Variablen im Prozedurkörper enthalten.

Behandlung von globalen Variablen

3.4.5.5 Remote Procedure Calls (ONC RPCs, DCE RPCs, DCOM)

Am Markt existieren mehrere miteinander inkompatible Versionen von RPC-Systemen:

1. Das bekannteste, mit jeder Linux-Distribution ausgelieferte RPC-System ist ONC (Open Network Computing) RPC oder auch Sun RPC genannt. Zur Generierung der Stubs steht ein Generator rpcgen zur Verfügung. Eingabesprache für den rpcgen ist sprachunabhängig und geschieht mit RPCL (Remote Procedure Call Language). Der Broker oder Portmapper, der als Dämon auf dem Server läuft, lauscht an dem UDP- und TCP-Port 111.

   Sun RPC

   Die maschinenunabhängige Datenrepräsentation ist XDR (eXternal Data Representation). Bei dieser Datenrepräsentation muss der Sender immer seine Daten in XDR umwandeln und im XDR-Format übertragen, und der Empfänger muss dann die Daten vom XDR-Format in seine eigene Datenrepräsentation zurückwandeln.

   Sun RPCs wurde ursprünglich von Sun für das Network File System (NFS) entwickelt. Der Network Information Service (NIS) basiert größtenteils auch auf Sun-RPCs.

2. Die von Microsoft mit Windows NT ausgelieferten *DCE-RPCs* wurden von der Distributed Computing Environment (DCE) [P 95] abgeleitet. Das Herzstück von dieser Umgebung und das Programmiermodell zur Festlegung von Client-Server-Beziehungen sind RPCs. Der Broker oder *EndPointMapper* lauscht auf dem UDP- und TCP-Port 135. Anwendungen werden mit Hilfe der *Interface Definition Language* (*IDL*) programmiert.

   DCE-RPC

   An Stelle eines einzigen Netzstandards wie bei XDR und somit bei Sun-RPCs, verwenden DCE-RPCs die Datenrepräsentation *NDR* (*Network Data Representation*). NDR ermöglicht dem Sender, sein eigenes internes Format zu benutzen, falls es eines der unterstützenden Formate ist. Der Empfänger muss, falls sich sein eigenes Format von dem des Senders unterscheidet, diese in sein eigenes Format umwandeln.

   Um die COM-Technologie von Microsoft über ein Netzwerk kommunizieren zu lassen, setzte Microsoft DCE-RPCs ein. Dieses objektorientierte RPC-System nannte Microsoft *DCOM* (*Distributed*

3 Programmiermodelle für parallele und verteilte Systeme

Component Object Model). Siehe dazu auch Abschnitt 3.4.5.8 Entfernte Komponentenaufrufe).

ISO RPC 3. Ein Versuch der ISO, ein standardisiertes *ISO RPC* zu etablieren, ist fehlgeschlagen, und davon gibt es kaum Implementierungen. Das Transferformat der Daten bei ISO RPCs benutzt *explizites Typing*, d.h. der Typ der Daten muss explizit mit angegeben werden. XDR und NDR benötigen keine Typangaben, sondern benutzen ein *implizites Typing*. Die Beschreibungssprache für das explizite Typing ist ASN.1 (Abstract Syntax Notation 1).

RFC 4. In der SAP-Software bezeichnet *RFC* den *Remote Function Call*. Damit lassen sich Funktionsbausteine innerhalb von SAP R/3 aufrufen. Dies ermöglicht externen Subsystemen, Daten in ein SAP-System hinein oder aus einem SAP-System hinaus zu transportieren.

3.4.5.6 Entfernte Methodenaufrufe (CORBA)

Einer der eifrigsten und auch recht erfolgreichen Verfechter der objektorientierten Modellierung und ihrer Verbindung mit verteilter Programmierung ist die *Object Management Group (OMG)* [OMG 07]. Die OMG wurde 1989 gegründet und ist ein internationales Konsortium, das von ursprünglich acht Mitgliedern auf über 700 Mitglieder (Apple, AT&T, DEC, HP, IBM, NeXT, Siemens Nixdorf, Sun, Xerox und andere) angewachsen ist. Die OMG implementiert keine Produkte, sondern ihre Aufgabe liegt in der Festlegung von Spezifikationen für Schnittstellen und Protokolle. Die Mitglieder reichen Spezifikationen ein, die von der OMG veröffentlicht und mit interessierten Mitgliedern diskutiert werden und anschließend einer Abstimmung durch die OMG unterliegen. Im Zuge dieses Verfahrens hat die OMG ein abstraktes Objektmodell und eine objektorientierte Referenzarchitektur definiert, die *Object Management Architecture (OMA)*[OMA 07].

Common Object Request Broker Architecture (CORBA) Ein wesentlicher Bestandteil dieser Referenzarchitektur ist der *Object Request Broker (ORB)*, woraus sich die geläufigere Bezeichnung *Common Object Request Broker Architecture (CORBA)* [P 98] für die Architektur ableitet. Der ORB ermöglicht die Kommunikation und Koordination zwischen beliebigen CORBA-Objekten und ist eine Technologie, die bekannt ist unter *Distributed Object Management (DOM)* [MR 97]. Die DOM-Technologie stellt auf hoher Ebene eine objektorientierte Schnittstelle auf Basis von verteilten Services zur Verfügung.

IDL-Compiler Mit einer *Interface Definition Language (IDL)* [IDL 07] (OMG IDL ist ein ISO International Standard, Nummer 14750) erstellt ein Programmierer eine formale Spezifikation der Schnittstelle, die eine Serveranwendung zur Verfügung stellt. Diese Schnittstellenbeschreibung setzt

3.4 Programmiermodelle für verteilten Speicher

ein *IDL-Compiler* in ein Objektmodell der verwendeten Programmiersprache um; d. h. er erzeugt die (Client-) Stubs und (Server-) Skeletons. Die Stubs und Skeletons verbinden die sprachenunabhängigen IDL-Schnittstellenspezifikationen mit dem sprachspezifischen Implementierungsquelltext. Den IDL-Compiler liefert der Hersteller des ORB.

3.4.5.6.1 Object Management Architecture (OMA)

Die Object Management Architecture (OMA) enthält vier Architekturelemente, die um den Object Request Broker (ORB) gruppiert sind (Abbildung 3-26). Der ORB schafft die Kommunikationsinfrastruktur, zum Weiterleiten von Anfragen an andere Architekturkomponenten und ist somit in Abbildung 3-25 als allgemeiner Kommunikationsbus dargestellt. Die Objekte, die Anforderungen versenden und empfangen können, sind durch Kreise repräsentiert.

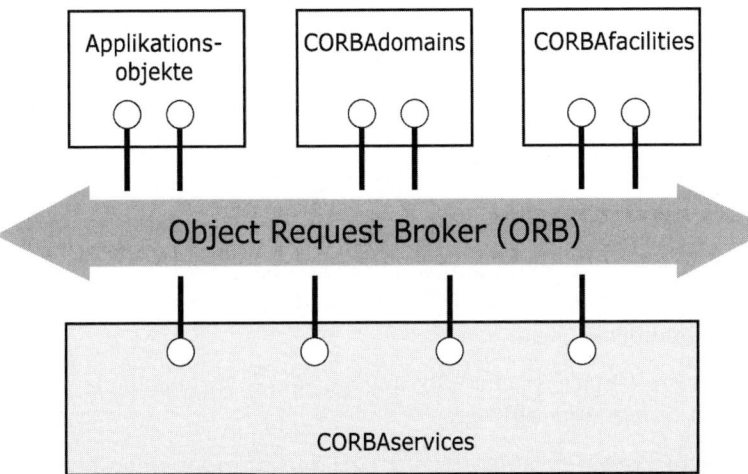

Abb. 3-26: Object Management Architecture

Das Fundament der Architektur bilden die Objektdienste (*CORBAservices*). Objektdienste sind Services auf Systemebene, die Basisoperationen auf Objekten anbieten. Alle CORBAservices besitzen ein in der Interface Definition Language (IDL) spezifiziertes Interface. Die folgenden verschiedenen Services zeigen die Vielfalt der möglichen Services, von denen die CORBA-Hersteller nur wenige implementiert haben:

- Das *Instanzenmanagement (Lifecycle Services)* von Objekten, wozu z.B. Operationen wie `create`, `delete`, `copy` und `move` zählen.

CORBAservices

3 Programmiermodelle für parallele und verteilte Systeme

- *Verwaltung von Objektnamen (Naming Service)*, so dass Komponenten andere Komponenten über ihren Namen lokalisieren können.

- Der *Event Service* erlaubt Komponenten, ihr Interesse an speziellen Ereignissen dynamisch zu registrieren und zu deregistrieren. Der Service definiert einen Ereigniskanal, der Ereignisse sammelt und unter den Komponenten verteilt.

- Der *Concurrency Control Service* stellt einen Lock Manager zur Verfügung.

- Der *Time Service* dient zur Synchronisation der Zeit in verteilten Umgebungen.

- Der *Transaction Service* stellt ein Zwei-Phasen-Commit-Protokoll zur Verfügung.

- Der *Security Service* ist ein Rahmenwerk für verteilte Objektsicherheit.

- Der *Persistence Service* erlaubt die dauerhafte Speicherung von Komponenten auf verschiedenen Speicher-Servern, wie Objekt-Datenbanken (ODBMSs), relationale Datenbanken (RDBMSs) oder einfache Files.

- Der *Relationship Service* speichert die Beziehungen zwischen Objekten und stellt Metadaten über die Objekte bereit.

- Der *Externalization Service* bietet einen Ein-/Ausgabestrom für Komponenten.

- Der *Query Service* ist eine Obermenge von SQL und bietet Datenbankanfragen und -abfragen.

- Mit dem *Properties Service* können zu den Komponenten benannte Werte oder Eigenschaften, wie z.B. Titel oder Datum, assoziiert werden.

- Der *Trader Service* erlaubt Objekten, ihren Service anzubieten und um Kunden für diesen Service zu werben.

- Der *Collection Service* ist ein Interface zum Anlegen und Manipulieren von Kollektion von Objekten.

CORBA facility

CORBAfacility sind Kollektionen von in IDL spezifizierten Rahmenwerken, welche Services bieten, die direkt von den Applikationsobjekten benutzt werden können. Die CORBAfacilities können die CORBAservices benutzen, von ihnen erben oder sie erweitern. Die CORBAfacilities umfassen folgende Facilities:

3.4 Programmiermodelle für verteilten Speicher

- Distributed Document Component Facility.
- System Management Facility.
- Internationalization and Time Operation Facilities.
- Data Interchange Facility.

Die *CORBAdomain* umfasst bereichsspezifische Rahmenwerke. Beispiele für solche sich zurzeit in Entwicklung befindlichen Bereiche sind: Business Object Framework, Manufacturing, Transportation, Finanzen, Gesundheitswesen, Telecombereich.

CORBA domain

3.4.5.6.2 Object Request Broker (ORB)

Der Object Request Broker ist das Herz beim CORBA-Referenzmodell und ermöglicht einem Client das Senden einer Anforderung an eine Objektimplementierung, wobei unter Objektimplementierung der Code und die Daten, welche das aktuelle Objekt implementieren, verstanden wird. Das Interface, welches der Client sieht, ist unabhängig von der Lokalisierung der Objektimplementierung und von der Programmiersprache, in der das Objekt implementiert ist, oder irgendwelchen anderen Aspekten, die nicht durch das Interface spezifiziert sind. Zwischen dem Client und dem Objekt ist bei CORBA ein *forwarding Broker* [B 04] zwischengeschaltet.

ORB - forwarding Broker

Client-Stubs für jede Schnittstelle werden zur Einbindung von Clients zur Verfügung gestellt, die diese Schnittstellen nutzen. Der Client-Stub für eine bestimmte Schnittstelle stellt eine Pseudoimplementierung für jede Methode in der Schnittstelle zur Verfügung. Anstatt Server-Methoden direkt auszuführen, kommunizieren die Methoden des Stubs mit dem ORB, damit für die benötigten Parameter eine Formatübertragung bzw. eine umgekehrte Formatübertragung durchgeführt werden kann. Auf der anderen Seite stehen die Skeletons, die das Gerüst bilden, auf dem der Server erzeugt wird. Für jede Methode einer Schnittstelle generiert der IDL-Compiler eine leere Methode im Server-Skeleton. Der Entwickler stellt dann für jede dieser Methoden die Implementierung zur Verfügung.

Abbildung 3-27 definiert eine Architektur von Interfaces, bestehend aus drei Komponenten:

1. Interface für den Client,
2. Interface für die Objektimplementierung und
3. Interface für das ORB.

3 Programmiermodelle für parallele und verteilte Systeme

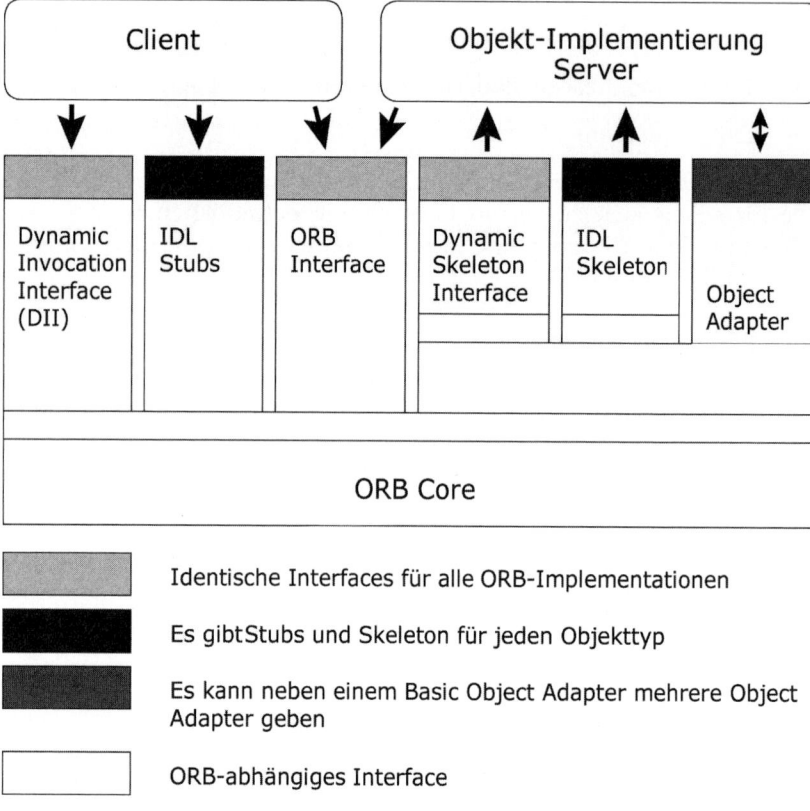

Abb. 3-27: Struktur des CORBA-Interface

Interfaces auf der Seite des Clients

Die clientseitige Architektur stellt Clients das folgende Interface zum ORB und zu Serverobjekten zur Verfügung:

IDL Stubs
1. *IDL Stubs*. Das IDL Stub-Interface enthält Funktionen, die aus einer IDL-Interface-Definition generiert und zum Clientprogramm hinzugebunden werden. Dies ist das statische Interface, das die Sprache des Clients in die ORB-Implementierung abbildet. Das IDL Stub-Interface erlaubt die Interaktion eines Clients mit einem Objekt, das auf einem anderen Rechner liegt, indem die Methoden des Objekts aufgerufen werden, als ob das Objekt lokal vorliegen würde.

3.4 Programmiermodelle für verteilten Speicher

2. *Dynamic Invocation Interface (DII)*. Das DII–Interface erlaubt das Absetzen einer Anforderung an ein Objekt zur Laufzeit. Dieses Interface ist notwendig, wenn das Interface des Objekts bei der Konstruktion der Clientsoftware und somit zur Kompilierungszeit nicht bekannt ist; daher kann es auch nicht wie bei IDL-Stubs zum Clientcode hinzugebunden werden. Mit dem DII-Mechanismus kann durch einen Aufruf an das ORB auf ein Objekt zugegriffen werden, das eine Spezifikation für die Methoden und deren Parameter besitzt. Diese Spezifikation ist in einem *Implementation Repository* abgelegt, so dass das ORB die Objektimplementierung lokalisieren und aktivieren kann.
    Dynamic Invocation Interface

3. *ORB-Interface*. Das ORB-Interface gestattet einen direkten Zugriff durch Client- oder Servercode zu den Funktionen des ORB. In der gegenwärtigen Spezifikation für CORBA enthält dieses Interface nur wenige Operationen, wie beispielsweise die Umwandlung einer Objektreferenz in einen String.
    ORB-Interface

Interfaces auf der Implementierungsseite

Das implementierungsseitige Interface besteht aus den folgenden upcall Interfaces, welche Aufrufe vom ORB zu der Objektimplementierung durchführen.

1. *IDL Skeleton*. Das IDL Skeleton-Interface ist das serverseitige Gegenstück zum IDL-Stub-Interface. Das IDL-Skeleton wird aus der IDL-Interface-Definition generiert.
    IDL Sekeleton

2. *Dynamic Skeleton Interface (DSI)*. Das DSI ist das Gegenstück vom Dynamic Invocation Interface auf der Serverseite. Es bindet zur Laufzeit Anfragen vom ORB zu einer Objektimplementierung. Das Dynamic Skeleton inspiziert dazu die Parameter einer vom ORB eingehenden Anfrage, bestimmt das Zielobjekt und die Methode mit Hilfe des Implementation Repository und nimmt die Rückantwort von der Objektimplementierung entgegen.
    Dynamic Sekeleton Interface

    Das DSI ist weiterhin geeignet zum Bau von Brücken zwischen verschiedenen ORBs. Ruft ein Client von einem ORB einen Server eines anderen ORBs auf, so geht die Anfrage an das andere ORB, das es nun mit Hilfe des DSI an den Server weiterleitet.

3. *Object Adapter*. Die eigentliche Kommunikationsanbindung an die Objektimplementierung übernimmt dabei der Object Adapter. Der Object Adapter liefert die Laufzeitumgebung zur Instantiierung von Serverobjekten zum Weiterleiten der Anforderungen an die
    Object Adapter

Serverobjekte und dient zum Abbilden der Objektreferenzen auf die Serverobjekte.

Der Object Adapter hat drei verschiedene Interfaces:

- Ein privates Interface zum IDL Skeleton.
- Ein privates Interface zu dem ORB Core.
- Ein public Interface, das durch die Objektimplementierung genutzt wird.

Durch diese drei Interfaces ist der Adapter von der Objektimplementierung und von dem ORB Core so weit wie möglich isoliert und abgeschottet.

Basic Object Adapter

Der Adapter kann ausgetauscht werden und spezielle Funktionalität anbieten, um zum Beispiel Serverobjekte nicht als Prozesse, sondern als Datenbankobjekte realisieren zu können. Um ein Ausufern bei den Objektadaptern zu vermeiden, spezifiziert CORBA einen Standard-Adapter, den so genannten *Basic Object Adapter* (*BOA*). Der BOA muss mit jedem ORB mitgeliefert werden und kann für die meisten CORBA-Objekte eingesetzt werden. Der BOA enthält Interfaces zur Generierung von Objektreferenzen, zur Registrierung von Objektimplementierungen, zur Aktivierung von Objektimplementierungen und einige sicherheitsrelevante Anfragen, z.B. zur Authentifizierung. Bei der Aktivierung von Objektimplementierungen kann nach der Methode Shared, Unshared, Per Request oder Persistent Server vorgegangen werden [B 04].

ORB Core

Der ORB Core repräsentiert die Objekte und die Anfragen. Er leitet die Anfragen vom Client zu einem Objektadapter, der zu dem Zielobjekt gehört. Da CORBA ein weites Feld von Objektmechanismen, Objektlebenszeiten, Strategien und Implementierungssprachen unterstützt, kann der ORB Core kein einzelnes Interface anbieten. Stattdessen wurde der ORB mit Komponenten versehen, die diese Unterschiede dem ORB Core gegenüber maskieren. Ein Beispiel und die wichtigste Komponente ist dabei der Objektadapter.

Repositories

Der Broker-Mechanismus wird unterstützt durch einen Speicher für Schnittstellenbeschreibungen (Interface Repository) und eine Ablage für die dahinterstehende Implementierung (Implementation Repository). Das Interface Repository ermöglicht den Zugriff auf Typinformati-

3.4 Programmiermodelle für verteilten Speicher

onen einer Schnittstelle zur Laufzeit und kann zur Unterstützung des DII eingesetzt werden. Das Implementation Repository dient dem Broker zur bedarfsweisen Aktivierung der Objektimplementierung, wenn also ein Aufruf dafür vorliegt. Nachfolgende Abbildung 3-28 zeigt, wie Interface und Implementationsinformation den Clients und der Objektimplementierung zur Verfügung gestellt werden. Das Interface ist definiert in der Interface Definition Language (IDL) oder im Interface Repository; aus der IDL-Definition wird der Stub des Clients oder das Skeleton der Objektimplementation generiert. Die Information zur Objektimplementierung wird zur Installationszeit aufgebaut und im Implementation Repository gespeichert; sie dient zur Weiterleitung einer Abfrage an die Objektimplementierung.

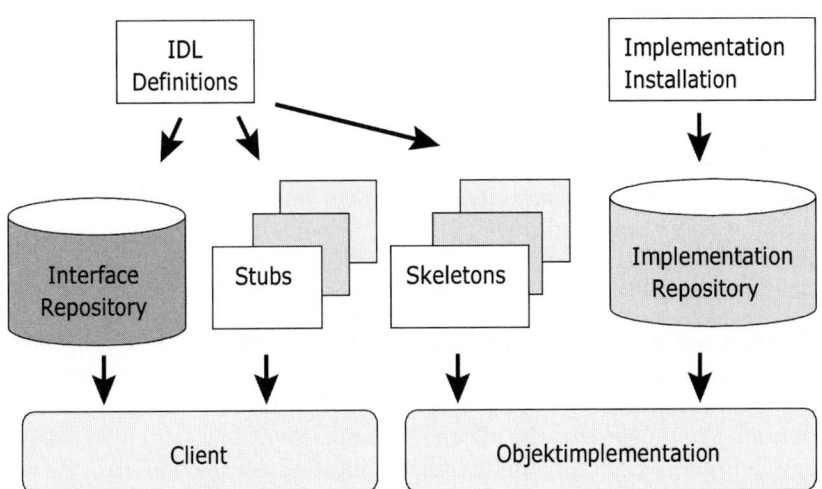

Abb. 3-28: Interface und Implementation Repository

ORB-Interoperabilität

CORBA ist ein offener Standard und nur eine Referenzarchitektur und beschreibt nicht irgendwelche Implementierungstechnologien. Verschiedene Anbieter und Organisationen können ihre eigene Version des CORBA-Standards implementieren. Zur Herstellung der Interoperabilität zwischen verschiedenen CORBA-Produkten ist in CORBA das Interface zwischen den Clients und dem ORB beibehalten und die Verantwortung für die Interoperabilität an den ORB delegiert.

Die den verschiedenen ORBs unterliegende Kommunikation und Koordination ist festgelegt durch das General Inter-ORB Protocol (GIOP). Das GIOP definiert eine Transfer-Syntax, die bekannt ist unter Common Data Representation (CDR) und sieben verschiedene Nachrichten-

3 Programmiermodelle für parallele und verteilte Systeme

typen. Die Abbildung von GIOP auf TCP/IP ist beschrieben im Internet Inter-ORB Protocol (IIOP). Die interoperable Objektreferenz (IOR) ist der Mechanismus, mit dem auf die Objekte zugegriffen wird, durch das IIOP und zwischen verschiedenen ORB-Anbietern. Die IOR enthält die ORBs-interne Objektreferenz, die Internetadresse und eine Portnummer. Die IOR wird verwaltet durch die ORB und ist nicht sichtbar für einen Anwendungsprogrammierer. Zusätzlich zum IIOP liefert das DCE Environment Specfic Inter-ORB Protocol (DCE ESIOP) Unterstützung für den DCE-RPC-Mechanismus, so dass ein CORBA-System mit DCE-basierten Systemen zusammenarbeiten kann. Für RMI-Systeme kann die Anbindung an CORBA mit RMI-IIOP [IIOP 07] erfolgen.

3.4.5.6.3 CORBA Component Model (CCM)

CCM basiert auf EJBs

Das CORBA Component Model (CCM) [CCM 07], [NRS 04] stellt die wesentlichste Erweiterung der Version 3.0 [S 01] der CORBA-Spezifikation dar und erweitert die CORBA 2 Spezifikation um Komponenten. Das CORBA Component Model basiert konzeptionell in vielen Bereichen auf dem Java Enterprise Beans (EJB)-Ansatz [BR 07], siehe auch [B 04], und erweitert diesen u.a. hinsichtlich der Unterstützung anderer Sprachen außer Java. Die Laufzeitumgebung von CORBA-Komponenten ist wie bei EJBs der Container, der die Heterogenität der benutzten Hard- und Software verbirgt.

Ähnlich wie bei den EJBs werden unterschiedliche Arten von Bausteinen unterschieden: *Session*- und *Entity*-Bausteine, die ihrem jeweiligen Äquivalent in der EJB-Architektur entsprechen; darüber hinaus *Service*-Komponenten, die einen zustandslosen Dienst bereitstellen, sowie *Process*-Komponenten zur Modellierung von Abläufen.

Eine Komponente kapselt ihren inneren Aufbau durch Interfaces Das Interface wird durch folgende Ports angeboten:

Portarten

- *Facets* sind Interfaces, welche die Komponente anbietet. Die Interfaces sind voneinander verschieden und benannt.

- *Receptable* sind Schnittstellen, so dass eine Komponente auf andere Komponenten zugreifen kann.

- *Event Source* (*Ereignisproduzent*) bietet die Möglichkeit, ein Ereignis zu senden.

- *Event Sink* (*Ereigniskonsument*) kann ein Ereignis empfangen.

3.4 Programmiermodelle für verteilten Speicher

- *Stream Source* dient zur Übertragung von Streams.
- *Stream Sink* empfängt Streams.

Wie ein Objekt kann eine Komponente *Attribute* besitzen. Sie dienen weniger als Zustandsmerkmale wie bei Objekten, sondern sind für Konfigurationszwecke gedacht.

3.4.5.7 Remote Method Invocation (RMI)

Remote Method Invocation (RMI) [RMI 07] ermöglicht es, Methoden für Java-Objekte aufzurufen, die von einer anderen Java Virtuellen Maschine (JVM) erzeugt und verwaltet werden – wobei diese in der Regel auf einem anderen Rechner laufen. Ein solches Objekt einer anderen JVM nennt man dementsprechend *entferntes Objekt (remote object)*. **entferntes Objekt**

RMI ist eine rein Java-basierte Lösung, deshalb muss nicht auf eine eigene Sprache zur Definition der Schnittstelle zurückgegriffen werden. Der **Compiler** *rmic* generiert den Stub für den Client und den Server direkt aus den existierenden Klassen für das Programm. **rmic**

Der Server-Stub heißt bei Java Skeleton und stellt nur ein Skelett für den Aufruf dar. Im Gegensatz dazu ist der Client-Stub ein Stellvertreter (*Proxy*) für das aufzurufende Objekt. Dadurch unterscheidet sich aus Sicht des Clients ein entfernter Aufruf nicht von einem lokalen Aufruf. Dem Client liegt ja ein Stellvertreter des entfernten Objektes vor. **Client-Stub = Proxy**

Die Ansprache eines entfernten Objekts von der Client-Seite aus geschieht über einen handle-driven Broker. Alle entfernten Objekte sind beim Broker oder der *Registry* registiert. Die Adresse der Registry ist standardmäßig die Portnummer 1099. **Registry**

Möchte nun ein Client eine Methode eines entfernten Objekts aufrufen, so muss er zunächt in der Registry nachschauen, ob das entfernte Objekt registriert ist. Ist es registriert, kann der Client anschließend den Stub für die entfernte Methode anfordern. Mit dem erhaltenen Stub kann dann die entfernte Methode aufgerufen werden.

Zur Implementierung der Ansprache eines entfernten Objekts und damit eines Servers, auf dem das entfernte Objekt liegt, stehen vier Packages zur Verfügung:

- `java.rmi` definiert die Klassen, Interfaces und Ausnahmen, wie sie auf der Seite des Clients (Objekte, welche entfernte Methoden aufrufen) gesehen werden.
- `java.rmi.registry` ist die Registry und definiert die Klassen, Interfaces und Ausnahmen zur Benennung von entfernten Objekten und dient zur Lokalisierung der Objekte.

3 Programmiermodelle für parallele und verteilte Systeme

- `java.rmi.server` definiert die Klassen, Interfaces und Ausnahmen, die auf der Serverseite sichtbar sind.
- `java.rmi.dgc` behandelt die verteilte Speicherbereinigung (distributed garbage collection).

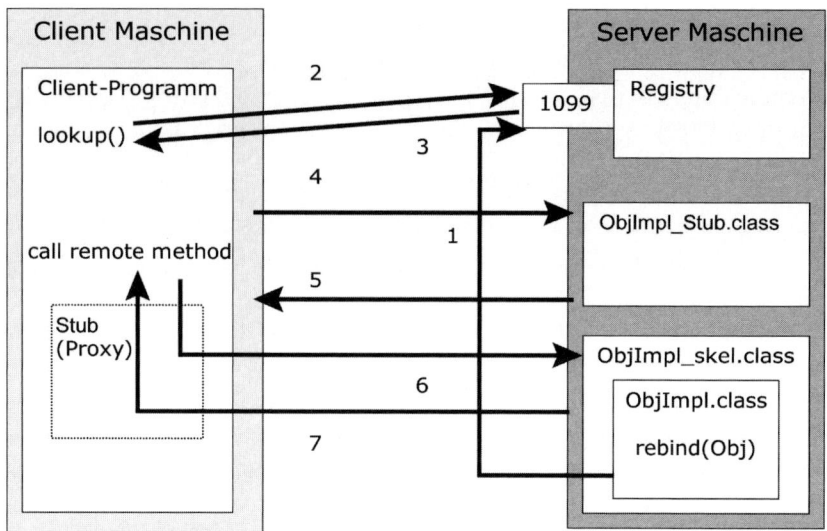

Abb. 3-29: Aufruf einer entfernten Methode mit Hilfe der Registry

1. Registriere entferntes Objekt in der Registry.
2. Lookup(): wo ist das entfernte Objekt?
3. Entferntes Objekt gefunden.
4. Gib mir den Stub.
5. Hier ist der Stub.
6. Rufe entfernte Methode auf.
   Stub: Verpacke Parameter und sende serialisierten Strom zum Server.
   Skeleton: Entpacke Parameter und rufe Methode auf.
7. Gib Ergebnis zurück.
   Skeleton: Verpacke Parameter und sende serialisierten Strom zum Client.
   Stub: Entpacke Parameter und gib Ergebnis zurück.

3.4.5.7.1 Package java.rmi

Clients, welche die entfernte Methode aufrufen, und ebenfalls Server benutzen die Klassen des Packages `java.rmi`, und müssen sie deshalb importieren. Das Package enthält

- das Interface `Remote`,
- die Klasse `rmi.Naming`,

3.4 Programmiermodelle für verteilten Speicher

- die Klasse `RMISecurityManager` und
- einige Ausnahmen.

Interface Remote

Zur Festlegung eines entfernten Interfaces dient das Interface `Remote` aus dem Package `java.rmi`. Das Interface `Remote` ist ein kennzeichnendes Interface und deklariert keine Methoden. Auf ein Objekt der Klasse, welche das Interfcae `Remote` direkt oder indirekt als entferntes Objekt implementiert, kann von jeder Java-virtuellen Maschine zugegriffen werden, die eine Verbindung mit dem Rechner hat, auf der das entfernte Objekt ausgeführt wird.

java.rmi.Naming

Die Klasse `java.rmi.Naming` ist die Implementierung der Registry. Die Registry bildet den Uniform Resource Locator (URL) auf das entfernte Objekt ab.

Jeder Eintrag in die Registry hat einen Namen und eine Objektreferenz. Die Clients geben den URL an und bekommen eine Objektreferenz zurück. Die Klasse `Naming` implementiert keinen hierarchischen, sondern einen flachen Namensraum. Mit der `bind()`-Methode kann ein Server einen Namen für ein entferntes Objekt eintragen.

```
public static void bind (String url, Remote ro)
   throws RemoteException, AlreadyBoundException,
        AccessException, UnknownHostException;
```
bind

Ist das Binden erfolgreich, so erhält der Client den Namen des entfernten Objekts mit Hilfe der URL.

Ist an die URL schon ein Name gebunden, kann mit `rebind` ein neuer Name an die URL gebunden werden.

```
public static void rebind (String url,Remote obj)
   throws RemoteException, AccessException,
           UnknownHostException;
```
rebind

Zum Entfernen eines Objekts aus der Registry steht die `unbind`-Methode zur Verfügung.

```
public static void unbind (String url)
   throws NotBoundException, AccessException;
     unknownHostexception;
```
unbind

Der mit einem URL assoziierte Name kann sich ein Client mit der Methode `lookup` geben lassen:

3 Programmiermodelle für parallele und verteilte Systeme

lookup
```
public static Remote lookup (String url)
    throws RemoteException, NotBoundException,
        AccessException, UnknownHostException;
```

Zum Auflisten aller Namensbindungen an einen URL dient die Methode `list`.

list
```
public static String[] list (String url)
    throws RemoteException, AccessException,
        UnknownHostException;
```

REGISTRY_PORT
Schließlich besitzt das `Naming` Interface neben diesen fünf Methoden noch ein öffentliches, als `final` deklariertes, statisches Feld `REGISTRY_PORT`. Der standardmäßige Port, den die Registry abhört, ist der Port 1099.

RMISecurityManager

Ein Client lädt einen Stub von einem möglicherweise nicht vertrauenswürdigen Server. Normalerweise verpackt ein Stub nur die Parameter und sendet sie über das Netz, empfängt die Rückgabewerte und entpackt sie dann wieder. Ein vom rmic-Compiler generierter Stub verhält sich gutmütig, jedoch kann der Stub abgefangen und manipuliert werden, so dass ein Sicherheitsloch entsteht. Weiterhin ist für die Java Virtuelle Maschine der Stub nur eine Klasse mit Methoden, die irgendetwas tun können. Die Java Virtuelle Maschine erlaubt das Herunterladen von Klassen nur, wenn ein Security-Manager zwischengeschaltet ist. Ist kein Security-Manager zwischengeschaltet, so kann eine Stub-Klasse nur von der lokalen Maschine geladen werden.

Der `RMISecurityManager` ist eine Unterklasse von `java.lang.SecurityManager` und besitzt einen Konstruktor ohne Argumente.

RMISecurityManager
```
public RMISecurityManager();
```

Zum Setzen des Security-Managers kann die statische Methode `System.setSecurityManager()` eingesetzt werden. Das Programm 3-29 (siehe Abschnitt 3.4.3.7.5) und das Programmfragment zeigen, wie ein neuer Security-Manager innerhalb dieser Methode angelegt wird:

```
System.setSecurityManager (newRMISecurityManager());
```

3.4.5.7.2 Package java.rmi.registry

Die Registry für entfernte Objekte wird durch das Package `rmi.registry` verwaltet. Die Clients können durch Anfragen an die

3.4 Programmiermodelle für verteilten Speicher

Registry herausfinden, welche entfernten Objekte zur Verfügung stehen, und erhalten dann eine entfernte Referenz auf diese Objekte.

Eine Implementierung der Registry oder genauer gesagt des Interfaces `java.rmi.registry.Registry`, haben wir bereits kennengelernt, es war die Klasse `java.rmi.Naming` (siehe vorhergehenden Abschnitt). Alle öffentlichen Methoden von `java.rmi.Naming` sind dadurch öffentliche Methoden von `java.rmi.registry.Registry`.

Soll nicht die vorhandene Implementierung der Registry `java.rmi.Naming` benutzt werden, sondern eine eigene Registry geschrieben werden, so steht das Interface `java.rmi.registry.RegistryHandler` zur Verfügung. Es besitzt die Methode

```
public abstract Registry registryStub (
        String Host,
        int port)
    throws RemoteException, UnknownHostException;
```
registryStub

welche ein Stub-Objekt zurückgibt, das zur Kommunikation mit der Registry auf einem bestimmten Rechner an einem bestimmten Port dient.

Eine weitere Methode

```
public abstract Registry registryImpl (int port)
    throws RemoteException;
```
registryImpl

konstruiert eine Registry an einem bestimmten Port und gibt sie zurück.

Zur Lokalisierung einer Registry für den Client dient eine Klasse `java.rmi.registry.LocateRegistry`. Sie besitzt vier polymorphe Methoden `getRegistry()`.

```
public static Registry getRegistry()
    throws RemoteException;
```
getRegistry

```
public static Registry getRegistry(int port)
    throws RemoteException;
```

```
public static Registry getRegistry(String host)
    throws RemoteException, UnknownHostException;
```

```
public static Registry getRegistry   (String host,int port)
    throws RemoteException, UnknownHostException;
```

3 Programmiermodelle für parallele und verteilte Systeme

Es ist vollkommen egal, wo die Registry läuft, auf dem lokalen Host und dem standardmäßigen Port 1099, oder auf dem lokalen Host und einem speziellen Port, oder auf einem speziellen Host und dem Port 1099, oder auf einem speziellen Host und einem speziellen Port, in jedem Fall liefert `getRegistry()` die Registry zurück.

Eine weitere und letzte Methode in `java.rmi.registry.LocateRegistry` dient zum Anlegen und Starten der Registry an einem bestimmten Port.

createRegistry
```
public static Registry createRegistry (int port)
    throws RemoteException;
```

3.4.5.7.3 Package java.rmi.server

Das Package `java.rmi.server` enthält das Gerüst zur Bildung von entfernten Objekten. Neben weiteren Ausnahmen, Interfaces und Klassen, die dieses Package enthält, benötigt man zur Implementierung von entfernten Objekten die folgenden Klassen:

- Die Basisklasse `RemoteObject` für entfernte Objekte,
- die Klasse `RemoteServer`, die `RemoteObject` erweitert, und
- die Klasse `UnicastRemoteObject`, die `RemoteServer` erweitert.

Kommt eine Applikation mit einer Unicast-Kommunikation (Eins-zu-eins-Kommunikation basierend auf Sockets) aus und benötigt sie keine Multicast-Kommunikation (Eins-zu-viele-Kommunikation), so muss man nur die Klasse `UnicastRemoteObject` erweitern und braucht sich nicht um die darüber liegenden Klassen `RemoteServer` und `RemoteObject` zu kümmern.

RemoteObject

Die Klasse `RemoteObject` ist eine spezielle Version von der Klasse `java.lang.Object` aus dem Package `java.lang`. `java.lang.Object` ist hier also ausgelegt für entfernte Objekte.

Die Klasse `RemoteObject` bietet die Methoden `equals()`, `toString()` und `hashCode()`.

Die Methode `equals()` dient zum Vergleich von zwei entfernten Objekten.

equals
```
public boolean equals(Object obj);
```

Die Methode `toString()` liefert den Hostnamen, die Portnummer und eine Referenznummer für das entfernte Objekt.

3.4 Programmiermodelle für verteilten Speicher

```
public String toString();
```
toString

Die Funktion `hashCode()` liefert einen Hashcode-Wert für das entfernte Objekt.

```
public native int hashCode ();
```
hashCode

RemoteServer

Die Klasse `RemoteServer` erweitert die Klasse `RemoteObject`. `RemoteServer` ist eine abstrakte Klasse und dient zur Implementierung von Servern. Ein solcher spezieller Server ist beispielsweise das nachfolgend beschriebene `UnicastRemoteObject`. Das `UnicastRemoteObject` ist die einzige Unterklasse von `RemoteServer`.

Die Klasse `RemoteServer` besitzt eine Methode zur Lokalisierung des Clients, mit dem der Server kommuniziert. `getClientHost` liefert den Hostnamen des Clients, der die gerade laufende Methode aufgerufen hat.

```
public static String getClientHost()
    throws ServerNotActiveException;
```
getClientHost

`getClientPort()` liefert die Portnummer des Clients, der die gerade laufende Methode aufgerufen hat.

```
public int getClientPort ()
    throws ServerNotActiveException;
```
getClientPort

Zu Testzwecken ist es nützlich, die Aufrufe an das entfernte Objekt zu kennen. Übergibt man `setlog` eine Null, anstatt eines Ausgabestroms, so wird das Logging abgeschaltet.

```
    public static void setLog (OutputStream os);
```
setLog

Soll dem Ausgabestrom noch mehr Information hinzugefügt werden, so muss der `PrintStream` manipuliert werden.

```
public static PrintStream getLog();
```
getLog

UnicastRemoteObject

Zum Anlegen eines entfernten Objekts muss die Klasse `UnicastRemoteObject` in einer eigenen Unterklasse erweitert werden, und die Unterklasse muss eine Unterklasse von `java.rmi.Remote` implementieren:

3 Programmiermodelle für parallele und verteilte Systeme

```
public class OwnclassImpl extends UnicastRemoteObject
  implements Ownclass{ ...
```

Das `UnicastRemoteObject` läuft auf einem Host und übernimmt das Verpacken und Entpacken der Argumente und Rückgabewerte. Das Versenden der Pakete geschieht dann über TCP-Sockets. Eine Anwendung braucht sich darum jedoch nicht zu kümmern, sie kann einfach die Klasse `UnicastRemoteObject` benutzen.

Die Klasse `UnicastRemoteObject` ist somit ein Rahmenwerk für entfernte Objekte. Benötigt man beispielsweise entfernte Objekte, welche UDP benutzen, oder Objekte, welche die Arbeitslast auf mehrere Server verteilen, so muss die Klasse `RemoteServer` erweitert und es müssen die abstrakten Methoden dieser Klasse implementiert werden. Für gewöhnliche Aufgaben reicht jedoch die Unterklasse `UnicastRemoteObject` aus, und es kann einfach diese Unterklasse benutzt werden.

3.4.5.7.4 Serialisieren von Objekten

Im Vergleich zu anderen Systemen wie RPCs und CORBA erlaubt RMI nicht nur, Parameter, Ausnahmen und Ergebnisse, also irgendwelche primitive Datentypen an Objekte zu versenden, sondern auch ganze Java-Objekte mit deren Methoden. Um die Kopie eines Objekts von einer Maschine auf eine entfernte Maschine zu verschicken, muss das Objekt in einen Strom von Bytes konvertiert werden. Dabei ist zu beachten, dass ein Objekt andere Objekte enthalten kann und diese Objekte ebenfalls in einen Byte-Strom konvertiert werden müssen.

Object Serialization

Das *Serialisieren von Objekten (Object Serialization)* ist ein Verfahren, das Objekte in einen Byte-Strom umwandeln und aus dem Byte-Strom wieder das ursprüngliche Objekt rekonstruieren kann. Der Herstellungsprozess erzeugt ein neues Java-Objekt, das identisch ist mit dem ursprünglichen Objekt.

Der Byte-Strom kann dann über das Netz an andere Maschinen geschickt werden, oder er kann in eine Datei geschrieben und zu einem späteren Zeitpunkt wieder von der Datei gelesen werden. Dies ermöglicht eine permanente Speicherung des Zustandes eines Objekts.

Aus Sicherheitsgründen besitzt Java Einschränkungen bezüglich der Objekte, die serialisiert werden können. Alle primitiven Typen von Java und entfernte Objekte können serialisiert werden. Nicht entfernte Objekte müssen zum Serialisieren das Interface `java.io.Serializable` implementieren:

```
import java.io.Serializiable;
public class Serial_Class
   implements Serializable { ...
```

3.4.5.7.5 RMI-Programmierung

Die Erstellung eines RMI-Programms geschieht in folgenden Schritten:

1. Definiere das entfernte Interface (*Interface Definition File*), das die entfernten Methoden beschreibt, welche der Client benutzt, um mit dem entfernten Server in Interaktion zu treten.
2. Definiere die Server-Applikation, welche das entfernte Interface implementiert (*Interface Implementation File*).
3. Aus dem Interface Implementation File kann mit Hilfe des `rmic`-Compilers der *Stub-Class-File* (Impl_Stub.class) generiert werden.
4. Starte die Registry und den Server.
5. Definiere den Client, der die entfernten Methoden des Servers aufruft, und starte den Client.

Dieses Vorgehen illustrieren wir an einem Beispiel, bei dem der Client vom Server und somit von der entfernten Methode einen String „Hello World" zurückbekommt. Das Beispiel ist aus dem Buch über Java Netzwerkprogrammierung [H 97] entnommen.

Interface Definition File

Zum Anlegen eines entfernten Objekts muss ein Interface definiert werden, welches das Interface `java.rmi.Remote` erweitert. Die Unterklasse von Remote gibt an, welche Methoden des entfernten Objekts durch einen Client aufgerufen werden können.

In unserem einfachen Beispiel hat das entfernte Objekt nur eine einzige Methode `sayHello()`, welche einen String zurückgibt und möglicherweise eine Ausnahme `RemoteException` auslöst.

```
// Hello interface definition
import java.rmi.*;

public interface Hello extends Remote {
public String sayHello()
     throws RemoteException;
}
```

Programm 3-30:
Interface
Hello.java

Interface Implementation File

Die Klasse `HelloImpl` implementiert das Remote Interface `Hello` und erweitert die Klasse `UnicastRemoteObject`. Diese Klasse besitzt einen Konstruktor, eine `main()`-Methode und eine `sayHello()`-Methode. Nur die `sayHello()`-Methode ist für den Client verfügbar, da nur sie im Hello-Interface definiert ist. Die beiden anderen Methoden `main()` und `HelloImpl()` werden von der Server-Seite benutzt und sind nicht für den Client benutzbar.

Programm 3-31: HelloImpl.java

```
// HelloImpl definition
import java.rmi.*;
import java.rmi.server.*;
import java.net.*;

public class HelloImpl extends
   UnicastRemoteObject implements Hello {

public HelloImpl() throws RemoteException {
   super();
}

public String sayHello() throwsRemoteException {
   return "Hello World!";
}

public static void main(String args[]) {
   try { // create server object
         HelloImpl h = new HelloImpl();
         String serverObjectName=
           "//localhost/hello";
         // bind HelloImpl to the rmi.registry
         Naming.rebind(serverObjectName, h);
         System.out.println ("hello Server ready.");
       }
       catch (RemoteException re) {
         System.out.println (
         "Exception in HelloImpl.Main: " + re);
         }

      catch (malformedURLException e) {
      system.out.println (
           "MalformedURLException in
                HelloImpl.Main: " + e);
      }
     }
   }
}
```

Der Konstruktor `HelloImpl()` ruft den standardmäßigen Konstruktor der Superklasse auf.

Die Methode `sayHello()` gibt den String „`Hello World!`" an den Client zurück, der das entfernte Objekt aufgerufen hat. Die Methode unterscheidet sich von der lokalen Methode nur dadurch, dass eine entfernte Methode in einem entfernten Interface deklariert werden muss. Die Methode selber bleibt jedoch davon unberührt und sieht wie im lokalen Fall aus.

Die Methode `main()` enthält den Code für den Server. Der Server kann von der Kommandozeile aus oder durch einen HTTP-Server oder durch einen anderen Prozess gestartet werden.

Da die Methode `main()` statisch ist, wird noch keine Instanz von `HelloImpl` angelegt, wenn `main()` läuft. Deshalb legen wir ein `HelloImpl`-Objekt an und binden den Namen „hello" in der Naming Registry an das Objekt. Dies geschieht, indem wir die Methode `rebind` aus dem Package `java.rmi.Naming` benutzen. Normalerweise benutzt man `rebind` anstatt `bind`, da, falls der Name schon vorher gebunden wurde, der neue Name des Objekts dann den alten Namen überschreibt.

Nach der Registrierung gibt der Server auf `System.out` die Nachricht aus, dass er bereit ist und nun entfernte Aufrufe entgegennimmt.

Geht bei der Serverinitialisierung etwas schief, gibt der `catch`-Block eine einfache Fehlermeldung aus.

Generierung des Stub und Skeleton

Bis hierhin wurde der Servercode festgelegt. Bevor der Server entfernte Aufrufe entgegennehmen kann, müssen der vom Client benötigte Stub-Code und der vom Server benötigte Skeleton-Code generiert werden. Diese Aufgabe übernimmt der im Java Development Kit (JDK) enthaltene RMI-Compiler `rmic`.

`rmic` muss für jede `UnicastRemoteObject`-Subklasse aufgerufen werden. Die Kommandofolge

```
$javac HelloImpl.java
$rmic HelloImpl
```

compiliert `HelloImpl.java` und anschließend generiert sie die `class`-Dateien `HelloImpl_Stub.class` und `HelloImpl_Skel.class`.

Die `HelloImpl_Stub.class` muss für den Client verfügbar sein (entweder lokal oder durch Download), um eine entfernte Kommunikation mit dem Server-Objekt zu bewerkstelligen.

Verwendet man das Java Software Development Kit in der Version 1.2 (J2SDK), so wird die Skeleton-Class (`HelloImpl_Skel.class`) nicht mehr benötigt, und es muss nur noch die Stub-Class angelegt werden. Beim J2SDK kann dies dem `rmic`-Compiler durch die Option `-v1.2` mitgeteilt werden.

Ab der Java Standard Edition 5.0 werden Stubs zur Laufzeit dynamisch generiert, sodass `rmic` nicht mehr gebraucht wird. rmic steht aber weiterhin zur Verfügung, um Clients unter früheren Java-Versionen zu untertsützen [A 07].

Starten der Registry

Läuft im System nicht permanent die RMI-Registry, so muss sie unter Unix gestartet werden durch

```
$rmiregistry&
```

Eine RMI-Registry wird nur einmal gestartet und kann beliebig viele entfernte Objekte verwalten und beliebig viele Clients bedienen. Die RMI-Registry hört standardmäßig den Port 1099 auf der Maschine ab, auf der sie gestartet wurde.

Nachdem dann die RMI-Registry läuft, starten wir den Server:

```
$java HelloImpl&
Hello Server ready
$
```

Nun ist der Server und die RMI-Registry bereit, um entfernte Methodenaufrufe von Clients entgegenzunehmen.

Definition des Clients und dessen Start

Das Laden von Stub-Klassen über das Netz ist eine potenziell unsichere Aktivität, die ein `SecurityManager` überwacht. Dazu muss im Client zu Beginn der `main()`-Methode ein derartiger erzeugt werden.

Bevor ein Client eine entfernte Methode aufrufen kann, muss er eine entfernte Referenz auf das Objekt besitzen. Dazu muss er bei der Registry auf der Servermaschine nach dem entfernten Objekt nachfragen. Zum Nachfragen kann er die `Naming`-Methode `lookup()` der Registry benutzen. Um nach einem Objekt auf einem entfernten Host nachzufragen, muss `lookup()` eine rmi-URL mitgegeben werden,

3.4 Programmiermodelle für verteilten Speicher

beispielsweise „rmi://minnie.bts.fh-mannheim.de/hello". Nach dem lookup() ruft der Client das entfernte Objekt sayHello genau so auf wie ein lokales Objekt. Das Ergebnis des Aufrufes wird im String message gespeichert und anschließend auf System.out ausgegeben.

Programm 3-32: HelloClient.java

```
// HelloClient definition
import java.rmi.*;

public class HelloClient {

   public static void main (String args[]) {
     System.setSecurityManager(
                  new RMISecurityManager());

   try {
      Hello h = (Hello) Naming.lookup (
           "rmi://minnie.bts.fh-mannheim.de/hello");

      // call remote method
      sayHello String message = h.sayHello();
      System.out.println("HelloClient: " + message);
      }
      catch (Exception e) {
         System.out.println("Exception in main:" + e);
      }
   }
}
```

Damit liegt nun der HelloClient für den HelloServer vor. Mit dem nachfolgenden Kommando kann der Client nun gestartet werden:

```
$java HelloClient
HelloClient: Hello World!
$
```

3.4.5.8 Entfernte Komponentenaufrufe

3.4.5.8.1 .NET Plattform

.NET ist keine offene Plattform wie beispielsweise CORBA oder die nachfolgend beschriebene Web-Service-Plattform, sondern ausschließlich in den Händen von Microsoft liegende Plattformentwicklung für verteilte Umgebungen. Durch die Unterstützung offener Webservice-Standards wie HTTP, SOAP und WSDL ist .NET interoperabel mit anderen Plattformen.

.NET = Middleware-Plattform von Microsoft

3 Programmiermodelle für parallele und verteilte Systeme

Mit .NET steigt Microsoft vom Anbieter von Desktop-Software zum Anbieter von Server-Software auf. Geprägt ist .NET durch eine historisch gewachsene Sammlung von Microsoft-Technologien. Die historische Entwicklung verlief dabei in folgenden Schritten:

1. *Object Linking and Embedding* (*OLE*) basiert auf dem Clipbord aus den 80er Jahren und somit der Windows-Zwischenablage. Die Zwischenablage erlaubt es, mit ihren elementaren Funktionen Kopieren und Einfügen komplexe Dokumente zu erzeugen und zu verarbeiten. OLE erlaubt verschiedene Klassen von Dokumenten miteinander zu verknüpfen. Ersetzt man nun für die Dokumente Komponenten, dann führt dies Entwicklung zu COM.

2. *Component Object Model* (*COM*) ist ein Komponentenmodell für lokale Komponenten und deren Interaktion und Komposition. COM definiert einen Binärstandard für Komponenten, die als Blackbox agieren und ihre Funktionalität an genormten Schnittstellen publizieren.

3. *Distributed Component Object Model* (*DCOM*) [EE 98] erweitert COM um die Fähigkeit, Rechnergrenzen zu überwinden und somit um entfernte Komponentenaufrufe. Der Ort der Komponenten ist dabei unerheblich. Die Umsetzung der Ortstransparenz und damit die Brokeraufgabe übernimmt das Betriebssystem. Dazu werden weltweit eindeutige Identifikatoren (Globally Unique Identifier (GUID)) eingesetzt, die von der Distrubuted Computing Environment (DCE) von der Open Software Foundation (OSF) übernommen wurden. Sicherheitsmechanismen überwachen die Verwaltung und den Zugriff auf die Komponenten. Zum Verpacken mehrerer Komponenten dienen Komponenten-Server, die seit Windows NT als Dienste angemeldet werden. Basis von DCOM ist das seit 1992 für Windows verfügbare DCE-RPC-Protokoll.

4. *COM+* [EE 00]: DCOM definiert nur entfernte Methodenaufrufe, und es fehlen die Dienste für verteilte Transaktionen und Kommunikation mit Nachrichten. COM+ fasst diese fehlenden Dienste in Form von vorliegenden separaten Microsoft-Produkten zusammen. Diese Produkte für Transaktionen waren der Distributed Transaction Coordinator (DTC) und der Microsoft Transaction Server (MTS). Für die nachrichtenbasierte Kommunikation kam der Message Queue Server (MSMQ) hinzu.

Die .NET-Plattform besteht aus dem Betriebssystem dem darüberliegenden .NET Framework, bestehend aus einer Laufzeitumgebung und einer Klassenbibliothek, den Diensten von COM+ und den Enterprise

Server. Enterprise Server sind viele der bekannten Microsoft Server; z.B. der Exchange Server, der SQL Server oder auch der BizTalk Server.

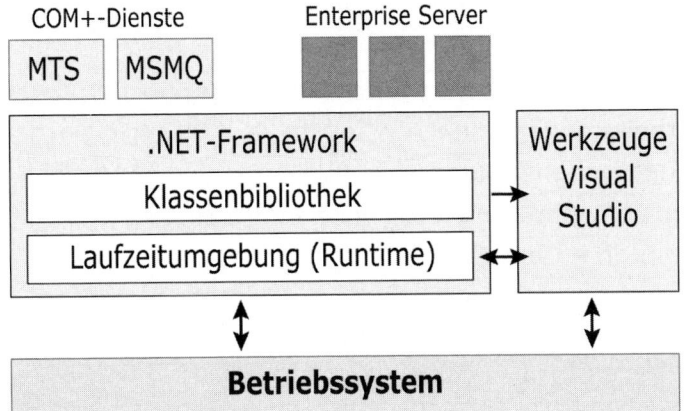

Abb. 3-30: .NET-Plattform

3.4.5.8.2 .NET Framework

Das .NET Framework [R 02] besitzt die drei folgenden Bestandteile:

1. Eine Laufzeitumgebung, die *Common Language Runtime* (*CLR*).
2. Eine Klassenbibliothek, die *Framework Class Library* (*FCL*).
3. Eine *Menge von Programmiersprachen*, was durch die CLR ermöglicht wird. Neben den Standard-Microsoft-Sprachen wie C#, Visual C++, Visual Basic und der Microsoft-Variante von Java unterstützt CLR ebenso Sprachen, wie Smalltalk, COBOL, Tcl/TK, Perl oder Phyton. Ein kurzer Überblick und eine Beschreibung der einzelnen .NET-Sprachen C#, Visual Basic .Net, J#, JScript .NET, C++ .NET ist in [R 04] enthalten.

Zusammensetzung von .NET Framework

Laufzeitumgebung: Common Language Runtime (CLR)

Ein Compiler für .NET-Sprachen erzeugt keinen Maschinencode, der direkt vom Betriebssystem ausführbar ist. Stattdessen wird, wie bei Java, Zwischencode erzeugt, der eine virtuelle Maschine ausführt. Die *Common Language Runtime* (*CLR*) ist die virtuelle Maschine (VM) von .NET. Die CLR führt den standardisierten (ECMA-Standard 335) Zwischencode der *Common Intermediate Language* (*CIL*) aus. Die Zwischensprache wird erst zur Laufzeit kompiliert und für die konkrete Basismaschine angepasst und optimiert. Sie stellt weiterhin Mechanismen zur Speicher- und Typverwaltung (automatische Garbage Collection und Typüberprüfung), sowie für Ausnahmebehandlung bereit.

CLR = VM

3 Programmiermodelle für parallele und verteilte Systeme

Sie besitzt eine COM-, DCOM-, und COM+-Schnittstelle, so dass die Interoperabilität zwischen .NET und diesen Systemen gegeben ist. Zur Unterstützung der Parallelität stellt sie virtuelle Prozesse zur Verfügung und bietet somit ein Multithreading an.

Abb. 3-31: Common Language Runtime

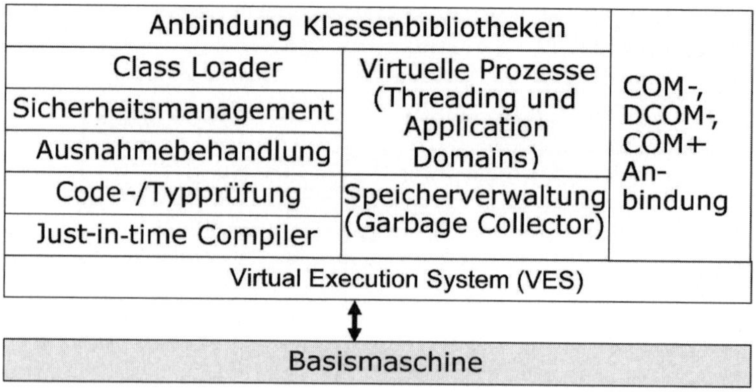

Anbindung Klassenbibliotheken		COM-, DCOM-, COM+ An-bindung
Class Loader	Virtuelle Prozesse (Threading und Application Domains)	
Sicherheitsmanagement		
Ausnahmebehandlung		
Code-/Typprüfung	Speicherverwaltung (Garbage Collector)	
Just-in-time Compiler		
Virtual Execution System (VES)		

↕

Basismaschine

Common Type System (CTS)

Im Gegensatz zur Java Virtual Machine, die nur Java Bytecode akzeptiert, wurde die CLR von Anfang an für den Betrieb mit mehreren Programmiersprachen konzipiert. Ziel war nicht nur die Unterstützung von verschiedenen Sprachen, sondern auch die Interoperabilität zwischen den Sprachen. Dieses Ziel wird erreicht durch das für alle Sprachen verbindliche Typsystem, dem *Common Type System* (*CTS*).

Common Language Specification (CLS)

Die Interoperabilität wurde durch Vereinbarungen, der *Common Language Specification* (*CLS*) erreicht, welche das Typsystem von verschiedenen Programmiersprachen einschränken und auf einen gemeinsamen Nenner bringen. Die Bibliothek, welche den Code enthält, der die Vorgaben der CLS erfüllt und gewährleistet, heißt *CLS Frameworks*. Dieses Framework gewährleistet die Zusammenarbeit und Interoperabilität von verschiedenen Programmiersprachen.

Die auschließliche Verwendung von Typen des eingeschränkten Typsystems CLS bringt zwei Vorteile:

Vorteile der CLS

1. *Interoperabilität zwischen Klassen,* in verschiedenen Sprachen formuliert, ist bereits zur Compilierzeit möglich. Jede Klasse wird auf die gemeinsame Zwischensprache CIL abgebildet. Damit kann eine Klasse in einer Programmiersprache von einer anderen Klasse in einer anderen Programmiersprache erben oder kann deren Methoden aufrufen.

2. *Interoperabilität über Rechnergrenzen* zwischen Klassen in verschiedenen Sprachen ist zur Laufzeit möglich. Voraussetzung dabei

ist natürlich dass der Kommunikationspartner auf der Laufzeitumgebung CLR läuft und nicht auf einer anderen virtuellen Maschine, z. B. der Java Virtual Machine.

Klassenbibliothek: Framework Class Library (FCL)

Die Klassenbibliothek ist eine von Grund auf neu konstruierte, homogene, polymorphiebasierte Klassenbibliothek. Sie deckt ein breites Spektrum von komplexen Anwendungssystemen ab und heißt deshalb *Framework Class Library* (*FCL*).

Bedingt durch die Größe der Klassenbibliothek mit über 3000 Klassen ist diese in *Namensräume* organisiert. Ein Namensraum enthält alle Klassen, die logisch und funktional zusammengehören. Namensräume sind hierarchisch als Baum organisiert. Die Klassenbibliothek umfasst zwei Bäume und somit zwei Wurzelelemente System und Microsoft. Microsoft enthält Microsoft-spezifische Dinge, wie beispielsweise Zugriff auf die Windows-Registry. Der Baum System ist unabhängig von der Microsoft-Umgebung und kann auf andere Umgebungen portiert werden. Im Namensraum System liegen beispielsweise Klassen zur Ereignis- und Ausnahmebehandlung und für einfache und komplexe Datentypen. Der Namansraum System.Web enthält die Webtechnologien. Der Namensraum System.XML bietet Funktionalitäten zum Bearbeiten von XML-Dokumenten.

Organisation der FCL als Baum

Der Teil der Klassenbibliothek, der für die Konstruktion Verteilter Systeme relevant ist und die Klassen, Datenstrukturen und Ereignisse dazu zusammenfasst, ist das .NET Remoting Framework. Die zu diesem Framework gehörenden Klassen liegen in System.Runtime.Remoting.

3.4.5.8.3 .NET-Remoting

Die .NET-Plattform unterstützt die nachfolgenden, teilweise inkompatiblen Technologien für die Kommunikation von Programmen:

1. *ASP.NET* [HS 04] aus der Framework Class Library für Webanwendungen, und zusätzlich wird eine Webservice-Umgebung ASP.NET Runtime zur Verfügung gestellt.
2. Die *DCOM*-Technologie für entfernte Prozeduraufrufe, die nicht auf den Mechanismen der CLR aufsetzt.
3. *MS Message Queue* ist ein nachrichtenbasierter Message Server. Message Queue ist Bestandteil von COM+ und ist ein Enterprise Server.

.NET Kommunikationstechnologien

3 Programmiermodelle für parallele und verteilte Systeme

4. **.NET-Remoting** [KCH 04] ist eine Technologie für TCP- und HTTP-basierte entfernte Methoden/Serviceaufrufe, die ähnlich wie der Java RMI arbeitet und wie schon erwähnt die Kommunikationsinfrastruktur des .NET Frameworks ist.

Channels — Kernkonzept von .NET-Remoting sind **Kommunikationskanäle** (*Channels*), die den Transport von Nachrichten an und von Remote-Anwendungen regeln. Für die entfernte Kommunikation stehen TCP und HTTP zur Verfügung, und für die lokale Kommunikation auf einem Rechner, ohne Verwendung eines Netzwerkprotokoll-Stacks, gibt es den Kanal *Inter Process Communication* (*IPC*) [MDN 07]. IPC basiert auf den Named Pipes. Entfernte Prozeduraufrufe laufen über den TCP-Kanal und Webservice-Aufrufe über den HTTP-Kanal.

Formatter — Vor dem Transport wandelt ein *Formatierungsobjekt* (*Formatter*) die Nachrichten in das entsprechende Protokollformat (TCP oder HTTP). Bei einem TCP-Kanal kommt ein Binär-Formatierer (`BinaryFormatter`) zum Einsatz. Bei einem HTTP-Kanal geschieht die Umwandlung mit einem SOAP-Formatierer (`SOAPFormatter`).

Abb. 3-32:
.NET-Remoting Channel-Architektur

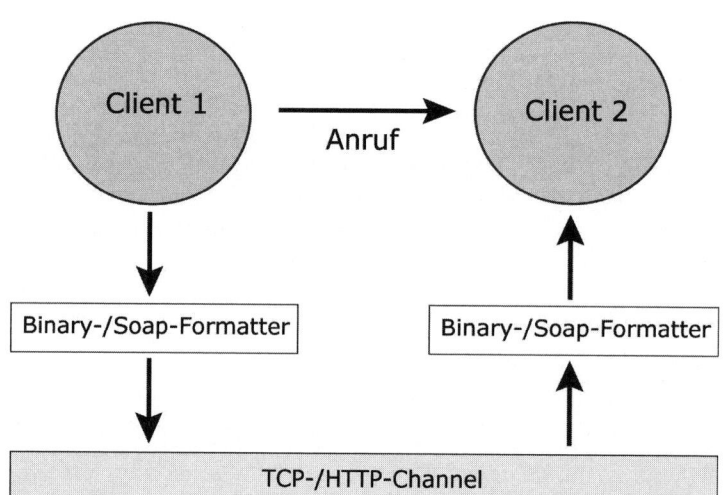

3.4 Programmiermodelle für verteilten Speicher

Die Aktivierung von entfernten Objekten geschieht auf zwei unterschiedliche Arten [MDN 07] :

1. Bei *Client Activated Objects* (*CAO*) besitzt der Client die Kontrolle über Art und Anzahl der Serverobjekte. Bei jeder Instanziierung im Client wird ein zugehöriges Objekt auf dem Server erzeugt.

2. Bei *Server Activated Objects* (*SAO*) übernimmt der Server – transparent für den Client – die Instanziierung und Verwaltung des entfernten Objekts. Es gibt zwei Aktivierungsmodi:

   - *SingleCall*: Das entfernte Objekt lebt genau für die Dauer des Aufrufes, danach gibt es der Garbage Collector frei.

   - *Singleton*: Das entfernte Objekt gibt es nur einmal und es bearbeitet Aufrufe innerhalb von parallelen Threads, d.h. es existiert nur eine Instanz für alle Clients und alle Aufrufe.

Aktivierungsarten von entfernten Objekten

3.4.5.8.4 .NET 3.0

Die *Windows Communication Foundation* (*WCF*) [KB 07] umfasst eine Kommunikationsinfrastruktur durch Nachrichtenaustauch (.NET Sockets, .Net Remoting (siehe Abschnitt 3.4.5.8.3), der Message Queue Server, sowie die Standards aus dem Web Service Umfeld (siehe Abschnitt 3.4.5.9)) und ist Teil von .NET 3.0.

Windows Communication Foundation

Neben der Kommunikationsinfrastruktur WCF ist in .NET 3.0 die *Windows Presentation Foundation* (*WPF*) enthalten. Sie trägt bei zur Vereinheitlichung der Programmierung von Benutzeroberflächen in Windows- und Webanwendungen. Das dritte Framework von .NET 3.0 ist die *Windows Workflow Foundation* (*WF*). Sie bietet eine API und eine Laufzeitumgebung zur Definition und Ausführung von Workflows.

.NET 3.0

3.4.5.9 Entfernte Serviceaufrufe (Web Services)

Das *World Wide Web Consortium* (kurz: *W3C*) [W3C 07] ist das Gremium zur Standardisierung das WWW betreffender Techniken. Die Grundlage von Web Services bilden drei Standards der W3C, die alle auf *XML* (*Extended Mark Up Language*) [XML 06] basieren:

W3C

1. *SOAP* (ursprünglich für Simple Object Access Protocol oder Service Oriented Architecture Protocol, die beide nicht den vollständigen Sinn von SOAP treffen) das zum Austausch von XML-Nachrichten. Bei der W3C liegt SOAP als W3C-Note in der Version 1.2 vor [SO 07].

SOAP

SOAP verpackt die XML-Daten und verschickt sie über ein Transportprotokoll (wie HTTP oder SMTP). SOAP arbeitet nach dem Request/Response-Prinzip. Eine Applikation sendet eine SOAP-Nachricht an eine andere Applikation als *Request*. Die Applikation antwortet dann mit einer SOAP-Nachricht als *Response*. Dies entspricht genau dem HTTP-Protokoll und ist ein Grund, HTTP für den Transport von SOAP-Nachrichten einzusetzen.

2. ***UDDI*** (***Universal Description, Discovery and Integration***) ist eine weltweite web-basierte Registrierungsstelle für Web Services. Die UDDI-Spezifikation [UDD 04} beschreibt eine Vorgehensweise, um Information über Web Services zu publizieren (registrieren) und zu finden. Der Zugriff erfolgt dabei über einen Web-Browser oder programmgesteuert über SOAP.

UDDI

3. ***WSDL*** (***Web Service Description Language***) dient zur vollständigen XML-Beschreibung der Schnittstelle und damit der Funktion eines Web-Service. Daneben legt WSDL fest, wie auf ein Web Service zugegriffen wird, also mit welchem Protokoll (HTTP, SMTP, ...). Um die Funktion nutzen zu können, benötigt man seine Lokation und somit die URL der Funktion.

WSDL

WSDL nimmt eine ähnliche Rolle bei Web Services ein, wie die Interface Definition Langugae (IDL) bei CORBA. Allerdings erfolgt bei IDL von CORBA eine Bindung an eine Programmiersprache; dagegen ist WSDL an das SOAP-Protokoll gebunden.

3.4.5.9.1 Web Service-Architektur

Um nun eine einheitliche Entwicklung der Web Services zu erreichen und die Interoperabilität zwischen verschiedenen Softwarehersteller zu erreichen, hat das W3C eine ***Web Service-Architektur*** [WSA 04] festgelegt, die folgende Komponenten enthält:

Web Service Architektur

- *Dienstanbieter (Service Provider)* stellt den Dienst bereit und publiziert ihn bei der UDDI Service Registry.

- *Service Registry* (***UDDI***) die Beschreibung für die Dienste.

- *Dienstbenutzer (Service Requestor)* nutzt den Web Service. Ein Dienstbenutzer eines Web Service ist eine Anwendung, auch Web Service Client genannt.

3.4 Programmiermodelle für verteilten Speicher

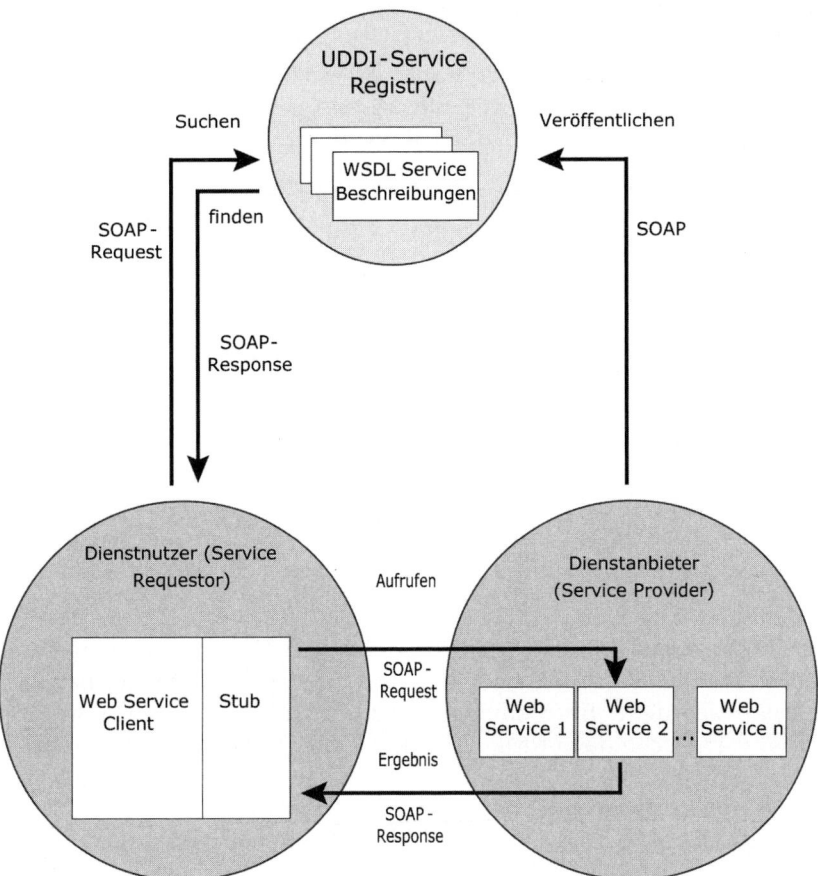

Abb. 3-33:
Web Service
Architektur

Die Nutzung eines Web Service geschieht in folgenden Schritten:

1. Ein Benutzer sucht mit Hilfe eines Web-Browsers oder eines Software-Systems einen gewünschten Dienst bei der UDDI-Service Registry. Von dieser bekommt er die URL des dort registrierten Dienstes zurück.

2. Der Web Service-Client ruft bei der UDDI-Service Registry die Schnittstelle des Web Service ab. Hierfür sendet der Client einen SOAP-Request mit der URL an die UDDI-Service Registry.

3. Die gewünschte Spezifikation der Schnittstelle des Web Service wird als WSDL-Datei an den Web Service Client in einem SOAP-Response übermittelt. Ein WSDL-Compiler generiert aus dieser

3 Programmiermodelle für parallele und verteilte Systeme

WSDL-Datei einen passenden Stub. Dieser Stub wird an den Web Service Client angebunden.

4. Der Web Service Client ruft nun den Web Service beim Dienstanbieter auf. Hierfür sendet er ein SOAP-Request mit den entsprechenden Angaben in XML an den Dienstanbieter.

1. Der Web Service wird beim Dienstanbieter ausgeführt.
2. Das Ergebnis des Web Service wird als SOAP-Response in XML an den Web Service Client übermittelt.

3.4.5.10 XML-RPC

Prozeduraufrufe über das Internet

XML-RPC (Exentsible Markup Language - Remote Procedure Call) ist eine Spezifikation und eine Menge von Implementierungen für verschiedene Betriebssysteme, Sprachen und Umgebungen für entfernte Prozeduraufrufe über das Internet [XR 07]. Das dazugehörige Protokoll basiert auf dem Transportprotokoll HTTP, und die Darstellung der übertragenen Daten geschieht in der Extensible Markup Language (XML).

Methodenaufrufe mit dynamischen Proxy

XML-RPC realisiert ursprünglich nur die Aufrufe von Prozeduren und keine Methodenaufrufe, da für den Aufruf einer Methode auch ein Objekt, auf dem die Methode ausgeführt wird, übergeben werden muss (vergleiche dazu RMI, Abschnitt 3.4.5.7). *Dynamische Proxies* in Java erlauben auch die Aufrufe von Methoden [A 07]. Ein dynamischer Proxy ist eine Klasse, die nicht vor Programmlauf durch einen Compiler oder Generator, sondern erst zur Laufzeit dynamisch generiert wird.

Einige Beispiele für die zahlreichen Implementierungen von XML_RPCs sind: ASP, C, C++, Delphi, Flash. Haskell, Java, Javascript, Lua, .NET, OCaml, Perl PHP, Python, Ruby, TCL. Die Bekannteste und Gebräuchlichte davon ist die von Apache Software Foundation: Java Apache XML-RPC Version 3.0 [Ap 07]. Diese XML-PRC-Implementierung setzen wir in nachfolgendem Beispiel ein.

XML-RPC ist ein Vorgänger von SOAP. Im Gegensatz zu SOAP ist der XML-RPC wesentlich einfacher und schlanker:

Einfachheit von XML-RPC

- *Kein Broker* wie die UDDI: Es braucht keine Registierung und Suche des Clients bei der UDDI stattzufinden, sondern die Prozedur kann direkt über die URL aufgerufen werden.

- Es ist *keine Schnittstellenbeschreibung*, im Stil von WSDL und bei COBRA die IDL, vorhanden.

3.4 Programmiermodelle für verteilten Speicher

- Es genügt ein *einfacher minimaler Parser*, z.B. XML-Parser MinML [W 07].

- *Einfachheit von XML-RPC Datentypen*: Es stehen <i4> bzw. <int> für einen 4 Byte-Integer, <boolean>, <string>, <double>, <dateTime.iso8601> und <base64> als Base64-codierte Daten (Bytes) zur Verfügung. Mit einem <array> lassen sich mehrere Variable zusammenfassen. Der Typ <struct> dient für komplexere Anwendungen, der mehrere <member> enthält, die jeweils ein <name>- und <value>-Element beinhalten. <struct> ist mit den Maps und Hashtables in java.util.Map vergleichbar.

Eine einfache XML-RPC-Anwendung in Java demonstriert das nachfolgende Beispiel, das aus Abts entnommen ist [A 07].

Zur Implementierung eines XML-RPC-Servers stellt Apache XML-RPC Klassen bereit:

- `org.apache.xmlrpc.webserver.WebServer`: Sie implementiert einen speziell für die Behandlung von XML-RPC-Anfragen geeigneten HTTP-Server, der in die eigene Applikation eingebettet wird. Für Testzwecke ist dies geeignet. Bei höheren Ansprüchen können dafür ausgereifte Servlet Container, wie beispielsweise von Apache Tomcat, eingesetzt werden. **WebServer**

- `org.apache.xmlrpc.server.XmlRpcServer`: Sie verarbeitet die XML-RPC-Anfrage. Sie dient zum Erzeugen (`WebServer (int port)`), Starten (`start()`) und Stoppen (`shutdown()`) eines HTTP-Servers. Die Methode `getXmlRpcServer()` liefert ein `XmlRpcServer`-Objekt. `setHandlerMapping` registiert die Handler für das `XmlRpcServer`-Objekt. **XmlRpcServer**

- `org.apche.xmlrpc.server.PropertyHandlerMapping` ist ein Handler für eine entfernt aufrufbare Methode. `addhandler (String key, Class typ)` fügt eine Handlerklasse `typ` mit dem Namen `key` hinzu. Das Gegenstück `removeHandler (String key)` entfernt alle Handler mit dem Namen `key`. **PropertyHandlerMapping**

Die Klasse `Echo` implementiert die Methoden `getEcho` und `getEchoWithDate`, die ein „Echo" ohne bzw. mit Serverdatum zurückgeben. Die Methode `getEcho` soll entfernt aufgerufenn werden.

```
import java.util.*;
import java.text.*;

public class Echo {
```

Programm 3-33: Klasse Echo

3 Programmiermodelle für parallele und verteilte Systeme

```
    public String getEcho(String s) {
      return s;
    }
    public String getEchoWithDate(String s) {
      Simple DateFormat f = new SimpleDateFormat(
          "dd.mm.yyy hh:mm:ss");
      return"[" + f.format(new Date()) + "]" + s;
    }
}
```

Programm 3-34: Klasse Echo-server

Die nachfolgende Klasse `Echoserver` erzeugt eine Instanz der Klasse `WebServer`, registriert den Echo-Dienst mit dem Namen `echo` und startet schließlich den Server.

```
import org.apache.xmlrpc.server.*;
import org.apache.xmlrpc.webserver.*;

public class EchoServer {
  public static void main (String[] args)
      throws Exception {
    int port = Integer.parseInt(args[0]);

    PropertyHandlerMapping phm =
      new PropertyHandlerMapping();
    phm.addHandler ("echo", Echo.class);

    WebServer webServer = new WebServer(port);
    XmlRpcServer server =
        WebServer.getXmlRpcServer();
    Server.setHandlerMapping(phm);
    WebServer.start();
    }
}
```

Zur Implementierung eines XML-RPC-Client stellt Apache XML-RPC die folgenden Klassen zur Verfügung:

XmlRpcClient
- `org.apache.xmlrpc.client.XmlRpcClient`: Sie implementiert einen speziell für die Versendung XML-RPC-Anfragen geeigneten HTTP-Client. `setConfig(config)` setzt die Konfiguration `config` für den Client.

XmlRpcClient ConfigImpl
- `org.apache.xmlrpc.client.XmlRpcClientConfigImpl` zur Konfiguration eines `XmlRpcClient`-Objekts. Die Methode `setServerURL(Java.net.URL url)` legt den URL des Servers fest. `execute (string method, Object [] params)` er-

3.4 Programmiermodelle für verteilten Speicher

zeugt einen XML-RPC-Abfrage und sendet sie mittels HTTTP zum Server Die zurückgeschickte XML-RPC-Antwort wird geparst und als Objekt vom Typ `Object` zurückgegegeben. Der String `method` hat den Aufbau `Dienstname.Methodenname`. `Dienstname` ist der Name, unter dem der Dienst auf der Serverseite registriert ist. `Methodenname` ist der Name der Methode, die den Dienst implementiert hat. Das Array `params` enthält die erforderlichen Parameter.

`EchoClient` ruft die beiden Methoden `get.Echo` und `getEchoWithDate` mit dem Argument „Hallo" auf.

Programm 3-35: EchoClient

```
import java.net.*;
import org.apche.xmlrpc.client.*;

public class EchoClient {
  public static void main (String[] args)
       throws Exception {
    URL url = new URL (args[0]);

    XmlRpcClientConfigImpl Config =
       New XmlRpcClientConfigImpl();
    Config.setServerURL(url);
    XmlRpcClient client = new XmlRpcClient();
    Client.SetConfig(config)

    Object [] params = {"Hallo"};
     String s = (String) client.execute(
        "echo.getEcho", params);
    System.out.println(S);

    Object [] params = {"Hallo"};
     String s = (String) client.execute(
        "echo.getEchoWithDate", params);
    System.out.println(S);
     }
  }
```

Die `getecho`-Methode der Klasse `Echo` soll entfernt von einem Client aufgerufen werden. Der Client und Server führt beim entfernten Methodenaufruf folgende Schritte aus.

C1. Der Client importiert `org.apache.xmlrpc.client.*`. Damit erzeugt der Client eine `XMLRpcClient`-Instanz. Er konfiguriert Sie und setzt die URL des Servers (`setServerURL`).

C2. Mit `Object execute (string method, Object[] params)` erzeugt der Client eine XML-RPC-Anfrage. Der `string method` hat den Aufbau

`Dienstname.Methodenname`

Das Array `params` enthält die erforderlichen Parameter. Diese Angaben werden in folgendes XML-Dokument verpackt:

Programm 3-36: XML-Request

```
<?xml version="1.0"?>
<methodCall>
  <methodName>echo.getecho</methodName>
  <params>
    <param>
      <value><string>Hallo</string></value>
    </param>
  </params>
</methodCall>
```

C3. Mit HTTTP-Post wird das XML-Dokument an den Server geschickt.

S1. Der Server empfängt die HTTP-Anfrage und leitet die Verarbeitung des XML-Dokumentes ein.

S2. Das XML-Dokument wird geparst und anschließend die angegebene Methode des Dienstes aufgerufen.

S3. Die Methode wird ausgeführt und das Ergebnis an den XML-Verarbeitungsprozess übergeben.

S4. Der Verarbeitungsprozess verpackt das Ergebnis in ein XML-Dokument. Das XML-Dokument hat folgendes Aussehen:

```
<?xml version="1.0"?>
<methodResponse>
<params>
  <param>
    <value><string>Hallo</string></value>
  </param>
</params>
</methodResponse>
```

S5. Der Server schickt das XML-Dokument als Antwort auf die HTTP-Anfrage zurück.

C4. Der XML-RPC-Client empfängt das XML-Dokument.

C5. Der XML-RPC-Client parst den Rückgabewert.

C6. Übergabe als Objekt an das Client-Programm.

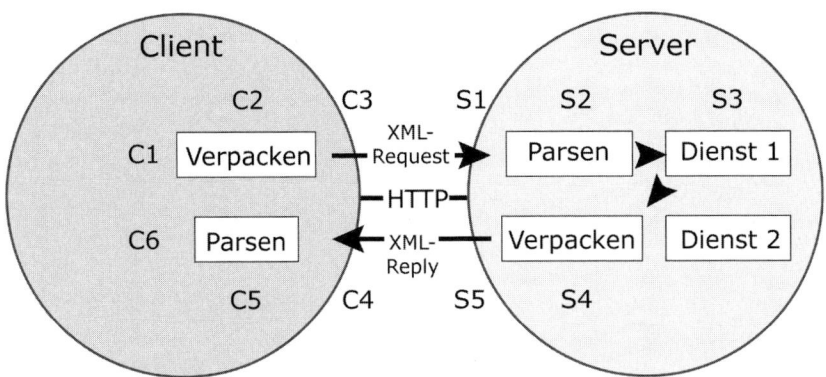

Abb. 3-34: Kommunikation zwischen XML-RPC-Client und XML-RPC-Server

Obiges Beispiel benutzt die Klasse WebServer, die einen einfachen HTTP-Server implementiert, der zudem XML-RPC-Anfragen verarbeiten kann. Soll der Webserver und die XML-RPC-Verarbeitung getrennt laufen, so bietet Apache Tomcat mit der Klasse org.apache.xmlrpc.webserver.XmlRpcServletServer einen Servlet-Container, als Ablaufumgebung für Webanwendungen. Die Programmierung von XML-RPCs mit Servlet ist in Abts [A 07] beschrieben.

XmlRpcServlet-Server

4 Parallelisierung

4.1 Leistungsmaße für parallele Programme

Hauptziel bei der Parallelverarbeitung eines Problems mit Multiprozessoren, Cluster oder Grid ist die *Reduktion der Laufzeit* des Problems oder der Aufgabe [RR 00] [J 92]. Die Reduktion der Laufzeit zielt auf geforderte schnellere Lösung eines Problems. Die Laufzeitreduktion kann aber auch dazu genutzt werden, genauere und exaktere Lösungen zu erreichen oder ermöglicht es, Probleme mit gleichartigen größeren Datenmengen zu bearbeiten. Als Vorlage für die nachfolgend erläuterten Leistungsmetriken diente die Arbeit von Bilek [B 06].

Ziele der Parallelisierung

4.1.1 Laufzeit

Bei der Bewertung paralleler Algorithmen oder deren Implementierung als Programm wird die Laufzeit durch einen Programmlauf auf der Zielplattform ermittelt.

Die *Laufzeit* des parallelen Programms

$T_P(n)$

Laufzeit

ist die Zeit zwischen dem Start der Abarbeitung des parallelen Programms und der Beendigung der Abarbeitung aller beteiligten Prozessoren. Die Laufzeit wird in Abhängigkeit von der Anzahl p der beteiligten Prozessoren und der Problemgröße n angegeben.

Die Laufzeit $T_P(n)$ eines parallelen Programms setzt sich aus folgenden Zeiten zusammen [RR 00] [U 97]:

- *Rechenzeit* (T_{CPU}): Zeit für die Durchführung von Berechnungen unter Verwendung von Daten im lokalen Speicher der einzelnen Prozessoren.

- *Kommunikationszeit* (T_{COM}): Zeit für den Austausch von Daten zwischen den Prozessoren.

- *Wartezeit* (T_{WAIT}): Z.B. wegen ungleicher Verteilung der Last zwischen den Prozessoren, Datenabhängigkeiten im Algorithmus oder Ein- Ausgabe.

- *Synchronisationszeit* (T_{SYN}): Zeit für die Synchronisation beteiligter Prozesse bzw. Prozessoren.

4 Parallelisierung

- *Platzierungszeit* (T_{Place}): Zeit für die Allokation der Tasks auf die einzelnen Prozessoren, sowie eine mögliche dynamische Lastverteilung zur Programmlaufzeit.
- *Startzeit* (T_{Start}): Zeit zum Starten der parallelen Tasks auf allen Prozessoren.

Zur Reduktion der Laufzeit $T_p(n)$ des parallelen Programms muss die **Overheadzeit**

$$T_{CWS} = T_{COM} + T_{WAIT} + T_{SYN}$$

reduziert werden, indem die Kommunikationszeit, Wartezeit und/oder Synchronisationszeit vermindert wird.

Die Summation der Platzierungszeit und Startzeit ist die **Rüstzeit**

- $T_{Setup} = T_{Place} + T_{Start}$

Maus oder Elefant?

Bei der Durchführung von Laufzeitmessungen gilt der Ratschlag:

- Vermesse mit einer Maus einen Elefanten und vermesse nie mit einem Elefanten eine Maus.

Der Ratschlag besagt, dass die Laufzeit des Messprogramms so minimal wie möglich sein sollte, im Vergleich des zu vermessenden Programms. Dadurch ist die Laufzeit des Messprogramms so klein im Vergleich zum vermessenden Programm, so dass sie vernachlässigbar ist. Ist die Laufzeit des Messprogramms nicht klein genug, so muss die Problemgröße des zu vermessenden Programms erhöht werden, so dass sich dessen Laufzeit vergrößert. Ist die Laufzeit des Messprogramms aus technischen Gründen nicht klein zu halten, so muss die Laufzeit des Messprogramms ermittelt werden und von der Laufzeit des zu messenden Programms abgezogen werden.

4.1.2 Speedup

Die Reduktion der Laufzeit für das Gesamtproblem bei einer Parallelisierung, gibt der *Speedup*, die *Beschleunigung* oder die *Leistungssteigerung* an:

Speedup

$$S_p(n) = \frac{T'(n)}{T_p(n)}$$

$T'(n)$ ist dabei die Laufzeit des schnellsten bekannten sequentiellen Algorithmus. $T_1(n)$ ist die Laufzeit des parallelen Programms auf einem Prozessor, die nicht mit $T'(n)$ übereinstimmen muss. Der Speedup gibt die Größe des Erfolgs an bei einer Parallelisierung.

4.1 Leistungsmaße für parallele Programme

Der Speedup ist normalerweise nach oben beschränkt durch die Anzahl p der Prozessoren:

$S_p(n) \leq p$

Ist der Speedup gleich p, so spricht man von einem **linearen Speedup**: Ist der Speedup $> p$ so liegt **superlinearer Speedup** vor (siehe Abschnitt 4.2.1, wo bei den Monte-Carlo-Simulationen superlinearer Speedup erreicht wurde).

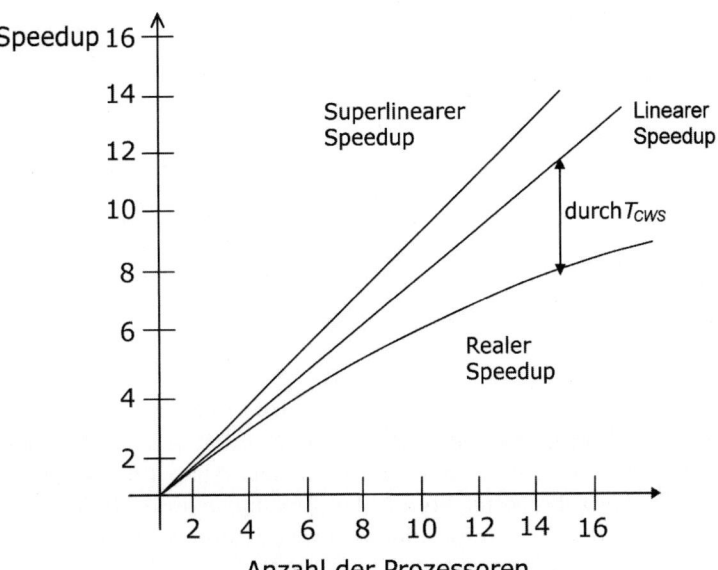

Abb. 4-1: Realer, idealer und superlinearer Speedup

4.1.3 Kosten und Overhead

Die *Kosten* eines parallelen Programms sind ein Maß für die von allen Prozessoren bei der Problemlösung durchgeführte Arbeit [RR 00]. Sie werden angegeben als:

$C_p = T_p(n) * p$ Kosten

Kosten sind ein Maß für die von allen Prozessoren durchgeführte Arbeit. Setzt man den Faktor Laufzeit des parallelen Programms als Anzahl der durchgeführten Operationen in dieser Laufzeit an, so lässt sich Folgendes definieren: Ein paralleles Programm ist **kostenoptimal**, wenn dies zur Problemlösung genau so viele Operationen ausführt wie ein sequentielles Programm mit der Laufzeit $T'(n)$ (Anzahl der durchgeführten Operation). Bei Kostenoptimalität gilt:

kostenoptimal

$C_p(n) = T'(n)$

4 Parallelisierung

Overhead

Kostenoptimalität besagt, dass im parallelen Fall von den einzelnen parallelen Prozessen die gleiche Anzahl von Operationen ausgeführt wird wie im sequentiellen Fall.

Der *Overhead* gibt die Differenz zwischen den Kosten des parallelen Programms und des sequentiellen Programms an und ist definiert als:

$$H_P(n) = C_P(n) - T'(n) = p * T_P(n) - T'(n)$$

Ist ein paralleles Programm kostenoptimal, so ist sein Overhead Null ($H_P(n) = 0$). Beim Übergang von der sequentiellen Lösung zur parallelen Lösung sind also keine zusätzlichen Operationen und Redundanzen hinzugekommen, da ja die Laufzeiten gleich sind.

4.1.4 Effizienz

Die *Effizienz* eines parallelen Programms gibt die relative Verbesserung der Verarbeitungsgeschwindigkeit bezogen auf die Anzahl eingesetzter Prozessoren an. Dazu wird die Leistungssteigerung (Speedup) mit der Anzahl p der Prozessoren normiert. Demgemäß ergibt sich:

Effizienz

$$E_P(n) = \frac{S_P(n)}{p} = \frac{T'(n)}{p * T_P(n)} = \frac{T'(n)}{C_P(n)}$$

Die Effizienz zeigt somit an, wie effizient wurde der ursprünglich sequentielle Algorithmus parallelisiert und wie effizient werden die p Prozessoren für einen vorgegebenen parallelen Algorithmus ausgenutzt. Die Effizienz bewertet somit die Zusatzlast und Redundanz (Overhead $H_P(n)$), die mit der Parallelisierung einhergeht.

Für die Effizienz sind die drei Fälle [A 97] zu unterscheiden:

1. $E_P(n) < 1$: Der Algorithmus ist suboptimal bezüglich seiner Kosten. Dies ist in der Praxis der Normalfall, wobei Werte nahe 1 anzustreben sind.
2. $E_P(n) = 1$: Der Algorithmus ist kostenoptimal.
3. $E_P(n) > 1$: Es liegt ein superlinearer Speedup vor, oder aber der parallele Algorithmus ist optimaler bzgl. seiner Laufzeit als der zum Vergleich herangezogene sequentielle Algorithmus. Anders ausgedrückt: Der parallele Algorithmus ist optimaler bzgl. der Laufzeit als der beste, bzgl. der Laufzeit, bekannte sequentielle Algorithmus.

4.1 Leistungsmaße für parallele Programme

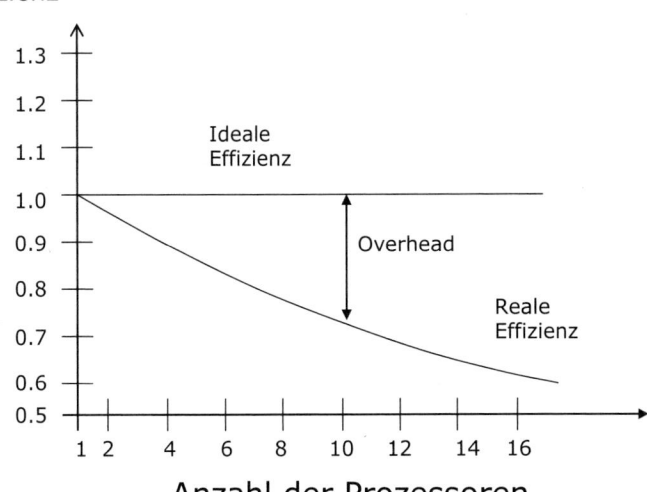

Abb. 4-2: Ideale und reale Effizienz

4.1.5 Amdahls Gesetz

Amdahls Gesetz [A 67], benannt nach dem Computer-Architekten Gene Amdahl, wird benutzt um für ein Gesamtsystem die maximal zu erwartenden Verbesserungen vorherzusagen, wobei von dem Gesamtsystem nur Teilsysteme verbessert werden. Das Gesetz wird im Bereich des parallelen Rechnens benutzt zur Festlegung des theoretisch maximal erreichbaren Speedup, bei p Prozessoren und in den Programm vorhandenen sequentiellen, nicht parallelisierbaren Anteilen

Bei einer Implementierung eines parallelen Algorithmus existiert für jede Problemgröße ein bestimmter *sequentieller Anteil f*, der nicht parallelisiert werden kann und daher sequentiell (von einem einzigen Prozessor) ausgeführt werden muss. Für f gilt:

$0 \leq f \leq 1$

Ist der sequentielle Anteil gleich null, so ist der Algorithmus vollständig parallel ausführbar. Ist der sequentielle Anteil gleich eins so ist kein Teil des Algorithmus parallel ausführbar. Der parallel ausführbare Anteil des Algorithmus ergibt sich entsprechend zu

$(1 - f)$

Die Zeit, die zur sequentiellen Ausführung des Algorithmus unter Verwendung eines einzigen Prozessors benötigt wird, sei T*(n). Die gesamte Laufzeit des Algorithmus ergibt sich aus dem sequentiellen

seq. Anteil + par. Anteil / p

4 Parallelisierung

Anteil plus des parallelen Anteils. Die gesamte parallele Laufzeit ist dann größer gleich der Summation der Zeit für den sequentiellen Teil und den parallelen Teilen dividiert durch Anzahl p der Prozessoren:

$$T_P(n) \geq f * T'(n) + \frac{(1-f) * T'(n)}{p}$$

Für den maximal möglichen Speedup folgt:

$$S_P(n) = \frac{T'(n)}{T_P(n)}$$

$$= \frac{T'(n)}{f * T'(n) + \frac{(1-f) * T'(n)}{p}}$$

Gesetz von Amdahl
$$= \frac{1}{f + \frac{(1-f)}{p}} \quad (Amdahlsches\ Gesetz)$$

Nicht parallelisierbare Anteile begrenzen Speedup

Aus Amdahls Gesetz geht hervor, dass bereits ein relativ kleiner, nicht parallelisierbarer Anteil eines Algorithmus den maximal erreichbaren Speedup begrenzt. Liegt beispielsweise für einen bestimmten Algorithmus und eine gegebene Problemgröße der parallelisierbare Anteil bei 95%, gilt also $f = 0.05$, so ist der maximal erreichbare Speedup auf 20 beschränkt.

Für $f > 0$ und eine große Anzahl von Prozessoren ($p \to \infty$) folgt aus dem Amdahlschen Gesetz näherungsweise:

$$S_P(n) \leq \frac{1}{f}$$

Embarrassingly parallel problems

Beträgt der sequentielle Anteil f nur 10 Prozent, so kann das Problem nur um den Faktor 10 beschleunigt werden, egal wie groß der Wert von n gewählt wurde. Aus diesem Grund sind parallele Berechnungen nur für eine kleine Anzahl von Prozessoren oder nur mit sehr kleinen Werten von f sinnvoll, und massive Parallelität lohnt sich nicht. Es lohnt sich also nur für Probleme, die ohne großen Aufwand parallelisierbar sind und in denen keine sequentiellen Anteile vorkommen. Diese Probleme besitzen einen vorgegebenen und somit dem Problem inne wohnenden inhärenten Parallelismus. Diese Probleme heißen *embarrassingly parallel problems* (embarrassingly – beschämend). In Abschnitt 4.2.1 gehen wir auf solche beschämend einfach zu parallelisierende Probleme ein.

4.1.6 Gustafsons Gesetz

Amdahl hat bei einer Ausführung des parallelen Programms die Problemgröße konstant gehalten und diese über p Prozessoren verteilt. Das Gesetz von Amdahl kann jedoch keine Aussage über den Speedup machen bei einer festen Laufzeit und einer Erhöhung der Problemgröße und der Prozessoren. Jon L.Gustafson [G 88] nimmt dazu an, dass in der Praxis die Problemgröße mit der Prozessoranzahl ebenfalls anwächst, also der verteilbare Anteil des Problems wächst dagegen linear mit der Problemgröße und der Prozessoranzahl.

steigende Prozessoranzahl und steigende Problemgröße senkt den seriellen Anteil

Sei f_1 der sequentielle Anteil des Problems bei einer festen Problemgröße, die in einer festen Zeit auf einem Prozessor abgearbeitet werden kann. Die Verringerung des sequentiellen Anteils bei größeren Problemgrößen und Erhöhung der Anzahl der Prozessoren p lässt sich durch folgende Formel ausdrücken:

$$f = \frac{f_1}{p*(1-f_1)+f_1}$$

Mit Amdahls Gesetz folgt:

$$S_p(n) = \frac{1}{f + \frac{1-f}{p}}$$

$$= \frac{1}{\frac{f_1}{p*(1-f_1)+f_1} + \frac{1 - \frac{f_1}{p*(1-f_1)+f_1}}{p}}$$

$$= p*(1-f_1)+f_1 \quad \text{(\textit{Gustafsons Gesetz})}$$

Gesetz von Gustafson

Aus dem Gesetz von Gustafson ergibt sich demnach (unter der Voraussetzung einer festen Laufzeit f_1 und einer Begrenzung der Problemgröße durch die Prozessoranzahl), dass der Speedup mit einem kon-

4 Parallelisierung

Skalierbarkeit
stanten sequentiellen Teil annähernd linear mit der Prozessorzahl wächst. Damit ist bei massiv parallelen Maschinen oder Cluster und großem p und entsprechend hohen Problemgrößen ein Speedup nahe p möglich.

Eine Anwendung heißt *skalierbar*, falls eine wachsende Problemgröße durch den Einsatz einer wachsenden Anzahl von Prozessoren so kompensiert werden kann, dass die zur Problemlösung benötigte Zeit konstant bleibt. Die Effizienz eines parallelen Programms wird in einem solchen Fall, bei gleichzeitigem Ansteigen der Prozessorzahl und der Problemgröße, konstant gehalten [RR 00].

Amdahl oder Gustafson?
Welches Gesetz gilt nun? Das von Amdahl oder das von Gustafson? Diese Frage lässt sich auf die einfache Form bringen:

- Ist die Anwendung nicht skalierbar, so gilt das Gesetz von Amdahl.
- Ist die Anwendung perfekt skalierbar, so gilt das Gesetz von Gustafson.

4.1.7 Karp-Flatt-Metrik

Bei den Gesetzen von Amdahl und Gustafson spielt die Overheadzeit T_{CWS}, keine Rolle, und der sequentielle Anteil f ist dabei unabhängig von der Anzahl der Prozesse p. Die Verluste durch Kommunikation T_{COM} und die ungleiche Lastverteilung und daraus entstehende Wartezeit T_{WAIT} und Synchronisationszeit T_{SYN}. also der Overhead der Parallelisierung, bleibt dabei unberücksichtigt. Zur Bestimmung des Overheads der Parallelisierung ist der Speedup nach Gustafson ungeeignet, stattdessen wird er für mehrere Werte von p experimentell bestimmt, und durch Auflösung des Gesetzes von Amdahl nach f kann er bestimmt werden.

Nach Amdahls Gesetz gilt:

$$\frac{1}{S_p(n)} = f + \frac{1-f}{p}$$

Diese Gleichung lässt sich nach dem sequentiellen Anteil f auflösen:

Metrik von Karp-Flatt
$$f = \frac{1/S_p(n) - 1/p}{1 - 1/p} \qquad (Karp\text{-}Flatt\text{-}Metrik)$$

Der experimentell bestimmbare serielle Anteil ist die Karp-Flatt-Metrik [KF 90]. Sie erlaubt die Berechnung des empirischen sequentiellen Anteils f.

Da f abhängig von p ist, lassen sich Aussagen machen über die Overhead-Zeit T_{CWS}. Die Karp-Flatt-Metrik zeigt also an, ob die Effizienz eines parallelen Programms durch den inhärenten sequentiellen Anteil oder durch den parallelen Overhead dominiert wird. Durch die Abhängigkeit der Karp-Flatt-Metrik von der Anzahl der Prozessoren p lassen sich weitergehende Schlüsse ziehen, wie z.B. ob die Effizienz von einer ungleichen Lastverteilung und somit durch die Wartezeit T_{WAIT} und Synchronisationszeit T_{SYN} begrenzt wird oder von der Kommunikationszeit T_{COM}.

4.2 Parallelisierungstechniken

Der Übergang von einem vorliegenden Problem auf eine parallele Problemlösung ist stark beeinflusst von der Struktur des Problems und der zu verarbeitenden Daten. Deshalb betrachten wir die Struktur des Problems und der Daten, um zu einer Zerlegung des Problems in Teilprobleme zu kommen und eine parallele Lösung zu erhalten.

4.2.1 Inhärenter Parallelismus

Besteht das Problem aus vielen Teilproblemen, die voneinander total unabhängig sind, d.h. zwischen den Teilproblemen besteht keine funktionale Abhängigkeit und die Datenbereiche der Teilprobleme sind nicht gemeinsam und getrennt, so besitzt das Problem einen *inhärenten Parallelismus*.

Da bei inhärentem Parallelismus das Ausgangsproblem in n unabhängige Teilprobleme zerfällt, kann man bei der Verwendung von p Rechnerknoten oder Prozessoren das Problem effizient lösen, indem n/p Teilprobleme auf die Knoten eines Rechnernetzes oder Prozessoren verteilt und anschließend parallel bearbeitet. Inhärent parallele Probleme lassen sich (fast) ohne jede Kommunikation zwischen den Teilproblemen lösen [BM 06]. Lediglich vor oder nach der eigentlichen Berechnung ist Kommunikation nötig. Vor der Berechnung müssen die Daten an die Knoten verteilt und nach der Berechnung die Ergebnisse eingesammelt werden. Durch die fehlende oder nur minimal vorhandene Kommunikation ist ein (fast) linearer Speedup möglich.

Perfekte Parallelisierung

4 Parallelisierung

Bei inhärentem Parallelismus können die beiden Fälle auftreten:

Langsamste CPU oder größtes Teilproblem bestimmt die Gesamtrechenzeit

1. Die Anzahl der Rechenoperationen zur Lösung der Teilprobleme kann stark variieren und nicht konstant sein.

2. Die Prozesse können auf unterschiedlich schnellen CPUs laufen.

Sind Punkt eins und zwei erfüllt, so hängt die Gesamtlaufzeit des parallelen Programms bei einer statischen Lastverteilung vom aufwendigsten Teilproblem oder von der langsamen CPU ab. Während einige Prozesse noch rechnen, sind die anderen schon mit ihrem Teilproblem fertig und müssen warten.

Monte-Carlo-Simulationen

Neben einer Vielzahl von Problemen, siehe [BM 06], die solch eine perfekte Parallelisierung erlauben, sind weitere typische Probleme das allgemein bekannte Seti-Projekt [ACK 02] und die Monte-Carlo-Simulationen. Ergebnisse von Monte-Carlo-Simulationen sind immer mit einem statistischen Fehler behaftet. Die Größe dieses Fehlers lässt sich leicht abschätzen, wenn man eine Monte-Carlo-Simulation mehrfach wiederholt und die Streuung der Einzelergebnisse analysiert. Die mehrfachen Monte-Carlo-Simulationen sind natürlich voneinander vollkommen unabhängig und können parallel ausgeführt werden. Die Landesbank Baden-Württemberg in Stuttgart hat die Monte-Carlo-Simulationen eingesetzt zur Risikoanalyse [B 01]. Für diese Monte-Carlo-Simulationen standen 16 Windows NT-Rechner zur Verfügung. Dabei wurde *mehr als linearer Speedup* (superlinearer Speedup) erreicht! Dies ist nur verständlich, wenn man das Seitenaustauschverhalten der virtuellen Speicherverwaltung betrachtet: Mit jedem weiteren Rechner, der hinzukam, reduziert sich die Daten für die Monte-Carlo-Simulationen. Mit der Reduktion der Daten geht einher eine Reduktion des Aus- und Einlagern der Seiten und somit eine Reduktion des Overheads der virtuellen Speicherverwaltung.

4.2.2 Zerlegungsmethoden

Eine vorherrschende Technik zur Entdeckung von Parallelität in Algorithmen ist die *„Teile-und-Herrsche-Strategie"* (*Divide and Conquer*). Zur Lösung eines komplexen Problems zerlegt man das Problem in zwei oder mehrere einfachere Unterprobleme von ungefähr gleicher Größe. Die beiden Unterprobleme sind unabhängig voneinander. Dieser Prozess wird rekursiv dann auf die Unterprobleme angewandt. Die Rekursion endet, wenn das Unterproblem nicht weiter zerlegt werden kann. Der nachfolgende Algorithmus [F 95] beschreibt die Strategie:

4.2 Parallelisierungstechniken

Programm 4-1: Divide and Conquer

```
procedure Divide_and_Conquer (problem)
begin
   if base_case then
      solve problem
   else
      partition problem into subproblems L and R;
      Divide_and_Conquer(L);
      Divide_and_Conquer(R);
      combine solutions to problems L and R;
   end if;
end;
```

Das durch Divide and Conquer zu lösende Problem habe die Größe n. Vernachlässigen wir das Aufteilen des Problems und das Kombinieren von Teillösungen zu einer Gesamtlösung und gehen wir noch zusätzlich von einem binären Baum aus, bei dem auf der untersten Ebene p Unterprobleme zu lösen sind, so ergeben sich folgende Laufzeiten:

$$T'(n) = n$$

$$T_p(n) = \frac{n}{p}$$

Dies ergibt folgenden Speedup

$$S_p(n) = \frac{T'(n)}{T_p(n)}$$

$$= \frac{n}{n/p}$$

$$= p$$

Divide and Conquer liefert also einen nicht ganz linearer Speedup, da wir das Aufteilen der Probleme und das Kombinieren der Ergebnisse vernachlässigt haben.

Um ein sequentielles Problem einer parallelen Lösung zuzuführen, stehen die folgenden grundsätzlichen Zerlegungsmöglichkeiten offen:

4 Parallelisierung

1. Funktionale Zerlegung mit einhergehender Zerlegung des Programmcodes, oder
2. Datenzerlegung und somit einer Aufteilung der Daten.
3. Eine Kombination von beiden Methoden.

4.2.2.1 Funktionale Zerlegung

Pipeline

Eine funktionale Zerlegung (*function decomposition, function demarcation*) unterteilt das Problem in mehrere Arbeitsschritte, Aufgaben oder Funktionen. Diese Funktionen können an mehreren voneinander unabhängigen Teilen des Gesamtproblems arbeiten, was dem inhärenten Parallelismus nahe kommt, da die einzelnen Funktionen problemlos parallel ausführbar sind. Bestehen aber zwischen den Verarbeitungsschritten Datenabhängigkeiten, oder anders gesagt, die einzelnen Verarbeitungsschritte durchfließt ein Datenstrom, so führt dies zu einer *Pipeline* oder zur *Fließbandverarbeitung*.

Fließbandverarbeitung

Bei Fließbandverarbeitung zerfällt das Ausgangsproblem in n voneinander abhängige Teilprobleme. Die Teilprobleme kann man bei der Verwendung von p Rechnerknoten oder Prozessoren lösen, indem man die n/p Teilprobleme auf die Knoten eines Rechnernetzes oder Prozessoren verteilt. Da jedes Teilproblem die Daten des vorhergehenden Teilproblems weiter verarbeitet, müssen diese Datenabhängigkeiten durch Synchronisation und Kommunikation gelöst werden.

Durch statische Allokation der n/p Teilprobleme auf p Prozessoren lässt sich das Gesamtproblem parallel lösen. Am Anfang der Pipe werden die Daten eingefüttert und am Ende der Pipe erhält man das Ergebnis.

Die einzelnen Teilprobleme in einer Pipe können entweder alle gleichartig sein, d.h. sie führen alle die gleichen Rechenoperationen aus, oder die einzelnen Teilprobleme sind von unterschiedlicher Art, d.h. jedes Teilproblem löst eine andere Aufgabe, und die Anzahl der durchgeführten Rechenoperationen ist unterschiedlich. Die Laufzeit der gesamten Pipe hängt natürlich dann stark von der Laufzeit des Elementes mit den meisten durchgeführten Rechenoparationen und damit der längsten Laufzeit von allen Elementen, ab.

Es sei p die Stufen der Pipeline oder die Länge der Pipeline oder die Pipeline besitzt p Elemente. n ist die Problemgröße oder die Anzahl der Elemente, die am linken Ende in die Pipe eingefüttert werden und am rechten Ende die Pipe verlassen. Die Laufzeit für das sequentielle Problem, also ohne Pipeline ist

$$T'(n) = p * n$$

4.2 Parallelisierungstechniken

Die Laufzeit im parallelen Fall, also mit der Pipeline ist
$$T_p(n) = p + n$$

Somit erbringt eine Pipeline folgende Leistungssteigerung: **Speedup einer Pipeline**

$$S_p(n) = \frac{T'(n)}{T_p(n)}$$

$$= \frac{p * n}{p + n}$$

$$= \frac{p * n}{n * (\frac{p}{n} + 1)}$$

$$= \frac{p}{\frac{p}{n} + 1}$$

Für große n $(n \to \infty)$ folgt daraus
$$S_p(n) = p$$

Bei einer Pipeline mit gleichen Aufgaben ist somit ein linearer Speedup zu erwarten.

Negativ bei einer Pipeline ist natürlich der Ausfall eines Elementes der Pipeline. Fällt ein einziges Element der Pipeline aus, so ist der Bearbeitungsstrom unterbrochen und das vorhergehende Pipeline-Element wird sein Teilergebnis nicht mehr los und die nachfolgenden Elemente bekommen keine Teilergebnisse zur Bearbeitung übergeben. **Ausfall eines Elementes der Pipeline führt zum Totalausfall**

Ein Beispiel für eine Pipeline mit unterschiedlichen Aufgaben ist die *Befehlspipeline*, wie sie in Abschnitt 2.2.1 besprochen wurde. Bei Superskalar-Architekturen teilt sich die Pipeline bei der Befehlsausführung in mehrere Zweige auf. Zur Unterscheidung einer Befehlspipeline von einer Pipeline, die auf der funktionalen Zerlegung mit einem Datenstrom beruht, spricht man im zweiten Fall auch von einer *Makro-Pipeline* [U 97]. **Befehlspipeline**

4.2.2.2 Datenzerlegung

Bei einer einmaligen Zerlegung der Daten oder des Eingabebereichs (Domain decompostion) und Zuführung der Bereiche auf mehrere

4 Parallelisierung

parallele Prozessoren auf denen der gleiche Algorithmus läuft, führen auf das *Master Worker*-Schema. Führt man die Zerlegung der Daten rekursiv mehrfach durch, so ergeben sich *Berechnungsbäume*.

4.2.2.2.1 Master Worker-Schema

Bei Master Worker verteilt ein *Master* die verschiedenen Datenbereiche an eine bestimmte Anzahl von *Workers* und nimmt die Ergebnisse von den Workers entgegen.

Nach Programmstart fragen alle Workers beim Master nach einem unerledigten Datenbereich an. Der Master nimmt von einem Stapel die unerledigten Datenbereiche und weist sie den einzelnen Worker zu. Nachdem der Worker den aktuellen Datenbereich bearbeitet hat, schickt er das Ergebnis an den Master zurück und fragt nach einem nächsten zu bearbeitenden Datenbereich. Der Overhead der Parallelisierung ist hier die Rüstzeit, also die Zeit zum Start des Programms und das Verteilen der Datenbereiche und das Einsammeln der Ergebnisse.

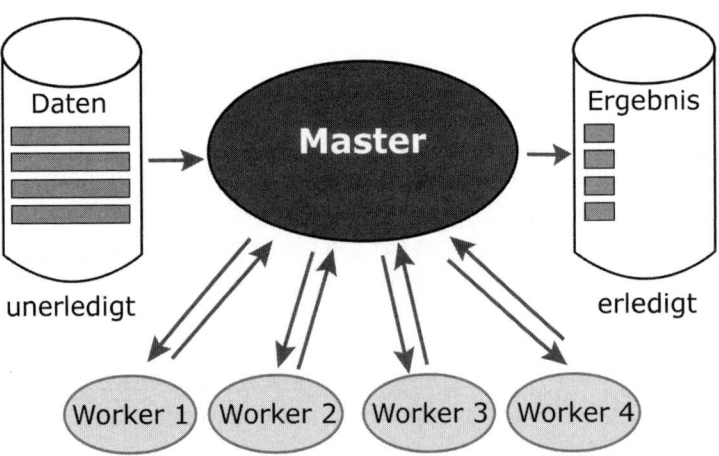

Abb. 4-3: Master Worker-Schema

In einem ersten Ansatz setzen wir eine Regularität der Daten und Uniformität der Arbeit voraus, d.h. für alle Teildaten wird die gleiche Anzahl von Rechenoperationen benötigt, und alle Algorithmen sind gleich und laufen auf gleich schnellen CPUs. Vernachlässigt man die Kommunikation zwischen dem Master und den Workers und die Arbeit des Workers, so ist mit folgendem Speedup zu rechnen:

Dabei sei n sei die Größe der einzelnen Datenzerlegungen und p die Anzahl der Workers

$T'(n) = p * n$

Die Laufzeit im parallelen Fall, also die Laufzeit eines einzelnen Workers ist:

$T_p(n) = n$

Somit erbringt das Master Worker-Schema folgende Leistungssteigerung:

$$S_p(n) = \frac{T'(n)}{T_p(n)}$$

$$= \frac{p * n}{n}$$

$$= p$$

Speedup für Master Worker

Bei den Speedup-Betrachtungen wurde die Kommunikation zwischen dem Master und den Worker außer Acht gelassen. Je feiner man die Granularität der Datenzerlegung wählt, umso mehr steigt die Kommunikation zwischen dem Master und den Workers an, die zu übertragenden Daten nehmen jedoch ab und die Arbeitslast des Masters steigt an. Dies kann bei sehr feiner Granularität der Daten sogar auf eine Überlastung des Masters führen und der Master wird zu einem leistungsbeschränkenden Flaschenhals.

Eine C-Bibliothek zur Realisierung und Implementierung des Master Worker-Schemas ist bei Bauke und Mertens [BM 06] beschrieben. Beispiele für das Master Worker-Schema sind dort ebenfalls enthalten.

4.2.2.2.2 Berechnungsbäume

Nimmt man die Datenzerlegung mehrmalig und rekursiv nach dem Divide and Conquer-Schema vor, so entstehen Berechnungsbäume.

So führt die mehrfache Zerlegung eines zu sortierenden Feldes zu einem binären Baum. Ein Beispiel dafür ist der *Merge*-Sortieralgorithmus. Beim Absteigen des Baumes wird das Feld in zwei gleich große Felder aufgeteilt. Die Blätter sortieren dann parallel die einzelnen Teilfelder. Und nach dem Sortieren werden immer zwei gleich große Teilfelder zusammengeschmolzen (merge). Nicht ganz so symmetrisch und somit zu einem unausgeglichenen Baum führt die Parallelisierung des *Quicksort*-Algorithmus. Der Quicksort-Algorithmus vertauscht die Feldelemente, bis es für die Lage des sortierten Elementes keine Veränderungen mehr gibt. Die Liste ist somit in zwei möglicherweise un-

Merge Sort Parallel Quicksort

terschiedlich große Teillisten aufgespaltet. Die beiden Teillisten können dann mit zwei rekursiven Aufrufen und somit parallel in zwei weitere ungleich große Teillisten aufgeteilt werden.

Die Algorithmen zur parallelen Bearbeitung von Daten nennt Hillis und Steele [HS 86] Data Parallel Algorithms. Sie geben in ihrem Artikel eine Vielzahl von Beispielen von parallelen Algorithmen gemäß Datenzerlegung:

- Summation eines Feldes von Zahlen,
- alle partiellen Summen eines Feldes,
- Zählen von aktiven Prozessoren und deren Durchnummerierung,
- lexikalische Analyse eines String,
- Radix Sort und
- paralleles Bearbeiten von Pointers und darauf basierende Listenoperationen.

Diese Algorithmen sind auf den ersten Blick sequentieller Natur. Für große Datenmengen lohnt sich hier jedoch eine parallele Bearbeitung.

4.2.2.3 Funktions- und Datenzerlegung

Die Zerlegung des Problems kann nach Gesichtspunkten einer funktionalen Zerlegung und/oder einer Datenzerlegung vorgenommen werden. Die dabei entstehenden Teilprobleme lassen sich

1. vor der Laufzeit auf die Prozessoren abbilden und somit statisch allokieren, oder
2. ein Lastausgleicher bestimmt dynamisch zur Laufzeit einen Prozessor oder Server und übergibt ihm das Teilproblem zur Bearbeitung.

4.2.2.3.1 Methodisches Vorgehen

Foster [F 95] beschreibt einen Weg, wie man von einer Zerlegung des Problems zu einer Allokation der Teilprobleme auf Prozessoren kommt, in vier Schritten:

Methodik zur Entwicklung paralleler Software

1. *Partitionierung, Zerlegung*: Der erste Schritt zerlegt das Problem in mehrere Teilprobleme oder Teilaufgaben. Die Unterteilung geschieht dabei durch Funktions- und Datenzerlegung. Zur Verringerung des Kommunikationsaufwandes sollen identische Daten auf mehreren Knoten gespeichert und somit repliziert werden. Ziel dieser Phase ist, alle Möglichkeiten der Parallelausführung zu erkennen.

2. *Auslegung der Kommunikation*: Zur Koordination der Prozesse muss die benötigte Kommunikation und die dazugehörigen Algorithmen festgelegt werden. Ziel des zweiten Schrittes ist, die Kommunikation so zu gestalten, dass sie möglichst effizient ist und eine Blockierung der Prozesse vermieden wird.

3. *Agglomeration (Zusammenballung)*: Die ersten beiden Schritte liefern eine effiziente Parallelisierung. Die Leistungsfähigkeit und Kosten der eingesetzten Hardware führen in diesem Schritt zu einer Bündelung der Aufgaben. Wurde das Problem in zu viele Teilaufgaben bezüglich der vorhandenen Prozessoren zerlegt, so kann dies durch Bündelung der Teilaufgaben korrigiert werden.

4. *Mapping*: Jede Task wird einem Prozessor zugewiesen. Tasks, die konkurrent und ohne Kommunikation untereinander ablaufen, laufen auf verschiedenen Prozessoren. Tasks, die häufig miteinander kommunizieren, laufen möglichst auf dem gleichen Prozessor. Mapping kann statisch sein oder dynamisch zur Laufzeit durch einen Lastausgleicher stattfinden.

4 Parallelisierung

Abb. 4-4:
Entwurfs-
methodik für
parallele
Programme

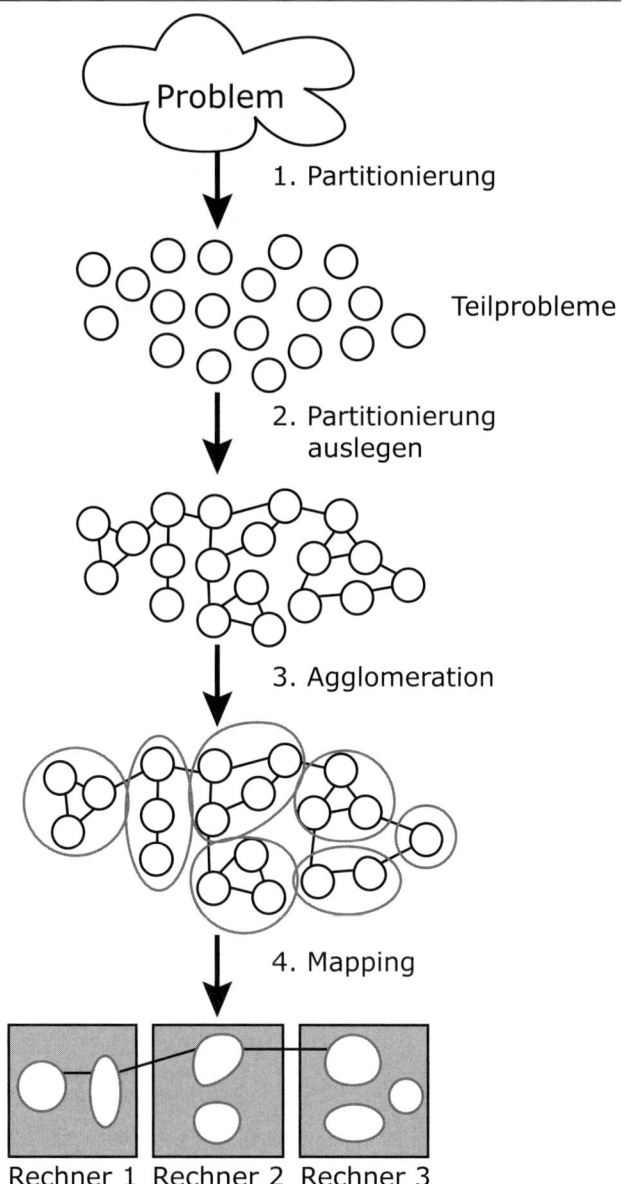

4.2.2.3.2 Dynamische Allokation

Die bei einer Problemzerlegung entstehenden Teilprobleme können dynamisch zur Laufzeit mehreren Servern zur Bearbeitung übergeben werden. Die zu bearbeitenden Daten entstehen dabei meist dynamisch und möglicherweise parallel und meistens zur Laufzeit durch Anfragen von Clients an den Server. Zur Bearbeitung der Daten oder der Anfragen benutzt man ein *Server Cluster*, eine *Computer Farm* oder eine Server Farm. Unter einer Server Farm versteht man eine Gruppe von vernetzten Servern, die sich an einer Lokation befinden.

Server Farm

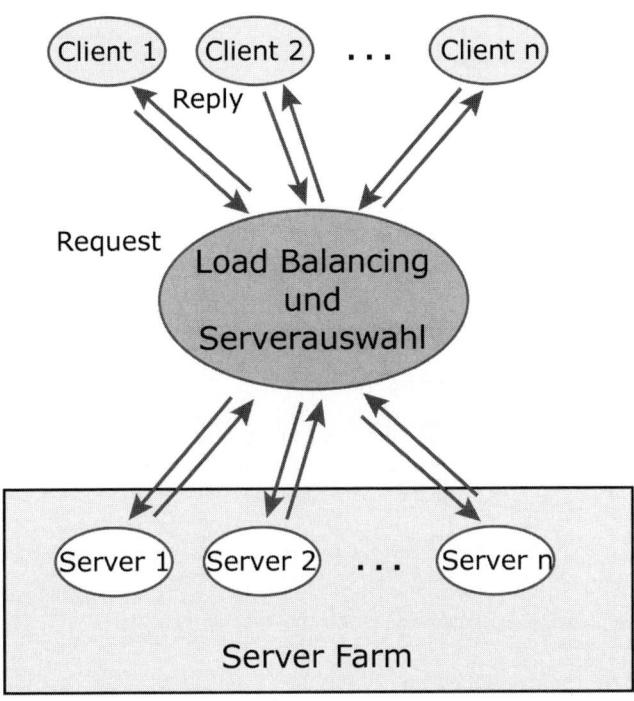

Abb. 4-5: Dynamische Allokation der Teilprobleme auf eine Server Farm

Eine Server Farm enthält verschiedene oder gleichartige Server, und die Arbeitslast wird dabei auf die verschiedenen Server verteilt. Dies bedingt ein Lastausgleicher, der die Anfrage nach Rechenleistung oder Service einem Server dynamisch zuordnet und ein Scheduling der Anfragen nach Priorität vornehmen kann. Fällt ein Server in der Farm aus, kann ein anderer Server der Farm einspringen und dessen Arbeit mit übernehmen. Zur Erreichung der Ausfalltoleranz sind die Server als Primary und Backup ausgelegt.

4 Parallelisierung

Web Farm Eine *Web Server Farm* oder *Web Farm* ist eine Web-Seite, die mehr als einen Server zur Befriedigung der Anfragen zur Verfügung stellt oder ein Internet Service Provider der Web Hosting Services durch mehrere Server betreibt. Ein typisches Beispiel für eine Web Farm ist das in Abschnitt 2.4 beschriebene Google Cluster.

4.2.3 Weitere parallele Verfahren und Algorithmen

Neben den hier vorgeschlagenen Schemata oder Verfahren zur Gewinnung einer parallelen Lösung, stehen noch eine Vielzahl von Algorithmen zur Verfügung, die teilweise von den hier beschriebenen Verfahren abstammen oder ihnen ähneln, eine Kombination der obigen Verfahren oder teilweise von originärer Natur sind. Sie alle hier vorzustellen, würde den Rahmen des Buches sprengen. Die nachfolgenden Literaturhinweise, geordnet nach unterschiedlichen Anwendungsgebieten, mögen hier ausreichen:

- Allgemein parallele Algorithmen [A 00], {A 97], [B 94], [CRQR 89], [GGK 03], [GO 96], [GR 88], [H 83], [Q 87], [Q 94], [RR 00], [MB 05] und [J 92].

- Parallele Sortier- und Suchalgorithmen [A 85], [BDH 84] und [M 79].

- Parallele Graph Algorithmen [QD 84].

- Parallele Numerik [F 90], [GO 96] und [S 03].

- Parallele Metaheuristiken [A 05].

5 Verteilte Algorithmen

5.1 Verteilt versus zentralisiert

Ein verteiltes System unterscheidet sich von einem zentralisierten (Einprozessor-) System in den nachfolgend diskutierten drei Punkten:

1. Das Nichtvorhandensein eines globalen Zustandes **Kein gemeinsamer Zustand**

   Bei einem zentralisierten Algorithmus werden Entscheidungen getroffen, die auf der bisherigen Beobachtung des Zustandes des Systems basieren. Nicht der komplette Zustand der Maschine wird in einer Maschinenoperation herangezogen, sondern die Variablen werden nacheinander betrachtet. Nachdem alle relevante Information vorliegt, wird eine Entscheidung gefällt. Zwischen der Inspektion und der Entscheidung werden keine Daten modifiziert, was die Integrität der Entscheidung garantiert.

   Knoten in einem verteilten System haben nur Zugriff auf ihren eigenen Zustand und nicht auf den globalen Zustand des Gesamtsystems. Demzufolge ist es nicht möglich, eine Entscheidung zu treffen, die auf dem globalen Zustand des Gesamtsystems basiert. Man könnte nun davon ausgehen, dass ein Knoten Information über den Zustand der anderen Knoten einholt und dann eine Entscheidung darauf basierend gefällt wird. Im Gegensatz zu zentralisierten Systemen kann sich jedoch bei einem verteilten System der Zustand der anderen Maschinen geändert haben vor dem Eintreffen der Rückantworten von den anderen Maschinen. Die Konsequenz daraus ist, dass die gefällte Entscheidung auf alten und somit ungültigen Daten beruht.

   Eine nachfolgende anschauliche Überlegung zeigt, dass ein globaler Zustand bei einem verteilten System nicht erreichbar ist.

   Nehmen Sie an, x sei eine Variable, die auf einer Maschine B vorliegt. Ein Prozess auf Maschine A liest x zum Zeitpunkt T_1. Dazu sendet Maschine A eine Anforderungsnachricht für x zu Maschine B. Kurze Zeit später zum Zeitpunkt T_2 schreibt ein Prozess auf Maschine B in die Variable x. Die Herstellung eines globalen Zustandes erfordert nun, dass das Lesen auf der Maschine A den alten Wert von x liest, unabhängig davon, wie weit die Maschinen A

5 Verteilte Algorithmen

und B örtlich auseinander liegen und wie eng T_2 und T_1 zeitlich zusammen liegen.

Abb. 5-1: Überlegungen zur Nichterreichung eines globalen Systemzustandes

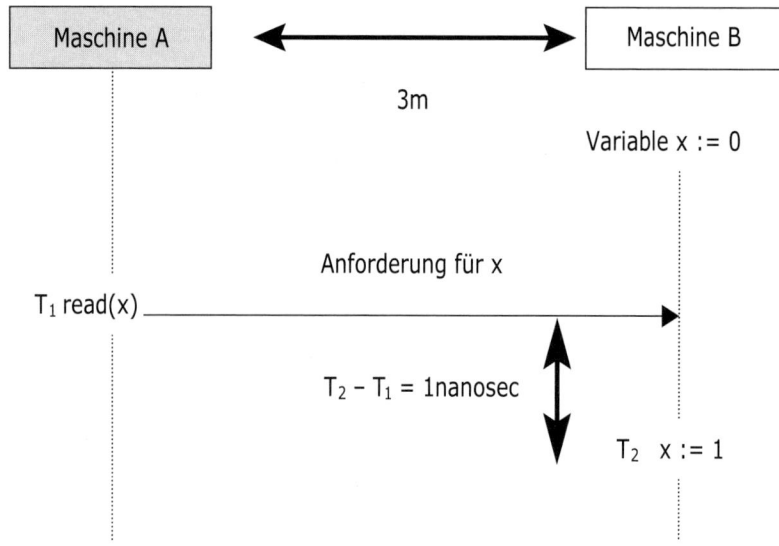

Nehmen wir nun folgende Werte an: $T_2 - T_1$ sei eine Nanosekunde (10^{-9}sec) und die Maschinen stehen 3 m entfernt voneinander; die Lichtgeschwindigkeit ist $3*10^8$ m/sec. Damit nun die Anforderung für x von der Maschine A vor dem Setzen der Variablen x auf 1 bei der Maschine B ankommt (in der Zeit $T_2 - T_1 = 10^{-9}$ sec), benötigt man eine Signalgeschwindigkeit von $3*10^9$ m/sec. Dies entspricht der zehnfachen Lichtgeschwindigkeit und ist nach Einsteins Relativitätstheorie unmöglich.

Keine gemeinsame Zeit

2. Das Nichtvorhandensein eines globalen Zeitrahmens

Die Ereignisse, welche mit der Ausführung eines zentralisierten Algorithmus assoziiert sind, sind total geordnet durch ihre zeitliche Reihenfolge; für jedes Paar von Ereignissen gilt: Ein Ereignis ist früher oder später als ein anderes. Die Zeitrelation der Ereignisse eines verteilten Algorithmus sind nicht total; für Ereignisse auf der gleichen Maschine kann entschieden werden, dass ein Ereignis vor einem anderen liegt. Bei Ereignissen auf zwei verschiedenen Maschinen, die nicht in einer Ursache-Wirkungsrelation zueinander stehen, kann nicht entschieden werden, ob ein Ereignis vor einem anderen eintrat. Diese Ereignisse lassen sich auch nicht in eine Ursache-Wirkungsrelation bringen durch ein Senden und

Empfangen von Nachrichten, wo die Wirkung des Empfangens der Nachricht der Ursache des Sendens der Nachricht vorausgeht. Dann könnte die Ausführung wieder als eine Folge von globalen Zuständen betrachtet werden, und es läge die unter 1. beschriebene Problemstellung für die Plausibilitätsbetrachtung vor.

3. Das nicht deterministische Verhalten

    Unvorhersehbare Abläufe

    Bei einem zentralisierten System ist die Berechnung basierend auf Eingabewerten eindeutig; bei einem gegebenen Programm und einer Eingabe ist nur eine Berechnung möglich. Im Gegensatz dazu ist bei einem verteilten System, mit Ausnahme von Synchronisationsoperationen, die globale Reihenfolge der Ereignisse nicht deterministisch. Jeder Programmlauf hat die Möglichkeit, eine andere Reihenfolge der Ereignisse zu liefern als seine Vorgänger und Nachfolger. Dennoch muss jeder korrekte Programmlauf das gleiche Ergebnis liefern.

    Betrachten Sie dazu die Situation, in der ein Server-Prozess viele Anfragen von einer unbekannten Anzahl von Clients erhält. Der Server kann die Bearbeitung der Anfragen nicht aussetzen, bis alle Anfragen eingetroffen sind, und sie dann in einer bestimmten Reihenfolge bearbeiten, da für ihn unbekannt ist, wie viel Anfragen er bekommt. Die Konsequenz daraus ist, er muss jede Anfrage sofort bearbeiten und die Reihenfolge, in der er sie bearbeitet, ist die Reihenfolge, in der die Anfragen eintreffen. Die Reihenfolge, in welcher die Clients ihre Abfragen senden, sei bekannt, da jedoch die Übertragungszeiten unterschiedlich sind, können die Abfragen in einer anderen Reihenfolge eintreffen.

Diese Unüberschaubarkeiten führen bei der Programmierung von verteilten Systemen zu fehlerhaften Anwendungen der Kommunikationsdienste. Hierunter fallen neben fehlerhaftem Inhalt der transformierten Information vor allem das Vergessen nötiger Synchronisationspunkte oder eine Anwendung der falschen Reihenfolge derselben. Zur Entdeckung derselben ist ein Monitorsystem nützlich, das die zeitliche Reihenfolge der Aktionen oder Ereignisse widerspiegelt.

5.2 Logische Ordnung von Ereignissen

5.2.1 Lamport-Zeit

Logische Uhren versus physikalische Uhren

Für viele Zwecke ist es ausreichend, dass alle Maschinen sich auf eine gemeinsame Zeit einigen, wobei diese Zeit nicht mit der realen Zeit übereinstimmen muss. D.h. die Zeit auf allen Maschinen ist intern konsistent und braucht nicht mit der externen realen Zeit übereinzustimmen. In diesem Fall sprechen wir von logischen Uhren (*logical clocks*). Wird neben der Konsistenz der internen Uhren zusätzlich noch gefordert, dass sich die Uhren nur um eine gewisse kleine Zeitdifferenz von der realen Uhrzeit unterscheiden, so sprechen wir von physikalischen Uhren (*physical clocks*).

liegt-vor-Relation (happens before)

Zur logischen Uhrensynchronisation brauchen sich nicht alle Prozesse auf eine gemeinsame feste Zeit zu einigen, sondern es reicht die Bestimmung, in welcher zeitlichen Relation zwei Ereignisse miteinander stehen. Bei zwei Ereignissen a und b muss also bestimmt werden, liegt Ereignis a zeitlich vor Ereignis b oder umgekehrt. Dazu definieren wir eine Relation $\rightarrow$, genannt liegt-vor (*happens before*). Der Ausdruck a $\rightarrow$ b bedeutet, dass alle Prozesse übereinstimmen, dass erst Ereignis a, dann das Ereignis b auftritt. Die liegt-vor-Relation kann in folgenden beiden Situationen beobachtet werden:

1. Sind a und b Ereignisse des gleichen Prozesses und a tritt vor b auf, dann gilt die Relation a $\rightarrow$ b.

2. Ist a das Ereignis des Sendens einer Botschaft von einem Prozess und b das Ereignis des Empfangens der Botschaft von einem anderen Prozess, so gilt a $\rightarrow$ b. Eine Nachricht kann nicht empfangen werden, bevor sie abgeschickt wurde oder kann nicht zur gleichen Zeit empfangen werden, zu der sie abgeschickt wurde, da sie eine endliche Zeit braucht, bis sie ankommt.

Liegt-vor ist eine transitive Relation; aus a $\rightarrow$ b und b $\rightarrow$ c folgt a $\rightarrow$ c. Da ein Ereignis nicht vor sich selbst liegen kann, hat die Relation $\rightarrow$ eine irreflexive, partielle Ordnung.

Konkurrente Ereignisse

Falls zwei Ereignisse a und b in verschiedenen Prozessen liegen und kein Nachrichtenaustausch vorliegt (sogar indirekt über einen dritten Prozess), dann stehen a und b nicht miteinander in der liegt-vor-Relation (es gilt weder a $\rightarrow$ b noch b $\rightarrow$ a). Man sagt, diese Ereignisse sind *konkurrent*, was bedeutet, dass nichts ausgesagt werden kann, aber auch nichts ausgesagt werden muss, wann die Ereignisse aufgetreten sind und welches Ereignis zuerst aufgetreten ist.

Um zu bestimmen, ob ein Ereignis a vor einem Ereignis b liegt, brauchen wir keine gemeinsame Uhr oder eine Menge von perfekt synchronisierten Uhren. Die Bestimmung der liegt-vor- Relation kann folgendermaßen ohne eine physikalische Uhr vorgenommen werden:

Ereignisse mit Zeitstempel

Mit jedem Ereignis a assoziieren wir einen *Zeitstempel* oder *Zeitwert* C(a). Für jedes Paar von Ereignissen a und b, für das a → b gilt, muss der Zeitstempel von a kleiner sein als der Zeitstempel von b (C(a) < C(b)). Sind also a und b Ereignisse des gleichen Prozesses und a liegt vor b, so muss C(a) < C(b) sein. Falls a das Senden einer Nachricht ist und b das Empfangen einer Nachricht durch einen anderen Prozess, so muss gelten C(a) < C(b). Zusätzlich gilt, der Zeitstempel C muss immer anwachsen und kann nicht dekrementiert werden. Zeitkorrekturen können nur durch Addition von positiven Werten vorgenommen werden und nicht durch Subtraktion.

logische Uhr

Um nun den einzelnen Ereignissen Zeiten zuzuordnen, ordnen wir jedem Prozess P_i eine *logische Uhr* C_i zu. Die logische Uhr kann als einfacher Zähler implementiert werden, der bei jedem Ereignis in Prozess P_i um eins inkrementiert wird. Da die logische Uhr monoton ansteigende Werte erhält, wird jedem Ereignis in Prozess P_i eine eindeutige Zahl zugeordnet.

Liegt Ereignis a vor Ereignis b, so gilt $C_i(a) < C_i(b)$.

Der Zeitstempel C für ein Ereignis ist dann der Wert der logischen Uhr C_i. Die Ereignisse innerhalb eines Prozesses P_i besitzen damit eine *globale Ordnung*.

Die globale Ordnung gilt jedoch noch nicht für mehrere Prozesse. Um das zu zeigen, betrachten wir zwei Prozesse P_1 und P_2, die miteinander kommunizieren. Nehmen wir an, P_1 sendet eine Nachricht an P_2 (Ereignis a) zur Zeit $C_1(a) = 200$. P_2 erhält die Nachricht (Ereignis b) zur Zeit $C_2(b) = 195$. Diese Situation verletzt unsere Bedingung, dass bei a → b der Zeitstempel von a kleiner sein muss als der Zeitstempel von b.

Vorstellen der logischen Uhr

Zur Einhaltung der kleiner-Relation zwischen zwei Zeitstempeln, stellen wir die logische Uhr des empfangenen Prozesses vor, wenn der Zeitstempel der Nachricht größer ist als der Zeitstempel des Prozesses. Erhält ein Prozess P_i eine Nachricht (Ereignis b) mit Zeitstempel t und es gilt

$C_i(b) < t$,

so stellen wir die Uhr des Prozesses P_i vor, so dass

$C_i(b) = t + 1$.

5 Verteilte Algorithmen

In unserem obigen Beispiel wird also beim Empfang der Nachricht von Prozess P_1 (Ereignis b) die Uhr C_2 des Prozesses P_2 vorgestellt auf

$C_2(b) = 200 + 1 = 201$.

Abb. 5-2:
Ereignisse mit Zeitstempeln

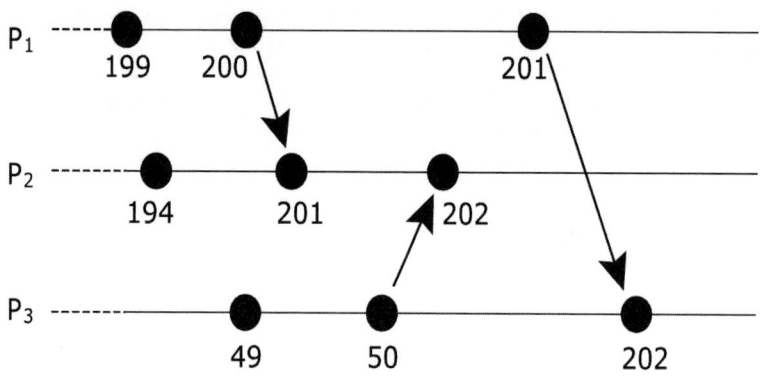

Um die partielle Ordnung der Ereignisse ($\rightarrow$) auf eine totale Ordnung zu erweitern, können wir eine totale Ordnung ➔ folgendermaßen definieren:

Totalordnung der Ereignisse

Ist a ein Ereignis in Prozess P_i und b ein Ereignis in Prozess P_j, dann gilt a ➔ b genau dann wenn

(i) $C_i(a) < C_j(b)$ oder

(ii) $C_i(a) = C_j(b)$ und $P_i < P_j$.

Die Bedingung (ii) behandelt dabei den Fall, dass die Zeitstempel von zwei Ereignissen a und b gleich sind, d.h. die beiden Ereignisse sind konkurrent. In diesem Fall benutzen wir die Identifikationsnummer der Prozesse, um eine totale Ordnung festzulegen.

Ergebnis der Totalordnung

Durch dieses Verfahren haben wir allen Ereignissen in einem verteilten System eine Zeit zugeordnet, welche die folgenden Bedingungen erfüllt:

1. Liegt ein Ereignis a vor einem Ereignis b im gleichen Prozess, so gilt $C(a) < C(b)$.

2. Ist a das Ereignis des Sendens einer Nachricht und b das Ereignis des Empfangens einer Nachricht, so gilt C(a) < C(b).
3. Für alle Ereignisse a und b gilt C(a) ≠ C(b).

Dieser Algorithmus stammt von Lamport [L 78] und liefert eine totale Ordnung aller Ereignisse eines verteilten Systems.

Einsatz findet der Lamport-Algorithmus bei der Generierung von Zeitstempeln und falls die Zeitstempel eindeutig sein müssen. Damit bildet dieser Algorithmus die Basis für ein Monitor- und Debuggingsystem für verteilte Systeme. Weiterhin findet der Algorithmus seinen Einsatz bei der Lösung des Konkurrenzproblems bei Transaktionen (siehe [B 04]) und bei einem verteilten Algorithmus für den wechselseitigen Ausschluss (siehe wieder [B 04]).

5.2.2 Vektoruhren

Die *Lamport-Zeit* hat einen gravierenden Nachteil, nämlich die Tatsache, dass aus C(a) < C(b) nicht auf a ➔ b geschlossen werden kann [PF 06]. Dies liegt an den konkurrenten Ereignissen, die beide den gleichen Zeitstempel besitzen und bei der Totalordnung über den Index des Prozesses gegangen wird.

Nachteile der Lamport-Zeit

Zur Umgehung dieses Nachteils hat Mattern [M 89] die *Vektoruhren* entwickelt. Dabei besitzt jeder Prozess P_i eine einfache lokale Uhr C_i. Ein idealisierter externer Beobachter, der Zugriff hat auf alle lokalen Uhren, weiß damit die lokale Zeit von allen Prozessen. Diese Zeiten für alle Prozesse lassen sich zu einem Vektor mit der lokalen Zeit für jeden Prozess zu einer sogenannten Vektoruhr V zusammenfassen. Die Vektoruhren der Prozesse repräsentieren somit die lokale Zeit des Prozesses und eine Abschätzung der lokalen Zeiten der anderen Prozesse. Bei n Prozessen gelten für die Vektoruhren die folgende Regeln:

1. Jedes Ereignis von P_i dekrementiert die lokale Uhr C_i um eins und damit das i-te Element des Vektors V_i ($V_i[i]$):

5 Verteilte Algorithmen

$$V_i = \begin{pmatrix} V_i[1] \\ \vdots \\ V_i[i-1] \\ V_i[i] + 1 \\ V_i[i+1] \\ \vdots \\ V_i[n] \end{pmatrix}$$

1. Sendet ein Prozess P_i eine Nachricht an den Prozess P_j, so inkrementiert P_i seine lokale Uhr C_i ($V_i[i] + 1$). Er sendet dann die Nachricht und zusätzlich den Stand seiner lokalen Uhren $V_i[1]$ bis $V_i[n]$. Empfängt P_j die Nachricht, so setzt er seine Uhr V_j auf folgende Werte:

$$V_j = \begin{pmatrix} \max(V_j[1], V_i[1]) \\ \vdots \\ \max(V_j[j-1], V_i[j-1]) \\ V_j[j] + 1 \\ \max(V_j[j+1], V_i[j+1]) \\ \vdots \\ \max(V_j[n], V_i[n]) \end{pmatrix}$$

Die nachfolgende Abbildung erläutert an einem Beispiel das Fortschalten der Uhren:

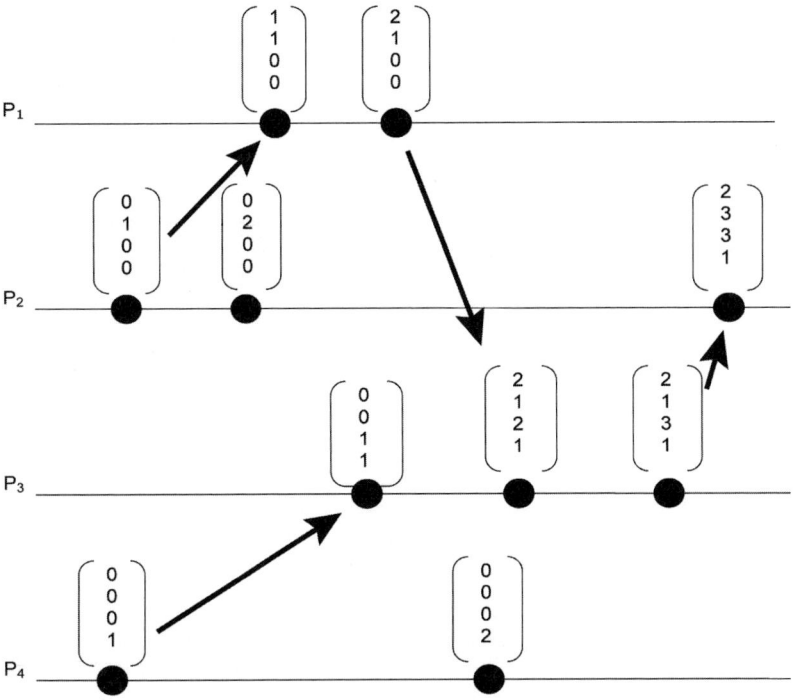

Abb. 5-3: Fortschalten der Vektoruhren

Wie beim Lamport-Algorithmus kann nun eine Ordnung der Ereignisse durch die Vektoruhren angegeben werden. Dazu vergleicht man die Zeitstempel der Vektoruhren miteinander:

1. $V_1 = V_2 \Leftrightarrow V_1[i] = V_2[i], \forall\, i = 1, \ldots, n$

2. $V_1 \leq V_2 \Leftrightarrow V_1[i] \leq V_2[i], \forall\, i = 1, \ldots, n$

3. $V_1 < V_2 \Leftrightarrow V_1 \leq V_2 \wedge V_1 \neq V_2$

Für zwei Ereignisse a und b gilt bei Vektoruhren das gleiche wie bei Lamportuhren:

1. $a \rightarrow b \Rightarrow V(a) < V(b)$

2. $\neg\,(V(a) < V(b)) \wedge \neg\,(V(b) < V(a)) \Rightarrow$ a und b sind konkurrent

Im Gegensatz zu Lamportuhren gilt aber für Vektoruhren auch die folgende Implikation:

3. $V(a) < V(b) \Rightarrow a \rightarrow b$

Die Realisierung der Vektoruhren benötigen mehr Speicher- und verursachen mehr Netzlast als die Lamportuhren. Im Gegensatz zu den Lamportuhren lassen sich mit Vektoruhren von zwei Ereignissen feststellen, ob diese gleichzeitig und somit parallel aufgetreten sind. Für Monitor- und Debugsysteme sind sie somit besser einsetzbar.

5.3 Auswahlalgorithmen

Viele verteilte Algorithmen sind so angelegt, dass ein zentraler Server (-prozess) vorhanden ist und die restlichen Prozesse nur Clients von diesem Server sind. Fällt dann dieser zentrale Server aus, so ist das System lahm gelegt. Deshalb repliziert man gerne den Server, so dass bei Ausfall des Servers ein anderer Server dessen Funktion übernehmen kann. Dazu muss jedoch der Ausfall erkannt werden, und es muss aus den Replikaten ein neuer Server bestimmt werden. Deshalb benötigen wir Verfahren, die bei Ausfall eines zentralen Servers einen neuen Server bestimmen. Voraussetzung hierfür ist, dass auf n Rechnern eine Kopie des Server-Algorithmus läuft. Von den n Prozessen ist jedoch nur ein Prozess tätig, der so genannte Master; alle restlichen Prozesse dienen als Reserve und leiten die Nachrichten an den Master weiter. Der Ausfall des Masters wird durch Timeout-Kontrolle von den untergeordneten Prozessen bemerkt. Verfahren, die dann einen neuen Master bestimmen oder wählen, heißen *Auswahlalgorithmen*, oder Leader Election [L 96], da nach der Wahl alle Prozesse übereinstimmen, wer der neue Master ist.

5.3.1 Bully-Algorithmus

Ein verteilter Auswahlalgorithmus, der so genannte Bully-Algorithmus [G 82], wählt von n Prozessen $P_1, P_2, ..., P_n$, stets denjenigen Prozess mit dem höchsten Index als Master aus, d.h. der Master ist

P_m mit m = max $\{i \mid 1 \leq i \leq n, P_i$ ist aktiv$\}$.

Der Index bestimmt damit den bulligsten Prozess.

Bemerkt ein Prozess P_i, dass der Master ausgefallen ist, dann wird eine Wahl und somit der Bully-Algorithmus gestartet:

1. P_i schickt eine Wahlnachricht an alle P_j mit j > i und wartet ein Zeitintervall T auf eine Antwort. Die Wahlnachricht wird auch an den alten Master geschickt, um ausgefallene Prozesse von überlasteten Prozessen zu unterscheiden.

2. Erhält ein Prozess Pj eine Wahlnachricht von Pi, wobei j > i ist, schickt er eine Rückantwort an Pi, um Pi zu beruhigen, und startet seinen eigenen Auswahlalgorithmus (Schritt 1).

3a. Erhält P_i innerhalb des Zeitintervalls T keine Rückantwort, so bestimmt sich Pi zum neuen Master und setzt davon alle Prozesse P_j, j < i, in Kenntnis, d. h. er sendet ihnen eine Koordinatornachricht. Damit wird sichergestellt, dass immer derjenige Prozess mit dem größten Index Master wird. Der stärkste, bulligste Prozess gewinnt, daher der Name Bully-Algorithmus.

3b. Erhält Prozess P_i mindestens eine Rückantwort innerhalb von T, so wartet er ein weiteres Zeitintervall T' auf die Bestätigung, dass ein Prozess P_j, j > i neuer Master ist. Ist innerhalb von T' ein neuer Koordinator gefunden, dann ist die Auswahl beendet. Trifft innerhalb von T' keine Rückantwort ein, so wird wieder mit dem Auswahlalgorithmus bei Schritt 1 begonnen.

Wird ein ausgefallener Prozess, welcher vor dem Ausfall der Master war, wieder gestartet, so hält er eine Wahl ab und sendet dann an alle Prozesse eine Koordinatornachricht. Er wird wieder zum Master, falls er die höchste Nummer von allen zu diesem Zeitpunkt ausgeführten Prozessen besitzt.

Nachfolgende Abbildung 5-4 zeigt die Arbeitsweise des Bully-Algorithmus an sieben Prozessen, die von eins bis sieben durchnummeriert sind. Zuerst ist Prozess sieben der Koordinator, der gerade ausgefallen ist. Dieser Ausfall wird als erstes von Prozess vier bemerkt, der daraufhin den Auswahlalgorithmus startet.

5 Verteilte Algorithmen

Abb. 5-4: Arbeitsweise des Bully-Algorithmus

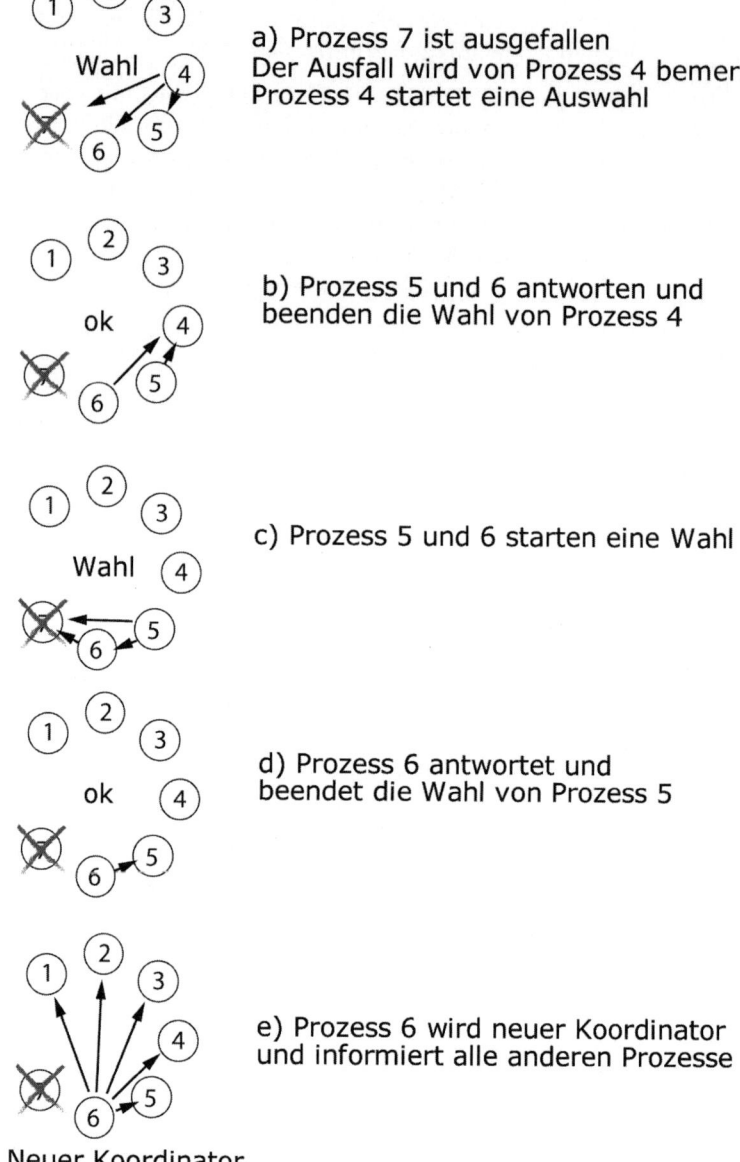

a) Prozess 7 ist ausgefallen
Der Ausfall wird von Prozess 4 bemerkt.
Prozess 4 startet eine Auswahl

b) Prozess 5 und 6 antworten und beenden die Wahl von Prozess 4

c) Prozess 5 und 6 starten eine Wahl

d) Prozess 6 antwortet und beendet die Wahl von Prozess 5

e) Prozess 6 wird neuer Koordinator und informiert alle anderen Prozesse

Der Bully-Algorithmus erhöht zwar die Fehlertoleranz des zentralen Ansatzes, jedoch muss dieser Vorteil mit einem hohen Kommunikationsaufwand bezahlt werden. Bei n Prozessen liegt der Kommunikationsaufwand im schlechtesten Falle bei $O(n^2)$. Dieser Aufwand berechnet sich wie folgt:

Die größtmögliche Anzahl von Nachrichten wird verschickt, wenn Prozess P_n ausfällt und dies von Prozess P_1 bemerkt wird. In diesem Fall verschickt P_1 an die Prozesse P_2, P_3, .. P_n eine Wahlnachricht, also insgesamt n-1 Stück. Dadurch startet jeder der Prozesse P_2, P_3, .. P_{n-1} erneut den Auswahlalgorithmus, und jeder Prozess P_i versendet (n-i) Auswahlnachrichten. Die Summe der Auswahlnachrichten ergibt somit:

Berechnung des Zeitaufwandes $O(n^2)$

$$\sum_{i=1}^{n-1} n - i$$

Nach Empfang der Auswahlnachricht versendet jeder Prozess P_i noch (i-1) Rückantworten: Die Summe der Rückantworten ergibt somit:

$$\sum_{i=1}^{n-1} i - 1$$

Die Summe der Auswahlnachrichten und Rückantworten ergibt somit:

$$\sum_{i=1}^{n-1} n - i + \sum_{i=1}^{n-1} i - 1 = \sum_{i=1}^{n-1} n - 1 = (n-1)^2$$

Der neue Koordinator P_{n-1} verschickt zusätzlich noch Benachrichtigungen, dass er der neue Koordinator ist, an die Prozesse P_1, P_2, ... P_{n-2}, insgesamt also n-2 Nachrichten.

Die Gesamtanzahl der Nachrichten ergibt sich zu:

$$(n-1)^2 + (n-2) = n^2 - n - 1 = O(n^2)$$

Dieser hohe Nachrichtenaufwand für den Bully-Algorithmus ist nur vertretbar unter der Voraussetzung, dass der Algorithmus nur in seltenen Fehlerfällen aufgerufen wird.

5.3.2 Ring-Algorithmus

Der folgende Auswahlalgorithmus basiert auf einem logischen Ring von zusammengeschlossenen Prozessen. Der Ring der Prozesse ist in eine Richtung ausgelegt; die Nachrichten des Auswahlalgorithmus werden immer nur in eine Richtung gesendet. Jeder Prozess im Ring kennt seinen möglichen Nachfolger, an den er eine Nachricht schicken muss. Ist der Nachfolgeprozess ausgefallen, kann der Sender übergehen zu dessen Nachfolger und falls dieser ausgefallen ist, auf dessen Nachfolger, und so weiter, bis er einen nicht ausgefallenen Nachfolger vorfindet.

Bemerkt ein Prozess P_i, dass der Master ausgefallen ist, dann startet er die Wahl:

1. Prozess P_i legt eine Aktivenliste an und trägt sich selbst als aktiver Prozess mit seinem Index in diese Liste ein. Er sendet anschließend die Liste der aktiven Prozesse an seinen Nachfolger.

   Erhält ein Prozess P_j von seinem Vorgänger die Aktivenliste, so sind zwei Fälle zu unterscheiden:

   a) Prozess P_j erhält zum ersten Mal die Aktivenliste, und er selbst befindet sich noch nicht in der Aktivenliste. Er trägt sich in die Aktivenliste ein (möglicherweise auch nur seinen Index) und sendet die Aktivenliste an seinen Nachfolger.

   b) Prozess P_j ist in der Aktivenliste, und er selbst steht am Kopf der Liste. Der Prozess weiß jetzt, dass die Liste einmal im Ring zirkuliert ist und im Moment alle aktiven Prozesse enthält. Er kann die Wahl beenden, und er kann einen bestimmten Prozess wählen (bei Indizes denjenigen Prozess mit dem größten Index) und ihn als neuen Koordinator bestimmen. Er nimmt die Aktivenliste vom Ring und sendet stattdessen die Nachricht mit dem neuen Koordinator an seinen Nachfolger.

2. Ist die Koordinatornachricht einmal im Ring zirkuliert, kennt jeder Prozess im Ring den neuen Koordinator. Erhält der Prozess zum zweiten Mal die Koordinatornachricht, so kann er sie vom Ring nehmen, und er braucht sie nicht mehr an seinen Nachfolger zu senden.

Im Vergleich zum Bully-Algorithmus, dessen Zeitaufwand $O(n^2)$ war, benötigt der Ring-Algorithmus nur 2n Nachrichten: n Nachrichten zum Versenden der Wahlnachricht im Ring und n Nachrichten zum Versenden der Koordinatornachricht.

5.4 Übereinstimmungsalgorithmen

Für ein verteiltes System benötigen wir einen Mechanismus, der es einer Menge von Prozessen erlaubt, dass sie über einen „gemeinsamen Wert" übereinstimmen. Solche Übereinstimmungen sind leicht zu erreichen, und sie sind per se gegeben, wenn von Fehlerfreiheit des

5.4 Übereinstimmungsalgorithmen

Kommunikationsmediums und des Prozesses oder des Prozessors, auf dem der Prozess läuft, ausgegangen wird. Kommt keine Übereinstimmung zustande, dann liegt das an mehreren Gründen:

1. Das Kommunikationsmedium kann fehlerhaft sein, und es können Nachrichten verloren gehen oder die Nachricht ist korrumpiert.

2. Die Prozesse selber können fehlerhaft sein, was dann ein unvorhersehbares Prozessverhalten hervorruft. Im besten Fall können die Prozesse ein *„fail-stop failure"* aufweisen. Bei diesem Fehler stoppt der Prozess und der Fehler kann entdeckt werden. Im schlechtesten Fall weist der Prozess ein *„byzantine failure"* auf, wo der Prozess weiter arbeitet, aber ein fehlerhaftes Ergebnis liefert. In diesem Fall kann der Prozess inkorrekte Nachrichten an andere Prozesse schicken, oder noch schlimmer, er kann mit anderen ausgefallenen Prozessen kooperieren und versuchen, die Integrität des Systems zu zerstören.

Diese Fehlerfälle lassen sich durch das „Byzantine Generals Problem" [LSP 82] veranschaulichen:

Mehrere Divisionen der byzantischen Armee umgeben ein feindliches Lager. Ein General kommandiert je eine dieser Divisionen. Die Generäle müssen zu einer gemeinsamen Übereinstimmung kommen, ob im Morgengrauen der Feind angegriffen wird oder nicht. Es ist wichtig, dass alle Generäle übereinstimmen, da ein Angriff von nur einigen Divisionen zu einer Niederlage führt. Die verschiedenen Divisionen sind geographisch zerstreut, und die Generäle können nur miteinander kommunizieren durch Botschafter, die von einem Lager zum anderen laufen. Zwei Gründe können eine Übereinstimmung der Generäle verhindern und nicht zustande kommen lassen:

Byzantine Generals Problem

1. Botschafter können vom Feind gefangen genommen werden und damit ist ein Überbringen der Botschaft nicht möglich. Dieser Fall korrespondiert zu einer unzuverlässigen Kommunikation in einem verteilten System. Wir behandeln diesen Fall nachfolgend unter unzuverlässige Kommunikation.

2. Unter den Generälen können Verräter sein, die eine Übereinstimmung verhindern wollen. Diese Situation korrespondiert mit fehlerhaften Prozessen in einem verteilten System. Wir behandeln diesen Fall unter dem Punkt byzantinische fehlerhafte Prozesse.

5.4.1 Unzuverlässige Kommunikation

Wir nehmen an, wenn ein Prozess ausfällt, dass er stoppt und nicht mehr weiter arbeitet (fail-stop failure), und wir setzen eine unzuverlässige Kommunikation zwischen den Prozessen voraus.

Nehmen wir an, ein Prozess P_i auf einer Maschine A sendet eine Nachricht an Prozess P_j auf einer Maschine B. P_i auf der Maschine A möchte wissen, ob seine Nachricht bei P_j angekommen ist. Dieses Wissen ist notwendig, damit Prozess P_i mit seiner weiteren Verarbeitung fortfahren kann. Beispielsweise entscheidet sich P_i für die Ausführung einer Funktion Success, falls die Nachricht angekommen ist, und für eine Funktion Failure, falls die Nachricht nicht angekommen ist.

Zur Entdeckung von Übertragungsfehlern können wir ein time-out-Schema auf folgende Weise benutzen: Mit der Nachricht setzt der Prozess P_i ein Zeitintervall, in dem er bereit ist, die Quittierung der Nachricht anzunehmen. Wenn P_j die Nachricht empfängt, sendet er sofort eine Quittierungsnachricht an P_i. Erreicht P_i die Quittierungsnachricht innerhalb des Zeitintervalls, so ist P_i sich sicher, dass seine Nachricht empfangen wurde; tritt jedoch ein TimeOut auf, so überträgt P_i die Nachricht erneut und er wartet wieder auf die Quittierungsnachricht. Dies führt der Prozess P_i so lange aus, bis er entweder die Quittierungsnachricht erhält oder von dem System auf der Maschine B informiert wird, dass der Prozess P_j nicht mehr läuft. Im ersten Fall führt er die Funktion Success aus und im zweiten Fall die Funktion Failure. Da Prozess P_i sich nur für einen der beiden Fälle entscheiden kann, muss er so lange die Nachricht übertragen, bis eine der beiden Fälle aufgetreten ist.

Nehmen wir nun noch zusätzlich an, dass Prozess P_j ebenfalls wissen möchte, ob seine Quittierungsnachricht angekommen ist. Dieses Wissen braucht P_j zum gleichen Zweck wie P_i, um nämlich entscheiden zu können, wie er mit seiner Bearbeitung fortfährt. Z. B. möchte P_j eine Funktion Success aufrufen, wenn er sicher ist, dass die Quittierungsnachricht angekommen ist. Mit anderen Worten formuliert, beide Prozesse P_i und P_j möchten eine Funktion Success aufrufen, genau dann, wenn sie darüber übereinstimmen. Es wird sich zeigen, dass bei unzuverlässiger Kommunikation diese Aufgabe nicht zu bewerkstelligen ist. Dazu formulieren wir die Problemstellung allgemeiner: Bei einer verteilten Umgebung mit unzuverlässiger Kommunikation ist es nicht möglich für Prozesse P_i und P_j, dass sie über ihre gegenwärtigen Zustände übereinstimmen.

Zum Beweis der obigen Behauptung nehmen wir an, dass eine minimale Sequenz von Nachrichtenaustauschen existiert, so dass nach dem Nachrichtenaustausch beide Prozesse übereinstimmen, dass sie die Funktion Success ausführen. Sei m' die letzte Nachricht, die P_i an P_j sendet. Da P_i nicht weiß, ob seine Nachricht bei P_j ankommt (da die Nachricht verloren gehen kann), führt P_i die Funktion Success aus, unabhängig vom Ergebnis des Nachrichtenversandes. Somit kann m' aus der Nachrichtensequenz gestrichen werden, ohne die Entscheidungsprozedur zu beeinflussen. Damit ist die ursprüngliche Sequenz nicht minimal gewesen, und wir kommen zu einem Widerspruch der Annahme. Es existiert also keine solche Sequenz von Nachrichten, und beide Prozesse kommen niemals zur Übereinstimmung der Ausführung der Funktion Success.

5.4.2 Byzantinische fehlerhafte Prozesse

Nehmen wir nun an, dass das Kommunikationssystem zuverlässig ist, jedoch die Prozesse fehlerhaft und mit unvorhersehbarem Verhalten arbeiten (Byzantine Failure). Betrachten wir ein System von n Prozessen, bei denen nicht mehr als f Prozesse fehlerhaft sind. Jeder der Prozesse P_i besitzt einen privaten Wert V_i. Wir benötigen nun einen Algorithmus, der für jeden nicht fehlerhaften Prozess P_i einen Vektor $X_i=(A_{i,1}, A_{i,2}, ..., A_{i,n})$ konstruiert mit den beiden folgenden Eigenschaften:

1. Ist P_i ein fehlerfreier Prozess, so ist $A_{i,j}=V_j$.
2. Sind P_i und P_j fehlerfreie Prozesse, so gilt $X_i=X_j$.

Für dieses Problem gibt es mehrere Lösungen [L 96]. Alle Lösungen besitzen jedoch die folgenden Eigenschaften:

1. Ein Lösungsalgorithmus zur Übereinstimmung kann nur gefunden werden, wenn n ≥ 3*f+1 ist; oder anders ausgedrückt, es gibt keine Lösung zur Übereinstimmung, wenn 2 ≤ n ≤ 3f.

2. Die Anzahl der Kommunikationsrunden zur Erreichung einer Übereinstimmung ist proportional zu f+1.

3. Die Anzahl der zu versendenden Nachrichten zur Erreichung der Übereinstimmung ist hoch. Keinem einzelnen Prozess kann vertraut werden, so dass alle Prozesse die gesamte Information sammeln müssen, um eine eigene Entscheidung zu treffen.

Anstelle eines allgemeinen und zu komplexen Algorithmus zur Lösung der Übereinstimmung stellen wir einen Lösungsalgorithmus für den einfachen Fall vor, bei dem f=1 und n=4 ist. Der Algorithmus benötigt zwei Kommunikationsrunden:

1. Jeder Prozess sendet seinen eigenen Wert zu allen anderen Prozessen.

2. Jeder Prozess sendet seine in der ersten Runde erhaltenen Informationen zu allen anderen Prozessen.

Ein fehlerhafter Prozess kann das Senden einer Nachricht verweigern. In diesem Fall kann ein fehlerfreier Prozess irgendeinen willkürlichen Wert wählen und annehmen, dass dieser Wert von dem fehlerhaften Prozess gesendet wurde.

Nach Beendigung der zwei Runden kann ein fehlerfreier Prozess P_i seinen Vektor $X_i=(A_{i,1}, A_{i,2}, A_{i,3}, A_{i,4})$ wie folgt konstruieren:

1. $A_{i,i}=V_i$.

   Für $j \neq i$ gehen wir wie folgt vor: Wenn wenigstens zwei von den drei von Prozess P_j gesendeten Werte (in zwei Kommunikationsrunden) übereinstimmen, dann wird die Majorität der zwei Werte genommen und $A_{i,j}$ auf diesen Wert gesetzt. Im anderen Fall wird ein default-Wert genommen, z.B. nil, und $A_{i,j}$ auf diesen Wert gesetzt.

Zur Erreichung einer Übereinstimmung benötigt man mindestens vier Prozesse, bei denen einer byzantinisches Verhalten zeigen kann. Bei drei Prozessen mit einem byzantinischen Prozess ist keine Übereinstimmung zu erreichen. Dies bedeutet, dass bei der Fehlertoleranztechnik *triple-modular redundancy*, mit dreifach redundanten Prozessen und einer Entscheidung über die Majorität, keine Übereinstimmung zu erreichen ist, falls ein byzantinisch fehlerhafter Prozess darunter ist.

Nachfolgende Abbildung 5-5 zeigt die Arbeitsweise des Übereinstimmungsalgorithmus für vier Prozesse P_1, P_2, P_3, P_4, wobei Prozess P_4 ein Prozess mit byzantinischem Verhalten ist. Der private Wert 1 kann dabei die Entscheidung Angriff repräsentieren und der Wert 0 die Entscheidung kein Angriff.

5.4 Übereinstimmungsalgorithmen

Abb. 5-5: Arbeitsweise des Übereinstimmungsalgorithmus

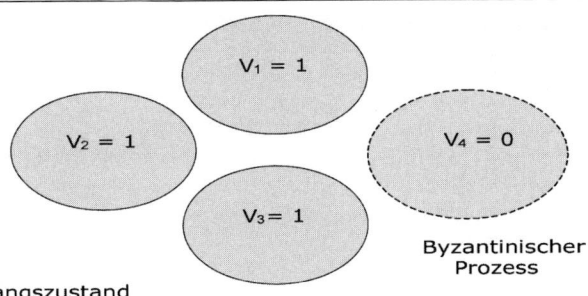

a) Ausgangszustand

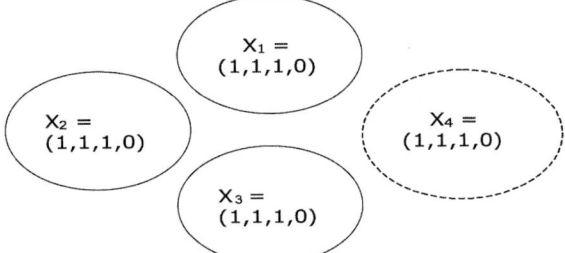

b) Nach der ersten Kommunikationsrunde

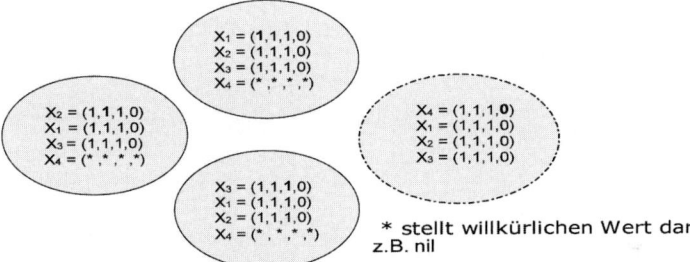

* stellt willkürlichen Wert dar, z.B. nil

c) Nach der zweiten Kommunikationsrunde

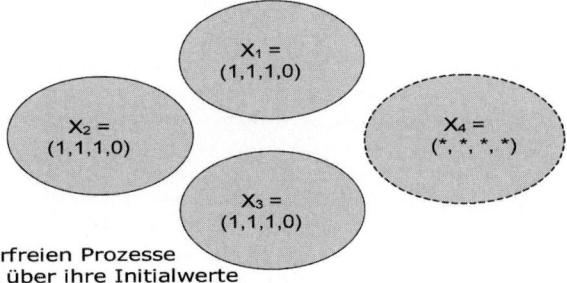

Die fehlerfreien Prozesse stimmen über ihre Initialwerte überein.

d) Konstruktion des Übereinstimmungsvektors

6 Rechenlastverteilung

Durch den konkurrierenden Zugriff von mehreren Anwendern auf die Ressourcen eines verteilten Systems entsteht der Bedarf, die Zuordnung dieser Ressourcen zu regeln. Die Rechenleistung der einzelnen Prozessoren des Systems ist dabei die wichtigste Ressource, die von allen Anwendungen zur Bewältigung der anfallenden Rechenlast benötigt wird. Seit den Anfängen der parallelen und verteilten Systeme ist deshalb eine Vielzahl von Methoden entstanden, um die Lastverteilung den unterschiedlichsten Bedürfnissen entsprechend durchzuführen.

Task = Auftrag(Job) = Prozess

Die zu verteilenden Objekte sind die *Prozesse* der Anwendungen. Der Begriff Task ist mitunter auch anzutreffen. Der Begriff *Job* findet hier im Sinne eines Arbeitsauftrags des Anwenders an das Rechnersystem Verwendung. Er ist in *Tasks* unterteilt, die im Allgemeinen zueinander in Beziehung stehen. Die Begriffe Task und Prozess werden synonym verwendet, wenn es sich bei den betrachteten Anwendungen um zusammengesetzte Jobs handelt.

Prozess, Job, Task

Ein *lokaler Prozess* wird auf dem Rechner ausgeführt, auf dem er gestartet wurde, während alle Prozesse, die von der Lastverteilung ausgelagert werden, auch die Bezeichnung *Remote-Prozesse* tragen [S 96]. Unter Umständen eigenen sich nicht alle Prozesse für die Auslagerung. *Reguläre Prozesse* können nur lokal ausgeführt werden. Prozesse, die verteilt ausgeführt werden können, heißen auch *generische Prozesse* [W 99].

In der Regel wird für die Rechenressourcen der Begriff *Prozessor* verwendet. Synonym können hier auch die Begriffe *Rechner* oder *Knoten* vorkommen.

Prozessor, Rechner, Knoten

Je nach Art des Systems verfolgt die Verteilung der Prozesse auf die Prozessoren unterschiedliche Ziele:

Ziele Prozessverteilung

- Minimierung der Kosten der Interprozesskommunikation.
- Erreichung eines hohen Parallelisierungsgrades und damit einen hohen Speedup.
- Effiziente Auslastung aller Prozessoren.
- Minimale Bearbeitungszeiten für Prozesse.

6 Rechenlastverteilung

High Performance Computing, High Throughput Computing

- Minimierung der totalen Ausführungskosten.

Im *High Performance Computing* (HPC) interessiert in erster Linie aus der Anwendersicht die Zeit, die zur Erledigung einer bestimmten Menge an Arbeit (Berechnungen) erforderlich ist. Umgekehrt steht im *High Throughput Computing* (*HTC*) die Systemsicht im Vordergrund, in einer bestimmten Zeit möglichst viel Arbeit zu erledigen.

Eigenschaften Lastverteilungs-verfahren

Besonders geeignete Verfahren der Lastverteilung sollten die folgenden Eigenschaften aufweisen [S 94][S 96]:

- Keine Verwendung von Vorwissen über die zu verteilenden Prozesse.

- Dynamische Arbeitsweise mit Entscheidungen, die auf dem aktuellen Systemzustand basieren.

- Schnelle Algorithmen.

- Geringer Overhead durch die Beschaffung von Informationen über den Systemzustand.

- Stabilität: Das System darf nicht in einen Zustand geraten, in dem es nur noch mit Lastausgleich beschäftigt ist anstatt die Anwendungsprozesse auszuführen.

- Skalierbarkeit bei Hinzunahmen neuer Knoten in das System.

- Ortstransparenz: Der Anwender muss nicht wissen, auf welchem Rechner sein Prozess ausgeführt wird.

- Hohe Ausfallsicherheit.

- Fairness gegenüber den Nutzern. Zu diesem Punkt gehört auch, dass der Besitzer eines Rechners jederzeit die Ressourcen für sich beanspruchen kann und laufende fremde Prozesse unterbrochen werden.

Taxonomie Lastverteilung

Die in diesem Kapitel vorgestellten Arten der Lastverteilung erfüllen diese Kriterien in unterschiedlichem Maße. Auf der obersten Ebene kann die Verteilung der Prozesse entweder *statisch* oder *dynamisch* erfolgen. Statische Verfahren verteilen die Prozesse vor der Laufzeit an die Prozessoren. Dabei wird in der Regel auch Vorwissen über die Prozesse genutzt. Somit sind die ersten beiden Kriterien nicht erfüllt. Dynamische Verfahren weisen Prozessen erst beim Start einen Prozessor zu und sorgen gegebenenfalls auch danach für einen Lastausgleich. Sie benutzen dazu Informationen über den Systemzustand. Die Lastverteilung bei dynamischen Verfahren kann entweder mit *zentraler*

Kontrolle von einem Rechner des Systems aus oder *dezentral*, und somit verteilt auf mehrere Rechner, vorgenommen werden. Den höchsten Grad des Lastausgleichs erreicht die dezentrale Kontrolle mit migrierenden Prozessen. *Migration* bedeutet eine Unterbrechung laufender Prozesse, den Transfer auf einen anderen Rechner und die Wiederaufnahme der Berechnungen auf diesem neuen Rechner. Migrierende Verfahren heißen auch unterbrechend (*preemptive*), im Gegensatz zu nicht unterbrechenden Verfahren (*non-preemptive*), die nur neu zu startende Prozesse verteilen [W 99]. Diese grobe Einteilung ist in Abbildung 6-1 wiedergegeben. Sie bestimmt auch die weitere Gliederung des Kapitels.

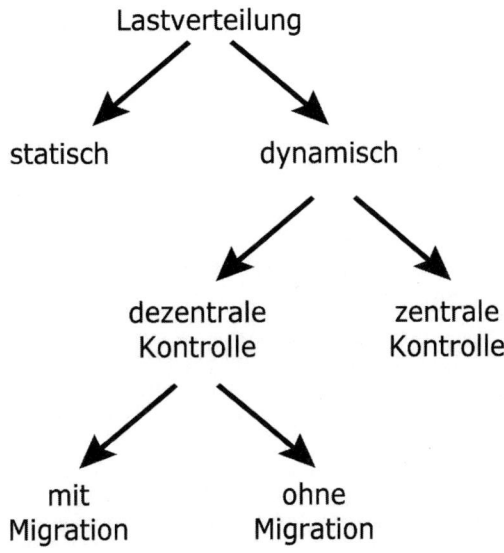

Abb. 6-1: Taxonomie Lastverteilung

Sowohl die statische als auch die dynamische Lastverteilung gehören zu den *globalen* Lastverteilungsverfahren. Prozesse werden auf Rechner in einem Netzwerk verteilt, sofern diese geeignet sind. *Lokale* Lastverteilung arbeitet nur auf einem Rechner und teilt Zeitscheiben an Prozesse zu [W 99]. Sie wird hier nicht weiter behandelt.

Lokale und globale Lastverteilung

Außer der statischen (6.1) und der dynamischen Lastverteilung (6.2) handelt der Abschnitt 6.3 vom Scheduling im Grid Computing, das gegenüber herkömmlichem Verteiltem Rechnen bezüglich der Lastverwaltung einige Besonderheiten aufweist.

6.1 Statische Lastverteilung

Job-Anforderungs-profil

Die statischen Verfahren teilen den Prozessen vor dem Lauf Prozessoren zu und nutzen dazu auch a priori bekannte Parameter der Jobs. Diese Parameter beschreiben das *Anforderungsprofil* der Prozesse, etwa an die CPU, die Laufzeitumgebung oder auch Speicheranforderungen. Auch zeitliche Abhängigkeiten und Kommunikationskosten gehören dazu.

Vorwissen über Jobs

Eine ausreichend genaue Kenntnis des Anforderungsprofils zu erlangen, ist jedoch problematisch [W 98]. Besonders wichtig ist die Kenntnis der Ausführungszeiten von Jobs auf geeigneten Rechnern sowie der Speedup-Charakteristik. Verschiedene Stufen von *Vorwissen* sind zu unterscheiden [FRS 97]:

- Kein Vorwissen.
- Die Verteilung der Ausführungszeiten im gesamten Workload ist bekannt, aber es liegen keine Informationen über einzelne Jobs vor.
- Die Jobs sind Klassen mit spezifischen Eigenschaften zugeordnet.
- Ausführungszeiten für Jobs für jede beliebige Rechnerkombination liegen vor.

Anwenderangaben sind nicht immer zuverlässig. Oft sind genauere Werte erst nach wiederholten Durchläufen zu bestimmen. Außerdem können sie von den zu bearbeitenden Daten abhängig sein.

Schedules

Die statische Lastverteilung wird auch *Scheduling-Problem* genannt. Sie erstellt einen Ablaufplan (*Schedule*) um eine Menge von Prozessen nach den gegebenen Anforderungen auf Prozessoren ablaufen zu lassen. Eine Unterscheidungsmöglichkeit ist die zwischen einfacheren *Queuing-Systemen* und *Planenden Systemen* [HKS 03]. Erstere verteilen die Prozesse in Queues, ohne Startzeiten festzulegen. Planende Systeme erstellen vollständige Ablaufpläne mit Startzeiten und der Zuweisung von Zeitintervallen auf Rechnern an Jobs. Sie planen somit in die Zukunft. Reservierungsmöglichkeiten für Ressourcen können dann genutzt werden, und es sind umfassende Optimierungen möglich.

Gantt-Diagramm

Der Ablaufplan mit Startzeiten lässt sich mit einem *Gantt-Diagramm* beschreiben. Ein Gantt-Diagramm (Abbildung 6-2) listet die Prozessoren vertikal und die Zeit horizontal. Die Zeitachse hat keine kontinuierlichen Werte, sondern ist in einzelne diskrete Zeitscheiben unterteilt. Die Blöcke innerhalb des Diagramms repräsentieren die Laufzeit der

6.1 Statische Lastverteilung

Prozesse (T für Task). Grau hinterlegte Blöcke stehen für Zeitscheiben, für die ein Prozessor nicht belegt wird. Gründe dafür können sein:

- Berücksichtigung von Abhängigkeiten zwischen den Tasks.
- Berücksichtigung von Kommunikationszeiten.
- Prozessor ist nicht verfügbar.

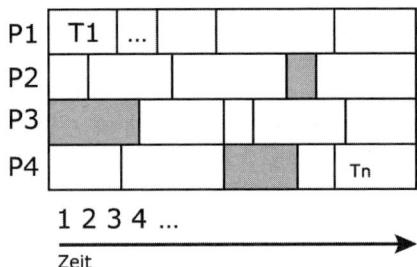

Abb. 6-2: Gantt-Diagramm

Die Ausführbarkeit eines Schedules (*feasibility*) [B 07] ist gegeben, wenn es zu keinen Überlappungen der Zeitintervalle für denselben Job oder auf demselben Rechner kommt. Er ist optimal, wenn er eines oder mehrere Kriterien erfüllt.

Umplanungen

Die statische Lastverteilung gibt einen Ablaufplan zunächst fest vor. Es besteht allerdings die Möglichkeit für alle noch nicht gestarteten Prozesse, eine Umplanung vorzunehmen. Auslöser für diese Umplanungen können sein:

- Verzug beim bisherigen Plan, der nicht mehr akzeptabel ist.
- Anforderungen von neuen Tasks.
- Rechnerausfälle.

Die Strategie, einmal eingeplante Prozesse nicht mehr umzuplanen, heißt auch *at-most-once-schedule*. Besteht die Möglichkeit der Umplanung, heißt die Strategie *multiple-schedule* [W 99].

Komplexität Scheduling-Problem

Die Komplexität des Scheduling-Problems ist direkt einsichtig, wenn man bedenkt, dass es für die Zuweisung von m Prozessen an q Prozessoren, wenn keine Einschränkungen aus den Ressourcenanforderungen vorliegen, q^m Möglichkeiten gibt.

Das Problem, eine optimale Zuordnung von Prozessen an die Prozessoren zu finden, wird in der Literatur häufig als *NP-vollständig* bezeichnet [J 03], da es bis auf einfache Fälle nicht in polynomialer Zeit gelöst werden kann [KA 99]. Für Optimierungsprobleme ist die richtige Bezeichnung allerdings **NP-schwer** [S 96], das ist äquivalent zum Begriff NP-vollständig, der eigentlich nur für Entscheidungsprobleme mit der Ergebnismenge *{ja, nein}* definiert ist. Optimierungsproblemen lassen sich aber Entscheidungsprobleme zuordnen, indem ermittelt wird, ob der Zielfunktionswert einer zulässigen Lösung einen bestimmten Wert erreicht (*ja*) oder nicht (*nein*) [B 07].

Die bisherigen Ausführungen zur statischen Lastverteilung haben zwei Bereiche angesprochen, die in den weiteren Abschnitten ausführlicher dargestellt sind. Von besonderer Wichtigkeit ist die Modellierung von Jobs, aus denen die zu verteilenden Prozesse resultieren. Im letzten Abschnitt schließlich folgt eine genauere Betrachtung von Verfahren für die statische Lastverteilung.

6.1.1 Jobmodelle

Jobmodelle

Sofern es sich bei einem Job nicht um einen einzelnen Task handelt, existieren in der Regel Beziehungen zwischen den Tasks, die bei der Lastverteilung zu berücksichtigen sind. Dieser Abschnitt erläutert drei Modelle.

Directed Acyclic Graph

1. *Task-Präzedenz-Graphen*: Die Tasks bilden die Knoten in einem gerichteten azyklischen Graphen (Directed Acyclic Graph: *DAG*). Die gerichteten Kanten stellen die zeitliche Reihenfolge oder die Präzedenz der Tasks dar.

2. *Task-Interaktionsgraphen*: Bei einem Task-Interaktionsgraph repräsentieren die Tasks ebenfalls die Knoten. Die Kanten stellen die Interaktion oder Kommunikation zwischen zwei Tasks dar.

3. *Workflows*: Den Ablauf der Tasks legt eine Workflowbeschreibung für die Jobs fest. Workflows gewinnen vor allem im Grid Computing zunehmend an Bedeutung.

In allen drei Varianten ist der einfachste Fall enthalten, das ist ein Job mit einem Task, der als einzelner, unteilbarer Prozess auf einem bestimmten Rechner zu platzieren ist.

Partitionierung

Einen wichtigen Teil im Rahmen der Schedulingaufgabe bildet die *Partitionierung* der Graphen [W 99]. Dabei handelt es sich um eine Zerlegung in Gruppen von Tasks (Partitionen), die dann einem Prozessor zugeordnet werden. Hauptziel dabei ist die Minimierung des Overheads der Interprozesskommunikation. Aber auch das Parallelisierungspotential soll so gut wie möglich ausgeschöpft werden. Beide Ziele widersprechen sich. Bei feingranularer Partitionierung wird der

Overhead erhöht; je grober partitioniert wird, umso mehr parallele Tasks werden zusammen auf demselben Prozessor eingeplant.

6.1.1.1 Task-Präzedenz-Graphen

Die Implementierung von DSM kann auf folgenden verschiedenen Ebenen angesiedelt sein: Gegeben sei eine Menge von Prozessen $P = \{P_1, P_2, ..., P_n\}$, deren Ausführung auf einer Menge von identischen Prozessoren stattfindet. Eine partielle Ordnungsrelation auf P sei ebenfalls gegeben. Sie entspricht der zeitlichen Reihenfolge oder Präzedenzordnung zwischen den Prozessen. Die partiell geordnete Menge $(P, <)$ wird beschrieben durch einen *Task-Präzedenz-Graphen* **G = (V, A)**. Die Knoten V repräsentieren die Prozesse. A, die gerichteten Kanten, stellen die Präzedenz zwischen den Prozessen dar. Den Knoten des Graphen $u \in V$ ist die Ausführungszeit der Tasks als Kostenfunktion $w(u)$ zugeordnet. Den gerichteten Kanten $(u,v) \in A$ ist ebenfalls eine Kostenfunktion $w(u,v) = (l,l')$ zugeordnet. l' sind die Kommunikationskosten innerhalb des Prozesses, falls u und v dem gleichen Prozessor zugewiesen werden. l sind die Kommunikationskosten, falls die Knoten u und v zwei unterschiedlichen Prozessoren zugewiesen werden. Normalerweise sind die *Intra*prozessor-Kosten l' (Kommunikation innerhalb eines Prozessors) klein im Vergleich zu den *Inter*prozessor-Kosten l und können vernachlässigt werden. Es gilt $w(u,v) = l$.

Task-Präzedenz-Graphen

Nachfolgende Abbildung 6-3 zeigt eine Applikation, bestehend aus fünf Tasks, dargestellt als Präzedenz-Graph (a). Die Zahlen in den Knoten des Präzedenzgraphen sind die Ausführungszeiten der Tasks. Die Zahlen an den Kanten sind die Zeiten für die Interprozesskommunikation. Das Beispiel ist [W 99] entnommen.

Im dazugehörigen Ablaufplan (b) für zwei Prozessoren ist das dazugehörige Gantt-Diagramm um 90° gedreht, um eine bessere Übereinstimmung mit dem Präzedenz-Graphen herzustellen. Die Ursache für die nicht belegten Zeitscheiben in Prozessor *P2* vor Ausführung des Tasks *T4* und in *P1* vor Ausführung von *T5* ist der Kommunikationsoverhead. Wegen der Kommunikationskosten in Höhe von einer Zeiteinheit kann *T4* nach Beendigung von *T2* auf Prozessor *P1* erst nach einer Zeiteinheit eingeplant werden. In gleicher Weise muss mit der Einplanung von *T5* auf *P1* zwei Zeiteinheiten gewartet werden.

6 Rechenlastverteilung

Abb. 6-3:
Beispiel Task-Präzedenz-Graph

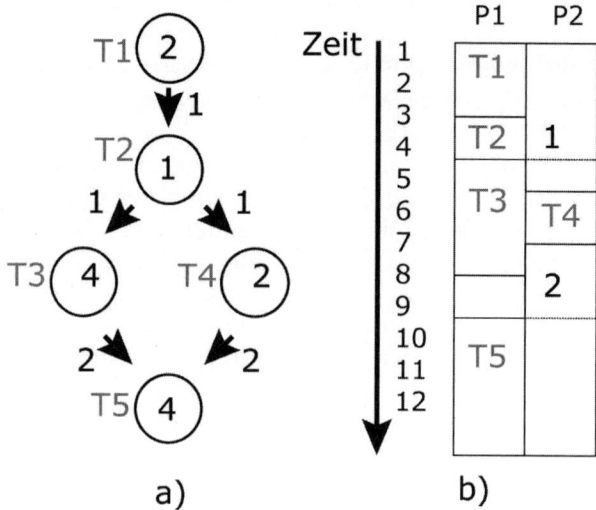

a)   b)

Grundlage der *vertikalen Partitionierung* eines Präzedenz-Graphen {LHF 91] ist der kritische (längste) Pfad. Die *horizontale Partitionierung* teilt einen gegebenen Task-Präzedenz-Graphen in horizontale Schichten. Den Tasks wird schichtweise eine Priorität zugewiesen.

6.1.1.2 Task-Interaktionsgraphen

Task-Interaktionsgraphen

Beim *Task-Interaktionsgraphen* handelt es sich um ein statisches Modell. Der zeitliche Ablauf eines Jobs und die zeitlichen Abhängigkeiten zwischen den Tasks bleiben unberücksichtigt. Die Kanten stellen eine Interaktion zwischen zwei kommunizierenden Prozessen dar. Jede Kante $(u,v) \in A$ besitzt ein Kantengewicht $w(u,v)$, das die Kommunikationskosten zwischen den Knoten u und v repräsentiert. $w(u,v)$ bezeichnet die Kommunikationskosten, die anfallen, falls die Knoten u und v zwei unterschiedlichen Prozessoren zugewiesen werden. Das Knotengewicht $w(u)$ für einen Knoten $u \in V$ repräsentiert die Task-Ausführungszeit als Kostenfunktion.

Ausgehend vom Task-Interaktionsgraphen gibt es mehrere Algorithmen zur statischen Verteilung [W 99], [T 95] und [G 91]. Vorgestellt sei hier nur eine einfache graphenbasierte Methode [W 98], die eine Aufteilung des Task-Interaktionsgraphen bezüglich minimaler Kommunikationskosten vornimmt. Aufgabe ist es, eine möglichst günstige Partitionierung des Graphen zu finden, bei der die Kommunikationskosten

6.1 Statische Lastverteilung

an den Schnitten minimal und die Prozessoren trotzdem nicht überlastetet sind.

Nachfolgende Abbildung 6-4 [T 95] zeigt zwei mögliche Verteilungen von Tasks auf drei Prozessoren. In der oberen Partitionierung sind allen Prozessoren jeweils drei Tasks zugeordnet. In der unteren Partitionierung bearbeitet *Prozessor 1* drei Tasks, *Prozessor 2* vier Tasks und *Prozessor 3* nur zwei Tasks. Obwohl die obere Partitionierung gleichverteilt aussieht, treten höhere Kommunikationskosten (13 und 18) auf, als in der unteren (13 und 14).

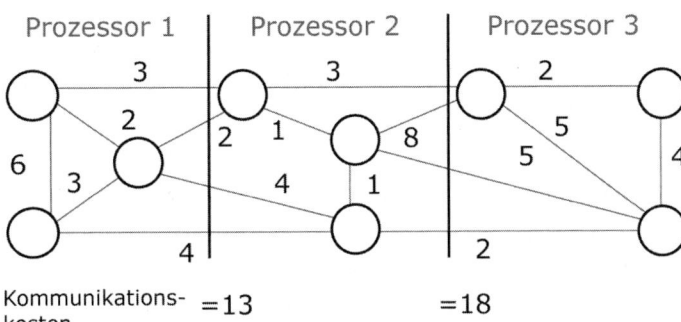
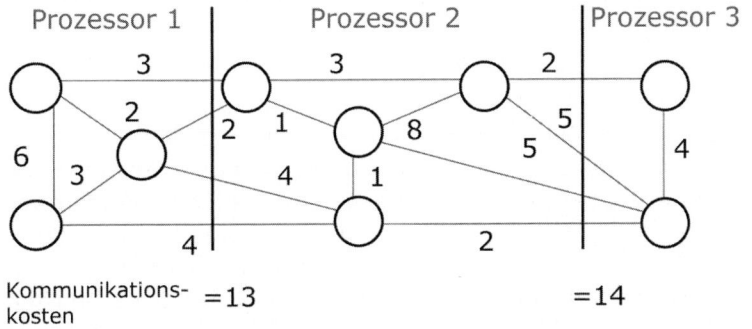

Abb. 6-4: Beispiel Task-Interaktionsgraph

6.1.1.3 Workflows

Workflows

Workflows sind in mehrfacher Hinsicht eine Erweiterung der Jobmodelle. Sie sind insbesondere für den Einsatz im Grid Computing geeignet. Kennzeichnend für Grids sind heterogene, domänenübergreifende Netzwerke auf der einen Seite und vielfältige Arten von Anwendungen mit hohem Rechenzeitbedarf, hohem Speicherbedarf oder beidem (s. 6.3). Die Workflows werden häufig ausschließlich als gerichtete azyklische Graphen (DAG) beschrieben. Sie entsprechen insofern den Task-Präzedenz-Graphen. Die Knoten symbolisieren also die Tasks, die gerichteten Kanten die Reihenfolge und gleichzeitig den Datentransfer.

Dynamische Workflows

In vielen Workflowdarstellungen gibt es **Workflowelemente,** mit denen sich komplexere Konstrukte beschreiben lassen, wie Schleifen (Loops) und bedingte Verzweigungen, die `if`- oder `switch`-Anweisungen entsprechen [W 07]. Bei DAGs handelt es sich um statische Beschreibungen, die vor dem Start einer Applikation deren Ablauf vollständig wiedergeben. Die volle Bandbreite der Workflows ermöglicht die Beschreibung dynamischer Abläufe. Teile des Workflows entwickeln sich erst beim Ablauf der Prozesse in Abhängigkeit der vorangehenden Berechnungen. **Dynamische Workflows** können systematisch zur Laufzeit stückweise in DAGs überführt werden.

Es existieren verschiedene Workflowbeschreibungen, die für Applikationen in heterogenen Systemen eingesetzt werden. Eine Auswahl wird im Folgenden vorgestellt.

DAGMan

Ein Beispiel, bei dem nur DAGs bearbeitet werden, ist das Werkzeug **DAGMan** (Directed Acyclic Graph Manager) für das Lastverwaltungssystem Condor [TTL 04]. Es operiert auf einem höheren Level als Meta-Scheduler. Condor selbst berücksichtigt keine zeitlichen Abhängigkeiten der Jobs untereinander. Das Werkzeug DAGMan übernimmt diese Aufgabe. Es erhält eine Eingabedatei mit der deklarativen Beschreibung der Jobs und ihrer Abhängigkeiten im DAG. Spezielle Parent-Child-Anweisungen beinhalten die Informationen über die Jobreihenfolge. DAGMan übergibt die Jobs in einzelnen Dateien in der richtigen Reihenfolge an Condor und stellt überdies die Einhaltung dieser Reihenfolge durch Condor sicher.

BPEL4WS

Die Business Process Execution Language (BPEL, oder **BPEL4WS** für BPEL for Web Services) ist eine Sprache, die der Beschreibung von Geschäftsprozessen dient [ACD 03]. Sie basiert auf XML und ist aus den früheren Sprachen XLANG von Microsoft [MS 01] und Web Service Flow Language (WSFL) von IBM [IBM 01] hervorgegangen. Mittels

BPEL können Web Services zu komplexen, strukturierten Anwendungen zusammengefasst werden (*Web-Service-Orchestrierung*).

BPEL enthält so genannte *Structured Activities*, die einen Workflow aufbauen. `sequence` und `flow` ermöglichen sequentielle und parallele Abläufe. Verzweigungen werden durch `switch` und `pick` ausgedrückt, wobei `switch` bedingte Verzweigungen darstellt und `pick` eine Wahl durch äußere Ereignisse. Schleifen lassen sich durch die Aktivität `while` modellieren. *Basic Activities* sind in den Structured Activities enthalten. Die wichtigste dieser Aktivitäten ist wohl `invoke`, zum Ausführen von Web Services, andere dienen unter anderem der Fehlerbehandlung oder versetzen die Applikation in einen Wartezustand. Es besteht die Möglichkeit, durch *Scopes* Aktivitäten zu einer Einheit zusammenzufassen.

Activities BPEL

Die Ausführung von BPEL-Prozessinstanzen wird von den *BPEL Engines* übernommen. Dazu ist das so genannte *Deployment*, das Transferieren der BPEL-Prozesse in die Engine, erforderlich. Es gibt eine ganze Reihe von BPEL Engines, sowohl als Open Source als auch proprietäre Engines.

BPEL Engine

Erweiterungen von BPEL [DFH 07] erlauben die Verwendung *zustandsbehafteter Web Services* im Web Service Resource Framework (WSRF), das einen Standard für Gridanwendungen bildet. Diese Web Services haben eine Identität und persistente Attribute, die ihren Zustand festhalten.

Zustandbehaftete Web Services

Einen weiteren Zugang zu komplexen Workflows speziell für das Grid Computing bietet die Abstract Grid Workflow Language (*AGWL*) [FQ 05]. Damit lassen sich Anwendungen durch Spezifikation von Kontroll- und Datenfluss zu Workflows zusammenstellen. Es gibt auch hier Aktivitäten. Sie tauschen Datenpakete über Ein- und Ausgabeports aus. Die Kontrollflusskonstrukte beinhalten Schleifen und bedingte Verzweigungen sowie auch Konstrukte, die anzeigen, welche Aktivitäten parallel ausgeführt werden können. Außerdem können Eigenschaften und Randbedingungen angegeben werden. So lässt sich beispielsweise die Art der Ausführung einer Aktivität spezifizieren. Schließlich kennt AGWL untergeordnete Workflows, die von anderen Workflows aus gestartet werden können.

AGWL

Eine viel versprechende Form von graphenbasierter Workflowsprache verwendet *Petri-Netze* [S 90]. Eine Gridlösung der Fraunhofer Gesellschaft nutzt dazu High-Level-Petri-Netze (HLPN) [AHP 06]. Die zugehörige Sprache heißt *GworkflowDL* (Grid Workflow Definition Language). Petri-Netze sind gerichtete Graphen mit zwei Knotentypen:

Petri-Netze

6 Rechenlastverteilung

Transitionen und Stellen. Beide sind abwechselnd durch gerichtete Kanten verbunden. Die Stellen beinhalten so genannte Token, das sind Datenelemente. Die Transitionen repräsentieren in der hier vorgestellten Verwendung Services. Die Transitionen können feuern, wenn ihre vorgelagerter Stelle (Eingabestelle) Token enthält. Sie verarbeiten dann das Token und erzeugen auf der nachgelagerten Stelle (Ausgabestelle) ein neues Token. Hier liegt somit ein einheitliches Modell für Kontroll- und Datenfluss vor, und das Feuern der Transitionen modelliert die tatsächlich stattfindende Programmausführung.

GridAnt

GridAnt [LAA 02] ist ein Beispiel für eine Workflowbeschreibung, die vollständig auf einer Scriptsprache aufgebaut ist und nicht mit dem Modell eines Graphen arbeitet. Der Nachteil solcher Beschreibungen liegt darin, dass sie weniger intuitiv sind und daher den Nutzer stärker in Anspruch nehmen.

6.1.2 Lösungsverfahren

Max Flow/Min Cut

Wie in der Einleitung zu diesem Kapitel bereits dargestellt, existieren außer in wenigen speziellen Fällen keine optimalen Lösungsverfahren. In den optimal lösbaren Fällen existieren spezielle Randbedingungen, die den Suchraum entsprechend einengen. Ein Beispiel sind DAGs zur Verteilung in einem Zwei-Prozessor-System unter Verwendung des *Max Flow/Min Cut - Algorithmus*. [ST 85].

Suboptimale Lösungsverfahren

Somit *bleiben* oft nur suboptimale Lösungsverfahren übrig, die nach verschiedenen Methoden versuchen, dem Scheduling-Problem zu Leibe zu rücken [B 07].

Das Scheduling-Problem hat allerdings eine extrem große Zahl von *Varianten*:

- Sie sind abhängig von den Jobs, die zu verteilen sind, und von deren Anforderungen an die Ressourcen.
- Weiter sind sie von der Rechnerumgebung abhängig; etwa, ob es sich um eine homogene oder eine heterogene Umgebung handelt.

Zielfunktionen

- Schließlich existiert eine Vielzahl von Optimalitätskriterien (Zielfunktionen).

Zielfunktionen können aus Anwendersicht und aus Ressourcensicht gegeben sein. [FRS 97] nennen als Beispiele für gebräuchliche Zielfunktionen aus Anwendersicht:

- Gesamtbearbeitungszeit (Makespan). Das ist die Fertigstellungszeit des letzten Tasks.

- Anzahl der Überschreitungen einer Deadline.
- Summe der gewichteten Fertigstellungszeiten.
- Summe der gewichteten Antwortzeiten. Das sind die Fertigstellungszeiten, gerechnet ab einer frühestmöglichen Startzeit.
- Summe der gewichteten Verzugszeiten.

Für die Ressourcensicht ist insbesondere die Auslastung wichtig. Auch der Grad der Parallelisierung spielt eine Rolle und geht in Form von Speedup-Faktoren in eine Zielfunktion ein. Aus ökonomischer Sicht spielen eventuelle Kosten für Berechnungen eine Rolle. Der Anwender möchte diese minimieren. Der Ressourcenprovider möchte den Gewinn maximieren. Zur Konstruktion von Zielfunktionen lassen sich einzelne Funktionen durch Aufsummieren kombinieren [B 07] und gewichten. Nachfolgende Abbildung 6-5 zeigt eine grobe Übersicht der Zielfunktionen mit Einzelkriterien:

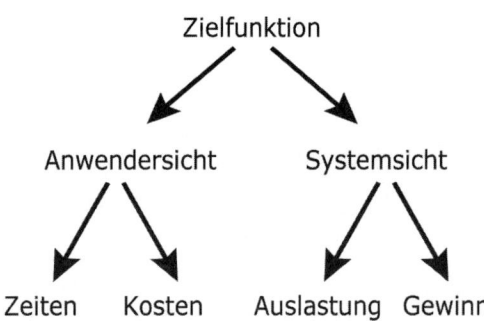

Abb. 6-5: Taxonomie Zielfunktionen

Die Lösungsverfahren sind aufgrund detaillierten Vorwissens in der Regel *deterministisch* [W 98]. Daneben kommen auch *probabilistische* Verfahren vor, die auf statischen Systemeigenschaften beruhen und einfache Regeln für die Prozessverteilung beinhalten [S 96]. Im Folgenden sind einige wichtige Verfahren genauer dargestellt. Ihre Anwendbarkeit hängt von der speziellen Charakteristik eines Scheduling-Problems ab:

Deterministische und probabilistische Verfahren

Für Probleme, die nicht zu groß sind, kommen Methoden der *dynamischen Programmierung* zum Einsatz. Sie setzen voraus, dass sich das Problem in Teilprobleme zerlegen lässt und dass sich die optimalen Lösungen dieser Teilprobleme zum Optimum des Gesamtproblems zusammensetzen lassen [B 07][BK 06]. Auch Verfahren der *linearen*

Dynamische und lineare Programmierung

6 Rechenlastverteilung

	Programmierung kommen vor. Eine lineare Zielfunktion ist in einem durch lineare Gleichungen und Ungleichungen begrenzten Teilgebiet des Lösungsraums zu optimieren. Bei der ganzzahligen linearen Programmierung kommen Variablen des Lösungsraums vor, die nur ganzzahlige Werte annehmen können [B 07][BK 06].
Branch-and-Bound	Eine verwandte Methode ist der *Branch-and-Bound-Algorithmus* [LM 92][B07]. Der Suchraum ist so aufgebaut, dass jeder Punkt darin mit einem möglichen Schedule korrespondiert [GL 87]. Das Problem wird in Teilprobleme zerlegt entsprechend einer Zerlegung des Suchraums in Teilräume (Branching Tree). Für den Zielfunktionswert in den Unterräumen muss die Berechnung von unteren Schranken möglich sein. Für das gesamte Problem ist eine möglichst kleine obere Schranke zu finden. Unterräume werden entweder nicht durchsucht, wenn deren untere Schranke größer als die obere Schranke für das Gesamtproblem ist (das heißt alle Lösungen sind schlechter als die bereits bekannte), oder in zu durchsuchenden Unterräumen wird eine bessere obere Schranke für das Gesamtproblem ermittelt. Der Algorithmus findet die optimale Lösung, was aber je nach Problemgröße entsprechend lange dauern kann.
Lokale Suchverfahren	*Lokale Suchverfahren* kommen häufig zur Lösung von diskreten Optimierungsproblemen zum Einsatz, bei denen in einer endlichen Menge, dem Suchraum, nach einer Lösung gesucht wird, die eine Zielfunktion minimiert. Ausgehend von einer Startlösung wird eine bestimmte Nachbarschaft durchsucht, bis ein Abbruchkriterium erfüllt ist, in der Regel bis keine kleinere Lösung in der Nachbarschaft der jeweils aktuellen Lösung mehr gefunden wird. Die einfachen Algorithmen konvergieren schnell gegen ein lokales Minimum, dessen Wert beliebig weit vom Wert des globalen Minimums entfernt sein kann.
Simulated Annealing	*Simulated Annealing* [LEE 92][B 07] ist ein Verfahren, um diese schnelle Konvergenz zu umgehen. Auch hier wird eine Lösung aus der jeweiligen Nachbarschaft akzeptiert, falls sie besser ist. Aber auch schlechtere Lösungen werden mit einer Wahrscheinlichkeit akzeptiert, die vom Abstand von der besseren Lösung und von der bisherigen Anzahl der Schritte des Algorithmus abhängt. Damit kann Simulated Annealing ein lokales Minimum auch wieder verlassen, allerdings ist es auch möglich, dass der Wert um ein solches schwingt. Die Laufzeit ist ein häufiges Abbruchkriterium für diesen Algorithmus.
Tabu Search	Der Algorithmus *Tabu Search* [B 07] soll dieses Schwingen vermeiden. In einer Tabu-Liste sind bereits betrachtete Lösungen enthalten, die nachfolgend nicht mehr akzeptiert werden. Der Algorithmus schränkt

diese Liste aber ein, um eine zu lange Suche darin zu vermeiden. Damit ist die Größe der vermeidbaren Zyklen vom Grad dieser Einschränkung abhängig.

Eine weitere Klasse von Algorithmen werden zur Lösung von Scheduling-Problemen herangezogen: die *Evolutionären Algorithmen* mit den beiden Grundformen Genetische Algorithmen und Evolutionsstrategie [H 75][M 94][R 94][KA 97][GGM 94]. Für diese Algorithmen werden Populationen von Lösungen (Individuen) einer der natürlichen Evolution nachempfundenen Prozedur der Erzeugung, Selektion, Mutation und Vererbung unterworfen. Die Selektion basiert auf der Fitness der Individuen, die der Zielfunktion entspricht. Der Erfolg der Verfahren hängt ab von den Methoden der Erzeugung, der Populationsgrößen, den Mutationsarten und -raten. Sie finden recht schnell viel versprechende Regionen im Suchraum, können aber lange für das Auffinden des exakten Optimums benötigen. Es gibt keine Konvergenzgarantie in endlicher Zeit.

Evolutionäre Algorithmen

Memetische Algorithmen [J 06] versuchen, Vorteile von evolutionären Verfahren, lokalen Suchverfahren und Heuristiken unter Vermeidung der Nachteile zu kombinieren. Dazu werden alle oder ein Teil der Nachkommen in einem Evolutionszyklus einer lokalen Verbesserung unterzogen. Sie konvergieren schneller und sicherer als reine Evolutionäre Algorithmen, allerdings auch hier ohne Konvergenzgarantie.

Memetische Algorithmen

Die genannten Verfahren haben alle den Nachteil, extrem rechenintensiv und damit zeitaufwändig zu sein. Deshalb wird häufig mit einfacheren Heuristiken gearbeitet. Sie arbeiten nicht auf dem tatsächlichen Suchraum, sondern benutzen Parameter, die das reale System näherungsweise modellieren, und sie benutzen einfache Regeln.

Eine Variante ist das *List Scheduling* [W 99]. Es beruht auf zwei Schritten:

List Scheduling

- Sequenzierung der Prozesse durch Zuweisung einer Priorität, gegebenenfalls unter Beachtung von Randbedingungen, etwa von zeitlichen Abhängigkeiten.

- Der Prozess am Anfang der Liste wird jeweils an einen passenden Prozessor verteilt.

Für beide Schritte kommen verschiedene Strategien in Betracht, die von der jeweiligen Problemstellung abhängen können. Die Sequenzierung verwendet verschiedene Parameter der Tasks, zum Beispiel die geschätzte Ausführungszeit oder geforderte Fertigstellungszeit. Auch Kombinationen von Parametern können betrachtet werden. Eine häufig angewandte Strategie ist die Suche nach der **kritischen Pfadlänge** beim Vorliegen von zeitlichen Abhängigkeiten. Sie bestimmt die kürzestmögliche Gesamtbearbeitungszeit, jede Verzögerung von Tasks im kritischen Pfad wirkt sich also direkt darauf aus. Deshalb werden diese Tasks bei der Verteilung bevorzugt. Die Strategie geht also von der vertikalen Partitionierung aus. Ebenso ist es auch möglich von Taskgruppen aus einer horizontalen Partitionierung auszugehen.

Bei heterogenen Rechnersystemen oder bei homogenen, auch bei speziellen Anforderungen von Tasks, können Strategien zur Auswahl der Prozessoren zum Zug kommen. Beispielsweise können (unabhängige) Tasks nach ihren Anforderungen gruppiert und zusammen einem passenden Rechner zugewiesen werden.

Eine ganze Reihe von Heuristiken ist in [DA 06] ausführlich dargestellt. Gerade bei Heuristiken ist die Zuordnung zu statischen oder dynamischen Verfahren nicht eindeutig.

6.2 Dynamische Lastverteilung

Dynamische Lastverteilung

Eine dynamische Lastverteilung garantiert die **Leistungstransparenz** eines verteilten Systems. Nach dieser soll ein Benutzer keine Leistungsunterschiede im System bemerken. Daraus ergibt sich die Forderung nach einer automatischen und dynamischen Rekonfigurierung beziehungsweise Verteilung von Last.

Verfahren der dynamischen Lastverteilung arbeiten zur Laufzeit der Prozesse und benutzen in der Regel – zumindest über Prozesse – kein Vorwissen. Stattdessen ist der aktuelle Zustand des Rechnersystems ausschlaggebend, um die dynamischen Anforderungen an Ressourcen zu befriedigen. Der Fokus der Lastverteilung wandert vom Anforderungsprofil hin zur Last im Rechnersystem und damit zur Verbesserung der Systemleistung.

Zwei Beispiele von Umgebungen verdeutlichen den Bedarf an dynamischer Lastverteilung:

Workstation-Modell

- In einem **Workstation-Modell** [S 96][W 98] sind die Workstations mehrerer Benutzer miteinander vernetzt. Dabei kann eine Workstation entweder gerade benutzt sein, das heißt es laufen Prozesse, oder sie ist unbenutzt (idle) und könnte Berechnungen übernehmen. Die Aufgabe der Lastverteilung besteht darin, Prozesse auf unbenutzte Workstations auszulagern und damit Last von den ursprünglichen Rechnern zu nehmen. Wesentlich ist, dass ein zurückkehrender Benutzer, der neue Jobs startet, Vorrang auf seiner Workstation haben muss.

- In einem *Prozessorpool* [S 96][W 98] nimmt ein zentraler Server Prozesse von Nutzern, die über Terminals verbunden sind, entgegen, und verteilt sie dynamisch auf die Rechner im Pool. Jeder Nutzer erhält dabei eine passende Anzahl von Prozessoren je nach Parallelisierungsgrad der Anwendung.

Prozessorpool

Die Aufgaben, die im Rahmen der Lastverteilung durchzuführen sind, entsprechen den Aufgaben eines *Regelkreises* [L 92]. Dabei sind folgende Komponenten zu unterscheiden:

Regelkreis

- Eine Komponente zur Lasterfassung oder Lastmessung (Messfühler).
- Eine Lastbewertungskomponente (Regler).
- Eine Lastverschiebekomponente (Stellglied).

Der Sachverhalt ist auch in der folgenden Abbildung 6-6 aus [L 92] dargestellt:

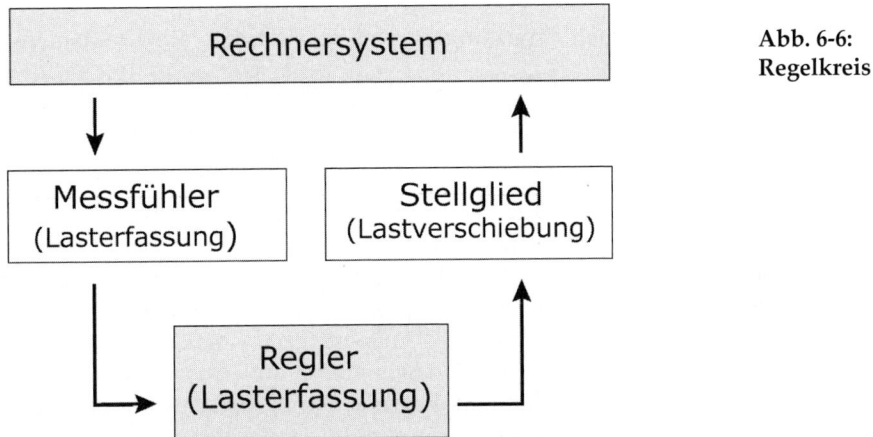

Abb. 6-6: Regelkreis

Je nachdem, wo die Lastbewertung erfolgt, ist zwischen *anwendungsintegrierter* Lastverwaltung und *systemintegrierter* Lastverwaltung zu unterscheiden. Bei ersterer ist diese Komponente in das Programmsystem integriert und das Anwendungsprogramm hat die Kontrolle darüber. Bei letzterer befinden sich alle Komponenten der Lastverwaltung im Rechnersystem, und damit auch die Kontrolle [L 92].

Anwendungs- und systemintegrierte Lastverwaltung

6 Rechenlastverteilung

Load Sharing – Load Balancing

Eine wichtige Klassifizierung von Lastverteilungsverfahren unterscheidet zwischen *Load Sharing* und *Load Balancing* oder auch Lastverteilung und Lastausgleich [L 92]. Load Sharing hat zum Ziel, Prozesse so zu verteilen, dass kein Rechner ungenutzt bleibt, solange noch passende Prozesse auf anderen Rechnern warten. Load Balancing geht weiter als Load Sharing. Ziel ist es, die Verteilung der Last im gesamten System möglichst ausgeglichen zu halten. Das führt zu einer größeren Häufigkeit von Tasktransfers [S 94]. Für Load-Balancing-Verfahren in einer gegebenen Umgebung muss abgeschätzt werden, ob der größere Aufwand auch durch den Gewinn der Lastverteilung wieder ausgeglichen wird. Die folgenden Ausführungen beziehen sich auf Load Balancing, falls Load Sharing nicht explizit erwähnt wird.

Zentrale und dezentrale Verfahren

Die Verfahren lassen sich ferner nach *zentralen Verfahren* mit einem Load Balancer auf einem Prozessor und nach *dezentralen Verfahren*, bei denen die Aufgaben auf die Rechner des Systems verteilt sind, unterscheiden. Nähere Informationen dazu enthalten die Unterabschnitte 6.2.1 und 6.2.2.

Wirkungsbereich

Bei der Betrachtung des *Wirkungsbereiches* [L 92] der Lastverwaltung kann zwischen drei Varianten unterschieden werden:

- Minimaler Wirkungsbereich (gewöhnlich die direkten Nachbarn).
- Maximaler Wirkungsbereich, das heißt das gesamte System.
- Begrenzter Wirkungsbereich dazwischen. Die Wirkungsbereiche müssen so gewählt werden, dass das gesamte System überdeckt ist.

Platzierung und Migration; preemptive und non-preemptive

Eine weitere Unterscheidungsmöglichkeit betrifft die Verfahren mit und ohne Migration. Migration bedeutet ein Unterbrechen und Verschieben von bereits laufenden Prozessen (*preemptive*). Sie ist ungleich komplexer als die Variante, bei der nur neu hinzukommende Prozesse im System zu verteilen – zu platzieren – sind (*non-preemptive*). Die Bezeichnung preemptive aus dem Englischen bedeutet *bevorrechtigt* und steht hier für den Vorrang von Prozessen, die andere, laufende Prozesse unterbrechen können. Im Deutschen werden diese Vorgänge daher auch unterbrechend und nicht unterbrechend genannt. Eine *Prozessplatzierung* oder Initial Placement, das ist die Verteilung neuer Tasks oder Prozesse, ist trivialerweise immer erforderlich. *Prozessmigration* kommt auch zentral vor, ist jedoch eher bei dezentralen Verfahren sinnvoll. Deshalb ist der Unterabschnitt für diese Verfahren weiter in 6.2.2.1 (Ohne Migration) und 6.2.2.2 (Mit Migration) unterteilt.

6.2 Dynamische Lastverteilung

Ein Spezialfall der dynamischen Lastverteilung sind *adaptive Verfahren*, die ihre Parameter dynamisch an den aktuellen Systemzustand anpassen. So kann etwa die Ermittlung von Lastinformationen eingestellt werden, wenn das gesamte System stark ausgelastet ist und kaum Möglichkeiten einer Verbesserung bestehen [S 94]. Damit fällt der Overhead dieser Systemkomponente weg. Auch Anpassungen aufgrund der Vorgeschichte sind denkbar [L 92].

Adaptive Verfahren

Während Abbildung 6-6 oben die gesamte Lastverwaltung als Regelkreis darstellt, zeigt die folgende Abbildung 6-7 die *Architektur* einer automatischen dynamischen Lastverteilung. Die Lastbewertungskomponente mit dem Lastverteilungsalgorithmus (hier als *Lastverteilungsstrategie* bezeichnet) erhält Informationen aufgrund der Lastmessung und gibt gegebenenfalls den Anstoß zur Prozessplatzierung oder zur Prozessmigration.

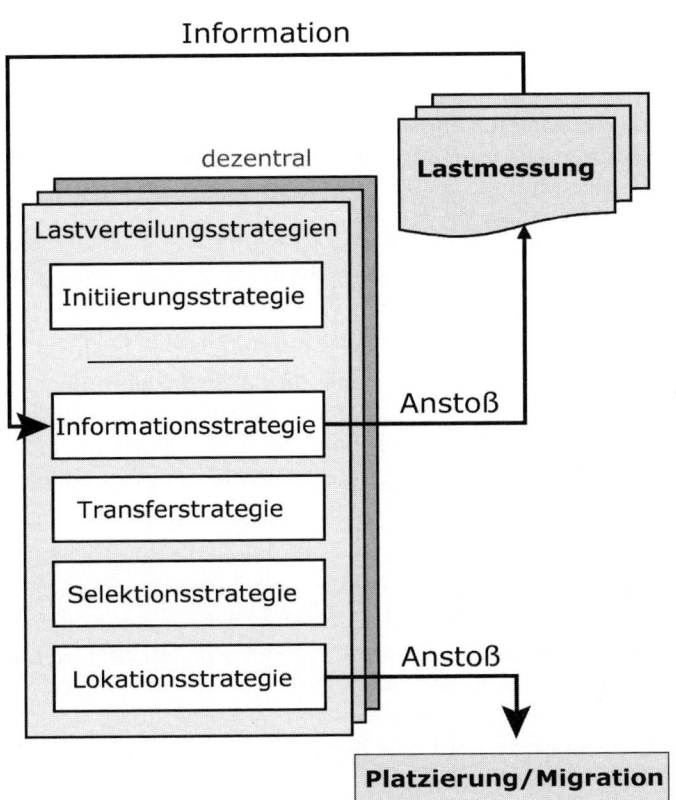

Abb. 6-7: Architektur Dynamische Lastverteilung

6 Rechenlastverteilung

Strategien Lastverteilung

Ein Lastverteilungsalgorithmus hat in der Regel vier Teilbereiche, denen Strategien (Policies) für die Bewältigung unterschiedlicher Aufgaben entsprechen. Zur gesamten Lastverteilungsstrategie gehört noch eine Initiierungsstrategie.

Diese fünf *Strategien* in Kurzfassung sind:

- Initiierungsstrategie (*Initiation Policy*), die festlegt, von welchen Knoten die Initiative zur Lastverteilungsaktivität ausgeht.

- Informationsstrategie (*Information Policy*), die bestimmt, wann Information ausgetauscht wird, von welchen Knoten Information angefordert beziehungsweise verbreitet wird und welche Informationen wichtig sind.

- Transferstrategie *(Transfer Policy)* zur Entscheidung, ob ein Lastausgleich erforderlich ist.

- Selektionsstrategie (*Selection Policy*), durch die ein zu transferierender Prozess ausgewählt wird.

- Lokationsstrategie (*Location Policy*) mit der bestimmt wird, welcher Knoten an einem als erforderlich erkannten Lastausgleich beteiligt sein soll.

Auch die nachfolgende detaillierte Betrachtung geht vom dezentralen Fall mit Migration aus. Wesentliche Einschränkungen oder Ergänzungen werden in den jeweiligen Abschnitten behandelt.

Initiierungsstrategien

Initiierungsstrategien [W 99]: Bei *senderinitiierter* Strategie geht die Aktivität von den überlasteten oder stark ausgelasteten Rechnern aus, die ihre *Last abstoßen* wollen; bei *empfängerinitiierter* Strategie sind es die schwach ausgelasteten Rechner, die *Last anziehen* wollen. Auch eine Kombination beider Vorgehensweisen ist möglich, eine *symmetrisch initiierte* Strategie.

Informationsstrategien

Informationsstrategien [W 99, S 94]: Diese Strategien bestimmen, wann und von welchen Knoten Informationen gesammelt werden und welche Daten zu ermitteln sind. Der Zeitpunkt kann zum Beispiel *aperiodisch* nach Bedarf festgelegt sein, oder die Rechner können ihre Lastinformationen *periodisch* austauschen, wobei die Periode variabel sein kann und sich nach der jeweiligen Systemleistung richtet. Bei einer weiteren Strategie wird eine aktive Verbreitung von Informationen eines Knotens durch eine Zustandsänderung angestoßen. Möglicherweise ist der Aufwand für eine *globale* Informationssuche zu groß, und es ist festgelegt, dass die Suche nur *lokal* in einer bestimmten

Nachbarschaft stattfindet. Umgekehrt kann die Lastverteilung umso genauer erfolgen, je mehr Information zur Verfügung steht.

Die Verteilung von Informationen über die Last auf den Rechnern eines Systems benötigt in jedem Fall Zeit, umso mehr, je weiträumiger Information ermittelt wird. Der Informationsstand ist dadurch praktisch immer etwas veraltet und kann so eine falsche Bewertung verursachen [W 98] [L 92]. So besteht etwa bei einer senderinitiierten Strategie der Bedarf nach weitergehenden Festlegungen für den Fall, dass ein potentieller Empfänger bei Eintreffen eines zu übernehmenden Prozesses bereits wieder höher ausgelastet ist.

Transferstrategien [W 99, S 96, S 94] entscheiden darüber, ob ein Rechner als Empfänger oder als Sender an einer Lastübertragung beteiligt sein kann. Üblich ist, mit Schwellenwerten (*Thresholds*) für die Last auf den betrachteten Prozessoren zu arbeiten. In einer Variante gibt es genau einen Schwellenwert als Übergang zwischen "Sender" (überlastet) und "Empfänger" (gering ausgelastet). Dieser kann statisch sein oder dynamisch der mittleren Last auf dem System angepasst werden [S 96]. Ein Nachteil ist, dass der Zustand eventuell ständig hin und her pendelt und zu Instabilitäten durch unsinnige Transfers führt. Mit einer Zwei-Schwellen-Strategie (*Double-Threshold Policy*), die eine Übergangszone schafft, können die Instabilitäten der Ein-Schwellen-Strategie reduziert werden (s. nachfolgende Abbildung 6-8 mit beiden Strategien zum vergleich) [S 96]. Als *High-Low-Policy* (für oberen und unteren Schwellwert: High Mark, Low Mark) ist diese Strategie in [AC 88] enthalten.

Transferstrategien

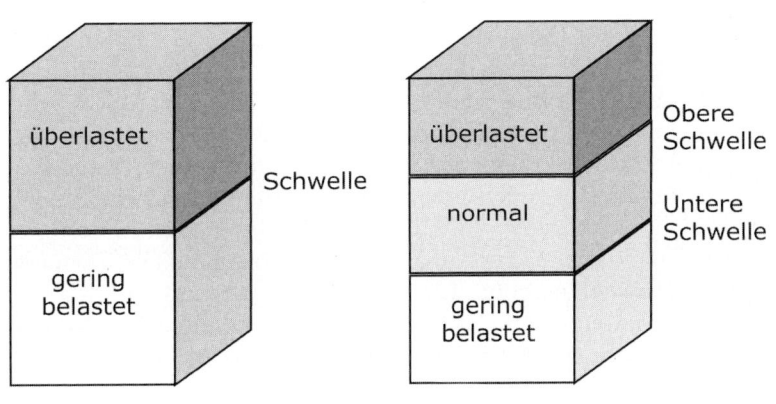

Abb. 6-8: Schwellwertstrategien

6 Rechenlastverteilung

Selektions-strategien

Selektionsstrategien [S 94]: Diese Strategien beziehen sich auf die Auswahl von Prozessen für eine Verteilung. Sie kommt zum Zug, sobald ein Knoten überlastet ist und zum potentiellen Sender wird. Ein wichtiger Punkt ist der Ausgleich des Overheads des Prozesstransfers durch die Einsparung an Rechenzeit. Um dies zu bestimmen existieren teilweise besondere Strategien (*Profitability Policies*) [W 99]. Als weiteres Kriterium ist zu beachten, dass eventuell verbleibende Systemaufrufe über das Netzwerk zusätzliche Last verursachen.

Lokations-strategien

Lokationsstrategien: Hier wird ermittelt, welche Rechner als Empfänger und welche als Sender von Last infrage kommen. Dazu werden entweder Rechner einzeln abgefragt (*Polling*) oder die Abfrage erfolgt durch Sammelaufruf (*Broadcast*). Einzelabfragen können seriell oder parallel erfolgen, Knoten können zufällig dafür ausgewählt sein oder die Strategie stützt sich auf Informationen aus vorangegangenen Abfragen [S 94]. Eine Abfrage kann sich nur an die Nachbarschaft richten oder global erfolgen [W 99]. Für die Abgabe von Prozessen kann bei einer Schwellenwert-Strategie eine Orientierung an den Thresholds (s. Transferstrategien) der potentiellen Empfängerknoten erfolgen. Der Empfänger darf nicht überlastet werden durch die Annahme des Prozesses. Weiterhin gibt es die Strategie, den Empfänger aus einer bestimmten Anzahl zufällig gewählter Knoten auszuwählen. Derjenige Knoten innerhalb der Gruppe mit der geringsten Last (falls nicht bereits überlastet) wird Empfänger. Schließlich sind noch Auktionsstrategien zu nennen sowie Strategien mit festen Paarungen zwischen stark belasteten und wenig belasteten Knoten [S 96].

Performance von sender- und empfänger-initiierten Strategien

Zum Abschluss der Beschreibung der verschiedenen Strategien zeigt eine Diskussion aus [S 94] Auswirkungen sender- und empfängerinitiierter Strategien auf die Performance der Lastverteilung auf. In der Regel hat ein senderinitiierter Algorithmus Vorteile in gering ausgelasteten Systemen; empfängerinitiierter Lastausgleich kommt hier meistens zu spät für die wenigen neu ankommenden Prozesse. Dagegen ist bei hoch ausgelasteten Systemen eine empfängerinitiierte Strategie geeigneter. Hier belasten die vielen Sender das System unnötig mit Anfragen. Eine dynamische Anpassung von Thresholds ist für senderinitiierte Methoden bei hoher Last zu empfehlen. Symmetrisch initiierte Systeme schaffen einen gewissen Ausgleich, können aber vor allem die Probleme der senderinitiierten Komponente bei hoher Last oft nicht beseitigen. Ein stabiler *symmetrisch initiierter Algorithmus* aus [SK 90] arbeitet mit zwei Thresholds und realisiert einen allmählichen Übergang zwischen den Initiierungsstrategien durch dynamisch angepasste Empfänger-, Sender-, und OK-Listen bei jedem Knoten. Ein

6.2 Dynamische Lastverteilung

stabiler senderinitiierter Algorithmus als Modifikation davon wird in [S 94] beschrieben. Generell verursachen empfängerinitiierte Verfahren bei geringer Last nicht dieselben Probleme mit unnötigen Anfragen wie umgekehrt die senderinitiierten bei hoher Last, was an der freien Systemkapazität liegt, die diese Zusatzlast aufnehmen kann.

Für die dynamische Lastverteilung ist die **Lastmessung** die wichtigste Komponente (vgl. Abbildung 6-7). Dabei handelt es sich häufig mehr um eine Abschätzung der aktuellen Last auf einem Knoten, für die verschiedene Parameter und Kriterien herangezogen werden können. Wie diese Knoteninformationen dann zu verteilen sind, ist Gegenstand der oben beschriebenen Informationsstrategien. Eine Lastmessung muss in kürzeren Zeitintervallen erfolgen, damit die Informationen für den Lastbewertungsalgorithmus den aktuellen Zustand wiedergeben. Sie muss daher effizient sein und beschränkt sich oft auf einen einzigen Parameter. Es kommen verschiedene Strategien zur Lastabschätzung in Betracht:

Lastmessung

Eine einfache Methode ist die Zählung *der Gesamtzahl der Prozesse* auf dem betreffenden Knoten [S 96]. Die momentane Auslastung ist dadurch zwar wiedergegeben, aber ihre Entwicklung ist stark von den Restlaufzeiten der Prozesse abhängig.

Um dem zu begegnen, erfolgt eine *Aufsummierung der Restlaufzeiten* aller Prozesse, mit dem Problem, diese geeignet abzuschätzen [S 96]. Der Wert selbst kann eine prozessunabhängige Schätzung sein oder die Gesamtlaufzeit des Prozesses wird geeignet abgeschätzt und die verstrichene Laufzeit abgezogen.

Häufig ist auch die Bestimmung der Auslastung anhand der *Länge der CPU-Warteschlange* anzutreffen. Obwohl in vielen Fällen eine brauchbare Größe, kann es jedoch vorkommen, dass die Annahme vieler Prozesse stattfindet, bevor die ersten tatsächlich eintreffen, und es so zu Überlastung kommt. Abhilfe schafft ein Inkrementieren einer Hilfswarteschlange bei Akzeptanz eines Prozesses mit einem Timeout für das Dekrementieren bei ausbleibendem Prozess [S 94]. Auch Faktoren wie etwa die *Taktfrequenz* eines Prozessors gehen in die Abschätzungen mit ein. Ferner sind Informationen aus vorangegangenen Läufen eines Prozesses bei wiederholter Ausführung hilfreich, um die durch diesen Prozess verursachte Last zu bestimmen [W 99].

CPU-Auslastung

Da die zuvor genannten Methoden bei modernen Rechnern mit einer größeren Zahl permanent existierender Prozesse kein aussagekräftiges Ergebnis liefern und die Länge der CPU-Warteschlange oft nicht allzu gut mit der tatsächlichen Last korreliert, wird hauptsächlich auf die

CPU-Auslastung zurückgegriffen. Sie ist definiert als die Anzahl der CPU-Zyklen die pro Zeiteinheit tatsächlich Prozesse ausgeführt haben [T 95]. Dieselbe Information kann auch alternativ die Leerlaufzeit des Prozessors liefern [BK 88].

Speicherverfügbarkeit, Kommunikationslast

Weitere Messgrößen können die freien Seiten im Speichersystem sein, da *Speicherverfügbarkeit* durchaus eine Rolle bei der Prozessvergabe spielt. Größen wie die Anzahl gesendeter oder empfangener Nachrichten oder die Menge an gesendeten oder empfangenen Daten bestimmen die *Kommunikationslast* im verteilten System [W 98].

Monitoring-Prozess

Die Ermittlung der Messgrößen zur Lastbestimmung benötigt einen *Monitoring-Prozess*, der seinerseits Last auf die Knoten bringt [S 94]. Diese zusätzliche Last sollte die Messung nicht zu stark beeinträchtigen [W 98].

Ähnlich wie im statischen Fall, können Prozesse verschiedenen Klassen zugeordnet sein, die Formulierung und Lösung des Load-Balancing-Problems beeinflussen [LK 98]. Außerdem wird der Load-Balancing-Prozess vereinfacht, wenn ein System dedizierte Datenserver hat. Wenn Daten zusätzlich bewegt werden müssen, ergibt sich dadurch noch einmal zusätzlicher Overhead [W 99].

Zentrale Lastverteilung

6.2.1 Zentrale Lastverteilungssysteme

Bei der *zentralen Lastverteilung* gibt es eine zentrale Lastbewertungskomponente mit vier der in Abbildung 6-7 dargestellten Strategien. Eine besondere Initiierungsstrategie ist hier nicht gegeben. Die Lastmessung muss natürlich auch hier lokal auf jedem einzelnen Knoten eines Systems erfolgen, und auch eine eventuell vorgesehene Migration ist selbstverständlich ein verteilter Vorgang, der die beteiligten Rechner umfasst. Der zentrale Serverknoten mit der Lastbewertung kann auch ein *dedizierter Lastausgleichsserver* sein. Eine zentrale Lastbewertung muss entweder maximalen Wirkungsbereich haben oder eine Menge von begrenzten Wirkungsbereichen, die das gesamte System abdecken.

Prozessorfarm

Ein einfaches Beispiel aus dem Parallelen Rechnen ist die *Prozessorfarm* [OA 02], die auch in 4.2.2.2.1 als Master-Worker-Schema beschrieben ist. Der *Master* führt die sequentiellen Anteile eines Programms aus und verteilt parallele Teile an die *Worker*. Informationen der Worker hält der Master zentral. Sie sind dessen Entscheidungsgrundlage. Die Initiierung erfolgt durch die Worker, die nach Bearbeitung einer zugewiesenen Rechenlast neue Tasks beim Master anfordern (ereignisgesteuert).

Durch die Zentralisierung, insbesondere den Zusammenfluss aller System- und Lastinformationen sowie der Informationen über alle zu verteilenden Prozesse bei einer Instanz, kann diese sehr effizient Entscheidungen insbesondere zur Platzierung von Prozessen treffen. In der Regel erfolgt eine Statusauffrischung seitens der Knoten, häufig ist diese periodisch. Dadurch lässt sich das *Altern von Information* eher vermindern als durch Anfrage seitens des Servers [S 96].

Die Zuverlässigkeit einer zentralen Lastverteilung stellt ein Problem dar. Der zentrale Serverknoten ist der Flaschenhals für den Informationsfluss. Sein Ausfall bedeutet den Zusammenbruch der Lastverteilung für das gesamte System. Durch das Anlegen von Replikaten des Servers lässt sich die Ausfallwahrscheinlichkeit stark herabsetzen. Der Aufwand, diese ständig konsistent zu halten, ist sehr hoch. Strenge Konsistenz wird allerdings als verzichtbar angesehen, so dass ein einfacherer Mechanismus zur Aktualisierung der Severkopien ausreicht [S 96]. Wenn kurzzeitige Verzögerungen von wenigen Sekunden akzeptabel sind, sind Serverkopien verzichtbar. Stattdessen kann eine bestimmte Anzahl von Knoten den Server überwachen. Bei Serverausfall kann ein neuer Serverprozess auf dem registrierenden Knoten gestartet werden, der sich die benötigten Informationen neu beschafft und seine Arbeit aufnimmt [TL 89].

Zuverlässigkeit Zentrale Lastverteilung

Ein weiterer Minuspunkt für die zentralen Verfahren ist ihre schlechte Skalierbarkeit [ZLP 96].

Teilweise wird Information über das System vom zentralen Serverknoten aus wieder verteilt an die Knoten des Systems, damit diese, etwa bei einer Migration oder zur Einschätzung der eigenen Auslastung darauf zugreifen können. Ein Beispiel dafür ist ein *zentraler Algorithmus* aus [FMD 98]: Er verteilt den Wert der mittleren Systemlast an alle Prozessoren, die dann in drei Klassen (*ungenutzt*, *überlastet* und *die anderen*) eingeteilt werden. Der Algorithmus bringt ungenutzte und überlastete Knoten zusammen. Den Grad der Über- und Unterlast berücksichtigt der *Rendezvous-Algorithmus* [DFM 95]. Im allgemeinen Fall erfolgt eine Einteilung in die Klassen *Überlast, Unterlast, Durchschnittliche Last*.

Zentraler Algorithmus, Rendezvous-Algorithmus

Das von [HLA 95] vorgestellte Verfahren *SASH* (Self-Adjusting Scheduling for Heterogeneous Systems) ist ein Beispiel für zentralen Lastausgleich mit einem dedizierten zentralen Serverknoten. Es arbeitet mit einer Variante des Branch-and-Bound-Verfahrens und ist insofern interessant, als es Schedules untersucht und dabei wiederholt Phasen

SASH

6 Rechenlastverteilung

durchläuft, an deren Ende die verplanten Tasks bei den zugewiesenen Prozessoren in die Warteschlange eingereiht werden.

Condor Das Lastverwaltungssystem *Condor* der University of Wisconsin-Madison, [C 07] ist ein vielfach genutztes, ausgereiftes System, das mit einem zentralen Manager für die Lastverteilung arbeitet. Es wird in Workstation-Netzwerken eingesetzt, um ungenutzte (idle) Rechner für die Bearbeitung rechenintensiver Prozesse zu nutzen. Condor, das auch in Gridumgebungen als Lastverteiler zum Einsatz kommt, hat einige bemerkenswerte Eigenschaften.

Matchmaking, ClassAds, Claiming Workstation-Umgebungen sind selten rein homogene Umgebungen, so dass im Allgemeinen nicht alle Knoten des Systems die Anforderungen von Prozessen erfüllen. Darum ist das *Matchmaking*-Konzept ein Kernstück von Condor. Die Anforderungen der Clients und das Angebot der Rechner sind in so genannten Classified Advertisements (*ClassAds*) spezifiziert. Die ClassAds werden von Agenten für die Benutzer und für die Rechenknoten an einen Matchmaker übergeben. Diese zentrale Komponente stellt die passenden ClassAds zusammen und übergibt sie den beteiligten Agenten, denen die Umsetzung durch so genanntes *Claiming* obliegt. Der Vorgang des Matchmakings nach [NSW 04, Kap. 9] ist in Abbildung 6-9 dargestellt.

Abb. 6-9: Condor-Matchmaking

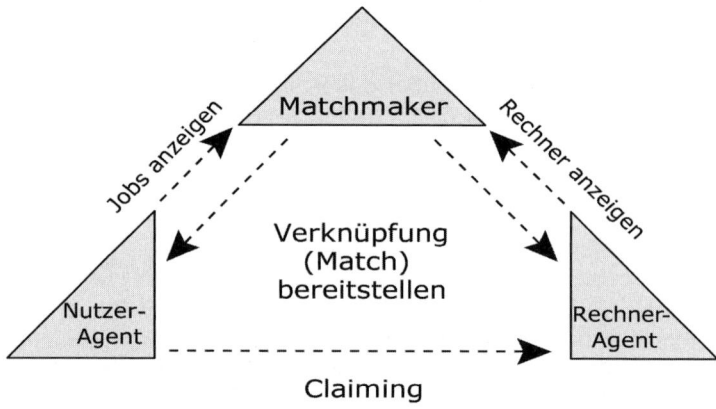

Condor – Checkpointing Bei Workstations handelt es sich um Rechner, die bei Bedarf einem Besitzer zur Verfügung stehen müssen. Sie sollen dann nicht durch fremde Prozesse belastet werden. Aus diesem Grund muss Condor präemptiv arbeiten. Ferner kann Condor auch periodisch testen, ob es für laufende Prozesse nicht einen besseren Rechner findet. Condor führt damit nach der oben dargelegten Einteilung zwar kein vollständiges Load Balancing, aber doch ein Load Sharing durch. Die Migration der Prozesse wird durch die *Checkpointing*-Funktionalität von Condor unterstützt, die den Zustand der Prozesse sichert und damit die Wiederaufnahme des Prozesslaufs nach der Migration ermöglicht. (Für eine ausführliche Beschreibung der Vorgänge bei einer Prozessmigration s. Abschnitt 6.2.2.2.)

LoadLeveler® [LL 01] ist eine kommerzielle Cluster Management Software (CMS) von IBM. Ein Lastausgleich erfolgt über einen zentralen Manager, der neue Jobs an einen geeigneten Knoten zuweist. LoadLeveler unterstützt Checkpointing und Migration. Das System ist gut skalierbar und fehlertolerant.

LoadLeveler®

6.2.2 Dezentrale Lastverteilungssysteme

Bei *dezentraler Lastverteilung* verfügen mehrere oder sogar alle Rechner eines Systems über eine Lastbewertung, die die Lastverteilungsstrategien (s. Abbildung 6-7) implementiert. Es sind auch gemischte Verfahren denkbar; zum Beispiel kann die Informationshaltung zentral erfolgen, während die eigentliche Bewertung mit den Entscheidungen zum eventuellen Lastausgleich dezentral erfolgt. Selektionsstrategien müssen je nachdem, wer den Lastausgleich initiiert, nur noch den jeweils anderen Partner festlegen. Die Wirkungsbereiche aller Lastbewertungskomponenten im System müssen sich überlappen, um einen Lastfluss durch das gesamte System zu gewährleisten und sie müssen auch das gesamte System abdecken.

Dezentrale Lastverteilung

Die dezentralen Lastverteilungsalgorithmen lassen sich in *kooperative* und *nicht-kooperative* Verfahren unterteilen [S 96][L 92]. Kooperative Verfahren sind komplexer als nicht-kooperative, da hier die einzelnen Lastverteilungseinheiten miteinander kommunizieren – etwa Lastinformationen austauschen – um einen gemeinsamen Algorithmus auszuführen. Mithin wird mehr Overhead produziert. Dagegen agieren die nicht-kooperativen Einheiten völlig autonom. Kooperation kann auch so vonstatten gehen, dass verschiedene Lastbewertungseinheiten verschiedene Teile eines Algorithmus' ausführen. Schließlich gibt es noch eine indirekte Kooperation, die auf der Wechselwirkung durch überlappende Wirkungsbereiche beruht. Kooperative Algorithmen gelten als stabiler als nicht-kooperative.

Kooperative und nicht-kooperative Verfahren

Im dezentralen Fall ist noch eine *Strategie der Prioritätszuweisung* (*Priority Assignment Policy*) erwähnenswert [LT 86]. Die Zuweisung kann entweder egoistisch mit Bevorzugung lokaler Prozesse, altruistisch mit Bevorzugung fremder Prozesse oder ausgeglichen in Abhängigkeit von der Anzahl an lokalen beziehungsweise fremden Prozessen erfolgen. Die beste Leistungssteigerung erbringt die altruistische Vari-

Strategie der Prioritätszuweisung

6 Rechenlastverteilung

ante, wenngleich sie aus der Sicht eines Rechnerbesitzers sicher nicht ganz einsichtig ist.

Verhalten dezentraler Lastverteilungssysteme

Mit einem dezentralen System wird der Flaschenhals bezüglich des Informationsflusses zentraler Systeme vermieden. Es ist deshalb flexibler und kann rascher auf dynamische Veränderungen reagieren. Jede Komponente läuft parallel und im Allgemeinen unabhängig von den anderen. Sie trifft Entscheidungen für die Knoten in ihrem Wirkungsbereich, in der Regel nach einer systemweiten Zielfunktion. Im Extremfall einer vollständigen Dezentralisierung gelten die Entscheidungen einer Komponente ausschließlich für die (ankommenden und abgehenden) Prozesse des eigenen Knotens [S 96].

Dezentrale Algorithmen sind deutlich *ausfalltoleranter* als die zentralen Verfahren. Auf der Negativseite erhöhen sie die Systemlast, indem der Informationsaustausch auf mehrere beziehungsweise alle Prozessoren des Systems übergeht. Massiv parallele Systeme benötigen schon aus Gründen der Skalierbarkeit ein dezentrales Lastverteilungsverfahren [W 99][CLZ 99].

Obwohl der *Informationsaustausch* bei rein dezentralen Verfahren zwischen den einzelnen Knoten stattfindet, erfolgt nicht immer ein Sammelaufruf (Broadcast) an alle oder eine Anfrage bei allen. Er ist – nicht zuletzt aus Gründen der Systembelastung – oft auf eine gewisse Nachbarschaft beschränkt. Durch die Überlappung von Wirkungsbereichen kommt es allerdings nach einer ausreichenden Anzahl von Lastverteilungsdurchläufen zu einer globalen Verteilung von Information [W 99][CLZ 99].

Tiling- und Average-Neighbor-Algorithmus, Diffusive Algorithmen

Beim *Tiling-Algorithmus* [DFM 95] ist das gesamte Rechnernetz in nicht überlappende Bereiche eingeteilt. Innerhalb dieser Bereiche erfolgt in jedem Lastausgleichsschritt ein vollständiges präemptives Load Balancing. Für den Folgeschritt werden die Bereiche jeweils leicht verschoben, so dass sie die alten Knoten nur zum Teil beinhalten und Last langsam durch das System wandern kann. Beim *Average-Neighbor-Algorithmus* [WR 93] ist das Netz ebenfalls in Bereiche aufgeteilt, die sich hier jedoch überlappen. Von einem zentralen Prozessor in einem Bereich (Insel) aus wird die Last innerhalb der Insel verteilt und kann durch die Überlappungen gleichmäßig durch das System wandern. Wegen der allmählichen Bewegung von Last durch das System und dem damit über viele Schritte hinweg verbundenen globalen Lastausgleich spricht man in Analogie zu physikalischen Phänomenen von Diffusion (*Diffusive Algorithmen* [CLZ 99]).

6.2 Dynamische Lastverteilung

Wenn jeweils nur zwei direkte Nachbarn Last austauschen (*Nearest Neighbor* [W 99]) wird die Last solange vom stärker ausgelasteten zum geringer ausgelasteten Knoten weitergegeben, solange ein solches Gefälle existiert. Ein Diffusionsparameter im Intervall [0, 1] bestimmt den Anteil der Lastdifferenz zwischen den beiden beteiligten Knoten, der verschoben wird. Es gibt, abhängig von der Architektur des Netzwerkes, weitere Möglichkeiten des zweiseitigen Lastaustausches. In einem Gitter oder Hypercube lässt sich ein Gradientenmaß definieren, so dass Last immer in Richtung des größten Gradienten fließen kann. In einem Hypercube können jeweils zwei benachbarte Knoten entlang einer festen Dimension Last austauschen, wobei die Dimension bei jedem Lastausgleichsschritt wechselt. Nach einem Umlauf ist die Last für alle Knoten ausgeglichen. Mit diesem Prinzip ist es auch möglich, im Hypercube der Dimension n mit bis zu 2n – 3 unterbrochenen Verbindungen dennoch einen Lastausgleich durchzuführen [W 97].

Nearest Neighbor

Die Nearest-Neighbor-Verfahren sind auch ein gutes Beispiel für direkte kooperative Verfahren, bei denen aufgrund von Lastinformationen beider Knoten eine Zusammenarbeit beim Lastausgleich stattfindet.

Die steigende Komplexität verteilter Systeme, die aus der Größe der Systeme (Nutzer, Prozesse, Prozessoren) und aus der steigenden Heterogenität (Anwendungen und Ressourcen) resultiert, hat selbstverständlich auch Einfluss auf die Anforderungen an Lastverteilungsmethoden. Diese Entwicklung wird seit längerem schon erkannt und eine neue Klasse von Algorithmen soll ihr begegnen [F 96][S 96]. Dabei handelt es sich um Verfahren, die auf dem *ökonomischen Prinzip* des Wettbewerbs beruhen und die eine besondere Lokationsstrategie bieten. Sie arbeiten mit Agenten, die eigennützige Ziele verfolgen und in die beiden Klassen Kunden (*Clients*) und Lieferanten (*Suppliers*) eingeteilt sind. Diese Agenten repräsentieren dann die Anwendungen mit ihrem primären Ziel der Optimierung der eigenen Performance und die Computersysteme mit dem primären Ziel der Gewinnmaximierung, dem Ziele wie Erhöhung des Durchsatzes und Steigerung der Systemperformance untergeordnet sind. Auch Modelle mit kooperierenden Agenten sind vertreten. Neben den Agenten werden auch Geld und eine Preisbildung modelliert. Für letztere sind neben Warenbörsen (*Commodity Markets*) auch verschiedene Auktionsmodelle (*Auction Markets*) gebräuchlich. Daneben kommen auch spieltheoretische Modelle vor [F 96]. Ein Problem der Verfahren sind starke Nachfrageschwankungen. Sie führen zu starken Preisschwankungen und in der Folge zu übermäßiger Migration.

Ökonomische Verfahren

6.2.2.1 Lastausgleich ohne Migration

Lastausgleich ohne Migration

Wenn ein Lastverteilungsverfahren ohne Prozessmigration arbeitet, ist der Aufwand sehr viel geringer als bei der Einbeziehung der Migration. Ein vollständiges Load Balancing ist jedoch nicht zu erreichen, da die Auswahl an Prozessen mit entsprechenden Lasten geringer ist und zu jedem Zeitpunkt nur die gerade ankommenden Prozesse zum Lastausgleich beitragen. Der Untergrund an länger im System befindlichen, laufenden Prozessen, aus denen der Ausgleichsmechanismus schöpfen kann, fehlt. Es liegt eher ein Load Sharing vor.

Strategien ohne Migration

Bezüglich der Strategien für Lastausgleichsverfahren ändert sich nicht viel. In der Gesamtsicht (Abbildung 6-7) fehlt natürlich die Migration. Als *Initiierungsstrategie* eignet sich praktisch nur die senderbasierte Strategie, aus demselben Grund wie ein vollständiger Lastausgleich kaum zu erreichen ist. Ein potentieller Empfänger wird sich vergeblich bemühen, wenn es zum Zeitpunkt seiner Anfrage keine neu ankommenden Prozesse gibt. Bei den *Transferstrategien* fallen bei den Entscheidungsprozessen jeweils die Teile weg, die präemptive Transfers in Betracht ziehen müssen, und der Vorgang wird dadurch einfacher. Einfacher wird auch die Abschätzung des Transferaufwands bei der *Selektion*, da dieser für Prozessplatzierung viel geringer ist als für Prozessmigration.

Zufallsalgorithmus

Ein Beispiel für einen einfachen dezentralen Algorithmus ohne Migration ist der *Zufallsalgorithmus* [SS 94]. Das Verfahren schickt von jedem Prozessor aus die dort ankommenden neuen Tasks an zufällig ausgewählte Knoten im gesamten Netz. Die Wahrscheinlichkeit, einen Prozess zu erhalten, ist für jeden Knoten gleich.

6.2.2.2 Lastausgleich mit Migration

Migration

Das Ziel des Load Balancing, die Lastverhältnisse in einem verteilten System stets ausgeglichen zu halten, erfordert außer einer optimalen Platzierung neuer Tasks auch, Last durch laufende Prozesse von einem überlasteten Knoten im Netz abzubauen und sie zu gering belasteten oder unbelasteten Knoten zu transferieren. Das bedeutet, laufende Prozesse auszulagern beziehungsweise zu migrieren. *Migration* in dezentralen Systemen ermöglicht den höchsten Grad an Lastausgleich. Dieser Abschnitt beschreibt ausführlich diese Prozessmigration und geht am Ende noch kurz auf andere Migrationsformen (Code- und Jobmigration) ein.

6.2 Dynamische Lastverteilung

Systeme mit der Möglichkeit zur Migration bieten folgende Vorteile [S 96][S 94]:

Vorteile Migration

- Verringern von Laufzeiten durch parallele Prozessausführung oder Transferieren auf schnellere CPUs. Voraussetzung ist, dass der Gewinn die Kosten der Migration überwiegt.

- Erhöhen des Durchsatzes durch Nutzung freier Kapazitäten.

- Reduktion der Netzwerkbelastung durch kürzere Wege zu zusätzlich benötigten Ressourcen, auch hier unter Beachtung der Migrationskosten.

- Verlässlichkeit erhöhen, indem zum Beispiel kritische Prozesse auf verlässliche Rechner transferiert oder Kopien der Prozesse angelegt und transferiert werden.

- Zur Bewältigung von Lastspitzen oder heterogener Lastverteilung.

- Transferieren von Prozessen bei Shutdowns oder wenn Besitzer von Rechnern eigene Jobs starten.

- Transfer auf Rechner mit höheren Sicherheitsanforderungen.

- Ständige Umverteilung kann auch das Verhungern (starvation) von Prozessen vermeiden.

An dieser Stelle interessieren die Vorteile, die Last verringern und zur Leistungssteigerung beitragen.

Anforderungen an Migrationsmechanismus

An einen Migrationsmechanismus sind unter anderen folgende Anforderungen zu stellen [S 96]:

- Transparenz bezüglich Objektnamen und -orten, Systemaufrufen sowie Interprozesskommunikation.

- Transparenz gegenüber dem Nutzer, der eine Migration nicht bemerken soll.

- Möglichst geringe Kosten für den Transfer und die spätere Ausführung auf dem neuen Knoten.

- Keine Restabhängigkeit zum alten Knoten, da Zugriffe mit zusätzlicher Last verbunden wären und die Fehlertoleranz abnimmt.

Im Migrationsfall kommen zu den bisherigen Lastverteilungsstrategien (s. Abbildung 6-7) noch *Migrationsstrategien* hinzu. Sie sind eigentlich Selektionsstrategien, denn sie legen auch fest, welche Prozesse ausgewählt werden können. Einmal geht es dabei um die Anzahl von Migrationen, die für einen bestimmten Prozess erlaubt sind [S 96]. Völlige

Migrationsstrategien, Migrationsbegrenzung

Freiheit hat den Nachteil, dass Instabilitäten begünstigt werden. Daher kann eine bestimmte Anzahl festgelegt sein, die nicht überschritten werden darf (*Migrationsbegrenzung*). Diese kann zum Beispiel auch von der Prozessgröße abhängen. Bei der Auswahl kann es auch eine Rolle spielen, wie lange ein Prozess schon ohne Unterbrechung läuft.

Ablauf Migration

Der Ablauf einer Migration kann folgendermaßen unterteilt werden:

- Die *Initiierung* erfolgt entweder sender- oder empfängerseitig.
- Die Transferentscheidung wird nach einer der oben beschriebenen *Transferstrategien* vorgenommen.
- Ein zu migrierender Prozess auf dem Quellknoten wird gewählt nach einer *Selektionsstrategie*.
- Eine der *Lokationsstrategien* entscheidet über den Zielknoten, zu dem der Prozess auszulagern ist.
- Der Transfer wird durchgeführt. Die Ortstransparenz wird am ehesten gewährleistet, wenn der komplette Prozesszustand transferiert wird [S 94].

Durchführung Migration

Die *Durchführung der Migration* besteht aus folgenden Einzelaktivitäten [S 96]:

- Einfrieren des Prozesses.
- Transfer des Adressraums und des Prozesszustands auf den Zielknoten.
- Weiterleitung von Nachrichten für den migrierenden Prozess.
- Ermöglichen der Fortführung der Kommunikation mit Koprozessen.
- Aktivieren des Prozesses auf dem Zielknoten.

Einfrieren

Zum *Einfrieren* muss der Prozess entweder sofort oder nach einem nicht-unterbrechbaren Systemaufruf blockiert werden. Schnelle E/A-Operationen werden zu Ende geführt, bei langsamen muss für eine korrekte Weiterführung nach dem Neustart gesorgt sein. Informationen zu geöffneten Dateien sind festzuhalten.

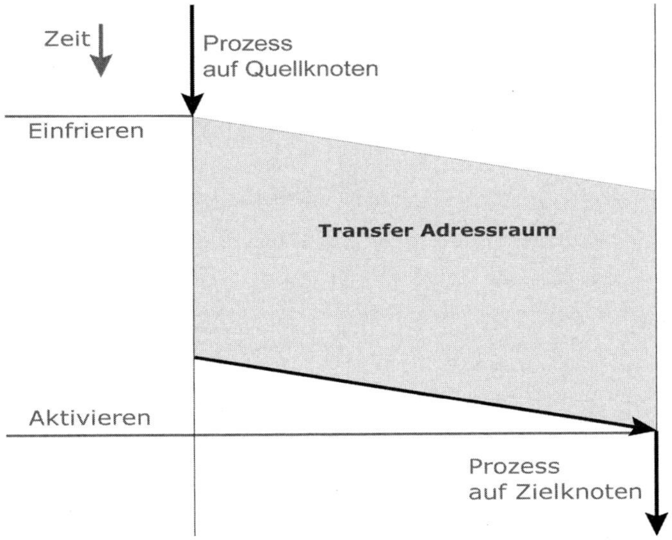

6.2 Dynamische Lastverteilung

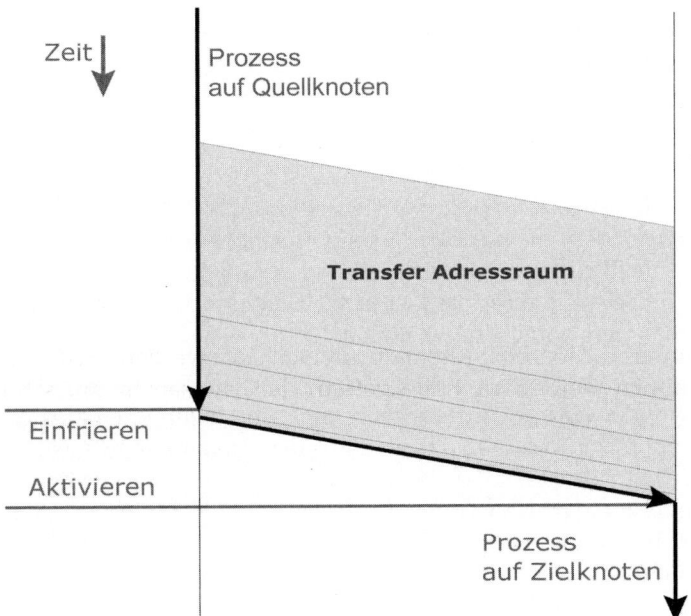

Abb. 6-10: Vollständiges Einfrieren

Abb. 6-11: Vortransferierung

6 Rechenlastverteilung

Abb. 6-12: Transfer bei Referenzierung

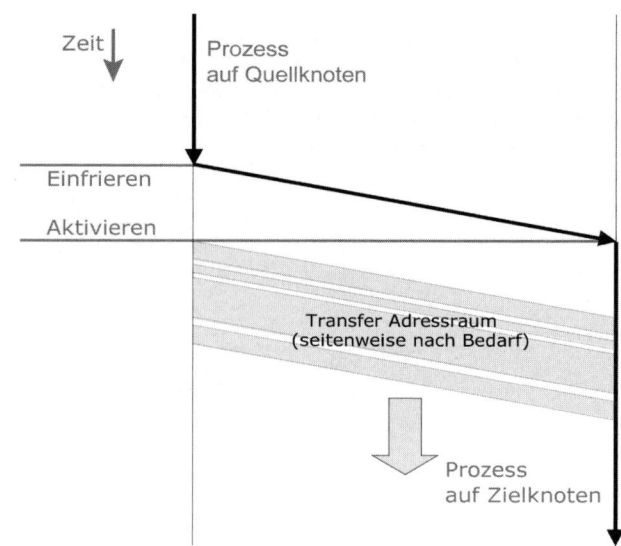

Transfer Adressraum	Der *Transfer des Adressraums* und der Zustandsinformationen kann nach drei Methoden durchgeführt werden (Abbildungen 6-10 – 6-12) [S 96]:
Vollständiges Einfrieren	• *Vollständiges Einfrieren*: Der Prozess bleibt während der gesamten Prozedur gestoppt. Das Vorgehen ist langsam, es kann zu Timeouts kommen und der Nutzer kann, besonders bei interaktiven Prozessen, beeinträchtigt sein.
Vortransferierung	• Bei *Vortransferierung* (auch Pre-Copying) transferiert den Adressraum des noch laufenden Prozesses. Seiten, die der Prozess währenddessen modifiziert, werden sukzessive in abnehmender Zahl nachgeladen, bis nur noch wenige restliche Seiten nach dem Stoppen des Prozesses zu transferieren sind. Die Einfrierzeit des Prozesses ist reduziert, die Gesamtzeit kann sich aber wegen des redundanten Nachladens erhöhen.
Transfer bei Referenzierung	• *Transfer bei Referenzierung*: (auch Copy-on-Reference): Bei dieser Methode wird der Adressraum auf dem Quellknoten zurückgelassen und der Prozess zunächst auf dem Zielknoten gestartet. Seiten werden sukzessive bei Bedarf nachgeladen. Für die Migration ist die Zeitersparnis zwar hoch, auf der anderen Seite sind die Kosten für die weitere Ausführung hoch, und durch die andauernde Abhängigkeit vom Quellknoten vermindert sich die Fehlertoleranz. Die durch solche Restabhängigkeiten hervorgerufenen Probleme werden durch mehrfache Migration noch verstärkt.

Bei *Nachrichtenweiterleitung* werden drei Typen unterschieden [S 96]:

Nachrichtenweiterleitung

- Nachrichten, die, während der Prozess eingefroren ist, am Quellknoten eintreffen.
- Nachrichten, die nach der Weiterführung auf dem Zielknoten beim Quellknoten eintreffen.
- Nachrichten, die nach der Weiterführung erst an den Prozess versendet werden.

Es gibt vier Methoden, mit den Nachrichten zu verfahren [S 96]:

- *Rücksendung* mit der Maßgabe, es erneut zu probieren, wobei der Sender den Empfänger selbstständig ausfindig machen muss. Der Vorteil ist, dass keine Zustandsinformation des migrierten Prozesses auf dem Quellknoten zurückbleibt, jedoch ist die Ortstransparenz gegenüber dem Sender verletzt.
- *Weiterleitung vom Ursprungsknoten* aus: Der Quellknoten leitet eintreffende Nachrichten weiter, wodurch der Prozess von diesem Knoten abhängig bleibt. Das Weiterleiten verursacht zusätzliche Last. Außerdem sind spätere Prozessoren verpflichtet, den Ort des Prozesses jeweils dem Ursprungsknoten bekannt zu machen.
- *Wiederholte Weiterleitung*: Nachrichten des Typs 1 werden zum Abschluss des Migrationsvorgangs noch hinterher gesendet. Spätere Nachrichten werden über alle eventuell vom Prozess durchlaufenen Knoten weitergeleitet. Dadurch hängt der Prozess nach mehrfacher Migration sogar von mehreren Knoten ab und auch die Last wird entsprechend erhöht.
- *Aktualisierung* von potentiellen Sendern: Nachrichten des Typs 1 und 2 werden hinterher gesendet. Während des Transfers werden alle mit dem zu migrierenden Prozess in Verbindung stehenden potentiellen Sender von Nachrichten über den neuen Ort des Prozesses informiert. Damit werden die Nachteile der anderen Methoden weitgehend vermieden.

Die *Behandlung von Koprozessen* kennt zwei grundsätzliche Möglichkeiten [S 96]:

Behandlung von Koprozessen

- *Verbot der Trennung*: Auf die Beendigung von Kindprozessen wird gewartet; Elternprozess und Kindprozesse müssen gemeinsam migriert werden. Dadurch kann Parallelisierungspotential nicht genutzt werden.

6 Rechenlastverteilung

- *Kommunikation über den Ursprungsknoten* erlaubt die unabhängige Migration. Dies hat wieder die bekannten Nachteile der erhöhten Last und der geringeren Fehlertoleranz.

Aktivierung Nach der kompletten Übertragung des Gesamtzustands des zu migrierenden Prozesses auf den Zielknoten erfolgt dessen *Aktivierung*, und der alte Prozess auf dem Quellknoten kann gelöscht werden.

Migration in heterogenen Systemen Die beschriebenen Prozeduren funktionieren in homogenen Systemen. In *heterogenen Systemen* mit verschiedenen Architekturen, Laufzeitumgebungen, Bibliotheken und Utilities gestaltet sich eine Prozessmigration schwieriger. Datenformate sind in der Regel anzupassen. Eine ausführliche Diskussion dieses Sachverhalts sprengt den Rahmen dieses Buches. [S 96] und [TS 06] bieten bei tiefergehendem Interesse einen Einstieg in die Thematik.

Codemigration Nach einem Modell von Fuggetta et al. [FPV 98] wird der Adressraum einschließlich Prozesszustand in drei *Segmente* unterteilt:

- *Codesegment*.
- *Ressourcensegment* (Daten, Drucker, andere Prozesse, etc.).
- *Ausführungssegment* (Zustand, Laufzeitstapel, etc.).

Die so genannte *Codemigration* wird unterschieden in *schwache* und *starke* Migration [TS 06]. Bei der schwachen Codemigration wird nur das Codesegment transferiert; ein Beispiel sind Java Applets. Bei starker Migration wird auch das Ausführungssegment übertragen; sie entspricht der Prozessmigration.

Jobmigration Betrachtet man *Jobs* in einer Form, in der sie aus einzelnen *Threads* (oder Prozessen) aufgebaut sind, die auch parallel laufen und miteinander kommunizieren können, dann lassen sich verschiedene *Stufen der Unterbrechung* unterscheiden [FRS 97]:

- Ohne Migration: Ein Job läuft von Anfang bis Ende auf den einmal zugewiesenen Prozessoren.

- Lokale Unterbrechung: Die Unterbrechung von Threads wird zwar ermöglicht, etwa aus Prioritätsgründen, sie werden aber auf demselben Prozessor später fortgeführt.

- Migration: Einzelne Threads können von Prozessor zu Prozessor migrieren (entspricht der oben beschriebenen Prozessmigration).

Gang Scheduling
- *Gang Scheduling*: Beim Gang Scheduling werden alle Threads eines Jobs simultan behandelt. Sie werden also simultan unterbro-

chen und wieder fortgeführt, entweder ohne Migration auf denselben Prozessoren oder mit Migration von Prozessen. Ziel ist es beim Gang Scheduling, parallel laufende, kommunizierende Threads nicht einzeln zu unterbrechen, damit keine Wartezeiten entstehen und je nach Prozessor- oder Systemlast auch Verhungern (starvation) auftreten kann.

Zum Abschluss soll nun noch die *Stabilität* von dynamischen Lastverteilungsverfahren mit Migration betrachtet werden. Der Begriff *Thrashing* [W 99][S 96] kennzeichnet einen Systemzustand, bei dem die Leistung sehr stark abfällt, weil der oder die Prozessoren nur mit unsinnigen Aufgaben beschäftigt sind, die sich wechselseitig bedingen. Es tritt auf, wenn jeder Prozessor unabhängige Scheduling-Entscheidungen treffen kann. Ein Beispiel ist eine Ein-Schwellen-Transferstrategie, bei der ein überlasteter Prozessor einen Prozess an einen gering belasteten abgibt, sich dadurch die Lastverhältnisse umkehren und der betreffende Prozess permanent hin- und her geschoben wird [W 99]. Stabilität, Thrashing

Ferner können auch ein oder mehrere Prozessoren Last auf einen gering belasteten Knoten auslagern und damit eine Kaskade von Migrationen auslösen, die zwar den jeweils betroffenen Knoten entlasten, aber insgesamt das System nur noch mehr belasten [S 96].

Gegenmaßnahmen sind zum Beispiel das Sammeln von Informationen über Migrationen und das Vermeiden von Schleifen aufgrund dieser Kenntnisse über die Vorgeschichte [S 96]. Instabilitäten resultieren nicht zuletzt auch aus dem Determinismus der Verfahren, etwa immer den am geringsten belasteten Prozessor zur Migration heranzuziehen. Ein gewisses Maß von Zufall kann hier zum Beispiel verhindern, dass mehrere Prozessoren nahezu gleichzeitig denselben Empfänger für das Auslagern ihrer Last wählen.

Mehr Informationen zu algorithmisch induzierten Instabilitäten sind in [CK 88] zu finden.

6.3 Grid Scheduling

Der wesentliche Unterschied eines Grids zu anderen verteilten Systemen liegt darin, dass die Gridressourcen über beliebig viele administrative Domänen verteilt sind. In der Bewältigung dieser zusätzlichen Schwierigkeit liegt auch die Besonderheit des *Grid Scheduling*. Ein *Job* im Grid Scheduling ist jeder Vorgang, der Ressourcen benötigt. Auch der Begriff *Ressource* ist im Grid sehr weit gefasst. Es kann sich dabei Job, Ressourcen
Grid Scheduling

6 Rechenlastverteilung

Dynamik in Gridsystemen

um alles handeln, was ein Job für seine Aufgabe benötigt und das ihm über einen Scheduling-Prozess zugeführt werden kann. Natürlich ist auch hier die Rechenleistung der Rechner im Grid der am meisten interessierende Ressourcentyp [NSW 04, Kap. 2].

Ein weiteres Merkmal im Grid Computing ist die hohe *Dynamik in Gridsystemen*. Diese tritt zum einen bei den Anwendungen auf, die unvorhersehbar völlig unterschiedliche Charakteristiken aufweisen können. Zum anderen betrifft es die Ressourcen. Der zur Verfügung stehende Pool ändert sich häufig in seiner Zusammensetzung und bezüglich der Nutzungsbedingungen.

Koallokation

Koallokation hat im Grid Computing eine sehr große Bedeutung. Dabei sind für eine Anwendung mehrere Ressourcen verschiedener Typen gleichzeitig erforderlich und somit vom Scheduler auch zur selben Zeit einzuplanen [CFK 99].

Grid Informationssystem

In der Regel wird es in einem Grid so sein, dass innerhalb einer Domäne lokale Scheduler für die dortigen Rechner zuständig sind. Ein Grid Scheduler besitzt die Ressourcen nicht, er hat oft auch nicht die Kontrolle über alle Jobs. Er agiert im Auftrag eines bestimmten Gridnutzers. Seine Informationen bezieht ein Grid Scheduler aus einem *Grid-Informationssystem* (GIS), zum Beispiel das *Globus Monitoring and Discovery System* (MDS4) in der Grid Middleware Globus-Toolkit 4 [GT 07].

Phasen Grid Scheduling

Der gesamte Prozess des Grid Scheduling kann in drei *Phasen* mit jeweils mehreren Einzelschritten unterteilt sein [NSW 04, Kap. 2]:

- Phase 1: Ressourcensuche.
- Phase 2: Systemauswahl.
- Phase 3: Jobausführung.

Ressourcensuche

Die *Ressourcensuche* ermittelt eine Menge von Ressourcen, die in Phase 2 in die engere Wahl kommen. Sie müssen bestimmte minimale Anforderungen erfüllen. Phase 1 lässt sich in drei Einzelschritte unterteilen:

Autorisierungsfilter

- *Autorisierungsfilter*: Hier werden dieselben Anforderungen gestellt wie in normalen verteilten Systemen. Der Nutzer muss autorisiert sein, auf die Ressource zuzugreifen. Im Grid ist lediglich die Anzahl an Ressourcen sehr viel größer, so dass es sinnvoll ist, die Ressourcen ohne Zugriffsrecht gleich zu Beginn herauszufiltern.

- *Definition der Anwendungsanforderungen*: Der Nutzer spezifiziert minimale Anforderungen, die der Job an die gewünschten Ressourcen stellt. Dieser Schritt deutet auf eine interaktive Vorgehensweise in dieser Phase des Grid Scheduling hin, wie sie heute häufig anzutreffen ist. Eine automatische Vorgehensweise würde diesen Schritt vor das Scheduling verlegen. So können Anforderungen etwa in einer Workflowdefinition des Jobs hinterlegt sein, die dem Grid Scheduler eingangs zu übergeben ist [HD 03][SQJ 06].   *Definition Anwendungsanforderungen*

- *Filtern bezüglich Anwendungsanforderungen*: Die im zweiten Schritt angegebenen oder den Jobs bereits mitgegebenen Anforderungen schränken die Menge der bislang in Frage kommenden Ressourcen weiter ein.   *Filtern Anwendungsanforderungen*

Anforderungen der Anwendung kann sich auf bestimmte Betriebssysteme und CPUs, Speicherplatz, Laufzeitumgebungen, das Netzwerk und Datenzugriffsmöglichkeiten beziehen. Sie können auch Vorgaben bezüglich Antwortzeiten oder Kosten machen.

Bis zu diesem Punkt wird Vorwissen aus dem Job benutzt, um eine Ressourcenvorauswahl zu treffen. Die nächste Phase ist der Systemauswahl, der endgültigen Auswahl eines Rechnersystems (oder auch von Einzelrechnern) gewidmet. Ohne Zugriff auf einzelne Knoten muss nach der Auswahl des Systems ein lokaler Scheduler die weitere Verteilung übernehmen. Hier sind zwei Einzelschritte zu unterscheiden:

- *Dynamische Informationsbeschaffung* über ein GIS oder auch über lokale Scheduler. Bestimmte Nutzungsbedingungen sind zu beachten.   *Dynamische Informationsbeschaffung*

- *Systemauswahl*: An diesem Punkt erfolgt dann die dynamische Lastverteilung im Grid, jedenfalls soweit der Grid Scheduler aufgrund seiner Berechtigungen dazu in der Lage ist. Hier ist auch die Gelegenheit, insbesondere bei der Verteilung von mehreren Jobs gleichzeitig, die Lastverteilung zu optimieren. In Grids ist eine multikriterielle Optimierung angebracht, da verschiedene Beteiligte verschiedene Schwerpunkte setzen. Ein Beispiel für ein Lastverteilungssystem ist Condor (s. a. 6.2.1), das sich inzwischen auch als Gridsystem etabliert hat und dessen Matchmaking-Technik an dieser Stelle zum Einsatz kommt.   *Systemauswahl*

Für die Phase 3, die *Jobausführung*, soll hier nur ein kurzer Überblick gegeben werden, da sie mit der Lastverteilung nur insofern zu tun hat, als die Ergebnisse des Grid Scheduling in dieser Phase umzusetzen   *Jobausführung*

6 Rechenlastverteilung

sind. Sie ist unterteilt in einen optionalen Schritt der *Reservierung* von Ressourcen. Die nächsten Schritte sind die *Jobübergabe*, ein *Vorbereitungsschritt*, zum Beispiel zum Transfer benötigter Daten, die *Jobüberwachung* zur Laufzeit, um Fortschritte melden zu können, die *Beendigung der Jobs* und *Aufräumarbeiten*.

Performance Gridanwendung

Die Qualität der Ressourcenzuteilung kann verbessert werden, wenn Voraussagen über die zu erwartende *Performance einer Gridanwendung* gemacht werden können [NWS 04, Kap. 3]. Es sind drei Methoden verfügbar:

- Die *Theoretische Vorhersage* hängt von der Kenntnis der Anwendung und ihrer Berechnungsmodelle ab.

- *Vorhersagen aus der Vorgeschichte* hängen davon ab, wie oft die Anwendung unter denselben Voraussetzungen ausgeführt wird.

- Als weitere Möglichkeit bleiben die *Vorhersagen aus Testläufen*.

Performance Gridressourcen

Die Bereitstellung von dynamischen Informationen zur *Performance von Gridressourcen*, wie CPU-Auslastungen und Datendurchsatz im Netzwerk, ist für das Grid Scheduling ebenso notwendig wie die Kenntnis von statischen Informationen, die sich während einer normalen Programmlaufzeit nicht ändern, wie zum Beispiel CPU-Taktfrequenzen.

Performancevorhersage

Systeme, die Performance-Daten liefern, stellen drei Basisfunktionalitäten zur Verfügung [NWS 04, Kap. 14]:

- *Monitoring*: Sammlung und Verwaltung von Performance-Daten.

- *Vorhersage*: Berechnung von Vorhersagewerten der zukünftigen Performance.

- *Bereitstellung* der Daten in verschiedenen Formaten für verschiedene Scheduler.

Network Weather Service

Der *Network Weather Service* (NWS) [WSH 99] ist ein solches Performance-Vorhersagesystem, das mit verschiedenen Grid-Infrastrukturen kompatibel ist. Die Monitoring-Daten und damit die Vorgeschichte sind die Grundlage für die Vorhersagen.

Neben dem erwähnten Condor-System sind weitere Schedulingsysteme im Einsatz:

LSF®

- *LSF®* [LSF 07]: Das kommerzielle Produkt Platform LSF® (Load Sharing Facility) kommt als lokales Schedulingsystem zum Einsatz (*lower-level*) und wird von globalen Grid Schedulern angesprochen (*higher-level*) [NWS 04, Kap. 12].

- *PBS* [P 07]: Das Portable Batch System, das als OpenPBS verfügbar ist und in einer kommerziellen Version PBS Professional®, gehört als Queuing-System ebenfalls zu den lower-level Schedulern. **PBS**

- *Maui* [CRM 07] ist ein Open-Source-Scheduler, der mit verschiedenen Ressourcenverwaltungssystemen zusammenarbeiten kann; er erweitert dabei deren Möglichkeiten, etwa im *Prioritätsmanagement* oder zur Optimierung der Schedules. **Maui**

- *Silver* [CRS 07] (kommerzieller Produktname: Moab Grid Scheduler®) ist ein Grid *Scheduler*, der auf Maui aufbaut. Als *Meta-Scheduler* erlaubt er die *Zusammenarbeit* mit mehreren verteilten Ressourcenverwaltungen in Grids. **Silver**

Die genannten Systeme sind *Job Scheduler*, das sind Scheduler, die über Domänengrenzen hinweg die ankommenden Anwendungen bedienen. Sie finden auch in herkömmlichen verteilten Systemen Verwendung. Demgegenüber gehören *Application-Level Scheduler* zu den jeweiligen Anwendungen, die ihre eigenen Scheduling-Entscheidungen treffen [NWS 04, Kap. 18]. Ein Beispiel ist **Job Scheduler und Application-Level Scheduler**

- *AppLeS*: Der Application Level Scheduler ermöglicht so genanntes adaptives *Scheduling* für Gridanwendungen. Jeder Anwendung ist ein Agent zugeordnet, der die Scheduling-Aufgabe übernimmt. [BWC 03]. **AppLeS**

Nachfolgende Abbildung 6-13 zeigt schematisch die Arbeitsweise der beiden Typen (analog zu [NWS 04, Kap. 18]).

**Abb. 6-13:
Job Scheduler und Application-Level Scheduler**

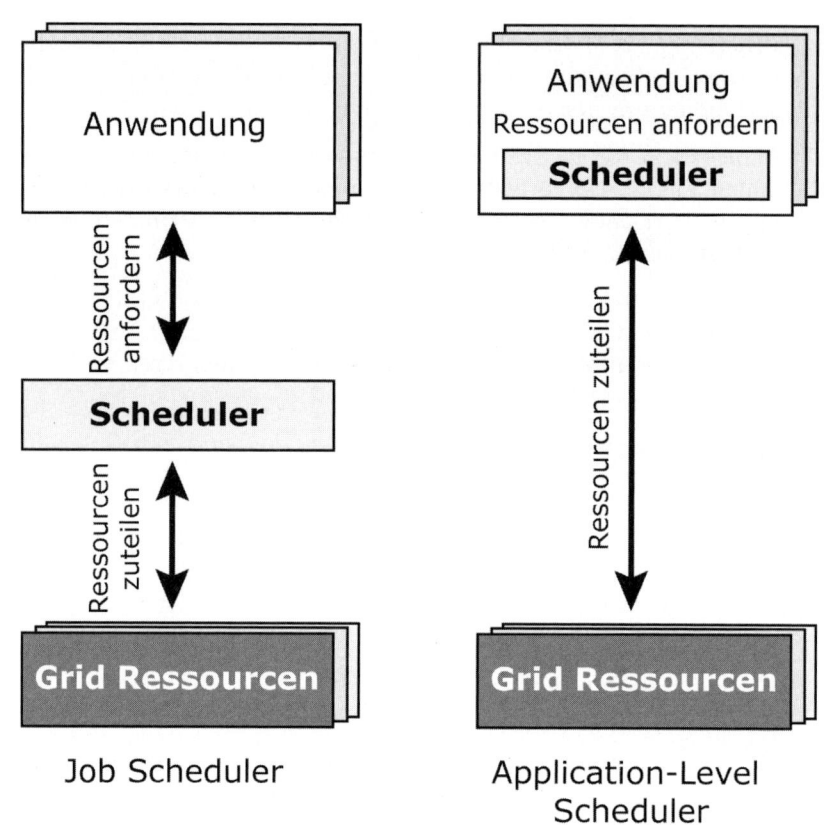

| Grid Scheduling-Algorithmen | Die Einteilung von *Grid Scheduling-Algorithmen* in verschiedene Kategorien unterscheidet sich praktisch nicht von der Einteilung in anderen verteilten Systemen. Eine Taxonomie in [DA 06] gibt einen guten Überblick über verschiedene Kategorien und auch Informationen und Referenzen zu einer Vielzahl von Algorithmen und Verfahren. Taxonomien, die verschiedene Aspekte des Grid Scheduling betreffen, und Beschreibungen von Algorithmen finden sich auch in [NSW 04] und [W 07]. Besondere Bedeutung gewinnen im Grid Scheduling auch ökonomische Modelle (s.a. 6.2.1). Eine weitergehende Darstellung dieser Ansätze ist im Rahmen dieses Werkes nicht möglich. Zum Einstieg in die Thematik sei auf [B 02] und [FSY 06] verwiesen. |

7 Virtualisierungstechniken

Virtualisierung ist eine Herangehensweise in der Informationstechnologie, die Ressourcen so in einer logischen Sicht zusammenfasst, dass ihre Auslastung optimiert wird und sie Anforderungen automatisch zur Verfügung stehen. Der Lösungsansatz besteht in der Verknüpfung von Servern, Speichern und Netzen zu einem virtuellen Gesamtsystem, aus welchem die Anwendungen direkt und bedarfsgerecht ihre Ressourcen beziehen.

Man muss unterscheiden zwischen der

- *Virtualisierung von Hardware*, die sich mit der Verwaltung von Hardware-Ressourcen, beschäftigt, und die
- *Virtualisierung von Software*, die sich mit der Verwaltung von Software-Ressourcen, wie z.B. Anwendungen und Betriebssystemen beschäftigt.

Eine Virtualisierung bietet vielfältige Vorteile:

- *Serverkonsolidierung* bedeutet Zusammenlegen vieler virtueller Server auf möglichst wenigen physikalischen Servern. Zur optimalen Ausnutzung der vorhandenen Hardware-Ressourcen können auf den physikalischen Hosts virtuelle Server mit aufeinander abgestimmten Leistungsmerkmalen sowie zueinander passenden Lastprofilen zusammengelegt werden. Daraus ergibt sich nicht nur eine Kostensenkung bei der Hardware, sondern die Konsolidierung führt auch im laufenden Betrieb zu einem niedrigeren Stromverbrauch und weniger Klimatisierungaufwand.

  Vorteile der Virtualisierung

- *Vereinfachte Administration*, die Zahl der physischen Server verringert sich. Bei den virtuellen Servern können sehr ausgereifte Managementwerkzeuge eingesetzt werden: Die Erstellung und Anpassung der einzelnen virtuellen Server ist durch Templates oder Installationsvorlagen leicht automatisierbar.
- *Vereinfachte Bereitstellung*: Verringern der Zeit für die Bereitstellung einer neuen Infrastruktur wie z.B. eines Servers innerhalb von Minuten mit hervorragenden Automatisierungsfunktionen.
- *Hohe Verfügbarkeit der Systeme und Services* ist gewährleistet durch Migrationsfähigkeit der Systeme und Services und durch

7 Virtualisierungstechniken

einfaches Duplizieren oder Klonen der virtuellen Maschinen. Durch Replikation der physikalischen Ressourcen ist ein praktisch unterbrechungsfreier Betrieb bei Datensicherung, Hardware-Upgrades und Ausfällen möglich.

- *Service-Levels*: Virtualisierung bietet neue Möglichkeiten zur Vereinbarung von garantierten Ressource-Zuwendungen an Applikationen. Das Lastverhalten von Anwendungen kann damit sehr genau überwacht und eingestellt werden.
- *Optimierung von Software-Tests und Software-Entwicklung*: Unterschiedliche Testumgebungen, unterschiedliche Betriebssysteme und Versionen oder unterschiedliche Setups und Umgebungen sind ohne zusätzliche Hardware schnell aufzusetzen.
- *Unterstützung von alten Anwendungen*: Migrieren von sog. Legacy-Betriebssystemen und Legacy-Anwendungen, die auf neuer aktueller Hardware nicht mehr laufen würden (z.B. Windows NT4).
- *Höhere Sicherheit*: Einrichtung einer eigens hoch abgesicherten und isolierten virtuellen Installation für Internet-Dienste oder Web-Browser. Auch unternehmenskritische Anwendungen können in einer virtuellen Maschine gekapselt werden und in einer sicheren Umgebung ablaufen.

Die verschiedenen Techniken der Virtualisierung sind:

1. *Betriebssystemvirtualisierung*, welche die Ausführung mehrerer Betriebssysteme auf einem Rechner erlaubt.
2. *Java Virtuelle Maschine (JVM)*, welche die Ausführung von Programmen auf jedem Betriebssystem ermöglicht.
3. *Softwarevirtualisierung*, welche die lokale Ausführung von Programmen ohne vorherige Installation erlaubt.
4. *Hardwarevirtualisierung*, welche die Verwaltung von heterogenen Hardware-Ressourcen in sog. Ressource-Pools ermöglicht.

7.1 Betriebssystemvirtualisierung

Der VMM oder Hypervisor steuert Virtuelle Maschinen

Die Virtualisierung von Betriebssystemen erlaubt die Ausführung mehrerer Betriebssysteminstanzen auf einem Rechner. Das Gast-System ist hierbei stets für die gleiche CPU-Architektur ausgelegt (sonst spricht man von Emulation). Das Konzept der Betriebssystemvirtualisierung ist nicht neu: Es reicht zurück in die 60er Jahre des vergangenen Jahrhunderts und stammt aus dem Umfeld der Großrechner. Dort stellt der sog. Virtuelle Maschinen-Monitor (VMM) oder Hypervi-

7.1 Betriebssystemvirtualisierung

sor jedem Benutzer einen spezifischen Anteil an Ressourcen als Kopie der unterliegenden Hardware in Form einer virtuellen Maschine zur Verfügung (Abb. 7-1).

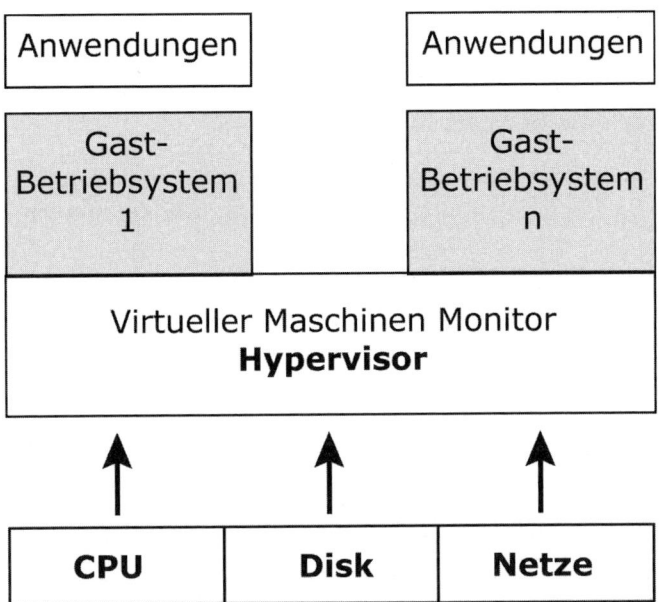

Abb. 7-1: Betriebssystemvirtualisierung

Es entsteht so die Illusion, jeder Benutzer besitze einen eigenen persönlichen Rechner mit allen Ein/Ausgabe-Operationen, Interrupts und Betriebsmodi des realen Rechners. Durch diese Technik können verschiedene Gastbetriebssysteme konkurrent auf einem einzigen physischen Großrechner laufen.

Das erste und bekannteste kommerziell eingesetzte Betriebssystem in diesem Umfeld war VM/370 von IBM, das auf Großrechnern als Trägersystem für eine Vielzahl von Betriebssystemen dienen kann wie z.B. MVS oder AIX. Auch der Betrieb von Dialogsystemen wie Conversational Monitor System (CMS) ist möglich. Die aktuelle Version z/VM unterstützt auch Linux-Instanzen.

Das **Control Program (CP)** sorgt für die Partitionierung und Zuteilung von Hardware-Ressourcen wie Prozessorleistung und Datenspeicher entsprechend der Anforderungen der Anwendungen [IBM 72]. Als Folge der enormen Leistungssteigerung der Mikroprozessoren gibt es die Virtualisierung inzwischen nicht nur auf leistungsstarken Großrechnern, sondern auch im Mikroprozessor-Bereich [I 06, AMD 06].

7 Virtualisierungstechniken

Mögliche Virtualisierungskonzepte bei Betriebssystemen sind:

- **Vollvirtualisierung** bildet einen kompletten Rechner inklusive BIOS nach und unterstützt mehrere unterschiedliche unmodifizierte Betriebssysteme nebeneinander.

- **Containervirtualisierung** erlaubt die mehrfache Ausführung desselben Betriebssystems auf einem Rechner.

- **Paravirtualisierung** virtualisiert Teilaspekte und kann entsprechend angepasste Betriebssysteme sehr performant unterstützen.

7.1.1 Vollvirtualisierung

Bereitstellung eines kompletten virtuellen Computers

Bei der Vollvirtualisierung stellt das Gastbetriebssystem der virtuellen Maschine im Idealfall alle Bereiche der physischen Hardware in Form von virtueller Hardware über spezielle Gerätetreiber zur Verfügung. Dadurch kann ein unverändertes Gastbetriebssystem in einer isolierten Umgebung ausgeführt werden. Wie Abbildung 7-2 zeigt, sorgt der Hypervisor dabei für eine bedarfsgerechte Zuteilung der Ressourcen:

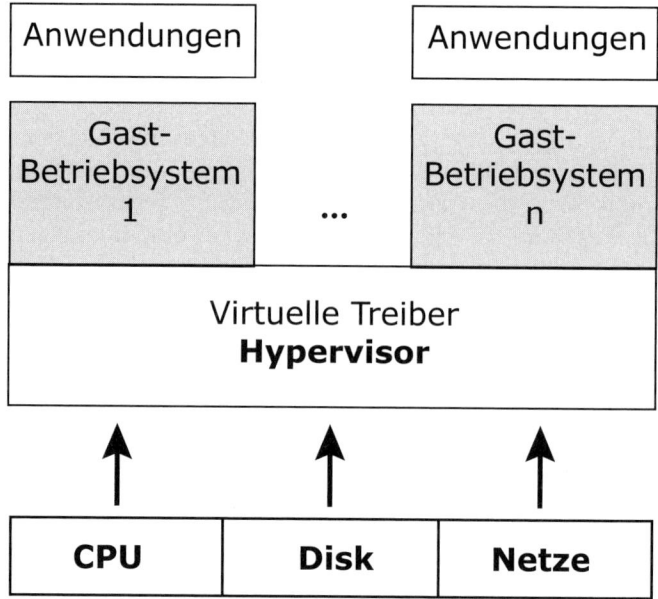

Abb. 7-2: Vollvirtualisierung

Als Beispiele für die Vollvirtualisierung sollen die Produkte der Firma VMware dienen [L 07].

VMware Workstation ist für den Einsatz unter einem Desktop-Bestriebssystem konzipiert. Es kann damit unter den Wirtsbetriebssystemen Linux und Windows ein kompletter x86-PC bzw. x86-64-PC virtualisiert werden. Auf diesen virtuellen Systemen können die meisten x86 Betriebssysteme installiert und betrieben werden, wobei den virtuellen Maschinen Ressourcen des Hostsystems zur Verfügung stehen [VMP 07].

Für den Einsatz im Serverbereich wird *VMware Server* kostenfrei angeboten. Das Produkt unterscheidet sich von der Workstation-Version durch zusätzliche Leistungsmerkmale und bessere Managementfähigkeiten [VMS 07].

Der *VMware ESX Server* basiert auf einem VMware-eigenen Betriebssystemkernel und benötigt daher kein Wirtsbetriebssystem. Dadurch ist prinzipiell eine höhere Performanz, Skalierbarkeit und Sicherheit möglich, da das Produkt speziell auf den Einsatzzweck als Virtualisierungsserver optimiert ist.

Hochverfügbarkeit und Lastausgleich

Die darauf aufbauende *VMware Infrastructure* erweitert den *ESX Server* um eine Hochverfügbarkeitslösung für Cluster und um automatischen dynamischen Lastausgleich (Load-Balancing). Das Verschieben von virtuellen Maschinen im laufenden Betrieb ermöglicht das zusätzliche Paket *VMotion*. Dies führt zu einer ausfallsicheren Plattform, die in ihren Managementfähigkeiten nahezu den Möglichkeiten eines Großrechners entspricht. So ist es möglich, Wartungsarbeiten wie z.B. Firmware-Upgrades oder Speichererweiterungen der Hosts ohne Betriebsunterbrechung durchzuführen [VMV 07]. Die neueste Entwicklung zielt darauf ab, den 32 MB großen Kernel des ESX-Servers direkt in das BIOS der physischen Server zu integrieren, so dass die Virtualisierungsplattform ohne weitere Softwareinstallation direkt nach dem Einschalten des Servers zur Verfügung steht.

Managementfähigkeiten

Die Verwaltungssoftware *VirtualCenter* ermöglicht die zentrale Administration mehrerer VMware-Server und ESX-Server und deren virtueller Maschinen, inklusive zentraler Leistungsüberwachung und Steuerung. *VirtualCenter* besteht aus einer Serverkomponente mit Datenbank, den Software-Agenten auf jedem zu überwachenden Host, sowie einer oder mehreren Konsolen. Die Agenten überwachen den Zustand der Systeme und steuern die Ressourcenzuteilung. Die Kommunikation zwischen Konsole, Server und Agenten erfolgt über Web Services, das Informationsmodell orientiert sich dabei am weit verbreiteten Industriestandard **Common Information Model** [DMTF 07].

7.1.2 Containervirtualisierung

Abb. 7-3: Containervirtualisierung

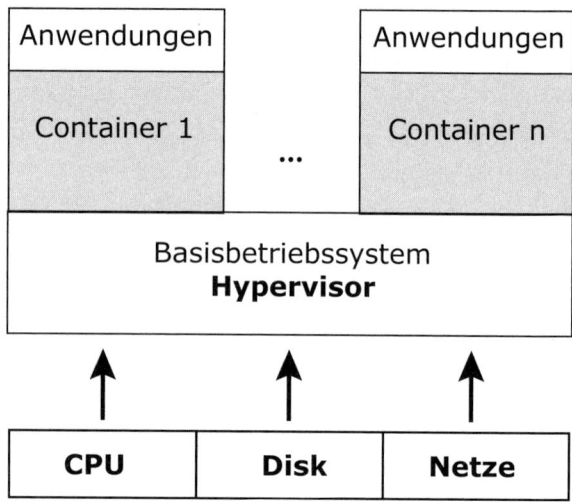

Container virtualisieren Teile eines Basisbetriebssystems

Virtualisierung durch Container stellt Anwendungen virtuell eine komplette Laufzeitumgebung innerhalb eines geschlossenen isolierten Bereichs zur Verfügung. Dadurch ist die mehrfache Nutzung eines einzelnen Betriebssystems möglich. Der Hypervisor startet auf dem Rechner kein zusätzliches, komplettes Betriebssystem, sondern die Container bilden lediglich aktuell in der Anwendung benötigte Teilfunktionalitäten des Wirtbetriebssystems ab, wie Bild 7-3 veranschaulicht:

Der Vorteil dieses Vorgehens liegt in der guten Integration der Container an das Gastbetriebssystem. Der Nachteil dieses Konzepts besteht darin, dass die Containervirtualisierug ausschließlich die Plattform des Wirts unterstützt und man aus den Containern heraus keine Treiber laden kann. Beispiele für die Containervirtualisierung sind Produkte wie OpenSolaris [S 07], FreeBSD Jails [KW 07], Linux Vserver [Li 07] und Virtuozzo [P 08].

7.1.3 Paravirtualisierung

Einrichten einer abstrakten Verwaltungsschicht

Die Paravirtualisierung startet auf einem Basisbetriebssystem zusätzliche Betriebssysteme virtuell neu, ohne jedoch Hardware zu virtualisieren oder zu emulieren. Die virtuell gestarteten Betriebssysteme verwenden eine abstrakte Verwaltungsschicht, um auf gemeinsame Ressourcen wie Netzanbindung, Festplattenspeicher, Benutzerein-/ausgaben zuzugreifen, ohne dass spezielle Treiber zum Einsatz kommen (Abb. 7-4). In der Regel ist dazu aber eine Anpassung des Gastsystems nötig. Ein Beispiel für die Paravirtualisierung ist der Xen Hypervisor [RM 06]. Der Vorteil der Paravirtualisierung ist die sehr effiziente Ressourcennutzung: Die virtuellen Systeme laufen nahezu ebenso performant wie die physischen Systeme.

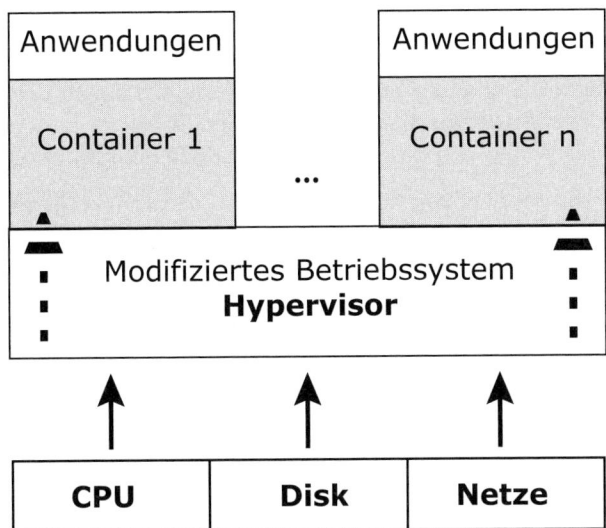

Abb. 7-4: Paravirtualisierung

7.2 Virtuelle Maschine

Virtuelle Maschinen zur Interpretation des von einem Compiler erzeugten Zwischencodes gibt es in zwei Ausprägungen oder Ansätzen:

1. Java Virtuelle Maschine (JVM) und
2. das .NET-Framework mit der Laufzeitumgebung der Common Language Runtime (CLR).

7.2.1 Java Virtuelle Maschine (JVM)

Die Philosophie von Sun und Java ist, dass damit geschriebene Programme sofort auf allen Plattformen lauffähig sein sollen und auch immer dieselben Ergebnisse liefern. Die Java Virtuelle Maschine (JVM) emuliert zu diesem Zweck einen idealisierten Rechner, der auf jeder Plattform gleich funktioniert. Ein Java-Compiler übersetzt die Java-Programme zunächst in einen Bytecode, den die JVM anschließend auf den Zielplattformen interpretiert [C 06]. Die Bestandteile der JVM sind

Java ermöglicht die Programmierung plattformunabhängiger Anwendungen

- Klassenlader (*classloader*),
- Konsistenzprüfer (*verifier*),

7 Virtualisierungstechniken

- Ausführungseinheit (*execution engine*) zur Interpretation des Bytecodes,
- Speicherverwaltung und automatische Speicherbereinigung (*garbage collection*).

Der Klassenlader kann Bytecode lokal oder über eine Netzverbindung laden, wobei er nach einer Konsistenzprüfung das auszuführende Programm an die Ausführungseinheit übergibt. Die Java-Laufzeitumgebung stützt sich dabei auf umfangreiche Java-Klassenbibliotheken.

Java bietet die Möglichkeit, Anwendungen zu entwickeln, die in unterschiedlichen verteilten Ausführungsumgebungen ablaufen können. Neben herkömmlichen Applikationen gibt es auch die Möglichkeit, über einen Web-Server auf einer fernen Maschine sog. *Applets* in Web-Browsern auszuführen, wie es das Bild 7-5 veranschaulicht. Das Sicherheitskonzept von Java gewährleistet dabei, dass unbekannte Komponenten keinen Schaden anrichten können: Eine sog. *Sandbox* kapselt alle Operationen.

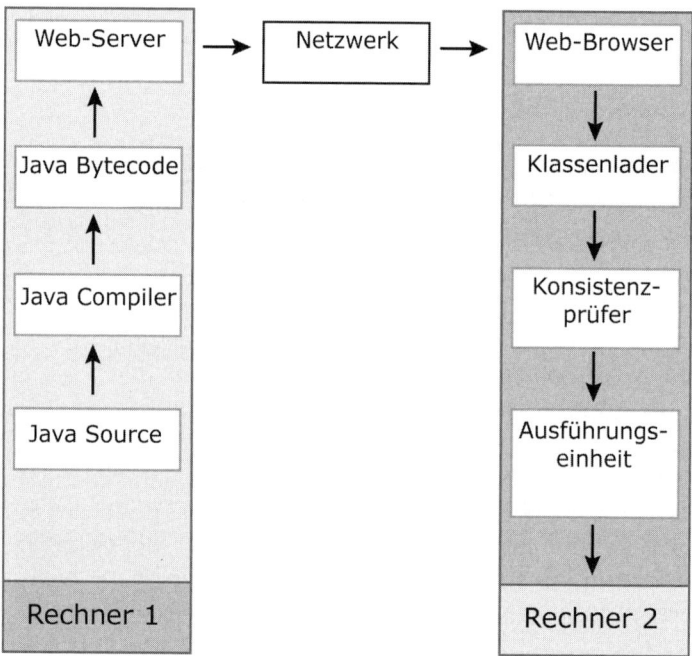

Abb. 7-5: Ausführung eines Java-Applet

7.2.2 Common Language Runtime (CLR)

Die Philosophie von Microsoft mit dem .NET Framework ist, dass Programme, die in unterschiedlichen Programmiersprachen geschrieben sind, auf allen Rechnern mit der .NET-Plattform durch die *Common Language Runtime* (*CLR*) lauffähig sind (siehe auch Abschnitt 3.4.5.8.2) Die CLR realisiert eine virtuelle Maschine, die eine ausreichende Abstraktion von der konkreten Basismaschine garantiert. Die virtuelle Maschine basiert wie die JVM auf einer abstrakten Stackmaschine, die nur Anweisungen einer Zwischensprache der *Common Intermediate Language* (*CIL*) ausführt. Die Compiler für die verschiedenen Sprachen (C++, C#, Java, Prolog, Haskell, ...) erzeugen die notwendige Zwischensprache und unterstützen das von der .NET-Plattform definierte Typsystem. Diese Zwischensprache wird erst zur Laufzeit des Programmes kompiliert und für die konkrete Basismaschine angepasst und optimiert. Weiterhin stellt sie Mechanismen zur Speicher- und Typverwaltung sowie eine Ausnahmebehandlung bereit.

7.3 Softwarevirtualisierung

Die Softwarevirtualisierung erlaubt die virtuelle Installation von Softwareprodukten oder Betriebssystemen auf einem Rechner. Voraussetzung dafür ist, dass über ein Netzwerk Zugang zu einem Installationsserver besteht, von dem nach Bedarf Softwarekomponenten geladen werden können. Die Vorteile sind: Bessere Wartbarkeit und größere Flexibilität der Softwareinfrastruktur. Prinzipiell ermöglicht Softwarevirtualisierung in sog. *verwalteten Systemen* auch die komponentenweise und zeitabhängige Verrechnung von Softwarelizenzen.

7.3.1 Services

Die Virtualisierung von Services macht Serveranwendungen für einen Klienten transparent über ein Netzwerk, als ob sie lokal laufen würden. Hierbei kommen auf der Seite der Klienten sehr oft sog. „*Thin Clients*" zum Einsatz, die nur ein minimales Betriebssystem zur Kommunikation und zur Ausführung der Anwendung besitzen und damit sehr preiswert in Beschaffung und Betrieb sind. Eine Studie der Fraunhofergesellschaft zeigt, dass im Vergleich zu individuell betriebenen PC-Systemen der Einsatz von Thin Clients die Unterhaltungskosten um einen Faktor 3 senken kann [K 07]. Die Klienten können dabei sowohl in einem Intranet als auch im Internet betrieben werden (Abb. 7-6). Das System bietet insbesondere Firmen Vorteile bei der sicheren

Virtuelle Services erlauben transparenten Zugriff auf Serveranwendungen über ICA oder RDP

7 Virtualisierungstechniken

Anbindung von externen Arbeitsplätzen, da ein Befall mit Schadsoftware quasi ausgeschlossen ist.

Abb. 7-6:
Ausführung
von Services
auf Thin
Clients

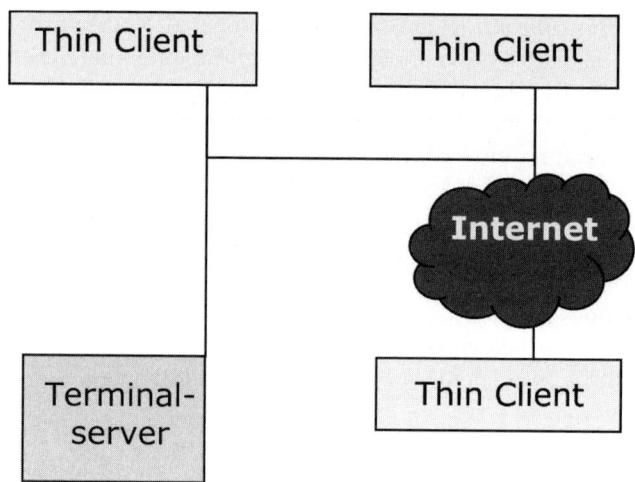

An erster Stelle sind in diesem Zusammenhang Terminal-Services zu nennen. Ein prominentes Beispiel sind die Dienste der Firma Citrix, die das Ausführen von Windows-Anwendungen auf Unix-Klienten erlauben [L 05]. Die wichtigste Anwendung von Citrix heißt *Citrix Presentation Server*. Sie bietet die Möglichkeit, von einem beliebigen Computer/Device mit einem beliebigen Betriebssystem über das Internet auf eine Firmenanwendung zuzugreifen, ohne dass die eigentliche Firmensoftware auf dem verwendeten Rechner installiert sein muss; dort ist nur ein Citrix *Independent Computing Architecture (ICA)*-Client oder *Remote Desktop Protocol (RDP)*-Client installiert. Die Anwendung läuft dabei auf dem Server, und es werden nur die Grafikdaten übertragen. Da nur die Daten übertragen werden, die sich auch tatsächlich geändert haben, können die Terminaldienste auch auf langsamen Netzwerkverbindungen genutzt werden.

7.3.2 Anwendungen

Einen Schritt weiter geht die Virtualisierung von Anwendungen. Hier werden Desktop- oder Serveranwendungen lokal ausgeführt, ohne dass diese zuvor lokal installiert werden müssen. Für die *virtualisierte Anwendung* wird dazu eine virtuelle Umgebung generiert, die alle Dateien und Komponenten enthält, die das Programm zur Ausführung benötigt. Die virtuelle Umgebung wirkt dabei wie ein Puffer zwischen Anwendung und Betriebssystem, wodurch Konflikte mit anderen Anwendungen oder Betriebssystemkomponenten vermieden werden. So wird z.B. bei dem Produkt *SoftGrid* der Firma MicroSoft von einem Softwareserver bei Bedarf die Software (z.B. Office) zum Rechner des Anwenders übertragen, sobald dieser eine Anwendung aufruft, in ähnlicher Weise wie dies bei einem Online-Video der Fall ist. Kurz nach Beginn der Übertragung kann das Programm gestartet werden, wobei im Hintergrund weitere Komponenten übertragen werden. Damit dies funktioniert, muss zuvor auf dem PC des Anwenders lediglich der SoftGrid-Klient installiert werden. Der Vorteil dieses Vorgehens ist, dass bei einer größeren verteilten Installation von PCs jeder Rechner mit derselben identischen Softwareausstattung ausgeliefert werden kann. Die verschiedenen Anwendungen stehen dann über den Softwareserver nach Bedarf ohne weitere Installation wahlfrei zur Verfügung. Der Administrationsaufwand für große Installationen von PCs kann damit stark reduziert werden.

Virtuelle Anwendungen werden virtuell installiert

7.4 Hardware-Virtualisierung

Die Hardware-Virtualisierung verwaltet Ressourcen wie Prozessor, Hauptspeicher und Datenspeicher über die Firmware des Rechners und teilt diese einer virtuellen Maschine zu.

Die sog. **Partitionierung** unterteilt dabei ein Gesamtsystem dynamisch in Teilsysteme. Ein bekanntes Beispiel ist die Plattenpartitionierung bei der Installation von Betriebssystemen.

Die Partitionierungstechnik kommt z.B. bei IBM zum Einsatz in Großrechnern der zSerie [IBM 07] oder Midrange-Systemen der pSerie [IBM 08]. Ohne Neustart ist es möglich, im laufenden Betrieb eine Ressourcenzuteilung nahezu beliebig zu verändern. Auf einem Großrechner aktueller Bauart können auf diese Weise problemlos mehrere hundert bis tausend Linux-Instanzen gleichzeitig laufen.

Großrechner: Partitionierung, d.h. Unterteilung in Teilsysteme

Bei Mikroprozessoren gibt es diese Form der Partitionierung des Gesamtsystems nicht, sondern es wird lediglich die Partitionierung der CPU unterstützt, wie bei Intel Vanderpool oder AMD Pacifica. Zur

7 Virtualisierungstechniken

Betriebssystemvirtualisierung stehen Public Domain-Softwareprodukte wie Xen [RM 06] oder kommerzielle Produkte wie VMware [L 07] zur Verfügung.

7.4.1 Prozessor

Bei PC: Intel Vanderpool und AMD Pacifica

Bei aktuellen Prozessoren werden Virtualisierungsfunktionen direkt auf dem Chip unterstützt. Dabei gehen die Firmen Intel und AMD unterschiedliche Wege:

1. Die Secure *Virtual Machine Architecture Pacifica* von AMD erweitert die AMD64-CPUs um den so genannten *Secure Virtual Machine (SVM)*-Befehlssatz. Die neuen Befehle bieten virtuellen Maschinen Prozessor-Level-Support, indem sie vier verschiedene Privilegien anbieten. Normalerweise laufen wie in Abb. 7-7 gezeigt das Betriebssystem und die Treiber im so genannten Ring 0 (Kernel Mode) und Applikationen im Ring 3 (User Mode). Die neuen Befehle erlauben es, aus einem Betriebssystem heraus Virtuelle Maschinen in Ring 1, 2, oder 3 zu platzieren. Privilegierte Instruktionen in virtuellen Maschinen erzeugen Interrupts, so dass das Basissystem die volle Kontrolle über die Ressourcen behält.

2. Intels konkurrierende *Vanderpool*-Lösung mit der Bezeichnung VT-x für IA32-CPUs und VT-i für Itaniums implementieren dagegen den so genannten *Virtual Machine Extensions (VMX)*-Befehlssatz. Dabei gibt es mit "Root" und "Non-Root" zwei Betriebsmodi. Der Virtuelle Maschinen-Monitor (VMM) läuft im VMX Root-Modus und besitzt jederzeit die volle Kontrolle über den Prozessor und die Ressourcen, da damit prinzipiell ein höheres Privileg als Ring 0 implementiert ist. Die virtuellen Maschinen arbeiten im Non-Root-Modus, wobei auch privilegierte Befehle erlaubt sind. Es ist dabei für eine virtuelle Maschine nicht erkennbar, dass sie unter der Kontrolle eines VMM läuft.

AMDs Virtualisierungstechnologie Pacifica ist mit Vanderpool von Intel nicht kompatibel: AMD64-Prozessoren unterscheiden sich durch ihren integrierten Memory-Controller von Intels x86-CPUs. Hier hebt sich Pacifica wesentlich von Vanderpool ab, indem der Speicher-Controller ebenfalls virtualisiert wird. Eine weitere Eigenschaft von Pacifica stellt der Device Exclusion Vector (DEV) dar, der in virtuellen Maschinen Geräte behandelt, die ohne Hilfe des Prozessors direkt auf den Speicher des Systems zugreifen können.

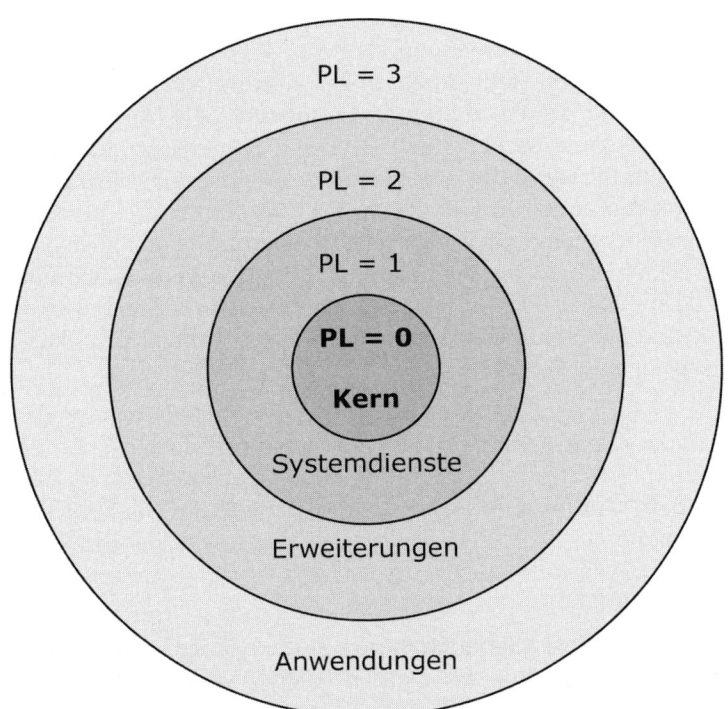

Abb. 7-7: Privilegienstufen (PL) in den Ringen der CPU

7.4.2 Hauptspeicher

Bei der *Hauptspeichervirtualisierung* handelt es sich um eine erweiterte Art der Speicherverwaltung, die inaktive Hauptspeicherbereiche automatisch auf Festplattenspeicher auslagert, um Platz für weitere Anwendungen zu schaffen. Hierbei entsteht ein großer *linearer Adressraum*, der den real eingebauten Hauptspeicher weit übertreffen kann. Ein explizites „Swap out" und „Swap in" von kompletten Prozessen wird dadurch prinzipiell überflüssig, da jedem Prozess genügend Speicher zur Verfügung steht.

Der *virtuelle Speicher* bezeichnet den vom tatsächlich vorhandenen Arbeitsspeicher unabhängigen Adressraum, der einem Prozess für Daten und das Programm vom Betriebssystem zur Verfügung gestellt wird. Eine *virtuelle Adresse* beschreibt einen Ort im Speicher eines Computersystems, dessen Betriebssystem eine virtuelle Speicherver-

Erweiterung des Adressraums

7 Virtualisierungstechniken

waltung zur Adressierung verwendet. Die Gesamtheit aller virtuellen Adressen wird auch als *virtueller Adressraum* bezeichnet.

Vorteile der virtuellen Speicherverwaltung

Die virtuelle Speicherverwaltung sorgt für die effiziente Nutzung vorhandenen Speichers, stellt große, linear zusammenhängende logische Speicherbereiche zur Verfügung und ermöglicht die Implementierung von Speicherschutzmechanismen. Nur die Betriebssysteme, die eine virtuelle Speicherverwaltung verwenden, können einen virtuellen Adressraum generieren und dadurch Speicherseiten, die physikalisch nicht zusammenhängend sind, für den Programmierer bzw. das Programm als logisch zusammenhängenden Speicherbereich abbilden. So stellen beispielsweise 32-Bit Betriebssysteme bis zu 4 Gigabyte für Programme und Daten zur Verfügung, auch wenn weniger physikalischer Arbeitsspeicher, z. B. nur 1 Gigabyte, eingebaut ist.

Aktuelle 64-Bit-Prozessoren erweitern den virtuellen Adressraum auf 48 Bit, so dass Prozesse bis zu 128 TeraByte ansprechen können. Neben der größeren Leistungsfähigkeit der 64-Bit-Prozessoren ist vor allem der größere Adressraum ein Grund für die Verwendung der neuen Prozessorgeneration.

7.4.3 Datenspeicher

Datenmanagement

Bei der *Datenspeichervirtualisierung* soll die Rechenkapazität von der Speicherkapazität entkoppelt werden [C 05]. Man trennt die Datenspeicher von den Servern und fasst die vorhandene Speicher-Hardware auf einer neuen logischen Ebene zusammen. Auf diese Weise entsteht ein virtueller Gesamtspeicher. Der Aufbau einer logischen Sicht auf die physischen Speicher schafft die Voraussetzung, Produkte verschiedener Hersteller zentral und flexibel zu verwalten. Man bildet sog. *Speicherpools* aus verschiedenen Speichern mit unterschiedlichen Speichertechniken, auf welche die Server über ein Netzwerk zugreifen können. In diese Pools integriert man z.B. Festplattensysteme, optische Speicher und Bandarchive. Entsprechende Managementwerkzeuge unterstützen Operationen wie Kategorisieren, Kopieren oder Verschieben über die verschiedenen Speichertypen hinweg. Dadurch ergeben sich die folgenden Vorteile:

Vorteile der Datenspeichervirtualisierung

- *Datenspeicherkonsolidierung:* Die Hardware-übergreifende Zusammenfassung verschiedener physischer Speicher ermöglicht die bedarfsgerechte Skalierung und Zuweisung. Die Klienten des Systems können den virtuellen Speicherplatz auf die bekannte Art und Weise nutzen. Der als ein Gesamtbereich dargestellte Speicher kann dabei physikalisch auch geräteübergreifend verteilt sein.

7.4 Hardware-Virtualisierung

- *Vereinfachte Administration:* Es wird ein flexibel skalierbarer Speicherpool geschaffen, der unabhängig von den verwendeten Technologien und Produkten zentral verwaltet werden kann.

- *Lifecycle-Management* ermöglicht die Migration von Daten zwischen teuren Direktzugriffsspeichern und preiswerten Massenspeichern. Entsprechend ihrer Nachfrage wandern Datensätze automatisch zwischen den Speicherorten hin und her. Eine Beeinträchtigung des Serverbetriebs findet dabei nicht statt.

- *Überbuchen* von Speicher: Beim sog. *Over-Commitment* bekommt ein Server eine virtuelle Speicherreservierung erst beim Schreiben von Daten physisch zugeteilt. Dies verringert den Platzverschnitt bei Filesystemen.

Speichernetze als Basis für Virtualisierung

Die bei der Umsetzung der Speicher-Virtualisierung meist eingesetzte Technik ist ein spezielles Speichernetzwerk, das Storage Area Network (SAN). Das SAN bildet ein Netzwerk zwischen Servern und Speicherressourcen, wobei es blockbasierte Daten überträgt (Abb. 7-8):

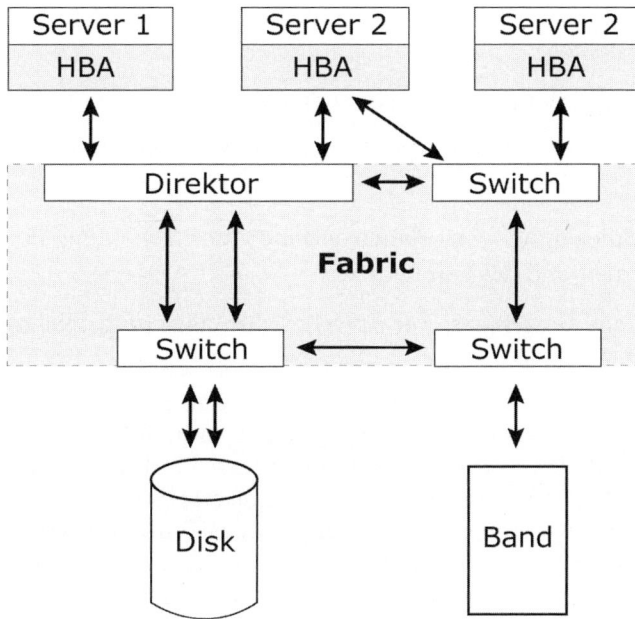

Abb. 7-8: Storage Area Network

7 Virtualisierungstechniken

Die SAN-Umgebung, die sog. Fabric, beinhaltet Switches oder Direktoren, welche Kanäle für den Datentransfer aufbauen. Die Server sind durch spezielle Host Bus Adapter (HBA) angebunden. Oft sind in einem SAN die Verbindungen redundant über unabhängige Pfade ausgelegt, um Ausfallsicherheit oder größeren Durchsatz zu erreichen. Da alle möglichen Datenpfade gleichzeitig sichtbar sind, aber immer nur einer aktiv sein kann, muß auf den Servern eine sog. Multi-Pathing Software zum Einsatz kommen, welche das System überwacht und im Fall eines Fehlers automatisch auf einen alternativen Pfad umschaltet.

Vom Speicherhersteller mitgelieferte Managementwerkzeuge erlauben die Partitionierung des Gesamtspeichers in sog. Logical Units (LUN). Die Zuordnung von LUNs zu Servern ist über Managementwerkzeuge wahlfrei und dynamisch möglich. Das verwendete Protokoll ist meist SCSI, so dass die zugeordneten LUNs als SCSI-Platten in den Servern sichtbar sind.

Die SAN-Technik ermöglicht auch die Verlagerung von speziellen Funktionen der Server und der Speichersysteme in das Netzwerk. Es sind dies Funktionen wie

- *Speichermanagement*: Hinzufügen und Löschen von Volumen oder Dateisystemen.
- *Instant Copy:* Direkte Kopie zwischen Platte und Band.
- *Snapshot*: Einfrieren und Abspeichern einer Konfiguration oder eines Speicherzustands zur späteren Wiederherstellung.
- *Mirroring*: Spiegelung von Plattensystemen zur Erhöhung der Ausfallsicherheit und des Durchsatzes.

Bei der praktischen Umsetzung der Speicher-Virtualisierung gibt es zwei Möglichkeiten:

Integration verschiedener Hersteller durch SMI-S

1. Die kostengünstigste Lösung ist, die Virtualisierungsfunktionen direkt in die Speichergeräte oder die Switches zu integrieren. Der Hersteller liefert dabei in der Regel spezifische Werkzeuge zum Management der Ressourcen mit. Standardisierte Schnittstellen, die der *Storage Management Initiative - Specification (SMI-S)* entsprechen, erlauben auch die Integration von Geräten verschiedener Hersteller zu einem System. Es ist dann möglich, das Gesamtsystem von einer zentralen Konsole zu administrieren.

2. Bei sehr hohen Anforderungen an die Verfügbarkeit und die Flexibilität der Systeme kommen vor allem sog. „Virtualisierungs-

7.4 Hardware-Virtualisierung

Appliances" zum Einsatz. Es handelt sich dabei um spezielle Server, welche die Virtualisierungsfunktionen realisieren. Man unterscheidet zwischen *„In-Band-Virtualisierung"* und *„Out-of-Band-Virtualisierung"* [C 05].

7.4.3.1 In-Band-Virtualisierung

Bei der *In-Band-Virtualisierung* liegt das Virtualisierungssystem zwischen Server-Fabric und Speicher-Fabric (Abb. 7-9).

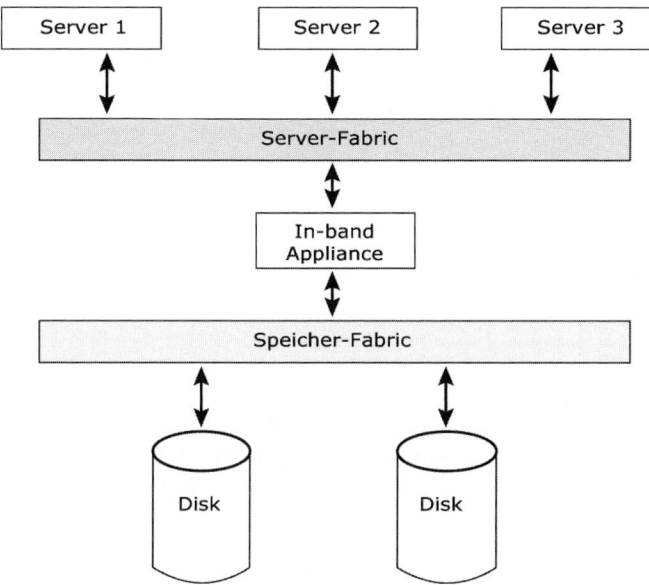

Abb. 7-9: In-Band Virtualisierung

Der Vorteil dieses Ansatzes besteht in der direkten Beeinflussung des Datenstroms, ohne dass mit den daran angeschlossenen Servern kommuniziert werden muss. Es lassen sich so auch sehr einfach weitere Übertragungsprotokolle und Filesysteme wie z.B. Internet-Protokoll (IP), Server Message Block (SMB) oder Network Filesystem (NFS) integrieren, und das Gesamtsystem wird flexibler. Ein Nachteil ist jedoch, dass man einen Flaschenhals generiert, durch den alle Daten fließen müssen. Darüber hinaus führt ein Ausfall der Appliance zu einem Totalausfall des Systems. Diese Schwierigkeiten lassen sich jedoch durch den Aufbau von redundanten Pfaden bzw. Spiegelung des Virtualisierungsservers gut in den Griff bekommen.

Direkte Beeinflussung des Datenstroms

7 Virtualisierungstechniken

Indirekte Beeinflussung des Datenstroms

7.4.3.2 Out-of-Band-Virtualisierung

Bei der *Out-of-Band-Virtualisierung* wird die Virtualisierungs-Appliance neben dem Datenpfad platziert (Abb. 7-1o).

Abb. 7-10: Out-of-Band-Virtualisierung

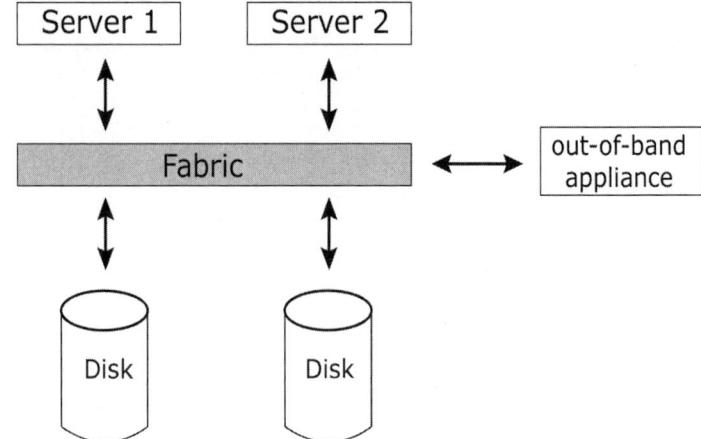

Die Datenströme fließen dadurch ohne Umweg direkt zwischen Server und Speicher, es entsteht aber die Notwendigkeit, auf den Servern modifizierte SAN-Treiber einzuspielen, welche mit dem Virtualisierungsserver kommunizieren. Dadurch kann es vor allem in größeren Systemen zu Latenzen kommen. Ein Ausfall der Appliance lässt jedoch die Grundfunktionalität des SAN unberührt. Es lassen sich aber in diesem Fall die virtualisierten Datenblöcke nicht mehr korrekt zuordnen, und als direkte Folge sind dann auch die darauf basierenden Filesysteme nicht mehr verfügbar.

7.4.4 Netzwerke

Durch die Virtualisierung von Netzwerken ist es möglich, auf verschiedenen physikalischen Netzsegmenten logische Bereiche zu definieren. Die Abbildung eines Subnetzes mit einem gemeinsamen IP-Adressbereich über mehrere unterschiedliche physikalische Netze ist dadurch möglich.

7.4.4.1 Virtual Local Area Network

Ein *Virtual Local Area Network* (VLAN) ist ein virtuelles lokales Netz innerhalb eines physischen Netzes. Die technische Realisierung von VLANs ist im Standard **IEEE 802.1Q** definiert, welcher den Ethernet-Frame um 4 Byte erweitert.

IEEE 802.1Q definiert virtuelle Netze

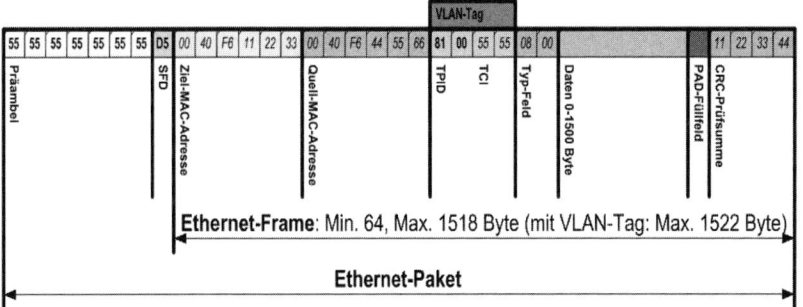

Abb. 7-11: Ethernet-Frame für VLAN

12 Bit davon sind für die sog. VLAN-ID vorgesehen, welche ein VLAN eindeutig kennzeichnet. Ein Gerät, das zum VLAN mit der ID=1 gehört, kann mit jedem anderen Gerät im gleichen VLAN kommunizieren, nicht jedoch mit einem Gerät mit einer anderen VLAN-ID [K 99].

Vorteile der VLAN-Technik sind

Vorteile der virtuellen Netze

- *Transparenz:* Verteilt aufgestellte Geräte können in einem einzigen logischen Netz zusammengefasst werden. VLANs sind sehr nützlich bei der Konzeption der IT-Infrastruktur verteilter Standorte.

- *Sicherheit:* Bestimmte, besonders zu schützende Systeme können in einem eigenen Netz verborgen werden.

Auf der anderen Seite entsteht durch VLANs ein erhöhter Aufwand bei der Netzkonfiguration und bei der Programmierung der aktiven Netzkomponenten (Switches u.ä.).

7.4.4.2 Virtual Private Network

Mit einem *Virtual Private Network (VPN)* lassen sich über ein öffentliches Datennetz, wie etwa dem Internet, sichere private Verbindungen aufbauen. Die Verbindung der Netze wird dabei über einen sog. Tunnel zwischen VPN-Client und VPN-Server (Concentrator) realisiert, wobei die Daten meist verschlüsselt übertragen werden. Als Protokoll

Virtuelle private Netze ermöglichen sichere Verbindungen

für die sicheren Verbindungen wird in der Regel Secure Socket Layer (SSL) eingesetzt. Die Teilnehmer müssen sich zunächst authentisieren und können sich dann z.B. aus dem Internet in ein durch eine Firewall gesichertes Firmennetz einklinken, wobei alle Ressourcen wie beispielsweise Fileserver oder Drucker transparent verfügbar sind [B 02].

8 Cluster

Das Konzept der *Cluster* entstand aus dem Wunsch heraus, die Leistungsfähigkeit hinsichtlich Rechenleistung, Speicherkapazität und Datendurchsatz von miteinander vernetzten Rechnern zu bündeln und für rechenintensive Aufgaben zu nutzen. Diese Idee resultierte aus der Überlegung, wie es möglich ist, die Berechnung und Abarbeitung von Problemen zu beschleunigen. Nach Pfister existieren dafür drei Möglichkeiten [Pfi 98]:

1. die Steigerung der Rechenleistung durch schnellere Prozessoren,
2. der Einsatz besserer Algorithmen und Optimierung der eingesetzten Algorithmen und
3. die Nutzung von mehr als einem Rechnersystem zur Leistungssteigerung.

Da die Rechenleistung nicht beliebig zu steigern ist und Algorithmen nur mit großem Aufwand und auch nicht beliebig optimierbar sind, bietet sich die dritte Möglichkeit, der Zusammenschluss von mehreren Rechnersystemen zu Clustern an.

Ziele eines Clusters: Leistungssteigerung

Die Steigerung der Leistungsfähigkeit eines Systems, das auf einem Cluster basiert, ist praktisch unbegrenzt und nur von folgenden Faktoren beschränkt:

- die Leistungsfähigkeit der einzelnen Knoten,
- der maximalen Datenübertragungsrate der verwendeten Netzwerktechnologie und
- des zu bewältigenden Wartungs- und Administrationsaufwands der Systeme, die den Cluster bilden.

Bereits 1983 bot die Firma Digital Equipment Corporation (DEC) für ihre VAX-11-Rechner eine Clusterlösung an, um mehrere Rechner mit einem seriellen Hochgeschwindigkeits-Interface, dem so genannten Cluster Interconnect (CI), zusammenzuschließen [Ha 01]. Durch den Zusammenschluss mehrerer VAXen war es möglich, auf die Rechenleistung und den Speicherplatz der Rechner zuzugreifen, als würde es sich dabei um einen einzelnen Rechner handeln. Im Jahr 1986 verkaufte Digital Equipment auch mit der VAX 8978 und der 8974 komplette Cluster-Systeme, die aus 4 oder 8 Knoten und einer MicroVAX II als Steuerkonsole bestanden.

Historische Entwicklung der Cluster

8 Cluster

Seit Anfang der 90er Jahre und dem immer größeren Durchsetzen der Client-Server-Architektur halten immer mehr UNIX-Workstations in Unternehmen und Hochschulen Einzug. Man erkannte schnell, dass eine typische Workstation im Arbeitsalltag nur zu 5-10 % ausgelastet ist und daher der größte Teil ihrer potentiellen Rechenleistung ungenutzt ist. Da zu diesem Zeitpunkt auch die Vernetzung immer mehr Einzug hielt, lag es nahe, eine Middleware zu entwickeln, die eine Nutzung der freien Rechenleistung zur Bewältigung komplexer Aufgaben ermöglicht. Mit Hilfe von PVM und MPI, die beide eine Message Passing-Schicht (Layer) für den Nachrichtenaustausch unabhängig von der Architektur der Knoten anbieten, ist es möglich, Cluster-Applikationen mit parallelen Prozessen zu entwickeln.

Steigendes Datenaufkommen in Wissenschaft und Industrie

Seit Mitte der 90er Jahre werden zunehmend Cluster aus Standard-PCs populär, da sie neben einer sehr hohen Rechenleistung und/oder Verfügbarkeit zu geringen Preisen angeschafft werden können. Zusätzlich bieten diese Systeme eine bislang unerreichte Flexibilität, was Einsatzzweck und Systemerweiterungen angeht.

In vielen Fachbereichen von Wissenschaft und Industrie steigen Umfang und Komplexität der benötigten Daten rasant an. Diese Entwicklung ist vor allem in den Naturwissenschaften zu beobachten, insbesondere Hochenergie- und Astrophysik und Ingenieurwissenschaften, aber auch Klimaforschung und Medizin. Dieser Trend hält an und macht Cluster zu einem unverzichtbaren Werkzeug in weiten Teilen der Forschungslandschaft und vielen Bereichen der Industrie.

8.1 Definition Cluster

Nach Pfister[Pfi 98] lässt sich ein Cluster wie folgt definieren:

"A cluster is a type of parallel system that consists of interconnected whole computers and is used as a single, unified computing resource."

Ganz allgemein gilt, dass ein Cluster aus einer Gruppe von miteinander vernetzten eigenständigen Computern (whole computers), den sogenannten Knoten (englisch: Nodes)

besteht, die sich wie ein einheitlicher Uniprozessor verhalten. Von Clustern im engeren Sinn wird gesprochen, wenn die Knoten, die sich in der Regel unter der Kontrolle eines Masters befinden, exklusiv für den Cluster verwendet werden und auf einem gemeinsamen Datenbestand arbeiten [Di 00]. Bei den Knoten kann es sich um gewöhnliche PCs aus Standardkomponenten oder Workstations handeln. Diese Workstations enthalten einen oder mehrere Prozessoren (CPUs), Arbeitsspeicher, Speichermedien, mindestens eine Netzwerkverbindung und ein eigenes Betriebssystem. Alternativ sind auch Server oder Supercomputer als Knoten einsetzbar.

Ist die Hard- und Software auf allen Knoten eines Clusters identisch, handelt es sich um einen *homogenen Cluster*. Unterscheiden sich die Knoten in ihrer Rechnerarchitektur, Hardware oder Software, handelt es sich um einen *heterogenen Cluster*.

Homogen und heterogen aufgebaute Cluster

8.1.1 Vor- und Nachteile von Clustern

Vorteile von Clustern, deren Knoten aus Standardkomponenten bestehen, sind, dass beim Ausfall von Komponenten diese schnell und kostengünstig wiederbeschaffbar sind. Solche Systeme sind in der Anschaffung finanziell günstiger als Großrechner. Reparaturen oder der Austausch von Komponenten bei Supercomputern oder Großrechnern verlangen in der Regel nach spezieller Hardware, die nicht einfach und kostengünstig zu beschaffen ist. Ein weiterer Vorteil von Clustern ist die Flexibilität und Erweiterbarkeit, da diese dynamisch dem Bedarf entsprechend vergrößert oder verkleinert werden können.

Vorteile von Clustern

Ein Nachteil von Clustern ist, dass die große Anzahl von einzelnen Rechnersystemen den Administrationsaufwand vergrößert und so mehr Personalaufwand notwendig ist, als es der Einsatz von einem oder einigen wenigen Supercomputern erfordert. Ein weiterer Nachteil von Clustern ist der hohe Aufwand zum Verteilen und Kontrollieren von Anwendungen. Dieser Aufwand nimmt einen mit der Anzahl der Knoten wachsenden Anteil der Gesamtleistungsfähigkeit eines Clusters in Anspruch.

Nachteile von Clustern

8.1.2 Single System Image

Cluster bestehen aus mindestens zwei Knoten, bei denen es sich um eigenständige Rechnersysteme handelt. Dem Anwender präsentiert sich ein Cluster aber wie ein einzelnes System. Idealerweise wissen die Anwender gar nicht, dass es sich bei dem System, auf dem sie arbeiten, um einen Cluster handelt. Dieses Konzept der parallelen Transparenz bezeichnet man als *Single System Image (SSI)*. Es beschreibt ein System, das die Knoten eines Clusters zu einem großen System zusammenfasst und die Aufträge der Benutzer und laufenden Applikationen auf die einzelnen Ressourcen des Clusters verteilt.

Konzept des Single System Image

Das Konzept des Single System Image existiert auf verschiedenen Ebenen nicht nur bei Clustern. Der Speicher eines Rechners mit mehreren Prozessoren (SMP) stellt ein Single System Image für die Anwendungen dar (Abbildung 8-1). Die laufenden Anwendungen adressieren

Single System Image auf Hardwareebene

keinen bestimmten Prozessor der Multiprozessormaschine, wenn sie ihre Daten in den Speicher ablegen. Die Anwendungen wissen nicht, welcher Prozessor ihre Daten bearbeiten wird. Hier wird das Konzept des Single System Image auf Hardwareebene realisiert.

Abb. 8-1: Konzept des Single System Image bei SMP-Rechnern.

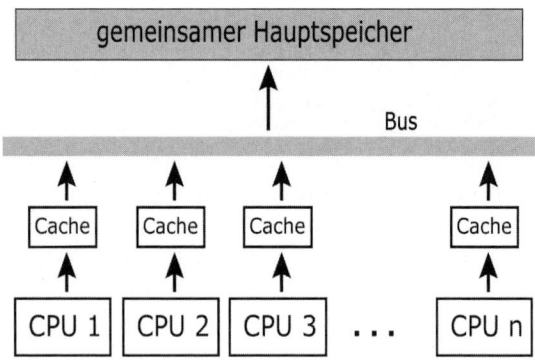

Das Konzept des Single System Image kann auch auf Softwareebene realisiert werden. Ein Datenbanksystem, das einen Cluster nutzt, oder ein verteiltes Dateisystem verwendet auch das Konzept des Single System Image. Auch hier weiß der Benutzer oder eine Applikation nicht, wo genau Daten als nächstes abgelegt werden. Existiert für einen Cluster eine Steuerkonsole, über die der Anwender Aufträge an den Cluster übergeben und Applikationen starten kann, werden diese mit Hilfe des Single System Image an die am Cluster angeschlossenen Ressourcen verteilt. Der Anwender und auch die Applikationen wissen nicht, welche Ressourcen sie als nächstes belegen.

Eine weitere Realisierung des Single System Image auf Softwareebene im Cluster stellen verteilte Dateisysteme dar. Hier wissen Anwender und Applikationen nicht, wo die Daten physikalisch abgelegt sind.

Vernetzung der Knoten im Cluster

Die Knoten eines Clusters sind durch ein Netzwerk miteinander verbunden. Bei Clustern, die nur aus wenigen Knoten bestehen, kommen aus Kostengründen Standard-Netzwerktechnologien wie Fast- oder Giga-Ethernet zum Einsatz. Bei größeren Clustern, die aus mehreren hundert Knoten bestehen können, sind Hochgeschwindigkeitsnetzwerke wie beispielsweise Myrinet, Infiniband oder das Scalable Coherent Interconnect (SCI) notwendig.

8.1.3 Aufstellungskonzepte von Clustern

Für Cluster existieren zwei Aufstellungskonzepte:

1. Glass-House
2. Campus-Wide

Ein Cluster mit dem Aufstellungskonzept *Glass-House* befindet sich in einem speziell dafür reservierten Raum oder Server-Schrank (englisch: Rack). Vorteile sind, dass die schnelle Erreichbarkeit aller Komponenten die Wartung und Behebung von Fehlern erleichtert und ein einzelner Raum oder Schrank leichter gegen Sabotage und Datenspionage abgesichert werden kann. Durch die räumliche Nähe der Knoten können diese einfacher mit Hochgeschwindigkeitsnetzwerken verbunden werden. Diese Vorteile sind der Grund dafür, dass die meisten Cluster nach dem Aufstellungskonzept Glass-House aufgebaut sind. Ein Nachteil ist, dass bei einem Stromausfall oder Brand in dem Gebäude, in dem sich der Cluster befindet, der Betrieb des gesamten Clusters gefährdet ist.

Aufstellungskonzept: Glass-House

Bei Clustern, die nach dem Aufstellungskonzept *Campus-Wide* aufgebaut sind, befinden sich die Konten in mehreren Gebäuden, verteilt auf das Gelände des Instituts oder Unternehmens. Der häufigste Grund dafür ist, dass sich die Anzahl der Knoten und deren Position oft ändern. Typischerweise handelt es sich bei solchen Clustern um ein *Network of Workstations (NOW-Cluster)* oder *Feierabendcluster*, die nur in der arbeitsfreien Zeit die Rolle der Cluster-Knoten übernehmen. Der dezentrale Aufbau eines solchen Clusters hat den Vorteil, dass ein solches System kaum zu zerstören ist. Es überwiegen bei diesem Konzept aber die folgenden Nachteile:

Aufstellungskonzept: Campus-Wide

Feierabendcluster

- Die Leistung von solchen Clustern ist in der Regel deutlich geringer, da keine Hochgeschwindigkeitsnetzwerke verwendet werden können und die Knoten aus verschiedenen Hardware-Architekturen bestehen.
- Wegen der Entfernung zwischen den Knoten ist die Wartung eines solchen Systems schwierig.

Abgesehen von Speziallösungen wie der DEC-Clusterlösung erlebte das Cluster-Konzept seinen großen Durchbruch erst in den 90er Jahren. Wer damals einen Cluster aus Standard-PCs betreiben wollte, war gezwungen, diesen selbst aufzubauen. Später wurde es möglich, solche Systeme fertig, quasi „von der Stange" zu kaufen. Seit Beginn des neuen Jahrtausend ist ein Trend zur Konsolidierung der Hardware erkennbar. Ein bekannter Hersteller von fertig aufgebauten Cluster-

Systemen ist MEGWARE [ME 07] aus Chemnitz. Die Cluster-Systeme werden immer kompakter und bestehen aus Pizzaboxen oder Blades. Aktuell ist, wie in allen Bereichen der Elektronik, eine immer größere Integration der Komponenten zu beobachten. Spezialarchitekturen wie BlueGene [BG 07] von IBM und seine Nachfolger. BlueGene ist ein massiv paralleles System mit sehr guten Skalierungseigenschaften. Bei diesen Spezialarchitekturen handelt es sich zwar auch um Cluster, allerdings bestehen diese nicht mehr aus gewöhnlichen Standardkomponenten, was die bekannten Vor- und Nachteile hinsichtlich Geschwindigkeit, Verfügbarkeit, Stabilität, und Preis mit sich bringt.

8.2 Klassifikationen von Clustern

Multiple Instruction Multiple Data

SMP-Systeme und Mehrrechnersysteme folgen dem Konzept Multiple Instruction Multiple Data (MIMD), das mehrere unabhängige Prozessoren vorsieht, die unterschiedliche Befehle auf unterschiedlichen Daten ausführen.

Andrew S. Tanenbaum entwickelte eine tiefergehende Unterteilung der Rechnersysteme, die dem MIMD-Konzept entsprechen. Tanenbaum unterscheidet die MIMD-Systeme in

- Systeme, die mehrere Prozessoren (SMP-Systeme) und einen eng gekoppelten Speicher (Shared Memory) enthalten und in
- Systeme, die aus mehreren Rechnern mit verteiltem Speicher (Distributed Memory) bestehen.

Aus der Sicht von Tanenbaums Taxonomie ist der einzige Unterschied zwischen SMP- und Mehrrechnersystemen der Grad der Kopplung. Probleme wie Synchronisierung und Deadlocks müssen bei der Entwicklung von solchen Systemen beachtet werden. Beim Symmetrischen Multiprozessing (SMP) handelt es sich um Rechner mit mehreren Prozessoren, die gleichberechtigt nebeneinander stehen und auf einen gemeinsamen Speicher (Shared Memory) zugreifen. Während bei SMP-Systemen die Kommunikation zwischen den Prozessoren über sehr schnelle Bussysteme verläuft, müssen die Ressourcen eines Mehrrechnersystems über ein Netzwerkinterface miteinander kommunzieren. Dieses verfügt immer über eine geringere Geschwindigkeit und Bandbreite [Tan 01].

Die eng gekoppelten Multiprozessorsysteme und lose gekoppelten Mehrrechnersysteme unterteilt Tanenbaum anhand ihrer Speicherarchitekturen und -verwaltung (Abbildung 8-2).

8.2 Klassifikationen von Clustern

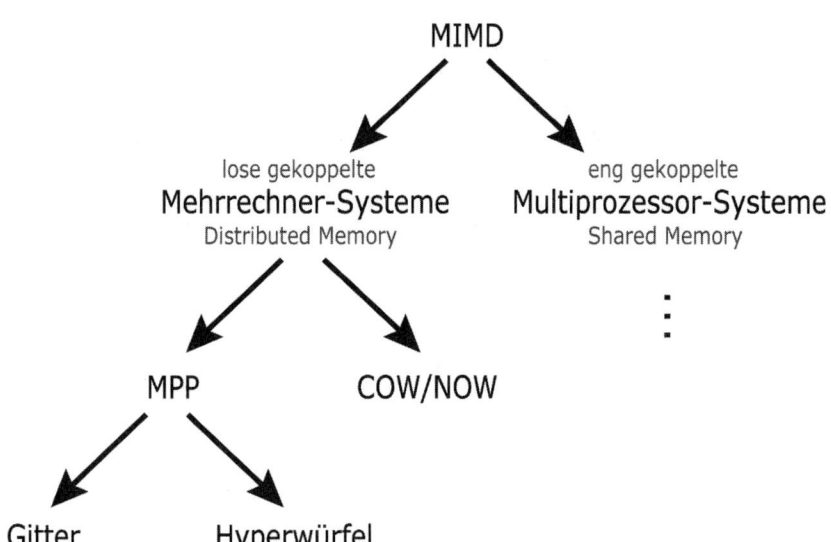

Abb. 8-2: Tanenbaumsche Unterscheidung von MIMD-Systemen

Die Gruppe der eng gekoppelten Multiprozessorsysteme enthält unter anderem die SMP-Rechnersysteme. Die Gruppe der lose gekoppelten Mehrrechnersysteme unterteilt Tanenbaum [Tan 01] in zwei Gruppen:

eng und lose gekoppelte Multiprozessorsysteme

- *Massively Parallel Processors* (*MMP*). Zu dieser Kategorie gehören Supercomputer mit vielen Prozessoren. Die Prozessoren sind über herstellerspezifische Hochgeschwindigkeitsnetzwerke miteinander verbunden. Ein Beispiel für die Systeme dieser Kategorie ist die Cray T3E von Cray Inc, ein massiv-paralleles Prozessorsystem mit bis zu 2048 Prozessoren. Entsprechend der Anordnung der Prozessoren und ihren Verbindungen unterscheidet man MMP-Systeme in Gitter und Hyperwürfel.

- *Cluster of Workstations* (*COW*), auch *Network of Workstations* (*NOW*) oder *Feierabendcluster* genannt.

Die häufigste Art der Klassifikation von Clustern unterscheidet diese nach ihren Einsatzgebieten und Anforderungen. Wie Abbildung 8-3 zeigt, existieren vier unterschiedliche Einsatzgebiete von Clustern.

8 Cluster

Abb. 8-3: Klassifikation von Clustern

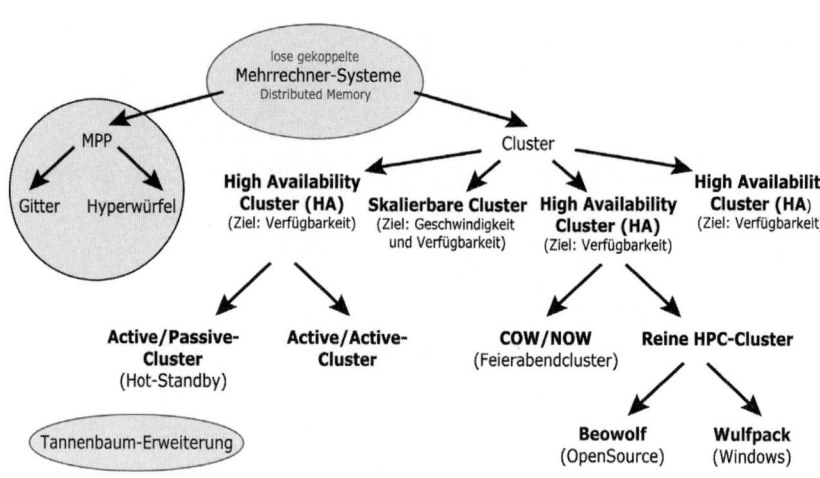

8.2.1 Hochverfügbarkeits-Cluster

Hochverfügbarkeits-Cluster

Hochverfügbarkeits-Cluster, so genannte *High Availability Cluster* (HA), besitzen eine große Ausfallsicherheit und damit eine hohe Verfügbarkeit. Die Verfügbarkeit wird durch Redundanz der eingesetzten Komponenten und das Ausschließen eines Single Point of Failure (SPOF) erreicht.

Redundanz als Schlüssel zur Verfügbarkeit

Das Wort Redundanz kommt von dem lateinischen Begriff redundare und bedeutet wörtlich übersetzt, dass etwas im Überfluss vorhanden ist. Immer wenn ein System Komponenten enthält, die zur Arbeit des Systems nicht notwendig sind, aber die Arbeit von baugleichen Komponenten im Fehlerfall übernehmen, bedeutet dies Redundanz. Das Clustering for Availability bietet durch den redundanten Einsatz der Knoten die Möglichkeit, die Technik und Vorteile der Mainframes zu einem sehr günstigen Preis nachzubilden und dennoch eine hohe Flexibilität zu erhalten [Sol 02].

Die Verfügbarkeit V eines Systems berechnet sich aus der mittleren Betriebszeit, der Mean Time Between Failures (MTBF), geteilt durch die Summe aus MTBF und mittlerer Ausfallzeit, der Mean Time To Repair (MTTR).

$$V = \frac{MTBF}{MTBF + MTTR}$$

8.2 Klassifikationen von Clustern

Systeme, die 24 Stunden pro Tag und 7 Tage in der Woche bei 365 Jahrestagen arbeiten, sind bei einer Verfügbarkeit von 100% an 24 * 365 = 8760 Stunden voll einsatzbereit. Eine Verfügbarkeit von 99% bedeutet für einen Cluster schon eine Ausfallzeit von über 3 1/2 Tagen.

Verfügbarkeit	Minimale erwartete Betriebszeit	Maximale erlaubte Ausfallzeit
100%	8760 Stunden	0 Stunden
99,95%	8755 Stunden	5 Stunden
99,9%	8751 Stunden	9 Stunden
99,5%	8716 Stunden	44 Stunden
99%	8672 Stunden	88 Stunden
95%	8322 Stunden	438 Stunden

Tabelle 8-1: Unterschiedliche Verfügbarkeitswerte

Um eine hohe Verfügbarkeit eines Cluster-Systems zu gewährleisten, genügt es nicht, die Knoten und deren Hardware redundant auszulegen. Die Verfügbarkeit kann auch durch den Einsatz einer unterbrechungsfreien Stromversorgung (USV) erhöht werden. Bei Systemen, die als ausfallsicher deklariert werden, muss jederzeit ein Ersatzrechner zur Verfügung stehen, der im Fehlerfall einspringen und die angebotenen Dienste weiter zur Verfügung stellen kann. Beim Clustering für Verfügbarkeit hat nicht die Verfügbarkeit der Knoten Priorität, sondern die Verfügbarkeit der angebotenen Dienste. Es existieren zwei Gruppen von Hochverfügbarkeits-Clustern, die sich in ihrem Verhalten bei Ausfällen von Knoten unterscheiden:

- *Active/Passive-Cluster*, auch **Hot-Standby-Cluster** genannt. Bei diesen Hochverfügbarkeits-Clustern, ist mindestens ein Knoten im Normalbetrieb nicht in Verwendung. Diese Knoten befinden sich im Zustand Passiv und übernehmen keine Dienste, denn ihre Aufgabe ist es, beim Ausfall eines Knotens dessen Dienste zu übernehmen. Der Vorteil bei Active/Passive-Clustern ist, dass die ausgeführten Dienste nicht explizit für den Betrieb in einem Cluster ausgelegt sein müssen. Das Übernehmen eines Dienstes durch einen Knoten von einem ausgefallenen Knoten wird als Fail-over-Funktion bezeichnet.

Active/Passive-Cluster

8 Cluster

Active/Active-Cluster

- *Active/Active-Cluster.* Bei diesen Hochverfügbarkeits-Clustern sind auf allen Knoten die gleichen Dienste aktiv. Fallen ein oder mehrere Knoten aus, erhalten die noch aktiven Knoten die Anfragen der ausgefallenen Knoten zusätzlich. Der Vorteil ist eine bessere Lastverteilung zwischen den Knoten. Der Nachteil ist allerdings, dass die Dienste speziell für den Betrieb in einem Cluster entwickelt sein müssen, da zeitgleich alle Knoten auf die gleichen Ressourcen zugreifen.

Failover und Failback

Failover ist die Fähigkeit, beim Ausfall eines Knotens alle Aufgaben automatisch einem anderen Knoten zu übergeben und so die Ausfallzeit zu minimieren. Die Failover-Funktionalität wird gewöhnlich vom eingesetzten Betriebssystem zur Verfügung gestellt. Ein Beispiel ist Heartbeat[LHA 07] für Linux. Mit Hilfe von Heartbeat überwachen sich die Knoten eines Clusters gegenseitig. Dabei werden keine Dienste auf ihre Funktionalität hin überwacht, sondern nur ob die Knoten laufen. Tun sie das, wird davon ausgegangen, dass auch die Dienste laufen. Ist ein Knoten ausgefallen, starten die Dienste auf dem Backup-Knoten, und dieser übernimmt die IP-Adresse des ausgefallenen Knotens.

Sind ausgefallene Knoten wieder einsatzbereit, melden sich diese am Cluster zurück und erhalten vom Lastverteiler wieder Aufgaben. Der Cluster verfügt ab diesem Zeitpunkt wieder über die gleiche Leistungsfähigkeit, die er vor dem Ausfall der Knoten hatte. Dieses Verhalten wird als *Failback* bezeichnet.

Shared Nothing und Shared Disk

Es existieren zwei unterschiedliche Architekturen beim Clustering for Availability, Shared Nothing und Shared Disk. Beide Architekturen entstanden aus der Problematik, dass beim Clustering for Availability die gleichzeitige Nutzung von Ressourcen durch mehr als einen Knoten notwendig ist [Sol 02].

8.2 Klassifikationen von Clustern

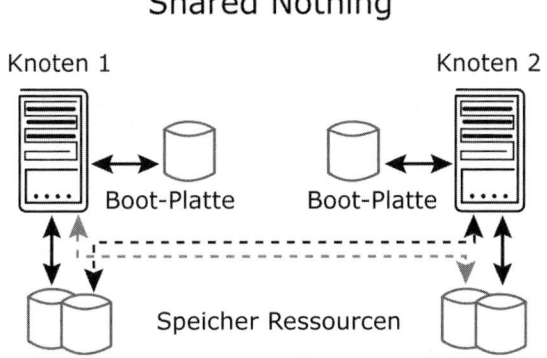

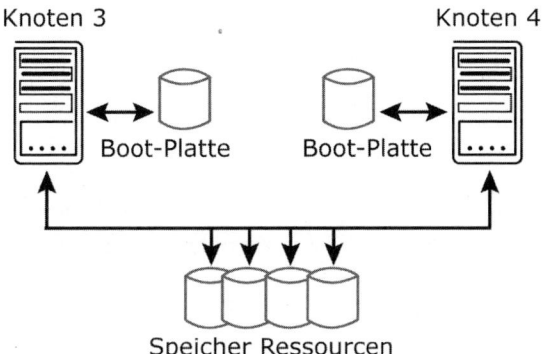

Abb. 8-4: Die Shared Nothing und Shared Disk-Architektur

Bei der Architektur Shared Nothing hat jeder Knoten, in diesem Fall auch Partition genannt [Ri 10], eine eigene Speicherressource mit fester Größe. Auch wenn die Ressource physikalisch mit mehreren Knoten verbunden ist, hat doch immer nur ein Knoten Zugriff darauf. Kein Knoten hat Zugriff auf die Ressourcen eines anderen Knotens. Beim Auftreten eines Fehlers bei einem Knoten übernimmt ein anderer Knoten die Speicherressource (Abbildung 8-4).

Der Vorteil ist, dass kein Sperrmechanismus (Lock-Management) notwendig ist, um einen gleichzeitigen Zugriff von mehr als einem Knoten auf eine Ressource zu kontrollieren. Das ist bei großen Clustersystemen von Vorteil, da hier kein Protokolloverhead die Performance verringern kann. Der Cluster kann theoretisch fast linear skalieren. Nachteilig ist, dass unter Umständen höhere Investitionen in Speicherressourcen notwendig sind, da die Daten nicht optimal verteilt werden können.

Cluster mit einem Windows-Betriebssystem sind immer Shared Nothing-Cluster. Bei jedem Knoten handelt es sich um ein eigenständiges Windows-Serversystem, das über eine eigene Systempartition verfügt. Das heißt aber nicht, dass die Knoten nicht auf gemeinsame Speicherressourcen zugreifen können. Bei diesen handelt es sich um Festplattensysteme, die über geeignete Verbindungen mit den Knoten verbunden sind. Um die Konsistenz der Daten sicher zu stellen, ist die Kommunikation der Knoten mit der gemeinsamen Speicherressource nur über den Clusterlink und die Quorumressource möglich. Beim Clusterlink handelt es sich um eine Netzwerkverbindung.

Quorumressource

Die *Quorumressource* ist eine Datenträgerressource, auf der sich die Clusterdatenbank befindet. Diese enthält die Clusterkonfigurations- und Statusdaten, die für den Betrieb des Clusters relevant sind. Dazu gehören

- die Anzahl der Knoten, die am Cluster angeschlossen sind,
- die Zugehörigkeit der angeschlossenen Ressourcen zu den Knoten und
- die Failback- und Failover-Einstellungen der Gruppen im Cluster.

Allen Knoten des Clusters muss ein Zugriff auf die Quorumressource möglich sein. Dabei ist mit Hilfe eines Lock-Mechanismus sicherzustellen, dass immer nur ein Knoten Zugriff darauf hat, um die Konsistenz der Datenbank zu gewährleisten. Die Knoten eines Clusters überwachen sich mit Hilfe eines Abfragealgorithmus permanent gegenseitig, um den Ausfall eines oder mehrerer Knoten feststellen zu können. Dabei wird die Anzahl der aktiven (antwortenden) Knoten mit der Anzahl der Knoten verglichen, die in der Clusterdatenbank eingetragen sind. Das Quorum ist erfüllt, sobald alle in der Clusterdatenbank eingetragenen Knoten aktiv sind. Fallen ein oder mehrere Knoten aus, startet eine Fehlerprozedur, die den Umfang der vom Ausfall betroffenen Ressourcen ermittelt. Mit Hilfe der Quorumressource wird dann ein neuer Cluster gebildet. Der erste Rechner im Cluster strebt dabei den Besitz der Quorumressource an und übernimmt diese. Jeder Knoten, der während des Startprozesses eines Clusters keinen solchen erkennen kann, versucht auf die Quorumressource zuzugreifen, diese zu übernehmen und einen neuen Cluster zu bilden.

Gelingt dem Knoten der Zugriff auf die Quorumressource, wird er zum ersten Knoten des neuen Clusters und verwaltet dauerhaft die

Quorumressource. Schlägt der Zugriff auf die Quorumressource fehl, bedeutet dies, dass bereits ein anderer Knoten diese übernommen hat und der Knoten dem Cluster beitreten kann. Die Quorumressource ist die gängigste Möglichkeit, um Probleme im laufenden Betrieb eines Clusters zu erkennen und einen neuen Cluster zu bilden, ohne die Gefahr, dass Teilcluster gebildet werden.

Bei der Architektur Shared Disk hat jeder Knoten Zugriff auf jede am Cluster angeschlossene Speicherressource (Abbildung 8-4). Um die Konsistenz der Daten sicherzustellen, ist ein Lock-Management notwendig. Dabei handelt es sich gewöhnlich um ein Protokoll, das den Zugriff auf die Speicherressourcen koordiniert. Möchte Knoten A auf Daten zugreifen, die gerade durch Knoten B gesperrt wurden, muss Knoten A so lange warten, bis Knoten B seine Operationen auf die Daten abgeschlossen hat [Ri 10]. Vorteilhaft bei der Shared Disk-Architektur ist, dass hier die anfallenden Datenmengen gut auf die vorhandenen Ressourcen verteilt werden. Nachteilig ist, dass mit einem Anwachsen der Clustergröße der Protokolloverhead des Lock-Mechanismus immer mehr steigt und sich die Gesamtperformance des Clusters durch die immer häufiger vorkommenden Wartezeiten wegen gesperrter Daten verringert.

8.2.2 High Performance-Cluster

Das Ziel beim Einsatz von *High Performance-Clustern* (*HPC*) ist es, eine möglichst hohe Rechenleistung zu erreichen. Diese Systeme bestehen in der Regel aus gewöhnlichen, handelsüblichen PCs mit einem oder mehreren Prozessoren.

Die Leistung eines High Performance-Clusters lässt sich mit deutlich weniger, aber dafür sehr viel teureren Großrechnern (Mainframes) erreichen. Vorteile der High Performance-Cluster im Gegensatz zu Großrechnern sind der geringe Preis und die Herstellerunabhängigkeit. Ausgefallene Hardware-Komponenten sind schnell und kostengünstig zu beschaffen. Durch den Einsatz weiterer Knoten kann ein High Performance-Cluster schnell erweitert und seine Leistungsfähigkeit vergrößert werden. Der große Nachteil von High Performance-Clustern ist der im Gegensatz zu Großrechnern hohe Administrations- und Wartungsaufwand. Die gängigsten Anwendungsbereiche für High Performance-Cluster sind:

Vor- und Nachteile von High Performance - Clustern

- Pipelineberechnungen. Damit sind Anwendungen gemeint, die eine Sequenz als Ergebnis haben. Hier werden vorwiegend Änderungen an einem Zustand unter bestimmten Bedingungen berechnet und in vielen Fällen auch visualisiert.

8 Cluster

- Anwendungen, die dem Prinzip des Divide and Conquer folgen. Diese bilden mehrere Teilprobleme, werten diese aus und bilden aus den Ergebnissen das Endergebnis.
- Anwendungen, die dazu dienen, sehr große Datenbestände auszuwerten.

Anwendungsbeispiele für High Performance-Cluster

Einige Anwendungsbeispiele aus dem breiten Anwendungsgebiet sind:

- Crash-Test-Simulation
- Wettervorhersagen
- Optimierung von Bauteilen
- Monte-Carlo-Simulationen
- Flugbahnberechnungen
- Data Mining
- Strömungsberechnungen
- Festigkeitsanalysen
- Berechnung von Filmen oder Filmsequenzen
- Simulationen des Sternenhimmels
- Variantenberechnung beim Schach
- Primzahlberechnungen

Hauptabnehmer und Nutznießer solcher Cluster sind in der Regel Forschungseinrichtungen im naturwissenschaftlichen Bereich und Unternehmen in den Bereichen Finanzdienstleistung, Automobilbau, Rüstung und Biotechnologie. Weitere typische Einsatzgebiete für High Performance-Cluster sind Applikationsserver. Datenhaltung und –verarbeitung werden bei diesem Konzept getrennt. Mehrere Applikationsserver können einen High Performance-Cluster bilden. Wenn für eine bestimmte Applikation (oder Berechnung) die Leistung eines oder der bereits reservierten Applikationsserver nicht ausreicht, können automatisch weitere zur Verfügung stehende hinzugezogen werden.

8.2.2.1 Beowulf

Beowulf-Cluster

Wird auf einem High Performance-Cluster Linux oder ein anderes OpenSource-Betriebssystem verwendet, in den allermeisten Fällen Linux, handelt es sich um einen *Beowulf-Cluster*. Der Name Beowulf stammt von dem gleichnamigen englischen Heldenepos aus dem elften

Jahrhundert. In den 3182 Versen des Werkes erfährt der Leser vom Schicksal des jungen Helden Beowulf, der mit 14 Gefährten die Dänen vor dem menschenfressenden Grendel, seiner Mutter und einem feuerspeienden Drachen befreite [To 01].

Im Jahr 1994 suchten die beiden Wissenschaftler Thomas Sterling und Donald J. Becker am Goddard Space Flight Center (GSFC) im Auftrag der National Aeronautics and Space Administration (NASA) nach kostengünstigen Alternativen zum herkömmlichen Supercomputing. Das Team vernetzte mehrere handelsübliche Linux-PCs mit einem 10MBit Ethernet-Netzwerk zu einem Cluster aus 16 Knoten mit jeweils einem Intel 486 DX4-Prozessor mit 100 Mhz. Die Software des Clusters bestand ausschließlich aus freier Software. Dazu gehörten das Betriebssystem Linux, der GNU Compiler, die Parallel Virtual Machine (PVM) und das Message Passing Interface (MPI). Das System erreichte auf einem Knoten eine Performance von 4,6 MFlops und auf den sechzehn Knoten 60 MFlops. Später erhielt das Projekt den Namen Beowulf [GL S02] [BaMe 06].

Entwicklung des Beowulf-Clustering

Beowulf-Cluster sind keine COW/NOW-Systeme. Zwar bestehen Beowulf-Cluster auch aus gewöhnlichen PCs oder Workstations, doch dienen die Knoten eines Beowulf-Clusters ausschließlich der Arbeit des Clusters und werden nicht während der üblichen Arbeitszeiten als Arbeitsplatz-Rechner verwendet. Die Bedienung des Clusters erfolgt über einen Master-Knoten. Dieser übernimmt auch die Aufgabenverteilung. Die einzelnen Knoten verfügen in der Regel über keinerlei Eingabe-/Ausgabemöglichkeiten wie Monitor und Tastatur, sondern nur über die Netzwerkverbindung.

Auf Beowulf-Clustern kommen immer OpenSource-Betriebssysteme, zum Beispiel Linux oder ein BSD-UNIX-Derivat, zum Einsatz. Das sorgt für Sicherheit und Vertrauen, da die Quellen des Betriebssystems offen liegen und einsehbar sind, und für Kostenminimierung, da keine Lizenzkosten anfallen.

Ein Problem bei Beowulf-Clustern ist, dass die Knoten aus Standard-PC-Komponenten bestehen und diese nicht redundant, also auf hohe Verfügbarkeit ausgelegt sind. Eine große Gefahrenquelle für die Knoten eines Beowulf-Clusters ist die Kühlung der System-Komponenten. Bei Standard-PCs wird die CPU durch einen Kühlkörper und einen Lüfter im zulässigen Temperaturbereich gehalten. Die Kühlung der übrigen Komponenten übernehmen Gehäuselüfter und der Lüfter des Netzteils. Lüfter haben wie alle mechanischen Komponenten nur eine begrenzte Lebensdauer und fallen oft ohne Vorwarnung aus. Aktuelle

Prozessoren, die in PCs eingesetzt werden, sind aber ohne ausreichende Kühlung nicht funktionsfähig [GLS 02].

Der von Thomas Sterling und Donald J. Becker entwickelte Beowulf-Cluster sollte später viele Nachahmer finden. Es wird kaum eine Forschungseinrichtung oder Hochschule zu finden sein, in der nicht wenigstens ein Beowulf-Cluster existiert. Ein Grund dafür ist, dass Beowulf-Cluster heute nicht mehr zwangsläufig selbst-zusammengebaute Systeme darstellen, sondern schlüsselfertig gekauft werden können. Ein Blick in die zweimal jährlich erscheinende TOP500-Liste [Top 500] der 500 schnellsten Computersysteme zeigt, dass Beowulf-Cluster bereits heute den Markt für Supercomputer dominieren, und dieser Trend wird sich aufgrund der finanziellen Vorteile und hohen Flexibilität der Systeme weiter fortsetzen.

8.2.2.2 Wolfpack

Wolfpack-Cluster

Verwendet das System ein Betriebssystem, das nicht OpenSource ist, z.B. Windows, bezeichnet man den Cluster als **Wolfpack** oder in der Literatur oft als **Wulfpack**.

Wolfpack ist der interne Codename für Microsofts Cluster-Lösung, die 1997 als Bestandteil der Windows NT 4.0 Enterprise Edition veröffentlicht wurde. Der offizielle Name war Microsoft Cluster Server (MSCS).

Windows Compute Cluster Server 2003

Das aktuelle Produkt von Microsoft im Bereich Hochleistungsrechnen ist der Windows Compute Cluster Server 2003. Dabei handelt es sich um ein Paket, das den schnellen Einstieg in das Hochleistungsrechnen mit Windows-Systemen ermöglichen soll. Enthalten sind u.a. ein Job Scheduler und eine Implementierung des Message Passing Interface (MPI) . Zur Benutzerverwaltung wird der Dienst Active Directory benötigt [ScSt 07]. Der Windows Compute Cluster Server 2003 unterstützt nur x64-Architekturen. Ein Vorteil des Windows Compute Cluster Server 2003 ist die vergleichsweise einfache Installation und die Integration aller notwendigen Komponenten in einem Paket. Nachteilig sind die geringere Flexibilität und der höhere Preis.

Steigerung des Datendurchsatzes mit High Throughput Clustern

8.2.3 Cluster für hohen Datendurchsatz

Mit *High Throughput-Clustern* (*HTC*) wird versucht, den Datendurchsatz zu maximieren. Diese Cluster bestehen in den meisten Fällen aus Web- oder Mail-Servern und bilden einen Lastverbund. Das High Throughput Clustering ist eine Variante des High Performance Clustering. Beim klassischen High Performance Clustering stellt sich immer die Frage, wie schnell eine umfangreiche Berechnung auf einem Cluster berechnet werden kann. Beim High Throughput Clustering stellt sich die Frage, wie viele Jobs ein Cluster in einer bestimmten Zeit bewältigen kann.

Für einzelne große Rechenaufträge werden High Performance-Cluster eingesetzt. Wenn es sich aber um sehr viele kleinere Aufträge in einer kurzen Zeit handelt, die einzeln theoretisch auf einem gewöhnlichen PC bewältigt werden können, müssen High Throughput-Cluster eingesetzt werden. Typische Einsatzgebiete im High Throughput Clustering sind Web-Server. Suchmaschinen wie Google, AltaVista und Yahoo basieren auf solchen Clustern aus (Web-)Servern.

Die Art und Weise der Verteilung der Anfragen erfolgt im einfachsten Falle nach dem *Round-Robin-DNS-Scheduling-Verfahren*. Die erste Anfrage wird vom Lastverteiler, der in diesem Fall hauptsächlich als Nameserver arbeitet, an den ersten Knoten im Cluster weitergeleitet. Die zweite Anfrage leitet der Lastverteiler an den zweiten Knoten im Cluster weiter, und so weiter. Da alle Knoten die gleiche Hard- und Softwareausstattung haben, ist es dem Benutzer egal, welcher Knoten seine Anfrage bedient. Bei gleichartigen Anfragen wird in der Regel eine fast gleiche Auslastung aller beteiligten Knoten erreicht.

Das Round-Robin-DNS-Scheduling-Verfahren

8.2.4 Skalierbare-Cluster

Skalierbare Cluster stellen einen Kompromiss zwischen hoher Performance und Hochverfügbarkeit dar. Bei skalierbaren Clustern sind einige oder alle Knoten redundant ausgelegt. Alle Knoten eines solchen Clusters erhalten von einem Lastverteiler Aufträge zugewiesen. Skalierbare Clustersysteme bestehen üblicherweise aus Servern, die Dienste anbieten. In den meisten Fällen handelt es sich dabei um Web- oder Mail-Server. Die Knoten des Systems überwachen sich gegenseitig. Auch hier gelten die Prinzipien des Failover und Failback. In Abbildung 8-5 ist ein skalierbarer Cluster mit 4 Knoten und einem Lastverteiler zu sehen. Knoten 1 und 2 sowie Knoten 3 und 4 überwachen sich gegenseitig, damit bei einem Ausfall immer ein Knoten die Dienste des ausgefallenen übernehmen kann.

Skalierbare Cluster vereinen hohe Performance und Hochverfügbarkeit

**Abb. 8-5:
Ein skalierbarer Cluster**

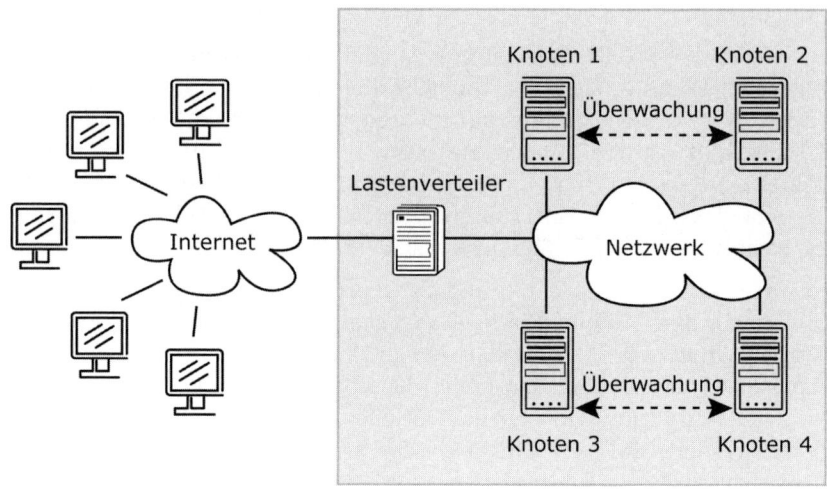

8.3 Zugangs-Konzepte

Es existieren zwei unterschiedliche Konzepte, wie die verbundenen Ressourcen eines Clusters untereinander und mit der Außenwelt kommunizieren:

1. Exposed
2. Enclosed

Das Exposed- und Enclosed-Konzept

Das *Exposed-Konzept* wird auch als offene Kommunikation bezeichnet, da die Kommunikation der Knoten miteinander ungeschützt ist. Bei diesem Konzept sind alle Knoten für externe Systeme sichtbar. Die Knoten eines Clusters mit Exposed-Kommunikation sind über ein lokales Netzwerk, z.B. Ethernet, miteinander verbunden.

8.3 Zugangs-Konzepte

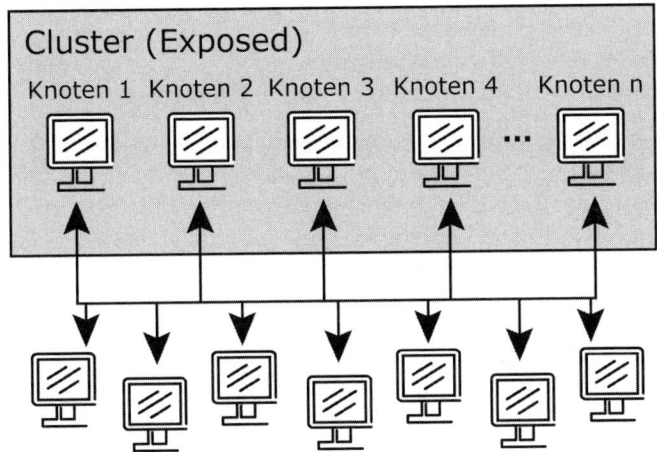

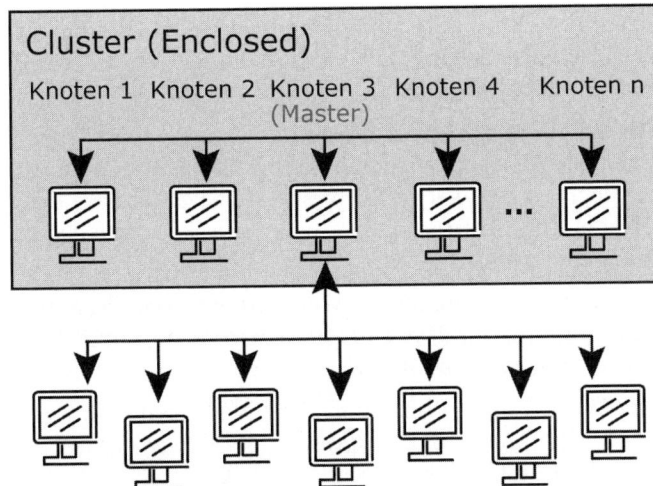

Abb. 8-6:
Das Exposed- und Enclosed-Konzept der Kommunikation

In Abbildung 8-6 ist ein Cluster-System zu sehen, dessen Knoten nach dem Exposed-Konzept verbunden sind. Nachteile bei diesem Konzept sind:

Nachteile des Exposed-Konzepts

- Die verwendeten Standardprotokolle erzeugen oft einen hohen Overhead und sind dadurch ineffizient.
- Sicherheitsmechanismen müssen auf jedem Knoten implementiert sein, um Daten vor Zugriff von außen zu schützen.

8 Cluster

- Es müssen geschützte, verschlüsselte Kommunikationskanäle zwischen den Knoten möglich sein, da die Kommunikation zwischen den Knoten unsicher ist. Der für die Sicherheit der Daten notwendige Aufwand vergrößert den Netzwerk-Overhead und die für die Kommunikation benötigte Rechenleistung.

Vorteile des Exposed-Konzepts

Das *Exposed-Konzept* bringt aber auch Vorteile mit sich. Durch die Verwendung eines bestehenden lokalen Netzwerks ergibt sich für die Vernetzung der Knoten ein sehr günstiger Preis, da kein neues Netzwerk angeschafft und verlegt werden muss. Rechner, die nicht zum Cluster, aber am gleichen lokalen Netzwerk angeschlossen sind, können bei Leistungsengpässen oder knappen Ressourcen dem Cluster schnell zugeordnet werden.

Vorteile des Enclosed-Konzepts

Bei dem *Enclosed-Konzept* handelt es sich um eine geschlossene Kommunikation. Die Kommunikation der Knoten miteinander ist geschützt. Um die interne Kommunikation des Clusters von der Außenwelt abzuschirmen existiert ein zweites Netzwerk (Abbildung 8-6), das nur die Knoten des Clusters miteinander verbindet. Durch die Einrichtung dieses zweiten Netzwerks entfallen die Probleme, die das Exposed-Konzept mit sich bringt. Der Kommunikations-Overhead ist gering, da keine vorgegebenen Standards oder sonstige Regeln für die Kommunikation einzuhalten sind.

Außer für den Masterknoten, der mit der Außenwelt verbunden ist, müssen keine Sicherheitsmechanismen implementiert sein. Weder die Benutzer, noch irgendwelche Rechnersysteme außerhalb des Clusters können einzelne Ressourcen des Clusters direkt ansprechen. Nur der Cluster als Gesamtsystem ist von außen sichtbar.

Nachteile des Enclosed-Konzepts

Der einzige Nachteil, der sich beim *Enclosed-Konzept* ergibt, sind die Kosten und der Aufwand, der für die Anschaffung und das Verlegen des zweiten Netzwerks anfällt.

Der Masterknoten, auch Primary Cluster Node genannt, ist in der Regel in seiner Leistungsfähigkeit großzügiger dimensioniert als die übrigen Knoten, die Slave-, bzw. Secondary-Knoten. Cluster, bei denen zwischen Master- und Slaveknoten unterschieden wird, sind üblicherweise homogene Cluster. Bis auf den Masterknoten verfügen die Knoten über eine identische Hard- und Softwareausstattung. Ein Anwendungsgebiet von Master-Slave-Clustern ist der Domain Name Service (DNS).

9 Grid-Computing

In vielen Fachbereichen der Wissenschaft und Industrie steigen Umfang und Komplexität der benötigten Daten und der damit verbundenen Verarbeitungsprozesse rasant an, was schon zur Entwicklung und Etablierung des Cluster-Computings geführt hat. Besonders groß ist der Bedarf nach immer mehr Rechenleistung und Speicherplatz in den Naturwissenschaften und Ingenieurwissenschaften, aber auch in der Klimaforschung und der Medizin.

Steigender Bedarf nach Rechenleistung und Speicherplatz

Zur gleichen Zeit bewegt sich die wissenschaftliche Arbeitswelt immer mehr in Richtung standortübergreifender, internationaler Kooperationen. Der Einsatz moderner Informationsinfrastrukturen und -technologien auf Basis des Grid-Computing schafft die Voraussetzungen für neue kollaborative Arbeitsumgebungen, als e-Science bezeichnete Entwicklung. Das Grid-Computing kann somit als eine logische, ortsungebundene Weiterentwicklung des Cluster-Computing angesehen werden.

Vermehrt standortübergreifende Kooperationen

9.1 Definition Grid

Per Definition ist das *Grid-Computing* eine Technik zur Integration und gemeinsamen, institutionsübergreifenden, ortsunabhängigen Nutzung verteilter Ressourcen auf Basis bestehender Kommunikationsinfrastrukturen wie z.B. dem Internet.

Integration und gemeinsame, ortsunabhängige Nutzung verteilter Ressourcen

Diese gemeinsame Nutzung der Ressourcen erfolgt in *virtuellen Organisationen* (VO), in denen Ressourcen dynamisch Benutzern im Grid zugewiesen werden. Diese Funktionalität erfordert eine Infrastruktur, die einen stabilen Betrieb, Datensicherheit und Datenschutz garantiert.

Das Hauptunterscheidungsmerkmal von Grid-Computing gegenüber Cluster-Computing ist, dass die Ressourcen in einem Grid üblicherweise verschiedenen, unabhängigen Organisationen (öffentlichen und wissenschaftlichen Einrichtungen, Unternehmen, Privatpersonen) angehören, die sich selbst um deren Verwaltung kümmern. Die Betriebsmittel eines Clusters gehören in der Regel nur zu einer einzigen administrativen Einheit und werden von dieser betrieben und verwaltet.

9 Grid-Computing

heterogener Aufbau, aber homogenes Auftreten

Ein weiterer Unterschied besteht darin, dass Cluster-Systeme oft aus homogenen Ressourcen aufgebaut sind, während Grids immer aus heterogenen Ressourcen bestehen, die sich für den Benutzer aber möglichst homogen darstellen sollen.

Bei den im Grid eingebundenen Ressourcen handelt es sich in erster Linie um Rechenleistung und Speicherkapazität sowie spezielle, wissenschaftliche Hardware (z.B. Teleskope), Dateien und Datenbanken. Denkbar sind aber auch spezielle Softwareinstallationen bzw. Softwarelizenzen.

Einige der zentralen Fragen, die sich beim Grid-Computing stellen, sind:

- Verfügbarkeit und Qualität der Ressourcen (Quality of Service),
- Abrechnung der abgerufenen Ressourcen (Accounting und Billing),
- Überwachung der verbundenen Ressourcen (Monitoring),
- Gewährleistung von Sicherheit und Datenschutz (Security) und
- Grad der Benutzbarkeit (z.B. Single Sign-On).

Drei Kriterien, die ein Grid erfüllen muss

Ian Foster, einer der Pioniere der Grid-Forschung, nennt in seiner Ausarbeitung „What is the Grid? A Three Point Checklist" *drei Kriterien, die ein Grid erfüllen muss* [Fos02]:

1. Ein Grid koordiniert unterschiedlichste Arten von dezentralen Ressourcen. Dazu gehören Standard-PCs, Workstations, Großrechner, Cluster, usw. Benutzergruppen sind in sog. Virtuellen Organisationen zusammengefasst.

2. Grids verwenden offene, standardisierte Protokolle und Schnittstellen. Da in einem Grid wichtige Punkte wie Authentifikation, Autorisierung und das Auffinden und Anfordern von Diensten eine fundamentale Rolle spielen, müssen die verwendeten Protokolle und Schnittstellen offen und standardisiert sein. Ansonsten handelt es sich um ein applikationsspezifisches System und nicht um ein Grid.

3. Grids bieten unterschiedliche, nicht-triviale Dienstqualitäten an. Die verschiedenen Ressourcen eines Grids offerieren zusammen genommen eine Vielzahl von Möglichkeiten im Bezug auf Durchsatz, Sicherheit, Verfügbarkeit und Rechenleistung. Der Nutzen der zu einem Grid zusammengeschlossenen Systeme ist größer als die Summe der einzelnen Teile.

Der Begriff *Grid* (deutsch: Gitter) kommt ursprünglich von einem Vergleich der Grid-Technologie mit dem Stromnetz [FoKe 99]. Ziel des Grid-Computing soll es sein, genau so einfach Computing-Ressourcen über das Grid zu beziehen und abzurechnen, wie Strom aus einer Steckdose zu beziehen und monatlich über die Stromrechnung zu bezahlen.

Grid-Computing ist vergleichbar mit dem Stromnetz

Ein Grid und das Stromnetz haben gemein, dass es den meisten Benutzern eigentlich egal ist, wo die Ressourcen (Rechenzentren oder Kraftwerke) sich befinden bzw. wem sie gehören, solange das System verlässlich funktioniert.

9.2 Unterscheidung von Grids

Frühe Grid-Projekte in den 90er Jahren wurden aus Anwendungssicht in die zwei Gruppen unterschieden:

- Computational Grids
- Data Grids

Bei *Computational Grids* ist die Rechenleistung die entscheidende Größe. Diese Grids bestehen aus heterogenen Rechnersystemen. Das heißt, dass die mit dem Grid verbundenen Prozessoren unterschiedlich sind, was ihre Geschwindigkeit, Architektur und das verwendete Betriebssystem angeht. Entsprechend der verwendeten Rechnerhardware unterscheidet man drei Gruppen von Computational Grids [Ahm04]. Internetbasierte Distributed Computing-Projekte wie SETI@home, Folding@home und RC5-72 werden an manchen Stellen auch als Computational Grids bezeichnet, was irreführend ist. Bei genauerer Betrachtung wird aber ersichtlich, dass es sich bei diesen Distributed Computing-Projekten um Peer-to-Peer-Applikationen handelt, die bestenfalls Computational Grids der ersten Generation [Fos 02] sind. Der Grund ist, dass diese Projekte spezielle Protokolle einsetzen, die in der Regel nicht offen und standardisiert sind.

Mit Computational Grids Rechenleistung bereit stellen

Bei *Data Grids* ist es das Ziel, den Teilnehmern den Zugang zu verteilten Speicherressourcen über Rechner-, Organisations- und eventuell Landesgrenzen hinweg zu ermöglichen [Wie 04]. Internet-Tauschbörsen wie Napster, Kazaa und Gnutella werden an manchen Stellen auch als Data Grids bezeichnet, und tatsächlich hat das Peer-to-Peer-Computing zum Datenaustausch ähnliche Ziele wie das (Data-)Grid-Computing. Allerdings liegt ein wesentlicher Unterschied zwischen Grid-Computing und Peer-to-Peer darin, dass letzteres keine Protokoll-Architektur besitzt. Ein weiterer Unterschied ist, dass Peer-

Mit Data Grids Speicherressourcen bereit stellen

9 Grid-Computing

to-Peer im Gegensatz zum Grid keine zentralen Dienste anstrebt. Bei Internet-Tauschbörsen handelt es sich um Peer-to-Peer-Applikationen und nur unter wohlwollender Betrachtung um sehr einfache Data Grids. Diese Projekte setzen genau wie Computational Grids der ersten Generation Protokolle ein, die in der Regel weder offen noch standardisiert sind.

Grids verfolgen heute universelle Ziele

Aktuelle Grid-Infrastrukturen verfolgen universelle Ziele und werden nicht nur für eine Art von Ressourcen konzipiert, sondern ermöglichen die gemeinsame Verwendung aller denkbaren IT-Ressourcen. Daher ist eine Differenzierung in Data Grids und Computational Grids nicht mehr zeitgemäß.

Grid Aufbauschemen

Eine weitere Unterscheidungsmöglichkeit von Grid-Projekten ist die Unterscheidung in Intra-, Extra- und Inter-Grids:

- *Intra-Grids* sind Verbünde von Clustern einer einzelnen Organisation.
- *Extra-Grids* sind eine Vernetzung von mindestens zwei Intra-Grids einer einzelnen Organisation über geografische Distanzen. Extra-Grids sind genau wie Intra-Grids nur einer geschlossenen Benutzergruppe zugänglich.
- *Inter-Grids* sind offen und erstrecken sich über große geografische Distanzen. Mehrere verschiedene Organisationen sind an einem Inter-Grid beteiligt.

Aktuell handelt es sich bei den meisten Grid-Installationen um Intra-Grids,, und dieses Aufbauschema ist auch das von der Industrie favorisierte, da es die wenigsten potentiellen Sicherheitsrisiken mit sich bringt. In Wissenschaft und Forschung sind Inter-Grids die Basis der meisten Grid-Projekte.

9.3 Grid Middleware-Systeme

Interoperabilität durch Grid Middleware

Eine der größten Herausforderungen beim Aufbau von Grids liegt in der allgemeinverbindlichen Definition von Protokollen und Diensten, die die Interoperabilität von Systemen und Anwenderprogrammen überhaupt erst garantieren. Der Sammelbegriff für die benötigte standardisierte Vermittlungs- und Verwaltungssoftware ist *Middleware*. Die Middleware stellt die Schicht des Grid-Computing dar, auf die verteilte Anwendungen aufbauen können. Das Standardisierungsgremium für Grid-Computing ist das *Open Grid Forum* (*OGF*), in welchem Vertreter aus Wissenschaft und Industrie zusammenarbeiten. Die *Open Grid Services Architecture* (*OGSA*) definiert in diesem Bereich einen standardisierten Architekturplan für das Zusammenspiel der zugehörigen Grid-Services [OGSA]. Meist kommen bei der Realisierung von OGSA Web-Services zum Einsatz. Das *Web Service Resource Framework* **(WSRF)** legt dabei einen standardisierten Satz von Schnittstellen und Protokollen fest [WSRF].

In diesem Abschnitt werden die drei bekanntesten Grid Middleware-Systeme diskutiert: das Globus Toolkit, gLite und Unicore.

9.3.1 Globus Toolkit

Das von der Globus Alliance entwickelte Globus Toolkit realisiert ein Grid-System auf der Basis von OGSA und implementiert entsprechende Open-Source-Werkzeuge und Protokolle [Globus].

Middleware Globus Toolkit

Globus 4 nutzt *Web Services*. Dieser Begriff beschreibt im Allgemeinen eine Menge von Funktionen zur Kommunikation in heterogenen verteilten Systemen. Web Services basieren auf einfach zu beherrschenden, aber weit verbreiteten Standards wie XML und bieten Plattform- und Sprachenunabhängigkeit. Die Open Grid Service Infrastructure beschreibt Mechanismen zum

- Erschaffen,
- Kontrollieren oder
- Austausch von Information.

zwischen zwei Web Service-Instanzen. Die Verwendung des OGSA-Standards stellt eine uneingeschränkte Interoperabilität sicher.

Vorteile das Globus Toolkit 4 sind:

- Globus Toolkit 4 setzt auf den Standards des Web Services Resource Framework (WSRF) auf.
- Durch die Modularität des Globus Toolkit ist es leicht erweiterbar, da einzelne Komponenten ausgetauscht werden können.

Nachteile das Globus Toolkit 4 sind:

- Das Globus Toolkit ist kein vertikal integriertes System, sondern nur ein Baukasten. Dieses bringt zwar eine hohe Flexibilität mit sich, macht die Inbetriebnahme aber auch aufwändiger.
- Es existiert kein GUI.

9 Grid-Computing

9.3.2 gLite

Middleware gLite

Die „Lightweight Middleware for Grid Computing", kurz *gLite*, ist aus dem LHC Computing Grid (LCG)-Projekt des CERN hervorgegangen und wird im Rahmen des europäischen Projekts „Enabling Grids for E-SciencE (EGEE)" gefördert und weiter entwickelt [EGEE].

Vorteile von gLite sind:

Vorteile von gLite

- gLite ist die weltweit größte, rein wissenschaftlich genutzte Grid-Middleware im Produktionsstatus.

- gLite ist eine vollständige Grid-Lösung, die nicht nur Rechenressourcen verwaltet, sondern auch Datenressourcen und File-Kataloge. Zusätzlich gibt es Monitoring-, Logging- und Accounting-Funktionalitäten.

- Das Konzept der Virtuellen Organisationen ist in gLite realisiert.

- Es ist möglich, einzelne Lokationen gezielt anzusprechen, aber üblicherweise legt ein Resource Broker selbstständig nach wahlfreien Kriterien fest, welcher Ort am besten für einen bestimmten Auftrag geeignet ist.

Nachteile von gLite sind:

Nachteile von gLite

- Die Portabilität von gLite ist sehr eingeschränkt. gLite wird zurzeit nur für das Betriebssystem Scientific Linux 3 (32 Bit) ausgeliefert. Portierungen auf andere Linux-Distributionen sind prinzipiell möglich, aber aufwändig. So setzt zum Beispiel die Gesellschaft für Schwerionenphysik (GSI) in Darmstadt gLite unter GNU/Debian ein.

- Es existiert aktuell nur rudimentäre Unterstützung für 64 Bit-Architekturen.

9.3.3 Unicore

Middleware Unicore

Die Middleware Unicore (Uniformes Interface für Computer-Ressourcen) wird seit 1997 entwickelt [Unicore]. Das ursprüngliche Ziel war es, einen sicheren und einfachen Zugang zu verschiedenen Hochleistungsrechnern zu ermöglichen.

Softwareseitig deckt Unicore nur den Bereich des Job Managements ab. Unicore unterscheidet zwischen Client-Systemen und Server-Systemen. Der Unicore Client ist eine Java-Applikation, die auf dem Rechner des Benutzers läuft. Mit dem Client kann ein Benutzer:

- Jobs erzeugen.

- Jobs auf die über Unicore erreichbaren Ressourcen übertragen und dort ablaufen lassen.
- Den Zustand der eigenen Jobs überprüfen und die Ergebnisse einsehen.

Komponenten von Unicore

Die Architektur von Unicore Version 5 ist in Abb. 9-1 gezeigt: Serverseitig besteht eine Unicore Site (Usite) aus dem Gateway und einem oder mehreren Network Job Supervisor (NJS) und Target System Interface (TSI). Das Unicore Gateway authentifiziert die Benutzer anhand des X.509 Zertifikats. Die Kommunikation zwischen Client und Gateway erfolgt via HTTPS (SSL). Der NJS übersetzt die Jobs der Benutzer in das lokale Format und bildet das Benutzerzertifikat auf das lokale Autorisationssystem ab. Enthält ein Job Unterjobs, die auf anderen Usites des Unicore Grids ausgeführt werden sollen, werden diese per HTTPS an das Gateway dieser Usites übertragen. Die eigentliche Kommunikation mit den lokalen Batch-Systemen ist die Aufgabe des TSI [RiMa06].

Vorteile von Unicore sind:

- Der Client besitzt eine grafische Oberfläche.
- Der Client ist in JAVA entwickelt und daher betriebssystemunabhängig.
- Die Installation des Clients ist einfach und die Bedienung leicht zu erlernen.
- Auf den Rechenknoten (Worker Nodes) ist keinerlei Softwareinstallation für eine Nutzung mit Unicore notwendig, da die lokalen Remote Management-Systeme (Batchsystem-Server) vom Target System Interface (TSI) die Jobs erhalten.
- Hohe Stabilität durch die lange Entwicklungs- und Einsatzzeit.

9 Grid-Computing

Abb. 9-1:
Unicore 5

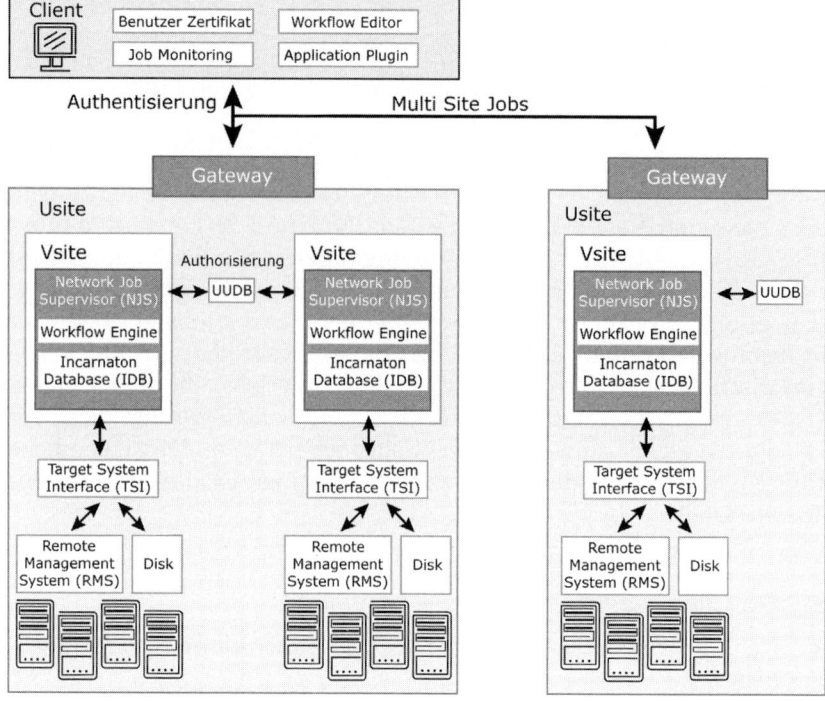

Nachteile von Unicore sind:

- Der Client ist nicht Skripting-fähig.
- Es ist nur eine manuelle Verteilung der Jobs auf die Ressourcen möglich, da kein Resource Broker zwischen den Clients und Ressourcen existiert.
- Unicore implementiert nicht das VO-Konzept. Das Benutzermanagement basiert auf einer Datenbank, die die Distinguished Names (DN) enthält.
- Komponenten zum Datenmanagement fehlen.

Voraussetzung von Unicore

Die einzige Voraussetzung, die die Clients erfüllen müssen, ist ein installiertes SUN Java Runtime Environment (JRE) Version 1.4.2 oder höher. Die Serverkomponenten benötigen ein UNIX-Betriebssystem wie Linux, SUN Solaris, AIX, Mac OS X, usw. und ebenfalls ein installiertes SUN Java Runtime Environment (JRE) Version 1.4.2 oder höher, sowie Perl 5.4 oder höher.

Die aktuelle Version 6 von Unicore orientiert sich an OGSA und ist Webservice-basiert, wobei der WSRF-Standard vollständig erfüllt ist.

9.3 Grid Middleware-Systeme

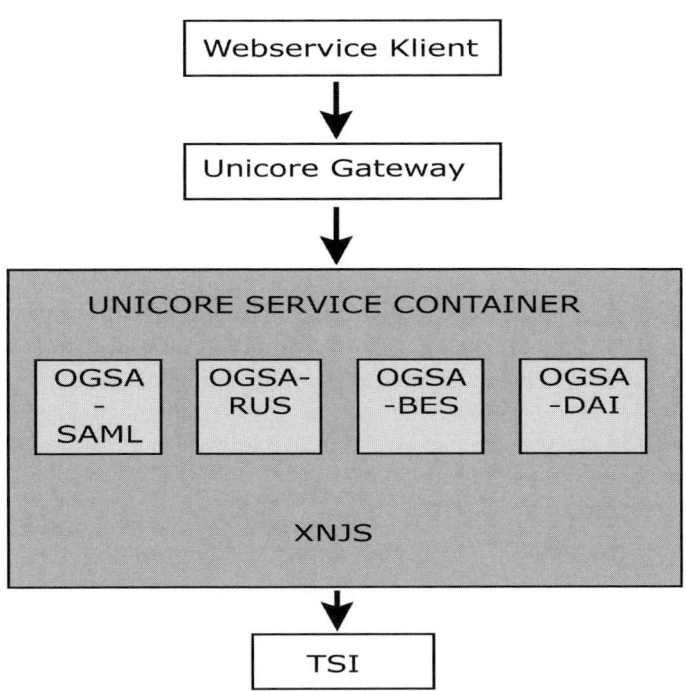

Abb.9-2: Unicore 6

Die Interaktion eines Webservice-Klienten mit dem Unicore-Server geht über ein Gateway, wobei auf dem Server die Unicore Basiskomponenten und Komponenten für höhere Grid-Services in einem Service-Container integriert sind. Diese sind entsprechend der Standards: OGSA-SAML für Authentifizierung, OGSA-BES (Basic Execution Services) für die Job Submission, OGSA-RUS (Resource Usage Service) für das Accounting und OGSA-DAI (Data Access Interface) für den Zugriff auf strukturierte Daten bzw. OGSA-ByteIO für die Übertragung unstrukturierter Daten. Ein erweitertes Network Job Submission System (XJNS) überträgt den Rechenauftrag über das Target System Interface (TSI) an die Zielplattform und überwacht dessen Ausführung (siehe Abb. 9-2).

Alle Komponenten der UNICORE-Technologie sind als Open Source Software unter der Berkeley Software Distribution (BSD)-Lizenz bei SourceForge verfügbar. Auch neuere Entwicklungen stehen dort regelmäßig der Allgemeinheit zur Verfügung.

9.4 Weitere Grid Software

Außer den Grid Middleware-Systemen existiert noch eine Vielzahl von Softwarepaketen, die die Verwaltung eines Grid und die Arbeit damit vereinfachen.

9.4.1 GridSphere

GridSphere Portal Framework

Das *GridSphere* Portal Framework stellt ein Webportal zur Verfügung, das Entwickler darin unterstützt, Web-Anwendungen zu entwickeln die im sogenannten GridSphere Portal Container ablaufen.

Mit Hilfe existierender Portlets können Administratoren die verfügbaren Ressourcen im Grid verwalten und zur Verfügung stellen. Anwender können die Ressourcen, zu denen Sie Zugriff haben, beobachten und Jobs im Grid starten. Ebenso können die Benutzer über bestehende Portlets ihre Dateien im Grid verwalten.

Durch die Unterstützung des Framework-Standards Java Server Faces (JSF) können Komponenten für Benutzerschnittstellen und die Navigation in eigene Web-Anwendungen komfortabel eingebunden werden.

9.4.2 Shibboleth

AAI mit Shibboleth

Shibboleth dient der Realisierung einer Infrastruktur für Authentifizierung und Autorisierung (AAI) insbesondere auf nationaler Ebene. Im Bereich der digitalen Bibliotheken und der Klimaforschung hat Shibboleth einen guten Stand und wird in großem Stil eingesetzt, um Single Sign On über mehre Einrichtungen auf nationaler Ebene zu realisieren. Die Architektur von Shibboleth besteht aus drei Teilen:

- Identity Provider, der sich in jeder lokalen Einrichtung mit Benutzern befindet.
- Service Provider, der sich beim Anbieter befindet.
- Lokalisierungsdienst, auch WAYF (Where Are You From?) genannt.

Eine *Föderation* ist der Zusammenschluss von Instituten, die ein übergreifendes Single Sign On zwischen ihren Standorten realisieren wollen. Jede Föderation installiert einen WAYF-Dienst/Server. Die Autorität verbleibt bei den lokalen Instituten. Alle beteiligten Parteien einer Föderation müssen sich auf Standards für Metadaten-Schemata und Sicherheit usw. einigen.

In Globus Version 4.2 werden einige Komponenten von Shibboleth enthalten sein und im Zuge von IVOM (Interoperabilität und Integra-

9.4 Weitere Grid Software

tion der VO-Management Technologien im D-Grid) soll unter anderem eine Shibbolisierung des Unicore Klienten vorgenommen werden.

9.4.3 VOMS

Der *Virtual Organization Membership Service* (*VOMS*) kommt aus dem gLite-Umfeld und dient dem Management virtueller Organisationen. VOMS wurde im Rahmen von LCG zur Benutzerverwaltung in Virtuellen Organisationen entwickelt. Mehr Einstellungsmöglichkeiten als VOMS bietet das Verwaltungstool VOMRS.

9.4.4 SRB

Der Storage Resource Broker [SRBweb] (SRB) ist eine Middleware, die es ermöglicht, von jedem Punkt aus auf Daten zuzugreifen, die auf verteilten, heterogenen Speichersystemen liegen. Die Dateien (Datenobjekte) und Verzeichnisse (Kollektionen) lassen sich zusätzlich mit beliebigen Metadaten versehen. Aus Benutzersicht erzeugt der SRB ein virtuelles Dateisystem mit den verteilten Daten. Ein Nachteil ist, dass der SRB nicht unter einer OpenSource-Lizenz steht und nur von wissenschaftlichen und nicht gewinn-orientierten Organisationen kostenlos verwendet werden darf.

virtuelle Dateisysteme mit dem SRB

9.4.5 SRM/dCache

Das Datenmanagementsystem *SRM/dCache* kommt aus dem Umfeld der Hochenergiephysik und wird zur Speicherung von Daten eingesetzt.

Datenmanagementsystem SRM/dCache

SRM/dCache ermöglicht den Zugriff auf Daten, die über viele verwaltete Speicherpools verteilt sind.

Bestandteile sind der dCache-Server, der den Zugriff auf die Daten regelt und ein oder mehrere Pool-Knoten, die den Speicherplatz zur Verfügung stellen. SRM/dCache kann nicht nur mit Festplatten-Speicher, sondern auch mit Bandspeicher umgehen.

Falls ein dCache-Server nicht Leistungsfähig genug ist, können die anstehenden Aufgaben auch auf mehrere Server verteilt werden.

Auf den verteilten Speichermedien befindet sich das Parallel Network File System (PNFS), ein verteiltes Dateisystem, das von jedem gespeicherten Datensatz Metadaten erzeugt. Die Metadaten werden getrennt von den eigentlichen Daten gespeichert, um eine höhere Geschwindigkeit zu garantieren, indem Zugriffslasten verteilt werden. Die Benutzer greifen dabei transparent auf ihre Dateien zu, ohne über den genauen Speicherort Bescheid zu wissen.

9 Grid-Computing

Die gleichmäßige Auslastung der Pool-Knoten und Festplatten wird per Load-Balancing sichergestellt.

9.4.6 OGSA-DAI

Zugriff auf Datenressourcen mit OGSA-DAI

Das Middleware-Werkzeug *OGSA-DAI* (Open Grid Services Architecture - Data Access and Integration Projekt) bietet den transparenten Zugriff auf strukturierte Daten in Form von relationalen oder XML-basierten Datenbanken in einer Grid-Infrastruktur [DAIweb].

Sprach- und Plattformunabhängigkeit ist sichergestellt, da Zugriffe auf die Datenressourcen über einen WSRF-konformen Web Service erfolgen. Dadurch ist ein transparenter Zugriff auf die darunterliegenden Datenressourcen möglich, da sowohl die Lokation, als auch die Art der Datenressourcen abstrahiert werden.

OGSA-DAI hat sich in den letzten Jahren zum De-facto-Standard für Datenbankzugriffe im Grid entwickelt.

9.4.7 GAT

Entwickeln mit dem Grid Application Toolkit

Das *Grid Application Toolkit* (*GAT*) stellt eine einfache Programmierschnittstelle zu verschiedenen Grid-Diensten zur Verfügung. Beispiele für unterstützte Grid-Dienste sind Resourcebroker, Datentransferdienst, Datenkommunikation, remote Datei- und Datenzugriff.

Literatur

1. Einführung und Grundlagen

[A 06]   Abbenhaus C.: Web 2.0. Informatik Spektrum, Band 29, Heft 6, Dezember 2006.

[A 07]   Alby T.: Web 2.0. Konzepte, Anwendungen, Technologien. 2., aktualisierte Auflage. Carl Hanser Verlag 2007.

[ACK 03] Alonso G., Casati F., Kuno H.: Web Services. Springer Verlag Berlin 2003.

[AS 04]   Androutsellis-Theotokis S., Spinellis D.: A Survey of Peer-to-Peer Content Distribution Technologies. ACM Computing Surveys. Vol. 36, No. 4, Dec. 2004.

[B 01]   Berners-Lee T., Hendler J., Lassila O.: The Semantic Web. A new form of Web content that is meaningful to computers will unleash a revolution of new possibilities. Scientific American, 284 (5), S. 34-43, May 2001. http://www.sciam.com/article.cfm?articleID=00048144-10D2-1C70-84A9809EC588EF21, 2001.

[B 04]   Bengel G.: Grundkurs Verteilte Systeme. 3. verbesserte und erweiterte Auflage. Vieweg Verlag 2004.

[B 06]   Bächle M.: Social Software. Informatik Spektrum, Band 29, Heft 2, April 2006.

[B1 06]   Baun C.: Analyse vorhandener Grid-Technologien zur Evaluation eines Campus Grid an der Hochschule Mannheim. Master Thesis, Hochschule Mannheim 2006.

[B2 06]   Baun C.: Gemeinsam stark. Cluster-, Grid-, Peer-to-Peer- und Distributed Computing. c't Magazin für Computertechnik, No. 3, 2006.

[BCF 95] Boden N.J., Chen D., Felderman R.E., Kulawik A.E., Seitz C. L., Seizovic J. N. and Su W.: Myrinet: a Gigabit-per-second local area network. IEEE Micro, Vol. 15, No. 1, 1995

Literatur

[BK 07] Bächle M., Kirchberg P.: Frameworks für das Web 2.0. Informatik Spektrum, Band 30, Heft 2, April 2007.

[BM 06] Bauke H., Mertens S.: Cluster Computing, Praktische Einführung in das Hochleistungsrechnen auf Linux-Clustern. Springer Verlag 2006.

[Br 06] Brochard L.: High performane computing technology, applications and business. Informatik Spektrum, Band 29, Heft 3, Juni 2006.

[C 04] Cayzer S.: Semantic Blogging and Decentralized Knowledge Management. Communications of the ACM, Vol. 47, No. 12, Dec. 2004.

[CDK 02] Couloris G., Dollimore J., Kindberg T.: Verteilte Systeme. Konzepte und Design. 3., überarbeitete Auflage. Pearson Studium 2002.

[D 02] Dreamtech: Peer-to-Peer-Aplikationen entwickeln. mitp-Verlag /Bonn 2002.

[D 06] Dolphin Interconnect Solutions: http://www.dolphinics.com, 2006.

[DFG 07] DFG SPP 1183: Organic Computing. http://www.organic-computing.de/SPP, 2007

[DJM 05] Dostal W., Jeckle M., Melzer I., Zengler B.: Serviceorientierte Architekturen mit Web Services. Spektrum Akademischer Verlag, 2005.

[EG 05] Ebersbach A., Glaser M.: Wiki. Informatik Spektrum Band 28, Heft 2, April 2005.

[G 06] Grütter R.: Software-Agenten im Semantic Web, Informatik Spektrum, Band 29, Heft 1, Febr. 2006.

[G 07] Google Maps: http://google.maps.de/maps, 2007.

[H 02] Hesse W.: Ontologie(n). Informatik Spektrum, Band 25, Heft 6, Dez. 2002.

[HH 98] Hertwich R.G., Hommel G.: Nebenläufige Programme. 2. Auflage. Springer Verlag 1998.

[Ho 78] Hoare C. A. R.: Communicating Sequential Processes. Communications of the ACM, Vol. 21, No. 8, 1978.

[HP 06]   Hennessy J. L., Patterson D.A.: Computer Architecture, A Quantitative Approach, 4rd Edition, Morgan Kaufmann Publishing Co., Menlo Park, CA. 2006.

[J 04]   Jones M.T.: BSD Sockets Programming from a Multi-Language Perspective. Charles River Media, Inc., 2004.

[I 06]   InfiniBand Trade Association: http://www.infinibandta. org, 2006.

{IBM 07]   IBM: Autonomic Computing. http://www-03.ibm.com/ autonomic/, 2007.

[K 05]   Kuhlen F.: E-World – Technologien für die Welt von morgen. Springer Verlag 2005.

[KC 03]   Kephardt J.O., Chess D.M.: The Vision of Autonomic Computing. IEEE Computer, Vol. 36, No. 1, Jan. 2003.

[KMU 06]   Kemper H.G., Mehanna W., Unger C.: Business Intelligence – Grundlagen und praktische Anwendungen. 2. Auflage, Vieweg Verlag 2006.

[KW 02]   Kuschke M., Wölfel L.: Web Services kompakt. Spektrum Akademischer Verlag, 2002.

[KNR 04]   Kumar R., Novak J. Raghavan P., Tomkins A.: Structure and Evolution of Blogspace. Communications of the ACM, Vol. 47, No. 12, Dec. 2004.

[L 01]   Leopold C.: Parallel and Distributed Computing, A Survey of Models, Paradigms, and Approaches. John Wiley & Sons Inc., 2001.

[M 03]   Mattern F. (Hrsg.): Total vernetzt. Szenarien einer informatisierten Welt. 7. Berliner Kolloquium der Gottlieb Daimler- und Karl Benz-Stiftung. Springer Verlag 2003.

[M 06]   Myricon: http://www.myri.com, 2006.

[M 07]   Maurer H.: Google – Freund oder Feind. Informatik Spektrum, Band 30, Heft 4, August 2007.

[MB 76]   Metcalfe R.M., Boggs D. R.: Ethernet: Distributed packet switching for local computer Networks. Communications of the ACM, Vol. 19, No. 5, 1976.

[MDM 07]   Merwe Van Der J., Dawoud D., McDonald S.: A Survey on Peer-to-Peer Key Management for Mobile Ad Hoc Net-

Literatur

	works. ACM Computing Surveys. Vol. 39, No. 1, April 2007.
[MMW 04]	Müller-Schloer C., von der Malsburg C., Würtz R.P.: Organic Computing. Informatik Spektrum, Band 27, Heft 4, Aug. 2004.
[MS 07]	Mahlmann P., Schindelhauer C.: Peer-to-Peer-Netzwerke, Algorithmen und Methoden. Springer Verlag 2007.
[NSG 04]	Nardi B. A., Schiano D.J., Gumbrecht M., Swartz L.: Why we Blog. Communications of the ACM, Vol. 47, No. 12, Dec. 2004.
[OCI 07]	Organic Computing Initiative: Home. http://www.organic-computing.de/, 2007
[OR 05]	O'Reilly T.: What is Web 2.0: Design Patterns and Business Models for the Next Generation of Software. http://www.oreillynet.com/pub/a/oreilly/tim/news/2005/09/30/what-is-web-20.html, 2005.
[OWO 04]	W3C: OWL Web Ontology Language Overview. http://www.w3.org/TR/owl-features/, 2004.
[OWR 04]	W3C: OWL Web Ontology Language Reference. http://www.w3.org/TR/owl-ref/, 2004
[PF 06]	Peschel-Findeisen T.: Nebenläufige und Verteilte Systeme. Theorie und Praxis. mitp-Verlag/Bonn 2006.
[Q 06]	Quadrics: http://www.quadrics.com, 2006.
[RDF 04]	W3C: Resource Description Framework (RDF). http://www.w3.org/RDF/, 2004.
[RSC 04]	W3C: RDF Vocabulary Description Language 1.0: RDF Schema. http://www.w3.org/TR/rdf-schema/, 2004.
[R 05]	Roth J.: Mobile Computing. Grundlagen, Technik, Konzepte. 2. aktualisierte Auflage. Dpunkt.verlag 2005.
{S 04]	Sunstein C. R.: Democracy and Filtering. Communications of the ACM, Vol. 47, No. 12, Dec. 2004.
[SS 07]	Schill A., Springer T.: Verteilte Systeme. Springer Verlag 2007.
[S 07]	Sun: Utility Computing. http://www.sun.com/service/sungrid/index.jsp, 2007.

[SFT 02]   Schoder D., Fischbach K., Teichmann (Hrsg.): Peer-to-Peer, Ökonomische, technologische und juristische Perspektiven. Springer Verlag 2002.

[SO 07]   Soap Version 1.2: http://www.w3.org/TR/soap12, 2007.

[SPA 06]   W3C: SPARQL Query Language for RDF. http://www.w3.org/TR/rdf-sparql-query/, 2006.

[SW 04]   Steinmetz R., Wehrle K.: Peer-to-peer-Networking & - Computing. Informatik Spektrum, Band 27, Heft 1, Febr. 2004.

[SW 05]   Steinmetz R., Wehrle K. (Eds.): Peer-to-Peer Systems and Applications. Springer Verlag 2005.

[T 02]   Thome R.: e-Business. Informatik Spektrum, Band 25, Heft 2, 2002.

[UDD 04}   OASIS: UDDI Version 3.0.2 http://uddi.org/pubs/uddi_v3.htm, 2004.

[VIG 07]   VDE/ITG/GI: VDE/ITG/IG-Positionspapier Organic Computing. Computer- und Systemarchitektur im Jahr 2010. http://www.betriebssysteme.org/Betriebssysteme/FutureTrends/oc-positionspapier.pdf, 2007.

[WW 07]   Wikipedia: Wikipedia. http://de.wikipedia.org/wiki/Wikipedia, 2007.

[WE 07]   Wikipedia: Elektronischer Handel. http://de.wikipedia.org/wiki/Elektronischer_Handel, 2007.

[W3C 07]   W3C World Wide Web Consortium: http://www.w3.org/, 2007.

{WCL 05}   Weerawarana S., Curbera F., Leymann F., Storey T., Ferguson D.F.: Web Services Platform Architecture. Pearson Education, Inc., 2005.

[WSA 04]   W3C: Web Services Architecture. http://www.w3.org/TR/ws-arch/, 2004.

[XML 06]   W3C: Extensible Markup Language (XML). http://www.w3.org/XML/, 2006.

[ZLY 07]   Zhong N., Liu J., Yao Y.; Envisioning Intelligent Information Technologies through the Prism of Web Intelligence. Communications of the ACM, Vol. 50, No. 3, March 2007.

2. Rechnerarchitekturen

[T 06] Tanenbaum A. S.: Computerarchitektur. Strukturen - Konzepte - Grundlagen. 5. Auflage. Pearson Studium 2006.

2.1 Simultaneous Multithreading

[EEL 97] Eggers S.J., Emer J.S., Levy H.M., Lo J.L., Stamm R.L., Tullsen D.M.: Simultaneous MultiThreading: A platform for Next-Generation Processors. IEEE Micro, Vol. 17, No. 5, Sept/Oct 1997.

[M 01] Märtin C.: Rechnerarchitekturen, CPUs, Systeme, Software-Schnittstellen. Fachbuchverlag Leipzig 2001.

[M 02] Marr D. et al.: Hyper-Threading Technology Architecture and Microarchitecture: A Hypertext History. Intel Technology Journal, Vol. 6, No. 3, Feb 2002.

[TEE 96] Tullsen D.M., Eggers S. J., Emer J.S. et al.: Exploiting Choice: Instruction Fetch and Issue and Implementable Simultaneous Multithreading Processor. Proc. 23nd Annual Intern. Symp. On Computer Architecture, Philadelphia, PA 1996.

2.2 Enggekoppelte Multiprozessoren u. Multicoreprozessoren

[A 06] AMD Processors for Servers and Workstations: AMD Opteron™ Processor. http://www.amdcompare.com.us-en/Opteron/, 2006.

[AAK 06] Ananian C.S., Asanovic K., Kuszmaul B. C., Leierson C. E., Leierson C.E., Lie S.: Unbounded Transactional Memory. IEEE Micro, Vol. 26, No. 1, Jan. Febr. 2006.

[AB 86] Archibald J., Baer J.-L.: Cache Coherence Protocols: Evaluation Using a Multiprocessors Simulation Model. ACM Transactions on Computer Systems, Vol. 4, No. 4, 1986.

[AKS 07] Adl-Tabatabai A.R., Kozyrakis C., Saha B.: Unlocking Concurrency, Multicore Programming with transactional Memory. ACM Queue Vol. 4, No. 10, December/January 2006-2007.

[ARJ 07] Aggarwal N., Ranganathan P. Jouppi N.P., Smith J.E.: Isolation in Commodity Multicore Processors. IEEE Computer, Vol. 40, No. 6, June 2007.

[B 78]   Backus J.: Can programming be liberated from the von Neumann style? A functional style and its algebra of programs. Communications of the ACM Vol. 21, No. 8, August 1978.

[BBN 89] BBN Advanced Computers Inc, TC-2000 Technical Product Summary, 1989.

[BC 03]   Bovet D.P., Cesati M.: Understanding the Linux Kernel. Second Edition. O`Reilly & Associates Inc. 2003.

[BH 72]   Brinch Hansen P.: A comparison of two synchronising concepts. Acta Informatica, No. 1, 1972.

[BM 06]   Bauke H., Mertens S.: Cluster Computing, Praktische Einführung in das Hochleistungsrechnen auf Linux-Clustern. Springer Verlag 2006.

[Bo 06]   Bode A.: Multicore-Architekturen. Informatik Spektrum, Band 29, Heft 5, Okt. 2006.

[BPG 85] Pfister G.F., Brantley W.C., George D. A., et al.: The IBM research parallel Processor prototype (RP3): Introduction and architecture. In Proceedings International Conference on Parallel Processing, pages 764 – 771, 1985.

[BTR 02] Bossen D.C., Tendler J.M., Reick K.: Power4 System Design for High Reliabilty. IEEE Micro, Vol. 22, No. 2, March/April 2002.

[C 07]   The Cell Chip: Informationen über den Multi-Core-Prozessor. http://www.the-cell-chip.de, 2007.

[CFK 90] Chaiken D., Fields C., Kurihara K., Agarwal A.: Directory-Based Cache Coherence in Large-Scale Multiprocessors. IEEE Computer, Vol. 23, No. 6, June 1990.

[D 65]   Dijkstra E.W.: Cooperating Sequential Processes. Technological University, Eindhoven, The Netherlands, 1965. (Reprinted in Great Papers in Computer Science. Laplante P. ed., IEEE Press, New York, NY, 1996)

[D 90]   Duncan R.: A Survey of Parallel Computer Architectures. IEEE Computer. Vol. 23, No. 2, February 1990.

[G 01]   Gelsinger, P.P.: Microprozessors for the New Millenium. Challenges, Opportunities and New Frontiers. ICSS February 2001.

Literatur

[GEM 07] Gschwind M., Erb D., Manning S., Nutter M.; An Open Source Environment for Cell Broadband Engine System Software. IEEE Computer, Vol. 40, No. 6, 2007.

[GGK 83] Gottlieb A., Grishman R., Kruskal C.P., McAuliffe K. P, Rudolph L., Snir M.: The NYU ultracomputer: Designing a MIMD, shared memory parallel computer. IEEE Transactions on Computers, Vol. 32, No. 2, 1983.

[GHF 06] Gschwind M., Hofstee H.P., Flachs B., et. al.: Synergistic Processing in Cell's Multicore Architecture. IEEE Micro, Vol. 26, No. 2, March/April 2006.

[GT 90] Graunke G., Thakkar S.: Synchronization Algorithms for Shared Memory Multiprocessors. IEEE Computer, Vol. 23, No.6, June 1990.

[H 91] Herlihy M.: Wait-Free Synchronisation. ACM Transaction on Programming Languages and Systems. Vol. 11, No. 1, Jan. 1991.

[H 93] Handy J.: The Cache Memory Book. Academic Press Inc. 1993.

[HB 84] Hwang K., Briggs F. A.: Computer Architecture and Parallel Processing. McGraw Hill 1984.

[HCU 77] Harris T., Cristal A., Unsal O.S., et al.: Transactional Memory: An Overview. IEEE Micro, Vol. 27, No. 3, May/June 2007.

[HF 03] Harris T., Fraser K.: Language Support for Lightweight Transactions. Proceedings of the 18th annual ACM SIGPLAN conference on Object-oriented programing, systems, languages, and applications. Anaheim, ACM SIGPLAN Notices Vol. 38, No. 11, 2003.

[HF 07] Harris T., Fraser K.: Concurrent Programming Without Locks. ACM Transactions on Computer Systems, Vol. 25, No. 2, Articles 4-5, 2007.

[HM 93] Herlihy M., Moss E.: Transactional memory; Architectural support for lock-free datastructures. In Proceedings of the 20th Annual International Symposium on Computer Architecture, San Diego, CA, May 1993.

[HMJ 05] Harris T., Marlow S., Jones S.P. Herily M.: Composable Memory Transactions. ACM Conference on Principles and Practice of Parallelel Programming 2005.

[Ho 72]	Hoare C.A.R: Towards a theory of parallel programming. In: Hoare C.A.R. and Perott R.H, Eds.: Operating Systems Techniques. Academic Press, New York, NY, 1972.
[HNO 97]	Hammond L., Nayfeh B.A., Olukotun K.: A Single-Chip Multiprocessor Computer. Vol. 30., No. 9, Sept. 1997.
[HP 06]	Hennessy J. L., Patterson D.A.: Computer Architecture, A Quantitative Approach, 4rd Edition, Morgan Kaufmann Publishing Co., Menlo Park, CA. 2006.
[I 06]	Intel CORE™ Duo Processor - Technical Documents. http://www.intel.com/design/mobile/core/duodocumentation.html
[IRS 06]	IBM RS/6000 SP System. http://www.rs6000.ibm.com/hardware/largescale/index.html. 2006.
[JW 05]	Jerraya A., A., Wolf W.; Multiprocessor Systems–on–Chips. Elsevier Inc. 2005.
[KAO 05]	Kongetira P., Aingaran K., Olukoton K.: Niagara: A 32-Way Multithreaded Sparc Processor. IEEE Micro, Vol. 25, No.2, March/April 2005.
[KDH 05]	Kahle J. A., Day M. N., Hofstee H.P. et. al.: Introduction to the Cell Multiprocessors. IBM J. Research and Development, Vol. 49, No. 4/5, 2005.
[KGA 03]	Keltcher, C. N., McGrath K. J., Ahmed A., Conway P.: The AMD Opteron Processor for Multiprocessor Servers. IEEE Micro, Vol. 23, No. 2, March/April 2003.
[KPP 06]	Kistler M., Perrone M., Petrini F.: Cell Multiprocessor Communictaion Network: Built for Speed. IEEE Micro Vol. 26, No. 3, May/June 2006.
[KR 81]	Kung H.T., Robison J. T.: On Optimistic Methods for Concurrency Control. ACM Trans. Database Systems, Vol. 6, No. 2, 1981.
[L 79]	Lamport L.: How to Make a Multiprocessor Computer that Correctly Executes Multiprocessor Programs. IEEE Trans. On Computers, Bd C-28, S. 690-691, Sept. 1979.
[L 93]	Lilja D. J.: Cache Coherence in Large-Scale Shared-Memory Multiprocessors: Issues and Comparisons. ACM Computing Surveys Vol. 26, No. 3, Sept.1993.

[M 99]	Maurer C.: Grundzüge der Nichtsequentiellen Programmierung. Springer Verlag 1999.
[MMC 07]	McDonald A., Carlstrom, B., Chung J.: Transactional Memory: The Hardware-Software Interface. IEEE Micro, Vol. 27, No. 1, Jan./Febr. 2007.
[P 90]	Przybylsku S. A.: Cache and Memory Hierarchy Design. A Performance-Directed Approach. Morgan Kaufmann Publisheres, Inc. 1990.
[RT 86]	Rettberg R., Thomas R.: Contention is no Obstacle to Shared-Memory Multiprocessing. Communications of the ACM, Vol.29, No, 12, Dec 1986.
[R 97]	Richter H.: Verbindungsnetzwerke für parallele und verteilte Systeme. Spektrum Akademischer Verlag 1997.
[S 90]	Stenström P.: A Survey of Cache Coherence Schemes for Multiprocessors. IEEE Computer, Vol. 23, No. 6, June 1990.
[S 97]	Sinha P., K.: Distributed Operating Systems. Concepts and Design. IEEE Press 1997.
[S 06]	Struck N.: Mehr Performance und Skalierbarkeit mit Multicore-Prozessoren. Betriebssysteme helfen beim Wechsel. WEKA Fachzeitschriften-Verlag GmbH Elektronik 06/2006. Auch verfügbar unter: http://www.elektoniknet.de/index.php?id=706&tx_jppageteaser_pi1[backId]=734.
[S 07]	Sun: Throughput Computing. http://www.sun.com/processors/throughput/, 2007.
[SGI 07]	SGI Altix Family. High Productivity Servers, Clusters and Supercomputers. http://www.sgi.com/products/servers/altix/. 2007.
[STM 07]	Software transactional memory. Wikipedia: http://en.wikipedia.org/wiki/Software_transactional_memory, 2007.
[T 95]	Tanenbaum A. S.: Distributed Operating Systems. Prentice Hall Inc., 1995.
[T 06]	Tanenbaum A. S.: Computerarchitektur, Strukturen – Konzepte – Grundlagen. 5. Auflage, Pearson Studium 2006.
[To 06]	Top500.org: http://www.top500.org/ 2006.

2.3 Lose gekoppelte Multiprozessoren und Multicomputer

[AG 96] Adve S.V., Gharachorloo K.: Shared Memory Consistency Models: A Tutorial. IEEE Computer, Vol. 29, No. 12, Dec. 1996.

[GGH 97] Gonzalez R. Gordon B. Horowitz M.: Supply and Threshold Voltage Scaling for Low-Power CMOS. IEEE Jornal Solid-State Circuits, Vol. 32, No. 8, Aug 1997.

[HLH 92] Hagerstein E., Landin A., Haridi S.: DDM – A Cache-Only Memory Architecture. IEEE Computer, Vol. 25, No. 9, Sept. 1992.

[PTM 98] Protic J., Tomasevic M., Milutinovic V.: Distributed Shared Memory. Concepts and Systems. IEEE Computer Society Press, 1998.

[NL 91} Nitzberg B. Lo V.: Distributed Shared Memory: A Survey of Issues and Algorithms. IEEE Computer Vol. 24, No. 6., August 1991.

[S 97] Sinha P., K.: Distributed Operating Systems. Concepts and Design. IEEE Press 1997.

[SWG 06] Salapura V., Walkup R., Gara A.: Exploiting Workload Parallelism for Performance and Power Optimization in Blue Gene. IEEE Micro Vol. 26, No. 5, Sept. Oct. 2006.

[SGI 07] SGI Altix Family. High Productivity Servers, Clusters and Supercomputers. http://www.sgi.com/products/servers/altix/. 2007.

[T 95] Tanenbaum A. S.: Distributed Operating Systems. Prentice Hall Inc., 1995.

[T 06] Tanenbaum A. S.: Computerarchitektur, Strukturen – Konzepte – Grundlagen. 5. Auflage, Pearson Studium 2006.

[To 06] Top500.org: http://www.top500.org/ 2006.

[UC 07] University of Cambridge, Computer Laboratory: Practical lock-free data structures. http://www.cl.cam.ac.uk/netos/lock-free, 2007.

2.4 Load Balancing und High Troughput Cluster Google

[BDH 03] Barroso L.A., Dean J. Hölzle U.: Web Search for a Planet: The Goggle Cluster Architecture. IEEE Micro, Vol. 23, No. 2, 2003.

Literatur

[BP 06]   Brin S., Page L:. The Anatomy of a Large Scale Hypertextual Web SearchEngine. http//:www-db.stanford.edu/pub/papers/google.pdf, 2006.

[GGL 03] Ghernawatt S., Gobioff H., Leung S.: The Goggle File System. Proceeding of the 19th ACM Symposium on Operating Systems Principles. Oct. 2003.

[H1 06]   Hawking D.: Web Search Engines: Part 1: IEEE Computer, Vol. 39, No. 6, June 2006.

[H2 06]   Hawking D.: Web Search Engines: Part 2. IEEE Computer, Vol. 39, No. 8, August 2006.

[T 06]   Tanenbaum A. S.: Computerarchitektur, Strukturen – Konzepte – Grundlagen. 5. Auflage, Pearson Studium 2006.

[W 06]   Wikipedia: Inverted Index. 2006. http://en.wikipedia.org/wiki/Inverted_index, 2006.

[ZM 06]   Zobel J., Moffat A.: Inverted Files for Text Search Engines. ACM Computing Surveys, Vol. 38, No. 2, 2006.

3. Programmiermodelle

[BA 06]   Ben-Ari M: Principles of Concurrent and Distributed Programming. 2nd Edition. Pearson Education Limited 2006.

[BGL 98] Briot J.-P., Guerraoui R., Löhr K.-P.: Concurrency and Distribution in Object-Oriented Programming. ACM Computing Surveys, Vol. 30, No. 3, Sept. 1998.

[G 04]   Garg V. K.: Concurrent and Distributed Computing in Java. John Wiley & Sons, Inc. 2004.

3.1 Client-Server-Modell

[A 91]   Andrews G. R.: Paradigms for Process Interaction in Distributed Programs. ACM Computing Surveys, Vol. 23, No. 1, March 1991.

[B 04]   Bengel G.: Grundkurs Verteilte Systeme. 3. verbesserte und erweiterte Auflage. Vieweg Verlag 2004.

[PRP 06] Puder A., Römer K, Pilhofer F.: Distributed Systems Architecture: A Middleware Approach. Morgan Kaufmann Publishers 2006.

3.2 Service-orientierte Architekturen (SOA)

[C 04]　　Chappell D.: Enterprise Service Bus. O' Reilly Media, 2004.

[C 07]　　Curbera F.: Component Contracts in Service oriented Architectures. IEEE Computer Vol. 40, No. 11, Nov. 2007.

[E 07]　　Elfatatry A.: Dealing with Change: Components versus Services. Communications of the ACM, Vol. 50, No. 8, August 2007.

[HHV 06]　Hess A., Humm B., Voß M.: Regeln für serviceorientierte Architekturen hoher Qualität. Informatik Spektrum, Band 29, Heft 6, Dezember 2006.

[BPEL 07]　IBM: Business Process Execution Language for Web Services version 1.1. http://www.ibm.com/developerworks/library/specification/ws-bpel/, 2007

[L 07]　　Liebhart D.: SOA goes real. Service-orientierte Architekturen erfolgreich planen und einführen. Carl Hanser Verlag 2007.

[M 07]　　Masak D.: SOA? Serviceorientierung in Business und Software. Springer Verlag 2007.

[M 08]　　Mathas C.: SOA intern. Praxiswissen zu service-orientierten IT-Systemen. Carl Hanser Verlag 2008.

[MB 03]　Meredith L.G., Bjorg S.: Contracts and Types. Commmunicatons of the ACM, Vol. 46, No. 10, Oct. 2003.

[PG 03]　Papazoglou M. P., Georgakopoulus D.: Service-Oriented Computing. Communications of the ACM, Vol. 46, No. 10, Oct. 2003.

[PTDL 07]　Papazoglou M.P. Traverso P. Dustdar S. Leymann F.: Service-Oriented Computing: State of the Art and Research Challenges. IEEE Computer Vol. 40, No. 11, Nov. 2007.

{WSC 05]　W3C: Web Services Choreography Description Language Version 1.0. http://www.w3.org/TR/ws-cdl-10/, 2005.

3.3 Programmiermodelle für gemeinsamen Speicher

[A 83]　　The Programming Language Ada. Reference Manual. American National Standards Institute, Inc., ANSI/MIL-

Literatur

	STD-1815A-1983. Lecture Notes in Computer Science 155, Springer Verlag, 1983.
[A 95]	Adler R. M.: Distributed Coordination Models for Client/Server Computing. IEEE Computer, Vol. 28, No. 4, April 1995.
[A 07]	Ada Home: Ada 95 Reference Manual. http://www.adahome.com/rm95/, 2007
[ARB 07]	OpenMP Architecture Review Board. http://www.openmp.org, 2007
[B 90]	Bengel G.: Betriebssysteme. Aufbau, Architektur und Realisierung. Hüthig Verlag 1990.
[B 97]	Butenhof D.R.: Programming with POSIX Threads. Addison Wesley Longman, Reading, Massachusetts, 1997.
[B 06]	Barnes J.G.P.: Programming in Ada 2005. Addison Wesley 2006.
[BA 06]	Ben-Ari M: Principles of Concurrent and Distributed Programming. 2nd Edition. Pearson Education Limited 2006.
[BH 05]	Buhr P.A., Harji A.S.: Implicit-Signal Monitors. ACM Transaction on Programming Languages and Systems, Vol. 27, No. 6, Nov. 2005.
[BK 00]	Bull J. M., Kambites M. E.: JOMP – an OpenMp like interface for Java. Proceedings of the ACM 2000 Conference on Java Grande. San Francisco, California, USA, 2000.
[CD 88]	Cooper E.; Draves R.: C Threads. Technical Report; Departement of Computer Science, Carnegie Mellon University, Pittsburgh, Pennsylvania, Oct 1988.
[CDK 01]	Chandra R., Dagum L., Kohr D., et al.: Parallel Programming in OpenMP. Academic Press 2001.
[CS 98]	Carter J. R., Sanden Bo I.: Practical Use of Ada 95's Concurrency Features. IEEE Concurrency. Parallel, Distributed & Mobile Computing. Vol. 6, No. 4, Oct.-Dec. 1998.
[DM 98]	Dagum L., Menon R.: OpenMP: An Industry-Standard API for Shared Memory Programming. IEEE Computational Science & Engineering. Vol. 5, No. 1. Jan/March 1998.

[EPCC 07]   Edinburgh Parallel Computng Centre (EPCC), Java Grande: JOMP Home Page. http://www2.epcc.ed.ac.uk/computing/research_acitivities/jomp/index_1.html, 2007.

[ECS 05]   El-Ghazawi T., Carlson W., Sterling T. Yelick K.: UPC. Distributed Shared Memory Programming. John Wiley & Sons, Inc. 2005.

[EV 01]   Eigenmann R. (Editor), Voss M. (Editor), OpenMP Shared Memory Parallel Programming: International Workshop on OpenMP Applications and Tools, WOMPAT 2001, West Lafayette, IN, USA, July 30-31, 2001. Lecture Notes in Computer Science, Springer Verlag 2001.

[GNU 07]   GNU: GNAT-GNU Project–Free Software Foundation (FSF) http://www.gnu.org/software/gnat/gnat.html, 2007.

[GYJ 97]   Gosling J.; Yellin F.: Java Team: Das Java API, Band 1: Die Basispakete. [Übers. aus dem Amerikan. von Birgit Kehl]. Addison Wesley Longman Verlag 1997.

[H 93]   P. Brinch Hansen P.: Monitors and Concurrent Pascal: A Personal History. In ACM SIGPLAN Notices, Vol. 28, No. 3, March 1993.

[H 78]   Hoare C. A. R.: Communicating Sequential Processes, Communications of the ACM, Vol. 21., No. 8, 1978.

[H 04]   Herold H.: Linux/Unix Systemprogrammierung. 3. aktualisierte Auflage. Addison Wesley 2004.

[Ha 75]   Brinch Hansen P.: The Programming Language Concurrent Pascal. IEEE Transaction on Software Engineering, SE-1; pp 199-207, 1975.

[Ho 74]   Hoare C. A. R.: Monitors - An Operating Systems Structuring Concept. Communications of the ACM, Vol. 11, No. 10, 1974.

[HH 97]   Hughes C.; Hughes T.: Object-oriented Multithreading Using C++. John Wiley & Sons, Inc. 1997.

[KY 02]   Kredel H., Yoshida A.: Thread und Netzwerkprogrammierung mit Java. 2. aktualisierte und erweiterte Auflage. dpunkt.verlag, 2002.

[M 03]   Marowka A.: Extending OpenMP for Task Parallelismus. Parallel Processing Letters, Vol. 13, No. 3, Sept. 2003.

Literatur

[M 07] Marowka A.: Parallel Computing on Any Desktop. Communications of the ACM, Vol. 50, No. 9, Sept. 2007.

[N 03] Nagl M.: Software Technik mit Ada 95. Entwicklung großer Systeme. 2. Auflage, Vieweg Verlag 2003.

[NBF 98] Nichols B.; Buttlar D.; Farrell J.: Pthreads Programming. O'Reilly Associates Inc. 1998.

[O 01] Oechsle R.: Parallele Programmierung mit Java Threads. Fachbuchverlag Leipzig im Carl Hanser Verlag 2001.

[O 07] Oechsle R.: Parallele und verteilte Programmierung in Java. 2., vollständig überarbeitete und erweiterte Auflage. Carl Hanser Verlag 2007.

[OW 04] Oaks S., Wong H.: Java Threads, Understanding and Mastering Concurrent Programming, 3rd Edition. O'Reilly 2004.

[Q 04] Quinn M., J.: Parallel Programming in C with MPI and OpenMP. McGraw-Hill Inc., 2004.

[R 07] Reinders J.: Intel Threading Building Blocks. Outfitting C++ for MultiCore Processor Parallelism. O' Reilly Media, Inc. 2007.

[SR 07] Sun Programming Language Research Group: Project Fortress Overview. http://research.sun.com/projects/plrg/, 2007.

[SS 07] Sun Source.net: fortress Project home. http://fortress.sunsource.net, 2007.

[UPC 07] The George Washington University, The High Performance Computing Laboratory: Unified Parallel C. http://upc.gwu.edu/, 2007.

[Z 06] Zahn M. Unix-Netzwerkprogrammierung mit Threads, Sockets und SSL. Springer Verlag 2006.

[ZK 93] Zimmermann Ch.; Kraas A.W.: Mach, Konzepte und Programmierung. Springer Verlag 1993.

3.4 Programmiermodelle für verteilten Speicher

[A 07] Abts D.: Masterkurs Client Server Programmierung mit Java. 2. erweiterte und aktualisierte Auflage. Vieweg Verlag 2007.

[Ap 07]   Apache.org: About Apache XML-RPC.
           http://ws.apache.org/xmlrpc/, 2007.

[B 04]   Bengel G.: Grundkurs Verteilte Systeme. 3. verbesserte und erweiterte Auflage. Vieweg Verlag 2004.

[BM 06]   Bauke H., Mertens S.: Cluster Computing, Praktische Einführung in das Hochleistungsrechnen auf Linux-Clustern. Springer Verlag 2006.

[BR 07]   Bachschat M., Rücker B.: Enterprise JavaBeans 3.0. Grundlagen – Konzepte – Praxis. 2. Auflage. Elsevier GmbH München 2007.

[Bo 96]   Bonner P.: Network Programming with Windows Sockets. Prentice-Hall Inc. 1996.

[CCM 07]   Object Management Group: CORBA Component Model, V 4.0. http://www.omg.org/technology/documents/formal/components.htm, 2007.

[CGJ 00]   Carpenter B., Getov V., Judd G., Skjellum T., Fox G.: MPJ: MPI-like Message Passing for Java. Concurrency: Practice and Experience, Volume 12, Number 11, Sept. 2000.

[EE 98]   Eddon G., Eddon H.: Inside Distributed COM. Microsoft Press 1998.

[EE 00]   Eddon G., Eddon H.: Inside COM+. COM+ Architektur und Programmierung. Microsoft Press 2000.

[G 01]   Görzig S.: CPPvm – C++ and PVM. Lectures Notes in Computer Science. Vol. 2131/2001. Springer Verlag 2001.

[GBD 94]   Geist A., Beguelin A., Dongarra J. et al.: PVM: Parallel Virtual Machine. A Users' Guide and Tutorial for Networked Parallel Computing. The MIT Press 1994. Auch verfügbar in Postscript- und HTML-Form unter http://www.netlib.org/pvm3/book/pvm-book.html

[GHL 00]   Gropp W, Huss-Lederman S., Lumsdaien A., et al.: MPI – The Complete Reference: Volume 2, The MPI-2 Extensions. The MIT Press, Cambridge, MA 2000.

[GLS 99]   Gropp W., Lusk E., S., Skjellum A.: Using MPI: Portable Parallel Programming with the Message Passing Interface, 2nd edition. The MIT Press Cambridge, MA 1999.

Literatur

[GLS 07]   Gropp W., Lusk E., S., Skjellum A.: MPI – Eine Einführung. Portable parallele Programmierung mit dem Message-Passing Interface. Oldenburg Verlag München Wien, 2007. Deutsche Übersetzung von [GLS 99].

[GLT 99]   Gropp W., Lusk Thakur R.: Using MPI-2: Advanced Features of the Message-Passing Interface. The MIT Press Cambridge, MA 1999.

[GOH 98]   Gropp W., Otto S., Huss-Lederman S., Lumsdaien A., et al.: MPI – The Complete Reference. (2-Volume Set). The MIT Press, Cambridge, MA 1998.

[H 78]   Hoare C. A. R.: Communicating Sequential Processes, Communications of the ACM, Vol. 21., No. 8, 1978.

[H 97]   Harold E.R.: Java Network Programming. O'Reilly & Associates Inc. 1997.

[HS 04]   Homer A. Sussmann D.: Distributed Data Applications with ASP.NET. Second Edition. Apress 2004.

[I 88]   Inmos Limited, Occam 2 Reference Manual, Prentice Hall International, 1988.

[IDL 07]   Object Management Group: OMG IDL: Details. http://www.omg.org/gettingStarted/omg-idl.htm, 2007.

[IIOP 07]   Sun Developer Network (SDN): Java over IIOP. http://java.sun.com/javase/technologies/core/basic/rmi/index.jsp, 2007

[J 99]   Jobst F.: Programmieren in Java, 2., aktualisierte und erweiterte Auflage. Carl Hanser Verlag 1999.

[JGF 07]   Java Grande Forum: Java Grande Forum Homepage. http://www.javagrande.org, 2007.

[J 04]   Jones M.T.: BSD Sockets Programming from a Multi-Language Perspective. Charles River Multimedia Inc. 2003.

[KB 07]   Kuhrmann M., Beneken G.: Windows Communication Foundation. Konzepte – Programmierung – Migration.Elsevier GmbH, Sektrum Akademischer Verlag 2007.

[KCH 04]   Kuhrmann M. Calame J. Horn E.: Verteilte Systeme mit .NET Remoting. Grundlagen – Konzepte – Praxis. Elsevier GmbH, Spektrum Akademischer Verlag, 2007.

[KLS 94]	Koelbel C. H., Loveman D.B., Schreiber R.S., Steele Jr. G.L., Zosel M. E.: The High Performance Fortran Handbook. The MIT Press 1994.
[LM 07]	LAM/MPI Parallel Computing. http://www.lam-mpi.org/, 2007
[MC 01]	Monson-Haefel R.; Chappell D.A.: Java Message Service. O'Reilly & Associates Inc. 2001.
[MDN 07]	Microsoft Developer Network: .NET Remoting 2.0. http://www.microsoft.com/germany/msdn/library/net/NETRemoting20.mspx?mfr=true, 2007.
[MR 97]	Mowbray T.J.; Ruh W.A.: Inside CORBA, Distributed Object Standards and Applications. Addison Wesley Longman, Inc. 1997.
[MPC 07]	MPICH2. http://www-unix.mcs.anl.gov/mpi/mpich/, 2007
[MPG 07]	MPICH-G2. http://www3.niu.edu/mpi/, 2007
[MPI 94]	Message Passing Interface Forum. MPI: A Message-Passing Interface standard. International Journal of Supercomputerr Applications., Vol. 8, No. 3/4 1994.
[MPI 07]	MPI Forum: MPI Documents. http://www.mpi-forum.org/docs/docs.html, 2007.
[MPII 07]	Intel: Intel MPI Library 3.1 for Linux or Microsoft Windows Compute Cluster (CCS). http://www3.niu.edu/mpi/, 2007.
[MPIS 07]	Scali: MPI Connect. http://www.scali.com/content/view/35/, 2007.
[MPIV1 07]	Verari Systems Software: Verari Systems Software's Commercial Version of MPI Standard. http://www.mpi-softtech.com/documents/MPIPro_RevH.pdf, 2007.
[MPIV2 07]	Verari Systems Software: ChaMPIon/Pro. http://www.verarisoft.com/champion_pro.php, 2007.
[NRS 04]	Neubauer B., Ritter T., Stoinski F.: CORBA Komponenten. Effektives Software-Design und Programmierung. Springer Verlag 2004.
[OM 07]	Open MPI: Open Source High Performance Computing. http://www.open-mpi.org/, 2007.

Literatur

[OMA 07] Object Management Group: Object Management Architecture. http://www.omg.org/oma/, 2007.

[OMG 07] Object Management Group: The Object Management Group (OMG). http://www.omg.org/, 2007.

[OTE 07] ORNL, University of Tennessee und Emory University: Heterogenous Adaptable Reconfigurable NEtworked Systems (HARNESS). http://www.csm.ornl.gov/harness/, 2007.

[P 93] Padovano M.: Networking Applications on Unix System V Release 4. Prentice-Hall Inc. 1993.

[P 95] Peterson M.T.: DCE. A Guide to Developing portable Applications. McGraw-Hill Inc. 1995.

[P 98] Pope A.: The CORBA Reference Guide. Understanding the Common Object Request Broker Architecture. Addison Wesley 1998.

[PTL 07] Pervasive Technology Labs at Indiana University: mpiJava Home Page. http://www.hpjava.org/mpiJava.html, 2007.

[PTLHP 07] Pervasive Technology Labs at Indiana University: HPJava Home Page. http://www.hpjava.org/index.html, 2007.

[PVM 07] PVM home: PVM Parallel virtual Machine. http://www.csm.ornl.gov/pvm/pvm_home.html, 2007.

[Q 04] Quinn M. J.: Parallel Programming in C with MPI and OpenMP. The Mc Graw Hill Companies, Inc., 2004.

[R 02] Richter J.: Microsoft .NET Framework Programmierung. Microsoft Press 2002.

[R 04] Rottmann H.: Warum ausgerechnet .NET? Fakten und Vergleiche mit Java und C++ - Beispielprogramme – Glasklare Entscheidungshife. Vieweg Verlag 2004.

[RMI 07] Sun Developer Network (SDN): Remote Method Invocation Home. http://java.sun.com/javase/technologies/core/basic/rmi/index.jsp, 2007

[S 92] Stevens W.R.: Programmieren von Unix-Netzen. Coedition Carl Hanser Verlag, Prentice Hall International Inc. 1992.

[S 01]	Siegel J.: CORBA 3. Fundamentals and Programming. John Wiley & Sons Inc., 2001.
[SO 07]	Soap Version 1.2: http://www.w3.org/TR/soap12, 2007.
[SOH 00]	Snir M., Otto S., Huss-Ledermann S. et al.: MPI – The Complete Reference. 2nd Edition. The MIT Press, Cambridge, MA, 2000.
[T 07]	The Transputer Archive. http:/vl.fmnet.info/transputer/, 2007.
[TO 07]	SGS-Thomson Microelectronics Limited: occam® 2.1 reference manual, 1995. http://www.wotug.org/occam/documentation/oc21refman.pdf, 2007.
[UDD 04}	OASIS: UDDI Version 3.0.2 http://uddi.org/pubs/uddi_v3.htm, 2004.
[V 07]	University of Virginia: JPVM The Java Virtual Machine. http://www.cs.virginia.edu/~ajf2j/jpvm.html, 2007
[W 07]	Wilson Partnership: MinML a minimal XMLParser. http://www.wilson.co.uk/xml/minml.html, 2007.
[W3C 07]	W3C World Wide Web Consortium: http://www.w3.org/, 2007.
[WJ 07]	WoTUG: Java Implementation of Occam. http://wotug.org./occam/#java, 2007.
[WSA 04]	W3C: Web Services Architecture. http://www.w3.org/TR/ws-arch/, 2004.
[XML 06]	W3C: Extensible Markup Language (XML). http://www.w3.org/XML/, 2006.
[XR 07]	XML-RPC.COM: XML-RPC Home Page. http://www.xmlrpc.com, 2007.
[Z 06]	Zahn M. Unix-Netzwerkprogrammierung mit Threads, Sockets und SSL. Springer Verlag 2006.

4. Parallelisierung

[A 67] Amdahl G.: Validity of the Single Processor Approach to Achieving Large-Scale Computing Capabilities. AFIPS Conference Proceedings, (30), pp. 483-485, 1967.

[A 85] Akl S. G.: Parallel Sorting Algorithms. Academic Press Inc. 1985.

[A 97] Akl S., G.: Parallel Computation: Models and Methods. Prentice Hall 1997.

[A 00] Andrews G., R.: Foundations of Multithreaded, Parallel, and Distributed Programming. Addison-Wesley, 2000.

[A 05] Alba E. (Ed.): Parallel Metaheuristics. A New Class of Algorithms. John Wiley & Sons 2005.

[ACK 02] Anderson D.P., Cobb J., Korpela E., Lebofsky M., Werthimer D.: SET@home: An Experiment in Public Resource Computing. Communictaions of the ACM Vol. 45, No. 11, Nov. 2002.

[B 94] Bräunl T.: Parallele Programmierung – Eine Einführung. McGraw Hill 1994.

[B 96] Blelloch G.E.: Programming Parallel Algorithms. Communications of the ACM Vol. 39, No. 3, 1996

[B 01] Bolzhauser P.: Performance Cluster mit PVM, MPI, LSF und DQS. Parallelisierung einer Monte Carlo Simulation. Diplomarbeit Fachhochschule Mannheim 2001.

[B 06] Bilek M.: Parallelisierungsverfahren, Prinzipien, Modelle und Techniken für HPC-Anwendungen. Diplomarbeit Hochschule Mannheim, 2006.

[BDH 84] Bitton D., DeWitt D.J., Hsiaio D.K., Menon J.: A Taxonomy of Parallel Sorting. ACM Computing Surveys, Vol. 16, No. 3, Sept. 1984.

[BG 88] Benner, R.E., Gustafson, J.L., and Montry, G.R., Development and analysis of scientific application programs on a 1024-processor hypercube. SAND 88-0317, Sandia National Laboratories, Feb. 1988.

[BM 06] Bauke H., Mertens S.: Cluster Computing. Springer Verlag 2006.

4. Parallelisierung

[F 90] Frommer A.: Lineare Gleichungssysteme auf Parallelrechner. Vieweg Verlag 1990.

[F 95] Foster I.: Designing and Building Parallel Programs. Addison Wesley 1995. Auch verfügbar in HTML-Form unter http://www-unix.mcs.anl.gov/dbpp/text/node1.html.

[CRQR 89] Cosnard M., Robert Y. Quinton P., Raynal M. (EDs.): Parallel & Distributed Algorithms. Proceedings of the International Workshop on Parallel & Distributed Algorithms, Elsevier Sciene Publisher B.V. 1989.

[G 88] Gustavson J.: Reevaluating Amdahl's Law. Communications of the ACM, Vol. 31, No. 5, 1988.

[GGK 03] Grama A., Gupta A., Karypis G., Kumar, V.: Introduction to Parallel Computing (2nd Edition). Addison Wesley Professional 2003.

[GO 96] Goloub, G.H.; Ortega J.M.: Scientific Computing – Eine Einführung in das wissenschaftliche Rechnen und Parallele Numerik. Teubner Stuttgart 1996.

[GR 88] Gibbons A., Rytter W.: Efficient Parallel Algorithms, Cambridge University Press 1988.

[H 83] Hoßfeld F.: Parallele Algorithmen. Informatik – Fachberichte 64. Springer Verlag 1983.

[HS 86] Hillis W.D., Steele G.L.: Data Parallel Algorithms. Communications of the ACM, Vol. 29, No. 12, Dec 1986.

[J 92] JaJa J.: An Introduction to Parallel Algorithms. Addison Wesley, Reading, MA 1992.

[KF 90] Karp A.H., Flatt H.P.: Measuring Parallel Processor Performance. Communictaions of the ACM, Vol. 33, No. 5, May 1990

[M 79] Mehlhorn K.: Konzepte der Komplexitätstheorie am Beispiel des Sortierens. Informatik Fachberichte, GI 9. Jahrestagung, Springer Verlag 1979.

[MB 05] Miller R., Boxer L.: Algorithms Sequential & Parallel. A Unified Approach. Second Edition Charles River Media Inc. 2005.

[Q 87] Quinn M.: Designing Efficient Algorithms for Parallel Computers. Mc Graw Hill Inc. 1987.

[Q 94]	Quinn M.: Parallel Computing. Theory and Practice. Second Edition. Mc-Graw-Hill, Inc. 1994.
[QD 84]	Quinn M.J., Deo N.; Parallel Graph Algorithms. ACM Computing Surveys, Vol. 16, No. 3, Sept. 1984
[S 03]	Schwandt H.: Parallele Numerik. Eine Einführung. Teubner Verlag 2003.
[RR 00]	Rauber T, Rünger G.: Parallele und Verteilte Programmierung. Springer Verlag Berlin Heidelberg 2000.
[U 97]	Ungerer T.: Parallelrechner und parallele Programmierung. Spektrum Akademischer Verlag 1997.
[W 95]	Waldschmitt K. (Hrsg.): Parallelrechner, Architekturen - Systeme - Werkzeuge. B.G. Teubner Stuttgart 1995.

5. Verteilte Algorithmen

[AW 04]	Attiya H., Welch J.: Distributed Computing. Fundamentals, Simulations and Advanced Topics. John Wiley and Sons Inc. 2004.
[B 04]	Bengel G.: Grundkurs Verteilte Systeme. 3. verbesserte und erweiterte Auflage. Vieweg Verlag 2004.
[G 82]	Garcia-Molina H.: Elections in Distributed Computing Systems. IEEE Transactions on Computers, Vol 31., No. 1, 1982.
[L 78]	Lamport L.: Time, clocks and the ordering of events in a distributed system. Communications of the ACM, Vol.21, No. 7, 1978.
[LSP 82]	Lamport L.; Shostak R.; Pease M.: The Byzantine Generals Problem. ACM Transaction on Programming Languages and Systems, Vol. 4, No. 3, 1982.
[L 96]	Lynch N.A.: Distributed Algorithms. Morgan Kaufmann Publishers Inc., 1996.
{M 89]	Mattern, F.:Virtual Time and Global States of Distributed Systems. In [CRQR 89]: Cosnard M., Robert Y. Quinton P., Raynal M. (EDs.): Parallel & Distributed Algorithms. Proceedings of the International Workshop on Parallel & Distributed Algorithms, Elsevier Sciene Publisher B.V. 1989.

[PF 06] Peschel-Findeisen T.: Nebenläufige und Verteilte Systeme. Theorie und Praxis. Mitp-Verlg 2006.

6. Rechenlastverteilung

[AC 88] Alonso, R., Cova, L.L.: Sharing Jobs among Independently Owned Processors. Proceedings of the 8th International Conference on Distributed Computing Systems, IEEE, New York, 282-288, 1988.

[ACD 03] Andrews, T., Curbera, F., Dholakia, H., Goland, Y., Klein, J., Leymann, F., Liu, K., Roller, D., Smith, D., Thatte, S., Trickovic, I., Weerawarana, S.: Business Process Execution Language for Web Services, Version 1.1. Specification, BEA Systems, IBM Corp., Microsoft Corp., SAP AG, Siebel Systems, 2003.

[AHP 06} Alt, M., Hoheisel, A., Pohl, H.-W., Gorlatch, S.: A Grid Workflow Language Using High-Level Petri Nets. R. Wyrzykowski et al. (Eds.), PPAM 2005, LNCS 3911, pp. 715-722, Springer, Berlin, Heidelberg, 2006.

[B 02] Buyya, R.: Economic-based Distributed Resource Management and Scheduling for Grid Computing. Dissertation, Monash University, Melbourne, Australia, 12. April 2002.

[B 07] Brucker P.: Scheduling Algorithms. Fifth Edition. Springer Verlag 2007.

[BK 06] Brucker P., Knust S.: Complex Scheduling. Springer Verlag 2006.

[BK 88] Bonomi, F., Kumar, A.: Adaptive Optimal Load Balancing in a Heterogeneous Multiserver System with a Central Job Scheduler. Proceedings 8th Int. Conf. on Distributed Computing Systems, San Jose, CA, 1988, Computer Society Press, Washington, D.C., 500-508.

[BWC 03] Berman, F., Wolski, R., Casanova, H., Cirne, W., Dail, H., Faerman, M., Figueira, S., Hayes, J., Obertelli, G., Schopf, J., Shao, G., Smallen, S. Spring, S., Su, A., Zagorodnov, D.: Adaptive computing on the Grid using AppLeS. IEEE Trans. on Parallel and Distributed Systems (TPDS), 14(4):369--382, 2003.

Literatur

[C 07] Condor – High Throughput Computing, http://www.cs.wisc.edu/condor/, 2007.

[CFK 99] Czajkowski, K., Foster, I.T. Kesselman, C.; Resource Co-Allocation in Computational Grids. Proceedings of the 8th IEEE International Symposium on High Performance Distributed Computing, S. 37, 1999.

[CK 88] Casavant, T.L., Kuhl, J.G.: Effects of Response and Stability on Scheduling in Distributed Computing Systems. IEEE Trans. Softw. Eng., Vol. 14, No. 2, 141-154, 1988.

[CLZ 99] Corradi A., Leonardi L., Zambonelli F.: Diffuse Load-Balancing Policies for Dynamic Applications. IEEE Concurrency, Vol. 7, No 1, Jan.-March 1999.

[CRM 07] Cluster Resources Inc.: Maui Cluster Scheduler®. http://www.clusterresources.com/pages/products/maui-cluster-scheduler.php, 2007.

[CRS 07] Cluster Resources Inc.: Moab Grid Suite®. http://www.clusterresources.com/pages/products/moab-grid-suite.php, 2007.

[DA 06] Dong, F., Akl, S.G.: Scheduling Algorithms for Grid Computing: State of the Art and Open Problems. Technical Report 2006-504, School of Computing, Queen's University, Kingston, Ontario, January 2006.

[DFH 07] Dörnemann, T., Friese, T., Herdt, S., Juhnke, E., Freisleben, B.: Grid Workflow Modelling Using Grid-Specific BPEL Extensions. German e-Science 2007, Baden-Baden; http://www.ges2007.de

[DFM 95] Dekeyser, J.L., Fonlupt, C., Marquet, P.: Analysis of Synchronuous Dynamic Load Balancing Algorithms. ParCo '95, Gent, Belgium, Advances in Parallel Computing, Vol. 11, 455-462, 1995.

[F 96] Ferguson, D.F., Nikolaou, C., Sairamesh, J., Yemini, Y.: Economic Models for Allocating Resources in Computer Systems. In: Scott Clearwater, (ed.), Market-Based Control: A Paradigm for Distributed Resource Allocation, Scott Clearwater. World Scientific, Hong Kong, 1996.

[FMD 98] Fonlupt, C., Marquet, P., Dekeyser, J.: "Data-Parallel Load Balancing Strategies"; Parallel Computing, 24, 1665-1684, 1998.

[FPV 98]   Fuggetta, A., Picco, G.P., Vigna, G.: Understanding Code Mobility. IEEE Trans. Softw. Eng., 24, 5, 342-361, May 1998.

[FQ 05]   Fahringer, T., Qin, J., Hainzer, S.: Specification of Grid Workflow Applications with AGWL: An Abstract Grid Workflow Language. In Proceedings of IEEE International Symposium on Cluster Computing and the Grid 2005 (CCGrid 2005), Cardiff, UK, May 9-12 2005, IEEE Computer Society Press.

[FRS 97]   Feitelson, D.G., Rudolph, L., Schwiegelshohn, U., Sevcik, K.C., Wong, P.: Theory and Practice in Parallel Job Scheduling. IPPS '97 Workshop on Job Scheduling Strategies for Parallel Processing, Geneva, April 1997.

[FSY 06]   Franke, C., Schwiegelshohn, U., Yahyapour, R.: Job Scheduling for Computational Grids. Forschungsbericht, Dortmund University, Department of Electrical Engineering and Information Technology, 2006.

[G 91]   Goscinski A.: Distributed Operating Systems – The Logical Design. Addison Wesley 1991.

[GGM 94]   Greenwood, G.W., Gupta, A., McSweeney, K.: Scheduling Tasks in Multiprocessor Systems Using Evolutionary Strategies. International Conference on Evolutionary Computation, pp. 345-349, 1994

[GL 87]   Greenblatt B., Linn G.J.: Branch and Bound Style Algorithms for Scheduling Communicating Tasks in a Distributed System. Proc. Of the IEEE Spring CompCon. Conf, 1987.

[GT 07]   The Globus® Alliance, http://www.globus.org/toolkit/mds/, 2007.

[H 75]   Holland J. J.; Adaption in Natural and Artifical Systems, Univ. of Michigan Press 1975.

[HD 03]   Hoheisel, A., Der, U.: An XML-based Framework for Loosely Coupled Applications on Grid Environments; P.M.A. Sloot et al. (Eds.): ICCS 2003, 245-254, Springer-Verlag Berlin Heidelberg, 2003.

[HKS 03]   Hovestadt, M, Keller, O.A., Streit, A.: Scheduling in HPC Resource Management Systems: Queuing vs. Planning. Proceedings of the 9th Workshop on Job Scheduling Strategies for Parallel Processing (JSSPP) at GGF8, Seattle, WA, USA, June 24, 2003, LNCS 2862, 1-20.

Literatur

[HLA 95] Hamidzadeh, B., Laija, D.J., Atif, Y.: Dynamic Scheduling Techniques for hetereogeneous Computing Systems. Concurrency: practice and Experience, Vol. 7, 633-652, 1995.

[IBM 01] IBM: Web Services Flow Language (WSFL 1.0). http://xml.coverpages.org/WSFL-Guide-200110.pdf, May 2001.

[IBM 03] IBM, BPEL4WS: Business process Execution Language for Web Services. http://www.ibm.com/developerworks/library/specification/ws-bpel/, 2003.

[J 03] Jansen K.: The mutual exclusion scheduling problem for Permutation and comparability graphs. Information and Computation 180, 2 January 2003.

[J 06] Jakob, W: Towards an Adaptive Multimeme Algorithm for Parameter Optimisation Suiting the Engineers' Needs. In: Runarsson, T.P., et al. (eds.): Conf. Proc. PPSN IX, LNCS 4193, Springer, Berlin (2006) 132-141.

[KA 97] Kwok Y.-K., Ahmad I.: Efficient scheduling of arbitrary task graphs to multiprocessors using a parallel genetic algorithm. Journal of Parallel and Distributed Computing Vol. 47 Number 1 1997.

[KA 99] Kwok, Y.-K., Ahmad, I.: Static Scheduling Algorithms for Allocating Directed Task Graphs to Multiprocessors. ACM Computing Surveys, 31 (4), 406-471, December 1999.

[L 92] Ludwig, T.: Lastverwaltungsverfahren für Mehrprozessorsysteme mit verteiltem Speicher. Dissertation, Technische Universität München, 1992.

[LAA 02] von Laszewski, G., Alunkal, B., Amin, K., Hampton, S,, Nijsure, S.: GridAnt - Client Side Grid Workflow Management with Ant. http://www-unix.globus.org/cog/projects/gridant/, 2002

[LEE 92] Lee K.G.: Efficient parallelization of simulated annealing using multiple Markov chains: an application to graph partition. Proc. of the 1992 Int'l Conf. on Parallel Processing 1992.

[LHF 91] Lee B., Hurson A.R., Feng T.-Y.: A Vertically Layered Allocation Scheme for Data Flow Systems. Journal of Parallel and Distributed System Vol. 11, No. 3, 1991.

[LK 98]	Li, J., Kameda, H.: "Load Balancing Problems for Multiclass Jobs in Distributed/Parallel Computer Systems"; IEEE Transaction on Computers, Vol. 47, No. 3, pp 322-332, 1998.
[LL 01]	S. Kannan et al., IBM: http://www.redbooks.ibm.com/redbooks/pdfs/sg246038.pdf, 2001.
[LM 92]	Lüling R. and B. Monien B.: Load Balancing for Distributed Branch & Bound Algorithms. Intern. Par. Processing Symp., IPPS 1992.
[LSF 07]	Platform Computing Inc.: http://www.platform.com/Products/Platform.LSF.Family/Platform.LSF/Home.htm, 2007.
[LT 86]	Lee, K.J., Towsley, D.: A Comparison of Priority-Based Decentralized Load Balancing Policies. Proceedings of the 10th Symposium on Operating System Principle, Association for Computing Machinery, New York, 70-77, 1986.
[M 94]	Michalewicz, Z.: Genetic Algorithms + Data Structures = Evolution Programs. Springer, Berlin, 2nd edition, 1994.
[MS 01]	Microsoft: XLANG – Web Services for Business Process Design. http://xml.coverpages.org/XLANG-C-200106.html, 2001.
[NSW 04]	Nabrzyski, J., Schopf, J.M., Weglarz, J. (Hrsg.): Grid Resource Management – State of the Art and Future Trends. Kluwer Academic Publishers, 2004.
[OA 02]	Osman, A., Ammar, H.: Dynamic Load Balancing Strategies for Parallel Computers, International Symposium on Parallel and Distributed Computing (ISPDC), Romania, July 2002.
[P 07]	Altair Engineering, Inc.: PBS® GridWorks®. http://www.pbsgridworks.com, 2007.
[R 94]	Rechenberg, I.: Evolutionsstrategie '94. Frommann-Holzboog Verlag, Stuttgart, 1994.
[S 90]	Starke, P.H.: Analyse von Petri-Netz-Modellen. B.G. Teubner, Stuttgart, 1990.
[S 94]	Singhal, M., Shivaratri, N.G.: Advanced Concepts in Operating Systems. McGraw-Hill, Inc., 1994.
[S 96]	Sinha P. K.: Distributed Operating Systems, Concepts and Design. IEEE Press 1996.

Literatur

[SJQ 06] Stucky, K.-U., Jakob, J., Quinte, A., Süß, W.: Solving Scheduling Problems in Grid Resource Management Using an Evolutionary Algorithm. R. Meersman, Z. Tari et al. (Eds.): OTM 2006, LNCS 4276, pp. 1252 – 1262, Springer-Verlag Berlin Heidelberg, 2006

[SK 90] Hivaratri, N.G., Krueger, P.: Two Adaptive Location Policies for Global Scheduling. Proc. of the 10th International Conference on distributed Computing Systems, 1990, 502-509.

[ST 85] Shen, C.C., Tsai, W.H.: A Graph Matching Approach to Optimal Task Assignment in Distributed Computing Systems with Minimax Criterion. IEEE Transactions on Computers, C-94, 197-203, 1985.

[T 95] Tanenbaum A.: Distributed Operating Systems. Prentice-Hall 1995.

[TL 89] Theimer, M.M., Lantz, K.A.: Finding Idle Machines in a Workstation-Based Distributed System. IEEE Transactions on Software Engineering, Vol 15, 1444-1458, 1989.

[TS 06] Tanenbaum, A.S., van Steen, M.: Distributed Systems – Principles and Paradigms. Pearson – Prentice Hall, 2006.

[TTL 04] Thain, D., Tannenbaum, T., Livny, M.: Distributed computing in practice: The condor experience. Concurrency and Computation: Practice and Experience, 2004.

[W 97] Wu, J.: Dimension-Exchange-Based Global Load Balancing in Faulty Hypercubes. Parallel Processing Practice and Experience, 9, 1, 41-61, 1997.

[W 98] Weber M.: Verteilte Systeme. Spektrum Akademischer Verlag GmbH Heidelberg, 1998.

[W 99] Wu J.: Distributed System Design. CRC Press 1999.

[W 07] Wieczorek, M., Prodan, R., Hoheisel, A.: Taxonomies of the Multi-criteria GridWorkflow Scheduling Problem. CoreGRID Technical Report Number TR-0106, August 21, 2007, Institute on Resource Management and Scheduling, CoreGRID - Network of Excellence, URL: http://www.coregrid.net, 2007

[WSH 99] Wolski, R, Spring, N., Hayes, J.: The Network Weather Service: A Distributed Resource Performance Forecasting

Service for Metacomputing. Future Generation Computer Systems, 15, 5-6, 757-768, 1999.

[ZLP 96] Zaki, M.J., Li, W., Parthasarathy, S.; Customized Dynamic Load Balancing for a Network of Workstations. Proceedings of the 5th IEEE Int. Symp., HPDC, 1996, 282-291.7.

7. Virtualisierungstechniken

[A 06] AMD Secure Virtualization Technique, 2006.

[B 02] Böhmer W.: VPN Virtual Private Networks. Die reale Welt der virtuellen Netze. Carl Hanser Verlag, 2002.

[C 05] Clark T.: Storage Virtualization. Technologies for Simplifying Data Storage and Management. Pearson Education, 2005.

[C 06] Craig I.D.: Virtual Machines. Springer Verlag London Limited, 2006.

[CB 07] Crosby S., Brown D.: The Virtualization Reality. ACM Queue Vol.4, No. 10, December/January 2006-2007.

[DMTF 07] Distributed Management Task Force, Inc.: Common Information Model (CIM) Standards. http://www.dmtf.org/standards/cim/, 2007.

[I 06] Intel Virtualization Technology, Intel Technology Journal, Volume 10/03, 2006.

[IBM 72] IBM Corporation, IBM Virtual Machine Facility/370 Introduction, GC20-1800, 1972.

[IBM 07] IBM: z/VM® the newest VM hypervisor based on 64-bit z/Architecture. www.vm.ibm.com, 2007.

[IBM 08] IBM: IBM PowerVM The virtualization platform for UNIX, Linux and i5/OS customers. http://www-03.ibm.com/systems/power/software/virtualization/index.html, 2008.

[K 99] Köhler R.: Auf dem Weg zu Multimedia-Netzen : VPN ; VLAN-Techniken ; Datenpriorisierung. FOSSIL-Verlag, Köln, 1999.

[K 07] Knermann C.: PC vs. Thin Client, Fraunhofer Gesellschaft CC-ASP 2007, http://cc-asp.fraunhofer.de/docs/PCvsTCsummary-de.pdf, 2007.

[KW 07]   Kamp P.-H., Watson R.N.M.: Jails: Confining the omnipotent root. http://phk.freebsd.dk/pubs/sane2000-jail.pdf, 2007.

[L 05]   Larisch D.: Citrix Presentation ServerGrundlagen und Profiwissen. Carl Hanser Verlag 2005.

[L 07}   Larisch D.: Praxisbuch VMware Server. Das praxisorientierte Nachschlagewerk zu VMware Server. Carl Hanser Verlag, 2007.

[Li 07]   Linux VServer.org: Welcome to Linux-VServer.org. http://linux-vserver.org/Welcome_to_Linux-VServer.org, 2007.

[MRM 06]   Marshall D., Reynolds W.A., McCrory D.: Advanced Server Virtualization. VMware and Microsoft Platforms in the Virtual Data Center. Auerbach Publications, Taylor Francis Group 2006.

[P 08]   Parallels: Parallels Virtuozzo Containers 4.0. http://www.parallels.com/de/products/virtuozzo/?from=homepage, 2008.

[RM 06]   Radonic A., Meyer F.: Xen3. Franzis Verlag 2006.

[S 07]   Schenker T.: Opensolaris: Hochverfügbarkeit, Virtualisierung, Containertechnologie. Diplomarbeit, Hochschule Mannheim 2007.

[VMV 07]   vmware : Transform IT Infrastructure with Enterprise-Class Virtualization. http://www.vmware.com/products/vi/, 2007.

[VMP 07]   vmware: Expand the Power of Your PC with Virtualization. http://www.vmware.com/products/ws/, 2007.

[VMS 07]   vmware: Experience Server Virtualization. http://www.vmware.com/products/server/, 2007.

[VN 06]   Vaughan-Nichols S.J.: New Approach to Virtualization Is a Lightweight. IEEE Computer Vol. 39, No. 11, Nov. 2006.

8. Cluster

[BaMe 06] Bauke H., Mertens S.: Cluster Computing. Springer 2006.

[BG 07]   IBM Blue Gene. 2007. http://www.research.ibm.com/bluegene/,2007.

[BLR 03]   Bianco J., Lees P., Rabito K.: Sun Cluster 3 Programming. Prentice Hall Technical Reference, 2003.

[BM 06]   Bauke H. Mertens S.: Cluster Computing. Springer Verlag, 2006.

[Di 00]   Diedrich O.: Einigkeit macht stark. Preiswerte Hochleistungsrechner mit Clustern. c't magazin für computer technik, No 22, 2000.

[GLS 02]   Gropp W., Lusk E., Sterling T.: Beowulf Cluster Computing with Linux. MIT Press 2002.

[Ha 01]   Harms U.: Alter Wein. Clusterlandschaft historisch betrachtet. iX Magazin für Professionelle Informationstechnik, No, 7, 2001.

[LHA 07]   Linux-HA. http://linux-ha.org/, 2007.

[ME 07]   MEGWARE Computer Vertrieb und Service GmbH. http://www.megaware.de/, 2007.

[Pfi 98]   Pfister G.: In Search Of Clusters. Prentice-Hall 1998.

[Ri 10]   Diks R.: Gerecht verteilt. iX Magazin für Professionelle Informationstechnik No. 10, 2004.

[ScSt 07] Schlagenhauf H., Stadel S.: Knoten geplatzt. Microsofts High-Performance-Computing. iX Magazin für Professionelle Informationstechnik 9/2007.

[SGL 03]   Sterling T., Gropp W., Lusk E.: Beowulf Cluster computing with Linux. 2nd Edition. The MIT Press Cambridge, MA, 2003.

[Sol 02]   Soltau M.: Unix/Linux Hochverfügbarkeit. mitp 2002.

[Tan 01]   Tanenbaum Andrew S.: Computerarchitektur. Pearson Studium 2001.

[To 01]   Tolkien J.R.R.: Beowulf. Klett-Cotta, 2001.

[Top 500] TOP500: TOP500 Supercomputer Sites. http://www.top500.org/, 2007.

9. Grid

[Ahm 04]   Abbas A.: Grid Computing: a practical guide to technology and applications. Charles River Media. 2004.

[DAIweb]   The OGSA-DAI Project. http://www.ogsadai.org.uk/, 2007.

Literatur

[Fos 02] Foster I.: What is the Grid? A Three Point Checklist. http://www-fp.mcs.anl.gov/~foster/Articles/WhatIsTheGrid.pdf, 2002.

[Globus] The Globus Alliance: http://www.globus.org/toolkit/ ,2007.

[EGEE] Enabling Grids for E-SciencE: http://www.eu-egee.org/,2007.

[FoKe 99] Foster I., Kesselman C.: The Grid: Blueprint for a New Computing Infrastructure. Morgan Kaufmann Publishers. 1999.

[RiMa 06] Riedel M., Mallmann D.: Standardization Processes of the Unicore Grid System. 2006.

[OGSA] OGF: The Open Grid Services Architecture, http://www.gridforum.org/documents/GWD-I-E/GFD-I.030.pdf, 2007.

[SRBweb] Storage Resource Broker. http://www.sdsc.edu/srb/index.php, 2007

[Unicore] Forschungszentrum Jülich: http://www.unicore.eu/, 2007

[Wie 04] Wiegelmann H.: Radiostar. Radioteleskop in den Niederlanden per Grid gesteuert. iX Magazin für Professionelle Informationstechnik , No. 11, 2004.

[WSRF] OGF: OGSA WSRF Basic Profile, http://www.gridforum.org/documents/GFD.72.pdf, 2007.

Schlagwortverzeichnis

.

.NET · 297
.NET 3.0 · 303
.NET Framework · 299
.NET-Remoting · 302

1

1:1-Kommunikation · 142
10 Gbit-Ethernet · 5
10 Gigabit-Ethernet Standard · 6
16-Bit-Xerox-NS-Zeichensatz · 198

8

80 Core-Prototyp · 59

A

Ablaufplaner (Scheduler) · 24
abort · 75, 77
Abstract Syntax Notation 1 (ASN.1) · 198
accept · 182, 245, 246, 247, 251
Access-Point · 11
Active · 68
Ad hoc Mode · 11
Ad Server (Advertisement Server) · 101
Ada · 111, 182, 274
Ada 83 · 134
Ada-Rendezvous · 135, 182, 183, 222
  einseitig anonym · 183
  selektiv · 135, 185, 186
Administration-To-Administration (A2A) · 18
Administration-To-Consumer (A2C) · 18
Administrative Skalierbarkeit · 31
Adminstration-To-Business (A2B) · 18
Agglomeration · 329
Aktivenliste · 346
aktives Warten · 69, 70, 74, 109
Algorithmus
  kostenoptimal · 316
  paralleler Anteil · 317
  sequentieller Anteil · 317, 319
  suboptimal · 316
  zentraler · 333
ALIGN · 192
all-to-one mapping · 145
Alpha Chip · 5
ALT · 222
Alternative
  gesperrt · 186
  offen · 186
Amazon · 14
AMD Pacifica · 405, 406
Amdahls Gesetz · 317, 318, 319, 320
Anforderung (request) · 107
Annahmeanweisung · 182
Anwendung · 320
  skalierbar · 320
ASP.NET · 14, 301
Asymmetric Multiprocessing (AMP) · 56
Asynchronous Transfer Mode (ATM) · 5

Schlagwortverzeichnis

at least once · 113
at most once · 113
atomare Aktion · 77
atomare Block · 181
atomic · 75, 181
Atomic_Add · 73
Attacken
 Denial of Service (DOS) · 119
Attribut
 Bedingungsvariable · 156
 Mutex · 153
 Thread · 151
Ausfallsicherheit · 422, 423
Ausfalltoleranz · 27
Ausgangsparameter (out) · 274
Auskunfts-Server · 115
Ausnahmebehandlung (exception handling) · 110
Auswahlalgorithmus · 342
 bullybasiert · 342
 ringbasiert · 345
Authentifikation · 195
Autonomic Computing · 22

B

Backend-Server · 2
Bandbreite · 8
barrier Pragma · 167
Barriere · 162, 164, 165, 166, 167, 172, 190, 217, 222, 233
Barriersynchronisation · 190
Basic Object Adapter (BOA) · 282
Basisblock · 136
Batch Processing System · 1
Batchjob · 24
bcmp · 235
bcopy · 235, 244, 249
Bedeutungsumfang (Comprehension) · 174

Bedingte kritische Regionen (conditional critical regions) · 75
Bedingungsvariable (condition variable) · 131, 156
Befehlspipeline · 325
Benutzerthread · 147
Beowulf · 429
Beowulf-Cluster · 428
Berechnungsbaum · 326, 327
Beschleunigung · *Siehe* Speedup
bewachten Eingabe-Kommandos (Guards) · 222
bind · 233, 237, 238, 239, 242, 246, 247, 249, 251, 287, 294, 295
Binden
 dynamisch · 194
 statisch · 194
Binder · 194, 195, 285
BitTorrent · 3, 12
BLOCK · 192
Blogs · Siehe Web Logs
Bluetooth · 10
Bluetooth Special Interest Group (Bluetooth SIG) · 10
Broker · 195
 forwarding · 279
Broker-Server · 115
Bully-Algorithmus · 342
Business on Demand · 20
Business Process Execution Language for Web Services (BPEL4WS) · 128
Business-To-Administration (B2A) · 18
Business-To-Business (B2B) · 18
Business-To-Consumer (B2C) · 18
Business-To-Employee (B2E) · 18
Bus-Snooping · 50
Butterfly-Maschine · 55
Bytecode · 402
Byte-Ordnung
 big endian · 196, 197, 198, 235

little endian · 196, 197, 235
BytesMessage · 253
Byzantine Generals Problem · 347
bzero · 235, 242

C

C · 51, 57, 65, 71, 106, 107, 111, 132, 133, 135, 136, 137, 150, 161, 170, 174, 191, 192, 193, 199, 204, 206, 207, 209, 226, 235, 270, 273, 299, 306, 327, 337, 338, 339, 403, 449, 453, 455
C++ · 111, 161
C+S-System · 106
Cache Controller · 50
Cache Only Memory Architecture (COMA) · 80
Cache-Coherent NUMA (CC NUMA) · 80
Cache-Zeile (Cache Line) · 41
call-by-copy/restore · 273, 274
Can_Not_Enter · 68
CAS-Befehl · 72, 73
Cell Broadband Engine Architecture (CBEA) · 57
Cell Linux · 58
Cell, · 57
channel bottleneck · 119
Chip-Multiprozessoren · 55
chmod · 142
Choreographie · 125
Citrix · 404
Client
   Stummel (Stub) · 272
Client-Server-Modell · 105, 106, 271
close · 240, 242, 246, 250, 251, 256, 258, 261, 262, 263, 265
close(fd[0]) · 141
Cluster · 105, 415, 436, Siehe Cluster-System

Active/Active-Cluster · 424
Active/Passive-Cluster · 423
Anwendungen · 428
Aufstellungskonzepte · 419
Beowulf · 428
Campus-Wide · 419
Clusterlink · 426
Definition · 416
Enclosed · 432
Exposed · 432
Failback · 424
Failover · 424
Feierabendcluster · 421
Glass-House · 419
Heterogene · 417
High Availability · 33
High Performance (HPC) · 33, 427, 430
High Throughput · 430
Hochverfügbarkeits-Cluster · 422, 423
Homogene · 417
Hot-Standby · 423
Masterknoten · 434
Nachteile · 417
Quorum · 426
Shared Disk · 427
Shared Noting · 425
Skalierbare · 431
Vernetzung · 418
Vorteile · 417
Wulfpack · 430
Cluster Interconnect · 415
Cluster of Workstations · 95, 421
Clusterdatenbank · 426
Clusterlink · 426
Cluster-System · 2
Cocoon · 14
Collaboration-Web · 13
Collection Service · 278
commit · 75, 77, 258

Commodity of the shelf (COTS) · 96
Commodity-Cluster · 96
Common Data Representation (CDR) · 284
Common Information Model · 399
Common Intermediate Language · 403
Common Language Runtime · 401, 403
Common Object Request Broker Architecture (CORBA) · 276
Communicating Sequential Processes (CSP) · 25, 191
Compare and Swap-CPU-Instruktion (CAS CMPXCHG) · 71
Compiler
  parallelisierend · 136
Compiler rmic · 285, 295
Completion-Unit · 36
Computational Grids · 437
Computer Farm · 331
Computer System
  organisch · 23
Computing Grid · Siehe Rechengrid
Concurrency Control Service · 278
connect · 245, 246, 247, 249
Connection · 256
ConnectionFactory · 255, 265
ConnectionMetaData · 256
Consumer · 200
Consumer-To-Administration (C2A) · 18
Consumer-To-Business (C2B) · 18
Consumer-To-Consumer (C2C) · 18
Container · 123
Containervirtualisierung · 398
conversational continuity · 116
CORBAdomain · 279

CORBAfacility · 278
CORBAservices · 277, 279
Cray · 421
createBrowser · 259
createBytesMessage · 257
createConnectionConsumer · 256, 257
createDurableConnection-Consumer · 257
createDurableSubscriber · 259
createMapMessage · 257
createMessage · 257
createObjectMessage · 257
createPublisher · 259
createQueue · 258
createQueueConnection · 255, 266, 268
createQueueSession · 256, 266
createReceiver · 258, 268
createSender · 258, 266
createStreamMessage · 257
createSubscriber · 259
createTemporaryQueue · 258
createTemporaryTopic · 259
createTextMessage · 257, 266
createTopic · 259
createTopicConnection · 255
createTopicSession · 257
critical Pragma · 166
Crossbar Switch · 7
CYCLIC · 193

D

Dämon-Prozess · 226
DARPA (Defense Advanced Research Projects Agency) · 199
Data Parallel Algorithms · 328
Datagram Socket · 7, 238
Datagram-Server · 241
Datenabhängigkeit · 137

Datengrid (Data Grid) · 3
Datenklausel (data clause) · 163
Datenkohärenz · 42
Datenkonsistenz · 42
Datenübertragungsrate · *Siehe* Bandbreite
Datenzerlegung · 325, 328
DCE · 150
DCE environment specfic inter-ORB protocol (DCE ESIOP) · 284
DCE-RPC · 275
Decode-Unit · 35
delete · 260
Deregistrierung · 195
Destination · 200, 259
Device Exclusion Vector · 406
Dienstleistungsservice · *Siehe* Web Service
Digital Enhanced Cordless Telecommunications (DECT) · 10
Directory-Server · 115
disable-Interrupt-Instruktion · 68
Dispatcher · *Siehe* Prozessumschaltung
Dispatch-Unit · 35
DISTRIBUTE · 192
Distributed Computing Environment (DCE) · 275
Distributed Memory · 420
Distributed Object Management (DOM) · 276
Distributed Shared Memory (DSM) · 82
Distributed Shared Virtual Memory (DSVM) · 82
Divide and Conquer · 322, 323, 327
DIX-Ethernet · 6
document identifier (docid) · 102
Domain decompostion · 325
Domain Name System (DNS) · 27, 99

Domäne (domain)
    Internet · 234
    Unix · 234
    Xerox-XNS · 234
Doppelkern-Prozessor (Dual-Core-Prozessor) · 55
Double Compare and Swap (DCAS) · 73
Dragon Protocol · 50
Dual Core Opteron · 57
Durchschreiben (write through, store through) · 42
Dynamic Invocation Interface (DII) · 281
Dynamic Skeleton Interface (DSI) · 281

E

E-Applikationen · 17
Ebay · 14
E-Business · 17, 18
E-Business Intelligence · 19
Echo-Server · 241
echt parallel Programme (true parallel) · 23
E-Community · 20
eDonkey · 3
Effizienz · 316, 321
E-Finance · 19
E-Government · 20
E-Health · 20
Ein-Ausgangsparameter in out · 274
Eingangsaufruf · 182
Eingangsparameter (in) · 274
Einprozessor · 105
Eintritts Konsistenz (Entry Consistency) · 85
E-Learning · 19
Elektronische Beschaffung (E-Procurement) · 18

Elektronischer Handel (E-Commerce) · 18
Element Interconnect Bus (EIB) · 57, 58
Emacs · 133
E-Mail · 12
Emulation · 396
enable-Interrupt-Instruktion · 68
Enclosed-Konzept · 434
Energie pro eine Million Instruktion (EPMI) · 96
Energie pro Instruktion (EPI) · 96
Enterprise Service Bus (ESB) · 128
entferntes Objekt (remote object) · 285
entry · 182
entry call · 182
equals() · 290
Ereignis · 336, 338
Ereignisse
konkurrent · 336
Erzeuger · 25, 140, 141, 142, 151, 158, 186, 200, 201, 252, 264, 267
Erzeuger-Verbraucher-Problem · 158, 264
E-Science · 19
E-Service · 19
Ethernet · 5, 6
Ethernet Standard IEEE 802.3 · 6
Etikett · 209
Event Service · 278
E-World · 17
exactly once · 113
ExceptionListener · 255, 256, 264
Exchange (XCHG) · 69
Execution-Unit · 36
Exentsible Markup Language - Remote Procedure Call (XML-RPC) · 306
exit · 138
expliziten-signal · 131
Exposed-Konzept · 432

Extended Mark Up Language (XML) · 303
Extensible Markup Language (XML). · 306
eXternal Data Representation (XDR) · 198
Externalization Service · 278
Extra-Grids · 438

F

Fabric · 410
Faden · *Siehe* Thread
Failback · 424, 431
Failover · 424, 431
failure
byzantine · 347, 349
fail stop · 347
Fast Ethernet Standard · 6
Fast-Ethernet · 5, 418
FastTrack · 3
Fehler- und Ausfalltransparenz · 31
Fehlertoleranz · 27, 29, 344
Fehlertransparenz · 31
Feierabendcluster · 419, 421
Fetch-Unit · 35
Fiber Distributed Data Interconnect (FDDI) · 5
File Transfer Protocol (ftp) · 12
File-Server · 2, 113, 116, 117
zustandslos (stateless) · 117
zustandsspeichernd (stateful) · 116
Filter · 141
Firefly Protocol · 50
Flickr · 14
Fließbandverarbeitung · 324
Floating Master · 65, 67
Folding@home · 437
for Pragma · 164, 167

fork · 130, 137, 138, 139, 160, 161, 222, 251
fork-join Parallelismus · 137
Fortran · 132, 133, 136, 191, 192, 194, 204
Fortress · 133, 173, 178
Framework Class Library (FCL) · 301
FreeBSD Jails · 400
Freigabe Konsistenz (Release Consistency) · 84
ftp-Server · 115
funktionale Zerlegung · 324
Funkverbindung · 5

G

General Inter-ORB protocol (GIOP) · 283
Geographische Skalierbarkeit · 31
geschützte Objekte (Protected Objects) · 135
geschützte Objekte (protected type) · 188
getClientHost · 291
getClientID · 256
getClientPort · 291
getDeliveryMode · 260
getDisableMessageID · 260
getDisableMessageTimestamp · 260
getEnumeration · 263
getErrorCode · 263
getExceptionListener · 256
getFloat · 253
gethostbyname · 209, 240, 241, 243, 244, 248, 249
getLinkedException · 263
getMessageListener · 258, 262
getMessageSelector · 263
getMetadata · 256
getNoLocal · 263

getObject · 253
getPriority · 261
getQueue · 261, 262, 263
getQueueName · 260
getRegistry · 289, 290
getservbyname · 248, 249, 250
getText · 253
getTimeToLive · 261
getTopic · 261, 263
getTopicName · 260
getTransacted · 258
Gigabit-Ethernet · 5, 7
Gigabit-Ethernet Standard · 6
Giga-Ethernet · 418
Gitter · 421
Gitterrechnen · *Siehe* Grid Computing
gLite · 440
   Nachteile · 440
   Portabilität · 440
   Vorteile · 440
Global System for Mobile Communication (GSM) · 10
globale Ordnung · 337
globale Zeit · 334
globaler Zustand · 333
Globus Toolkit · 439
   Nachteile · 439
   Vorteile · 439
Gnutella · 3
Google · 14, 97
Google Cluster · 332
Google Maps · 14
Google Web Servers (GWSs) · 101
Google-Cluster · 97
Grid Middleware · 438
Grid Services Architecture OGSA) · 439
Grid-Computing · 3, 435
   Accounting · 436
   Authentifikation · 436
   Authentifizierung · 444

Autorisierung · 436, 444
Billing · 436
Computational Grids · 437
Data Grids · 437
Datenmanagement · 445
Datenschutz · 436
Definition · 435
Dienste · 438, 446
Distinguished Names · 442
Erste Generation · 437
Extra-Grids · 438
Föderation · 444
gLite · 440
Globus Toolkit · 439
Grid Application Toolkit (GAT) · 446
Grid Middleware · 438
Inter-Grids · 438
Intra-Grids · 438
Middleware · 438
Monitoring · 436
OGSA-DAI · 446
Protokolle · 436, 438
RC5-72 · 437
Ressourcen · 436
Schnittstellen · 436
Services · 446
Sicherheit · 436
Single Sign On · 436
SRM/dCache · 445
Storage Resource Broker · 445
Stromnetz · 437
Virtuelle Organisationen (VO) · 435, 440
VOMRS · 445
VOMS · 445
Grid-Infrastrukturen · 438
GridSphere · 444
Grid-System · 3
Großrechner · 196, 427
Gustafsons Gesetz · 319

H

Hardware assisted Software Transactional Memory (HaSTM) · 75
Hardware Transactional Memory (HTM) · 75, 78
hashCode · 290
Hauptspeichervirtualisierung · 407
Heartbeat · 424
Herstellerunabhängigkeit · 427
High Availability (HA) Cluster · 2
High Performance (HPC) · 430
High Performance Computing (HPC) Cluster · 2
High Performance Fortran (HPF) · 192
High Performance Java (HPJava) · 193
High Performance Switch (HPS) · 53
High Throughput Clustering (HTC) · 430
höchstens einmal · *Siehe* at most once
Hochverfügbarkeit · 424
Hochverfügbarkeitscluster · 422
Host Bus Adapter · 410
htonl · 235, 242, 250
htons · 235, 242, 244
HTT · *Siehe* Hyperthreading Technology
HT-Tech · *Siehe* Hyper-Threading Technology
Hybrid Transactional Memory (HyTM) · 75
Hypercube · 95, 190
Hypertext Transfer Protocol (HTTP) · 12
Hyper-Threading Technology · 34
Hypervisor · 397, 400
Hyperwürfel · 421

I

IBM RS/6000 SP · 53
IDL Skeleton · 281, 282
Implementation Repository · 281, 283
implizte Barriere · 167
Independent Computing Architecture · 404
index shards · 102
InfiniBand · 8, 418
Informationsabruf-Server · 115
Infrared Data Association (IrDA) · 9
Infrarot · 9
Infrastructure Mode · 11
InitialContext · 264
Inmos · 190
In-Order-Completion · 35
In-Order-Execution · 35
Insellösung · 1
Instant Messaging (IM) · 13
Intel 4004-Prozessor · 6
Intel 486-Prozessor · 6
Intel Core 2 Duo · 6
Intel MPI Library · 205
Intel Pentium 4 · 34
Intel Pentium III-Prozessor · 6
Intel Vanderpool · 406
Intel Xeon · 34
Interaktion
  asynchron · 109
  blockierend · 108
  entfernt · 108, 110
  lokal · 108, 110, 111
  nicht blockierend · 109
  synchron · 108
  unzuverlässig · 111
  zuverlässig · 111, 112
Interface Definition File · 293
Interface Implementation File · 293, 294
Interface Repository · 283
Inter-Grids · 438
Internet · 5, 11, 234, 284
Internet Message Access Protocol (IMAP) · 12
Internet Relay Chat (IRC) · 12
Internet Telefonie Voice over IP (VoIP) · 12
interoperable Objektreferenz (IOR) · 284
Inter-ORB Protocol (IIOP) · 284
Intra-Grids · 438
invertierter Index · 101
IP · 234
ISO RPC · 276

J

J2SDK · 296
Java · 462, 463, 464, 26, 106, 111, 133, 150, 173, 191, 193, 194, 200, 202, 206, 251, 253, 264, 269, 270, 284, 285, 287, 288, 292, 293, 295, 296, 299, 300, 301, 302, 306, 307, 308, 396, 401, 402, 403
Java 5 (Tiger) · 150
Java Grande Forum (JGF) · 194
Java Message Queue (JMQ) · 270
Java Message Service (JMS) · 200
Java Naming and Directory Interface (JNDI) · 264
Java Runtime Environment · 442
Java Server Faces · 444
Java Software Development Kit (JSDK) · 295, 296
Java Virtual Machine (JVM) · 26, 401, 403
Java Virtuelle Maschine (JVM) · 285
java.io.Serializable · 292
java.lang · 290
java.lang.Object · 290

java.lang.SecurityManager · 288
java.rmi · 285, 286, 287, 288, 289, 290, 291, 293, 294, 295, 297
java.rmi.dgc · 286
java.rmi.Naming · 287, 289, 295
java.rmi.registry · 285
java.rmi.registry.LocateRegistry · 289, 290
java.rmi.registry.Registry · 289
java.rmi.registry.RegistryHandler · 289
java.rmi.Remote · 291, 293
java.rmi.server · 286, 290
Java-Thread · 150
javax.jms.Message · 252
JMS API · 251
JMS Provider · 200, 252, 255, 256, 264, 269, 270
JMS-Applikation · 200
JMSCorrelationID · 252
JMSDeliveryMode · 252
JMSDestination · 252
JMSException · 263
JMSExpiration · 252
JMSMessageID · 252
JMSPriority · 252
JMSRedelivered · 252
JMSReplyTo · 252
JMSTimestamp · 252
JMSType · 252
join · 130, 137, 138, 139, 151, 160, 161, 222

K

Kademlia · 3
Kanal · 222
Karp-Flatt Metrik · 320, 321
Kernel Mode · 406
Kernelthread · 147

kollektive Kommunikationsfunktion · 216
Kommunikation
  asynchron · 110
  Auslegung · 329
  blockierend · 108
  Ein-Weg (one-way) · 109, 110
  entfernt · 110
  lokal · 110
  paketorientiert (datagram) · 7
  synchron · 108, 110
  unzuverlässig · 111, 347, 348
  verbindungsorientiert (stream) · 7
  zurückgestellt synchron · 110
  zuverlässig · 112
Kommunikationsservice · 279
Kommunikationszeit · 313, 321
Kommunikator · 208, 217
Komponente · 122
konkurrent · 341
kooperativ · 28
kooperierend (cooperating) · 25
Koordinator · 343, 345, 346
Kosten · 315
Kostenoptimalität · 316
Kreuzschienenschalter (Crossbar Switch) · 41, 52
kritischer Abschnitt · 68

L

LAM/MPI · 205
Lamport-Zeit · 339
Lastausgleich · 399
Lastausgleicher (Load Balancer) · 101
Lastverteiler · 424
Latenz · 8, 9
Latenzzeit · 37, 38
Laufzeit · 313, 314

Laufzeitmessung · 314
Laufzeitreduktion · 313
leichtgewichtige Prozesse (lightweight processes) · 145
Leistungssteigerung · 325, *Siehe* Speedup
Leistungstransparenz · 30
LHC Computing Grid · 440
libpvm3.a · 226
liegt-vor (happens before) · 336
Lifecycle Services · 278
Linearer Adressraum · 407
Linux · 63, 70
list · 288
listen · 234, 245, 246, 251
Load Balancing Cluster · 2
Local Area Multicomputer (LAM) · 205
Local Area Network (LAN) · 5
Lock · 41, 74, 278
Lock-Free/Wait-Free-Konkurrenz-Kontroll-Konstrukt, · 74
Logical Units · 410
logische Uhren (logical clocks) · 336, 337
lokale Netzwerke · 5
lookup · 264, 265, 287

M

m:n Kommunikation · 142
Mach · 147, 150
Mach-Kernel · 147
Mainframes · 427
Makro-Pipeline · 325
MapMessage · 253
Mapping · 329
Massively Parallel Processors · 421
Massively Parallel Systems (MPSs · 95
Master · 326
master Pragma · 166

Master Worker Schema · 138, 326, 327
Master-Dämon · 226
may be · 111
Mean Time Between Failures · 422
Mean Time to Repair · 422
Mehrebenennetzwerk · 41, 53
Mehrkern-Prozessor (Multicore-Prozessor). · 55
Memory Flow Controller (MFC) · 58
Memory-Mangement Units (MMU) · 82
Merge Sortieralgorithmus · 327
MESI-Protokoll · 46, 47, 50
Message · 253
Message Passing in Java (MPJ) · 206
Message Passing Interface (MPI) · 132, 190, 204
MessageConsumer · 262
MessageListener · 255, 263, 267
MessageProducer · 260
Message-Queue (Nachrichtenwarteschlange) · 142
Message-Server · 200, 252, 256, 257, 258, 259, 264, 265
Messaging Domains · 200
Messprogramm · 314
mgssnd · 142
MicroVAX · 415
Middleware · 416, 438
Migrationstransparenz · 30
Million Instructions per second durch Watt (MIPS/Watt). · 96
Million Instruktionen pro Sekunde (MIPS) · 6
MIMD · 420
mindestens einmal · *Siehe* at least once
Minicomputer · 196

Schlagwortverzeichnis

Mobile Computing · 4
mobiles Ad-Hoc Netz · 4
mobiles Endgerät (Micro Device) · 27
mobiles Netz · 5
MOESI-Protokoll · 53
Monitor · 41, 131
    impliziten-signal · 131
Monitorkonzept · *Siehe* Monitor
Monte-Carlo-Simulation · 322
more · 141
MPI · 429, 430
MPI, · 416
mpi.h · 206
MPI/Pro · 205
MPI_Allgather · 217
MPI_Allreduce · 217
MPI_Alltoall · 217
MPI_ANY_SOURCE · 210
MPI_Barrier · 216
MPI_Bcast · 216, 217
MPI_Bsend · 211
MPI_Comm · 208
MPI_Comm_create · 218
MPI_Comm_dup · 217
MPI_Comm_free · 218
MPI_Comm_group · 218
MPI_Comm_rank · 208
MPI_Comm_size · 208
MPI_Comm_split · 218
MPI_COMM_WORLD · 208, 217
MPI_Finalize · 208
MPI_Gather · 217
MPI_Gatherv · 217
MPI_Get_count · 210
MPI_Get_processor_name · 209
MPI_Group_compare · 220
MPI_Group_difference · 220
MPI_Group_excl · 219
MPI_Group_free · 220
MPI_Group_incl · 219
MPI_Group_intersection · 220
MPI_Group_range_excl · 219
MPI_Group_range_incl · 219
MPI_Group_rank · 220
MPI_Group_size · 220
MPI_Group_union · 220
MPI_Init · 207
MPI_Initialized · 208
MPI_Irecv · 212
MPI_Isend · 212
MPI_Probe · 210
MPI_Recv · 209
MPI_Recv_init · 215
MPI_Request_free · 215
MPI_Rsend · 211
MPI_Scan · 217
MPI_Scatter · 217
MPI_Scatterv · 217
MPI_Send · 209, 211
MPI_Send_init · 214
MPI_Sendrecv · 211
MPI_Sendrecv_replace · 212
MPI_Ssend · 211
MPI_Start · 215
MPI_Startall · 215
MPI_Status · 210
MPI_Test · 213
MPI_Testall · 213
MPI_Testany · 213
MPI_Testsome · 214
MPI_Wait · 213
MPI_Waitall · 213
MPI_Waitany · 213
MPI_Waitsome · 214
MPI-1 · 204
MPI-2 · 204
MPICH · 205
MPICH G2 · 205
MPICH2 · 205
MPICH-GM · 205
mpiJava · 206
MPI-Reduce · 217
MPI-Standard · 204

MQSeries · 269
MS Message Queue · 302
msgctl · 143
msgget · 142
msgrcv · 142
Mulicoreprozessor
    asymmetrisch · 56
    symmetrisch · 56
Multicomputer · 105
Multicoreprozessor
    heterogen · 56
    homogen · 56
Multiprocessing
    asymmetrisch · 62, 63, 64
    gebündelt · 61
    Master Slave · 61, 62
    symmetrisch · 62, 64
Multiprocessor Systems-on-Chip
    (MPSoc) · 55
Multiprozessor
    eng gekoppelt · 34, 105
    heterogen · 63
    homogen · 63
    lose gekoppelt · 34, 105
Multiprozessorsysteme · 420
Multiword Compare and Swap
    (MCAS) · 78
mutual exclusion · Siehe
    wechselseitiger Ausschluss
Myrinet · 418
Myrinet 2000 · 7
MYTHREAD · 168

N

Nachrichtenübertragung
    mit TLI (Transport Layer
        Interface) · 199
    Sockets · 199
Namens-Server · 115
Naming Service · 278
Napster · 3

Nebeneinanderschreibung
    (juxtapostion) · 176
nebenläufig · 36, 106, 137, 151, 189, 190
nebenläufig (concurrent) · 25
Nebenläufigkeitstransparenz · 29
Network Data Representation
    (NDR) · 198
Network File System (NFS) · 275
Network Filesystem · 411
Network of Workstations · 419, 421
Network of Workstations (NOW) · 95
Netz
    drahtlos · 9
Netzwerk
    Blockierend · 54
Netzwerkbetriebssystem · 2
Netzwerk-Hilfsfunktion · 240
Netzwerkprogrammierung · 199
Niagara Chip · 57
nicht oder höchstens einmal · *Siehe* may be
Non Cache Coherent NUMA
    (NCC NUMA) · 80
NonUniform Memory Access
    (NUMA) · 80
Non-Uniform Memory
    Architecture (NUMA). · 80
NRMBs-Strategie · 87
NRNMB-Strategie · 87
ntohl · 235
ntohs · 235
NUMBER_OF_PROCESSORS · 193
Nutzdaten (payload) · 253
NYU-Ultracomputer · 55

O

Object Adapter · 281, 282
Object Management Architecture
    (OMA) · 276, 277

Object Management Group (OMG) · 276
Object Request Broker (ORB) · 276, 277, 279
Object-based Software Transactional Memory (OSTM) · 78
ObjectMessage · 253
Occam · 190, 221
Offenheit · 31
Omega-Netzwerk · 53
omp_destroy_lock · 167
OMP_DYNMIC · 162
omp_init_lock · 167
omp_set_dynamic() · 162
omp_set_lock · 167
omp_set_num_threads() · 162
omp_test_lock · 167
omp_unset_lock · 167
On Demand Computing (ODC) · 21
one-to-one mapping · 147
onException · 264
onMessage · 253, 263, 267, 268
Ontologie · 15
Open MPI · 204
Open Network Computing (ONC) · 275
OpenMP · 132, 133, 160, 161, 163, 167, 204
OpenMP (Open Multi-Processing) · 132
OpenMP for Java (JOMP) · 133
OpenSolaris · 199, 400
optimistische Konkurrenzprotokoll · 77
ORB-Interface · 281
Orchestrierung · 125
Organic Computing · 23
Ortstransparenz · 29, 30, 279
OS/2 · 150
OSF/1 · 147, 150

Oueued Lock · 70
Out-of-Order-Execution · 35
Overhead · 316, 320
Overheadzeit · 314
Overnet · 3

P

P2P · *Siehe* Peer-to-Peer
Packet Socket · 238
PAR · 221
Parallel Network File System · 445
parallel problem · 319
  embarrassingly · 319
Parallel Virtual Machine (PVM) · 191, 226
parallele Algorithmen · 332
  allgemein · 332
  Graphen · 332
  Metaheuristiken · 332
  Numerik · 332
  Sortieren · 332
  Suchen · 332
paralleles Programm · 315
  Kosten · 315
  kostenoptimal · 315
Parallelismus · 322
  inhärent · 321, 322
  Instruction Level · 38
  Thread Level · 34, 38
  Thread-Level · 58
Parallelismus)
  Instruction Level · 34
Parallelität · 318
  eingeschränkt · 74
  massiv · 318
parameter marshalling · 273
Paravirtualisierung · 398, 400
Participation-Web · Siehe Collaberation-Web

Schlagwortverzeichnis

partielle Ordnung der Ereignisse · 338
Partitionierung · 328, 405
Peer-to-Peer · 3
Peer-to-Peer-Applikation · 437
Peer-to-Peer-Netz · 1, 3
Peer-to-Peer-System · 2
Pentium 4 · 6
Pentium 4-Prozessor · 6
Pentium D · 57
Pentium II · 6
performance bottleneck · 118
Perl · 199
Persistence Service · 278
Personal Computer (PC) · 1, 196
Pfister · 415
Physical Queue · 260
physikalische Uhren (physical clocks) · 336
Ping · 9
Pipe · 25, 131, 137, 140, 141, 142, 158, 186, 190, 264, 324
pipe(fd[2]) · 141
Pipeline · 324, 325
  Befehl · 35
PLACED PAR · 190, 225
Platzierungszeit · 314
Playstation 3 · 57
Pluralismus · 31
Point-to-Point Modell (PTP) · 200
P-Operation · 70
Portable Operating System Interface (POSIX) · 150
POSIXthread (Pthread) · 150
Post Office Protocol Version 3 (POP3) · 12
Power Grid · 3
Power Processor Element (PPE) · 58
Power4 Prozessor · 57
Pragma Shared · 135
Primary Cache (Level 1 Cache) · 43

Print-Server · 2
PrintStream · 291
Prioritätsumkehr (Priority Inversion) · 74
PROCESSORS · 193
Producer · 200
Programmiermodell
  gemeinsamer Speicher · 106, 130
  kooperativ · 106
Programmierung
  hybrid · 132
Properties Service · 278
Prozess
  leichtgewichtig · 59
  nebenläufig · 106, 130
Prozessidentifikationsnummer (PID) · 139
Prozesskontrollblock (Process Control Block - PCB) · 143
Prozessor Konsistenz (Processor Consistency) · 84
Prozessumschaltung (Dispatching) · 1, 24
P-Thread · 131
pthread_cancel · 152
pthread_cond_broadcast · 156, 158
pthread_cond_destroy · 156, 159
pthread_cond_init · 156, 159
pthread_cond_signal · 156, 157, 159, 160
pthread_cond_timedwait · 157
pthread_cond_wait · 156, 157, 159, 160
pthread_create · 150, 151, 153, 155, 160
pthread_detach · 151, 153, 156, 160
pthread_exit · 151, 152
pthread_get_expiration_np · 157
pthread_join · 151, 153, 155, 160
pthread_mutex_destroy · 154, 156, 159
pthread_mutex_init · 153, 155, 159

Schlagwortverzeichnis

pthread_mutex_lock · 65, 154, 155, 157, 159, 160
pthread_mutex_trylock · 154
pthread_mutex_unlock · 65, 154, 155, 157, 159, 160
pthread_setcancel · 152
pthread_spin_lock · 65
pthread_spin_unlock · 65
Pthread-API · 65
publish · 201, 260, 261, 262
Publish · 13, 201
Publish/Subscribe Modell (Pub/Sub) · 201
Push · 13
PVM · 416, 429
pvm_addhosts · 228
pvm_barrier · 233
pvm_bcast · 233
pvm_delhosts · 228
pvm_exit · 228
pvm_freebuf · 230
pvm_getinst · 233
pvm_getrbuf · 230
pvm_getsbuf · 230
pvm_gsize · 233
pvm_initsend · 230
pvm_joingroup · 232
pvm_kill · 228
pvm_lvgroup · 232
pvm_mkbuf · 229
pvm_mytid · 228
pvm_parent · 228
pvm_pkstr · 231
pvm_pkTYPE · 231
pvm_psend · 232
pvm_recv · 232
pvm_reduce · 233
pvm_send · 231
pvm_sendsig · 228
pvm_setrbuf · 230
pvm_setsbuf · 230
pvm_spawn · 227
pvm_tidtohost · 229
pvm_upkstr · 231
pvm_upkTYPE · 231
pvmd3 · 226
Python · 199

Q

QeueSender · 265
QNX Neutrino RTOS · 63
QsNet · 8
Quad-Core-Prozessor · 55
Quadrics · 8
Quality of Service (QoS) · 121
Query Service · 278
Queue · 200, 252, 255, 256, 258, 259, 260, 261, 262, 263, 265, 266, 267, 268
QueueBrowser · 263
QueueConnection · 256
QueueConnectionFactory · 255, 264, 265, 266, 267, 268
QueueReceiver · 258, 262
QueueSender · 258, 261
QueueSession · 258
Quicksort-Algorithmus · 327
    parallel · 327
quit · 138
Quorumressource · 426

R

Race Condition · Siehe Wettlaufsituation
Rang · 208
RAW Socket · 238
RDF Schema · 16
read · 234, 242, 246, 247, 248, 253
Read/Write Spin Locks · 70
Read/Write-Web · Siehe Collaberation-Web

Realzeit-Betrieb · 24
rebind · 287, 294, 295
receive · 262
receiveNoWait · 262
Rechengrid · 3
Rechenzeit · 313
Reconfigurable NEtworked
    Systems (HARNESS) · 191
recover · 258
recv · 248
recvfrom · 237, 239, 242, 244, 248
REDISTRIBUTE · 193
Reduktions-Variable · 181
Redundanz · 422
Registrierung · 195, 282, 285, 295
Registry · 285, 286, 287, 288, 289,
    290, 293, 295, 296
REGISTRY_PORT · 288
Relationship Service · 278
Remote · 286
Remote Desktop Protocl · 404
Remote Function Call (RFC) · 276
Remote Interface · 294
remote login · 248, 249
Remote Method Invocation (RMI) ·
    285
Remote Procedure Call (RPC) · 270,
    274
RemoteObject · 290, 291
RemoteServer · 290, 291, 292
Rendezvous · 209
Replikationstransparenz · 30
Resource Description Framework
    (RDF) · 16
Ressourcen
    Heterogen · 436
    Homogen · 436
retry · 77
Risikoanalyse · 322
RMBs-Strategie · 90
rmi.Naming · 286
rmi.registry · 288, 294

rmic · 285, 288, 293, 295, 296
RMISecurityManager · 287, 288
RNMBs-Strategie · 94
Röhre (Pipe) · 25, 137
rollback · 258
Round Robin · 431
RP3 · 55
RPC-System · 271
Ruby · 199
Ruby On Rails · 14
Rückantwort (reply) · 107
Rückrufe (callbacks) · 109
Rüstzeit · 314, 326

S

Sandbox · 402
Scalable Coherent Interconnect ·
    418
Scalable Coherent Interconnect
    (SCI) · 7
Scali MPI Connect · 205
Scheduling
    dynamisch · 36
    Round Robin · 431
    statisch · 36
Scheme · 133
Schwache Konsistenz (Weak
    Consistency) · 84
schwergewichtige Prozesse
    (heavyweight processes) · 145
Secondary Cache (Level 2 Cache) ·
    43
section Pragma · 165
Secure Socket Layer · 414
Security Service · 278
SecurityManager · 288, 296
Selbst-Anpassung · 126
Selbst-Heilend (Self-Healing) · 22
Selbst-Heilung · 126
Selbst-Konfiguration · 126

Schlagwortverzeichnis

Selbst-Konfiguration (Self-Configuration) · 22
Selbst-Optimierend (Self-Optimization) · 22
Selbst-Optimierung · 126
Selbst-Schutz · 127
Selbst-Schützend (Self-Protection) · 22
select) · 185
Selectanweisung · 185
Semaphor · 41, 70, 130, 137, 140, 153, 154, 156, 184, 189
send · 248, 261
sendto · 237, 239, 242, 244, 248
SEQ · 221
Sequenzielle Konsistenz (Sequential Consistency) · 83
Serialisieren · 292
Server
    parallel · 33, 105
    Port · 241
    Registrierung · 195
    sequentiell · *Siehe* Server iterativ
    Stummel (Stub) · 197, 272, 274
    zentral · 105
    Zustand · 115
    zustandsändernd · 115
    zustandsinvariant · 115, 116
    zustandslos (stateless) · 116, 117
    zustandsspeichernd (stateful) · 116, 117
Server Cluster · 331
Server Farm · 331
Server Message Block · 411
Server-Betrieb · 24
Server-Fabric · 411
Server-Farm · 2
Serverkonsolidierung · 395
Service · 121
    Aggregator · 125
    Behaviour · 121
    Capability · 121
    Composition · 123
    Contract · 121
    Description · 121
    Implementation · 121
    Interface · 121
    Operator · 126
    zustandslos · 124
Service Level Agreement · 21
Service Provider · 120, 304
Service Registry · 304
Service Requestor · 304
Serviceaufruf
    idempotent · 124
Servicekomposition · 125
Service-orientierte Architekturen (SOA) · 14, 120
Session · 256, 257
set · 161
setClientID · 256
setDeliveryMode · 261
setDisableMessageID · 261
setDisableMessageTimestamp · 261
setExceptionListener · 256
setFloat · 253
SETI@home · 437
Seti-Projekt · 322
setLinkedException · 264
setlog · 291
setMessageListener · 258, 262, 267, 268
setObject · 253
setPriority · 261
setText · 253, 266
setTimeToLive · 261
Shared Memory · 420
Shibboleth · 444
shmat · 140
shmctl · 140
shmget · 140
signal · 131

Simple Mail Transfer Protocol (SMTP) · 12
Simple Object Access Protocol (SOAP) · 127, 303
Simultaneous Multithreading · 33, 34, 38, 39
single point of attack · 119
single point of failure · 119, 422
single Pragma · 165
Single Program Multiple Data (SPMD) · 133
Single System Image · 417
skalierbar · 320
Skalierbare Cluster · 431
Skalierungstransparenz · 29
Skeleton · 285
Skype · 3
Slave-Dämon · 226
SMP · 417, 420
Snoopy Cache · 50
Snoopy Cache Invalidation Protocol (MESI-Protocol) · 46, 47
Snoopy Cache Protocol · 45
SOA-Pyramide · 127
Social-Web · Siehe Collaberation Web
socket · 233, 236, 238, 240, 241, 242, 243, 244, 246, 248, 250, 251
Socket
   Datagram · 236
   Raw · 236
   Seqpacket · 236
   Stream · 236
Socket-Interface · 7
SoftGrid · 405
Software Agenten · 15, 16
Software Transactional Memory (STM) · 75, 77
some-to-one mapping · 149
soziale Software · 13
SPARQL Protocol and RDF Query Language (SPARQL) · 16

Speedup · 314, 315, 316, 317, 318, 320, 321, 322, 325, 326, 327
   linear · 315, 321, 325
   maximal · 317, 318
   superlinear · 315, 316, 322
Speicher-Fabric · 411
Speicher-Server · 278
spin_lock() · 69, 70
Spin_Locks · 70
spin_unlock() · 69, 70
Spinlocking · 69
Spinning · 69
Split-Phase Barriere · 172
stabiler Speicher (stable storage) · 113
start · 256, 265
Startzeit · 314
stop · 256, 265
Storage Area Network · 409
Stream Socket · 7, 238
StreamMessage · 253
Strikte Konsistenz (Strict Consistency) · 83
Stromversorgung Unterbrechungsfreie · 423
Struts · 14
Stub · 285, *Siehe* Client-Stummel (Stub) oder Server-Stummel (Stub)
   IDL · 280
Subscribe · 13, 201
Sun Grid · 22
Sun RPC · 275
Superskalar-Architekturen ·36, 325
Superskalarität · Siehe Superskalarität
Superskalarverarbeitung · 35
Symmetric Multiprocessing (SMP) · 56
symmetrisches Multiprocessing (SMP) · 64

Schlagwortverzeichnis

Synchronisationszeit · 313, 320, 321
Synergistic Processor Elements (SPE) · 57
Synergistische Architektur · 58
System
    selbstorganisierend · 22
System.setSecurityManager() · 288
Systemdurchsatz · 33
Systeme
    selbstorganisierend · 20

T

Takt-Frequenz · 55
Tannenbaum Taxonomie · 420
Tapestry · 14
Task · 24, 182
task body · 182
task type · 182
Tcl · 199
TCP · 234
TCP/IP · 199, 284
TCP/IP-Protokoll · 11, 12
TCP-Protokoll · 7
Teile und Herrsche Strategie · 322
Telematik · 17
TEMPLATE · 192
TemporaryQueue · 260
TemporaryTopic · 260
Terminal-Services · 404
Test und Set (TAS) · 68
TextMessage · 253
Thin Clients · 403
Thread · 24, 36, 37, 59, 60, 74, 131, 143, 150
thread_func · 151
Threadbibliothek · 146
ThreadGroup · 150
THREADS · 168
Tim Berners-Lee · 15
Time Service · 278
Timesharing System · 1
Timesharing-Betrieb · 24
Token · 5
Token Bus · 5
Token Ring · 5
Topic · 201, 252, 257, 259, 260, 261, 262, 269
TopicConnection · 269
TopicConnectionFactory · 255, 269
TopicPublisher · 259, 261
TopicSession · 257, 259, 269
TopicSubscriber · 259, 263
Top-level Funktion · 178
Torus · 190
toString · 260, 290
Total Cost of Ownership (TCO) · 20
totale Ordnung der Ereignisse · 338
Trader Service · 278
Träge Freigabe Konsistenz (Lazy Release Consistency) · 85
Trait · 176
Traits (Charakterzüge) · 177
Transaction Service · 278
Transactional Memory (TM) · 74
Transaktion · 74, 111
    Konkurrenzproblem · 339
Transparenz · 29
Transputer · 190
Tread Control Block (TCB) · 145
triple-modular redundancy · 350
tryatomic · 181
two-level Scheduler · 145
Typing
    explizit · 198
    implizit · 198

U

Ubiquitous Computing · 4

UDP · 234
UDP-Protokoll · 7
Umlaufpuffer · 140
unbalanced load distribution · 118
Unbegrenzter Nichtdeterminismus
 · 31
unbind · 287
Unbounded Transactional
 Memory (UTM) · 79
unfaires Scheduling · 147
UnicastRemoteObject · 290, 291,
 292, 294, 295
Unicore · 440
 Client · 442
 Komponenten · 441
 Nachteile · 442
 Network Job Supervisor · 441
 Target System Interface · 441
 Usite · 441
 Voraussetzungen · 442
 Vorteile · 441
Unified Parallel C (UPC) · 133, 168
Uniform Memory Access (UMA) ·
 79
Uniform Resource Locator (URL) ·
 287
Uniprozessor · 416
Universal Description, Discovery
 and Integration (UDDI) · 128,
 304
Universal Mobile
 Telecomunications System
 (UMTS) · 10
Unix · 67, 111, 130, 137, 147, 150,
 233, 234, 235
 4.3 BSD (Berkley Software
  Distribution) · 199
 SVR4 (System V Release 4) · 199
unscribe · 259
UPC Lock · 171
upc_all_lock_alloc · 171
upc_forall-Schleife · 170

upc_global_lock_alloc · 171
upc_lock · 172
upc_lock_attempt · 172
upc_lock_free · 172
upc_lock_t · 171
upc_notify · 172
upc_unlock · 172
upc_wait · 172
Ursache-Wirkungsrelation · 335
User Mode · 406
Utility Computing · 21

V

VAX · 415
Vektoruhr · 339
Verbraucher · 3, 18, 25, 140, 141,
 142, 158, 186, 263, 264, 267
Verbreitungs-Monotonie · 31
Verfügbarkeit · 28, 422, 423
Verklemmungen (Deadlocks) · 74,
 86, 211
Vermittlungs-Server · 115
Versionsnummer · 195
Verteilte Verarbeitung · *Siehe*
 Verteiltes Rechnen
Verteilter gemeinsamer Speicher
 (Distributed Shared Memory
 (DSM)) · 81
verteilter Speicher · 105
Verteiltes Rechnen · 26
Verteiltes System · 333
Very Fast Infrared (VFIR) · 9
Verzeichnis (Directory) · 51
Verzeichnis Schema (Directory
 Scheme) · 51
Verzögerte Rückschreiben
 (deferred write) · 42
Vi · 133
Virtual Local Area Network · 413
Virtual Private Network (VPN) ·
 413

Virtualisierung · 395
　Anwendungsvirtualisierung · 405
　Betriebssystemvirtualisierung · 396
　Container · 400
　Containervirtualisierung · 398, 400
　Control Program · 397
　Datenspeicherkonsolidierung · 408
　Datenspeichervirtualisierung · 408
　ESX Server · 399
　FreeBSD Jails · 400
　Hardware · 395
　Hardwarevirtualisierung · 396
　Hauptspeichervirtualisierung · 407
　Hochverfügbarkeit · 399
　Hypervisor · 397, 398, 400
　In-Band-Virtualisierung · 411
　Instant Copy · 410
　Intel Vanderpool · 406
　Lastausgleich · 399
　Lifecycle-Management · 409
　Mirroring · 410
　Netwerke · 412
　Out-of-Band-Virtualisierung · 411, 412
　Over-Commitment · 409
　Pacifica · 406
　Paravirtualisierung · 398, 400
　Partitionierung · 405
　Prozessoren · 406
　Secure Virtual Machine · 406
　Serverkonsolidierung · 395
　Services · 403
　Sicherheit · 396
　Snapshots · 410
　Software · 395
　Softwarevirtualisierung · 396, 403
　Speichermanagement · 410
　Speicherpools · 408
　Speicherverwaltung · 408
　Speichervirtualisierung · 410
　Virtual Machine Extensions · 406
　VirtualCenter · 399
　virtualisierte Anwendungen · 405
　Virtuelle Maschine · 397, 401
　Virtueller Maschinen Monitor · 396
　VMotion · 399
　VMware · 399, 406
　VMware Workstation · 398
　Vollvirtualisierung · 398
　Vorteile · 395
　Xen Hypervisor · 401
Virtuelle Adresse · 407
Virtuelle Maschine · 401
Virtuelle Speicherverwaltung · 408
Virtueller Adressraum · 408
Virtueller Maschinen Monitor · 396
Virtueller Speicher · 407
VMware Server · 399
Vollvirtualisierung · 398
von-Neumann-Falschenhals · 40
V-Operation · 70

W

Wächter (Guard) · 185
wait · 131, 138
waitpid · 138
Warteschlange (Queue) · 25, 131, 137
Wartezeit · 313, 320, 321
Wearable Computing · 4
Web · *Siehe* World Wide Web

Web 1.0 · 13
Web 2.0 · 12
Web 2.0 Framework · 14
Web 3.0 · 15
Web Farm · 332
Web Intelligence (WI) · 16
Web Logs · 13
Web Ontology Language (OWL) · 16
Web Server Farm · 332
Web Service Description Language (WSDL) · 304
Web Service-Architektur · 304
Web Services · 14, 303, 399
Web Services Choreography Description Language (WS-CDL) · 128
Web Services Description Language (WSDL) · 128
Web Services Resource Framework · 439
Web-Based Training (WBT) · 19
Web-Browser · 258, 263
Web-Server · 115
wechselseitiger Ausschluss · 68, 83, 130, 153, 158, 339
Wettlaufsituation (Race Condition) · 74, 86, 130
Wiki · 14
Wikipedia · 13
WikiWeb · Siehe Wiki
WikiWiki · Siehe Wiki
Win 32 · 150
Windows Communication Foundation (WCF) · 303
Windows NT · 150
Windows Presentation Foundation (WPF) · 303
Windows Workflow Foundation (WF) · 303
Wireless Local Area Network (WLAN) · 11

Wireless Personal Area Networks (WPANs) · 9
WLAN Standard IEEE 802.11 · 11
WLAN Standard IEEE 802.11a · 11
Word-based Software Transactional Memory (WSTM) · 78
Worker · 326
Workstation · 1
World Wide Web (WWW) · 12, 27
World Wide Web Consortium (W3C) · 303
World Wide Wisdom Web (W4) · 17
write · 234, 246, 247, 248, 253
Write Invalidate Snoopy Cache Protocol · 46
Write invalidate Strategie · 43, 45
Write update Snoopy Cache Protocol · 50
Write update Strategie · 43, 45
Write-first Protocol · 45
Write-once Protocol · 45
Wulfpack · 430
Wulfpack-Cluster · 430

X

Xeon DP · 57
XML · 16
XML Schema · 16
XNS · 234
XPVM · 226

Z

Zeitstempel · 337, 338, 339, 341
Zeitwert · Siehe Zeitstempel
Zerlegung · 328
Zugriffstransparenz · 29
Zusammenballung · 329

Bestseller aus dem Bereich IT Studium

Paul Alpar / Heinz Lothar Grob / Peter Weimann / Robert Winter
Anwendungsorientierte Wirtschaftsinformatik
Strategische Planung, Entwicklung und Nutzung von Informations- und Kommunikationssystemen
5., überarb. u. akt. Aufl. 2008. XV, 547 S. mit 223 Abb. u. 3 Tab. mit Online-Service. Br. EUR 29,90   ISBN 978-3-8348-0438-9

Detlev Frick / Andreas Gadatsch / Ute G. Schäffer-Külz
Grundkurs SAP ERP
Geschäftsprozessorientierte Einführung mit durchgehendem Fallbeispiel
2008. XXX, 353 S. mit 442 Abb. OnlinePlus Br. EUR 39,90
ISBN 978-3-8348-0361-0

Martin Sauter
Grundkurs Mobile Kommunikationssysteme
Von UMTS und HSDPA, GSM und GPRS zu Wireless LAN und Bluetooth Piconetzen
3., erw. Aufl. 2008. XIV, 424 S. mit 196 Abb. mit Online-Service.
Br. EUR 34,90   ISBN 978-3-8348-0397-9

Kemper, Hans-Georg / Mehanna, Walid / Unger, Carsten
Business Intelligence – Grundlagen und praktische Anwendungen
Eine Einführung in die IT-basierte Managementunterstützung
2., erg. Aufl. 2006. X, 223 S. mit 98 Abb. mit Online-Service.
Br. EUR 24,90   ISBN 978-3-8348-0275-0

VIEWEG+ TEUBNER

Abraham-Lincoln-Straße 46
65189 Wiesbaden
Fax 0611.7878-400
www.viewegteubner.de

Stand Januar 2008.
Änderungen vorbehalten.
Erhältlich im Buchhandel oder im Verlag.